U0393617

水电站大坝
运行安全关键技术

SHUIDIANZHAN DABA
YUNXING ANQUAN GUANJIAN JISHU

中国电建集团华东勘测设计研究院
国家能源局大坝安全监察中心
黄 维 彭之辰 杨彦龙 等 著

中国电力出版社
CHINA ELECTRIC POWER PRESS

内 容 提 要

当前我国水电站大坝已进入建设与运行管理并重的时期，水电站大坝运行安全问题理应得到学界及全社会的广泛重视。本书以我国电力行业水电站大坝安全监察工作近 40 年实践经验为基础，以理念创新为先导、技术创新为主线，确保实用性、科学性、前瞻性有效结合。全书共分 11 章，对水电站大坝运行安全的发展背景、管理体系进行了概述；对水电站安全运行关键技术，包括水库调度及防汛管理、大坝安全监测、大坝安全检查检测、大坝实测运行性态、大坝维护和除险加固、大坝安全风险管理、大坝安全应急管理、大坝运行安全智能化等方面，进行了重点阐述；对部分水电站大坝运行典型事故案例进行了分析；对水电站大坝运行安全关键技术的发展成就进行了总结，对未来技术进步的趋势进行了展望。

本书可供从事各类大坝运行安全管理的科研、技术人员和相关专业的高等院校师生参考借鉴。

图书在版编目（CIP）数据

水电站大坝运行安全关键技术 / 黄维等著. —北京：中国电力出版社，2023.6
ISBN 978-7-5198-7810-8

Ⅰ. ①水… Ⅱ. ①黄… Ⅲ. ①水力发电站–大坝–安全技术–中国 Ⅳ. ①TV737②TV64

中国国家版本馆 CIP 数据核字（2023）第 080402 号

出版发行：中国电力出版社
地　　址：北京市东城区北京站西街 19 号（邮政编码 100005）
网　　址：http://www.cepp.sgcc.com.cn
责任编辑：王晓蕾（010-63412610）
责任校对：黄 蓓　郝军燕　李 楠
装帧设计：张俊霞
责任印制：杨晓东

印　　刷：北京华联印刷有限公司
版　　次：2023 年 6 月第一版
印　　次：2023 年 6 月北京第一次印刷
开　　本：787 毫米×1092 毫米　16 开本
印　　张：32.25　插　页　1
字　　数：745 千字
定　　价：288.00 元

版 权 专 有　侵 权 必 究

本书如有印装质量问题，我社营销中心负责退换

编写组名单

组　　长　黄　维

副 组 长　彭之辰　杨彦龙

编写组成员（按姓氏笔画排序）

王　飞　　王贤光　　王　锋　　毛延翩　　田振宇

吕高峰　　刘畅快　　许　雷　　孙辅庭　　杜雪珍

李　倩　　余成钢　　汪　振　　沈　静　　张　猛

陈文华　　陈　辉　　陈　铿　　武维毓　　林　芝

金浩博　　周建波　　胡育宏　　姚霄雯　　涂承义

崔何亮　　韩荣荣　　程武伟　　曾　超

序

中华人民共和国成立以来，我国水利水电工程建设取得了巨大成就。新中国成立前我国建成水库只有 1223 座，总库容约 200 亿 m^3 左右，截至 2022 年年底，我国已建水库超过 9.7 万座，总库容超过 9800 亿 m^3，对国民经济健康快速发展起到了巨大支撑作用。党和国家领导人历来关心水电事业。毛泽东同志曾怀着开发三峡、改造山河的宏图，赋诗"更立西江石壁，截断巫山云雨，高峡出平湖"；周恩来同志曾亲临新安江水电站工地视察，题词"为我国第一座自己设计和自制设备的大型水力发电站的胜利建设而欢呼"；进入新时代，习近平同志在考察三峡工程时指出"大国重器必须掌握在我们自己手里"，并分别对白鹤滩、乌东德水电站首批机组发电致贺信、作出重要指示。

众所周知，能源是产业和民生的命脉，水电站大坝则是能源领域的重要基础设施。2020年 9 月我国作出"2030 年碳达峰、2060 年碳中和"的庄重承诺，水电开发仍大有可为。雅江下游开发正式拉开序幕，抽蓄蓄能电站开发进入爆发期，水电工程建设将进入一个新的高峰。截至 2022 年年底，全国全口径发电装机容量为 25.6 亿 kW，其中水电 4.1 亿 kW，约占总发电装机的 16.1%，此外抽水蓄能电站还在新型电力系统构建中发挥越来越重要的储能和调节作用。我国已在水电站设计、工程建设、设备制造等方面积累了丰富的经验，形成了完整的产业链和较强的技术、资金、人才和管理优势。

随着我国水电开发的快速发展，目前已建成世界最高拱坝——锦屏一级水电站拱坝，坝高 305m；最高碾压混凝土坝——光照水电站碾压混凝土坝，坝高 200.5m；最高面板堆石坝——水布垭水电站面板堆石坝，坝高 233m，还有三峡、白鹤滩、乌东德、向家坝、溪洛渡、糯扎渡、小湾、二滩、龙滩等一批世界级的水电站大坝均已建成投运。水电站大坝安全不仅仅关系到水电站安全生产，更关系到大坝上下游人民生命财产的安全，关系到国民经济的可持续发展，属于重大公共安全问题。随着水库下游社会经济快速发展，水电站大坝运行安全也越来越重要。

水电站大坝是一个运行工况极其复杂的结构，它受到洪水、地震、天气、地质条件变化等各种不确定因素的影响，坝体本身的应力、位移、渗漏等状况随着大坝使用年限和运行工况的变化，不断在变化，特别是在洪水期，汛情千变万化，科学的运行管理对大坝安全保障至关重要。当前我国水电站大坝已进入建设与运行管理并重的时期。在这一时期，水电站大坝运行安全问题理应得到学界及全社会的广泛重视。一方面，一些较早建成（20世纪 50 年代以前）的大坝，受时代经济、技术条件的限制，安全隐患问题相对突出；另一方面，进入运行管理阶段的高坝大库越来越多，这些较晚建成的大坝工程地质条件相对复杂，增加了安全运行的不确定性。

《水电站大坝运行安全关键技术》一书在这一时代背景下应运而生，从宏观政策到具体做法，从发现问题到解决问题，从日常管理到应急处置，全面系统地总结了我国水电站大坝运行安全管理经验，为电力企业落实大坝运行安全管理主体责任提供了借鉴和指导，具有重要的学术与实践意义。

本书的组织单位国家能源局大坝安全监察中心是我国大坝安全领域的重要技术队伍，成立近四十年来，为我国电力行业水电站大坝运行安全提供了扎实的技术服务和管理保障，为我国绿色能源高质量发展作出了重要的贡献。

本书第一作者黄维同志具有丰富的水电工程设计经验，在杨房沟，沙坪一、二级，锦屏二级等十多个大中型工程中分别担任项目经理、设总、设代处处长等职。近年来，该同志任职国家能源局大坝安全监察中心，其带领的团队作风优良、学风严谨、经验丰富，在水电站大坝运行安全管理领域深耕细作，取得了良好的成效。相信本书的出版将进一步提升我国大坝运行安全管理的规范性、科学性，为新时代本行业技术和管理持续高质量发展作出新的贡献。

国家能源局大坝安全监察中心党委书记、主任

前　言

随着我国水电事业的高速发展，投运的高坝大库持续增加。截至2022年年底，在国家能源局注册和备案的大坝总数达662座，占全国水电总装机的79%，占全国水库总库容的56.8%。国家能源局大坝安全监察中心（以下简称大坝中心）负责为水电站大坝运行安全提供技术监督服务和管理保障，承担电力行业水电站大坝安全注册（备案）、定期检查、监测管理、应急管理、信息化建设、隐患排查治理等工作及相关技术监督服务。

在过去近40年时间里，大坝中心开展了5轮大坝安全定期检查，完成了1100余座次大坝全面检查，累计发现了21座次的病、险坝，提出了数千条工程问题、管理问题。积极配合国家能源局和各派出机构督促电力企业落实主体责任，完成了全部病、险坝的隐患消缺治理，并依法依规、科学有序地推动各类问题整改闭环。在多方共同努力下，近年来我国能源系统大坝运行安全管理总体呈现稳中有进的良好态势。

其一，大坝安全法规体系更加健全。国家能源局电力安全监管司牵头指导，大坝中心提供技术支持，对我国大坝安全监督管理法规体系进行了全面梳理、持续完善，一系列行业亟须的规章制度出台，使新形势下大坝安全责任链条进一步压实，各项工作的规范化、科学化水平进一步提高。

其二，大坝安全监管手段更加多元。大坝安全注册、定检、信息报送、在线监控、隐患与缺陷管理、应急管理等多种监管机制运行良好，大坝运行安全评价的技术和质量控制体系切实有效，能够精准指导电力企业开展大坝安全隐患排查和风险管控，在近年国际上多起大坝事故造成重大人员财产损失的背景下，避免了溃坝、漫坝、重大结构损坏事件的发生。

其三，大坝安全行业基础更加坚实。在多年积淀基础上，大坝中心建立了近900人的全国大坝安全监察专家库，存有超过1.8万余册历年资料的监察数据库，以及具备了信息实时报送和在线监控功能的信息化监察平台。配合国家能源局电力安全监管司将行之有效的管理方法和技术装备向包括偏远地区小型发电企业在内的全行业推广，确保水电站大坝运行安全受控、在控，推动行业整体管理和技术水平不断提升。

经过多年努力，我国能源系统水电站大坝运行安全管理体系已基本完善、技术基本成熟，为了总结近40年来我国水电站大坝运行安全管理方面积累的技术经验，本着围绕中国特色、充分结合实际、突出重点工程、贯彻新的安全管理理念等原则，撰写了《水电站大坝运行安全关键技术》一书，以期为今后国内外大坝运行安全管理提供有益的借鉴，为本行业本领域高质量发展提供更加有力的支撑。

本书以大坝中心多年工作实践为基础，以理念创新为先导、技术创新为主线，确保实用性、科学性、前瞻性有效结合。全书共分 11 章，简要介绍了水电站大坝运行安全的发展背景、管理体系，重点阐述了水电站安全运行关键技术，包括水库调度及防汛管理、大坝安全检查检测、大坝安全监测、大坝实测运行状态、大坝维护和除险加固、大坝安全风险管理、大坝运行安全应急管理、大坝运行安全智能化管理等方面，并对部分水电站大坝运行典型事故案例进行了分析，对水电站大坝运行安全关键技术的发展成就进行了总结，对未来技术进步的趋势进行了展望。

本书兼具专业性和资料性，可供从事各类大坝运行安全管理的科研、技术人员参考借鉴。在编写过程中，时雷鸣、张秀丽、池建军、杜德进、沈海尧、谢霄易、郑子祥、陈重喜、王玉洁、陈振文、何明杰、刘西军、赵花城、朱锦杰、郑晓红、刘贝贝、黄伟、刘俊武等领导和专家，或给予了大力支持，或付出了辛勤劳动，在此一并表示衷心的感谢。

由于本书涉及专业众多，限于水平，难免有错误和不当之处，敬请各位读者给予批评指正。

作　者

2023 年 3 月

目 录

第1章
综　述

1.1　背　景　和　意　义

1.1.1　水电能源与大坝安全的重要性

水电是清洁可再生能源，部分水电工程还具有防洪、灌溉、供水、航运和河流生态保护等综合利用功能。我国水电资源丰富，水能资源技术可开发装机容量约 6.8 亿 kW，年均发电量约 3 万亿 kW·h，均居世界第一。

纵观全球，近年来水电、抽蓄装机稳定增长。据已有统计数据，2017—2021 年，全球累计水电装机容量从 2017 年的 1272GW 增长至 2021 年的 1360GW，年均复合增长率约为 1.69%（见图 1-1）。

以近十年作为一个更长的统计样本来看，据不完全统计，全球常规水电新增装机容量超 3 亿 kW，常规水电总装机超过全球电力总装机的 15%；全球抽水蓄能新增装机容量超 0.3 亿 kW，抽水蓄能总装机超过全球电力总装机的 2%。不难看出，水电的发展正不断为人类文明进步注入新动能。

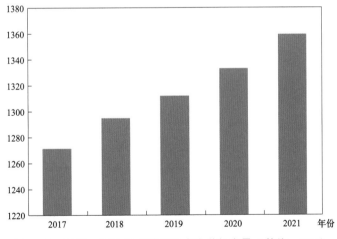

图 1-1　2017—2021 年全球累计水电装机容量（单位：GW）

在我国，大坝安全是总体国家安全观的有机组成部分。2014 年 4 月 15 日，习近平总书记在中央国家安全委员会第一次会议上首次提出总体国家安全观。水电站大坝对于流域调节发挥了重要作用，作为一道防洪减灾的安全屏障，时刻守护江河两岸群众安居乐业和社会稳定发展。抓好大坝运行安全，体现了以人民安全为宗旨、经济安全为基础的总体国家安全观，是构建国家安全体系不可或缺的部分。

大坝安全是能源安全的重要保障。根据国家能源局发布的 2022 年全国电力工业统计数据，全国全口径发电装机容量 25.6 亿 kW，其中水电占 4.1 亿 kW，占比 16.1%。水电作为技术非常成熟的可再生能源，在我国能源供给中承担了重要角色，为社会经济高质量发展提供了源源不断的动力。

大坝安全是水安全的根基。我国降水时空分布不均，水利水电工程筑坝成库（截至 2022 年底，在国家能源局注册、备案的水电站大坝总库容约 5100 亿 m^3，约占全国总库容的 57%），这些大库的安全运行，可以调节径流、调蓄洪水，大大提高了所在区域的水旱灾害防御能力、水资源集约利用能力和水资源优化配置能力。

大坝安全是实现双碳目标的重要助力。实现碳达峰、碳中和是我国向世界作出的庄严承诺，水电作为不产生碳排放、不消耗矿物资源的可再生清洁能源，具有发电成本低、机组启动快、对环境冲击小等优势。据统计，2022 年我国水电总发电量 1.2 万亿 kW·h，相当于替代约 3.64 亿吨标煤，减少二氧化碳排放约 9.95 亿吨，节能和环保效益显著。此外，抽水蓄能电站是具有高度灵活性的储能系统，可对风电、光伏等新能源发电起到良好的调节作用，为水风光蓄一体化、风光蓄一体化开发应用场景奠定了基础，在建设新型电力系统中占据举足轻重的作用。总体来看，确保水电站大坝安全，对推动能源变革、加速实现碳达峰碳中和目标具有重要价值。

1.1.2　水电站大坝运行安全关键技术研究的意义

水电在我国基础建设领域发展得相对比较充分，较早进入了建设与运行管理并重的阶段。开展水电站大坝运行安全研究，对于我国各行各业关键基础设施的运行安全管理，具有借鉴意义。

我国近年来已经成为水电大国、强国，全球十大水电站中国占 5 座（三峡、白鹤滩、溪洛渡、乌东德、向家坝）。过去五年，全球年均新增水电装机容量约 22GW，其中一半以上来自我国。各种坝型、各种筑坝技术在我国电力行业大坝中均能找到具有代表性的工程。开展水电站大坝运行安全研究，可以为世界各国的大坝管理者提供十分有价值的参考。

大坝中心成立近 40 年，通过为全国电力行业的水电站大坝提供管理保障和技术监督服务，积累了非常丰富的经验、资料，也深度参与了现行大坝安全法规体系、标准体系的构建，及时进行全面研究总结，对于进一步提升我国的大坝安全管理、确保大坝运行安全非常必要。

1.2　我国水电发展情况

相对发达国家而言，我国是水电利用的"后发者"。中国第一座水电站——云南石龙坝水电站，建成于 1912 年，最初装机只有 480kW。

新中国成立初期，能源生产水平很低，供求关系紧张。水电装机绝对数量不高，但在能源供应中的作用仍不可或缺。1949 年我国发电类型占比如图 1-2 所示。新中国成立初期的丰满水电站投运机组合计仅为 14.25 万 kW，但装机容量和发电量仍在东北电力系统中占到 50%以上。

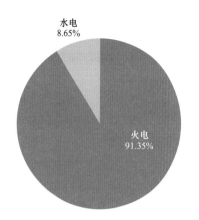

图 1-2　1949 年我国发电类型占比饼状图

1957 年，钱塘江上的新安江水电站、黄河上的三门峡水电站相继开工建设。新安江水电站历经 18 年建成，标志着我国具备了自主设计、施工大型水电站和制造水电设备的能力，成为中国水电发展进程中的一座里程碑。

1975 年刘家峡水电站建成，意味着我国拥有了百万千瓦级的水电站，是新中国水电史上的又一座丰碑。

截至 1978 年年底，全国水电装机容量和年发电量为 1867 万 kW、496 亿 kW·h，人均装机容量和发电量为 0.02kW、51.5kW·h。改革开放以来，水电产业发展步入了市场化、法制化轨道，至 1999 年，全国水电装机容量 7297 万 kW，年发电量 2219 亿 kW·h，分别居世界第 2 位和第 4 位。

进入新世纪后，我国坚持节约资源和保护环境的基本国策，积极转变经济发展方式，不断加大节能力度，将单位 GDP 能耗指标作为约束性指标连续写入"十一五""十二五"和"十三五"国民经济和社会发展五年规划纲要，相继出台了能源发展系列纲领性文件以及专项文件。水电、抽蓄装机容量先后成为全球第一。

党的十八大以来，面对国际能源发展新趋势、能源供需格局新变化，以习近平同志为核心的党中央高瞻远瞩，坚持绿色发展理念，大力推进生态文明建设，提出"四个革命、一个合作"能源安全新战略，为我国能源发展指明了方向、明确了目标，推动能源事业取得新进展。经过不懈努力，白鹤滩、乌东德等一系列代表人类目前筑坝技术最高水平的巨型水电工程投运，标志着我国已经成为当之无愧的水电强国。

1.3　国内外大坝安全管理相关情况

以欧美国家为代表的发达国家水电开发利用起步早，对大坝已从建设为主转入运行管理为主，政府相关部门的主要目标是保持现有大坝处于良好的安全水平，经过多年积累，各国已形成了较为稳定的管理模式。我国在水电领域虽然起步相对较晚，相当一段时间内仍将处于建设和管理并重的阶段，但在党和国家高度重视下，技术与管理均发展迅速，尤其是党的十八大以来，水电站大坝运行安全管理体系逐步成熟，向着科学化、规范化大踏步迈进，从同期发生的大坝失事比例、人员伤亡数量等维度看，与其他国家相比，我国大坝安全管理取得了较好的成效。

总体来看，包括我国在内，各国对大坝安全管理的基本认识一致，在筑坝管坝实践中形成了相近的工作原则。

一是业主负责制。即以大坝业主为运行安全的管理主体，对相应的管理活动（包括定期检查在内）具有主体责任、承担主要费用，由政府对业主进行监管，督促业主落实相应责任。

二是分级监管原则。根据大坝的技术指标（一般为坝高、库容、装机等）划分等级，由中央、地方政府分级实施监管，重要的、大型的工程归中央政府部门直接监管，其余则归地方政府监管。

三是高度重视大坝安全定期检查。虽然该项工作的名称、实施方式不尽相同，但几乎所有建有大坝的国家都将周期性的检查作为掌握大坝运行安全性态的重要手段，其本质和重要地位是一致的。

四是"四眼原则"。即在大坝定期检查工作中，大部分国家都遵循着独立机构的监管与业主的自我监管各自独立的原则。

具体来看，因为国情社情、技术认识不同，各国政府的监管模式也有所区别。

以瑞士为代表的欧洲国家，因为国土面积相对较小，大坝总数量也较少（根据不同统计口径，数量存在差异，但大部分欧洲国家大坝总数在 1000 座左右），再经过划分等级，归属中央政府监管的大坝数量往往只有 100～200 座，因此只需设立一个部门、认证数十位行业专家，即可满足监管所需。结构简单的政府部门，经过严格审核的数量有限的专家，大坝业主，三方既有相互配合关系，也能较好履行相互制约义务。

加拿大国土面积相对较大，有超过 1.4 万座大坝，在与欧洲国家类似的政府监管体系中，政府部门已无法独自承担所需行业专家的认证工作，而是利用其发达的保险业，要求所有参与定期检查的执业工程师购买从业险，一旦定期检查的技术意见出现差错，造成损失，即由保险公司赔付。

美国有超过 9 万座大坝，政府监管就显得更为复杂。因为历史上发生过多起垮坝事件，美国政府对大坝安全监管比较重视，有 4000 余座大坝的权属直接归于联邦政府，有超过 40%的大坝归联邦政府监管。从 20 世纪 70 年代后期，美国就建立了全国性的大坝安全计划，并在 1986 年通过立法的形式进一步巩固，旨在对联邦机构和各州立机构中的专家和技术资源进行整合，尽量合理配置监管资源。目前，美国联邦紧急事务管理署、陆军工程师团、垦务局、联邦能源管理委员会、大坝安全官员联合会等政府机构都在大坝安全监管中发挥作用，理论上，根据大坝权属、用途所划分的监管责任是明确的，但 2017 年奥罗维尔大坝事故、2020 年密歇根州两坝连溃事故也揭示出实际运行中这一监管体系存在着一些漏洞。

我国有超过 9.8 万座大坝，且必须长期坚持"以人民为中心"的发展思想，因此政府实施大坝安全监管的责任尤为重大。在我国，大坝按照工程开发任务、工程规模划分监管责任，由各级政府的不同部门实施监管，督促业主履行主体责任，数以千计的行业专家作为技术辅助力量在政府部门组织下积极发挥作用，水利部、国家防汛抗旱总指挥部则在汛期、紧急事件发生时统一指挥调度，最大限度地保障流域内居民的人身和财产安全。某种程度上，我国大坝安全监管既有欧洲的统一性、整体性，也有美国的各司其职、分工协作，是一种兼具二者之长而又符合国情的中国模式。鉴于大中型水电站大坝的重要性和特殊性，由其主管部门国家能源局牵头，以"强监管"的模式督促大坝业主落实包括定期检查在内的各项主体责任，是一种符合中国特色现代化治理要求的、最大程度保护人民利益的模式。大坝中心作为国家能源局监管队伍的一员，根据有关法规，参与装机 50MW 以上、发电为主的大坝安全监管。以《水电站大坝运行安全监督管理规定》为依据构建的电力行业大坝安全监管体系经过数年运行，已逐渐成熟，监管范围内的 600 余座"大国重器"未发生过垮坝事件。

1.4 我国水电站大坝概况

1.4.1 我国水电站大坝基本情况

本书所述的水电站大坝，如无特别说明，均指国家能源局监管范围内的大坝，这些大坝基本上装机在 50MW 以上、以发电为主要用途。截至 2022 年年底，纳入国家能源局监管的已注册登记和登记备案的水电站大坝总数为 662 座，大坝数量仅占全国约 9.8 万座水库大坝数量的 0.67%。但这些水电站大坝的总库容和总装机容量已分别为 5101 亿 m^3 和 3.1 亿 kW，分别占全国的 56.8% 和 79%。可以说，能源局监管范围内的大坝集中了我国大部分高坝大库和巨型水电站。

我国水电站大坝中，库容大于 10 亿 m^3 的有 73 座，大于 100 亿 m^3 的巨型水库有 13 座（分别为三峡、龙羊峡、糯扎渡、新安江、白鹤滩、龙滩、小湾、羊湖枢纽、新丰江、溪洛渡、两河口、丰满、天生桥一级），按库容分类大坝数量分布如图 1-3 所示。

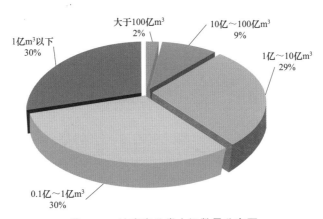

图 1-3　按库容分类大坝数量分布图

其中，坝高 70m 以上的高坝有 256 座，坝高 100m 以上的高坝有 151 座，坝高 150m 以上的高坝有 46 座，坝高 200m 以上的高坝有 17 座（分别为锦屏一级、两河口、小湾、白鹤滩、溪洛渡、乌东德、糯扎渡、拉西瓦、二滩、长河坝、水布垭、构皮滩、猴子岩、江坪河、大岗山、黄登、光照），按大坝坝高和数量分布如图 1-4 所示。

装机容量大于 300MW 的电站有 161 座，装机容量大于 1200MW 的电站有 74 座，装机容量大于 3000MW 的电站有 17 座（分别为三峡、白鹤滩、溪洛渡、乌东德、向家坝、糯扎渡、龙滩、锦屏二级、小湾、拉西瓦、锦屏一级、瀑布沟、丰宁抽蓄、二滩、两河口、构皮滩、观音岩）。按装机容量分类水电站数量分布如图 1-5 所示。

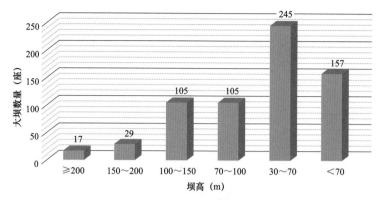

图1-4　按大坝坝高和数量分布图

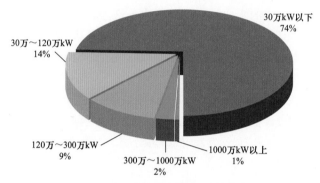

图1-5　按装机容量分类水电站数量分布图

按坝型分类，重力坝有409座，拱坝有59座，土石坝及其他有190座（其中混凝土面板坝131座、心墙坝46座、其他13座）。分布比例如图1-6所示。

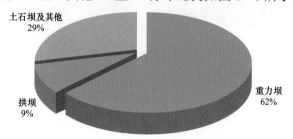

图1-6　不同坝型大坝分布比例图

1.4.2　我国水电站大坝安全管理面临的形势与问题

（1）安全要求越来越高，运行管理难度大。水电站大坝安全运行直接影响电力企业的安全生产和经济效益，关系到水电站大坝下游人民的生命财产安全，更关系到国民经济可持续发展和国家能源安全，其极端重要性得到越来越多的认可，对其的要求也越来越高。我国水电建设工程规模巨大，而且大都分布在地质条件复杂、灾害频发、地震烈度高的西部高山峡谷地区，其建设开发技术和运行管理难度巨大、突发事件应急处置任务艰巨。随着大电网结构日益复杂、清洁能源大规模集中并网消纳矛盾日益突出，以及众多流域梯级电站水库群的形成，使得水库调度与电力调度、防汛与电网运行、监测预警能力与流域水电群联合应急能力不足等方面存在诸多矛盾和问题。这些矛盾和问题，同样也对水电站大坝安全相关工作提出了更高的要求，需要我们进一步提高认识，并在工作中全力以赴、认真研究解决。

（2）大坝数量越来越多。我国电力行业系统的大坝安全管理以大坝中心开展首轮大坝安全定期检查为标志，距今已有近 40 年历史，首轮定检 10 年左右共完成 96 座大坝定检，而到即将开始的第六轮定检，每年需要完成的大坝定检数量接近百座。随着抽蓄电站大规模投运，监管大坝数量仍会大幅增长。

（3）老坝、"小散远"（规模小、分布散、地处偏远的电力企业所属）大坝有潜在安全风险。水电站大坝大都集中在西南地区，一方面坝址区地震烈度高、地质条件复杂、技术难度大，另一方面早期大坝设计、施工经验相对缺乏，建成投运后存在的风险相对较大。原参与建设的高水平技术人员，很少能留下来从事运行管理，多被派往其他新建水电工程；由于地理位置偏僻，电力企业又难以招聘到高水平的运行管理技术人员。这些因素都造成电力企业的实际大坝运行安全管理水平与对大坝的运行管理要求之间存在较大差距。

（4）电力企业"重电轻机不管水"的现象仍然存在。大多数电力企业能按大坝注册、定检等提出的意见进行整改，效果总体较好，但仍有少数企业由于思想认识、经济效益等方面原因，对大坝安全重视程度不够、资金投入不足、管理力量薄弱等问题依然存在。

（5）极端气候频发，对大坝运行安全带来挑战。一是极端暴雨、特大洪水、地质灾害、异常干旱、超强台风等极端事件出现的频度和强度有所增加，对水电站运行调度管理带来一定影响；二是部分大坝工程由于设计时缺乏水文资料，原设计存在安全上的不确定性，在极端降雨情况下，可能改变设计洪水成果，增加了漫顶甚至溃坝的风险。

第2章
水电站大坝运行安全管理体系构建

2.1 我国大坝运行安全管理体系

2.1.1 我国大坝运行安全管理发展历程

大坝安全事关社会公共安全，我国政府高度重视大坝安全管理工作。随着政府治理结构和管理体制的变迁，我国的水电站大坝安全管理大致经历了三个阶段：

一是摸索管理阶段。中华人民共和国成立后，我国开始大规模兴建水利水电等基础设施，但由于工业基础差、技术水平低、国力薄弱，出现了许多"三边"工程，不少工程留下安全缺陷或隐患，并且在当时的历史条件下，社会各界对于大坝等设施的关注集中在发挥兴利作用上，对于投运水电站大坝的安全管理几乎处于空白状态，由此也发生过一些惨痛的事故，其中损失最大的当属1975年8月发生的板桥水库溃坝事故。事故的发生引起了各方高度重视，为更好地进行大坝安全管理，20世纪70年代起激光准直仪、垂线坐标仪等安全监测仪器开始应用于丰满、太平哨等工程，由此我国开始对大坝安全监测的资料进行分析与反分析和信息管理。

二是计划经济体制下的垂直一体化管理阶段。党的十一届三中全会后，我国的水电事业随之进入了新的发展阶段。这个阶段，运行水电站大坝都归属于电力行业主管部门，水利电力部、电力工业部、能源部、国家电力公司（受国家经贸委委托）等先后作为我国水电站大坝的主管部门，大坝安全管理主要以行政管理为主。1985年水利电力部成立水电站大坝安全监察中心（简称大坝中心），负责为水电站大坝运行安全提供技术监督服务和管理保障。大坝中心成立之初，即在上级领导下着手开展运行水电站大坝基本情况普查，摸清了部属水电站大坝的安全现状，并参照当时国外先进的管理模式，从零开始起草一系列大坝安全管理法规，奠定了运行水电站大坝安全管理工作的基础。1987年，大坝中心以古田溪大坝为试点，开展大坝安全首次定期检查工作，评定大坝安全等级。1996年，电力工业部颁布《水电站大坝安全注册规定》（电安生〔1996〕658号），启动了大坝安全注册等工作，并将大坝安全注册作为企业管理水平的考核依据。这些工作都极大地推动了大坝安全管理水平的提高。水电站大坝安全状况有了显著的改善。

三是电力体制市场化改革后的监管阶段。2002年开始，我国电力体制实行了"厂网分开、主辅分离"的市场化改革，电力行业开始了由计划到市场、由垄断到竞争、由集中到分散的体制转轨新格局，市场主体、企业利益格局、企业生存发展环境发生了重大变化，也给水电站大坝安全管理提出了挑战。2003 年国务院下发了《关于加强电力安全工作的通知》（国办发〔2003〕98 号），授权国家电力监管委员会（简称电监会）具体负责电力安全监管，2004 年电监会成立了安全监管局，中央机构编制委员会办公室将大坝安全监察中心划归电监会领导，从组织上保证了安全监管职能的落实，由此开启了大坝安全"企业负责、政府监管、行业自律、社会监督"的新阶段。2013 年，国家能源局和国家电力监管委员会重组成立新的国家能源局后，形成了"国家能源局负责全国水电站大坝运行安全综合监督管理、派出机构具体负责本辖区内大坝运行安全监督管理、大坝安全监察中心负责大坝运行安全技术监督服务和管理保障"的水电站大坝安全政府监管体系。

经过长期的探索和实践，我国的大坝安全管理工作逐步走向成熟：管理机制逐步健全，制度日益完善，大坝安全形势平稳；大坝安全风险管理理论、应急管理水平有了长足的发展；大坝安全管理已经从事故管理走向隐患管理，从传统的行政手段、经济手段及常规的监督检查发展到现代的法制手段、科技手段和文化手段相结合；从基本的标准化、规范化管理发展到以人为本、科学管理，大坝安全管理已经形成比较完善的监督管理体系。

2.1.2 我国大坝运行管理模式

1. 企业主体责任

按照《安全生产法》《水库大坝安全管理条例》和《水电站大坝运行安全监督管理规定》等法律法规，电力企业的大坝安全主体责任主要包括设备设施保障责任、资金投入责任、机构及人员配备责任、制定规章制度责任、教育培训责任、安全管理责任、事故报告和应急救援责任、法律法规规定的其他责任 8 个方面，以及下列 14 个方面的工作内容：

（1）贯彻执行国家有关大坝安全的法律法规、技术标准。

（2）建立健全大坝运行安全管理组织体系，包括明确大坝安全责任制，设置大坝运行安全管理机构和监督机构，配备大坝安全管理专业人员。

（3）制定、落实有关大坝安全管理的规章制度、操作规程，并不断完善。

（4）建立健全大坝安全应急管理体系和工作机制，建立与地方政府、相关单位的联动机制，制定大坝安全应急预案、演练计划并组织实施。

（5）保证大坝安全监测系统、泄洪消能和防护设施、应急电源等安全设施与大坝主体工程同时设计、同时施工、同时投入运行。大坝蓄水验收和枢纽工程专项验收前应当分别经过蓄水安全鉴定和竣工安全鉴定。

（6）按照国家有关规定做好水电站防洪度汛，建立健全防汛组织机构、防汛责任制和管理制度，按照批准的设计防洪标准和水库调度原则，编制汛期调度运用计划、防洪度汛应急预案，按规定程序报批后实施。

（7）按照规定和要求开展大坝安全注册登记、定期检查（特种检查）、除险加固、信息化建设、信息报送等工作。

（8）组织开展大坝的日常巡视检查和年度详查，开展汛前、汛期、汛后安全大检查。

（9）对大坝运行、检查中发现的缺陷和隐患及时进行处理，大坝运行异常和险情及时组织分析、诊断，做好水电站大坝事故的抢险、救护和报告工作。

（10）及时整理分析监测、检查成果，每年对大坝安全监测资料进行整编和分析，监控大坝运行安全状况。

（11）收集、整理、归档和管理大坝建设工程档案、运行维护资料及相应的原始记录。

（12）组织落实大坝运行管理人员的技术培训，相关人员持证上岗。

（13）做好水电站大坝管理和保护范围的安全保卫，防止干扰、破坏大坝的正常管理和运行。

（14）切实履行对外委单位的安全管理职责。

上述工作内容与主体责任的关系见表2-1。

表2-1 电力企业主体责任和对应工作内容

序号	主体责任	对应工作内容
1	设备设施保障责任	（5）（7）（13）
2	资金投入责任	（9）（7）
3	机构及人员配备责任	（2）（6）
4	制定规章制度责任	（3）（4）（6）
5	教育培训责任	（12）
6	安全管理责任	（4）（6）（7）（8）（10）（11）（13）
7	事故报告和应急救援责任	（4）（9）
8	法律法规规定的其他责任	（1）（7）（14）

2. 政府部门监督管理责任

国家能源局负责水电站大坝运行安全综合监督管理；国家能源局派出机构具体负责本辖区水电站大坝运行安全监督管理。按照《安全生产法》《水库大坝安全管理条例》和《水电站大坝运行安全监督管理规定》等法律法规，监管部门履行水电站大坝安全监管责任包括行政许可、行政处罚、行政监督检查、行政调查、其他（如行政奖励等）5个方面，以及下列8个方面的工作内容：

（1）确认、批准大坝安全注册许可申请。

（2）督促电力企业开展安全注册登记和定期检查工作。

（3）对电力企业执行国家有关安全法律法规和标准规范的情况进行监督检查，发现违法违规行为，依法处理；发现重大安全隐患，责令电力企业及时整改。

（4）对电力企业病坝治理、险坝除险加固等重大安全隐患治理和风险管控工作进行安全督查，督促电力企业按照要求开展相关工作。

（5）依法对大坝退役安全进行监督管理。

（6）组织或者参与大坝溃坝、库水漫坝等运行安全事故的调查处理。

（7）依法对电力企业的违规行为采取行政处罚措施。

（8）法律法规规定的其他事项。

上述工作内容与监管责任的关系见表 2-2。

表 2-2　　　　　　　　　　监督管理部门的责任和对应工作内容

序号	监督管理责任	对应工作内容
1	行政许可责任	（1）
2	行政处罚责任	（3）（7）
3	行政监督检查责任	（2）（3）（4）（5）
4	行政调查责任	（6）
5	其他责任（如行政奖励等）	（8）

3. 国家能源局大坝安全监督中心的主要职责

大坝中心负责为水电站大坝运行安全提供技术监督服务和管理保障，主要职责：

（1）负责水电站大坝安全注册。

（2）负责水电站大坝安全定期检查。

（3）负责水电站大坝安全监测管理和技术监督服务。

（4）负责水电站大坝安全信息化建设的技术监督服务。

（5）指导水电站运行单位对病坝、险坝进行除险加固，及时消除水电站大坝事故隐患。

（6）负责运行水电站大坝退役管理。

（7）负责水电站大坝安全监察数据库运行管理。

（8）参加水电工程蓄水验收和竣工验收。

（9）承担水电站大坝安全应急管理的技术支持。

（10）组织开展大坝安全技术交流、大坝安全从业人员业务培训。

4. 大坝安全注册制度

在我国电力企业是大坝运行安全的责任主体，其对大坝安全的重视程度、管理水平，在保障水电站大坝的运行安全方面起到非常重要的作用。2014 年水电站大坝安全注册被国务院审改办列为国家能源局行政审批事项。

根据国家发展和改革委员会于 2015 年 4 月颁布的《水电站大坝运行安全监督管理规定》（国家发改委令第 23 号），以发电为主、总装机容量 50MW 及以上的大、中型水电站大坝应按法规的要求在国家能源局注册。电力企业应当在规定期限内申请办理大坝安全注册登记，在规定期限内不申请办理安全注册登记的大坝，不得投入运行，其发电机组不得并网发电。该文件还明确，申请注册的水电站大坝应同时具备以下条件：① 依法取得核准（或者审批）手续。② 新建大坝具有竣工安全鉴定报告及其专题报告；已运行大坝具有近期的定期检查报告和定期检查审查意见。③ 有完整的大坝勘测、设计、施工、监理资料和运行资料。④ 有职责明确的管理机构、符合岗位要求的专业运行人员、健全的大坝安全管理规章制度和操作规程。对于无法满足上述条件的，电力企业应当在大坝中心登记备案（简称"备案"），并限期整改，完成注册。

由此可见，我国电力行业大坝实行的是有条件的注册，只有电力企业大坝安全管理工作到位且能安全运行的大坝方可注册，不满足条件均应按要求整改后再完成注册。注册工作通过现场检查和抽查,督促电力企业贯彻落实国家有关大坝安全管理的法规,促进其在机构设置、大坝安全人员配备、大坝安全责任制落实、安全投入、建章立制、日常监测、日常维护、补强加固等方面的各项工作。

国家能源局印发的《水电站大坝安全注册登记监督管理办法》明确了相关各方在大坝安全注册登记工作中的职责:国家能源局负责大坝安全注册登记的综合监督管理;派出机构负责辖区内的大坝安全注册登记的监督管理;国家能源局大坝安全监察中心具体负责办理大坝安全注册登记工作。

我国电力行业通过 20 余年大坝安全注册工作,纳入监管范围的大坝逐年递增(见图 2—1),有效促进了全行业大坝安全管理的责任制落实、规章制度建设、运行管理人员素质提高以及运行维护工作的制度化、规范化,对保障水电站大坝的运行安全发挥了重要作用。

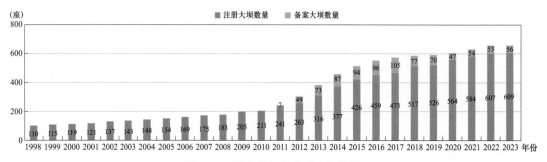

图 2—1　历年注册和备案大坝数量

5. 大坝安全定期检查制度

大坝安全定期检查(简称"定检")是对大坝结构安全性和运行状态的周期性"体检",通过对大坝结构和运行性态的全面检查,及时发现大坝缺陷和隐患,提出存在问题和处理建议。电力行业成立大坝中心后,即将定检作为一项重要的制度性安排,一般以 3～10 年为一个周期,对全部注册大坝进行一轮检查,从 1987 年开始首轮定检,一直延续至今。为高效、有序地开展定检工作,大坝中心需研究制定定检规划。目前,我国电力行业的大坝已完成了四轮定检,第五轮定检已近尾声,第六轮定检已经启动。通过定检,摸清了电力行业大坝的安全状况,查明了一些工程缺陷、隐患和重大疑虑问题,促进了大坝的补强加固工作,提高了大坝的安全度,保证了大坝长期安全运行。历轮定检开展情况见表 2—3。

表 2—3　　　　　　　　　水电站大坝定检(含特种检查)开展情况

定检轮次	起止年份	完成数量(座) (其中特种检查座数)	审定等级(座)		
			正常坝	病坝	险坝
首轮	1987—1998 年	96〔1〕	87	7	2
第二轮	1997—2005 年	123〔1〕	115	8	0
第三轮	2005—2012 年	179〔6〕	175	2	0
第四轮	2011—2021 年	303〔0〕	302	0	0
第五轮	2017—2024 年	目前完成 308〔1〕	306	2	0
第六轮	2023 年起	规划 483			
合计(座次)		989〔9〕	965	19	2

《水电站大坝运行安全监督管理规定》明确，大坝中心应当定期检查大坝安全状况，评定大坝安全等级。国家能源局印发的《水电站大坝安全定期检查监督管理办法》明确，大坝定检范围包括挡水建筑物、泄水及消能建筑物、输水及通航建筑物的挡水结构、近坝库岸及工程边坡、上述建筑物与结构的闸门及启闭机、安全监测设施等。该文件还明确了大坝定检工作相关各方的职责：大坝中心负责定期检查大坝安全状况，评定大坝安全等级，应当根据大坝实际情况，组织大坝定检专家组进行大坝定检。电力企业应当按照要求做好大坝定检相关工作，落实大坝定检经费。国家能源局负责大坝定检的综合监督管理。国家能源局派出机构负责辖区内大坝定检的监督管理。

从 30 多年的实践经验看，我国电力行业大坝定检工作模式已经基本成熟。大坝中心通过组织开展定检，掌握大坝安全第一手的资料，准确评定大坝安全状态；定检之外，还要通过注册检查、日常远程监控、监测管理、应急管理等措施，实现对大坝安全全过程的有效管控。这是目前国内外最全面、保证大坝安全最有力的监管模式。

6. 我国大坝运行管理模式的特点

（1）水电站大坝运行安全强监管模式行之有效。现有水电站大坝安全监管体系中，国家能源局负责综合监管，派出机构负责区域行政监管，大坝中心负责技术支持，三者的监管职责明确，形成了较强的监管合力，监管成效显著。多年实践证明，目前水电站大坝运行安全强监管模式是行之有效的。

（2）强监管模式符合水电站大坝运行安全国情发展。自电力体制改革以来，我国水电建设和社会经济发展突飞猛进，投运的水电站大坝数量众多、规模巨大，而且大都分布在地质条件十分复杂、灾害频发、地震震级高的西部高山峡谷地区，再加上众多流域梯级电站水库群的形成和抽水蓄能电站的批量投产，上下游影响人口众多，使得运行管理难度巨大、突发事件应急处置任务艰巨。水电站大坝运行风险加大，漫坝或溃坝灾难后果越来越难以承受，这些给水电站大坝安全监管工作提出了更高的要求，因此，目前强监管模式是符合水电站大坝运行安全国情发展需要的。

2.2　水电站大坝运行安全管理法规标准体系

2.2.1　水电站大坝运行安全管理法规体系

1. 水电站大坝运行安全法律法规的发展历程

随着我国水电事业的发展，水电站大坝数量和高坝大库不断增加，水电站大坝安全领域的立法逐步引起了全社会和政府高度关注。建立健全大坝安全保障法规体系，强化大坝运行安全管理，确保大坝安全，做到万无一失，已形成了广泛共识。

党的十一届三中全会以后，各项工作开始走上正轨，电力系统根据电力工业发展的客观要求，电力工业部于 1980 年重新颁发了《电力工业技术管理法规》。1982 年水利电力部颁发了《水电厂防汛管理暂行办法》，1983 年颁发了《水利水电工程管理条例》。这些法规为加强大坝的技术管理奠定了基础。但是就大坝安全管理而言，基本上还处于无法可依、无章可循的状态。

1987年9月，水利电力部发布了由大坝中心组织编写的《水电站大坝安全管理暂行办法》。1988年1月21日，第六届全国人民代表大会常务委员会第二十四次会议通过了《中华人民共和国水法》，其中与水电站有关的内容包括水资源开发利用、水工程保护等。1991年3月，国务院根据《中华人民共和国水法》，颁布《水库大坝安全管理条例》。我国水库大坝安全管理正式步入法治轨道。

1997年1月，电力工业部相继发布《水电站大坝安全管理办法》和《水电站大坝安全监测工作管理规定》。随着我国经济长期持续高速增长，发展与安全、效益与安全的矛盾凸显，进入了生产安全事故的高发期。为了全面规范和加强安全生产工作，2002年6月29日，第九届全国人民代表大会常务委员会第二十八次会议通过《安全生产法》。作为安全生产领域的基础性、综合性法律，《安全生产法》以立法形式健全了安全生产责任体系和监管体制，着力加强对安全生产中出现的新问题、新风险的防范应对，加大对违法行为的惩处力度。2004年3月，国家电力监管委员会发布《电力安全生产监管办法》（国家电力监管委员会第2号令）。2004年12月，国家电力监管委员会根据《安全生产法》《水库大坝安全管理条例》等法律法规，发布《水电站大坝运行安全管理规定》（国家电力监管委员会第3号令）。随后，国家电力监管委员会又陆续发布了《水电站大坝安全注册办法》（电监安全〔2005〕24号）、《水电站大坝安全定期检查办法》（电监安全〔2005〕24号）、《水电站大坝安全监测工作管理办法》（电监安全〔2009〕4号）、《水电站大坝除险加固管理办法》（电监安全〔2010〕30号）等配套规范性文件，从而形成了较为完备的水电站大坝运行安全管理制度体系。

2015年4月1日，国家发展和改革委员会根据我国水电发展和大坝运行面临的新形势新任务，发布《水电站大坝运行安全监督管理规定》（国家发展和改革委员会第23号令），自2015年4月1日起施行。与国家电力监管委员会第3号令相比，国家发展和改革委员会第23号令规定的适用范围更为明晰，企业安全主体责任和监管机构职责更加明确，同时，进一步强化了大坝运行全过程安全管理，完善了安全注册登记制度，细化了法律责任。随后，国家能源局又陆续发布了《水电站大坝安全注册登记监督管理办法》（国能安全〔2015〕146号）等配套规范性文件，对原国家电力监管委员会发布的相关配套文件进行了修订。

目前，我国已经形成了以《安全生产法》《水法》《水库大坝安全管理条例》等法律法规为基础，以《水电站大坝运行安全监督管理规定》这一部门规章为核心，以《电力监管条例》《生产安全事故报告和调查处理条例》《电力安全事故应急处置和调查处理条例》等法律法规为补充，以国家能源局发布的一系列规范性文件为配套支撑的水电站大坝运行安全法律法规体系，为水电站大坝运行安全管理提供了有力的法律保障。

2. 水电站大坝运行安全相关基础性法律法规

（1）《水法》。现行《水法》（2016年7月2日修订）从合理开发、利用、节约和保护水资源，防治水害，实现水资源可持续利用的立法目的出发，主要规定了水资源规划管理，水资源开发利用的原则、要求，水资源、水域和水工程的保护制度等内容。其中与水电站大坝运行安全相关的内容，主要有第四十一条、第四十二条、第四十三条关于单位和个人的水工程保护义务、政府对水工程安全的监督管理职责以及水工程保护范围的规定。

（2）《安全生产法》。现行《安全生产法》（2021 年 6 月 10 日修订）主要内容包括：明确生产经营单位的安全生产主体责任，完善安全生产监管体制，确立生产经营单位的安全生产保障责任，建立生产安全事故的应急救援与调查处理制度，强化责任追究。《安全生产法》的出台，结束了我国安全生产领域长期缺少顶层立法的局面，为提高安全生产管理水平提供了全面的法律保障。

《安全生产法》也为水电站大坝安全运行管理提供了基本法律保障，其中许多条款也成为水电站大坝运行安全监管执法的重要依据。

（3）《水库大坝安全管理条例》。《水库大坝安全管理条例》是我国发布的第一部水库大坝安全管理法规，是水库大坝安全管理法律法规体系的核心，是水库大坝管理规范化、法制化、现代化进程中的重要里程碑，为加强大坝安全管理、保障大坝安全作出了重要贡献。《水库大坝安全管理条例》共分为总则、大坝建设、大坝管理、险坝处理及罚则五章，对适用范围、大坝安全管理职责划分、大坝建设要求、大坝保护、大坝安全检查与注册登记、病险库坝的管理等内容作出了具体规定。

根据《水库大坝安全管理条例》第三条的规定，能源主管部门是其所管辖大坝的主管部门。国家发展和改革委员会、国家能源局相继颁布了关于水电站大坝管理的一系列规章和规范性文件，逐步建立并完善了大中型水电站大坝安全管理制度，以及与之相配套的大坝安全管理技术标准体系。

3.《水电站大坝运行安全监督管理规定》

《水电站大坝运行安全监督管理规定》（国家发展和改革委员会令第 23 号）是在《水电站大坝运行安全管理规定》（国家电力监管委员会第 3 号令）基础上修订而成的。《水电站大坝运行安全监督管理规定》继承了国家电力监管委员会第 3 号令实施十年来行之有效的监管措施和工作要求，依据《安全生产法》相关规定，对水电站大坝运行安全监督管理作出了全面规定，成为规范水电站大坝运行安全管理工作最重要的部门规章。

《水电站大坝运行安全监督管理规定》明确规定电力企业是大坝运行安全的责任主体；厘清了国家能源局及其派出机构对大坝安全的监管职责：国家能源局负责大坝运行安全监督管理，其派出机构具体负责本辖区大坝运行安全监督管理，国家能源局大坝安全监察中心负责大坝运行安全技术监督服务，为开展大坝运行安全监督管理提供技术支持；按照大坝安全全过程管理理念对水电站大坝运行安全各个环节的管理工作和措施作出了具体规定：一是实行大坝安全注册登记制度，二是实行大坝安全定期检查制度，三是实行大坝安全信息化建设和信息报送管理，四是实行大坝安全监测管理制度，五是实行大坝隐患排查和除险加固管理制度，六是开展突发事件应急管理；同时进一步强化了大坝安全注册行政许可事项的监管要求，实现了监管范围内大坝注册（备案）登记全覆盖，细化了企业和监管机构的法律责任，并且将大坝安全管理纳入电力安全生产信用体系范畴。

4. 水电站大坝运行安全其他相关法律、法规、规章

除了前述法律、法规、规章之外，电力、安全生产领域的其他一些法律、法规、规章，也在某些方面涉及水电站大坝运行安全管理。这些法律、法规、规章主要有《电力法》《电

力设施保护条例》《电力监管条例》《生产安全事故报告和调查处理条例》《电力安全事故应急处置和调查处理条例》及《电力安全生产监督管理办法》（国家发展和改革委员会令第 21 号）等。

《电力法》（2018 年 12 月 29 日修订）专设"电力设施保护"一章，对发电设施等电力设施的保护问题作出原则性规定。国务院于 1987 年 9 月颁布的《电力设施保护条例》（2011 年 1 月 8 日修订）全面、具体地规定了包括水电站、大坝及其有关辅助设施在内的发电设施的保护措施和要求，旨在通过对电力设施的保护，保障电力生产和建设的顺利进行，维护社会公共安全。

国务院于 2005 年 2 月 15 日颁布的《电力监管条例》是我国第一部专门规范电力监管的行政法规，在其提出的电力监管任务中包括保障电力系统安全稳定运行。《电力监管条例》明确规定电力监管机构具体负责电力安全监督管理工作，并规定了电力企业信息披露义务、监管机构实施现场检查措施、电力生产安全事故的处理等内容。这些内容均适用于水电站大坝运行安全管理。

国务院于 2007 年 4 月 9 日颁布的《生产安全事故报告和调查处理条例》作为《安全生产法》的配套法规，系统性地规定了生产经营活动中发生的造成人身伤亡或者直接经济损失的生产安全事故的报告、调查和处理程序和要求。这些规定也是水电站大坝运行安全事故报告、调查和处理的重要法律依据。

国务院于 2011 年 7 月 7 日颁布的《电力安全事故应急处置和调查处理条例》，对电力生产或者电网运行过程中发生的影响电力系统安全稳定运行或者影响电力正常供应的事故的报告、应急处置和调查处理作出具体规定，明确了电力企业、电力调度机构、重要电力用户和政府及其有关部门的责任和义务，为电力监管机构和包括水电企业在内的电力企业及有关方面处置、处理电力安全事故提供了基本依据。

国家发展和改革委员会于 2015 年 2 月发布《电力安全生产监督管理办法》（国家发展和改革委员会令第 21 号）。《电力安全生产监督管理办法》以《安全生产法》等法律法规为依据，主要规定了发电企业的安全生产主体责任和国家能源局及其派出机构对于电力安全生产的监管职责，明确国家能源局及其派出机构对电力企业的电力运行安全（不包括核安全）、电力建设施工安全、电力工程质量安全、电力应急、水电站大坝运行安全和电力可靠性工作等方面实施监督管理。同时规定发电企业对水电站大坝进行安全注册，开展大坝安全定期检查和信息化建设工作的责任。

5. 水电站大坝运行安全有关配套规范性文件

自 2015 年起，国家能源局根据《水电站大坝运行安全监督管理规定》，陆续颁布一系列规范性文件，分别对水电站大坝的定期检查、注册登记、信息报送、安全监测及隐患治理等事项作出了细化规定，为水电站大坝安全运行提供了有力保障。具体如下：

（1）《国家能源局关于印发〈水电站大坝安全定期检查监督管理办法〉的通知》（国能安全〔2015〕145 号）；

（2）《国家能源局关于印发〈水电站大坝安全注册登记监督管理办法〉的通知》（国能安全〔2015〕146 号）；

（3）《国家能源局关于印发〈水电站大坝运行安全信息报送办法〉的通知》（国能安全

〔2016〕261 号〕；

（4）《国家能源局关于印发〈水电站大坝安全监测工作管理办法〉的通知》（国能发安全〔2017〕61 号）；

（5）《国家能源局关于印发〈水电站大坝工程隐患治理监督管理办法〉的通知》（国能发安全规〔2022〕93 号）；

（6）《国家能源局关于印发〈水电站大坝运行安全应急管理办法〉》（国能发安全规〔2022〕102 号）。

除上述规范性文件之外，国家能源局于 2014 年 5 月发布的《电力安全事件监督管理规定》（国能安全〔2014〕205 号），于 2015 年 11 月发布的《水电工程验收管理办法》（2015年修订版），于 2022 年发布的《电力安全隐患治理监督管理规定》（国能发安全规〔2022〕116 号）等规范性文件，也在某些方面适用于水电站大坝运行安全管理工作。

2.2.2 水电站大坝运行安全管理标准规范体系

1. 水电站大坝运行管理国家标准、行业标准建设情况

从国内外工程实践经验看，规范、有效的安全管理、安全监控，是掌握大坝运行规律、指导日常运行管理工作、降低大坝安全风险的重要手段。为此，我国已建立了较完善的水电站大坝运行安全管理技术标准体系。这些标准是在科技创新成果和实践经验总结基础上凝练和提升的，是开展水电站大坝运行安全管理活动的技术支撑，更是水电站大坝运行质量和运行安全的基础和保障。

（1）水电站大坝运行安全标准体系发展历史回顾。我国水电站大坝运行管理标准的发展经历了技术规范、手册、规章——标准——标准体系的发展，标准建设历程总体可以划分为三个阶段：

第一阶段：新中国成立初期水库大坝建设主要以学习苏联经验、套用苏联技术标准为主。1958 年以后，随着新安江、丹江口、柘溪等一大批大中型水利水电工程的兴建，我国在勘测、设计、施工方面积累了实践经验，为制定我国的水电勘测、设计、施工标准创造了条件。1964 年，水利电力部组织编写了《水工建筑观测技术手册》，这是我国第一部系统介绍水工建筑物监测技术的手册。

第二阶段：从 1977 年至《中华人民共和国标准化法》实施（1988 年 12 月 29 日中华人民共和国主席令第 11 号公布，该法自 1989 年 4 月 1 日起施行）。1982 年，国家标准局颁发了《差动电阻式观测仪器的六项国家标准》；1985 年，水利电力部颁发了《混凝土坝观测仪器系列型谱》，水电站大坝有关的建设与管理技术标准制定工作逐渐开始形成。

第三阶段：1989 年 4 月 1 日起《中华人民共和国标准化法》施行后，电力行业的标准制修订工作走上了体系化的轨道，开始逐步建立大坝安全监测标准体系，标准化工作进入了一个新阶段。最早在 1989 年，能源部和水利部联合颁发了《混凝土大坝安全监测技术规范》和《土石坝观测仪器系列型谱》，之后大坝安全监测标准体系逐步壮大，成为我国水电站大坝运行安全工作的重要实施依据和管理手段。时至今日，我国已经形成了完善的水电站大坝运行管理标准体系。

（2）水电站大坝运行安全管理标准的管理体制。组织机构是标准化工作的基础，也是

标准化工作的保证。目前水电站大坝运行安全管理有关的国家标准和行业标准管理组织机构为三级模式：第一级为国家市场监督管理总局（国家标准化管理委员会）、住房和城乡建设部以及国家能源局等部门；第二级为中国电力企业联合会（简称中电联），内设标准化管理中心，负责电力标准化工作的日常管理；第三级为专业标准化技术委员会（简称标委会），负责具体专业技术领域的标准化技术工作。

为保证水电站大坝安全标准化体系工作的开展，1997 年 7 月，经电力部批准，成立了"电力工业部大坝安全监测标准化技术委员会"，其目的主要是充分发挥大坝安全监测专业设计、施工、科研、运行管理、仪器生产制造等方面专家的作用，更好地开展大坝安全监测专业技术领域的标准化工作。1999 年由国家经济贸易委员会发文更名为"电力行业大坝安全监测标准化技术委员会"（简称大坝安全标委会）。大坝安全标委会由国家能源局委托中电联标准化管理中心归口管理，挂靠单位是国家能源局大坝安全监察中心。大坝安全标委会自 1997 年 7 月批准成立以来，每 5 年完成一次换届工作，最新一届大坝安全标委会由 35 名委员和 3 名顾问组成，组成人员中涵盖了设计、施工、运行、管理、科研、仪器生产制造等方面的专家，具有较强的代表性和权威性。

（3）水电站大坝运行安全管理标准建设的现状。为了"总结过去，了解现状，规划未来，便于管理"，大坝安全标委会制定了大坝安全标准体系表。标准体系表由各个标准组成，这些标准按照之间的功能关系、因果关系、目的与手段关系以及相关关系系统、协调地组织起来，构成了完整的标准体系表，由标准体系表可获得大坝安全标准的总概貌。大坝安全标准体系表经业内广泛征求意见后上报中电联标准化中心，以指导大坝安全标准化工作的进行。不断完善修编《大坝安全标准体系表》是大坝安全标委会的一项重要工作之一，通常每两年组织一次标准体系表的修编工作，在广泛征求意见基础上，经大坝安全标委会年度工作会议讨论、审议，形成新的更切合实际、更科学、更系统的标准体系表。

新版《大坝安全标准体系表》（2022 年版）纳入了大坝安全监测、大坝安全管理与评价、大坝安全风险与应急管理、大坝安全信息化、大坝退役管理等 5 个方面的 149 项标准，5 个方面的具体标准数量分布情况见表 2－4，这些标准填补了我国大坝安全评价、技术监督、安全监测、信息化建设、监测仪器设备等领域有关技术标准的空白。逐步健全、完善的大坝运行安全技术标准体系为大坝安全工作的规范化、标准化奠定了基础。大坝安全标委会一般根据体系表，按轻重缓急申请标准的制定和修订年度立项，使标准的制定和修订工作有序规范化。

表 2－4　　　　《大坝安全标准体系表》（2022 年版）标准分类汇总表

序号	标准分类	数量
1	大坝安全监测	115
2	大坝安全管理与评价	12
3	大坝安全风险与应急管理	10
4	大坝安全信息化	9
5	大坝退役管理	3

截至 2022 年 11 月，由大坝安全标委会制（修）订并经主管部门发布的标准共计 99 项（含已修订的 16 个标准），现行有效标准 83 个。正在制（修）订的标准有 23 项，其中制定的为 13 项，修订的为 10 项。英文版标准已发布 4 项，报批 2 项，正在翻译 5 项。

已发布的标准包括《水电站大坝运行安全评价导则》《水电站水工技术监督导则》《水电站大坝运行安全应急预案编制导则》《混凝土坝安全监测技术标准》《土石坝安全监测技术规范》《水电工程边坡安全监测技术规范》《水工建筑物强震动安全监测技术规范》《水电站大坝运行安全在线监控系统技术规范》《大坝安全监测系统验收规范》《智能水电厂大坝安全分析评估系统技术规范》《水电站大坝安全现场检查技术规程》等国家和行业专业技术标准。

《混凝土坝安全监测技术标准》（GB/T 51416）规定了水电水利工程混凝土坝安全监测技术的监测设计、监测施工、监测运行等方面内容。包括了混凝土坝安全监测系统的施工准备、监测仪器设备的安装埋设、观测与资料整编分析等要求，涵盖了仪器设备检验方法及评定标准、安装埋设方法与程序、安装埋设有关的土建工程施工程序与方法、监测系统施工档案资料整理整编等方面的技术要求。

《大坝安全监测系统验收规范》（GB/T 22385—2008）规定了大坝安全监测系统验收的要求及质量标准，明确了分部工程验收、阶段验收和竣工验收的条件与标准，以及验收流程。规范了大坝安全监测系统验收工作，保障了大坝安全监测系统建设质量和运行可靠。

《水电站大坝运行安全评价导则》（DL/T 5313）规定了水电站大坝运行安全评价内容、资料、采用的标准、评价方法和评价要求、大坝安全等级确定条件。具体规定了工程质量、防洪、抗震、结构安全（包括应力、稳定、渗流安全等）、金属结构安全以及监测系统评价等方面的复核或评价方法和要求。

《水电站水工技术监督导则》（DL/T 1559）规定了水电站水工技术监督内容、职责和管理。适用于电力系统的大、中型水电站的水工设计、建设和运行全过程的技术监督工作。

同时，随着"一带一路"工程建设的推进，大量的国际水电项目开始建设，缺少系统、详尽的标准要求，已发布的标准《混凝土坝安全监测技术标准》（GB/T 51416）、《水电站大坝运行安全评价导则》（DL/T 5313）等同步已完成英文翻译并正式出版。我国水电站大坝安全标准已走出国门，服务国际项目建设需要。

这些标准的发布实施，为我国水电站大坝安全工作的规范化、标准化奠定了基础，起到了技术引领的作用，为我国水电站大坝安全事业奠定了基础。

（4）展望。综上，我国水电站大坝安全监测标准化工作取得了较大的进展，在组织机构的建立健全、标准体系的完善、标准的制定和修订方面取得了可喜成绩。但是，随着对水电站大坝安全运行的要求越来越高，实践经验的不断积累和科学技术的进步，未来的水电站大坝安全标准建设过程中应特别要加强和关注以下几方面：

1）已制定的标准需持续完善和修订的同时，要将工作的重点兼顾到加强标准的实施和对标准实施进行监督方面的工作，做到"强宣传、重实施"。行业内需进一步加强标准的宣贯力度，采用多样化宣贯手段，进一步提高企业对大坝安全工作的重视程度，特别应加强企业对技术标准的学习和落实程度的督查，做到标准真正应用和指导实践。

2）对于新标准的制定方向还需要与时俱进，聚焦未来技术演进，研究大坝安全领域技术需求和发展趋势，提前布局标准体系专题研究。一是部分现行大坝安全技术标准与信息化技术发展适应度下降，亟须更新修订，主要是对智能分析、评判和决策等方面的标准建立提出了需求；二是部分老坝运行多年，对于大坝运行维护、除险加固，特别是渗流通道检测、高坝深埋病害检验等方面需要增强；三是随着大坝安全监测新技术的研发与应用，应及时启动如针对北斗卫星导航变形、无人机智能巡视检查等新技术标准的编制工作。

2. 我国电力企业标准建设情况

目前我国电力企业标准体系的构建要以国家相关法律法规和最新发布的国家标准《企业标准化工作　指南》（GB/T 35778）、《企业标准体系　要求》（GB/T 15496）、《企业标准体系　产品实现》（GB/T1 5497）、《企业标准体系　基础保障》（GB/T 15498）、《标准体系构建原则和要求》（GB/T 13016）、《企业标准体系表编制指南》（GB/T 13017）等系列文件为依据，同时应结合企业自身发展战略、业务范围、管理制度、规定文件等方面要求而制定。

（1）水电站大坝运行安全管理企业标准的管理体制。经过二十多年的发展，各水电站管理和运行企业内部已形成了较为完整的水电站大坝运行安全企业标准体系。水电站大坝运行安全企业标准体系一般可以划分为两个层级：集团公司层级（水电站大坝管理单位）和大坝运行单位层级企业标准和制度。各大集团公司建立集团的企业标准体系，在此基础上，大坝运行（建设）单位应根据本单位大坝安全管理范围内的具体情况，补充完善相关业务的技术标准，指导大坝安全技术工作，满足集团公司大坝安全管理体系上层制度和办法的各项要求。以中国长江三峡集团有限公司为例，集团公司已建立《大坝安全技术标准体系表》，主要收录了与大坝运行安全管理相关性强的 600 多项技术标准，包括已发布和在编、拟编的国家标准、行业标准和集团标准。根据工作需要，集团公司所属各单位可制订本单位的分支技术标准体系表，但应与集团公司技术标准体系表有效衔接，在结构、分类方式等方面保持协调一致。

（2）水电站大坝运行安全管理企业标准建设的现状。企业标准体系建设的好坏直接影响着由上至下的技术管理要求能否顺利贯彻，影响着集团公司清晰的过程管理和技术革新进步能否顺利进行。

目前我国水电站运行企业总体上已建成了较为完善的集团公司层面和下属运行单位的标准体系建设。各企业根据自身业务板块、发展特点与管控模式，建设体现企业特色的标准体系。为了抓紧抓好电力企业对于水电站大坝安全工作的重视，相关上级部门已下发《水电站大坝安全注册登记管理实绩考核评价标准》等文件，从水电站大坝安全注册现场检查环节加强对于电力规章制度的制定及执行，同时行业内已发布《水电站大坝安全管理实绩评价规程》（DL/T 2079—2020），突出了电力企业对于各规程规章的制修订及执行程度的检查。通过这些手段的检查和促进，进一步促进了企业标准在内容科学合理性、系统全面性、结构层次清晰性及针对性、可操作等方面的进步。

总体看来，水电站大坝运行安全管理企业标准体系建设主要内容总体可以分为两大类：技术标准体系和管理标准体系。依据《水电站大坝安全管理实绩评价规程（DL/T 2079—2020）》，大坝运行安全技术标准应至少涵盖以下业务：监测监控、现场检查、检修维护、水库调度、闸门及启闭设备运行检修等内容。大坝运行安全管理标准应至少涵盖以下业务：岗位责任制、防汛制度、报汛制度及大坝安全评价等方面内容。

中国长江三峡集团有限公司（简称三峡集团）非常重视水电站大坝运行安全企业标准化工作，近年来强化企业标准管理和标准建设，重点对水电站大坝安全管理标准体系建设做了大量的工作。目前三峡集团已建立和下发了八方面项技术标准，具体包括了大坝安全定检评级、水库调度、大坝安全监测、监控、现场检查、维修、技术监督及大坝闸门及启闭设备运行检修等技术规程编写大纲及要求。同时三峡集团向下属单位下发《集团公司水电站大坝安全技术标准编制指导意见》，指导大坝运行（建设）单位根据本单位大坝安全管理实际情况，以各类技术标准的编制原则和内容要素为重点，补充修编完善相关业务的技术标准；同时三峡集团已制定和下发企业水电站大坝安全管理标准体系共包括 13 项，具体包括《水电站大坝安全管理办法》《水电站大坝安全管理评价实施细则》《水电站大坝安全评价实施细则》《水电站大坝防汛管理实施细则》《水电站大坝安全检查和维修管理实施细则》《水电站大坝安全监测管理实施细则》《水电站大坝安全监控管理实施细则》《水电站大坝安全风险评估实施细则》《水电站大坝水工监督导则》《水电站大坝安全隐患治理实施细则》《水电站闸门及启闭机设备管理实施细则》《水电站大坝安全信息管理实施细则》及《集团公司大坝运行安全应急预案》等。

中国大唐集团有限公司近年来重点加强水电站大坝安全监测、水工技术监督等方面标准改进工作，雅砻江流域水电开发有限公司、华能澜沧江水电股份有限公司等加强大坝安全风险管控、新型技术应用等方面标准建设。这些企业从集团公司层面高度重视标准制定工作，带动下属企业密切关注和积极参加企业标准化建设和推进工作。

总之，随着各水电站企业日益重视标准建设，建设步伐明显加快，建设领域逐步拓宽，覆盖面更加宽广，企业标准体系更加健全，水电站运行管理标准建设日益完善。

（3）水电站大坝运行安全管理企业标准体系建设现存问题。企业标准体系建设的好坏直接影响着水电站管理运行企业由上至下的技术管理要求能否顺利贯彻，通过水电站现场检查等手段发现企业标准目前主要存在以下两方面问题：

1）部分企业现有标准体系不够完善，存在标准制定工作不及时、标准间的协调配套性不够、部分标准编制水平偏低等现象。特别是受限于部分小型水电企业对于标准化工作的重视程度，可能存在标准项目基础研究投入和编制人员方面投入严重不足的问题。

2）部分电力企业虽已构建自身标准体系，但由于相应的机构、人才、制度不全，导致已经建立起企业标准体系的部分技术标准和工作标准体系已经过时，未执行每年对标准体系的系统性审核，体系内部分标准标龄老化，达不到生产经营的要求，没有及时建立新标准指导下的新型标准体系等问题。

以上两方面问题在水电站大坝运行管理企业标准的建设过程中相对较为突出，需要各方面共同进一步跟进和完善。

第3章
水库调度及防汛管理

3.1 水情测报及洪水预报

3.1.1 水情测报

水情自动测报系统是利用遥测、通信、计算机等现代高科技技术实时地完成水库、湖泊、河流流坡的水位、降水量、流量等数据的采集、传输和加工处理的无线信息系统，它能快速准确地掌握水、雨情等水文信息，并及时做出预报，为常年的水利调度、汛期洪水预报和防汛调度工作提供了可靠的数据。

水情自动测报系统最早应用于美国和日本。我国水库水情自动测报系统从20世纪80年代初开始起步建设，发展到当前的先进技术水平与科学的管理方式，经历了近40年的发展历程。目前我国大、中型水利、水电工程和防洪工程都建立了水情自动测报系统，由于它能迅速及时地收集到水雨情信息，并由此快速科学地作出预报和调度方案。在水利设施安全、经济、高效运行方面发挥着巨大的作用。水情自动测报系统的建设与应用，对于水电厂来说，基本上可以分三个时期或阶段来描述。第一阶段属于摸索期，时间段为20世纪80年代初到80年代的中后期；第二阶段为实践总结期，时间段为20世纪90年代初到90年代中后期；第三阶段为成熟、创新和实用化阶段，时间段为20世纪90年代末到现在。

伴随着整个社会科技发展水平的进步和管理思维的开放，现在测报系统的设计思想，通信组网的方式和管理理念正不断更新与前进。我国水情自动测报系统目前已经进入成熟期，特别是水电厂水情自动测报系统与水调自动化系统融合一体后，实现了水情信息的自动采集、处理、监视、分析和应用，为水电厂的安全度汛、经济调度提供了准确、及时和可靠的水情信息，也使得流域梯级整体调度成为现实。

三峡水情遥测系统建设发展与现状。三峡水情遥测系统主要分为3期，涵盖湖北省、重庆市、四川省、贵州省、云南省5个行政区域，覆盖流域面积约65万km²，是国内水电企业中规模最大、功能最全和技术最先进的水情遥测系统。自建或共建共享的遥测、报汛站、水库站近1400个，10min内可完成长江上游流域面积65万km²的水雨情信息采集入库。整个遥测系统畅通率、可用度均超99%，实时性及准确性在国内外同类遥测系统中处于领先地位。

三峡水情遥测系统（一期）宜昌至寸滩（简称一期系统），一期系统是2002年开始建设的三峡寸—宜区间水情自动测报系统,该系统中的遥测站覆盖了长江从宜昌至寸滩区间的流域范围,2003 年 5 月 31 日投入运行。一期系统共计建设遥测站点 127 个,遥测站分为雨量站、水位/雨量站两种类型。其中雨量站 55 个,水位/雨量站 71 个;另有中继站 1 个。该系统中的遥测站部分由三峡水利枢纽梯级调度通信中心(简称三峡梯调中心)管理和维护,另外部分遥测站分别由 7 个维修分中心进行维护,分别是长江上游水文水资源勘测局万州分局、长江上游水文水资源勘测局涪陵分局、长江三峡水文水资源勘测局、湖北省宜昌市水资源勘测局、恩施土家族苗族自治州水文水资源勘测局、重庆市水文监测总站万州水文监测中心、重庆市水文监测总站渝北水文监测中心。主要功能是为长江电力开展三峡—葛洲坝梯级水库调度工作提供原始水情信息,系统自动采集寸滩—宜昌区间、三峡坝址上下游及三峡—葛洲坝两坝间的水雨情信息,收集梯级水库调度所需要的其他区域的水情信息,以及气象信息、枢纽运行信息,为三峡工程开发深层次的洪水预报、泥沙预报、水库优化调度等应用系统提供原始水情数据,为梯级流域调度数字化、现代化奠定了基础。

三峡水情遥测系统(二期)(屏山—寸滩)(简称二期系统),为四川宜宾市屏山县至重庆市寸滩区间及贵州省、云南省所属乌江武隆以上区间,2007 年三峡集团公司开始实施第二期工程项目的建设,即三峡屏—寸区间水情自动测报系统,该系统于 2008 年 4 月完工,二期系统建设范围站点分布在四川省、重庆市、湖北省、贵州省、云南省的 20 多个市、县的近 37 万 km^2 区域内,共有 299 个遥测站点,分别由 5 个维修分中心进行维护,分别是四川成都局、四川绵阳局、四川岷江局、四川雅安局、云南昭通局。实现了对长江屏山—寸滩区间、乌江武隆以上区间水雨情信息的自动遥测,达到实时监测区间水雨情、满足水情预报和三峡枢纽运行调度需要的目的。

金沙江下游水情遥测系统(以下简称"金下系统")分布于长江上游金沙江流域的 30 万 km^2 的范围内,控制流域面积 12 万 km^2,站网站点分布于四川、贵州、云南三省。于 2006 年由三峡集团建设公司投资建设,2007 年建设完成并投入运行使用。为满足电力生产运行水情服务的数据需要,2012 年到 2013 年期间三峡梯调对金下系统站网进行了完善和设备升级,完成水库调度专用站的建设和部分库区站的补充,截至 2015 年年底,共计有 196 个站点在运行,并实现重要站点宜昌区域与成都区域数据的双边接入,所有水情遥测站点数据的实时同步。

1. 遥测站概述

水情自动测报系统主要是对各遥测站水雨情数据进行采集和处理。遥测站水雨情数据采集利用传感器、通信、自动控制、计算机等技术,自动采集水库或河流上下游实时水雨情信息。主要遥测采集设备包括雨量、水位、蒸发、墒情、温湿度、风速风向等水文气象及水质传感器以及数据采集器。采集设备采集到数据后通过多种通信信道,例如:VHF、PSTN、GSM、北斗卫星、海事卫星 INMARSAT。中心站通过数据采集软件接收遥测站发送来的报文信息,通过预先定义好的报文协议进行解报,最后将数据写入水调系统数据库。这个过程主要涉及了水情测报技术,其中具体包括了传感器技术、通信组网技术、数据采集技术、系统集成技术以及站网布设规划技术等。

水情遥测站设备常见的安装结构形式有筒式和箱式两种。筒式结构通常采用法拉第原理,具有很好的防雷效果,整体效果美观,多用于野外环境下。箱式结构较简单,适用于站房环境或一体化机柜式安装环境。

（1）法拉第筒式结构。法拉第筒为高强度铝合金金属立筒，采用双筒式结构。数据采集设备、通信设备终端、蓄电池等置于小仪器筒内，然后放置于法拉第大筒内。雨量计、通信设备天线、太阳能板等安装固定在法拉第大筒的上方，其他传感器信号线可通过法拉第大筒上的线缆接口与桶内的遥测设备相连。法拉第筒的优点是防雷性能佳，占地面积小，受环境温度影响小。同时，由于安装尺寸固定，可在厂内事先加工配件，不仅安装方便灵活，而且便于管理。

（2）站房式结构。当无民用建筑物可借用时或无法进行委托看管时，遥测站应建仪器房，确保仪器安全。站房布置在通信条件较好的开阔地带或者靠近监测水位的岸边。站房本身需要良好接地，在房顶有仪器设备时，需要部署避雷装置。如果有交流电源引入时，需在入房之前至少穿管地埋 3m 以上。其他信号线，如水位计在引入站房前，尽可能全部地埋并穿镀锌管，以减少水面雷击的概率。

（3）一体化机柜式结构。为减少土建投资，遥测站也可以采用一体化机柜式安装结构。一体化机柜式结构通常应根据现场条件订制，设计时必须考虑到防水、防雷击、防盗等措施。一体化机柜有多种结构，如箱式、筒式、塔式等。

2. 传感器系统

在水情自动测报系统中，传感器是最前端的原始数据采集设备，其测量精度直接影响到洪水预报的精度和水库调度的合理性。水情自动测报系统所测量的水文参数通常包括降雨量和水位，这两个参数直接决定了河道或水库的流量大小，和洪水预报的结果密切相关。近年来随着超声波多普勒技术的发展，自动流量监测传感器开始应用在水情自动测报系统中；此外，其他一些传感器如风速风向、温湿度、气压、辐射、土壤墒情、融雪量等也逐步得到应用，为水文预报模型中考虑更多的因素提供了数据来源。

（1）浮子式水位计。浮子式水位计是最早应用在水情自动测报系统中的水位传感器，其结构简单，生产加工工艺成熟，适合大规模应用。在 2000 年之前是浮子式水位计使用的高峰期，占全部水位测量传感器的 90%以上。随着各种新型水位传感器的出现，浮子式水位计面临一些挑战，特别在一些大型流域水情自动测报系统中，其固有的缺点如需要建井、量程小等影响了使用范围；在一些量程和精度要求不高，建井方便的系统中，浮子水位计依然是首选。

浮子式水位计主要由水位传感结构、传动结构以及编码器组成。水位传感结构用来感知水位的变化，并将这种变化传递给传动结构，传动结构再将这种变化传递给编码器，由编码器转换为电信号供数据采集器采集。

浮子始终漂浮在水面上，跟随着水面的升降而升降；通过重锤将悬在水位轮上的钢丝绳张紧，浮子的升降使水位轮产生联动，水位轮的转动信息由编码器读取后输出。根据浮子水位计结构差别，可分为带配重的浮子水位计、自收缆浮子水位计、磁致伸缩浮子水位计。

1）带配重的浮子水位计（见图 3-1）。正常情况下，钢丝绳和水位轮之间的摩擦力可以保证水位轮和钢丝绳同步转动，不会发生打滑的现象。也有采用穿孔钢带或者串珠钢丝来代替普通的钢丝绳从而进一步减少打滑现象，这种类型的装置国外较常见，而国内基本上采用普通钢丝绳方式。其缺陷在于无法克服水位轮两边钢丝绳的重量所造成的测量误差。水位上升或下降都会造成两边钢丝绳重量的变化，这种变化导致浮子所受的钢丝拉力也发生了变化，浮子没入水中的深度相应发生了变化，而这个深度就是因两边钢丝重量变化造成的误差。基于上述原因，浮子式水位计的量程很难超过 40m，通常为 10～20m。

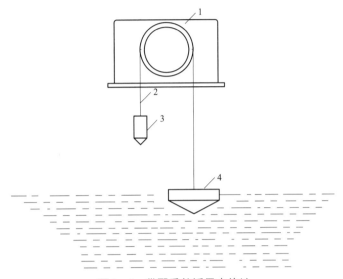

图 3-1　带配重的浮子水位计

1—水位轮；2—钢丝绳；3—重锤；4—浮子

2）自收缆浮子水位计。自收缆浮子水位计，由水位编码器、测轮、测缆、浮子及自收缆装置组成（见图 3-2）。自收缆装置由卷扬轮、卷扬轴、卷扬缆、定滑轮组、重锤、直立支板、底板、防护罩等组成。仪器的水位编码器安装在直立支板上，测轮安装在水位编码器转轴上。自收缆装置的卷扬轴安装在支板上；卷扬轮安装在卷扬轴的轴端；卷扬缆的起始端安装在卷扬轴上，另一端依次绕过卷扬轮、测轮，末端和浮子相连。自收缆装置的作用是产生一个恒力用于拉紧、自动收放测缆，使浮子工作在正常吃水深度上。

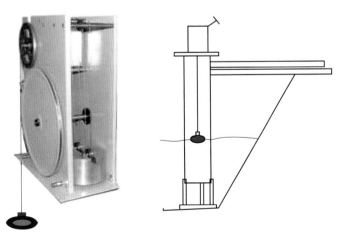

图 3-2　自收缆浮子水位计

图 3-3　磁致伸缩液位计

3）磁致伸缩液位计（见图 3-3）。磁致伸缩液位计，主要由浮子、装有波导丝的测杆、检测与信号处理单元 3 部分组成。传感器工作时，传感器的电路部分将在波导丝上激励出脉冲电流，该电流沿波导丝传播时会在波导丝的周围产生脉冲电流磁场。在磁致伸缩液位计的传感器测杆外配有一浮子，此浮子可以沿测杆随液位的变化上下移动。在浮子内部有一组永久磁环。当脉冲电流磁场与浮子产生的磁环磁场相遇时，浮子周围的磁场发生改变从而使得由磁致伸缩材料做成的波导丝在浮子所在的位置产生一个扭转波脉冲，这个脉冲以固定的速度沿波导丝传回并由检出机构检出。通过测量脉冲电流与扭转波的时间差可以精确地确定浮子所在的位置，即液面的位置。和其他类型浮子水位计相比具有如下特点：可靠性强：整个变换器封闭在不锈钢管内，和测量介质非接触，传感器工作可靠，寿命长；精度高：测量精度高，分辨率优于 0.01%FS，磁致伸缩液位计易于安装和维护简单，长时间使用时，水生物和水垢容易沉积在测杆上，可能会影响浮子随水位上下运动，因此应定期擦拭测杆，确保测杆清洁。

4）水位编码器。浮子式水位计由编码器将水位转变为电信号输出。编码器的输入部分由水位轮提供旋转信息，输出信号通常是经过编码的数字量。

根据对输入信息的感知方式，水位编码器可分为机械式、光学式、磁电式、感应式和电容式。早期的浮子式水位计多采用机械式或磁电式编码器，而光电编码器在工业生产领域应用比较广泛，后来也被逐渐引入到水情自动测报系统领域。

根据对输出信息变化量的表示，水位编码器可分为绝对式编码器和增量式编码器。绝对式编码器记忆感知量的绝对位置、角度或圈数，停电后数值仍然保留。增量式编码器在感知量每变化一个单位时输出一组相对变化值信息，需要借助后续的判向电路和计数器来判别旋转方向及变化总量。比较而言，增量式编码器结构简单，起始值可任意设定，并可实现多圈累加，但是在系统掉电后需重置起始值。

a. 机械式格雷编码。格雷码是一种绝对编码方式，属于可靠性编码，在相邻位间转换时，只有一位产生变化，从而减少了由一个状态转换到下一个状态时出错的可能性。格雷码是一种变权码，每一位码没有固定的大小，难以直接进行比较大小和算术运算，需要经过二次处理。

格雷码编码器结构简单，易于制作，应用广泛，是目前浮子式水位计主流方式（见图 3-4）。

b. 光电增量式编码。光电式旋转编码器输出两组相位差 90° 的脉冲，通过两组脉冲可以测量转速，还可以判断旋转的方向。光电编码器由光栅盘和光电检测装置组成，通过光电转换将输出轴上的机械几何位移量转换成脉冲或数字量。

编码器以每旋转 360° 提供多少的通或暗刻线称为分辨率，通常分辨率从 5～10000 不等。水位计分辨率习惯用长度单位表示，例如周长为 0.5m 的水位轮，编码器的分辨率为 500，换算到水位计的分辨率就是 0.1cm。典型的产品外形如图 3-5 所示。

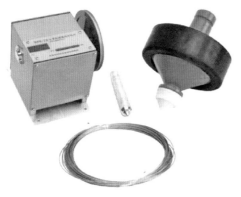

图 3-4　格雷码浮子水位计

图 3-5　光电增量式浮子水位计

c. 磁电增量式编码。磁电编码器原理是采用干簧管、磁阻或者霍尔元件对变化的磁性材料的角度或者位移值进行测量。磁性材料角度或者位移的变化会引起一定电阻或者电压的变化，通过后端处理电路输出脉冲或模拟量信号，并经单片机处理成反映水位变化的数字信号。磁电式编码器利用磁器件代替了传统的码盘，相比光电编码器抗震性、耐腐蚀性更高，性能也更可靠高、结构更简单。典型的产品外形如图 3-6 所示。

图 3-6　磁电式浮子水位计

（2）压阻式压力水位计。压阻式压力传感器的基本原理是将被测水位的压力转化为电阻值，经过转换电路变成电信号输出。最早的压阻式水位计采用压敏电阻做敏感器件，随着半导体技术的发展，采用扩散硅技术的压阻式水位计得到了广泛应用。压阻式压力水位计具有结构简单，工艺相对成熟，制造成本低等特点。

（3）气泡式压力水位计。气泡压力水位计通过测量水体静压力，将压力转变为水深。气泡压力水位计的压力探头没有直接安装在水下，所感知的压力通过气体来传导。气泡压力水位计安装在站房内，从站房到水下铺设了一根气管，通过测量站房气管末端的气体压力，获取水体静压力。

相对投入式压力水位计，气泡式压力水位计的优点在于非接触式测量，被测水体即使有一定腐蚀性，也不会影响到传感器的电气部分；从被测水体到安装水位计的位置无电气连接，减少了设备引雷的可能性；其感压单元部分安装在站房内，维护更加方便。

卸下测试气管,接入预敷设的气管待水位稳定后,再通过数据采集器所测数据与人工水位进行比测。

(4)雷达水位计。雷达水位计也称为微波水位计,是一种基于传输时间的下探式测量系统。雷达水位计测量从参考点到被测介质表面的距离。雷达脉冲由天线发射,在介质表面反射,再被天线接收,然后被传输到水位计中的电路部分,微处理器计算信号值,并识别由介质表面反射的雷达脉冲形成的回波。

介质表面距离 D 与脉冲的传输时间 t 成比例,$D=ct/2$,其中 c 为光速。

雷达水位计可分为调频连续波式和脉冲波式两种类型。调频连续波型雷达水位计采用FMCW体制(频率调制波),可以达到计量级的测量精度。但是功耗大,电子电路复杂。采用雷达脉冲波技术的液位计工作时间断性发射脉冲,功耗可以做到很低,通常在 0.5W内。可用二线制的直流供电,适用范围更广。目前常用的雷达水位计基本都是脉冲波式。

(5)流量计。在水文测量领域流量测量已经有多年的历史,目前有不少大型流域水情自动测报系统都采用了超声波自动测流装置,使用这种装置可以直接测出河道或水库断面的流量,从而替代了传统的铅鱼测流方式,大大提高了测流的速度。

1)铅鱼测流。测流铅鱼是最早用于测量河道断面流量的设备,其原理是伯努利流体方程,通过测量流动水体的动压和静压,根据方程计算出水体的流速,然后再推算出流量。由于流动水体在某一断面上各点的流速都不相同,通常越接近河道中央,流速越大;越接近河道两侧,流速越小;从水面至水底,流速呈递减关系。在实际使用测流铅鱼时,需要测量多个点的流速,然后计算出总的流量,测点越密,误差越小。测流铅鱼使用起来比较麻烦,需要有一套交流驱动的绞车控制铅鱼的位置,在所测河道的断面上需要架设缆道,绞车在缆道上通过滑轮滑动改变位置。对于 30m 宽的河道,使用测流铅鱼人工进行测量总共所需的时间至少 1h 以上;对于长江这种更宽的水面,需要 2~3h。

2)超声波测流。超声波测流可分为时差法和多普勒法。时差法超声波流量计利用一对超声波换能器相向交替(或同时)收发超声波,内部的集成电路测量超声波在介质中的顺流和逆流传播时间差,由此计算出流体的流速,再通过流速来计算流量。

时差法超声波流量计是目前应用范围最为广泛的超声波流量计,主要用来测量洁净的液体流量,也可以测量杂质含量不高的均质流体。但这种流量计只是针对具有规则形状的流体容器,以及流速较为均匀的流体的测量准确度较高,而在水文测量领域,鉴于河道形状的不规则性,以及水体中杂质含量较高,这种流量计的准确度较低,只能在一些具有规则形状的明渠中应用。

在多普勒流量计中,最主要的部件是换能器,由超声波发射器和超声波接收器组成。发射器发射的超声波经水体中的杂质颗粒反射,被接收器接收。由于杂质颗粒是以一定速度运动的,发射波和回波之间存在频差,这个频差就是因颗粒运动所产生的多普勒频移。这个频率差正比于流体流速,测量频差可以求得流速。

(6)雨量计。常见的有虹吸式和翻斗式两种。其中虹吸式雨量计没有电信号接口,需要人工辅助测量,早期有人值守的水文站大多安装了这种雨量计,值守人员需要定期去雨量计中取出记录纸,然后计算出过去时段内的降水情况,至今这种类型的雨量计还在大量水文站中使用。

翻斗式雨量计一般由筒身、底座及内部翻斗结构三部分组成。其工作原理为：雨水由最上端的承水口落入接水漏斗，经漏斗口流入翻斗，当积水量达到一个设定的值（比如0.5mm）时，翻斗失去平衡翻倒。而每一次翻斗倾倒，都使翻斗上的干黄管扫过固定在支架上的磁铁，磁铁使干簧管吸合，从而输出一个脉冲信号，如此翻斗随降水往复翻动即可将降雨过程记录下来。

3．遥测通信组网

遥测通信网是由各类通信介质、通信终端和通信协议组成的信息传输网络，为遥测站和中心站之间搭建信息传输通道。遥测通信组网是否合理将直接影响系统的可维护性、数据畅通率及其可靠性。

目前在水情遥测系统中常见的遥测网信道有 VHF 通信、SMS 短消息、GPRS/CDMA通信信道、PSTN 公众电话交换网、北斗卫星系统等。

（1）VHF 通信。超短波 VHF 信道是一种地面可视通信信道，其传播特性依赖于工作频率、距离、地形及气象等因素。国内常用的通信频段为 230MHz。这是系统内最早采用的通信方式，具有技术成熟、总体可靠性较高、通信质量好、设备简单、投资较少、建设周期短、易于实现、无通信费用、传输时延小等特点，主要适用于平原丘陵地带或者站点分布相对集中的系统。

目前 VHF 信道仍是多数系统建设的首选通信方式，尤其在水电站近坝区、城市防汛、灌渠枢纽等控制面积不大，站点数比较密集，发信较为频繁，实时性要求较高，且维护人员素质较高的场合更加常见。

典型的 VHF 通信网络是一种树形结构的网络，分为特高频组网收发异频和收发同频两种方式。收发异频指某站在接收和发送时采用不同的频点，此时系统需要用到两个或多个频点，这样的好处是当系统中具有多级中继时，可以降低干扰减少碰撞，系统中的中继设备比较简单，无须网络管理功能；缺点是采用多个频点，资源消耗很大。

收发同频则是指系统接收和发信使用单频点工作，为了降低干扰减少碰撞，系统必须具有路由管理功能。可以采用带路由管理功能的数传电台，也可以设计专门的路由传输协议，将遥测站兼作中继站，可以增加系统灵活性、降低系统成本。

目前，提供通信终端的厂家较多，在设备选型时应关注下列指标：电台功耗、频率稳定度、收发切换或启动时间、RF MODEM 的功耗、速率、信道信噪比、同频干扰等。典型的终端产品，如美国加州微波公司的 MDS 2710A，这是一款全数字化电台，接收功耗150mA，传输速率 9.6kbps，误码率 $10-6@-111dBm$，工作温度 $-30\sim55℃$。

另外，利用传统模拟电台，加上全新的数字化 MODEM，也可以达到数字化的传输效果。如南京南瑞集团公司的 ACS-RFMO-M，静态功耗 700μA，传输速率 4.8kbps，误码率 $10-6@-111dBm$，工作温度 $-35\sim65℃$，具有位误码率测试功能，内置路由传输控制协议，可以组建灵活的网络结构，在中心站或者其他授权站点实现对系统内的传输路由进行优化管理。

（2）SMS 短消息。SMS 是短信息服务，提供了在 GSM 移动终端之间通过服务中心传送短消息的功能。短信息是词语、数字和字母的组合，一条短信息可以包含 160 个英文字母或 70 个非拉丁字母在遥测通信中一般使用的是点到点短信息业务，将一条短信息从

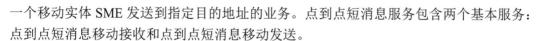

一个移动实体 SME 发送到指定目的地址的业务。点到点短消息服务包含两个基本服务：点到点短消息移动接收和点到点短消息移动发送。

1）组网方式。遥测站要实现 SMS 通信方式，需要借助于相应的 SME 终端。GSM、GPRS、CDMA、TDMA、PHS、PDC 等移动网络都支持 SMS，实现 SMS 功能的 SME 很多，但基于可靠性和成本的考虑，目前应用最多的还是 GSM MODEM。

中心站可以采用与遥测站相同的方式，也可以通过宽带信道直接与短消息平台相连。

SMS 实现点到点的通信方式，组成星形网络结构。基于 SMS 通信的组网方式主要表现在工作方式上，如判别短信发送成功与否，实现多中心通信的方法等。

2）通信过程。SMS 采用存储转发模式，短消息被发送出去之后，不是直接地发送给接收方，而是先存储在短消息服务中心 SMSC，然后再由 SMSC 将其转发给接收方。如果接收方当时关机或不在服务区内，SMSC 会自动保存该短消息，排队并尝试再次发送给接收方。

收发短信息一般是利用 AT 指令集控制通信终端来实现。短消息分为三种模式：BLOCK 模式、TEXT 模式和 PDU 模式。BLOCK 模式很少采用。利用 TEXT 模式收发短信息编程相对简单，但一般的 SME 终端利用 TEXT 模式只能发送 ASCII 码，因此遥测终端在发信时需要将 16 进制信号转换成 ASCII 进行传输，造成实际只能传输 80 个字节的数据；而且，在使用文本模式收发短信息时，要求收发双方的字符集是一致的，这些字符集代表了不同的编码方式，常见的有 PCCP437、PCDN、8859-1、IRA 和 GSM，如果收发双方的字符集不同，有可能导致解释字符出现错误。

3）技术特点。SMS 具有技术成熟、网络覆盖广、传输费用低、终端功耗低、使用简单、接入方便、建设成本小等优点，近年来得到迅速应用；也存在延时较大，确定性差，尤其是在城区的节假日期间，信道堵塞现象严重等不足之处。

（3）GPRS/CDMA 通信信道。GPRS 是通用分组无线业务，是在现有 GSM 系统上发展出来的一种承载业务，可以为 GSM 用户提供包（分组）形式的无线通信服务。GPRS 采用与 GSM 同样的无线调制标准、同样的频带、同样的突发结构、同样的跳频规则以及同样的 TDMA 帧结构，只不过在现有的 GSM 网络中增加了相关节点：网关 GPRS 支持节点 GGSN 和服务 GPRS 支持节点 SGSN。这种新的分组数据信道与当前的电路交换的话音业务信道极其相似，因此，现有的基站子系统（BSS）从一开始就可提供全面的 GPRS 覆盖。GPRS 的特点是"实时在线"，数据发送延时小于 2s，它向用户提供的是 IP 或 X.25 服务，水情系统通常采用较多的是 IP 协议。

CDMA 又称为码分多址。CDMA 是基于扩频技术，即将需传送的具有一定信号带宽信息数据，用一个带宽远大于信号带宽的高速伪随机码进行调制，使原数据信号的带宽被扩展，再经载波调制并发送出去。接收端由使用完全相同的伪随机码，与接收的带宽信号做相关处理，把宽带信号换成原信息数据的窄带信号即解扩以实现信息通信。CDMA 蜂窝移动通信网的特点：系统容量大，比模拟网大 10 倍，比 GSM 要大 4～5 倍；通话质量好；网络规划灵活，扩展简单；传输速率高，实际传输达到 80～100kbps。

通过 GPRS 或 CDMA 信道进行数据传输，可以使用数据终端单元（DTU，Data Terminal Unit）设备，封装了网络传输和控制协议，能提供从遥测站到中心站间的透明数据传输通道，简化了遥测站设计，得到了大量推广应用；但是存在设备价格高、功耗大、无效通信流量高等不足。也有系统集成商能够提供 GPRS MODEM 驱动程序,控制 GPRS 通信资源,极大降低无效通信流量和功耗水平,使系统建设更加合理,运行维护成本更低。

1)网络结构。GPRS 无线网络分为专线联网、公网联网、拨号联网、内网联网等方式。CDMA 无线网络与之类似。

a. 专线联网方式。整个系统由无线终端设备 DTU、网关设备和中心站处理计算机构成。中心站通过专线与移动服务器直接相连,无须通过 INTERNET 网络访问。系统具有数据安全性好、通信速度快、通信质量稳定、系统初期建设成本高等特点,适合安全性和实时性要求较高的应用场合。

b. 公网联网方式。整个系统由无线终端设备 DTU、公网服务器和中心站处理计算机构成。中心站计算机通过公网服务器访问 INTERNET,获取移动服务器的转发信息。公网服务器成为桥接企业内部网和公众网的通道,通过端口映射方式把数据传送到中心站计算机。系统具有通信速度快、通信质量稳定、建设投资小等特点,适合实时性要求较高、安全性要求适中的应用场合。

c. 拨号联网方式。整个系统由无线终端设备 DTU、拨号上网设备和中心站处理计算机构成。中心站计算机通过拨号方式上网访问 INTERNET,具有公网固定 IP 或动态 IP+DNS 解析服务,获取移动服务器的转发信息。

中心站计算机上网方式可以分为两种:中心公网固定 IP 方式,移动终端直接向中心发起连接,这种方式运行可靠稳定。中心公网动态 IP+DNS 解析服务方式,客户先与 DNS 服务商联系开通动态域名,移动终端先采用域名寻址方式连接 DNS 服务器,再由 DNS 服务器找到中心公网动态 IP,建立连接;此种方式大大节约公网固定 IP 的费用,但稳定性受制于 DNS 服务器的性能,该方案适合小规模应用。

系统具有通信速度适中、通信质量较为稳定、网络建设工作量小、通信费用低等特点,适合通信费用敏感的应用场合。

d. GPRS 内网联网方式。整个系统由无线终端设备 DTU、无线 MODEM 和中心站处理计算机构成。中心站计算机通过无线 MODEM 访问 GPRS 网络,获取移动服务器的转发信息。该方式要求 SIM 卡为移动服务商提供的绑定 IP 地址的卡。系统具有通信速度适中、通信质量稳定中等、组网费用低、系统组网简单、可以快速完成组网测试等特点,适用于对网络 QOS 要求不高应用场合。

2)通信模式。根据不同的应用需求,GPRS 可以有以下几种通信模式:

a. 永远在线模式:无线终端设备和无线业务处理中心保持永久链接。无线终端设备开机后,自动或被动地和无线业务中心建立链接,并一直保持链接;一旦发现掉线情况,设备自动重拨,保持链路一直畅通。此模式适用于需要实时数据传输的应用领域。

b. 定时传输模式:无线终端设备和无线业务处理中心定时交换数据。此模式适用于有规律的数据传输的应用领域。

c. 中心呼叫模式:由无线业务数据中心发起数据传输请求,无线终端设备应答并发送/接收数据。此模式适用于中心控制终端设备各种状况的场合,如煤炭检测系统、人防系统、油井数据采集系统等。

d. 数据触发模式:当无线终端设备或无线业务处理中心有用户数据传输时,发起端通过短消息方式或拨号方式，通知对方，使对方从休眠态转入工作状态。此模式适合于一些数据传输不频繁场合。如水文、气象等。

e. 节电模式：无线终端设备或无线业务处理中心间数据传输完后，系统设备进入休眠状态，当再有数据传输时，系统才再次激活。此模式适用于用电池供电的无线传输系统，如水抄表系统等。

3）技术特点。GPRS/CDMA 无线网络采用分组交换技术，数据传输效率高，利用无线资源更合理，具有实时在线、按流量计费、接入速度快、传输速度高等特点。通道具有较强的保密性和可靠性，支持前向纠错、自动反馈重发、全程加密等功能；支持基于标准数据通信协议的应用，可以和 IP 网、X.25 网互联互通；支持特定的点对点和点对多点服务；既能支持间歇的爆发式数据传输，又能支持偶尔的大量数据的传输。GPRS 的核心网络层采用 IP 技术，底层可使用多种传输技术，很方便地实现与高速发展的 IP 网无缝连接。

（4）PSTN 公众电话交换网。PSTN 是公用电话交换网络，即我们日常生活中常用的电话网。PSTN 是一种以模拟技术为基础的电路交换网络，使用费用较低，在电话网覆盖的地区是很好的通信方式，尤其是在城市防汛系统中，得到了广泛的应用。

1）组网方式。PSTN 电话线路只能传输模拟语音信号，要实现通过 PSTN 网络传输数据，须在遥测站和中心站各自配置一台调制解调器（MODEM）。调制的任务是把数字信号变换成适于在电话线中传输的模拟信号；而解调则是把接收到的模拟信号变换成计算机可以处理的数字信号。

2）通信过程。PSTN 信道采用电路交换的工作方式，一个测站在与中心站通信时，其他测站无法再与中心站正常通信。多测站同网工作一般采用时分机制；如果系统规模大遥测站较多，在中心站一般需要配置 MODEM 池。典型通信过程分为 3 个阶段：

a. 电路建立阶段。传送数据之前，首先需要建立端到端的电路。这是遥测终端机或中心站计算机通过发送相应的 AT 指令控制调制解调器来实现的，发出相应指令后，遥测终端机可以通过硬件信号或 MODEM 发出的字符串指示来判断是否已经建立好连接。在控制一些具有低功耗特性的 MODEM 的过程中，一般之前还需要控制上电或唤醒 MODEM 等操作。

b. 数据传送阶段。建立连接后，在遥测终端机和中心站之间就建立了一个临时的透明通道，遥测终端机就可以直接进行数据收发了，一般来说，数据传输采用一问一答的半双工工作方式。

c. 电路拆除阶段。传输结束后，必须拆除连接，以释放该连接所占用的通道资源，同时节省遥测站的工作功耗。在发端和收端都可以提出结束传输的请求。这同样是遥测终端机或中心站计算机通过发送相应的 AT 指令控制调制解调器来实现的。在一些具有低功耗特性的 MODEM 中，一般还具有超时释放链接和进入休眠状态进一步节省功耗的功能。

3）技术特点。PSTN 网络具有技术成熟、适用范围广、设备简单、带宽较大等特点，可实现大批量数据传输，且传输质量较高，但也存在运行成本高、在野外使用时容易引入雷害、数据从拨号到信道建立与拆线时间较长、存在呼损率等不足。国内符合工业级标准的低功耗 MODEM 很少，农村电话线质量差，系统建设时需要特别考虑。

（5）北斗卫星系统。北斗卫星导航系统由空中卫星、地面控制中心和用户终端三部分组成。北斗卫星导航系统采用有源主动双向测距方式进行定位,具有双向短报文通信功能,是北斗卫星导航系统区别于其他导航系统的最大特点之一,也是其可以应用于水情遥测通信系统中的根本原因。在水情自动测报系统中使用北斗卫星进行数据传输是借助于北斗民用运营平台实现的,目前国内较大的两个民用运营平台是神州天鸿和北斗星通。系统架构由北斗空间卫星、地面网管中心和民用用户终端三部分组成。用户终端发送信息经卫星转发至地面网管中心,之后网管中心再通过卫星系统或者通过地面网络转发至接收中心。

1)组网方式。北斗民用网管系统可以依据用户的需要提供两种典型的通信组网方案;用户也可以综合采用两种方案,以更加灵活地解决系统运行中出现的问题,增强系统的通信保障。

通信组网方案一:野外遥测站发送信息经卫星转发至地面网管中心,之后网管中心再通过卫星系统将信息转发至监控中心,实现卫星二跳传输。监控中心站与遥测站构成一点对多点的传输模式,监控中心站对遥测站发送相应的回执确认信息,遥测站根据不同的回执确认信息采取相应的行动,自动转入休眠或重新发送数据。地面网管中心将对所有遥测站发送的数据进行备份,当监控中心站的卫星用户终端出现异常时,用户可登录到网管中心下载相应的历史数据。

通信组网方案二:对于大型系统遥测站较多,数据传输量大,如通过卫星链路将数据传输到监控中心,通信费用较高,可以考虑采用地面专线(如 DDN、帧中继、VPN 等)连接传输方式,野外遥测站发送信息经卫星转发至地面网管中心,之后网管中心直接通过地面专线将信息转发至监控中心,实现卫星单跳传输。监控中心通过专线将控制指令或信息发送到地面网管中心,网管中心再通过卫星系统以广播方式播发至所有遥测站或单独发送到某一指定遥测站。

2)典型应用。北斗卫星系统是我国拥有完全自主知识产权的通信资源,保证国内用户的利益不受国际形势变化的影响;通信传输延时小,典型的传输延时为 2s;通信费用按每次发送的帧统计,每帧报文文长度可达 98kb,每帧约人民币 0.5 元;有通信回执体制,回执确认体制保证数据传输的可靠性;通信覆盖区域广阔,无缝覆盖中国全部国土区域以及周边地区;采用抗干扰、保密性强的编码方式;地面控制中心站采用 C 波段收发,用户终端采用 L/S 波段收发,系统通信受雨衰的影响小;卫星终端集成度高、外形小巧,仰角大,安装简便;终端功耗小,适用太阳能电池供电;终端设计抗恶劣环境,维护简易,可在无人值守状态下工作。

北斗卫星终端包括用户主机、接收/发射天线、天线电缆。按使用功能可分为普通型和指挥型。普通型可完成可提供定位、通信、导航等基本功能,多用于遥测站;指挥型除提供定位、通信、导航等基本功能外,还可完成兼收、通播等指挥功能,常用于大型水情自动测报系统的中心站。

(6)三峡水情遥测站通信方式。三峡水情遥测站采集系统采用多通信协议,多通信方式(互为备用)、多线程方式构建实时数据采集系统,为保证数据传输的可靠和快速,全部遥测站均采用双信道设计。双信道分别称为主信道和备信道。一般采用 GSM 短信/GPRS 作为主信道,北斗卫星信道作为备用信道,对于部分坝区重点水位控制站,采用 VHF 作为主信道,GSM 信道作为备用信道,对于坝上压差站点多采用 PSTN 作为主信道,GSM

信道作为备用信道。

雨量遥测站采用增量自报（即降雨量超过设定的阈值时便启动一次，向遥测系统中心站发送数据）和平安报（即在每天某一时刻同时通过主、备信道把当前水情数据和遥测站的各种工况数据发送到遥测系统中心站）的方式向遥测系统中心站发送雨情数据，水位站或水文站采用定时报（将过去某一时间段的水情数据发送到遥测系统中心站）和平安报的方式向遥测系统中心站发送水情数据。

（7）三峡水情遥测站通信组网。通信组网由全部遥测站向中心站传送数据的信道以及确保正常传送的控制方式等组成。遥测系统中心站接收系统由数据接收、实时数据转发、实时监控报警等组成。遥测站发送数据时，首先检测主信道状态，若正常则发送，否则检测备用信道状态。遥测站通过主、备信道发送的数据均向遥测站提供回执信号，确认发送是否成功。

遥测系统中心站可向遥测站发送控制指令，既可获得遥测站当前的水情信息或指定时间段内的历史数据，也可获得当前或指定时间段内的工况信息，还可完成校时、设置参数、重启等下行命令。

遥测站通过 GSM 短信向遥测系统中心站传送数据时，遥测站先把数据传送到移动短信中心，再通过遥测系统中心站与移动短信中心之间架设的专线，接收遥测站的水情数据。

遥测站通过北斗卫星信道向遥测系统中心站发送数据有 2 个途径：一是直接通过中心站配置的北斗卫星指挥机接收遥测站水情数据；二是通过虚拟专用网（VPN）专线连接到北斗卫星地面网管中心，通过网络从网管中心接收水情数据。

遥测站通过 PSTN 信道向遥测系统中心站发送数据时，首先通过 Modem，利用 PSTN 传送到中心站的 Modem 池，然后传送到串口服务器，进入遥测系统数据接收服务器。

VHF 采用坝区分中心站 VHF 电台直接接收遥测站点信号，然后通过网络进行转发到成都中心站的方式通信。

4. 水情测报系统管理

（1）三峡水情遥测系统管理方式和管理现状。三峡水情遥测系统建设过程中，充分贯彻三峡集团价值观，支持地方水利系统的信息化建设，改善遥测站址环境，促进和带动地方水文事业的发展。再加上降低企业投资及运营成本等因素，三峡集团在建设和管理长江中上游遥测系统上大胆创新，开创性地提出了以和谐发展为目标的梯级流域遥测系统的共建共管模式。该管理模式充分发挥企业和地方水文部门各自优势，通过共建共管和资源共享，实现双方和谐发展的目的。

管理模式包括"共建共管，资源共享，优势互补，和谐发展"四项核心内容，具体内涵为：

"共建共管"是管理模式的核心。水情遥测系统由长江电力和水文部门共同建设，共同管理。水文部门提供原有的基础站点、维护管理人员以及与之配套的已建基础设施。长江电力负责旧设备更新改造，承担新遥测设备和安装遥测设备的配套土建所需资金。系统建成后，由长江电力和水文部门共同管理。

"资源共享"是管理模式的基础。对于该系统采集到的各项数据以及旧站点历史数据由长江电力和地方水文部门共同所有，双方均可以将数据无限制的用于自身生产或科研。

"优势互补"是管理模式产生的原因。管理模式可以充分发挥长江电力和地方水文部门各自优势，克服自身单独建设管理该系统方面的不足。地方水文部门具有地域的优势、现场观测人员的优势以及长期资料积累的优势，长江电力具有技术和资金支撑等方面的优势。管理模式可以使合作双方扬长避短，共同发展。

"和谐发展"是管理模式的目的。它可以保证长江电力和地方水文部门在水情信息采集应用方面全局的、整体的和根本的发展。"和谐发展"就是兼顾合作双方各方面的实际，充分发挥各自优势，从而形成一种良性的互动、进取的状态，达到双方共同和谐发展的目的。

管理模式另一个重要而直接的社会效益就是促进地方水文事业的发展。共建共管模式的实施，使长江上中游地方水文部门借助长江电力的力量迅速提升基础设施装备，加速现代化建设的步伐和速度。

管理模式还能减少对自然环境的破坏，为泥沙科学调度提供科学数据，具有环境效益。另外，管理模式还能确保水文资料的一致性，保证资料共享，避免了社会资源的重复建设。

新的建设管理模式充分利用了长江电力和地方水文部门各自的资源，有效解决了上述问题。长江电力利用水文部门已有的测站网络以及维护管理人员，不需要重新选址、征地，也不需要额外招聘维护管理人员，仅此就可以节约大量一次性建设投入资金及维护人员工资报酬，另外也可以避免复杂征地等程序，简化了手续，极大地缩短了建设周期。

新管理模式的实施充分贯彻了三峡集团和长江电力的企业价值观，体现了企业高度的社会责任感和公众服务意识，树立了企业服务社会的良好形象，为企业赢得美誉度。通过该模式的运作，三峡集团和长江电力与地方水文部门建立良好的互信合作关系，为今后开展更深层次的合作奠定了基础。

（2）水情遥测系统可用度。可用度用来衡量遥测站数据是否能及时准确送达中心站。三峡水情遥测系统中针对雨量或水位数据的实时性，设计出遥测站可用度统计报表。水位站、水文站均有水位数据发送到三峡中心站，采用定时自报和条件加报相结合的方式，并且定时自报间隔都是固定的。而雨量站则仅发送雨量数据，也是采用定时自报和条件加报相结合的方式。水位数据的定时自报间隔小于雨量数据的定时自报间隔，因此统计可用度时，优先选择水位数据，其次为雨量数据。

可用度算法设计原理。遥测站每及时收到一条准确的水雨情数据，则代表在一个采样间隔的时间内遥测站数据可用。在实际计算中会用些限定条件进行判断数据的延时和数据真实性，如果数据延时太大或者数据发生跳变，则这条数据将不会参与可用度计算，也即认为该采集间隔对应的时间内遥测站是不可用的。

故障时间 = 总运行时间 − 正常运行时间，单位为 min。

可用度计算公式

$$可用度 = \frac{正常运行时间 + 人工修正时间}{总运行时间} \times 100\%$$

（3）水情遥测系统畅通率。畅通率是用来衡量遥测站数据丢包情况。三峡水情自动测报系统中，遥测站采用主、备双信道向中心站发送遥测数据。中心站数据库中定义有主信道包数、备信道包数、数据信道包数。各信道采用循环码计数，步长为 1，遥测站每向中心站发送一次数据，循环码都会加 1。三峡水情遥测系统正是利用这三种信道包数统计各遥测站的畅通率。

在计算遥测站畅通率时，各信道的应到包数和实到包数是最为重要的信息，最终的畅通率则是采用实到包数除以应到包数得出。各遥测站每天的应到包数和实到包数均通过计算后保存在数据库表中。

1）单站主信道畅通率。

主信道数据包数分为主信道应到数据包数和主信道实到数据包数。

主信道应到数据包数：根据起、止时间和传感器对应点号，采用 SQL 语句对表中字段进行求和，查询得到的数据即为主信道应到数据包数；

主信道实到数据包数：根据起、止时间和传感器对应点号，采用 SQL 语句对表中字段进行求和，查询得到的数据即为主信道实到数据包数；

缺数：主信道应到数据包数 – 主信道实到数据包数。

主信道畅通率：$\dfrac{主信道实到数据包数}{主信道应到数据包数} \times 100\%$

主信道使用率：$\dfrac{主信道实到数据包数}{主信道实到数据包数 + 备信道实到数据包数} \times 100\%$

2）单站备信道畅通率。

备信道应到数据包数：根据起、止时间和传感器对应点号，采用 SQL 语句对表中字段进行求和，查询得到的数据即为备信道应到数据包数；

备信道实到数据包数：根据起、止时间和传感器对应点号，采用 SQL 语句对表中字段进行求和，查询得到的数据即为备信道实到数据包数；

缺数：备信道应到包数 – 备信道实到包数。

备用信道畅通率：$\dfrac{备信道实到数据包数}{备信道应到数据包数} \times 100\%$

备用信道使用率：$\dfrac{备信道实到数据包数}{主信道实到数据包数 + 备信道实到数据包数} \times 100\%$

3）单站畅通率。

应到数据包数：根据起、止时间和传感器对应点号，采用 SQL 语句对表中字段进行求和，查询得到的数据即为应到数据包数；

实到数据包数：根据起、止时间和传感器对应点号，采用 SQL 语句对表中字段进行求和，查询得到的数据即为实到数据包数。

单站畅通率：$\dfrac{实到数据包数}{应到数据包数} \times 100\%$

（4）三峡水情遥测系统畅通率和可用度多年保持在 99%以上的措施。为了提高和长期保持系统的可用度和畅通率，三峡梯调中心在水情遥测系统的管理措施和技术措施上进行了很多尝试，也取得一些创新成果。

1）管理措施。为了规范三峡水情遥测系统维修分中心的运行管理和维护维修工作，规范设备维护人员工作流程，三峡梯调中心制定或修编了《三峡水情遥测系统运行维护规程》《三峡梯调水情遥测系统维修分中心工作标准（v3.0）》《三峡水情遥测系统遥测站巡检作业指导书》《水情遥测系统水位校核作业指导书》等运行维护规程、工作标准、作业指导书，规范三峡水情遥测系统维修分中心的运行管理、备品备件管理、维修分中心考核、设备维护等工作或流程。

三峡梯调中心遥测设备维护人员结合日常维护工作经验，开发了三峡水情遥测系统数据报警平台、三峡水情遥测系统设备运行管理平台等多项软件，辅助维护水情遥测系统，有效提高了维护人员数据查询与维护、备品备件管理、维修记录、设备检测的工作效率，实现设备的精细化管理。

按月开展三峡水情遥测系统遥测站点的逐站畅通率和可用度技术测算与分析，并汇总成系统月度整体畅通率和可用度，及时掌握各个遥测站点畅通率与可用度的情况。对于畅通率与可用度相对较低的遥测站点要开展进一步分类别详细分析。例如畅通率不高，可从主、备两个通信信道、通信设备状况等方面进行分析；如果可用度不理想，可从水位、雨量传感器、数据采集器和设备故障处理时效性方面着手分析。

每个季度编制《三峡水情遥测系统委托管理工作简报》，向系统设备合作运维单位、各维修分中心的负责人、设备维护维修人员通报各维修分中心的季度设备管理工作情况，以及开展各维修分中心考核、工作考评，并将考评情况进行通报，促进系统运行维护工作的提高。通过《三峡水情遥测系统委托管理工作简报》，加强了梯调中心与各合作单位的沟通，解决维修分中心管理中存在问题，也规范了维修分中心的管理工作，为系统运行核心指标的长期高标准提供了保障。

针对设备缺陷故障，结合遥测系统的特殊性，对重点站和非重点站明确规定缺陷处理完成时间，重点站4h，非重点站24h。对于故障类别、数量按月进行统计分析，并及时反馈给相关的设备维修与备品备件管理人员，用以及时指导下阶段的系统运行维护和备品备件配发。

每年编制《年度三峡水情遥测系统运行维护管理总结》，从各项技术指标对系统进行全面统计分析总结，其目的是为下一年的系统运行管理提供相应的依据，例如根据故障分类统计分析，预估下一年度备品备件储备的品种与数量；提前有目标的向维修分中心配发相关的备品；统筹规划设施的维修计划与安排等。

通过以上管理措施的长期实施，特别是质量评价体系的推行，系统的可用度从2015年前的98%提升到了99%以上。管理措施的强化与精细化效果十分显著。

2）技术措施。为持续提高三峡水情遥测系统设备稳定性和可靠性，围绕提高和稳定系统畅通率和可用度指标，三峡梯调中心从三峡水情遥测系统技术设计开始，一直贯穿到系统运行过程，始终在技术进步、技术升级和新技术应用进行着不断的探索，不仅创新技术理念，也开展了多项技术创新，采用了许多同时代新的技术，取得一些新的成果。

例如，在水情遥测系统中首次提出并采用多信道数据传输的概念，在单一遥测站点采用双信道（两个不相关通信信道）的系统冗余组网模式和实现；首次提出并采用了自适应多信道数据畅通率、可用度精准算法和实现；首次提出并采用卫星数据传送空、地一体化在水情测报系统中的应用设计与实现；首次提出并实现全流域遥测系统实时数据收集小于10min（国家规范20min）；首次提出系统可用度指标。将水情数据信息的可用度指标用来衡量系统的可靠性，该做法要优于国家规范提出的方式；首次提出并实现利用多途径远程维护偏远地区遥测站点的方式。

例如，将 GSM/GPRS/4G 技术整合于一体的自适应数据传输模式用于传输水雨情数据，不仅极大提高了数据传输的实时性和可靠性，提升系统畅通率指标，同时又降低遥测站通信的成本；积极开展互联网＋、智能识别等技术在水情遥测系统中的试验工作，以提高水情遥测系统的稳定性和自动化程度。

三峡梯调中心技术人员在长期日常维护工作中，通过不断地总结经验与创新思维，获得不少专利发明和小创造。比如：自研产品"便携式自动校核仪"，用于雨量传感器率定工作，该项成果已获得国家发明专利；用于水位校核的实用工具"一种大量程高精度双绞线电子水尺"也获得国家实用新型专利；"一种实现遥测站远程上电掉电振铃控制器"可以实现远程对遥测站的复位操作，大大提高维护人员的工作效率；"一种便携式水情遥测站"可实现突发应急情况下的水位遥测站的快速部署或替代。可降低遥测水位站出现重大故障时，对水库调度水情数据应用的影响。通过专利发明和小创造的实际应用，有效提高了设备维护的效率，提高了系统运行的稳定性和可靠性，减少了设备故障率，对系统的可用度提升做出了贡献。

通过对技术措施的不断完善，系统各项指标的合格率得到充分的保障。

3.1.2　洪水预报

洪水预报指根据洪水形成和运动的规律，利用过去和实时水文气象资料，对未来一定时段的洪水发展情况的预测，其主要预报内容包括最大洪峰流量、洪峰出现时间、洪水涨落过程、洪水总量等。作为重要的防洪非工程措施，洪水预报直接为防汛抢险、水资源合理利用与保护、水利工程建设及调度运用管理，以及工农业的安全生产服务。洪水预报可根据不同的方法进行分类：

（1）预见期长短。洪水预报的预见期指发布预报时刻到预报要素出现的时间间隔，根据预见期长短可将洪水预报分为短期预报（2 天以内）、中期预报（3～10 天）和长期预报（10 天以上），一般预见期超过流域最大汇流时间即作为中长期预报。

（2）洪水成因要素。根据洪水成因要素可将洪水预报分为暴雨洪水预报、融雪洪水预报、冰凌洪水预报、海岸洪水预报等，由于绝大多数河流的洪水是暴雨引发的，因此暴雨洪水预报的研究应用最广。

（3）洪水预报方法。根据预报方法不同可将洪水预报分为两大类：一类是河道洪水预报，根据河道中洪水的运动规律，由上游的洪水位和洪水流量来预报下游的洪水发展情况，如相应水位（流量）法、流量合成演算法等；另一类是流域降雨径流法，通过模拟降雨落地到产生径流的过程来预报洪水总量及洪水过程，如降雨径流相关关系法、流域水文模型法等。

1. 洪水预报发展历程

1910 年奥地利林茨和维也纳的省水文局，首次安装水位自动遥测和洪水警报电话装置。1932 年谢尔曼提出单位过程线，1933 年霍顿提出经典入渗理论，1935 年麦卡锡提出马斯京根法，1948 年彭曼提出蒸发公式，标志着人们对于洪水的产生和发展过程有了理论认识，现代洪水预报初具雏形。20 世纪 50～70 年代，随着对土壤水分运动的进一步认识以及计算机发展，大量流域水文模型涌现出来。20 世纪 70 年代末以来，随着遥感、雷达、地理信息系统等技术的兴起，流域水文模型发展得更加精细，洪水预报监测校正手段更为丰富，欧美不少国家都建立了全国范围的实时洪水预报系统。

16 世纪 70 年代，中国就有"飞马报汛"的洪水预报方式——在黄河沿线设置驿站，当上游出现汛情时沿驿站向下游传报水情。1949 年以后，中国全面规划布设了水文站网，制定了统一报汛方法，洪水预报业务技术得到迅速提高。基于大量的实践经验，中国的洪水预报技术在理论及方法上均有创新发展，如将马斯京根法发展为多河段连续演算、开发出分别适用于湿润半湿润地区以及干旱地区的流域水文模型等，水利部建立了能够实现全国七大流域实时洪水预报的中国洪水预报系统。

2. 洪水预报原理及方法

（1）洪水预报原理。由降雨形成洪水的过程是非常复杂的，为了进行定量阐述，常将这一过程概化为产流和汇流两个阶段。产流阶段是指降雨经植物截留、填洼、下渗的损失过程，降雨扣除这些损失后，剩余的部分称为净雨，净雨在数量上等于它所形成的洪量；汇流阶段是指净雨沿地面和地下汇入河网，并经河网汇集形成流域出口断面洪水的过程。汇流过程又可以分为两个阶段，由净雨经地面或地下汇入河网的过程称为坡面汇流；进入河网的水流自上游向下游运动，经流域出口断面流出的过程称为河网汇流。

1）产流计算。为便于分析计算，一般将产流过程概化为两种基本形式：一种是超渗产流，在北方干旱地区或南方少雨季节，土壤含水量较小，此时土壤水分运动主要是垂直下渗，只有降雨强度超过土壤下渗能力时，才能产生地面径流，否则降雨全部下渗到土壤里，没有径流产生；另一种是蓄满产流，在南方湿润地区或者北方多雨季节，土壤含水量较大，此时土壤水分运动除垂直下渗外还有水平流动，土壤蓄水饱和后不仅有地面径流产生，还有地下径流的产生。

2）汇流计算。汇流过程分为坡面汇流和河网汇流两个阶段，在水文学中，通常采用水量平衡方程与坡地蓄泄关系来描述坡面汇流，采用水流连续定理和河槽蓄泄关系来描述河网汇流。坡面流的出流量过程可用包含有坡地汇流曲线的径流成因公式来推求，或用运动波来描述；表层流的出流变化，通常采用线性蓄泄关系来描述；地下径流的流动规律，可用土壤非饱和及饱和水流方程解算；河网洪水运动可采用圣维南方程组来描述，但一般简化为特征河长法、马斯京根法和滞后演算法等水文方法，也有采用经验关系来描述的相应水位（流量）法、合成流量演算法等。

（2）常用洪水预报方法。洪水预报方法一般分为两大类，其中一类方法是河道洪水预报，主要预报洪水在河道中的传播过程，如相应水位（流量）法。天然河道中的洪水以洪水波形态沿河道自上游向下游运动，可利用河道中洪水波的运动规律，由上游断面的洪水位和洪水流量，来预报下游洪水的发展运动规律。

洪水预报的第二类方法是流域降雨径流法（流域水文模型法），依据降雨形成径流的原理，直接从实时降雨预报流域出口断面的洪水总量和洪水过程。根据模型结构和参数是否具有物理意义可将流域水文模型分为经验模型、概念性模型和物理模型，其中概念性模型的结构介于经验模型和物理模型之间，这类模型既基于一定的物理基础，又通过某些假设或统计方法对物理过程进行概化，而不是直接求解物理方程，因为其具有一定的机理且运算过程相对于物理模型简单，被广泛运用于实际生产。

新安江模型在我国得到广泛的应用,是中国研制的一个适合湿润和半湿润地区的流域水文模型,赵人俊教授于 1963 年初次提出湿润地区以蓄满产流为主的观点,传统的超渗产流概念只适用于干旱地区,而在湿润地区,地面径流的机制是饱和坡面流,壤中流的作用很明显。新安江模型是分散性模型,可用于湿润地区与半湿润地区的湿润季节。当流域面积较小时,新安江模型采用集总模型;当面积较大时,采用分块模型,它把全流域分为许多块单元流域,对每个单元流域作产汇流计算,得出单元流域的出口流量过程。再对出口以下的河道洪水进行演算,求得流域出口的流量过程。最终把每个单元流域的出流过程相加,就求得了流域的总出流过程。该模型按照三层蒸散发模式计算流域蒸散发,按蓄满产流概念计算降雨产生的总径流量,采用流域蓄水曲线考虑下垫面不均匀对产流面积变化的影响;在径流成分划分方面,根据"山坡水文学"产流理论用一个具有有限容积和测孔、底孔的自由水蓄水库把总径流划分成饱和地面径流、壤中水径流和地下水径流;在汇流计算方面,单元面积的地面径流汇流一般采用单位线法,壤中水径流和地下水径流的汇流则采用线性水库法。

(3)洪水预报效果评价。在对比选择洪水预报方法以及对洪水预报效果进行分析时,需要一定的标准来对预报结果进行评价,《水文情报预报规范》(GB/T 22482—2008)里提供了一些洪水预报精度评定的方法。

1)洪峰预报误差。洪峰预报误差指预测洪峰流量与实测洪峰流量之间的相对误差,反映了对该次洪水量级的预报准确程度。

$$P = \frac{P_c - P_0}{P_0} \times 100\% \tag{3-1}$$

式中,P 表示洪峰预报误差;P_0 表示实测洪峰流量;P_c 表示预报洪峰流量。

2)洪水过程预报误差。洪水预报过程与实测过程之间的吻合程度可用确定性系数来描述,该数值越接近 1,说明预报过程越接近实测过程。

$$DC = 1 - \frac{\sum_{i=1}^{n}[y_c(i) - y_0(i)]^2}{\sum_{i=1}^{n}[y_0(i) - \bar{y}_0]^2} \tag{3-2}$$

式中,DC 表示确定性系数;$y_0(i)$ 表示实测值;$y_c(i)$ 表示预报值;$\bar{y}_0$ 表示实测值的均值;n 表示资料序列长度。

3)洪峰预见期。洪峰预见期指发布洪峰流量预报的时刻到实际洪峰出现之间的时间间隔,反映了洪水预报为防洪准备工作所预留的时间裕度。

$$T = T_c - T_0 \tag{3-3}$$

式中,T 表示洪峰预见期;T_0 表示实测洪峰出现时刻;T_c 表示预报洪峰发布时刻。

(4)模型参数优选及预报实时校正。洪水预报模型除了结构合理外,模型参数的优化和选择也十分重要,这在很大程度上决定了模型的预报精度。调整模型参数使模型拟合实测资料最好的工作叫"模型率定";在模型率定过程中,一组最优参数也就同时定下来了,这称为"参数优选"。

简单的参数优选的方法包括一般最小二乘法以及带约束的最小二乘法,这些方法适用于模型结构和参数简单的经验性洪水预报模型;而概念性洪水预报模型一般模型结构和参数比较复杂，各参数之间即具有独立性也具有耦合性，这类模型一般采用基因算法、单纯形法等进行参数率定。

1）基因算法。基因算法是一种基于基因变异、基因遗传和自然选择机制的仿生学寻优算法。该法按照"优胜劣汰"的自然法则，将适者生存与自然界基因变异、遗传等过程相结合，从各参数的若干可能取值中，逐步求得最优值。

基因算法属于随机寻优法，它不是从参数的给定起始点按确定的搜索方向直接对参数值本身寻优，而是随机地从参数域中选取 n 对参数开始优化。基因法首先将参数值进行仿基因编码，接下来以一定概率对参数编码串进行随机变异，再随机选择基因编码串的某个位置将配对的两个参数编码串进行剪切互换，得到的参数以模型效果是否优异来决定是否参与下一轮优选，重复变异、交换、选择过程直至迭代出达到期望目标的参数。

2）单纯形法。单纯形法基于某优化问题若存在最优解，则其肯定位于可行域的一个顶点，最早由 Splendy 等于 1962 年提出，Nelder 和 Mead（1965）针对该法进行改进。改进后的方法允许改变单纯形的形状，应用具有 $n+1$ 个顶点的可变多面体把具有 n 个独立变量的目标函数极小化，每一个顶点可由一组参数确定。在可行域的顶点中找到一个目标函数最高值的顶点，通过其余各顶点的形心连成射线，用更好的点逐次代替目标函数最高值的顶点，就能找到目标函数的改进值，一直到目标函数的极小值被找到为止。

一般情况下基因算法不依赖于搜索起点，且能达到全局最优，但搜索速度慢，精度不高；单纯形法不一定能够达到全局最优，且搜索依赖于初始值，但搜索速度较快，精度较高，一般将二者结合起来进行参数优选，先由基因算法选择出较优的参数，再通过单纯形法进一步优化。

由于洪水预报方案都是根据以往的实测资料制定的，其中的参数或相关曲线反映的是以往资料情况下平均而言的最优取值或关系，用于作业预报时，当实际情况偏离过去确定方案的状态时，就使预报结果发生偏差，通常需要实时校正来提高预报的精确程度。在洪水实时预报中，目前阶段采用实时校正的方法主要有：递推最小二乘法、卡尔曼滤波方法以及自适应滤波方法。这些实时校正方法的共同特点是能实时地处理水文系统最新出现的预报误差，以此作为修正预报模型参数或状态或预报输出值的依据，从而使预报系统迅速适应现时的状况，提高洪水预报结果的精度。

3. 金沙江下游—三峡梯级水库入库洪水预报应用实例

（1）金沙江下游—三峡梯级水库入库洪水预报体系。金沙江下游—三峡梯级水库位于长江干流，肩负着川江流域和长江中下游的防洪任务，梯级水库除防洪外还兼有发电、航运、生态、补水等综合功能，为充分发挥其综合效益，科学高效地管理大国重器，三峡水库建库以来就开始建立相应的入库洪水（入库流量）预报体系，经过 20 年的发展目前已形成一套成熟的体系，为水库安全、稳定、高效运行提供保障。

1）预报体系概述。金沙江下游—三峡梯级水库入库洪水预报体系集成了实时水雨情监测、气象预报数据接入、入库洪水预报方案、人工交互预报及实时校正、预报结果评价分析等功能模块。目前该洪水预报体系覆盖长江上游流域超过 80%的流域面积，可对流域内 132 个重要水文站、水库站等控制节点进行洪水预报（见图 3-7），其中金沙江及三峡区域的重点预报站点见表 3-1 及表 3-2。

表 3-1 　　　　　　　　　　　　　　金沙江流域重点预报站一览

序号	水系	河名	站名	集水面积（km²）
1	金沙江	金沙江干流	岗拖	149072
2	金沙江	金沙江干流	石鼓	214184
3	金沙江	金沙江干流	观音岩	256500
4	金沙江	雅砻江	锦一	102600
5	金沙江	雅砻江	二滩	116400
6	金沙江	雅砻江	桐子林	128363
7	金沙江	金沙江干流	乌东德	406100
8	金沙江	金沙江干流	白鹤滩	430300
9	金沙江	金沙江干流	溪洛渡	454400
10	金沙江	金沙江干流	向家坝	458800

表 3-2 　　　　　　　　　　　　　　三峡流域重点预报站点一览

序号	水系	河名	站名	集水面积（km²）
1	横江	横江	横江	14781
2	岷江	岷江	高场	135378
3	沱江	沱江	富顺	19613
4	嘉陵江	涪江	小河坝	28901
5	嘉陵江	渠江	罗渡溪	38064
6	嘉陵江	嘉陵江干流	武胜	79714
7	嘉陵江	嘉陵江干流	北碚	156736
8	长江	长江干流	李庄	639227
9	长江	长江干流	泸州	673722
10	长江	长江干流	朱沱	694725
11	长江	长江干流	寸滩	866559
12	长江	赤水河	赤水	16622
13	长江	綦江	五岔	5566
14	乌江	乌江	思南	51270
15	乌江	乌江	彭水	70000
16	乌江	乌江	武隆	83035
17	长江	长江干流	三峡	1000000

2）预报方案介绍。金沙江下游预报方案重点是构建金中预报方案、雅砻江预报方案以及河道水动力演进方案，其中降雨径流预报采用新安江模型进行计算、河道演进采用马斯京根法进行推演。金下梯级水库区间（以白溪区间为例）干流河道水动力学模型概化如图 3-8 所示，模型上边界为白鹤滩，下边界为溪洛渡坝址，区间的主要支流，作为集中入流点加入，河道沿线区间采用旁侧入流方式加入。

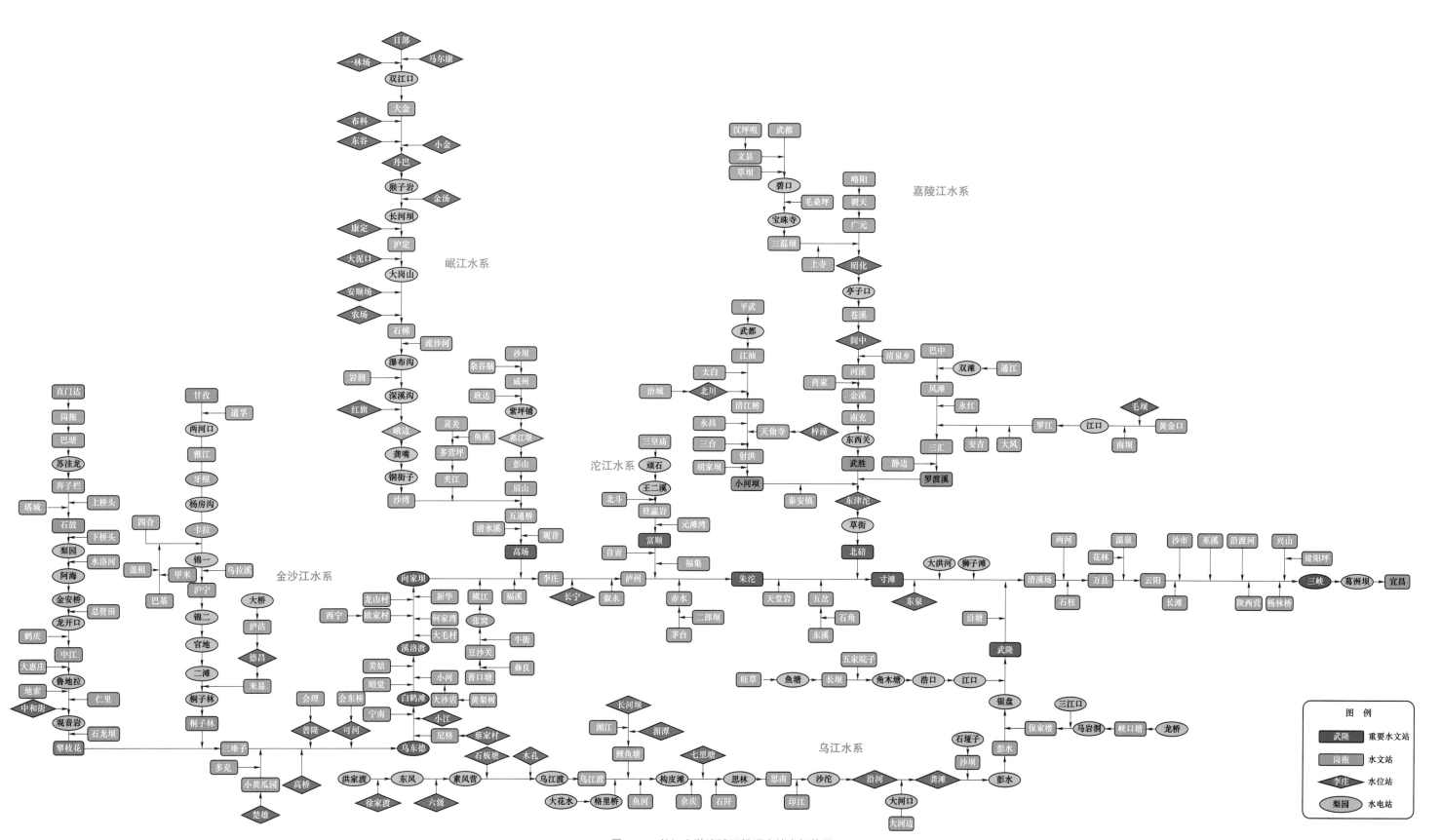

图 3 – 7　长江上游流域预报调度站点拓扑图

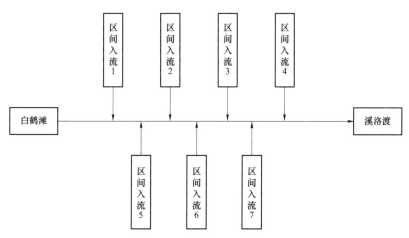

图 3-8　金下梯级水库区间干流河道水动力学模型概化图（以白溪区间为例）

三峡预报方案以向家坝水库为桥梁衔接金沙江下游的预报方案，按岷沱江、嘉陵江、乌江、向寸区间以及三峡区间等子流域进行分区预报，其中降雨径流预报采用新安江模型进行计算、河道演进采用马斯京根法进行推演。三峡区间有水文站（水库）站点控制的支流共 12 条，以控制站为出流断面编制各支流水文控制站点以上降雨径流方案。对于剩余的无控区间，采用邻近流域产流方案移用制作降雨径流方案。三峡水库区间干流河道水动力学模型概化图如图 3-9 所示。

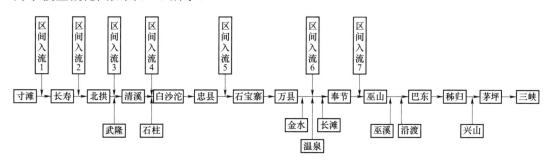

图 3-9　三峡水库区间干流河道水动力学模型概化图

（2）近年三峡入库洪水预报效果。自三峡水库 2003 年建库以来，三峡入库洪水预报技术经历了四个较大的发展阶段，从初步经验探索阶段发展至精细化网格阶段。随着预报技术的提升，洪水预报效果也得到改进，近十年来三峡入库洪峰预报精度平均提升 2 个百分点，预见期平均延长 27h（见表 3-3）。

表 3-3　　　　　　　　　　　不同阶段三峡入库洪峰预报精度

入库洪水预报技术发展阶段		初步探索阶段	系统模拟阶段	分布式模型阶段	精细网格阶段
		2003—2006 年	2007—2011 年	2012—2019 年	2020 年至今
三峡入库洪水	洪峰预报精度（%）	—	94.85	95.32	96.82
	预见期（h）	—	24	35	51
	峰现误差（h）	—	3	5	3

3.1.3 水情测报及洪水预报面临的挑战

水情测报的采集、通信、传输技术发展已逐渐成熟，站网分布逐步加密，截至 2021 年全国国家基本水文站及专用水文站数目近 8000 处，雨量站数目超 53000 处；与此同时洪水预报技术的发展也逐渐成熟，各大流域管理机构、地方水文局、水库管理运行单位等基本建立了相应的水文预报系统，能够进行水情预报，为水资源充分利用、水库管理、防汛抗旱工作打下坚实的数据基础和技术支撑，但目前水情测报及洪水预报仍面临一些新的挑战。

（1）极端灾害天气频发。受全球气候变化影响，近年来全国极端天气事件频发，2021 年河南郑州遭遇特大暴雨、黄河及汉江流域遭遇罕见秋汛，通过原有的气象水文统计规律难以对极端灾害天气做出准确预警。未来洪水预报需与天气预报、水情测报结合更加紧密，进一步提高水情实时监测预警及短临暴雨洪水预报能力，发展集合概率预报技术，提高风险事件预警预报能力。

（2）人类活动影响。受水利工程、城市化等人类活动影响，流域原始的地形地貌、河槽形态、水系关系等发生了改变，导致洪水的产生及传播规律也发生了变化。当前洪水预报领域已逐步引入数字化建模、卫星反演及无人机遥感测绘等技术，未来需要进一步提升对下垫面变化情况的跟踪监视及模拟能力。

（3）无资料地区洪水预报。随着防洪报汛工作几十年来的发展，大江大河的水情测报及洪水预报体系发展已日趋成熟，但很多中小河流仍然面临发展程度不足甚至空缺的问题，制约着中小河流水资源的综合开发以及社会经济发展。未来卫星及无人机遥感监测、多源信息融合、人工智能及大数据分析、分布式模拟等技术将成为无资料地区水情测报及洪水预报的焦点。

3.2　水　库　调　度

水库调度工作是根据水库承担的水利任务的主次及规定的调度原则，运用水库的调蓄能力，在保证大坝安全的前提下，有计划地对入库的天然径流进行蓄泄，达到除害兴利、综合利用水资源，最大限度地满足国民经济各部门的需要的目的。水库调度按照调度方式可以分为防洪调度方式、兴利调度方式和综合利用调度方式三大类；按照实施对象可以分为单库调度、流域梯级水库调度和流域梯级水库群调度三种；按照调度计算周期可分为中长期调度、短期调度、实时调度和多时段嵌套调度。

3.2.1 概述

1. 水库调度理论和方法

水库调度的理论与方法是随着 20 世纪初水库和水电站的大量兴建而逐步发展起来的，并逐步实现了综合利用和水库群的水库调度。在调度方法上，1926 年苏联 A．A．莫洛佐夫提出水电站水库调配调节的概念，并逐步发展形成了水库调度图。这种图至今仍被广泛应用。20 世纪 50 年代以来，由于现代应用数学、径流调节理论、电子计算机技术的迅速发展，使得以最大经济效益为目标的水库优化调度理论得到迅速发展与应用。随着各种水库调度自动化系统的建立，使水库实时调度达到了较高的水平。中国自 20 世纪 50 年代以来，水库调度工作随着大规模水利建设而逐步发展。大中型水库比较普遍地编制了年度调度计划，有的还编制了较完善的水库调度规程，研究和拟定了适合本水库的调度方式，逐步由单一目标的调度走向综合利用调度，由单独水库调度开始向水库群调度方向发展，考虑水情预报进行的水库预报调度也有不少实践经验，使水库效益得到进一步发挥。对多沙河流上的水库，为使其能延长使用年限而采取的水沙调度方式已经取得了成果。由于水库的大量兴建，对于水库优化调度也在理论与实践上作了探讨。在中国，丰满水电站、丹江口水利枢纽、三门峡水利枢纽等水库的调度工作都积累了不少经验。

2. 水库调度目标与原则

水库所处流域的地理位置、自然环境、水文气候特征、社会经济情况各不相同，梯级水电站群服务对象和用水部门也并不一致，导致调度的主要目标并不相同，例如以防洪为主要目标、以排沙冲淤为主要目标、以发电为主要目标、以灌溉及供水为主要目标、以保障下游通航为主要目标、以保障生态为主要目标以及满足突发情况为主要目标等，使流域梯级水电站群的调度问题愈发复杂，相应的调度原则也各不相同，具有各自不同的特征。

（1）防洪调度。中国大陆气候类型以季风气候为主，大部分流域有明显的枯水期和汛期，因此以防洪为主的梯级水库群，在枯水期腾出库容，提高汛期时的拦蓄洪水能力；在汛期，通过拦峰、削峰、错峰等方法减少下泄流量，减轻下游水库防洪压力，提高下游保护目标的防洪等级。同时，在洪水预报准确的基础上，通过上下游联合调度，在洪水到来之前降低水库群水位，增加调节库容拦蓄洪水；汛末通过拦蓄洪水尾巴，增大枯水期发电量。当天气预报水库群上游流域有暴雨，水位可能超过汛限水位时，提前降低水位；当以发电等方式预泄不能满足预泄要求，或水库水位已快速上涨时，可开启泄洪设施预泄。当水库水位超过汛限水位，视后期降雨情况，进行有条件控泄。当水库所在流域降雨停止，天气预报在后期一段时间内，如后一周内无暴雨的条件下，可预留洪水尾部水资源量，同时做好一旦水库所在流域可能遭遇突发性暴雨，在保证库水位不超过安全限制水位的同时，泄洪最大泄量应不超过下游河道的安全泄量。

梯级水电站水库群防洪调度总体原则是在保证电站群自身安全的前提下，使流域总体防洪能力最大化，以确保下游防洪目标的水位在汛限水位以下，从而保证流域安全度过洪水期。一般而言，流域中调节能力强的水库通常帮助调节性能相对较差的水库，采用补偿方式调度，提高流域总的防洪能力。即流域上游水库或距防洪保护区较远的水库先行拦蓄洪水，利用拦蓄洪水比重较大、对调节能力较强、距下游防洪保护区较近的水库控制最后的下泄流量。

对于洪灾风险大、河道两岸人口众多、防洪保护目标重要的流域，例如长江流域、黄河流域、淮河流域等，还会通过设置蓄滞洪区来提高重点保护目标的防洪等级，包括设置行洪区、分洪区、蓄洪区和滞洪区。在遇到特大洪水时，通过梯级水库群和蓄滞洪区配合运用，保障重点防洪目标的安全，减轻洪灾损失。

（2）排沙调度。梯级水电站群库区泥沙淤积不仅会造成自身安全问题，影响其发挥效益，缩短电站寿命，而且还会造成下游河床冲刷。因此，排沙调度是水电站群多目标优化调度的重要内容。通过水库泥沙调度，控制泥沙淤积部位与高程，并从电站的使用寿命出发，综合防洪、发电、航运、生态环境等各方面，采用"蓄清排浑"方式进行。在中国，泥沙调度通常在保证防洪安全和兴利调度的前提下开展，以主汛期和沙峰期为主同时结合防洪及其他调度，有效分配不同调度时期各库区的泥沙淤积、优化调整泥沙在各库区内的淤积分布，尽可能地将泥沙排出库外。此外，泥沙调度需编制泥沙淤积监测方案，对泥沙淤积情况进行评估，为优化泥沙调度方式提供依据。

（3）发电调度。流域梯级水电站水库群在保证枢纽安全和电网安全的前提下，以梯级水电站总发电量最大为目标，通过联合调度，优化安排上下游各水库的蓄放水次序，合理控制水位，减少弃水量，充分发挥电站群发电效益。梯级水电站群通常供电于电力系统主网，多承担电力系统调峰、调频任务，因此优化调度必须充分考虑电网系统调峰需求，增大系统调峰容量，提高电网运行的安全性和稳定性。

在汛期，以发电为主要目标的水库群通常承担防洪任务，发电调度应服从防洪调度，优化调度直接关系到流域的洪水调度效果，同时关系到整个流域的防洪安全，梯级中调节能力强的大型水库对整个梯级以及流域的水电补偿调节有重大作用。在分析河流洪水特征、梯级水库防洪目标、调度规则的基础上，以发电量最大为目标，探求流域水电站群最优化的调度运行方式。

（4）生态调度。所谓流域生态调度，是指在满足坝下游生态保护和库区水环境保护要求的基础上，充分发挥水库多种功能，使水库对坝址上下游以及库区水生态环境造成的负面影响控制在可承受的范围内，并逐步修复生态与环境系统。在调度过程中，充分研究河流水流情势与河流生态响应关系和权衡社会经济可承受力，尽可能地保留对河流生态系统影响重大的流量组分，用以最大限度地塑造近似天然的水流情势，恢复河流的生态完整性。同时，生态调度目标设置必须因时、因地、因物种而异，通过对各类流量事件及其生态效应的识别，确定特定的生态流量组分，模拟自然水文情势，为河流重要生物产卵、繁殖和生长，维持水库下游河道基本生态用水，创造适宜的水文水力条件，防止库区富营养化和应对突发水环境事件，恢复、增强江湖水系连通性。主要包括叠梁门分层取水生态调度、针对产黏沉性卵鱼类生态调度、促进产漂流性卵鱼类繁殖的"人造洪峰"生态调度及防控水华生态调度等。

1）叠梁门分层取水生态调度。2～6月水库水温呈季节性分层特征，表层和底层水温存在明显的分层现象，尤其随梯级水库的不断建成，导致各月来流较为平均，水库受到扰动较小，水温分层时间更长，各水库下泄水温上升存在延迟现象。导致水库下游断面鱼类产卵水温到达时间比天然情况推迟3旬左右，叠梁门分层取水生态调度旨在通过下落叠梁门实现水库取上中层水，提高出库水温，以早日达到鱼类产卵繁殖所适宜的水温。

2）针对产黏沉性卵鱼类生态调度。产黏沉性卵鱼类的受精卵大多黏附在浅水砾石滩上，为确保鱼卵的正常繁殖，需控制水位变幅，避免鱼卵暴露在空气中，干枯死亡。针对产黏沉性卵鱼类生态调度包括基荷发电生态调度及针对库区产黏沉性卵鱼类繁殖的生态调度。

基荷发电生态调度试验是指通过优化水库调度，稳定坝下流水江段的水位，缓解水位频繁大幅度波动对鱼类繁殖孵化的不利影响。

针对库区产粘沉性卵鱼类繁殖的生态调度是通过调节出库流量，以减缓库区水位消落速度，提高沿岸带浅水水域的鱼卵成活率。

3）促进产漂流性卵鱼类繁殖的生态调度。江河涨水是促使产漂流性卵鱼类产卵的重要因素，产漂流性卵在静水环境中容易下沉，最终导致鱼卵缺氧坏死，需要在一定流速下才能随江水漂浮并逐渐孵化。由于受到大坝阻隔，江河水文情势较天然来水条件有所变化，对产漂流性卵鱼类的产卵繁殖产生了不同程度的影响。因此，应在适宜水温条件下，通过制造一定的涨、退水过程，控制水体流速，刺激产漂流性卵鱼类产卵繁殖。

4）防控库区水华的生态调度。水库建库以来，由于水文情势发生变化，库区支流尤其是库湾存在发生水华的风险。在水华发生期间，通过适当抬高水库水位，使支流库湾水体形成"上进下出"的水循环模式，打破库湾水动力、营养盐等空间"分区"特性，破坏水温分层，缓解并控制水华的形成；之后增大下泄流量，降低水库水位，增大支流库湾流速大小，缩短水体滞留时间，将库湾内部分高藻类含量水体携出库湾。

通过周期式进行上述水位调度过程，对支流库湾形成"潮汐式"影响，可以在一定程度上控制支流库湾水华发生或控制其发生的区域。

（5）通航调度。大型流域水电站群调度通常需满足上下游的航运要求，如中国长江流域的三峡电站、葛洲坝电站以及向家坝电站等，其投产运行对长江流域航运起到了推动作用，改善了库区的航运条件，对提高航道通过能力和通航保证率，促进长江航运事业的发展发挥重要作用。航运调度首先应开展航运流量补偿调度，满足航运水深要求，有效改善下游通航条件。同时在电站实际调度过程中，开展适应航运水位变幅要求的电站运行策略，缓解航运与发电之间的矛盾。此外，当流域有航运事故时，应及时开展航运应急调度，避免或减轻航运事故不利影响。

（6）应急调度。应急调度是指监测水库的运行情况，然后根据其出现险情或发生溃决或正常运行的不同组合情况，确定相应的出库流量约束条件，接着确定水库的泄流能力状态，来水状态和各时段的入库洪水流量，最后采用试算法对各时段的出流状态变量进行正向推导求解水量平衡公式，确定各时段的水库的出库洪水流量及其对应的蓄水量。

3. 水库联合调度优化调度

基于上节所述，梯级水电站群通常具有防洪、发电、灌溉、供水、航运、生态、景观等多方面的综合效益，其调度具有水利和电力双重特性：水利方面需要满足人类对水资源的各方面综合利用需求；电力方面则需要水电站群提供可持续的优质、稳定、可靠的清洁电能，以满足社会经济发展的能源需求。二者相互影响，相互制约，具有对立统一的关系。梯级水电站联合优化调度，是通过将流域内有水力联系的水库、水电站及其他相关水利工程看作一个系统进行统一调度。其实质是以运筹学和水库调度相关理论为基础，将水库调度问题抽象为求解带约束条件的数学最优解问题，以统筹协调流域上下游各用水部门的利益和需求，从而实现梯级水库群综合效益的最大化，其基本原则为在确保电站工程和生产安全、设备完好、运行可靠的前提下，制定和实施尽可能最优化的调度运行策略，使梯级水电站群获得最大的经济、社会和生态等综合效益。

与单个水电站独立运行相比较，梯级水电站群的联合优化调度运行具有以下特点：

（1）发电水量的联系。位置靠下游水库的入库来水量，主要取决于上游水电站的出库水量，还有少量的来水是两个水电站之间的区间流域来水量。那么下游水电站的发电计划可以按照上游水电站的出库水量进行计算得到，一般精度较高。

（2）发电水头的联系。上下游两个梯级水电站之间不仅存在水量的联系，还有因水位衔接相互影响，发电水头也有联系。如果下游的库水位过高，则降低了上游电站的发电水头，若下游的库水位过低，则降低了下游电站的发电水头，梯级水库的发电效益得不到最大的发挥。

（3）防洪库容的联合运用。在汛期，水库可以实施联合优化调度进行防洪，通过对流域降雨量的精准预报，利用流域梯级水库防洪库容较大的水库先行泄流，提前为洪水腾出库容，可以更好地保证水库防洪效益的发挥，同时，提前预泄的洪水又能给下一级的水电站带来发电效益。中小洪水洪峰过后，尽可能拦蓄洪水尾巴，通过梯级水库防洪库容动态优化，使得梯级水库下泄流量平稳，提高水资源的利用率。

（4）调频、调峰的联系。梯级水电站群往往供电同一电力主网，且大多承担系统的调频、调峰任务，梯级水电站群通过联合调度，合理分配旋转备用，减少弃水量，同时还可增大系统调峰容量，提高电网运行的安全稳定性。

梯级水库群联合调度的意义主要表现在四个方面：

（1）充分发挥梯级水库的调节作用。库容大、调节程度高的水库将常可帮助调节性能相对较差的水库，发挥"库容补偿"调节的作用，提高总的开发效果或保证水量。

（2）充分利用径流特性的差异。由于梯级水库所处的河流在径流年内和年际变化的特性上可能存在的差别，在相互联合时，就可能提高总的保证供水量或保证出力，起到"水文补偿"的作用。

（3）可优化梯级水库运行参数。梯级水库径流和水力上的联系将影响到下游水库的入库水量和上游水库的落差等，使各库无论在参数（如正常蓄水位、死水位，装机容量，溢洪道尺寸等）选择或控制运用时，均比单库运行优化空间大。

（4）充分发挥社会和经济效益。一个地区对流域水资源的社会需求，往往不是单一水库所能完全解决的。例如河道下游的防洪要求、大面积的灌溉需水，以及大电力网的电力供应等，往往需要由同一地区的各水库来共同解决，或共同解决效果更好。

3.2.2 水库防洪调度

防洪调度指的是运用防洪工程或防洪系统中的设施，有计划地实时安排洪水以达到防洪最优效果。防洪调度的主要目的是减免洪水危害，同时还要适当兼顾其他综合利用要求，对多沙或冰凌河流的防洪调度，还要考虑排沙、防凌要求。

设有闸门控制泄洪的水库，才能进行防洪调度，否则只能起滞洪作用。为了满足下游防洪要求的防洪调度，一般利用防洪限制水位至防洪高水位之间的防洪库容削减洪水。水库通常有以下几种防洪调度方式：固定泄洪调度、防洪补偿调度、防洪与兴利结合的调度和水库群的防洪联合调度。

1. 防洪调度目标函数

在以防洪为主要目标的水电站群联合调度中，防洪是汛期的首要任务。通常情况下，根据汛期洪水大小和防洪保护对象的重要性，可分为三类调度目标：以所占用的梯级水库防洪库容之和最小为目标；以梯级削减洪峰总量最大为目标；调洪时上下游最高水位最小为目标。

当流域内发生中小洪水时，合理利用梯级水库群防洪库容，在满足下游防洪安全的前提下，根据各水库在防洪体系中的调节能力，合理安排各水库运用次序以及防洪库容被占用的程度。通常流域系统中的大型骨干水库或龙头水库，防洪调节能力较大，相应地在优化调度过程中，应尽量少利用该水库的防洪库容，以利于在完成此次防洪任务后，为下次防洪调度预留充足的防洪空间，充分发挥防洪调度作用，因此这种优化调度模式以所占用的防洪库容之和最小为目标。

在防洪调度过程中，梯级水库群留有足够的防洪库容空间以应对更大的洪水，故该目标函数更适用于中小洪水调度，具体表达式为：

$$V = \min\left[\sum_{i=1}^{N_1}\sum_{t=0}^{T}\max(V_i(t))\right] \tag{3-4}$$

式中，N_1 为梯级水电站总个数；T 为洪水过程历时；V 为防洪调度过程中所占用的防洪库容；$V_i(t)$ 为 t 时刻第 i 级水库所占用的防洪库容。

当梯级水库群遭遇全流域性特大洪水时，防洪调度的首要目标是通过水库的防洪运用，尽量利用防洪库容削减洪峰，此时以占用防洪库容最小的目标已不再适用，而是以最大削峰准则为调度目标，使整个流域遭受洪灾损失最小，其函数表达式为：

$$F = \min\sum_{t=1}^{T}\left(\sum_{j=1}^{N_2}q_t^j + \Delta q_t^j\right)^2 \tag{3-5}$$

式中，q_t^j 为梯级内 t 时刻第 j 级水库的出库流量；Δq_t^j 为 t 时刻第 j 级水库上游的区间入流；T 为洪水过程历时；N_2 为梯级水电站总个数；F 为梯级泄流总量。

梯级水库群必须保障大坝及上下游防护对象安全，即调洪时上下游最高水位不能超过水库调度规程或防汛主管部门的有关规定，调洪最高水位越低越有利于整个水库的调度运用，其目标函数表达式为：

$$H = \min(\max H_t) \qquad t = 1,2,3,\cdots,T \tag{3-6}$$

式中，H_t 为 t 时段的坝址上下游水位；T 为一场洪水的历时。

2. 约束条件

（1）水库特性约束。

1）水量平衡约束：

$$V_i(t) = V_i(t-\Delta t) + \int_{t-\Delta t}^{t}[q_i^{in}(t-\Delta t) - q_i(t-\Delta t)]\,\mathrm{d}t \tag{3-7}$$

式中，$V_i(t)$ 为 t 时刻水库 i 所占用的防洪库容；$q_i^{in}(t)$、$q_i(t)$ 分别为 t 时刻水库 i 的入库和泄流量。

2）梯级水库上下游流量约束：

$$q_{i+1}^{in}(t) = q_i(t-t') + q_i^{qj}(t) \tag{3-8}$$

式中，$q_{i+1}^{in}(t)$ 为水库 i 以 $q_i(t)$ 经过 t' 后，演进至下游水库的流量；t' 为水库 i 出库演

进至下游水库入流断面的时间；$q_i^{qj}(t)$ 为 t 时刻水库 i 与下游水库 $i+1$ 的区间流量。

3）库水位约束：

$$Z_{i0} \leqslant Z_i(t) \leqslant Z'_{i0} \qquad (3-9)$$

式中，$Z_i(t)$ 为 t 时刻水库 i 的水位；Z_{i0}、Z'_{i0} 分别为防汛主管部门规定的水库 i 在防洪调度过程中的水位上下限。

4）泄流能力约束：

$$Q_{i0} \leqslant q_i(t) \leqslant Q_i^*(Z) \qquad (3-10)$$

式中，$q_i(t)$ 为 t 时刻水库 i 的泄流量；$Q_i^*(Z)$ 为水库 i 在水位 Z 时的最大泄流能力；Q_{i0} 为水库 i 的发电流量。

5）水位库容曲线约束：

$$Z_i(t) = f_i(t) \qquad (3-11)$$

式中，$f_i(t)$ 为水库 i 的水位—库容曲线函数。

6）下游水位流量关系约束：

$$Z_i^{xy}(t) = g_i[q^{out}(t)] \qquad (3-12)$$

式中，$Z_i^{xy}(t)$ 表示水库 i 在 t 时刻的下游水位；$g_i(*)$ 表示水库 i 下游水位—流量关系函数。

（2）水电站约束。

1）机组水头约束：

$$H_i^{min} \leqslant H_i(t) \leqslant H_i^{max} \qquad (3-13)$$

式中，$H_i(t)$ 为水电站 i 机组在时刻 t 的水头；H_i^{min}，H_i^{max} 分别为水电站 i 机组允许的最大最小水头。

2）机组出力限制：

$$P_i^{min} \leqslant P_i(t) \leqslant P_i^{max} \qquad (3-14)$$

式中，$P_i(t)$ 为水电站 i 机组在时刻 t 的出力，在电站运行过程中，受电网稳定性、线路输送能力、受电方的接受能力等影响；P_i^{min}，P_i^{max} 分别表示水电站 i 允许的最小和最大出力。

3）防洪约束。防洪标准约束公式为：

$$\begin{cases} Q^{min*} \leqslant q_i(t) \leqslant Q_{ip}^* \\ Z^{min*} \leqslant Z_i(t) \leqslant Z_{ip}^* \end{cases} \qquad (3-15)$$

式中，Q_{ip}^*、Z_{ip}^* 分别为水库 i 对应 P 设计洪水的流量和库水位约束；Q^{min*} 和 Z^{min*} 分别为下游河段综合利用要求的最小下泄流量和水位。

4）初始条件约束：

$$Z_i(t_0) = Z_{i0} \qquad (3-16)$$

式中，$Z_i(t_0)$ 表示水库 i 在时刻 t_0 时的水位；Z_{i0} 为水库 i 在调度期的初始库水位。

5）非负约束。以上各变量必须为非负值。

3. 长江流域防洪调度方案

长江干流全长约 6300km，自河源至湖北宜昌为上游，长 4505km，集水面积约 100 万 km²。长江流域的洪水主要由暴雨形成，上游金沙江洪水由暴雨和冰雪融化共同形成，宜宾以下依次接纳岷江、沱江、嘉陵江、乌江等主要支流洪水，形成宜昌河段峰高量大、陡涨渐降型洪水。长江中下游承接长江上游、洞庭湖、汉江、鄱阳湖等洪水，洪水峰高量大、持续时间长，其中大通以下受洪水和潮汐双重影响。

长江洪水发生时间一般年份下游早于上游，江南早于江北，各支流洪峰互相错开，中下游干流可顺序承泄干支流洪水，不致形成较大洪水。但遇气候异常，干支流洪水遭遇，易形成区域性或流域性大洪水。

（1）防洪基本情况。长江流域洪灾分布范围广、类型多，以长江中下游平原区洪灾最为频繁、严重，历来是中华民族的心腹之患。三峡工程建成后长江中下游防洪形势得到改善，但流域防洪减灾体系建设与运用还不完善。长江干支流控制性水库群是长江防洪总体规划体系中的重要组成部分，上游具有防洪功能的控制性水库除承担所在河流（河段）防洪任务外，还承担配合三峡水库为长江中下游防洪任务。

长江中下游基本形成了以堤防为基础，三峡水库为骨干，其他干支流水库、蓄滞洪区、河道整治工程、平垸行洪、退田还湖等相配合的防洪工程体系。长江中下游总体防洪标准为防御新中国成立以来发生的最大洪水（即 1954 年洪水），荆江河段防洪标准为 100 年一遇，同时对遭遇类似 1870 年洪水应有可靠的措施保证荆江两岸干堤防洪安全，防止发生毁灭性灾害。汉江中下游防洪标准为防御 1935 年洪水（相当于 100 年一遇）。洞庭湖湘江、资水、沅水、澧水（以下统称"四水"），鄱阳湖赣江、抚河、信江、饶河、修水（以下统称"五河"），总体防洪标准为 20 年一遇。长江中下游其他支流防洪标准多为 10～20 年一遇。长江干流主要控制站防洪控制水位（堤防设计水位）分别为：李庄 270.00m，寸滩 192.12m，宜昌 55.73m，沙市 45.00m，城陵矶 34.40m，汉口 29.73m，湖口 22.50m，大通 17.10m，南京 10.60m（考虑台风为 11.10m），江阴 7.25m（考虑台风为 8.04m）。长江中下游子流各河段现状行洪能力：沙市约 53000m³/s，城陵矶约 60000m³/s，武汉约 73000m³/s，湖口约 83000m³/s。

（2）长江防洪对水库联合调度的需求。长江上游保护区大多比较分散，较大洪水发生时，沿江两岸阶地即使被淹，洪水过后很快即出露，这与中下游保护区集中成片、一旦受淹范围广、历时很长的情况不同。但由于上游洪水陡涨陡落，峰高历时短，洪水流速大，容易冲毁两岸农田房屋，加之经济社会的发展，对防洪也提出相应要求。

长江上游干支流重要防洪对象主要有：川渝河段的宜宾市、泸州市、重庆市；大渡河成昆铁路峨边沙坪路段、岷江干流的金马河段以及乐山市；嘉陵江中下游河段的苍溪、阆中、南充市、武胜、合川等沿江城镇；乌江流域的思南、沿河、彭水和武隆等县城。

长江上游支流众多，防洪控制点的洪水组成复杂多变，需要防洪控制点以上设有防洪库容的水库联合拦蓄洪水，如川渝河段的宜宾、泸州，在以岷江洪水为主或岷江洪水与金沙江洪水遭遇的情况下，需要考虑大渡河的瀑布沟水库、金沙江的溪洛渡、向家坝水库等联合调度；在嘉陵江洪水与金沙江洪水遭遇情况下，需要金沙江溪洛渡、向家坝梯级和嘉陵江的亭子口水库联合拦蓄洪水。

长江上游水库配合三峡水库联合防洪调度是进一步减少中下游超额洪量、完善长江中下游防洪体系的重要非工程措施。长江全流域性大洪水是由连续、大面积暴雨形成，长江上游和中下游地区几乎同时发生较大洪水，干支流洪水遭遇，形成长江中下游峰高量大、历时长、灾害严重的大洪水或特大洪水。三峡工程地理位置优越，控制了上游所有来水，距防洪控制点最近，成为长江中下游防洪的总控制枢纽。上游控制性水库也在一定程度上控制了所在河流（河段）的洪水，在长江中下游汛情紧张时，三峡以上干支流水库拦蓄洪水，使三峡水库的入库洪量减少，可腾出三峡水库的防洪库容用于调节更大的洪水。因此上游控制性水库配合三峡水库实施防洪统一调度，对长江中下游的防洪作用非常显著，且可操作性强。

（3）长江流域防洪调度方案。

1）调度原则。正确处理水库群防洪与兴利、局部与整体、单库与多库等重大关系。通过水库群联合防洪调度，实现流域上下游协调、干支流兼顾，保障流域防洪安全，充分发挥水库群综合效益。

坚持兴利服从防洪的原则。各水库应按照《长江流域综合规划（2012—2030年）》和《长江流域防洪规划》的要求，汛期留足防洪库容，防洪调度服从有调度权限的防汛抗旱指挥机构的统一调度。

长江上游水库群实行水库管理单位、省（市）防汛抗旱指挥部［以下简称"省（市）防指"］、长江防汛抗旱总指挥部（以下简称"长江防总"）、国家防汛抗旱总指挥部（以下简称"国家防总"）等分级调度管理。

水库群联合防洪调度时，应首先确保各枢纽工程自身安全；对兼有所在河流防洪和分担长江中下游防洪任务的水库，应协调好所在河流防洪与长江中下游防洪的关系，在满足所在河流防洪要求的前提条件下，根据需要分担长江中下游防洪任务；防洪调度应兼顾综合利用要求；结合水文气象预报，在确保防洪安全的前提下，合理利用水资源。

2）调度目标：确保各枢纽工程自身安全。通过拦蓄洪水，实现各水库防洪目标，并提高流域整体防洪效益。

上游水库通过拦洪、削峰、错峰，提高宜宾、泸州、乐山、重庆主城区、苍溪、阆中、南充、武胜、合川、思南、沿河、彭水、武隆等重要城镇及重要基础设施的防洪能力。

三峡水库应保证荆江河段防洪标准达100年一遇，遇1000年一遇洪水或类似1870年洪水时，配合使用蓄滞洪区，保证荆江地区不发生毁灭性洪水灾害。

上游水库配合三峡水库拦蓄洪水，以减少汇入三峡水库的洪量，进一步减少长江中下游分洪量和蓄滞洪区的使用概率。

3）长江中下游防洪调度方案。当长江中下游发生大洪水时，三峡水库根据长江中下游防洪控制站沙市、城陵矶等站水位控制目标，实施补偿调度。当三峡水库拦蓄洪水时，上游水库群配合三峡水库拦蓄洪水，减少三峡水库的入库洪量。

可使用三峡以上所有20座水库配合三峡水库对长江中下游防洪调度。对仅配合三峡水库对长江中下游防洪的水库可考虑投入全部防洪库容，如雅砻江的锦屏一级、二滩等水库，金沙江中游的梨园、阿海、金安桥、龙开口、鲁地拉等水库，乌江的构皮滩水库等。

对具有双重防洪任务的水库，既考虑本河流防洪又配合三峡水库对长江中下游防洪的水库，需留足为本河流防洪的库容，如观音岩需预留 2.53 亿 m³ 库容供攀枝花市防洪使用，溪洛渡、向家坝水库需预留 14.6 亿 m³ 库容供川渝河段宜宾、泸州市防洪使用，瀑布沟需预留 7.3 亿 m³ 供瀑布沟以下沿江城镇、乐山市以及成昆铁路沙坪段防洪使用，亭子口水库需预留 10.6 亿 m³ 库容供嘉陵江中下游沿江城市防洪使用。但考虑到长江中下游的大水年份与长江上游各河段的大水年份并不相同，且当所在河流来水量不大、预报短期内不会发生大洪水时，可考虑投入全部防洪库容、减少水库下泄流量以降低长江干流洪峰流量，减少三峡水库入库洪量。

长江上游水库群一般采用等蓄量拦蓄方式与三峡水库同步蓄水对长江中下游防洪，拦洪流量兼顾发电兴利需求，并根据预报情况及时调整。溪洛渡、向家坝等水库要及时削减寸滩洪峰，以有利于降低库区回水高程。

上游水库群参与长江中下游防洪的启动时机为：雅砻江、金沙江中游梯级、岷江（瀑布沟）梯级、乌江（构皮滩）梯级在三峡水库进行防洪补偿调度、水位即将超过 145m 时启用；溪洛渡、向家坝梯级水库一般在三峡水库进行防洪补偿调度、水位即将超过 158m 时启用；嘉陵江水库（亭子口）结合本流域防洪，在三峡水库不同防洪调度阶段动态投入一定防洪库容。

上游水库群参与长江中下游防洪的使用次序可根据当时的雨情水情确定，一般先用雅砻江、乌江诸水库，再用金沙江中游、岷江诸水库，溪洛渡、向家坝、亭子口水库留在最后使用。

三峡水库根据长江中下游防洪控制站沙市、城陵矶等站水位控制目标，实施对荆江河段进行防洪补偿调度方式或实施兼顾对城陵矶地区进行防洪补偿调度方式。

4）三峡水库泄水设施调度方案。

a. 泄水设施安全运用条件。

深孔：设计最低运用水位为 135.0m、正常运用水位为 145.0m 以上。深孔弧形工作闸门不应局部开启运用。

排漂孔：1 号、2 号为泄洪排漂孔，可以用于排漂或者泄洪，运用水位为 135.0～150.0m以及 155.0m 以上。3 号排漂孔仅当需要运用排漂时运用，不参与泄洪调度，运用水位为135.0～150.0m。排漂孔弧形工作闸门不应局部开启运用。

表孔：正常泄流时排漂运用水位宜在 161.0m 以上。表孔平板工作闸门最高档水位为175.0m。闸门不得局部开启运用。

排沙孔：1～7 号排沙孔用于左右电站建筑物排沙运用，8 号排沙孔用于地下电站排沙运用。排沙孔运用水位为 135.0～150.0m，平板工作闸门不得局部开启运用。宜尽量少用排沙孔泄洪，必要时可在 150.0m 以下参与泄洪。排沙孔不过流时，应运用事故门挡水。

两孔冲沙闸：开闸冲沙的水位与流量组合为：三峡库水位 135.0～150.0m，下游葛洲坝坝前水位 63.0～66.0m；三峡枢纽总泄量 20000～35000m³/s。

冲沙闸仅用于通航建筑航道拉沙冲淤运用，不参与泄洪调度，其设计最大冲沙流量为2500m³/s。冲沙闸冲沙时可分级开启弧形门，平板门作为事故检修门，在不冲沙挡水期间，

运用平板门挡水。

b. 泄水设施泄洪调度运用要求。

泄水设施泄洪运用开启顺序：机组、深孔、排漂孔、表孔。当需要减少下泄流量时，按照上述相反顺序关闭。

深孔和表孔各空开启泄洪顺序应满足在分布上保持均匀、间隔、对称的原则进行，关闭时按相反的顺序进行。不得无间隔地集中开启某一区域孔口泄流。

运用深孔泄流、宜使用深孔的运行时间较均匀，不易过分集中使用某些孔口。

运用排漂孔泄洪时，首先运用 2 号排漂孔，再运用 1 号排漂孔，且宜少用 1 号排漂孔。3 号排漂孔不参与泄洪调度。排漂运用时，可根据需要合理选择。

蓄水期和消落期，三峡库水位在 170.0m 以上时，采用先开启表孔后深孔的泄洪运用方式。表孔投入泄流运用后，宜启闭深孔来调节下泄流量。

泄洪设施的开启顺序为：首先由电站机组过流；机组过流量不满足要求时，先开启表孔泄流；表孔全部开启泄流量仍不足，或当水位 170.0m 以上且表孔下泄流量大于 10000m³/s 时，可开启部分深孔泄洪。

4. 长江流域防洪调度实例

（1）2016 年防洪调度实例。受超强厄尔尼诺事件影响，2016 年汛期长江流域降雨集中、强度大，长江流域发生了区域性大洪水，部分支流发生特大洪水。2016 年长江洪水呈现出中下游干流水位高、高水持续时间长、多条支流发生特大洪水等主要特征（见图 3–10）。长江中下游干流附近及两湖水系多条支流发生超历史洪水，其中清江、资水、鄂东北诸支流、巢湖水系和梁子湖等发生特大洪水。

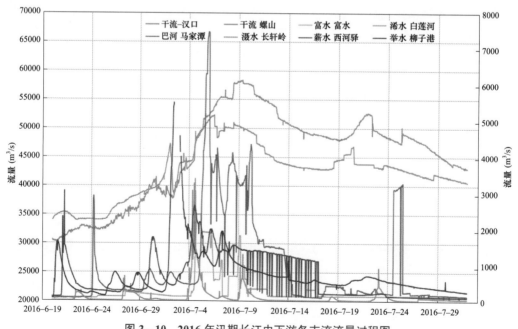

图 3–10 2016 年汛期长江中下游各支流流量过程图

在 2016 年洪水过程中，长江三峡和上游已建的控制性水库群联合发挥拦洪、滞洪、削峰、错峰作用，同时，金沙江下游～三峡梯级枢纽适时拦蓄洪水，有效减轻了长江中下游的防汛压力，在实现梯级水电站安全度汛的同时，极大减少了洪灾损失（见图 3－11）。溪洛渡、向家坝配合三峡水库实施联合防洪调度，累计拦蓄洪水 112 亿 m^3，防洪效益发挥显著。其中，溪洛渡水库累计拦蓄洪水 14.45 亿 m^3；三峡水库累计实施蓄洪调度 3 次，累计拦蓄洪水 97.76 亿 m^3。三峡汛期基本没有弃水，洪水资源得到充分利用。针对长江 1 号洪峰，调度三峡水库削减洪峰流量 19000m^3/s，削峰 38%；针对长江 2 号洪峰和长江监利以下河段全线超警的严峻形势，在调度金沙江梯级水库配合三峡水库拦蓄上游洪水的同时，先后两次调度三峡水库减小出库流量，使城陵矶没有超保证水位，有效减轻了长江中游城陵矶河段和洞庭湖区防汛压力，为湖北、安徽、江苏等地的防洪抢险和城市排涝创造了有利条件，取得了显著的防洪效益。

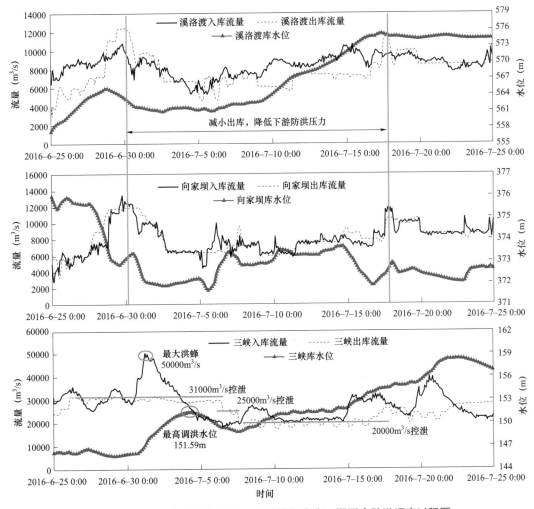

图 3－11　2016 年金沙江下游～三峡梯级水库汛期联合防洪调度过程图

（2）2018 年防洪调度实例。自 2018 年 7 月 2 日起，长江流域自西向东发生一次大暴雨的降雨过程，受其影响，长江上游、汉江上游来水显著增加，"2018 年长江 1 号洪水"在上游形成。7 月 5 日 14 时，三峡水库入库流量涨至 53000m³/s，出库流量 40000m³/s。长江防总向丹江口水库下发调度令，要求 7 月 4 日 18 时开启 1 个深孔，加大下泄流量。三峡水库维持 40000m³/s 流量下泄。7 月 6 日 8 时，三峡水库入库流量已减至 47000m³/s，并持续减退，三峡水库维持 40000m³/s 出库流量，长江 2018 年第 1 号洪水已平稳通过三峡库区。通过三峡水库的拦蓄，确保荆江河段不超过警戒水位，有效减轻了中下游防洪压力。

7 月 8 日起，受新一轮强降雨影响，长江上游大渡河、岷江、沱江、嘉陵江等流域出现较大洪水，7 月 11 日 8 时～12 日 8 时，长江流域共有 7 个站超历史最高水位，14 个站超保证水位，22 个站超警戒水位。岷江高场站 12 日 13 时出现洪峰流量 16900m³/s；沱江富顺站 13 日 12 时出现洪峰流量 9320m³/s；嘉陵江北碚（三）站 13 日 14 时出现洪峰流量 32000m³/s。受上述来水影响，长江上游干流来水迅速增加。13 日 4 时，长江干流寸滩站流量涨至 50400m³/s，"长江 2018 年第 2 号洪水"已在长江上游形成。7 月 14 日 2 时，三峡水库入库洪峰流量将达 61000m³/s 左右。长江防总于 7 月 11 日 20 时调度三峡水库，下泄流量按 42000m³/s 控制，积极应对长江今年第 2 号洪水。同时，联合调度金沙江中游梯级、金沙江下游溪洛渡、向家坝和雅砻江锦屏一级、二滩等控制性水库拦蓄洪水，减少下泄流量，最大限度减轻川渝河段防洪压力，减小三峡水库入库洪量；指导四川、重庆两省防指调度宝珠寺、亭子口、紫坪铺、瀑布沟、草街等水库提前预泄。通过这些综合措施，此次洪水过程中，长江上游主要水库群总拦蓄洪量约 111 亿 m³，降低四川境内嘉陵江中下游干流洪峰水位 2～4m，降低长江干流寸滩河段洪峰水位 2.5～3.5m，并有效防止了荆江河段超警戒水位，大大减轻了相关区域的防洪压力。

（3）2020 年防洪调度实例。2020 年长江流域发生多次强降雨过程，7～8 月长江连续发生 5 次编号洪水，长江干流及主要支流多站水位超警戒、超保证甚至超历史，尤其是三峡水库发生成库以来最大入库洪峰 75000m³/s。

2020 年 7 月 2 日 10 时，三峡水库入库流量达 50000m³/s，"长江 2020 年第 1 号洪水"在长江上游形成。防御长江 1 号洪水过程中，长江委调度三峡水库拦洪削峰，7 月 6 日起将出库流量自 35000m³/s 逐步压减至 19000m³/s，削峰率约 34%。上中游控制性水库配合三峡水库拦蓄洪量约 73 亿 m³（三峡水库拦蓄洪水约 25 亿 m³）；同时，指导江西省运用湖口附近的洲滩民垸及时行蓄洪水，其中鄱阳湖区 185 座单退圩全部运用，蓄洪容积总计约 24 亿 m³；统一调度和合理限制城陵矶、湖口附近河段农田涝片排涝泵站对江对湖排涝，将莲花塘、汉口、湖口站最高水位分别控制在 34.34m、28.77m、22.49m（均未超保证水位）。另外，精细调度陆水水库逐步加大出库流量并加强工程巡查防守应对陆水 7 月 7 日洪水，实现出库流量不大于 2500m³/s、库水位不超防洪高水位的调度目标，保障了枢纽工程和水库下游的防洪安全；调度乌江梯级水库联合拦蓄洪量约 1.35 亿 m³，降低乌江彭水～武隆河段洪峰水位约 1～1.5m；调度江垭、皂市水库拦洪削峰，削减洪峰流量约 55%，降低了洪峰水位约 3.7m，避免了澧门石门河段水位超保证。

7 月 17 日 10 时，三峡水库入库流量达到 50000m³/s，"长江 2020 年第 2 号洪水"再次在长江上游形成。防御长江 2 号洪水过程中，统筹上下游防洪需求，联合调度金沙江、雅砻江、乌江和大渡河、嘉陵江等水系梯级水库群配合三峡水库进一步安排拦蓄洪水约 35 亿 m^3，全力减小进入三峡水库洪量。同时，兼顾后期可能发生的洪水，精细调度三峡水库，滚动优化调整出库流量，降低三峡水库水位至 158m 左右，并成功与洞庭湖洪水错峰。2 号洪水期间（7 月 12 日~7 月 21 日），通过上中游水库群拦蓄洪水约 173 亿 m^3，其中，三峡水库拦蓄洪水约 88 亿 m^3，上中游其他控制性水库拦蓄洪水约 50 亿 m^3，将三峡水库入库洪峰流量从 70000m^3/s 削减至 61000m^3/s。通过长江上中游水库群联合调度，降低沙市江段洪峰水位约 1.5m，降低监利江段洪峰水位约 1.6m，降低城陵矶江段洪峰水位约 1.7m，降低汉口江段洪峰水位约 1m。结合城陵矶河段农田片区限制排涝、洲滩民垸相机运用等措施，实现了莲花塘水位不超 34.4m，汉口站水位不超 29.0m，避免了城陵矶附近蓄滞洪区运用，极大减轻了长江中下游尤其是洞庭湖区防洪压力。同时，长江委指导安徽、江苏省按洪水调度方案做好滁河水工程调度，安徽及时运用荒草三圩、荒草二圩分蓄洪，有效保障了滁河防洪安全。

7 月 26 日 14 时，受长江上游强降雨影响，三峡水库入库流量达 50000m^3/s，迎来"长江 2020 年第 3 号洪水"。防御长江 3 号洪水过程中，调度金沙江、雅砻江和嘉陵江等水系水库群进一步拦蓄洪水约 8 亿 m^3，减小进入三峡水库洪量。7 月 27 日 14 时三峡水库入库洪峰流量达到 60000m^3/s，出库流量 38000m^3/s，削峰 36%。同时精细协调三峡水库和洞庭湖、清江水系水库调度，有效避免长江上游及洞庭湖来水遭遇。错峰减压调度后，为留足库容应对后期可能出现的大洪水，同时保持中游莲花塘站水位现峰转退后的退水态势，滚动调整三峡水库出库流量，逐步降低三峡水库水位至 158m 以下。3 号洪水期间（7 月 25 日至 7 月 28 日），通过上中游水库群拦蓄洪水约 56 亿 m^3。其中，三峡水库拦蓄洪水约 33 亿 m^3，上游其他控制性水库共拦蓄约 15.5 亿 m^3，洞庭湖主要水库、清江梯级等中游水库共拦蓄 7.5 亿 m^3；同时采取城陵矶附近河段农田涝片限制排涝、洲滩民垸行蓄洪运用以及适当抬高城陵矶河段行洪水位，莲花塘、汉口站最高水位分别为 34.59m、28.50m。

8 月 14 日 5 时，长江上游干支流发生洪水，长江干流寸滩水文站流量涨至 50900m^3/s，为"长江 2020 年第 4 号洪水"；受持续强降雨影响，长江上游干流寸滩水文站水势止落回涨，8 月 17 日 14 时流量涨至 50400m^3/s，"长江 2020 年第 5 号洪水"形成。防御长江第 4、5 号复式洪水过程中，调度三峡及上游水库群在前期已运用较多防洪库容的基础上，再拦蓄洪水约 190 亿 m^3，其中三峡水库拦蓄洪水约 108 亿 m^3，其他水库拦蓄约 82 亿 m^3，将寸滩站洪峰流量由 87500m^3/s 削减为 74600m^3/s，将宜昌站洪峰流量由 78400m^3/s 削减为 51500m^3/s，将高场、北碚、寸滩站最高水位分别控制在 291.08m、200.23m、191.62m，避免了上游金沙江、岷江、沱江、嘉陵江洪峰叠加形成重现期超百年一遇的大洪水。

3.2.3　水库排沙调度

水库泥沙淤积直接威胁到水库工程综合效益的发挥，也带来极为严重的后果。泥沙侵占有效库容，不仅逐年降低了给水、灌溉、发电等兴利效益，而且降低了水库的防洪能力，使水库成为险库。水库淤积的发展和回水上延，造成上游和库周新的淹没、浸没和盐碱沼泽化，也给水库的运用带来了困难。在洪水和沙峰陡涨又集中的水库，运用不当还很可能淤死闸门。泥沙进入水轮机或渠道，还将引起水轮机部件的磨损和渠道淤积。库区泥沙的淤积还会带来水质的变化。因此，水库泥沙问题在水库的调度运用中应予以足够的重视。在制定控制运用计划时，既要考虑水量的调节，也要考虑泥沙的调节，进行水沙的统一调度，以达到兴利除害和减免泥沙淤积的目的，尽可能地延长水库的使用寿命。

1. 水库泥沙调度方式

当前，控制枢纽工程泥沙淤积的主要途径有以下 4 条。

（1）减少泥沙来源。在水库上游开展水土保持，减少入库输沙量、含沙量。该方案成本巨大，收益缓慢，是长期奋斗目标。

（2）修建高坝大库。以库容换取时间，修建高坝大库，增加库容以延长水库寿命，使泥沙淤积问题尽量延缓到工程设计基准期以后出现。受到外部条件限制，主要是对环境的影响，工程本身也受到地质构造、人口迁移、工程投资等因素制约。

（3）机械清淤。采用机械清淤挖出水库淤积泥沙，将淤积物加工处理为建筑材料加以利用。泥沙资源利用，是处理水库泥沙积极的手段。目前在国内外小型水库已经开展。由于大型水库受地理位置、交通运输成本、水库水位变化以及现有的清淤船只和机械的限制，难度较大。

（4）排沙：进行水库泥沙调度，减少泥沙淤积。目前为止是有成效的。其主要手段是通过水库泥沙调度，利用水力排沙减淤，控制泥沙淤积。但是在降低库水位排沙过程中水电站要损失部分发电水量。水库泥沙调度是以短期较小的经济效益，换取长期的总体的经济效益。

由于水库运行的方式与水库淤积密切相关，水库运用方式的不同，水库淤积也不同，因此可通过水库调度手段减小或者减缓水库淤积。目前在水库泥沙调度中较多使用"蓄清排浑"的调度方式。蓄清排浑是中国泥沙专家和工程技术人员从建设实践中总结出来的、行之有效的多泥沙河流上的水库运用方式。蓄清排浑，其特点是汛期只拦蓄含沙量较低的洪水，洪水含沙量较高时则尽量排出库外，非汛期拦蓄清水基流。

2. 三峡水库泥沙调度方案

溪洛渡、向家坝水库相关泥沙调度还在研究阶段，相比较而言三峡水库泥沙调度技术较为成熟，已有相关调度方案和调度试验，已开展库尾减淤调度及沙峰调度试验。

影响三峡水库泥沙冲淤特性的因素十分复杂，总体来看，三峡水库消落期库尾铜锣峡至涪陵河段的泥沙冲淤变化主要与三方面因素有关：一是河段内前期泥沙淤积量；二是入库水沙条件；三是坝前水位及消落速率。此外，在三峡水库变动回水区，河床组成条件也是影响其冲淤变化的重要因素，如沙质河床段，河床起动流速较小，有利于消落期泥沙的冲刷，而对于卵石夹沙河床，由于泥沙的隐蔽作用，泥沙起动相对较难，河床冲刷幅度也将相对弱一些。

三峡水库泥沙调度在水库不同运用期原则和目标不尽相同，因此应采取不同的泥沙调度方案。

（1）汛期减淤调度方案。

1）汛期减淤调度原则与目标。汛期减淤调度应满足水资源优化利用需求，即应在满

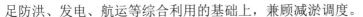

足防洪、发电、航运等综合利用的基础上，兼顾减淤调度。

汛期减淤调度目标是增大水库排沙比，减少水库总淤积量。针对长江来水来沙集中的特性，为增大水库的排沙比，减少水库的总淤积量，水库的泥沙调度主要体现在汛期的一场或几场洪水过程，因此追求汛期场次洪水的高排沙比，对减少三峡水库泥沙淤积是至关重要的。

2）汛期减淤调度方式。当汛期入库洪峰流量小于 25000m³/s 时，可不开展水库减淤调度。汛期入库洪峰流量在 25000～40000m³/s 之间，当开展中小洪水调度时，一般情况下水库滞洪最高水位应不超过 157m，且下泄流量不低于 25000m³/s。预报汛期入库洪峰流量将达到 40000m³/s 以上，寸滩站含沙量达到 2.0kg/m³ 及以上，当库水位在 146m 以上，且中下游对三峡水库无防洪需求时，建议按 42000～45000m³/s 下泄，以尽量利用低水位排沙减淤。汛期沙峰调度：当寸滩洪峰流量将超过 50000m³/s，且寸滩站出现 2.0kg/m³ 及以上含沙量时，三峡水库应在不超过 5 天的时间以内，逐步加大下泄流量，之后维持这个流量下泄直至黄陵庙站出现沙峰之后 3 天，3 天之后再视出库含沙量及库水位情况择机结束沙峰调度，沙峰调度过程中应尽量维持在低水位运行。

（2）蓄水期减淤调度方案。

1）蓄水期减淤调度原则与目标。三峡水库蓄水期的主要任务是蓄水，应在确保实现蓄水目标的同时尽量减少水库泥沙淤积。来沙较大时，应根据来沙控制蓄水进程。汛末提前蓄水的泥沙淤积影响主要集中在变动回水区，因此，蓄水期减淤调度的主要目标是减少变动回水区淤积。

2）蓄水期减淤调度方式。按三峡水库优化调度方案，水库汛末蓄水时间为不早于 9 月 15 日。近年来，为提高汛末水资源利用和提高水库蓄满率，三峡水库在 9 月 10 日前开展了预报预蓄试验性蓄水。本减淤调度方案为在 9 月 10 日开始蓄水方案基础上提出。

为减少变动回水区泥沙淤积，9 月 10 日坝前水位应控制在 150～155m 之间。8 月下旬，当预报来水来沙均较大时，应尽量不蓄水或少蓄水；9 月 1 日～9 月 10 日，当预报入库洪峰流量在 35000m³/s 以上，且寸滩站有约 2.0kg/m³ 及以上的沙峰入库时，水库应暂停蓄水直至沙峰出库以减轻变动回水区泥沙淤积。

9 月 10 日～9 月 30 日期间，当坝前水位已达到 160～162m，入库洪水洪峰达到 25000m³/s 以上时，同时预报入库沙量仍较大时，应放缓水库蓄水进程，以减轻库尾淤积。

9 月 30 日控制坝前水位在 165m 附近。当预报入库泥沙较少，泥沙冲淤计算 9 月 30 日坝前水位在 165～168m 之间的水库淤积影响差别不大时，则 9 月 30 日坝前水位可考虑适当抬高，控制在 168m 以内。

（3）消落期减淤调度方案。

1）消落期调度原则与减淤调度目标。消落期调度应满足水资源优化利用的需求，即应在满足发电、航运等综合利用的基础上，兼顾库尾泥沙减淤。消落期泥沙调度目标是增大汛前消落期的库尾走沙能力，尽可能地将库尾淤积的泥沙冲往常年回水区，达到优化库区泥沙淤积分布的目的。

2）消落期减淤调度方式。冲沙减淤调度启动库水位和寸滩站流量。消落期冲沙减淤调度启动时，库水位尽量在 161m 附近，寸滩流量尽量在 6700m³/s 以上，在寸滩来水不理想时，寸滩 5000m³/s 流量亦可作为冲沙减淤调度的启动条件。调度启动时间。消落期冲沙减淤调度宜放在消落期后期即汛前。为避免对发电、航运以及水库汛前腾库防洪等方面带来不利影响，且减淤调度需要一段持续消落的过程，综合考虑各方面的影响，消落期冲沙减淤调度的启动时间最早为 5 月上旬。冲沙减淤调度期间的库水位日降幅。为保留一定的调度灵活性以适应来水来沙情况，有利于库尾走沙，库水位日降幅宜在 0.3～0.6m。上游溪洛渡向家坝水库配合运用。当需要开展三峡水库消落期开展冲沙减淤调度而寸滩来水又不理想时，可通过上游溪洛渡、向家坝水库适当消落水位增加泄水，以满足三峡水库消落期冲沙减淤调度所需的寸滩流量条件，提高重庆主城区河段走沙能力。

3. 2020 年汛期三峡水库水库排沙调度实例

2020 年 8 月中旬，长江流域上游发生集中性强降雨，强降雨区主要位于岷江中下游、沱江、涪江、嘉陵江上中游。受强降雨影响，长江上游支流沱江、涪江发生超保洪水，岷江及干流泸州至寸滩江段发生超警洪水。加上干支流洪水严重遭遇，形成一次较大的复式洪水过程（4、5 号洪峰），4 号和第 5 号洪水期间，寸滩洪峰流量分别达到 57600m³/s 和 77400m³/s。由于本轮强降雨带主要位于长江上游主要产沙区，岷江、沱江、嘉陵江等流域出现了较大输沙过程，其中沱江富顺站、嘉陵江支流涪江小河坝站最大含沙量分别达到 16.3kg/m³、17.8kg/m³，均位列三峡水库 175m 试验性蓄水运用以来第 3 位。经统计，8 月 13 日～24 日洪水期间，三峡入库沙量达到 1.27 亿 t，短短 12 天的输沙量已远大于 2014—2017 年、2019 年全年入库输沙量（0.320 亿～0.685 亿 t）。

（1）沙峰期间三峡水库调度。根据监测、预报成果，较大沙峰过程将于 8 月 19 日到达坝前，长江防总在防洪调度的同时兼顾实施了排沙、航运调度，其调度过程简述如下：

8 月 18 日 16 时起，三峡水库下泄流量由 44000m³/s 增大至 49000m³/s；8 月 22 日坝前最高调洪水位达 167.65m，后基本维持下泄流量在 48000m³/s 直至 25 日 12 时。

为减轻长江中下游防洪压力，保障两坝间通航安全，27 日 8 时三峡水库下泄流量逐渐减小至 34000m³/s 左右。

9 月 4 日下泄流量逐渐减小至 27000m³/s 左右，如图 3-12 和图 3-13 所示。

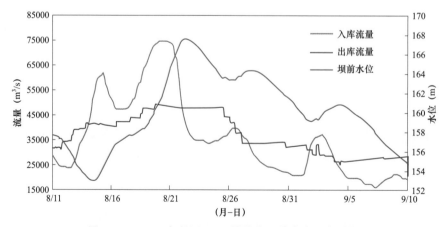

图 3-12　2020 年长江 4、5 号洪水三峡水库调度过程

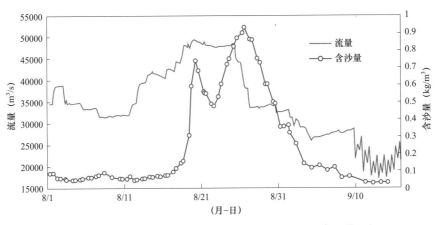

图 3-13 2020 年长江 4、5 号洪水黄陵庙站流量和含沙量过程

（2）沙峰排沙调度效果分析。2020 年长江 4 号、5 号洪水三峡水库调度期间，出库黄陵庙站含沙量连续 11 天大于 0.5kg/m³，持续天数为试验性蓄水以来第 1 多，出库最大含沙量达到 0.931kg/m³，为试验性蓄水以来的第 3 位（第一位 2018 年 1.33kg/m³，第二位 2013 年 1.24kg/m³），日出库沙量最大达 340 万 t。按沙峰输移过程统计，三峡入库沙峰过程为 8 月 13～24 日，对应入库沙量为 12650 万 t，出库沙峰过程为 8 月 17 日～9 月 7 日，对应出库沙量为 3390 万 t，沙峰过程排沙比为 27%，高出试验性蓄水以来平均排沙比 9 个百分点。与往年场次洪水排沙比相比（见表 3-4），2012、2013、2018、2020 年沙峰排沙调度后，水库沙峰过程排沙比均有所提高。

表 3-4　　　　　　　　　　　2010—2020 年场次洪水排沙比统计

年份	沙峰入库统计时间	入库沙量（万 t）	入库平均流量（m³/s）	沙峰出库统计时间	出库沙量（万 t）	传播期坝前平均水位（m）	排沙比（%）
2010	7 月 13 日～8 月 4 日	10260	39800	7 月 16 日～8 月 8 日	2050	156.30	20
2012	7 月 14 日～7 月 29 日	5530	45100	7 月 20 日～8 月 12 日	1967	158.77	36
2013	7 月 11 日～7 月 18 日	5740	32000	7 月 19 日～7 月 26 日	1760	150.00	31
2018	7 月 11 日～7 月 17 日	7440	51400	7 月 15 日～7 月 25 日	2144	152.94	29
2020	8 月 13 日～8 月 24 日	12650	52200	8 月 17 日～9 月 7 日	3390	160.81	27

从水库淤积量沿程分布来看，2020 年 8 月清溪场以上库段淤积泥沙 2338 万 t，占 8 月库区总淤积量的 22%；清溪场以下库段淤积泥沙 8237 万 t，占 8 月库区总淤积量的 78%。与试验性蓄水以来相比，2020 年 8 月由于坝前洪水位较高，清溪场以上库段泥沙淤积占比有所偏大，见表 3-5。

表 3-5　　　2020 年 8 月库区分段冲淤量与试验性蓄水以来对比表（输沙法）

时段	项目	朱沱—寸滩段	寸滩—清溪场段	清溪场—万县段	万县—坝址段	淤积总量	坝前平均水位（m）	坝前最高水位（m）
2012 年 7 月	淤积量（万 t）	259	511	2317	4759	7846	155.26	163.11
	占总淤积量百分比	3%	7%	30%	61%	100%		
2013 年 7 月	淤积量（万 t）	845	206	1595	4876	7522	150.08	156.04
	占总淤积量百分比	11%	3%	21%	65%	100%		
2018 年 7 月	淤积量（万 t）	783	−98	1448	5552	7685	150.81	156.83
	占总淤积量百分比	10%	−1%	19%	72%	100%		
2020 年 8 月	淤积量（万 t）	1132	1205	3368	4869	10574	160.49	167.65
	占总淤积量百分比	11%	11%	32%	46%	100%		
2009—2019 年均	淤积量（万 t）	374	547	4408	3812	9141	/	/
	占总淤积量百分比	4%	6%	48%	42%	100%		

3.3　防　汛　管　理

3.3.1　概述

1. 防汛建设管理概况

防汛是指为了防止和减轻洪水灾害，在洪水预报、防洪调度、防洪工程运用等方面进行的有关工作。防汛的主要内容包括长期、中期、短期天气形势预报，洪水水情预报，堤防、水库、水闸、蓄滞洪区等防洪工程的调度和运用，出现险情灾情后的抢险救灾，非常情况下的应急措施等。

受特殊自然地理和气候条件所决定，中国大陆范围的降水时空分布极不均匀，极易发生由集中性强降水导致的洪涝灾害，历史上洪水问题十分严重。据不完全统计，自公元前206 年至 1949 年的 2155 年间，有记载的较大洪水发生 1029 次，平均两年一次。中华人民共和国成立以来，全国主要江河流域先后发生了较大洪水 50 余次，给国家和人民造成了巨大的损失。新中国成立以后，中国的防洪体系建设不断地发展和完善，在防洪体系、管理模式、法律法规以及防洪规划方面均取得了很大的进展。总体而言，新中国成立以来的防洪体系的建设基本与国民经济发展的阶段及水平相适应，防洪减灾效益十分显著。

我国现代化的防洪体系的建设大致经历了三个发展阶段：

第一阶段（20 世纪 50～70 年代）：防汛体系的建设总体是重建设轻管理，我国大多数的水库均在该阶段建设完成的。为了减少建国初期贫弱的防洪工程体系不足以应对凶险的洪涝损失，这一时期的防洪体系建设以归顺河堤、疏通排洪河道、保障农业生产与重要城市的安全为主，通过整修加固堤防，开挖排涝渠系，兴修防洪水库等，提高防洪排涝能力，同时调整下游水系，扩大行洪能力，并在主要江河中下游安排一些分蓄洪工程，防洪工程体系建设成效非常显著，极大地缓解了全国频繁遭受洪水灾害的严峻局面。

第二阶段（20 世纪 80～90 年代）：防洪体系建设以大规模的防洪工程建设向加强管

理的阶段转变。这一时期防洪工程建设速度缓慢下来，开始强调防洪体系从大规模建设逐步向加强管理转变，80 年代后期，随着《中华人民共和国水法》《河道管理条例》《中华人民共和国防汛条例》等一系列法规政策的出台，防洪工作逐步走上依法治水的阶段。

第三阶段，1998 年大洪水后至今进入以可持续发展的思想指导江河防洪减灾体系建设的阶段。这一阶段，全社会对江河的防洪保安、水资源合理开发和综合利用、水环境与生态系统保护提出了更高的要求，防洪工作以流域可持续发展为宗旨，合理调节人与自然的关系，减轻洪水灾害与保护生态环境并举的综合防洪减灾体系转变。2003 年起，水利部和国家防洪进一步提出中国的防汛抗旱工作实现要"坚持防汛抗旱并举，实现由控制洪水向管理洪水转变"，实现工程标准化、管理规范化、洪水资源化和技术现代化、保障社会化的完全的防洪安全保障体系。

2. 防汛法律法规与标准概况

自古以来，我国人民有着丰富的应对防御洪涝灾害的经验和做法，同时逐步形成了内容丰富的法律法规和各项制度，并在实践中不断得到完善。金秦和二年（1202 年）颁布的《河防令》是中国最早的专门为防洪制定的法令。内容有：① 朝廷的户、工两部每年派出大员巡视黄河，监督、检查都水监派出机构，即分治都水监及地方州县的河防工作；② 州县河防官每年农历六月至八月轮流上堤；③ 沿河州县官有功罪，都要上奏；④ 河防紧急，沿河州府负责官吏可与都水监官吏商定临时征夫役；⑤ 有险情时，由分都水监及都巡河官指挥官兵抢救；⑥ 都巡河官将河埽情况每月上报工部；⑦ 重大的犯令行为按刑律处分。这类法令可以追溯到先秦（公元前 3 世纪）。秦以后多合并到其他法令中。如唐代《营缮令》中有修守堤防的规定。宋代（960—1279 年）有每年发丁夫缮治。明、清（1368—1911 年）修守，除工、刑等部有统一律令规定外，各重要河流尚有单行规定。民国（1911—1949 年）时期法令更多，大致在前代基础上参照国外法规制定。

新中国成立以后，根据我国的国情和实际情况，国家先后制定颁布了《中华人民共和国水法》《中华人民共和国河道管理条例》《蓄滞洪区安全与建设指导纲要》《水库大坝安全管理条例》《中华人民共和国防汛条例》《中华人民共和国防洪法》《大中型水库汛期调度运用规定》等一系列有关或专门的水旱灾害防治法律、行政法规和规章、地方性法规等，逐步形成了比较完整的防汛抗洪的法规体系，为防洪减灾工作中规范水事行为，提高水事管理，依法治水奠定了基础。《水法》是新中国第一部规范水事活动的基本法，法律效力仅在宪法之下，1988 年第六届全国全国人大常务委员会第二十次会议审议通过，标志着我国开始走上依法治水的轨道。《水法》对水资源管理的目的、宗旨和基本原则，水资源管理的组织结构、职权范围及法律责任都做出了具体的规定，是制定其他水事法律规范的立法和执法依据。在《水法》的基础上，1991 年首次发布的《防汛条例》是为了做好防汛抗洪的工作而制定的第一部管理防汛工作的法规，1997 年《防洪法》则进一步提升防洪法律效力，是调整防治洪水活动中各种社会关系的强制性规范。此外，为了规范防洪工程建设的质量，规范防汛调度的行动标准，提高防汛调度的管理水平，国家先后制定了《综合利用水库调度通则》《大中型水电站水库调度规范》《水库洪水调度考评规定》《防洪标准》《洪水调度方案编制导则》《水库调度规程编制导则》等一系列国家标准与行业标准，保障防洪工作的建设与调度管理程序更加规范化。

3.3.2 防汛管理体制

1. 防汛管理体系

根据我国《防汛条例》《防洪法》的相关规定，我国防汛工作管理体系如下：

（1）国务院水行政主管部门作为国务院主管水行政的职能部门，负有统一管理全国水资源和河道、水库、湖泊，主管全国防汛抗旱和水土保持的职责。国务院水行政主管部门在国务院的领导下，负责全国防洪的组织、协调、监督、指导等日常工作。

（2）国务院水行政主管部门在国家确定的重要江河、湖泊设立的流域管理机构，在所管辖的范围内行使法律、行政法规规定和国务院水行政主管部门授权的防洪协调和监督管理职责。

（3）考虑到洪水的流域性特点，且水利部在长江、黄河、淮河、海河、珠江、松花江和辽河以及太湖都设有派出机构——流域管理机构，国家授权这些流域管理机构对其所在的流域行使水行政主管部门的职责。这是由防洪工作的特殊性决定的。这样的规定便于流域管理机构更好地代表国务院水行政主管部门在各个流域行使防洪的协调和监督管理职责，也有利于我国防洪工作的领导和协调，真正将国家的防洪工作方针贯彻到底，同时也有利于信息反馈，便于国务院的统一指挥和调度，从而更好地完成防洪任务。

（4）国务院建设行政主管部门和其他有关部门在国务院的领导下，按照各自的职责，负责有关的防洪工作。

（5）县级以上地方人民政府水行政主管部门在本级人民政府的领导下，负责本行政区域内防洪的组织、协调、监督、指导等日常工作。

（6）县级以上地方人民政府建设行政主管部门和其他有关部门在本级人民政府的领导下，按照各自的职责，负责有关的防洪工作。

2. 防汛管理职责

国务院设立国家防汛抗旱指挥机构，县级以上地方人民政府、有关流域设立防汛抗旱指挥机构，负责本区域的防汛抗旱工作。有关单位可根据需要设立防汛抗旱指挥机构，负责本单位防汛抗旱工作。

（1）国家防汛抗旱总指挥部。国务院设立国家防汛抗旱总指挥部（以下简称国家防总），负责领导、组织全国的防汛抗旱工作，其办事机构国家防总办公室设在应急部。

（2）国家防总组织机构。国家防总由国务院领导同志任总指挥，应急部、水利部主要负责同志，中央军委联合参谋部负责同志和国务院分管副秘书长任副总指挥，应急部分管副部长任秘书长，根据需要设副秘书长，中央宣传部、国家发展改革委、教育部、工业和信息化部、公安部、财政部、自然资源部、住房城乡建设部、交通运输部、水利部、农业农村部、商务部、文化和旅游部、国家卫生健康委、应急部、广电总局、中国气象局、国家粮食和储备局、国家能源局、国家铁路局、中央军委联合参谋部、中央军委国防动员部、中国红十字会总会、中国国家铁路集团有限公司、中国安能建设集团有限公司等部门和单位为国家防总成员单位。

（3）国家防总职责。贯彻落实党中央、国务院关于防汛抗旱工作的决策部署，领导、组织全国防汛抗旱工作，研究拟订国家防汛抗旱政策、制度等；依法组织制定长江、黄河、淮河、海河等重要江河湖泊和重要水工程的防御洪水方案,按程序决定启用重要蓄滞洪区、弃守堤防或破堤泄洪;组织开展防汛抗旱检查,督促地方党委和政府落实主体责任,监督落实重点地区和重要工程防汛抗旱责任人,组织协调、指挥决策和指导监督重大水旱灾害应急抢险救援救灾工作,指导监督防汛抗旱重大决策部署的贯彻落实;指导地方建立健全各级防汛抗旱指挥机构,完善组织体系,建立健全与流域防汛抗旱总指挥部(以下简称流域防总)、省级防汛抗旱指挥部的应急联动、信息共享、组织协调等工作机制。

(4)流域防汛抗旱总指挥部。长江、黄河、淮河、海河、珠江、松花江、太湖等流域设立流域防总,负责落实国家防总以及水利部防汛抗旱的有关要求,执行国家防总指令,指挥协调所管辖范围内的防汛抗旱工作。流域防总由有关省、自治区、直辖市人民政府和该流域管理机构等有关单位以及相关战区或其委托的单位负责人等组成,其办事机构(流域防总办公室)设在该流域管理机构。国家防总相关指令统一由水利部下达到各流域防总及其办事机构执行。

(5)地方各级人民政府防汛抗旱指挥部。有防汛抗旱任务的县级以上地方人民政府设立防汛抗旱指挥部,在上级防汛抗旱指挥机构和本级人民政府的领导下,强化组织、协调、指导、督促职能,指挥本地区的防汛抗旱工作。防汛抗旱指挥部由本级人民政府和有关部门、当地解放军和武警部队等有关单位负责人组成。防汛压力大、病险水库多、抢险任务重、抗旱任务重的地方,政府主要负责同志担任防汛抗旱指挥部指挥长。乡镇一级人民政府根据当地实际情况明确承担防汛抗旱防台风工作的机构和人员。

(6)其他防汛抗旱指挥机构。有防汛抗旱任务的部门和单位根据需要设立防汛抗旱机构,在本级或属地人民政府防汛抗旱指挥机构统一领导下开展工作。针对重大突发事件,可以组建临时指挥机构,具体负责应急处理工作。

3. 水库防汛管理规定

水库防汛调度的主要任务是在保障枢纽工程安全的前提下,通过采取有效的防御措施,把洪水灾害损失减少到最小,以最大限度保障经济建设的顺利发展和人民生命财产的安全。

水库管理是社会性、群众性很强的工作,与各行业、各部门之间存在着复杂的利害关系,尤其是汛期水库的调度控制直接影响到流域的防洪安全。为使水库的防汛工作管理规范化,我国已基本健全了水库防汛管理相关法律法规及建设调度标准体系。

水库防汛管理相关法律法规方面,《中华人民共和国水法》规定要在服从防洪总体安排的前提下开发利用水资源;各级政府应加强对防汛抗洪工作的领导,单位和个人都有参加防汛抗洪的义务,防汛指挥机构要根据防御洪水方案指导防汛抗洪工作;防汛抗洪期间,按照天然流势或者防洪工程的设计标准或者经批准的运行方案下泄洪水,下游地区不得设障阻水或者缩小河道的过水能力,上游地区也不得擅自加大下泄流量;要保障江河、湖泊、水库和蓄滞洪区的行洪、泄洪能力,并依法保护防洪工程和防洪设施。《中华人民共和国防汛条例》规定了防汛抗洪的指导原则,明确提出防汛责任制,并对防汛组织、防汛准备、防汛与抢险、善后工作、防汛经费、奖励处罚办法等做出了详细规定。《防洪法》规定,防洪工程设施的建设应当纳入国民经济和社会发展计划。开发利用和保护水资源要服从防洪的总体安排。任何单位和个人都有保护防洪工程设施和依法参加防汛抗洪的义务。

《水库大坝安全管理条例》是为了加强大坝安全管理，依据《水法》制定的专门的水库大坝安全相关法规，内容包括总则、大坝建设、大坝管理、险坝处理、罚则以及附则。条例限定了大坝安全管理的范围，明确了大坝安全的主管部门及其责任和权限，对大坝的建设、注册、运行、维护等行为进行了指导和规范，建立并完善了水库大坝安全管理体系的规定，构成了对大坝安全的有效法律保障，对依法规范我国的大坝建设管理、保障工程安全起到了积极的作用。

《大中型水电站水库调度规范》明确提出大中型水库洪水调度的需要遵循四个原则，即大坝安全第一；按设计确定的目标任务或上级有关文件规定进行洪水调度；遇下游堤防和分滞洪区出现紧急情况时，在水情预报及枢纽工程可靠条件下，应充分发挥水库调洪作用；遇超标准洪水，采取保证大坝安全非常措施时应尽量考虑减少下游损失。

3.3.3 防汛管理主要工作

1. 流域水库防汛组织结构

水库群调度管理实行国家防汛抗旱总指挥部、流域防汛抗旱总指挥部、省（市）防汛抗旱指挥部、水库管理单位等分级调度管理。其中前三者为主管防汛的行政管理单位，是水库管理单位的上级水库调度机构。具有综合利用任务的水库，水库管理参与部门还有电网调度部门、航运部门、环保部门等，它们在发电、航运、生态等方面对水库运用提出需求，其中电力调度部门是水库管理单位的上级发电调度机构。

水库、水电站、拦河闸坝等工程的管理部门，应当根据工程规划设计、经批准的防御洪水方案和洪水调度方案以及工程实际状况，在兴利服从防洪，保证安全的前提下，制定汛期调度运用计划，经上级主管部门审查批准后，报有管辖权的人民政府防汛指挥部备案，并接受其监督。

以长江流域水库群防汛组织结构为例，水库管理单位包括三峡集团公司、金沙江中游水电开发公司、雅砻江水电开发公司等，日常防汛调度工作中由长江防总统筹流域的水库群联合调度。除汛期长江中下游发生大洪水和特殊干旱年中下游发生大面积干旱时，由长江防总对控制性水库设置的防洪库容和应急补水进行统一调度外，其他时间主要由省（市）防指和各水库管理单位按满足本工程综合利用任务要求和电力系统要求进行调度，多以实现本工程发电效益最大为主要目标。长江流域水库调度管理职责示意图如图 3-14 所示。具体调度管理权限如下：

（1）汛期水库水位不高于防洪限制水位、不需要承担防洪任务，或非汛期水库综合利用相关方对水库下泄流量无特殊要求时，由水库管理单位调度。承担防洪任务情况下，水库运行管理单位根据批准的调度计划和调度指令，负责所管辖的水库或梯级水库具体调度运行。

（2）水库防洪调度影响范围只涉及水库所在省（市）的调度，由有关省（市）防指负责调度，报长江防总备案。

（3）水库防洪调度可能影响到两个省级行政区域，或需要上游水库配合三峡水库承担长江中下游进行防洪调度时，由长江防总调度。

（4）国家防总负责水库联合调度的组织、协调、指导、监督。

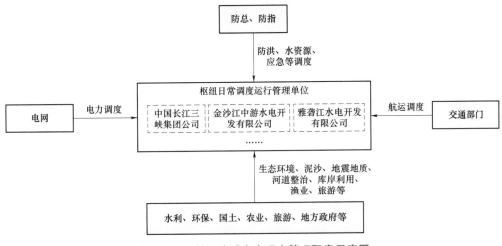

图 3 – 14　长江流域水库调度管理职责示意图

（5）水库汛期（末）蓄水调度由防汛抗旱指挥机构负责。各水库运行管理单位根据当时的防汛形势、水雨情趋势预测及上述水库群蓄水方案编制年度蓄水实施计划，经长江防总审批后实施；三峡水库的年度蓄水实施计划由国家防总审批。

（6）水库调度管理单位提出应急调度方案，报有调度权限的防汛抗旱指挥机构批准后实施。

（7）水库调度管理单位提出发电计划，报电力调度部门批准后实施。

2. 水库管理单位防汛组织结构

水库管理单位负责落实本单位的水库防汛工作，应建立以主要负责人为防汛工作第一责任人的防汛领导小组，对防汛工作实行统一指挥，分级管理。主要的职责包括贯彻执行防汛工作相关法律、法规，健全防汛工作制度，落实防汛工作责任制，接受国家防汛抗旱总指挥部、流域防汛抗旱总指挥部以及上级单位关于防汛工作的统一部署，完成交办的防洪抢险、救灾任务；负责本单位防汛工作的组织、协调、指导和监督工作，组织防汛工作检查，指挥重大防汛事故的处理和善后工作。水库管理单位防汛领导小组下设防汛办公室及调度指挥部，防汛办公室负责日常防汛管理及对内、外协调等工作，调度指挥部负责水库防洪调度、汛情及灾害预警发布、日常对外联系等工作。

大中型的水库管理单位一般有多个部门及单位参与防汛管理组织工作，根据各单位在防汛组织管理中职责分工的不同，一般可分为职能统筹部门、水库调度管理及大坝运行管理等主要成员单位。小型水库管理单位根据实际工作需要及人员限制，职能管理、水库调度及大坝运行单位可能存在合署管理的情况，但相应的组织职责与大中型管理单位基本类似。各单位主要的职责一般如下：

防汛管理统筹部门是统筹管理本单位所有水库的防汛管理工作的职能部门。需负责贯彻、执行国家防汛工作相关法律法规，建立健全本单位大坝防汛管理制度，并监督指导相关单位落实防汛责任。负责编制本单位防洪度汛工作方案并组织实施，在防汛管理的不同阶段组织开展本单位大坝防汛安全监督检查，对不符合防汛管理要求的督促落实整改。此外，防汛管理统筹部门一般还需组织汛期大坝异常情况和突发事件的分析研判和会商诊断，开展本单位大坝防汛相关的自然灾害和事故灾难应急管理工作。

水库调度管理单位是所在水库或流域水库群的水雨情监测预警及调度运用的生产单位。需负责编制水库调度相关制度、标准，落实水库调度相关管理责任；负责编制和报批水库汛期调度运用计划；负责按批准的汛期调度运用计划实施防洪调度，接受有关政府防汛指挥机构的统一调度；负责水库大坝水情测报及相关设备设施的运行维护，负责水情、气象预警信息的发布；负责向有关政府部门及本单位报送汛情信息；参与水库防洪抢险应急预案的编制和演练工作。水库管理部门在汛期需执行领导带班和汛期值班制度，按规定向职能部门报送水库安全相关信息。

大坝运行管理单位是负责所在水库大坝主体运用及管理的生产单位。负责建立健全大坝防汛组织机构，编制完善大坝防汛制度规程；负责编制大坝防洪度汛工作方案，落实汛期防汛重点措施；负责泄水消能建筑物、闸门及启闭机、应急电源等防汛相关设备设施运行和维护；负责按照水库调度指令实施闸门操作，负责发布泄洪前预警通知，开展泄洪期间的监护、检查和监测工作；建立与地方政府及上下游等相关方的防汛协调联动机制；负责开展大坝防汛安全检查，及时整改落实各类隐患；编制、报批和演练水库防洪抢险、防水淹厂房等应急预案；组织进行大坝抗洪抢险，修复水毁工程和受损防汛设施。大坝运行管理单位需执行领导带班和汛期值班制度，按规定向职能部门报送大坝安全相关信息。

3. 防汛各阶段主要工作内容

（1）备汛阶段。

防汛组织机构调整。水库管理单位应结合各调度运行单位及部门实际情况，及时更新调整防汛组织机构，明确各岗位的防汛责任，按规定向有关防汛指挥机构报备防汛责任人及防汛联络人信息。

度汛方案编制。水库调度的单位应按设计调度原则组织编制水库汛期调度运用计划，并报有关政府防汛指挥机构审批。水库年度汛期调度方案或水库群年度汛期联合调度方案应当依据流域防御洪水方案和洪水调度方案，工程规划设计、调度规程，结合枢纽运行状况、近年汛期调度总结及当年防洪形势等编制。对存在病险的水库，应当根据病险情况制定有针对性的年度汛期调度方案，确保安全度汛。一般度汛方案的主要内容包括：编制目的和依据、防洪及其他任务现状、水雨情监测及洪水预报、洪水特性、特征水位及库容、调度运用条件、防洪（防凌）调度计划、调度权限、防洪度汛措施等。

应急预案编制。各单位应当在开展风险评估和应急资源调查的基础上，参照相关标准编制水库防洪抢险应急预案，评审通过后报有关政府防汛指挥机构审批。严格按照年度演练计划组织开展水库防洪抢险应急预案、防水淹厂房、防地质灾害等防汛应急演练并进行效果评估。一般应急预案的主要内容包括突发事件分类分级、应急组织机构及职责、突发事件的监测、突发事件的预警和报告、应急响应、后期处置、应急保障、预案管理等内容。

内外部联系协调。各单位应与所在地防汛主管部门、水文气象单位、上下游电站等单位建立联系机制，实现资源和信息共享，按规定参加相关政府部门组织的防汛协调会议。各单位应在汛前及时更新值班人员信息，做好领导带班和防汛值班安排，并将防汛值班安排和联系方式报上级主管单位。

汛前检查。各单位应根据当地汛情特点和规律，及时组织开展汛前自查。各单位对检查发现各类隐患应及时整改，确保汛前整改完毕。对于汛前确实难以完成整改的隐患，应落实临时加固措施或应急处置措施。各单位汛前应对大坝安全监测系统、泄洪设施、机电设备、孔洞封堵、近坝库岸、边坡以及水情测报、通信、照明等系统进行全面的维护检修；对泄洪闸门、启闭设施和电源、柴油发电机组等进行试运转，确保设备完好、动力可靠、通信畅通、照明充足。

防汛物资管理。各单位应落实防汛经费，成立防洪抢险突击队，备足防汛抢险物资、生活物资和医药储备，并建立相关防汛台账，进行专项保管（见表 3-6）。应确保防汛交通与通信工具在汛期始终处于完好状态。

表 3-6　　　　　　　　　　某水库管理单位防汛物资清单示例

物资分类	物资名称
防雨	防雨布、下水裤、雨鞋、雨衣
堵水	编织袋、草包、防火泥、防汛用土、挡水板、挡水沙袋
排水	水泵、排水管、排水泵
通信、照明	扩音喇叭、卫星电话、对讲机
救援	救生衣、担架
清扫	簸箕、瓢/盆、笤筐/桶、吸水/尘器
通用	移动电缆盘、八角锤、斧头、钢撬杠、方锹、尖锹、静音平板手、推车

（2）度汛阶段。

防洪度汛原则。汛限水位以上的防洪库容运用以及洪水调度必须服从有关政府防汛指挥机构的统一调度指挥；汛限水位以下的库容应按批准的水库调度运用计划进行调度，并接受有关政府防汛指挥机构的监督。当发电、生态、航运等其他综合运用需求与防洪运用发生矛盾时，其他需求应服从于防洪调度运用。

防汛值班。各单位应严格实施 24h 防汛值班制，由领导带班，有关人员轮流值班，保证通信畅通，并认真做好值班记录，遇有重要情况，及时向带班领导报告。

防汛重点工作。落实地质灾害、水淹厂房和供电电源保障等管控措施；落实防汛值班、水情测报、信息报送、防洪调度、巡视检查、泄洪闸门运行操作、防汛物资、应急保障等重点工作。遇大洪水、高蓄水位、库水位骤涨骤落、大暴风雨、地震等特殊情况时，应立即对工程的重要部位、薄弱环节进行巡视检查，对发现威胁工程安全的问题，要及时采取应急措施并报上级主管单位。对开闸泄洪的设施，应对运用期间的流态开展检查，泄洪间歇期间具备条件时对泄洪建筑物流道缺陷情况进行检查。泄洪前应做好告知、警戒和防雾化措施，避免或减少泄洪对周边群众和设备的影响。

水雨情监测预报。水库调度管理单位应当组织建设完善雨水情自动测报系统，并充分共享水文等部门已有监测信息，开展雨水情监测、水文作业预报并报送相关信息等。每年汛前应开展专项检查，确保设备、系统正常运行和监测数据准确可靠。

实时调度方案制定及调度指令下达。水库调度管理单位汛期应当密切关注实时及预报雨水情，统筹防洪、供水、生态、调沙、发电、航运等需求和水库当前调度现状，明确调度目标，组织制订实时调度方案，向大坝运行管理单位下达相应调度指令。防汛关键阶段及复杂时期，视防汛工作需要及时组织相关防汛单位开展调度会商，经会商决策形成调度方案并下达，再由大坝运行管理单位具体执行。

调度指令执行。水库调度执行单位应当根据经批复的水库调度规程、年度汛期调度方案等实施水库调度，在调度管理单位下达调度指令进行实时调度时，大坝运行管理单位按照调度指令做好水库实时调度。

预警信息发布。水库调度管理单位、大坝运行管理单位应对可能导致发生突发事件的自然灾害、工程隐患、地质灾害等因素，充分利用现有的监测、巡视检查等手段进行监控。通过多种途径收集、储存、分析有关自然灾害信息，并与所在地有关政府部门、专业机构和监测网点加强信息交流与情报合作。科学研判监测成果，按突发事件的紧急程度、发展态势和可能造成的危害程度实施分级预警。

防汛应急处理。发生启动应急预案条件的情况时，各单位应按应急事件等级实施分级响应；当危及地方社会安全，或应急处置超出本单位应急处置能力时，应按规定报告国家或所在地有关政府部门。所在地政府启动应急预案时，各单位应接受国家或有关政府应急指挥机构指令，积极加强联系，服从指挥。如遇突发事件危及大坝安全，且因时间紧迫或通信中断等原因无法及时与上级联系时，大坝运行单位可按批准的应急预案采取非常措施，确保大坝安全。同时应通过一切途径通知下游地方政府，组织人员安全转移。

（3）汛后阶段。

汛后检查与修复。洪水调度过程和汛期结束后，各相关单位应在汛期结束后及时对水工建筑物及相关设备设施、工程边坡和库区地质灾害等重点对象的运行状态进行全面详查，确保水库大坝安全运行。若检查发现存在需要维修维护和更换重建遭受损毁和破坏的设备设施，各单位应及时组织相关修复工作。

度汛总结。洪水调度过程和汛期结束后，调度执行单位应当及时做好水库汛期调度工作总结，并报上级防汛调度主管单位。防汛工作总结一般应包括以下方面内容：

1）汛期水雨情。汛期降雨量、来水量、降雨形成的洪水过程，洪水预报及调度情况、典型洪水的调度过程，汛末水库蓄水情况、测报系统运行情况；

2）工程度汛情况。大坝运行情况、附属设施工作情况、受灾及损失情况；

3）主要问题及处理意见：工作中发现的问题、与地方部门联系联动中出现的问题及处理意见；

4）有关提高改进水库防汛安全的建议。

某水库管理单位防汛工作流程如图3-15所示。

4. 调度方案与工作要求

根据《防洪法》《防汛条例》《防洪标准》《大中型水电站水库调度规范》等法律法规及标准规定，水库汛期调度运用应当坚持安全第一、统筹兼顾，兴利服从防洪、局部服从整体的原则，在服从防洪总体安排、保证水库工程安全的前提下，协调防洪、供水、生态、调沙、发电、航运等关系，充分发挥水库综合效益。

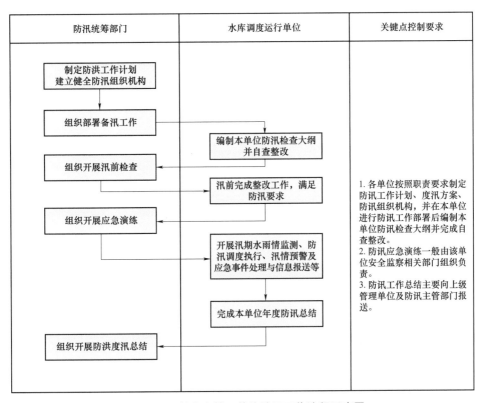

图 3－15　某水库管理单位防汛工作流程示意图

　　水库防汛调度的工作主要包括年度汛期调度方案（运用计划）编制、审批及备案，雨水情监测预报，实时调度方案制定及调度指令下达，调度指令执行，预警信息发布，调度过程记录，调度总结分析和其他相关调度管理等方面工作。

　　调度方案方面。水库年度汛期调度方案（运用计划）或水库群年度汛期联合调度方案（运用计划）应当依据流域防御洪水方案和洪水调度方案，工程规划设计、调度规程，结合枢纽运行状况，近年汛期调度总结及当年防洪形势等编制。对存在病险的水库，应当根据病险情况制定有针对性的年度汛期调度方案（运用计划），确保安全度汛。主要内容包括：编制目的和依据、防洪及其他任务现状、雨水情监测及洪水预报、洪水特性、特征水位及库容、调度运用条件、防洪（防凌）调度计划、调度权限、防洪度汛措施等，其中，防洪（防凌）调度计划应包含调度任务和原则、调度方式、汛限水位及时间、运行水位控制及条件、下泄流量控制要求、供水、生态、调沙、发电和航运等其他调度需求。

　　水雨情监测预报方面。水库调度执行单位应当组织建设完善雨水情自动测报系统，并充分共享水文等部门已有监测信息，开展雨水情监测、水文作业预报并报送相关信息等。每年汛前开展专项检查，确保设备、系统正常运行和监测数据准确可靠。

　　实时调度方案制定及调度指令下达方面。调度管理单位汛期应当密切关注实时及预报雨水情，统筹防洪、供水、生态、调沙、发电、航运等需求和水库当前工情，明确调度目标，组织制订实时调度方案，经调度会商决策后，向调度执行单位下达相应调度指令。

　　调度指令执行方面。水库调度执行单位应当根据经批复的水库调度规程、年度汛期调度方案（运用计划）等实施水库调度，在调度管理单位下达调度指令进行实时调度时，调度执行单位按照调度指令做好水库实时调度。

预警信息发布方面。水库调度管理单位、调度执行单位应当与地方人民政府防汛指挥机构、有关部门和单位建立水库调度或蓄放水预警信息发布机制，明确相应责任和预警范围、方式等，协同开展预警宣传、演练与发布工作。

调度管理方面。洪水调度过程和汛期结束后，调度执行单位应当及时做好水库汛期调度工作总结，并报水库调度管理单位。调度总结包括调度任务、原则和目标、雨水情监测及洪水预报、调度过程、调度成效、问题和经验等内容。汛期，调度管理单位应及时汇总管辖范围内水库防洪调度效益，并上报上级水行政主管部门，省级水行政主管部门应当同时报送流域管理机构。开展水库应急调度时，按相关规定或应急预案执行。

3.4 抽水蓄能电站运行调度

3.4.1 概述

进入"十四五"时期，在能源结构转型、构建新型电力系统、实现"双碳"目标的背景下，抽水蓄能电站发展遇到了新的机遇。随着风、光等间歇性新能源的快速发展，新能源大规模并网时会对电力系统的稳定运行造成冲击，因此需要一定的储能电源保障电网安全。抽水蓄能是当前技术最成熟、经济性最优、最具大规模开发条件的储能技术，相较于一般储能方式，抽水蓄能电站具有工况转换灵活、稳定性强、安全性高等优势，将在以新能源为主体的新型电力系统构建过程中发挥十分重要的作用。

截至 2021 年年底，抽水蓄能装机规模占全球储能总规模 90% 以上，中国已投运抽水蓄能电站 33 座，总装机 3319 万 kW，主要由国家电网公司下属的国网新源集团有限公司和南方电网公司下属的南方电网调峰调频发电有限公司管理运营。从抽水蓄能电站的分布区域来看，目前我国已投产抽水蓄能电站主要分布在华东、华北、华中和广东；在建抽水蓄能电站总规模约 60% 分布在华东和华北。

中国抽水蓄能规模位居世界第一，但我国抽水蓄能在电力系统中的比例仅为 1.4%，与发达国家相比仍有较大差距。根据《抽水蓄能中长期发展规划（2021—2035 年）》，到 2025 年，抽水蓄能投产总规模超 6200 万 kW；到 2030 年，投产总规模约 1.2 亿 kW；到 2035 年，形成满足新能源高比例大规模发展需求的，技术先进、管理优质、国际竞争力强的抽水蓄能现代化产业。

抽水蓄能电站可按不同情况分为不同的类型。

1. 按电站作用分

（1）纯抽水蓄能电站：没有或只有少量的天然来水进入上水库（以补充蒸发、渗漏损失），而作为能量载体的水体基本保持一个定量，只是在一个周期内，在上、下水库之间往复利用；厂房内安装的全部是抽水蓄能机组，其主要功能是调峰填谷、承担系统事故备用等任务，而不承担常规发电和综合利用等任务。

（2）混合式抽水蓄能电站：其上水库具有天然径流汇入，来水流量已达到能安装常规水轮发电机组来承担系统的负荷。因而其电站厂房内所安装的机组，一部分是常规水轮发电机组，另一部分是抽水蓄能机组。相应地这类电站的发电量也由两部分构成，一部分为抽水蓄能发电量，另一部分为天然径流发电量。所以这类水电站的功能，除了调峰填谷和承担系统事故备用等任务外，还有常规发电和满足综合利用要求等任务。

2. 按水库调节性能分

（1）日调节抽水蓄能电站：其运行周期呈日循环规律。蓄能机组每天顶一次（晚间）或两次（白天和晚上）尖峰负荷，晚峰过后上水库放空、下水库蓄满；继而利用午夜负荷低谷时系统的多余电能抽水，至次日清晨上水库蓄满、下水库被抽空。纯抽水蓄能电站大多为日设计蓄能电站。

（2）周调节抽水蓄能电站：运行周期呈周循环规律。在一周的 5 个工作日中，蓄能机组如同日调节蓄能电站一样工作。但每天的发电用水量大于蓄水量，在工作日结束时上水库放空，在双休日期间由于系统负荷降低，利用多余电能进行大量蓄水，至周一早上水库蓄满。我国第一个周调节抽水蓄能电站为福建仙游抽水蓄能电站。

（3）季调节抽水蓄能电站：每年汛期，利用水电站的季节性电能作为抽水能源，将水电站必须溢弃的多余水量，抽到上水库蓄存起来，在枯水季内放水发电，以增补天然径流的不足。这样将原来是汛期的季节性电能转化成了枯水期的保证电能。这类电站绝大多数为混合式抽水蓄能电站。

3. 按站内安装的抽水蓄能机组类型分

（1）四机分置式：这种类型的水泵和水轮机分别配有电动机和发电机，形成两套机组。由于设备多、占地面积大、投资高、运行维护工作量大等原因，目前已不采用。

（2）三机串联式：其水泵、水轮机和发电电动机三者通过联轴器连接在同一轴上，抽水时电机以电动机方式带动水泵运转，发电时电机由水轮机带动发电机方式运行。三机串联式有横轴和竖轴两种布置方式。

（3）二机可逆式：其机组由可逆水泵水轮机和发电电动机二者组成。这种结构为主流结构。可逆式水泵水轮机和安装在常规水电站上的水轮机一样，也有混流式、斜流式、轴流式及贯流式等形式。

4. 按布置特点分

抽水蓄能电站的枢纽一般均由上、下水库及进（出）水口、引水道、调压井、高压管道、电站厂房及尾水道等组成。按其水工建筑物与地面所处相对位置抽水蓄能电站可分为：① 地面式，全部建筑物都布置在地面上；② 地下式，除上、下水库外，整个输水系统及厂房均布置在地下。抽水蓄能电站的一个重要特点是机组为防气蚀要求淹没深度达 30m 甚至更大，只要地质允许，地下厂房技术和经济上都比较有利。

纯抽水蓄能电站的输水系统及厂房大多布置在地下，相对于厂房在输水系统中的位置可分为首部式、中部式和尾部式。

（1）首部式：厂房位于输水道的上游侧，距上水库较近，多用于水头较低的情况。

（2）中部式：厂房位于输水道中部，厂房上下游都有较长的输水道，上下游都需设置调压室。一般在输水道较长且中部地形不太高的情况下选用。

（3）尾部式：厂房位于输水道末端，可以是地下式、半地下式或地面式。此类型应用较多。

3.4.2 运行特点

1. 水文气象预报

抽水蓄能电站水文气象预报一般由中心站、遥测雨量站、遥测水位站、专用水文站、专用气象站及配套服务器组成。主要负责采集工程区及上、下水库的雨量、水位、流量及气象等要素数据，抽水蓄能电站水库一般不具备削减洪峰的能力，为了满足下游的防洪需要，根据采集到的数据实现洪水监测、洪水预报、洪水预警等功能。水情预报分弃水预报和溢洪预报。弃水预报是按总库容恒定的原则根据来水的趋势主动放水，溢洪预报是按照溢洪控制水位对应的库容，综合考虑机组发电的流量、弃水流量以及来水流量预告需要调整的负荷。

2. 枢纽布置

抽水蓄能电站主要建筑物一般包括上水库、下水库、输水系统、厂房和其他专用建筑物等。我国已建和在建的大、中型抽水蓄能电站 80%为纯抽水蓄能电站，混合式抽水蓄能电站几乎都是中小型抽水蓄能电站，额定水头均小于 100m。我国混合式抽水蓄能电站上水库都利用已有水库，下水库有 60%利用已有水库。纯抽水蓄能电站的上水库和下水库组合类型多样化，考虑已有水库涉及许多复杂问题，纯抽水蓄能电站上水库和下水库均为新建的比例越来越高。

地下厂房的布置形式，首部、中部和尾部方案几乎各占 1/3。尾部式布置厂房对运行及施工较有利，地形地质条件许可时，采用的电站较多。由于抽水蓄能电站枢纽布置格局主要受上、下水库位置影响，地下厂房位置只能在限定的范围内选择相对较优的方案。由于厂房布置的特点，绝大多数抽水蓄能电站高压管道均采用地下埋管，无论采用混凝土衬砌还是钢管衬砌，高压管道以一管二机的布置形式最多，高压管道采用斜井和竖井的比例都在 2:1 左右，与衬砌形式关系不大，更多取决于厂房与上游调压井之间的距离、地质条件、机组调节保证要求等。抽水蓄能电站各枢纽建筑物防洪标准按《水电工程等级划分及洪水标准》确定。

与常规水电站相比，抽水蓄能电站的水工建筑物具有以下主要特点：

（1）水库水位变幅大，升降频繁。为了承担电网中的调峰填谷任务，抽水蓄能电站水库水位日变幅通常比较大，一般超过 10～20m，部分电站达到 30～40m，而且水库水位变动速率较快，一般达到 5～8m/h，甚至达到 8～10m/h。

（2）水库防渗要求高。纯抽水蓄能电站如因上水库渗漏等导致水量大量损失，将减少电站发电量，因此，对水库防渗要求高。同时，为了防止渗水对工程区水文地质条件造成恶化、产生渗透破坏和集中渗漏，也对水库防渗提出较高要求。

（3）水头较高。抽水蓄能电站的水头一般较高，多为 200～800m。总装机容量为 180万 kW 的绩溪抽水蓄能电站是我国首个 650m 水头段项目，总装机容量为 140 万 kW 的敦化抽水蓄能电站是我国首个 700m 水头段项目。随着抽水蓄能技术水平的不断发展，我国高水头、大容量电站的数量将会越来越多。

（4）机组安装高程低。为了克服上浮力及渗流对厂房的影响，近年来国内外建设的大型抽水蓄能电站多采用地下厂房形式。

3. 水库运行

抽水蓄能电站运行中发电/抽水水量为循环利用,除初期蓄水期间及正常运行年份补充蒸发渗漏外,不损耗水量。在发电工况时,各时段库水位随电站在该时段的发电出力大小而变化;在抽水工况时,各时段库水位随电站在该时段的抽水功率大小而变化。发电工况时,上水库水位开始从正常蓄水位逐步消落,随着水量从上水库逐步转移至下水库,下水库水位逐步抬高;抽水工况时,下水库水位从高水位逐步消落,随着水量从下水库逐步转移至上水库,上水库水位将逐步抬高至正常蓄水位。

4. 机电设备

抽水蓄能电站机电设备主要有发电电动机、水泵水轮机、主进水阀、主变压器、调速系统、静止变频启动装置、发电机出口设备、电气保护系统、厂用电系统等,与常规水电站相比,抽水蓄能电站多了抽水和抽水调相等工况,因而在电气方面存在换相和泵工况的启动问题,并因此增加了换相设备和变频启动装置(SFC)、启动母线等设备,相应的二次控制及保护系统等需要监控和调节的量更多也更复杂,同时为适应机组旋转方向的不同和高水头的要求,在机械方面也做出了相应变化,检修维护和运行巡检的工作量有所增加。

5. 运行工况

抽水蓄能电站有发电和抽水两种主要运行方式,在两种运行方式之间又有多种从一个工况转到另一工况的运行转换方式。正常的运行方式具有以下工况:

(1)发电工况。常规水电站最主要的功能是发电,即向电力系统提供电能,通常的年利用时数较高,一般情况下为3000~5000h。抽水蓄能电站本身不能向电力系统供应电能,它只是将系统中其他电站的低谷电能和多余电能,通过抽水将水流的机械能变为势能,存蓄于上水库中,待到电网需要时放水发电。抽水蓄能机组发电的年利用时数一般在800~1000h 之间。抽水蓄能电站的作用是实现电能在时间上的转换。经过抽水和发电两个环节,它的综合效率为75%左右。

(2)调峰工况。具有日调节以上功能的常规水电站,通常在夜间负荷低谷时不发电,而将水量储存于水库中,待尖峰负荷时集中发电,即通常所谓带尖峰运行。而抽水蓄能电站是利用夜间低谷时其他电源(包括火电站、核电站和水电站)的多余电能,抽水至上水库储存起来,待尖峰负荷时发电。因此,抽水蓄能电站抽水时相当于一个用电大户,其作用是把日负荷曲线的低谷填平,即实现"填谷"。"填谷"的作用使火电出力平衡,可降低煤耗,从而获得节煤效益。抽水蓄能电站同时可以使径流式水电站原来要弃水的电能得到利用。

(3)调频工况。调频功能又称旋转备用或负荷自动跟随功能。常规水电站和抽水蓄能电站都有调频功能,但在负荷跟踪速度(爬坡速度)和调频容量变化幅度上抽水蓄能电站更为有利。常规水电站自起动到满载一般需数分钟。而抽水蓄能机组在设计上就考虑了快速起动和快速负荷跟踪的能力。现代大型抽水蓄能机组可以在一两分钟之内从静止达到满载,增加出力的速度可达每秒 1 万 kW,并能频繁转换工况。最突出的例子是英国的迪诺威克抽水蓄能电站,其 6 台 300MW 机组设计能力为每天起动 3~6 次;每天工况转换 40 次;6 台机处于旋转备用时可在 10s 达到全厂出力1320MW。

(4)调相工况。调相运行的目的是为稳定电网电压,包括发出无功的调相运行方式和吸收无功的进相运行方式。常规水电机组的发电机功率因数为 0.85～0.9，机组可以降低功率因数运行，多发无功，实现调相功能。抽水蓄能机组在设计上有更强的调相功能，无论在发电工况或在抽水工况，都可以实现调相和进相运行，并且可以在水轮机和水泵两种旋转方向进行，故其灵活性更大。另外，抽水蓄能电站通常比常规水电站更靠近负荷中心，故其对稳定系统电压的作用要比常规水电机组更好。

（5）事故备用。有较大库容的常规水电站都有事故备用功能。抽水蓄能电站在设计上也考虑有事故备用的库容，但库容相对于同容量常规水电站要小，所以其事故备用的持续时间没有常规水电站长。在事故备用操作后，机组需抽水将水库库容恢复。同时，抽水蓄能机组由于其水力设计的特点，在做旋转备用时所消耗电功率较少，并能在发电和抽水两个旋转方向空转，故其事故备用的反应时间更短。此外，抽水蓄能机组如果在抽水时遇电网发生重大事故，则可以由抽水工况快速转换为发电工况，即在一两分钟内，停止抽水并以同样容量转为发电。

（6）黑启动工况。黑启动是指出现系统解列事故后，要求机组在无电源的情况下迅速起动。常规水电站一般不具备这种功能。现代抽水蓄能电站在设计时都要求有此功能。

3.4.3 发电调度

1. 发电调度任务及原则

抽水蓄能电站在电力系统中承担调峰填谷、调频调相、事故备用、储能和黑启动等多种任务。

抽水蓄能电站发电调度原则是在保证抽水蓄能枢纽工程安全和电力系统安全稳定运行的前提下，经济和优质运行。

2. 发电调度方式

目前，国内抽水蓄能电站经营模式主要有三种：一为独立经营方式，抽水蓄能电站以法人身份独立经营，参与市场竞争。抽水蓄能电站要承担电价审批和市场变化对上网电量影响的风险。抽水蓄能电站为获得较高的经济效益，就需要提高上网电量。因而对电网要求的调峰、填谷、调频、调压等服务缺乏内在的激励机制，难以充分发挥抽水蓄能电站在维护电网安全稳定运行、提高供电质量方面的作用。二为租赁制经营模式，电站是按照电网经营企业根据自身电网运行情况统一安排的发电计划，向电网提供可用容量、电量服务，获得的租赁收入与电量无关，收入稳定，经营风险较小（如广州抽水蓄能电站一期、二期）。三为电网统一经营模式（如十三陵、潘家口等电站），即由电网统一调度，统一支付电站成本、还贷付息、利润和税收。抽水蓄能电站根据电网的要求运行维护，合理安排检修计划，随时为电网提供调峰、填谷、调频、调压等服务，并接受电网的考核，从而可以充分发挥蓄能电站的优越性，有利于保证电网安全稳定运行、供电质量的提高，保证其在系统中发挥整体效益。我国已建抽水蓄能电站的经营模式主要为后两种。

抽水蓄能电站以其卓越的调峰填谷、事故备用和调频调相功能为电网安全优质运行发挥了重要作用。国家能源局对装机 30 万 kW 以上的常规抽水蓄能电站在电网非特殊运行方式要求如下：

（1）主要承担备用功能的抽水蓄能电站：电力调度机构每周至少安排每台机组发电运

行一次，运行时间不少于 1h；同时应根据网内抽水蓄能电站设备技术要求和系统需要，明确年最低发电利用小时和周台均发电启动次数。

（2）主要承担调峰填谷功能的抽水蓄能电站：电力调度机构应根据抽水蓄能电站设备技术要求和系统需要，明确年最大、最小发电利用小时和日台均发电启动最高次数，确保抽水蓄能机组合理使用，保障机组可靠稳定运行，提高系统运行综合效益。抽水蓄能机组年利用小时和单台日启动次数原则上不超过设计值。

（3）当电网可能发生拉闸限电，以及因系统调峰容量不足发生弃风、弃水时，在满足电网和电站安全运行、抽水蓄能机组可调节的范围内，电力调度机构应及时调用抽水蓄能机组运行。

（4）电网遇事故或其他紧急情况时，电力调度机构可按电网实时需要调度抽水蓄能机组。

现在已投运的抽水蓄能电站，均统一接受区域电网或省级电网的调度，主要由电网根据系统运行情况确定发电计划。

3.4.4 防洪调度

1. 防洪调度任务

防洪工作是抽水蓄能电站安全生产的重要环节之一，基本任务是保障电站安全度汛，积极配合地方政府抗洪抢险，保证抗洪抢险和灾后恢复生产的电力供应。根据规划设计确定或上级主管部门核定的水库安全标准和下游防护对象的防洪标准、防洪调度方式及各防洪特征水位对入库洪水进行调蓄，保障厂房和下游防洪安全。遇超标准洪水，应力求保设备人员安全并尽量减轻下游的洪水灾害。

2. 防洪调度原则

（1）保证大坝安全，正常运行时上、下库水位不得超过其正常运行水位。

（2）正常情况下，采用下库泄洪设施泄洪，应避免上库弃水。

（3）保证下游河道及下游公众安全，严格控制水库泄洪流量。

3. 防洪调度方式

（1）下水库利用已建水库或天然湖泊，上水库为人工水库。国内抽水蓄能电站中这类组合较多，如十三陵、张河湾、泰安、宜兴、白莲河等抽水蓄能电站。充分利用已建水库、天然湖泊作为抽水蓄能电站的上水库或下水库，通常可以节约新建水库的费用，水源也有保证，对于环境的不利影响也比较小，且在大多数情况下还能够节省工程投资，加快施工进度。如白莲河抽水蓄能电站，下水库利用已建的白莲河水库，地形地质条件也有利。但利用已建水库作为下水库时，须注意下水库作为抽水蓄能电站运行，可能涉及原水库综合利用任务的调整、运行调度、经济补偿、已有大坝等级的提高及加高加固措施、施工期对原水库运行的影响等问题，因此在进行工程布置时，一定要因地制宜，统筹考虑。

（2）下水库为江河新建河道型水库或人工水库，上水库利用已建江河水库或天然湖泊。混合式抽水蓄能电站一般多采用这类组合，如岗南、潘家口、响洪甸等抽水蓄能电站。纯抽水蓄能电站中桐柏抽水蓄能电站的下水库为新建人工水库，上水库利用已建桐柏水库改建而成。

（3）上、下水库均利用已建江河水库或天然湖泊。利用江河已建上下梯级电站水库增建抽水蓄能电站，一般利用水头不高，但水量容易保证，且由于不需要新建上、下水库，在一定程度上节省了投资。这类水库以天堂、白山、佛磨等混合式抽水蓄能电站为代表。天堂抽水蓄能电站利用已建天堂梯级电站中的一级电站水库作上水库，二级电站水库做下水库，工程布置中主要考虑原有水利工程的制约和抽水蓄能电站本身的要求，从水工角度讲是一个改建项目，需新建工程相对较少，不需要太大投入。

（4）上、下水库均为新建的专用人工水库。抽水蓄能电站中有很多是利用有利地形新建上、下水库，形成目标单一的专用水库，如广州、天荒坪、西龙池、惠州、呼和浩特等抽水蓄能电站，国内这种组合最多。西龙池抽水蓄能电站的上、下水库无天然径流补给，皆为新建人工水库。这种类型的水库组合，避开了利用已有水库时对原有水库的改扩建投入及复杂的综合利用矛盾，可以充分选择地形地质条件好的距离负荷中心近的站址。这种类型抽水蓄能电站近年发展较快，因为站址可选择余地较大，当上、下水库地形地质条件有利时，投资并不一定比利用现有水库的抽水蓄能电站高。

上下库防洪调度方式如下。

（1）上水库：集水面积很小，按24h暴雨量蓄存于库内考虑，一般不设置泄洪设施。根据抽水蓄能电站上水库特征水位、库容、机组参数、水库淹没、环库公路、大坝安全等边界条件设定上水库防洪调度方案。水库水位达到正常蓄水位后，电站停止抽水工况运行；当发生校核标准及以下洪水时，将24h洪量全部蓄存于上水库，该部分水量尽可能根据电网需求利用于机组发电，通过机组发电尽快下泄至下水库，上水库水位尽快回落至正常蓄水位附近；当发生超标准洪水，尽快利用机组发电泄放洪水，使上水库水位不超过校核洪水位，并尽快回落至正常蓄水位，同时结合水情测报系统做好预警工作。

（2）下水库：汛期时，若下水库河流泥沙含量较大，下水库在防洪的同时，应考虑排沙运行。下水库应根据已建水库原防洪调度运行方式，结合抽水蓄能电站建设后的运行要求及洪水调节计算成果，在确保地区防洪安全、大坝安全、抽水蓄能电站正常运行，尽可能不增大库区淹没范围的前提下制定防洪调度方式。

综合考虑抽蓄电站防洪调度，水库设计和调度运行时应考虑以下方面：

（1）考虑上水库发电下泄洪水，制定合理的防洪调度运行方式。原则是既要保证下水库本身的防洪安全，又要兼顾下水库兴利利用；还要保证大坝下游防护对象在发生防洪标准以下洪水时的安全。

（2）对于下水库为已建水库的情况，为不增大水库移民投资，在制定调度原则进行洪水调节计算时，还要考虑后续的回水计算结果，尽可能不增大库区淹没范围。

（3）根据调洪计算结果确定挡水建筑物高程，以确定是否需要对已建下水库大坝进行加高改建。

（4）保障监测系统的完备和监测数据的可靠。2005年美国汤溯抽水蓄能电站由于设计施工不当、监测系统失效等原因导致上水库溃决，因此，为确保抽蓄电站水库运行安全应加强电站水情监测系统的优化设计和质量建设。

4. 防洪度汛要求

（1）根据当年来水预测及分析，确定年度总库容控制计划，制定《水库汛期调度运用

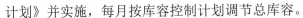

计划》并实施，每月按库容控制计划调节总库容。

（2）按照《水力发电企业防汛工作检查大纲》的要求，电站每年汛前必须开展防汛自查。汛前对大坝冻融、裂缝、坝肩边坡稳定、下游冲刷等设施情况作检查，并对大坝水平位移、垂直位移、渗水量、裂缝、应力应变等观测资料做分析，汛前必须清理疏通并维护已施工完成的排水沟、排水涵洞及边坡截水沟，保证排水畅通，并随时检查边坡变形情况，包括上、下水库连接公路和上水库环库公路边坡。每天检查工程区交通道路、桥涵、排水沟等，如发现堵塞、淤塞等问题及时安排专人清理，保证畅通无阻。汛前落实工地的厂房交通洞、通风洞、开关站、中控楼等防洪、排水措施。应对泄洪建筑物及其附属机电控制设备、建筑物进行安全监测，如遇问题和险情必须立即报告及时处理，确保泄洪建筑物安全泄洪。

（3）汛期加强与气象、水文、防汛等部门的联系，根据预报的降雨、水情、汛情等情况，提前做好水库调度及度汛准备工作。加强水情预报工作，及时掌握水库洪水及蓄水位动态，加强对有关建筑物的安全监测频次和监测数据的整理，并及时汇报工作。加强施工区内永久及临时道路的维护工作，险工险段应及时处理，保证道路畅通，确保防洪抢险物资及时到位。

（4）成立有关各方参加的工程防洪度汛领导机构，统一组织和指挥工程的防洪度汛事宜，做到组织健全、分工明确。层层落实岗位责任制，汛期实行 24h 防汛总值班制度，加强工程各部位的巡视和观察，确保汛期防汛抢险物资数量、品种到位，确保工程的安全度汛。

（5）按照水库调洪水位、调洪原则进行防洪调度。遭遇超标准洪水时，现场人员、设备、物资等应及时撤离，待人员物资撤离后临时及永久施工道路应及时封闭，如度汛对下游有影响，根据下游报警系统立即通知可能危及的下游城镇、村屯居民及时撤离。

第4章
大坝安全检查检测

4.1 概　　述

大坝安全检查检测主要依靠目视、耳听、手摸、鼻嗅等直观方法，可辅以锤、钎、量尺、放大镜、望远镜、照相机、摄像机等工器具进行；重要部位或人员难以到达的部位可布置摄像探头或采用无人机航拍等辅助检查；必要时可采用探挖坑（槽）、钻孔取样或孔内电视、注水或抽水试验、水质分析、示踪试验、水下检查、无损检测等方法进行检查检测。大坝安全检查检测对象包括挡水建筑物、泄水消能建筑物、输水发电建筑物、通航建筑物、金属结构、边坡、水库及库盆、水情测报系统和安全监测系统等。水电站大坝安全检查检测主要是对上述对象及其运行安全性态进行检查检测与分析评估，及时发现异常现象或存在的隐患，提出意见和建议。

大坝安全检查检测分为巡视检查、专项检查检测和年度详查。巡视检查按照检查频次分为日常巡视检查和特殊情况巡视检查。巡视检查要明确检查内容，记录并汇总检查发现的缺陷或异常现象。

专项检查检测是指日常运行中排查安全隐患、界定隐患程度而采取专业手段开展的检查检测。专项检查检测要编制检查检测实施方案和检查检测成果报告，其具体要求见第4章第3节。

年度详查是指每年汛后开展全面详细的检查，并结合年度的各项检查、大坝监测资料整编分析、大坝安全管理情况，分析水库、水工建筑物、边坡、闸门及启闭机、监测系统及水情测报系统的运行情况和维护加固改造情况，查找安全隐患和管理工作中存在的问题，提出下年度工作建议，形成检查报告的工作。其具体要求见第4章第4节。

4.2 巡　视　检　查

4.2.1 日常巡查

日常巡查的对象主要包括挡水建筑物、泄水消能建筑物、输水发电建筑物、通航建筑物、钢筋混凝土附属设施（梁板柱结构）、金属结构、枢纽区近坝库岸与边坡、水库与库盆、水情测报系统和安全监测系统等。针对各巡查对象的检查部位/项目与检查内容，用文字、照片、影像或附示意图、素描图等记录缺陷或异常现象，并对缺陷或异常现象进行

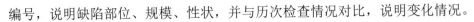

编号，说明缺陷部位、规模、性状，并与历次检查情况对比，说明变化情况。

1. 挡水建筑物

挡水建筑物主要包括大坝和堵头结构。具体巡视检查记录表见表 4-1 和表 4-2。

表 4-1　　　　　　　　　　　　　　大坝巡视检查记录表

检查部位及项目		检查内容	缺陷或异常现象描述 缺陷编号
坝基	坝肩	混凝土坝： （1）坝肩岩体滑坡、坍塌、掉块、渗水；支护体混凝土裂缝、剥蚀、破损、锚块开裂、松动； （2）灌浆洞或排水洞衬砌混凝土错动、破损、裂缝、渗水；未衬砌洞室岩体坍塌、掉块、挤压、松动及排水孔出水、浑浊度、析出物等	
		土石坝：绕渗、塌陷、开裂等	
	坝体与岸坡结合部位	错动、渗水；脱开（混凝土坝）；析出物、塌陷（土石坝）等	
	基础廊道	混凝土坝：混凝土结构缝错动、渗水，混凝土破损、裂缝、渗水、析钙等	
		土石坝：衬砌、底板结构及结构缝渗水、析钙、裂缝、错动；未设置混凝土底板的排水廊道内基岩挤压、松动、错动	
		排水孔出水、浑浊度、析出物等	
	空腹或宽缝坝空腔（混凝土坝）	基础岩石及与坝体结合处的挤压、错动、渗水、析出物等	
	坝趾（混凝土坝）	渗漏、沉陷、冲刷等	
	坝脚（土石坝）	渗水点、析出物、渗水浑浊度、淘刷、沉陷等	
	下游近坝区域	涌水、渗水及其浑浊度、析出物、塌陷等	
坝体	坝顶	混凝土坝： （1）防浪墙混凝土破损、裂缝； （2）路面混凝土破损、裂缝，门机轨道错动、变形等； （3）主要裂缝在上下游坝面、闸门井和闸墩等部位的延伸情况	
		土石坝： （1）防浪墙结构缝张开、挤压、错动和混凝土裂缝、破损等； （2）防浪墙底部与坝体防渗体顶部的连接； （3）路面沉陷、贯穿性裂缝；混凝土路面宽度超过 0.2mm 的裂缝	
	与其他坝型连接部位	顶部裂缝、不均匀沉陷，接触面渗水等	
	上游坝面	混凝土坝： （1）混凝土破损、冻融冻胀、剥蚀、疏松、裂缝及施工缝析钙； （2）结构缝开合、错动	
		土石坝： （1）斜墙堆石坝防渗体及均质坝上游面的集中渗漏、塌陷及心墙堆石坝的防渗体集中渗漏等； （2）斜墙、心墙堆石坝及均质坝上游混凝土护面的裂缝、破损、塌陷、排水孔反渗水等；上游块石护坡的冒泡、渗水、塌陷、隆起、堆积物、植物生长、动物洞穴等； （3）面板堆石坝面板顶部与防浪墙底部连接部位挤压破损、水平缝接缝表面止水损坏；面板隆起、塌陷、脱空破损、疏松、裂缝、挤压、错动等；周边缝、垂直缝及水平缝表面止水扭曲、断裂、剥落、老化、止水材料流失、保护盖损坏等	

续表

检查部位及项目			检查内容	缺陷或异常现象描述 缺陷编号
坝体	下游坝面		混凝土坝： （1）混凝土破损、冻融冻胀、剥蚀、疏松、裂缝； （2）施工层面渗水、析钙； （3）结构缝开合、错动、渗水	
			土石坝： （1）浆砌块石护坡开裂、塌陷、干砌块石护坡的隆起、塌陷、局部滑坡等； （2）排水反滤系统排水通畅情况、集中渗水点、析出物、塌陷等； （3）植物异常生长、动物洞穴、白蚁活动等	
	廊道（混凝土坝）		混凝土破损、裂缝、渗水、析钙	
			结构缝开合、错动、渗水	
			坝体排水管出水、析出物及堵塞情况	
	坝体封堵结构 （混凝土坝）		脱开、渗水、析出物等	
与其他结构连接部位（土石坝）	上游面		止水结构破损、冒泡、渗水等	
	顶部		裂缝、不均匀沉陷等	
	下游面		渗水、塌陷、结构裂缝、错动等	
	下游面		坝内埋管与下游坝面连接部位渗水	
其他相关部位及项目			其他异常情况	

注：每条廊道及平洞宜单列。

表4-2 堵头结构巡视检查记录表

检查部位及项目	检查内容	缺陷或异常现象描述 缺陷编号
堵头混凝土	变形、裂缝、渗水、析钙等	
堵头与周边岩体连接部位	变形、裂缝、渗水、析钙等	
	结合面张开、鼓胀、剪切掉块等	
堵头下游围岩	围岩坍塌、掉块等	
	渗漏点分布和渗流量	
	衬砌混凝土开裂、掉块、钢筋裸露情况等	
堵头放空管	门（阀）、闷头及其紧固件的锈蚀、渗水情况	
	启闭设备状况	

2. 泄水消能建筑物

泄水消能建筑物主要指岸边式溢洪道、坝身泄水建筑物、泄水洞、消能及其防护设施、下游河道及两岸防护结构等。具体巡视检查记录见表4-3。

表 4－3 泄水消能建筑物巡视检查记录表

检查部位及项目		检查内容	缺陷或异常现象描述 缺陷编号
进水渠 （口）	进口区域	泥沙淤积、漂浮物、淤积物等	
	混凝土结构	裂缝、错动、析钙、渗水、空蚀、冲刷露筋、冻融等；止水破损，排水孔出水量、浑浊度或堵塞等	
	启闭机排架	破损、裂缝及不均匀变形等	
	水流流态	绕流、异常横向流、漩涡吸气、回流、偏流等不利流态	
	通气孔（槽）	通气孔（槽）通畅情况或啸叫现象等	
控制段	混凝土结构	裂缝、渗水、剥蚀等；结构缝止水破损、不均匀沉降、张开、错动、渗水等	
	启闭机排架	破损、裂缝及不均匀变形	
	与两岸或相邻建筑物结合部位	张开、错动及下游接触部位的渗水等	
	基础灌浆排水廊道	渗水、析钙、裂缝、错动和排水孔渗水量、浑浊度、析出物等	
	过流面	粗骨料裸露、破损、露筋、坑槽等的空蚀、冲刷磨损情况；钢衬脱落、翘曲等	
	水流流态	门槽漩涡，梁（板）底阻水，水流冲击牛腿、支铰，流道漂浮物卡阻等	
	通气孔（槽）	通气孔（槽）通畅情况或啸叫现象	
泄槽段	混凝土结构	边墙、底板的裂缝、渗水等	
	过流面	错台、凸出物、凹陷等不平整情况；粗骨料出露、破损、坑槽、露筋等；止水结构破损等	
	底板排水	排水管、网通畅情况及变化情况	
	水流流态	水翅、水冠、泄槽内水流波动、涌浪（翻越边墙现象）等	
	掺（通）气设施	掺气效果、通气孔（井）通畅情况或啸叫等	
洞身段	底板、边墙、拱顶等混凝土结构	空蚀、破损、冲刷露筋、裂缝、渗水、错台、平整度、排水孔出水等	
	围岩结构	崩塌、掉块、渗水、排水孔出水等	
	钢衬结构	脱空、鼓包、焊缝撕裂、防腐层磨损、脱落、灌浆孔出水等	
	闸室	结构混凝土裂缝、渗水、破损等；门槽混凝土破损、渗水；通风设施畅通情况	
	消能设施	空蚀、冲刷、磨损等	
	底板淤积	淤积部位、范围、深度	
	通气孔	通气孔（槽）通畅情况或啸叫现象	
出口段	混凝土结构	空蚀、冲刷露筋、破损、裂缝、渗水、错台、平整度等	
	门槽	混凝土破损、渗水等	
	水流流态	水翅、水流翻越边墙等	
	掺气槽（孔）	掺气效果、通气孔（井）通畅情况或啸叫等	
	排水	排水设施出水情况	

检查部位及项目		检查内容	缺陷或异常现象描述缺陷编号
消能及其防护设施、下游河道及护岸	消能设施	混凝土结构裂缝、错动、渗水、空蚀、冲刷露筋、冻融、破损等，消力池（戽）内淤积物分布范围、堆积物形态及组成等	
	防护结构	地基、岸坡的淘刷等	
	排水廊道	混凝土结构缝错动、渗水，混凝土破损、裂缝、渗水、析钙等，排水孔排水情况、析出物	
	下游河道	消能工末端地基、护坦、海漫等淘刷情况；下游河道冲淘情况及淘坑与消能工的空间关系；两岸垮塌、堆渣等侵占河道情况	
	水流流态	水面波动、涌浪翻越边墙、水流归槽、水跃等现象	
	通气孔	通畅情况或啸叫等	
	泄水雾化	雨强、范围及两岸边坡防护排水情况等	
其他相关部位及项目		其他异常情况	

3. 输水发电建筑物

输水发电建筑物主要是指输水建筑物和水电站厂房，具体巡视检查记录见表4-4。

表4-4　　　　　　　　　　　输水发电建筑物巡视检查记录表

检查部位及项目		检查内容	缺陷或异常现象描述缺陷编号
输水建筑物	明渠及压力前池	结构混凝土裂缝、渗水、破损、冻融剥蚀等	
		结构缝开合、错台、渗水、止水结构破损等	
		渡槽、明渠等混凝土结构不均匀变形及基础沉降情况	
		前池退水渠畅通情况	
	进水口	低水位或接近发电最低水位时，进水口前水流流态和不利吸气漩涡	
		进水口前漂浮物、堆积物出现堵塞或其他阻水现象	
		门槽混凝土破损、渗水等	
		进水塔、排架柱等混凝土裂缝、渗水、破损、冻融、不均匀变形及基础沉降情况	
	埋藏式压力管道	隧洞沿线山体、冲沟的渗水及其变化情况，沿线边坡坍塌、滚石等异常现象	
		管道相邻洞室渗水及变化情况	
		放空时混凝土衬砌内壁裂缝、反渗水、破损、灌浆孔出水及排水孔通畅情况等，钢衬内壁锈蚀、鼓包、脱空及焊缝裂纹、渗水等	
		长隧洞定期检查隧洞内壁水生物附着情况、隧洞或集渣坑淤渣情况	
	明敷式压力管道	混凝土衬砌外部裂缝、渗水、破损、冻融等	
		钢衬锈蚀、鼓包及焊缝裂纹、渗水等；钢衬外部保温设施完好情况；钢衬伸缩节渗水、锈蚀、变形情况	

续表

检查部位及项目		检查内容	缺陷或异常现象描述 缺陷编号
输水建筑物	明敷式压力管道	镇墩、支墩结构裂缝、基础变形和冲刷情况；支承环、支承环与墩座间变形情况；支座清洁、润滑和活动情况	
		管床的沉降、错动、开裂等，管道沟槽排水畅通情况	
		跨沟管桥支撑结构不均匀变形及基础沉降情况	
	调压室	混凝土结构裂缝、渗水、破损情况；寒冷地区混凝土结构外部保温设施完好情况	
		调压井所处部位山体地表渗水情况	
		放空时，检查底板破损、淘蚀情况	
		负荷变化时调压室运行水位、翻水	
	闸门（阀）室	结构混凝土裂缝、渗水、破损等	
		门槽或闸（阀）结构混凝土破损、裂缝、渗水情况	
	出水口	河道堵塞或其他阻水现象	
		闸门井结构混凝土破损、裂缝、渗水情况	
	排水系统	压力管道排水廊道、排水洞、排水孔等出水情况，包括部位、水量及其携带物质等	
		钢衬外排水管渗水情况，包括渗流量、杂质或颗粒、析出物等	
发电厂房		地面厂房屋顶结构完整性及防渗排水情况	
		地面厂房结构缝的渗水、开合、错动等情况	
		地面厂房结构变形及基础沉降情况	
		地面厂房连通上、下游或河道的孔洞、管沟、通道、预留缺口等部位的高程以及其封堵和引排措施可靠性	
		地面厂房与泄水建筑物之间的上、下游导流墙的长度和高度	
		地面厂房库岸及厂房上、下游河道淘刷或淤积情况	
		地面厂房厂区边坡稳定情况	
		地下厂房支护结构的脱空、掉块、渗水、裂缝、错动等	
		地下厂房岩壁吊车梁、桥机轨道的变形情况，桥机轨道连接部位错位、固定螺丝松动等	
		地下厂房交通洞、通风洞、排水洞等与外界连通洞室进口部位的防洪措施和人员安全进出通道设置情况	
		厂房流道混凝土结构渗水、裂缝、破损、变形等	
		厂房内柱、梁、板、墙等受力结构的裂缝、变形、异常振动等	
		厂区排水系统、渗漏排水系统、检修排水系统运行状态和设备完好性	
		厂房渗漏、检修集水井容积、排水能力以及运行维护情况	
		厂房排水系统水泵出口止回阀是否为缓闭式止回阀及其完好性	
		厂区周边地表及边坡的地表水和地下水截、排水系统运行情况（截水有效性、排水通畅性及排水能力）	
其他相关部位及项目		其他异常情况	

4. 通航建筑物

通航建筑物主要指船闸、升船机和引航道，具体巡视检查记录见表4-5。

表4-5 通航建筑物巡视检查记录表

检查部位及项目	检查内容	缺陷或异常现象描述缺陷编号
闸首	上下闸首混凝土结构内外立面、闸顶（桥）面的裂缝、破损、剥蚀、渗水、析钙等	
	混凝土结构缝开合、错动，止水结构破坏等	
	门槽二期混凝土破损、渗水	
	基础灌浆廊道衬砌、底板结构及结构缝渗水、析钙、裂缝、错动等	
	闸首与其他挡水建筑物连接部位的不均匀沉降、变形、渗水等	
闸室	墙体内外立面、底板混凝土（含消能结构）裂缝、破损、剥蚀、渗水、析钙、磨损等	
	闸室墙体较大变位、结构缝开合、错动、不均匀沉降、贴坡墙与岩体接合面脱开，止水结构破坏	
	分离式闸室底板与闸墙间的结构缝开合、不均匀沉降、止水破坏或失效	
	闸室、下闸首顶部混凝土、系船设施适应性及完好情况	
	闸室、下闸首邻河床侧泄水及混凝土基础淘刷等	
输水系统	进水口和出水口、输水廊道、门（栅）槽及竖井混凝土结构裂缝、渗水、磨损、空蚀等	
	进水口和出水口、输水廊道结构缝混凝土破损，止水结构破坏或失效等	
	进水口和出水口前泥沙淤积，漂浮物及垃圾堆积物堵塞，壅水及不良流态	
	输水廊道门槽二期混凝土破损、渗水，通气孔畅通情况	
	排水廊道结构裂缝、渗水，地面及渗漏集水井泥沙淤积、堆积物等	
船厢室及塔楼	塔楼筒体结构、平衡重竖井结构混凝土裂缝、破损等	
	塔楼筒体结构缝开合、错动、不均匀沉降、变形等	
	塔楼筒体结构、平衡重竖井结构导向设施等金属构件防腐和锈蚀情况	
	船厢室底板结构缝开合、渗水情况	
上、下游引航道	导航墙（墩）、靠船建筑物不均匀沉降、倾斜情况，混凝土结构裂缝、破损、剥蚀	
	浮式趸船导航结构破损	
	导航、靠船建筑物系船设施适应性及完好情况	
	导航、靠船建筑物基础淘刷等	
	引航道及口门区冲刷、泥沙淤积及垃圾杂物堆积情况	
中间渠道	渡槽结构混凝土裂缝、破损、剥蚀、渗水等；结构缝错台，止水破坏等	
	渡槽下部墩柱结构混凝土裂缝、疏松剥蚀、倾斜、沉降等	
其他相关部位及项目	其他异常情况	

5. 金属结构

金属结构主要包括闸门、固定卷扬式和移动式启闭机、液压启闭机、螺杆启闭机、闸门和启闭机启闭运行及供电电源等，具体巡视检查记录见表 4-6～表 4-11。

表 4-6　　　　　　　　　　　　　　闸门结构巡视检查记录表

检查项目		检查内容	缺陷或异常现象描述 缺陷编号
闸门状态		挡水水位	
		门后水位	
挡水情况		封水情况，漏水点、漏水量描述	
门体结构	门叶整体	明显变形、扭曲等异常现象	
	面板	检查锈蚀、碰撞变形、局部不平度、直线度，母材及一、二类焊缝是否出现裂纹、焊瘤、飞溅、电弧擦伤、夹渣和表面气孔等异常现象	
	主梁		
	水平（纵）次梁		
	边梁		
	支臂		
	背拉杆		
	吊耳	检查变形、开裂及轴孔磨损情况，吊耳与闸门的连接、焊缝是否出现裂纹等异常现象	
	吊杆	检查变形、锈蚀，吊杆与吊杆、吊杆与吊耳之间的连接，母材及一、二类焊缝裂纹、轴孔和吊轴的磨损等异常现象	
	节间连接螺栓	检查松动、锈蚀等异常现象	
	（斜支臂弧门）支臂与主横梁连接抗剪板	检查焊缝裂纹等异常现象	
止水	柔性止水	检查磨损、老化、龟裂、破损、脱落等异常现象	
	刚性止水	检查明显压痕、擦痕、磨蚀、变形等异常现象	
	垫板、压板	检查损伤、变形、缺件、锈蚀、磨蚀等异常现象	
	螺栓	检查锈蚀、磨蚀、缺件、松弛、变形等异常现象	
支承行走机构	滑道	检查滑块、支枕垫磨损情况；检查各滚轮、支铰、顶、底枢的转动、润滑、磨损、表面裂纹、损伤、缺件及腐蚀情况；检查各机构的固定、锈蚀情况	
	定轮		
	支铰		
	侧向支承		
	反向支承		
	顶、底枢		
	支、枕垫		
平压设备	充水阀	检查其动作灵活、封水良好情况；检查各零件和构件的锈蚀、变形、母材及一、二类焊缝裂纹等异常现象	
锁定装置		检查其动作灵活、锈蚀等情况	

检查项目		检查内容	缺陷或异常现象描述 缺陷编号
闸门槽	主轨	检查其锈蚀、磨损、空蚀、错位及与周边混凝土的结合状况	
	反轨		
	侧轨		
	顶楣		
	底槛		
充压式 止水		检查止水装置封水严密性，水封座和压板的锈蚀情况，压板固定螺栓的紧固、锈蚀、缺件情况，水封的泄压回缩情况	
通气孔		检查结构塌陷、堵塞、周边补气畅通情况以及防护设施设置情况	
防冰冻 设施		检查设施完整性及运行情况	

表 4—7　　　　　　　　固定卷扬式和移动式启闭机现状巡视检查记录表

检查项目		检查内容	缺陷或异常现象描述 缺陷编号
启闭机室（机房）		破损、潮湿、漏水等	
机械和 结构 现状	机（门、桥）架	损伤、腐蚀、焊缝表面缺陷及连接螺栓紧固程度	
	制动器	液压油外渗，工作面的表面缺陷、磨损及腐蚀，操作系统完好性	
	减速器	油质、油量、渗漏情况（必要时开箱检查齿轮啮合状况，齿面损伤、磨损、腐蚀等），齿轮轴轴承的润滑、磨损和温升情况	
	卷筒及开式齿轮副	卷筒的损伤、腐蚀，开式齿轮的润滑、啮合状况，齿面损伤、磨损、腐蚀等，轴承的润滑、磨损和温升情况	
	滑轮组、传动轴及 联轴器	变形、裂纹、腐蚀等	
	钢丝绳	润滑、固定、排列状况及磨损、变形、断丝和腐蚀等	
	车轮及轨道	车轮的裂纹、磨损、龟裂、起皮，轨道的弯曲、轨面高差、接头间隙和错位等状况	
电气设备和保护装置现状		现地控制设备或集中监控设备完整性	
		电气设备和配电线路的绝缘及接地系统可靠性	
		电缆线路等敷设状况和老化状况	
		载荷限制、行程控制、开度指示及仪表显示装置等完好性	
		移动式启闭机缓冲器、夹轨器、锚定装置、风速仪、避雷器等的完整性	

表 4—8　　　　　　　　液压启闭机现状巡视检查记录表

检查项目		检查内容	缺陷或异常现象描述 缺陷编号
液压启闭 机现状 检查	泵站	破损、潮湿、漏水等	
	机架	损伤、腐蚀、焊缝表面缺陷及连接螺栓紧固程度	
	液压缸	损伤、变形、腐蚀、泄漏	
	液压系统	泄漏，阀件、仪表的灵敏度、准确度等	

续表

检查项目	检查内容	缺陷或异常现象描述 缺陷编号
电气设备和保护装置	现地控制设备或集中监控设备完整性	
	电气设备和配电线路的绝缘及接地系统可靠性	
	动力线路及控制保护、操作系统的电缆线路等敷设状况和老化状况	
	油压、油温控制、行程控制、开度指示及仪表显示装置等完好性	

表 4-9　　　　　　　　　螺杆启闭机现状巡视检查记录表

检查项目		检查内容	缺陷或异常现象描述 缺陷编号
螺杆启闭机现状检查	机箱和机座	表面缺陷、裂纹、损伤、腐蚀和漏油状况等	
	螺杆和螺母、蜗杆和涡轮	表面缺陷、裂纹、变形、损伤、磨损、腐蚀及润滑状况	
	手动机构	完整性和可操作性	
电气设备和保护装置		现地控制设备完整性	
		电气设备和配电线路的绝缘及接地系统可靠性	
		动力线路及控制保护、操作系统的电缆线路等敷设状况和老化状况	
		载荷限制、行程控制、开度指示及仪表显示装置等完好性	

表 4-10　　　　　　　　　闸门及启闭机启闭运行巡视检查表

检查项目	检查内容	缺陷或异常现象描述 缺陷编号
环境、边界条件	气温	
	风速/风向	
	上游水位	
	下游水位	
设计参数	额定启闭力（或额定压力）	
	额定速度	
闸门操作指令	启/闭	
实际运行参数	启闭力（或工作压力）	
	运行速度	
运行性态	泄水时的水流流态	
	闸门振动情况	
	爬行现象	
	防冰冻措施的有效性	
	异常噪声或响声	
	制动器的制动性能	

检查项目	检查内容	缺陷或异常现象描述 缺陷编号
运行性态	滑轮组转动灵活性	
	钢丝绳归槽	
	同步偏差合格	
	啃轨现象	
	荷载、行程和开度的测量与控制可靠性	
	缓冲器、风速仪、夹轨器、锚定装置可靠性	
	异常温升情况	
	意外泄漏情况	
	闸门局部开启时下沉量与规范要求一致性（液压启闭机）	
	控制设备运行可靠性	
	电控柜指示完好性	
	其他异常	

表4-11 供电电源巡视检查记录表

检查项目	检查内容	缺陷或异常现象描述 缺陷编号
配电室	潮湿、漏雨、鼠害等	
架空（电缆）进线	老化和敷设状况	
变压器	完整性及油位、油色、声音、温度、绝缘状况	
配电设备	完整性及运行可靠性	
柴油发电机组	电池电压、水箱水位、机油油位、柴油油位及发电运行可靠性	

6. 边坡

边坡主要指枢纽区边坡（土质边坡、岩质边坡）和近坝库岸，具体巡视检查记录见表4-12。

表4-12 边坡巡视检查记录表

检查项目	检查内容	缺陷或异常现象描述 缺陷编号
枢纽区边坡	土质边坡表面裂缝、沉陷、渗水、兽洞、蚁穴以及相关部位、规模、走向等	
	土石边坡交界处错动、错距等	
	岩质边坡危岩、风化破碎岩体、稳定性较差强卸荷岩体等	
	主、被动防护网破损、锚固结构松动变形等	
	坡脚重力式支挡结构开裂、沉陷、错动、断裂等	
	喷射混凝土层或贴坡混凝土裂缝、隆起、锚杆松动、混凝土剥蚀、挂网钢筋裸露等	
	预应力混凝土外锚头及混凝土格构裂缝、变形、断裂、松动等	

检查项目	检查内容	缺陷或异常现象描述 缺陷编号
枢纽区边坡	枢纽区冲沟混凝土或浆砌石引排、拦挡结构裂缝、沉陷、错动、断裂、破损等	
	边坡洞室（排水、灌浆等）混凝土衬砌剥落、裂缝、错动、露筋等	
	边坡洞室围岩崩塌、掉块等	
	边坡洞室排水沟淤积、排水孔堵塞等	
	枢纽区冲沟引排、拦挡结构淤堵等；排水洞、排水孔出水情况	
	其他异常情况	
近坝库岸	库岸再造、滑坡、泥石流、植被情况	
	库岸滑坡体、变形体、崩塌堆积体的部位、规模，地表开裂、错动、滑移、崩塌、隆起、塌陷、异常渗水情况	
	地面房屋、道路等建筑物开裂、破坏情况，树木推移、倒塌等情况	
	库岸滑坡体、变形体、崩塌堆积体的支挡结构的变形及破坏情况	
	排水洞、排水孔出水情况；截水沟、排水沟的破坏和淤堵情况	
	其他异常情况	

7. 水库及库盆

水库及库盆巡视检查记录见表 4-13。

表 4-13　　　　　　　　　　水库及库盆巡视检查记录表

检查项目	检查内容	缺陷或异常现象描述 缺陷编号
水库	库区水面冒泡、漩涡等	
	库区泥沙淤积、河道堵塞	
	潜在漂浮物及库区围垦等	
	流域内有潜在风险的滑坡体和水库的分布情况调查	
库盆	防渗结构的塌陷、隆起、裂缝、反向渗水、表面剥蚀、冻胀剥蚀和止水结构破坏等，沥青混凝土流淌、老化现象	
	防浪墙结构的变形、裂缝、冻胀剥蚀等	
	库盆外侧山体的渗漏、出水、塌滑等	
	库底廊道的裂缝和排水孔排水量、水质、析出物等	

8. 水情测报系统与安全监测系统

水情测报系统与安全监测系统巡视检查记录见表 4-14。

表 4-14　　　　　　　水情测报系统与安全监测系统巡视检查记录表

检查项目	检查内容	缺陷或异常现象描述 缺陷编号
水情测报系统	通信信道；电源及过电压保护与接地；中心站运行情况，包括网络与安全、服务器与工作站、数据处理系统、水文预报方案配置等	

检查项目		检查内容	缺陷或异常现象描述 缺陷编号
环境量	水位	（1）水尺刻度、数字；水准点（基本、校核）、水尺零点高程校测情况等； （2）水位计：支架紧固程度。 测针式水位计：测杆垂直度，指示针尖位置； 悬锤式水位计：滚筒轴线平行水面及悬锤拉直悬索情况，测索引出的有效长度与计数器或刻度盘读数一致性	
	降雨量	翻斗式：承水器器口有无变形、器口面水平、器身稳固，承水器滤网和漏斗通道有无杂物等； 浮子式：水位井堵塞情况；浮子、重锤、钢丝绳、计程轮运行工况等	
	气温	温度计变形、刻度磨损等；百叶箱外观是否保持整洁，结构及功能是否完好	
变形	水平位移观测墩及水准点	观测墩、水准点保护装置的完好性，通视条件； 工作基点完好性、稳定性	
	垂线	观测房和测点处的照明、串风、渗水、结露等情况；支撑架松动或损坏，油桶漏油、杂物，倒垂浮筒油位、浮体装置倾斜或浮子碰壁，正垂挂重物与阻尼油桶壁触碰情况，垂线线体有附着物或与其他物体接触、线体与管壁（保护盖板孔壁）活动空间偏小等	
	引张线	测点处串风、浮船箱液位、浮船碰壁、线体松弛、线体与护管接触、测读装置及其支架松动或损坏等情况	
	激光准直系统	各连接处、波纹管变形和密封情况，管壁锈蚀，真空泵油、麦氏表、真空表、电源供电异常等情况	
	引张式水平位移计	线体断裂、松弛或卡阻、支架和测读装置松动或锈蚀、挂重不足或触地等	
	水管式沉降仪	测量柜及水位指示装置的固定情况；各管路的通畅和接头密封情况；管内液体清洁情况；储液箱内液体情况	
	静力水准	各管路的通畅和接头密封情况；管内液体清洁情况；各测点的人工读数值、浮子状态和液位；钵体和管路的保温情况	
	双金属标	管体变形、测点装置变形及其与金属管连接、金属管锈蚀等情况，双金属标仪底座与端点混凝土基座的固定情况	
	测斜孔	孔口变形及保护装置	
渗流	测压管、地下水位孔	装置外露构件防护情况，各连接部位密封情况，压力表灵敏度和归零情况	
	量水堰	水尺和堰板处的附着物、堰板前后淤积、堰后水流自由跌落；量水堰仪浮筒及其进水口附近的杂物情况，电测量水堰计工作状态	
	坝体、坝基排水孔	孔口保护、排水畅通情况	
埋入式仪器		（1）传感器电缆线头、电缆标识、敷设保护、工作环境等情况；安装在建筑物表面或外露的传感器的保护装置完整性； （2）测量仪表的外观，各功能键、接线柱、电源的工作状态以及自检情况； （3）集线箱的工作温度，通道切换开关工作状况、指示档位准确性	
监测自动化系统		（1）数据采集装置、监测中心站各设备的运行状态、工作环境； （2）自动化系统的主设备、易损件、保护性器件的备品、备件情况； （3）监测信息管理系统的运行状况，监测数据接收和处理、使用情况	

检查项目	检查内容	缺陷或异常现象描述 缺陷编号
强震动安全监测系统	以标准时间校对仪器时钟；强震动记录器面板，各开关是否放在待触发位置上；检测直流电源电压；各通道记录显示；恢复仪器至待触发	
水力学监测系统	仪器底座与混凝土结合情况、底座顶盖上表面与过流面平整度	

4.2.2 特殊情况巡查

1. 地震后巡查

现场有明显震感的地震、特别是坝址 100km 以内发生 5 级以上地震后，检查内容除"4.2.1 日常巡查"中的要求外，各建筑物地震后的重点检查要求见表 4-15。

表 4-15　　　　　　　　　各建筑物地震后的重点检查要求

建筑物	重点检查要求
混凝土坝	重点检查坝顶结构损伤，坝肩、拱座和坝体错动、破损和裂缝，渗流量和扬压力变化情况
土石坝	重点检查坝顶防浪墙变形，坝顶路面开裂、塌陷，坝体中上部上、下游坝坡的塌陷、滑坡以及坝脚集中渗水点情况；实测坝顶及防浪墙顶高程
泄水消能建筑物	重点检查泄水建筑物控制段、启闭机排架等结构的不均匀变形、裂缝、混凝土破损、渗水等
输水发电建筑物	（1）输水建筑物重点检查明渠、明敷式压力管道及其支撑结构的基础变形；进水塔（排架）、跨沟管桥和明渠等外露混凝土结构的变形、破损、裂缝、渗漏等情况；明敷式压力管道（伸缩节）变形、渗漏； （2）发电建筑物重点检查厂房支撑结构的变形、裂缝、损坏等以及地下厂房支护结构的破损，厂区边坡坍塌、掉块和支护结构的变形、裂缝、损坏等情况
通航建筑物	重点检查通航建筑物结构的不均匀沉降、变形、损坏、裂缝、渗水等变化情况
金属结构	重点检查挡水状态工作闸门结构的变形、裂纹情况；工作闸门定轮、支铰等支承结构与门叶、基础埋件的连接情况；卷扬式启闭机各机构与机架之间，机架与基础埋件之间的连接情况；移动式启闭机还应检查门（桥）架的变形情况、门（桥）架结构件间的连接螺栓完好情况，各车轮与轨道间相对位置；液压启闭机油缸与支承结构之间、支承结构与基础埋件之间的连接情况
边坡	重点检查地表开裂、错动、滑移、崩塌等情况，地面房屋、道路等建筑物开裂、破坏情况，树木推移、倒塌等
安全监测系统	重点检查垂线、引张线、表面变形观测墩、测压管等外露式监测设施损坏情况

2. 特大暴雨后巡查

在遭遇强降雨、发生特大暴雨或泄洪后，检查内容除"4.2.1 日常巡查"中的要求外，各建筑物的重点检查要求见表 4-16。

表 4-16　　　　　　　在发生特大暴雨等特殊情况后各建筑物的重点检查要求

建筑物	重点检查要求
土石坝	重点检查上、下游坝坡的滑坡、塌陷等情况；对于砂砾石坝或均质土坝，应检查坝体浸润线或坝脚出逸点部位抬高情况
输水发电建筑物	（1）输水建筑物重点检查跨沟管桥和明渠、明敷式有压管道及其支撑结构基础淘刷等情况； （2）发电建筑物重点检查厂区排水系统和尾水淤堵情况，厂区边坡坍塌、掉块和支护结构的变形、裂缝、损坏等情况

建筑物	重点检查要求
边坡	（1）遭遇强降雨后，重点检查滑坡、泥石流发生情况，以及坡顶截水沟和坡体排水沟通畅情况、排水洞的排水情况等； （2）泄水后，重点检查下游泄洪雾雨影响范围内边坡的塌滑、开裂以及支挡结构变形和破损、坡脚淘刷等
安全监测系统	重点检查坝顶引张线沟槽水淹情况，边坡表面变形观测墩松动情况

3. 泥石流后巡查

在遭遇泥石流后，检查内容除"4.2.1　日常巡查"中的要求外，各建筑物的重点检查要求见表 4-17。

表 4-17　　　　　　　　遭遇泥石流后各建筑物的重点检查要求

建筑物	重点检查要求
泄水消能建筑物	重点检查泄水建筑物进口、出口的淤堵情况
输水发电建筑物	（1）输水建筑物重点检查进水口、明渠的淤堵，跨沟管桥、明渠支撑结构变形、破损情况； （2）发电建筑物重点检查厂区排水系统和尾水淤堵情况，厂区边坡坍塌、掉块和支护结构的变形、裂缝、损坏等情况

4. 库水位骤降后巡查

在库水位骤降后，检查内容除"4.2.1　日常巡查"中的要求外，各建筑物的重点检查要求见表 4-18。

表 4-18　　　　　　　　库水位骤降后各建筑物的重点检查要求

建筑物	重点检查要求
土石坝	重点检查上、下游坝坡的滑坡、塌陷等情况；对于砂砾石坝或均质土坝，应检查坝体浸润线或坝脚出逸点部位抬高情况
边坡	重点检查近坝库岸滑坡体、变形体、崩塌堆积体地表开裂、错动、滑移、崩塌等
水库及库盆	重点检查库岸塌岸、滑坡体开裂、坐落等地表行迹，水面异常漩涡，库底廊道结构破坏及渗流量增大等情况

5. 其他特殊情况后巡查

在其他特殊工况后，检查内容除"4.2.1　日常巡查"中的要求外，各建筑物的重点检查要求见表 4-19。

表 4-19　　　　　　　　其他特殊情况后各建筑物的重点检查要求

特殊情况	建筑物	重点检查要求
当发生历史高水位或低气温时	混凝土坝	重力坝应重点检查坝体、坝基渗流量和扬压力变化情况，坝面裂缝情况
当发生高水位+低气温工况时		拱坝应重点检查基础渗流量、扬压力、坝踵基础变形监测值变化情况
当发生高水位+高气温工况时		拱坝应重点检查坝肩、拱座变形和渗流情况

特殊情况	建筑物	重点检查要求
当发生低水位＋高气温工况时	混凝土坝	拱坝应重点检查坝体下游面靠岸坡部位产生斜向裂缝和其他部位水平裂缝情况
当发生低水位＋低气温工况时		拱坝应重点检查坝顶及坝肩裂缝
在发生气温骤升、骤降时	输水建筑物	重点检查明敷式压力管道伸缩节变形、渗水
当机组发生非正常运行的停机、甩负荷、增负荷等工况		重点检查输水系统衬砌结构破坏情况、排水系统渗流量变化情况等
当闸门挡超设计水位时	金属结构	重点检查闸门结构的变形、裂纹情况，分析门叶变形对支承结构、启闭运行的影响
当遭遇超越历史极端低温天气时	安全监测系统	重点检查坝顶引张线浮船液体结冰，引张线活动卡阻情况

4.2.3　特殊情况检查典型示例

1. 水布垭水电站泄洪后检查

（1）工程概况。水布垭水电站位于湖北恩施市巴东县水布垭镇境内，上距恩施市 117km，下距隔河岩水电站 92km，是清江开发的龙头枢纽。工程以发电、防洪为主，兼顾其他等综合效益。坝址汇流面积 10860km²，水库总库容 45.8 亿 m³，具有多年调节性能，电站装机 1840MW（4×460MW），工程属一等大（1）型，主要建筑物按 1 级建筑物设计。水库校核洪水位（$P=0.01\%$）404.00m，设计洪水位（$P=0.1\%$）402.20m，正常蓄水位 400.00m，汛期限制水位 391.80m，死水位 350.00m。坝址地震基本烈度为Ⅵ度，大坝设防烈度为Ⅶ度。

枢纽主要建筑物由混凝土面板堆石坝、溢洪道、放空洞、引水发电系统和两岸渗控工程等组成。混凝土面板堆石坝最大坝高 233.2m，坝顶高程 409.00m。溢洪道位于左岸，为岸边开敞式，由引水渠、控制段、泄槽及挑流鼻坎、防淘墙和下游护岸组成，控制段堰顶高程 378.20m，由 5 孔 14.0m×21.8m（宽×高）弧形闸门控制，采用阶梯式窄缝挑流消能。

（2）洪水与泄洪过程。2016 年梅雨期清江流域共发生 6 轮过程降水，其中 7 月 18 日 8 时至 20 日 8 时，水布垭以上流域累计面雨量 159mm，19 日 8 时至 20 日 8 时面雨量 132.7mm，为水布垭以上流域有水文资料以来面平均日降水量最大值。梅雨期最大洪水过程发生在 19 日，19 日 18 时水布垭入库洪峰 13100m³/s，换算坝址洪水约相当于 50 年一遇，三天洪量 11.9 亿 m³/s。

本次泄洪首先使用 3 号孔开启 2m 开度，相应泄量 248m³/s（当时库水位 390.80m，入库流量 13100m³/s，为本次洪水过程的洪峰流量），18 时 47 分加大下泄至 660m³/s，之后逐渐调整加大，至 20 日 11 时最大下泄为 4520m³/s（当时共开启 4 孔闸门：3 号孔 8m、1 号孔 7m、2 号孔 7m、4 号孔 7m，加上发电流量最大出库为 5560m³/s）。本次洪水过程，水布垭最高水位为 397.15m，出现时间 20 日 10 时 15 分。

（3）泄洪后检查情况。

1）溢流面检查。2016年8月，泄洪后组织人员对溢洪道泄槽溢流面进行了全面检查，其中表孔闸门至1号掺气槽段（反弧段及斜坡段）采用人工检查，1号掺气槽至挑流鼻坎出口（抛物线段及陡坡段）采用无人机高清摄像进行了检查（见图4-1）。

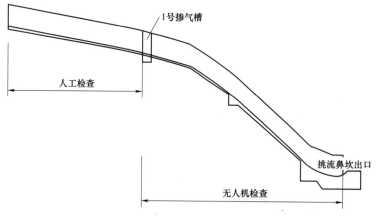

图4-1　泄槽段典型坡面图

人工检查1号掺气槽以上部分，发现底板分块纵横缝缝面混凝土普遍存在轻微剥落情况，破损区域深度为0.5～3cm，宽度为5～45cm，其中深度大于1cm以上共计43处。无人机检查1号掺气槽至挑流鼻坎出口段，发现底板纵横缝缝面混凝土剥落部位共计21处，其中1号孔6处，2号孔4处，3号孔3处，4号孔3处，5号孔5处。

2）下游护岸。2016年9月，利用机组停机及下游尾水水位较低时机，对下游护岸进行了全面检查，左右护岸混凝土未出现较大范围的冲刷、塌陷、鼓出等破坏情况，但发现局部混凝土受泄洪水流冲刷存在破损情况，主要为左护岸L1、L3块有9处混凝土破损情况，L2段下部平台有少量石渣淤积，右护岸R2段坡脚处（4号机组尾水门上游侧拐角处）有1处混凝土破损。其中L2块坡脚平台处有2处石渣淤积，其中上游侧处石渣堆积长12.8m，宽5.2m，厚1m；下游侧处石渣长度为4m，宽度为2.8m，厚度为0.2m。L3块共发现8处混凝土出现冲刷破坏，其中5处为横向分块缝或纵向结构缝单侧破损，没有出现跨横向分块缝或纵向结构缝破坏的情况。1处纵缝破损部位露出铜止水，但止水完好。

3）缺陷情况。本次现场检查发现的缺陷见表4-20。

（4）结论和建议。泄洪后巡视检查，溢洪道坝体、两岸坝肩、门机叠合大梁、工作弧门支座和液压支座的钢筋混凝土牛腿支承等混凝土结构未发现异常。泄槽泄洪高速水流的冲刷下出现局部表层剥落情况，未造成底板整体结构破坏，暂不影响泄洪建筑物安全稳定运行。

2. 大岗山水电站震后检查

（1）工程概况。大岗山水电站位于四川省大渡河中游雅安市石棉县挖角乡境内，是大渡河干流水电规划调整推荐22级方案的第14个梯级电站。坝址与省道S211（泸定—石棉）连接，上游距泸定县城72km，下游至石棉县城40km。本工程主要任务为发电，电站总装机容量2600MW，年发电量114.3亿kW·h。水库正常蓄水位1130.00m，死水位

表 4—20　　　　　　　　　　　　水布垭水电站现场检查缺陷统计表

序号	缺陷编号	缺陷部位	缺陷现场照片与示意图	缺陷描述	缺陷类型	缺陷级别	缺陷处理建议
1	XCYLM－S－01	底板分缝		1 号掺气槽以上部分，发现底板分块纵横缝面混凝土普遍存在轻微剥落情况，破损区域深度为 0.5～3cm，宽度为 5～45cm，其中深度大于 1cm 以上共计 43 处	浅层表面破损		择机修补处理
2	XCYLM－X－01	底板分缝		1 号掺气槽至挑流鼻坎出口段，发现底板纵横缝面混凝土剥落部位共计 21 处，其中 1 号孔 6 处，2 号孔 4 处，3 号孔 3 处，4 号孔 3 处，5 号孔 5 处	浅层表面破损		择机修补处理

续表

序号	缺陷编号	缺陷部位	缺陷现场照片与示意图	缺陷描述	缺陷类型	缺陷级别	缺陷处理建议
3	XYHA－L1－01	L1 段		曲面段共发现 20 处破损部位，均为不规则形状，破损区域大致水平，最大破损深度 30cm，上游渐变位置破损区域总面积约 150m²；破损区域曲面段纵向伸缩缝处，有 1 处破损处露出铜止水，长约 75cm 铜止水破坏	浅层表面破损		择机修补处理
4	XYHA－R2－01	L2 段		L2 块坡脚平台处有 2 处石渣淤积，其中上游侧处石渣堆积长 12.8m，宽 5.2m，厚 1m	石渣淤积		及时清理

98

序号	缺陷编号	缺陷部位	缺陷现场照片与示意图	缺陷描述	缺陷类型	缺陷级别	缺陷处理建议
5	XYHA－R2－02	L2 段		下游侧处石渣长度为 4m，宽度为 2.8m，厚度为 0.2m	石渣淤积		及时清理
6	XYHA－L3－01	L3 段		零星破损共 6 处，破损区域大致呈圆形，最大深度 20cm，总面积约 8m²	浅层表面破损		择机修补处理
7	XYHA－L3－02	L3 段		水平分块缝破损，呈水平条状，破损区域尺寸 260cm×25cm×10cm（长×高×深）	浅层表面破损		择机修补处理
8	XYHA－L3－03	L3 段		竖向分块缝损，呈竖向条状，破损区域尺寸 190cm×20cm×30cm（长×高×深）	浅层表面破损		择机修补处理

续表

序号	缺陷编号	缺陷部位	缺陷现场照片与示意图	破损描述	缺陷类型	缺陷级别	缺陷处理建议
9	XYHA-L3-04	L3段		水平分块缝破损，呈水平条状，破损区域尺寸 560cm×50cm×50cm（长×高×深）	浅层表面破损		择机修补处理
10	XYHA-L3-05	L3段		竖向分块破损，呈圆形，破损区域尺寸 140cm×120cm×20cm（长×高×深）	浅层表面破损		择机修补处理
11	XYHA-L3-06	L3段		呈水平条状，破损区域尺寸 200cm×150cm×40cm（长×高×深）	浅层表面破损		择机修补处理
12	XYHA-L3-07	L3段		水平分块条状，破损区域尺寸 580cm×40cm×20cm（长×高×深）	浅层表面破损		择机修补处理
13	XYHA-L3-08	L3段		跨块拐角处破损，呈梯形，破损区域尺寸：上底 6.4m，下底 3.3m，高 3.4m，深度 0.7m	浅层表面破损		择机修补处理
14	XYHA-R2-01	R2段		4号机尾水门上游拐角处发现 1 处破损，未见钢筋，上部破损区域尺寸：170cm×50cm×20cm（长×高×深）；下部破损区域尺寸：130cm×80cm×60cm（长×高×深）	浅层表面破损		择机修补处理

缺陷现场照片标注：
- 4号部位：560cm×50cm×50cm（长×高×深）
- 5号部位：140cm×120cm×20cm（长×高×深）
- 6号部位：200cm×150cm×40cm（长×高×深）
- 7号部位：580cm×40cm×20cm（长×高×深）
- 8号部位（梯形）：上底 6.4m，下底 3.3m，高 3.4m，深度 0.7m
- 上部破损区域：170cm×50cm×20cm（长×高×深）
- 下部破损区域：130cm×80cm×60cm（长×高×深）

1120.00m，总库容 7.42 亿 m³，调节库容 1.17 亿 m³，具有日调节能力。挡水建筑物抗震设防类别为甲类，大坝抗震设防烈度为Ⅳ度。

大岗山水电站工程枢纽建筑物由混凝土双曲拱坝、水垫塘及二道坝、右岸泄洪洞、左岸引水发电系统等组成。混凝土双曲拱坝最大坝高 210.0m，坝顶高程 1135.00m。坝身设有 4 个泄洪深孔，坝后设水垫塘和二道坝，右岸设 1 条无压泄洪洞，出口采用挑流消能。

大岗山水电站工程区位于川滇南北向构造带北段，为南北向与北西向、北东向等多组构造的交汇复合部位。大地构造部位属扬子准地台西部二级构造单元康滇地轴范畴，其西侧以锦屏山—小金河断裂、磨西断裂为界与雅江冒地槽褶皱带相邻，东面及东北面以金坪断裂、二郎山断裂为界分别与上扬子台褶带和龙门山台缘褶断带相连。大岗山水电站坝址区和库首段即处于由磨西断裂、大渡河断裂和金坪断裂所切割的黄草山断块上。工程区内断裂构造十分发育，鲜水河断裂带东南段磨西断裂、近场区南部的安宁河断裂带北段为全新世活动断裂，距坝址最近距离分别约 4.5km、20km；大渡河断裂带南段得妥断裂为中更新世断裂，距坝址最近约 4km；石棉断裂为晚更新世活动断裂，距坝址最近约 20km。近场区内其他主要区域性断裂为中更新世断裂。

工程于 2005 年 9 月开始筹建，2014 年 12 月下闸蓄水，2015 年 9 月首台机组发电，2015 年 12 月 4 台机组全部投运。

（2）地震情况。2022 年 9 月 5 日 12 时 52 分 00 秒（北京时间）甘孜藏族自治州泸定县磨西镇（北纬 29.59 度，东经 102.08 度）发生 6.8 级地震，震源深度 16km，震中位于甘孜藏族自治州泸定县磨西镇，距泸定县 39km，距甘孜藏族自治州 53km，距成都市 221km，距大岗山大坝 21.0km。

（3）震后检查情况。

1）大坝检查。9 月 5 日震后疏通上坝交通道路后，及时组织人员对大坝、廊道等部位进行了巡视检查，因余震不断仅进行了重点部位的初步检查；9 月 6 日—7 日对大坝坝顶、坝后及五层廊道等重点部位进行了巡视检查，其中大坝坝顶及下游面巡查未见明显异常；937～1081m 五层廊道均存在不同程度震损破坏，存在横缝拉开、挤压破坏、裂缝渗水、监测设施损坏等现象。

2）边坡检查。9 月 6 日—7 日对大坝近坝左右岸边坡，泄洪洞进出口边坡等部位进行了巡视检查，检查发现 8 处较为明显的边坡垮塌或落石现象，其中泄洪洞出口至右坝肩存在 3 处不同程度垮塌，进水口边坡上游侧局部垮塌，泄洪洞进口上游侧、下游侧边坡均存在垮塌。结合现场影像资料分析，泄洪洞进出口部位垮塌未对泄洪洞进出口造成堵塞，也未阻塞河道。

3）二道坝检查。9 月 6 日对二道坝廊道进行了巡视检查，发现部分坝段顶拱漏水较大，排水沟水量增大明显。

4）缺陷情况。本次现场检查发现的缺陷见表 4–21。

（4）结论和建议。本次地震烈度较高，对大坝廊道、库岸边坡等造成一定破坏，但总体危害较小。

表 4-21　　　　　　　　　　　　　大岗山水电站现场检查缺陷统计表

序号	缺陷编号	缺陷部位	缺陷现场照片与示意图	缺陷描述	缺陷类型	缺陷尺寸/m	缺陷处理建议
1	DB-GC37-01	937m廊道		937m廊道地面鼓起	表面混凝土变形	长 1.2m 高 0.5cm	
2	DB-GC37-02	937m廊道		937m廊道 PSK13-1 附近横缝裂纹	裂缝	—	

续表

序号	缺陷编号	缺陷部位	缺陷现场照片与示意图	缺陷描述	缺陷类型	缺陷尺寸/m	缺陷处理建议
3	DB-GC37-03	937m 廊道		937m 廊道右岸与岩体结合部渗水	渗水	—	
4	DB-GC40-01	940m 廊道		940m 廊道 12-13 坝段横缝部位出现裂纹	裂缝	—	
5	DB-GC40-02	940m 廊道		940m 廊道 16~18 坝段裂缝射流（最大 10 号量水堰附近裂缝射流距离 1.2m，流量 1.58mL/s）17 坝段裂缝延伸至底板（最大缝宽 1mm，长 2.83m）	裂缝、渗水	长 2.83m 宽 1mm	

续表

序号	缺陷编号	缺陷部位	缺陷现场照片与示意图	缺陷描述	缺陷类型	缺陷尺寸/m	缺陷处理建议
6	DB-GC40-03	940m 廊道		940m 廊道左岸横缝挤压破坏	裂缝挤压	—	
7	DB-GC79-01	979m 廊道		979m 廊道左岸坝肩段边墙冒水 左岸边墙混凝土破坏	混凝土破损、渗水	—	

续表

序号	缺陷编号	缺陷部位	缺陷现场照片与示意图	缺陷描述	缺陷类型	缺陷尺寸/m	缺陷处理建议
8	DB-GC30-01	1030m 廊道		1030m 左岸坝后后桥处结构缝破坏 1030m 廊道 5～6 坝段横缝裂纹	裂缝	—	
9	DB-GC30-02	1030m 廊道		1030m 左岸灌浆平硐段山体渗水明显增大	渗水	—	
10	DB-GC81-01	1081m 廊道		1081m 廊道左岸灌浆平硐段山体段落石	落石	—	

续表

序号	缺陷编号	缺陷部位	缺陷现场照片与示意图	缺陷描述	缺陷类型	缺陷尺寸/m	缺陷处理建议
11	DB-GC81-02	1081m廊道		1081m廊道左岸灌浆平硐段山体多处涌水	渗水	—	
12	BP-01	水垫塘左岸边坡		落石	落石	—	
13	BP-02	进水口上游侧边坡		垮塌	垮塌	—	

续表

序号	缺陷编号	缺陷部位	缺陷现场照片与示意图	缺陷描述	缺陷类型	缺陷尺寸/m	缺陷处理建议
14	BP-03	泄洪洞进口上游侧边坡		垮塌	垮塌	—	
15	BP-04	泄洪洞进口下游侧至交通洞口段		垮塌	垮塌	—	
16	BP-05	泄洪洞进口下游侧至交通洞口段		垮塌	垮塌	—	

续表

序号	缺陷编号	缺陷部位	缺陷现场照片与示意图	缺陷描述	缺陷类型	缺陷尺寸/m	缺陷处理建议
17	BP-06	右坝肩下游侧抗力体边坡		碎石崩落	碎石崩落	—	
18	BP-07	水垫塘二道坝下游的右岸坡		垮塌	垮塌	—	

续表

序号	缺陷编号	缺陷部位	缺陷现场照片与示意图	缺陷描述	缺陷类型	缺陷尺寸/m	缺陷处理建议
19	BP－08	泄洪洞出口上游侧边坡		垮塌	垮塌	—	
20	EDB－01	二道坝廊道		二道坝廊道顶拱漏水较大	渗水	—	

3. 太平驿水电站泥石流灾后检查

（1）工程概况。太平驿水电站位于岷江上游四川省汶川县境内，距成都市 97km；电站厂房尾水与映秀湾水库相接，水库库尾与福堂电站尾水相连。工程开发任务为发电，电站总装机容量 260MW（4×65MW）。水库正常蓄水位 1081.00m，相应库容 92.00 万 m^3，设计洪水位 1077.30m，校核洪水位 1079.30m。

工程枢纽由拦河闸坝、发电引水系统及发电厂房等组成。工程属三等中型规模，大坝等主要建筑物按 3 级建筑物设计，设计洪水重现期 50 年，相应洪峰流量 3330m^3/s，校核洪水重现期 500 年，相应洪峰流量 5240m^3/s；闸坝原抗震设计烈度为Ⅶ度，第二次大坝安全定检认为闸坝抗震能力满足Ⅷ度设防要求。

拦河坝从左至右布置为左岸挡水坝段、引渠闸、溢流堰、冲沙闸、泄洪闸及右岸挡水坝段。坝顶高程 1083.10m，坝顶总长 242m，最大闸高 29.1m。发电进水口布置于左岸坝前库岸山体内。

泄洪消能建筑物布置于主河床，由 4 孔泄洪闸与 1 孔冲沙闸组成，最大下泄流量 5240m^3/s；泄洪闸与冲沙闸为开敞式平底堰，堰顶高程分别为 1065.00m、1069.00m，孔口净宽均为 12.00m。

（2）泥石流灾害情况。2019 年 8 月 20 日凌晨，汶川县银杏乡彻底关沟暴发泥石流，沿沟道对泥石流治理的 5 道拦挡坝和排导槽等造成大面积损毁，泥石流冲毁沟口 G213 福堂隧道口大桥、施工钢架桥和沟口原都汶公路桥，泥石流堆积物推携桥面残体快速位移约 320m，堵塞岷江，摧毁对岸太平驿电站职工宿舍楼，并对上游造成 10 余米高的涌浪，导致太平驿电站拦河闸坝泄水闸门严重变形损坏、厂房机组停运，给电站造成了巨大损失（见图 4-2）。

（3）灾后检查情况。

1）闸坝检查。

a. 坝顶。坝顶路面总体平整，相邻坝段间未发现明显错动及不均匀沉陷变形现象。

1 号冲沙闸门机 T 形梁外观完整，无外力冲击痕迹。

2 号泄洪闸门机 T 形梁外观完整，下游侧翼缘有撞击痕迹，局部破损掉块。

3 号泄洪闸门机 T 形梁整体被掀翻在坝顶；门机轨道断裂、变形；T 形梁下游面腹板外观尚完整，底面有钢筋出露；上游侧腹板混凝土表面破损较严重，较大面积钢筋出露；翼缘保护层大面积剥离破碎，翼缘端部不同程度受损、破碎。

4 号泄洪闸门机 T 形梁受损较严重，上游面有较多裂缝，下游面右侧腹板有破损，钢筋出露。

5 号泄洪闸门机 T 形梁明显向上游变形，腹板上游侧出现多条贯穿性裂缝，底部主筋在闸墩附近向上游弯曲，翼缘上部保护层基本完全剥离破碎，表面凹凸不平。下游侧翼缘、腹板破碎，整体破坏严重。

坝顶防护栏杆全部损坏，现场已采取临时防护措施。

b. 闸坝上、下游面。上、下游面水上部分混凝土外观良好，表面未见破损、露筋等现象；局部可见泥石流冲击痕迹，混凝土结构整体完好。

c. 坝内廊道。廊道已被泥石流堆积物掩埋。

图 4-2　太平驿水电站 "8·20" 泥石流灾害情况

d. 坝肩、坝基。两岸坝肩未见错动、张开等异常情况。

e. 发电进水口。进水口结构整体完好，混凝土未发现破损、露筋等现象，进水口沉砾塘淤积严重。

2）泄洪消能建筑物检查。对水上部分可视进行检查，具体检查结果：

a. 5 孔泄洪冲沙闸：泄洪冲沙闸闸墩混凝土结构整体完好；除闸墩支铰部位存在不同程度受损外，其余未发现明显异常。

b. 溢流堰：溢流堰未见冲击破坏现象，堰面混凝土结构完好。

c. 引渠闸：混凝土主体结构完整，未见冲击破损；闸门下游流道淤积严重。

d. 消能设施：导墙、护坦被泥石流冲积物淹埋。

e. 下游河道及岸坡：河道两侧护岸受损严重，混凝土护坡挡墙多数损毁。河道泥石流冲积物淤积严重，河道堵塞形成壅塞体，淤积总方量估算约 300 万 m³，局部淤积高程约 1079m。

3）闸门及启闭设备检查。

a. 5 孔泄洪冲沙闸。

1 号冲沙闸工作弧门处于全开状态，弧门背面板槽内及支臂夹角漂浮物堆积；液压站及左右侧油缸总成油管路未损坏，油缸总成传感器未损坏；油缸总成检修平台有局部损坏。闸门操作室左、右侧推拉门全部损坏。右侧油缸总成回油软管存在渗油现象。1 号冲沙闸启闭运行正常。

2 号泄洪闸事发前开度约 2m。事发后工作弧门严重变形，闸门两侧支铰座与牛腿脱离，弧门向下游移动约 3m。闸门两侧油缸总成及油管路损坏，油缸检修平台有局部损毁。闸门操作室液压站有淤泥和积水，油箱内的液压油无泄漏；操作屏柜软启至电机电缆有被水淹没痕迹；动力屏柜倾斜。

3 号泄洪闸事发前开度约 1m。事发后工作弧门严重变形，闸门两侧支铰座与牛腿脱离，闸门整体向下游移动 3～4m。门机轨道断裂、变形。闸门启闭机操作室左、右侧进人门基本完好，玻璃全部损坏；液压站内有淤泥和积水；操作屏柜软启及电机电缆有水淹痕迹，液压泵站及液压元件完好，动作灵活、无渗漏油。

4 号泄洪闸工作弧门完全损毁，闸门已不见，孔口基本处于自由过流状态。油缸总成检修平台全部损毁。闸门启闭机操作室左右侧进人门全部损毁，液压站操作屏柜侧板损坏；液压站有淤泥和积水；电机软启与电机主电缆接线处有淤泥堆积；液压泵站及液压元件完好，动作灵活、无渗漏油。

5 号泄洪闸工作弧门严重变形，向上游移位后顶住门机 T 形梁；油缸总成严重变形；油缸总成检修平台损毁。闸门启闭机室左右侧进人门全部损毁；液压站有淤泥和积水，液压泵站及液压元件完好，动作灵活、无渗漏油；液压站操作屏柜内电机软启与电机主电缆接线处有淤泥堆积。

各个闸室下游设有油管槽梁、电缆沟梁，油管槽梁兼做下游侧闸墩之间的人行通道，盖板顶高程 1082.50m。各闸室的油管槽梁、电缆沟梁结构未见明显损伤。

b. 取水口及引水发电进水口。

（a）5 扇拦污栅完好，防护栏杆完好，局部有漂浮物、淤泥堆积，垃圾装运箱掀翻、移位；拦污栅启闭机、取水口固定式启闭机、门式启闭机完好。

（b）拦木栅被严重堵塞，挡水门门槽被漂浮物堵塞，沉砾塘下游侧靠坝面防护栏杆有局部损坏。

（c）隧洞进水口检修闸门及固定式卷扬机完好。

c. 柴油发电机。

坝顶柴油机储油罐完好，储油罐至 200kW 柴油发电机油箱供油管路完好，储油罐至 300kW 柴油发电机油箱供油管路损毁。

200kW 柴油发电机被水淹没，300kW 柴油发电机完好。

4）其他附属设施检查。

a. 左岸上坝公路路基冲毁，路面塌陷，道路中断。

b. 右岸上坝公路、G213 国道入口处道路全部冲毁，闸坝右岸临时应急通道局部路面塌陷。目前上坝交通主要靠右岸上游的应急通道进入坝区。

c. 闸坝下游左岸值班住宿楼房完全损毁，临河侧主体结构严重倾斜变形，基础、墙体剪断。

5）缺陷情况。本次现场检查发现的缺陷见表 4-22。

（4）结论和建议。"8·20"泥石流灾害给太平驿水电站闸坝造成严重破坏，除了大坝基础、水下部分结构等情况未知外，2～5 号泄洪闸弧形闸门及启闭机损坏或损毁，无法正常使用，大坝不具备正常的挡水和控制泄水能力；下游河道淤堵严重，泄流能力不满足

表 4-22　太平驿水电站灾后现场检查检查缺陷统计表

序号	缺陷编号	缺陷部位	缺陷现场照片与示意图	缺陷描述	缺陷类型	缺陷级别	缺陷处理建议
1	YQZ-01	引渠闸闸室		引渠闸工作弧门处于全关状态，泥石流发生后引渠闸基本被泥沙淹没。闸室淤积泥沙未清理			
2	XHZ-2-01	2 号泄洪闸		泥石流发生前 2 号泄洪闸门开度约 2m。泥石流导致 2 号泄洪闸工作弧门严重变形，两侧支铰座与牛腿脱离，弧门向下游移动约 3m。闸门两侧油缸检修平台有局部损毁，油管路损坏，油缸修复及总成有局部损毁			
3	XHZ-2-02	2 号泄洪闸操作室		闸门启闭机操作室液压站有淤泥及积水，油箱内的液压油无泄漏；操作屏软件及电缆有被水淹没痕迹；动力屏柜倾斜			

续表

序号	缺陷编号	缺陷部位	缺陷现场照片与示意图	缺陷描述	缺陷类型	缺陷级别	缺陷处理建议
4	XHZ-3-01	3号泄洪闸		泥石流发生前 3 号泄洪闸门开度约 1m。3 号泄洪闸工作弧门严重变形，两侧支铰座与牛腿脱离，弧门向下游移动 3～4m			
5	XHZ-3-02	3号泄洪闸		3 号泄洪闸门机 T 形梁，整体被掀翻在上游坝顶；门机轨道断裂、变形；T 形梁下游面腹板外观尚完整；底面有混凝土表面破损严重，较大面积钢筋出露；上游侧腹板混凝土表面破损较严重，较大面积钢筋剥离破碎、翼缘保护层大面积剥离破碎，翼缘端部不同程度受损、破碎			
6	XHZ-3-03	3号泄洪闸操作室		闸门启闭机操作室内左、右侧进人门基本完好，玻璃全部损坏；液压站内有淤泥及积水；操作屏柜软启及电缆无液有水淹没痕迹，液压泵站及液压元件完好、动作灵活，无渗漏油			

续表

序号	缺陷编号	缺陷部位	缺陷现场照片与示意图	缺陷描述	缺陷类型	缺陷级别	缺陷处理建议
7	XHZ-4-01	4号泄洪闸		4号泄洪闸工作闸门弧门已完全损毁，闸门已不存在孔口，可能已被洪水冲走。闸门基本处于自由过流状态。油缸总成检修平台全部损毁			
8	XHZ-4-02	4号泄洪闸		4号泄洪闸门机T形梁受损较严重，上游面有较多裂缝，完整，下游面右侧腹板有破损，钢筋出露			
9	XHZ-4-03	4号泄洪闸操作室		闸门启闭机操作室左右侧进入门全部损毁，液压站操作屏柜侧板有损坏；液压站有淤泥及积水；电机软启与淤泥接线处有淤泥堆积；液压泵站及液压元件完好无损，动作灵活，无渗漏油			

续表

序号	缺陷编号	缺陷部位	缺陷现场照片与示意图	缺陷描述	缺陷类型	缺陷级别	缺陷处理建议
10	XHZ-5-01	5号泄洪闸		5号泄洪闸工作弧门严重变形,向上游移位后顶托门机轨道T形梁;两侧支铰座与牛腿脱离;油缸总成严重变形;油缸总成检修平台损毁			
11	XHZ-5-02	5号泄洪闸		门机轨道T形梁整体明显向上游变形,腹板上游侧出现多条贯穿性裂缝,底部主筋在闸墩附近向上游弯曲,翼缘上部保护层基本剥离破碎,表面凹凸不平。下游侧翼缘、腹板被门机砸碎,整体破坏严重			

续表

序号	缺陷编号	缺陷部位	缺陷现场照片与示意图	缺陷描述	缺陷类型	缺陷级别	缺陷处理建议
11	LD-01	5 号泄洪闸		廊道右岸进人孔严重堵塞，左岸被水淹没			
12	JSK-01	进水口		拦木栅被严重堵塞，挡水门门槽被漂浮物堵塞，沉砾塘下游侧靠坝面防护栏杆有局部损坏。3～5 号拦污栅前栅下部因淤泥堆积无法提升			

续表

序号	缺陷编号	缺陷部位	缺陷现场照片与示意图	缺陷描述	缺陷类型	缺陷级别	缺陷处理建议
13	YK-01	油库		油库房屋建筑损毁，其中 3m³ 的储油罐冲毁			
14	FDJ-01	柴油发电机		设在引渠闸右侧闸墩（高程 1083.10m）的 200kW 柴油发电机被水淹没，需要返厂维修			

续表

序号	缺陷编号	缺陷部位	缺陷现场照片与示意图	缺陷描述	缺陷类型	缺陷级别	缺陷处理建议
15	ZADL–01	左岸道路		左岸上坝公路路基冲毁，路面塌陷，道路中断			
16	YADL–01	右岸道路		右岸上坝公路、G213 国道入口处道路全部冲毁，闸坝右岸临时应急通道通道局部塌陷			
17	ZAJZ–01	左岸房屋建筑		闸坝下游左岸值班住宿楼房完全损毁，临河侧主体结构严重倾斜变形，筏基础、墙体剪断			

要求，无法正常行洪；在较大洪水情况下，存在漫坝或大坝被淹风险。闸坝无法正常挡水、泄水，电站已停止发电，建议加快推进应急处置和恢复工作，在2020年汛前恢复挡水及行洪条件。

4.3 专项检查检测

4.3.1 专项检查检测项目及要求

专项检查检测项目包括裂缝检查检测、渗漏检查检测、水下检查检测、冲坑检查检测等，各专项检查检测项目及要求见表4-23。

表4-23　　　　　　　　　各专项检查检测项目及要求

检查检测项目	检查检测要求		
	建筑物	发生以下情况	主要要求
裂缝检查检测	混凝土坝	当坝体出现贯穿性裂缝时	查明裂缝的规模和性状
	泄水消能建筑物	当闸墩出现贯穿性裂缝可能影响结构安全时	查明裂缝的规模和性状
	输水建筑物	当进水口、明渠、明敷式压力管道等主要支撑结构出现贯穿性裂缝时	查明裂缝规模、性状、查找成因
	水电站厂房	当厂房混凝土结构贯穿性裂缝、变形等持续增大时	查明裂缝规模、性状、查找成因
	通航建筑物	当混凝土闸墙变形超过历史最大值且变形量不断增大时	进行停航放空检查，重点检查闸墙内侧水平裂缝、输水廊道顺水流方向垂直裂缝，对主要裂缝的走向、长度、深度和宽度进行检测，并对闸墙外侧单薄混凝土结构裂缝、挤压破损情况进行检查
		当混凝土结构主要受力部位裂缝发展时	对裂缝进行素描，检测主要裂缝深度
渗漏检查检测	混凝土坝	当坝基渗流量异常增大或坝基扬压力大范围升高时	查明帷幕质量、排水幕效果
		当坝体溶蚀严重或坝体大面积冻融冻胀破坏时	查明破坏范围、坝体混凝土物理力学性能及坝体渗流情况
		当坝体混凝土遭受腐蚀破坏时	查明腐蚀原因、破坏范围、坝体混凝土物理力学性能及坝体渗流情况
	土石坝	当大坝渗流量偏大且同一库水位情况下有增大趋势，或坝脚渗水点增多、出逸点抬高时	对上游坝面或坝脚等部位进行水下（或水上）渗漏检查，查明渗漏通道
		当砂砾石坝或均质土坝的坝体浸润线在同一库水位情况下有逐年抬高趋势时	检查下游坝坡出逸点位置
		坝内埋管与坝下游坡面连接部位异常渗水	检查埋管内水外渗情况、埋管与坝体结合部位防渗止水结构破坏情况，查明渗漏通道
	水库及库盆	当库底廊道的渗流量偏大，且同一库水位下有持续增大趋势时	查明库盆渗漏通道入口部位

续表

检查检测项目	检查检测要求		
	建筑物	发生以下情况	主要要求
水下检查检测	混凝土坝	当推测坝趾或坝踵基岩存在淘刷时	查明冲刷、破损部位、范围、深度等
	土石坝	若河床部位面板发生严重的挤压破损	进行面板水上和水下检查，查明破损部位和规模
	泄水消能建筑物	在经历超重现期 5 年以上历史最大洪水泄水后或发现流态异常情况	查明泄水建筑物门槽水下冲刷情况、流道破损部位和规模以及下游冲坑冲刷情况
	通航建筑物	当输水流量明显减少或通航建筑物长期未使用时	对进口淤积情况进行测量或水下检查
	边坡	当泄水后推测下游岸坡存在淘刷时	查明冲刷、破损部位、范围、深度
	水库及库盆	当库盆防渗结构发生严重的挤压破损、鼓包隆起时	进行面板水上和水下检查，查明破损部位和规模
冲坑检查	泄水消能建筑物	在经历超重现期 5 年以上历史最大洪水泄水后或发现流态异常情况	查明下游冲坑冲刷情况，包括冲坑位置、分布范围，测量冲坑与周边水工建筑物的距离等
坝体混凝土质量检测	混凝土坝	当混凝土溶蚀、老化严重或大面积冻融冻胀破坏时，应开展混凝土质量专项检测，查明破损范围、混凝土物理力学性能及渗流情况；当混凝土遭受腐蚀破坏时，应开展水化学试验和坝体混凝土质量专项检测，进行水质和析出物化学成分检测分析，查明腐蚀原因、破坏范围、混凝土物理力学性能及坝体渗流情况	检测内容主要包括混凝土强度和裂缝、不密实区、空洞
金属结构质量检测	闸门及启闭机等	金属结构在水、空气、土壤、浮游寄生物、荷载等的作用下会产生腐蚀、变形等损伤或破坏，需要对金属结构进行定期检查	检查检测主要内容包括闸门和启闭机的现场检测、复核计算、安全评价，具体项目有巡视检查、外观与现状检测、腐蚀检测、材料检测、焊缝无损探伤、应力检测、振动检测、启闭机启闭力检测、启闭机运行状况检测与考核试验

4.3.2　裂缝检查检测

（1）目的与内容。裂缝专项检查检测是为了查明裂缝的规模和性状，其检查检测内容主要包括裂缝的分布、走向、长度；检测裂缝的宽度和深度。

（2）原理方法与仪器设备。裂缝的分布、走向、长度常用照相机、摄像机、量尺等工器具进行检查检测；裂缝的宽度可采用塞尺、缝宽测量仪、测缝计等进行测量。裂缝的深度检测分为直观方法和间接方法：直观方法包括凿槽法、钻孔取芯和孔内电视等；间接方法包括超声波法、瑞利波法、钻孔压水、压风法等，根据现场条件选用合适的方法，见表 4-24。裂缝检测常用方法原理或仪器见表 4-25。

表 4-24　　　　　　　　　　裂缝的深度检测方法、原理及适用条件

检测方法		检测原理	适用条件
直接方法	凿槽法	观察槽壁裂缝尖灭位置确定裂缝深度	沿裂缝开槽

续表

检测方法			检测原理	适用条件
直接方法	钻孔法	取芯法	观察混凝土芯样中的裂缝尖灭位置确定裂缝深度	沿裂缝钻孔取芯，芯样完整
		孔内电视法	观察钻孔孔壁图像，根据裂缝尖灭位置确定裂缝深度	沿裂缝钻孔并用钻孔电视观察
间接方法	钻孔法	压水法	根据钻孔与裂缝之间的水连通性确定裂缝深度	在裂缝一侧或两侧有多个不同深度的穿过裂缝的钻孔
		压风法	根据钻孔与裂缝之间的空气连通性确定裂缝深度	在裂缝一侧或两侧有多个不同深度的穿过裂缝的钻孔
	超声波法	单面平测法	根据超声波从裂缝末端绕射的长度确定裂缝深度	裂缝深度不大于 500mm，裂缝未被充填
		双面对测法	根据超声波穿透裂缝后的波幅衰减确定裂缝深度	裂缝两侧具有相互平行或近似平行的两个检测面，裂缝未被充填
		钻孔对穿法	根据超声波穿透裂缝后的波幅衰减确定裂缝深度	裂缝两侧具有相互平行或近似平行的两个钻孔，且钻孔深度大于裂缝深度，裂缝未被充填
	瑞利波法		根据瑞利波穿越裂缝后的相频特性变化确定裂缝的深度	裂缝宽度较大，深度较小，且裂缝未被充填

表 4-25 裂缝检测常用方法原理或仪器

检测项目	检测方法	原理或仪器设备示意图
裂缝宽度	塞尺法	
	裂缝测宽仪法	
裂缝深度	超声波单面平测法	
	超声波双面对测法	

续表

检测项目	检测方法	原理或仪器设备示意图
裂缝深度	超声波钻孔对穿法	

（3）资料整理及其成果。

1）填写裂缝检查记录表，绘制裂缝分布图。

2）描述裂缝与本体的关系，分析裂缝发展情况，对比历次裂缝检查结果，确定裂缝位置、走向、长度、宽度、深度、渗水或溶蚀情况，说明发展变化情况。

4.3.3　渗漏检查检测

（1）目的与内容。渗漏检查检测是为了查找渗漏部位、范围及其通道等，其检查检测内容主要包括渗漏出水点与库水连通情况，渗漏通道，入水口位置和规模，洞穴、裂缝、松软层、砂层、溶蚀破碎带等渗漏隐患。

（2）原理方法与仪器设备。渗漏检查检测需根据检查检测目的与内容及现场条件等选用合适的方法，其中渗漏入口检查检测方法主要有目视法、水下摄像法、水下探摸法、注水法、示踪法和伪随机流场法等；渗漏通道检测主要有高密度电阻率法、探地雷达法、自然电场法、伪随机流场拟合法等物探方法等，详见表 4—26。常用方法原理或仪器见表 4—27。

表 4—26　　　　　　　　　　渗漏检查检测项目、方法、原理及适用条件

检测项目	检查方法	检测原理	适用条件
渗漏入口	目视法	可通过直接观察进行，或借助喷墨、望远镜等检查	通视条件良好，水体清晰
	水下摄像法	通过潜航器或潜水员进行水下摄像和喷墨检查	水体清晰，流速较低
	水下探摸法	依靠潜水员水下抵近探摸检查	水深较浅，水体清晰，流速较低
	注水法	同一水体在连通环境下总是从高液面流向低液面，直至平衡	混凝土或岩石中渗漏，连通性较好
	示踪法	利用化学或放射性等示踪剂对水体流动或扩散情况进行示意追踪	混凝土或岩石中渗漏，连通性较好
	伪随机流场法	利用正常流场与异常流场的微弱差异，人工发送特殊的伪随机电磁场以强化异常流场，并采用微分连续扫描检测异常流场，寻找渗漏点	渗漏相对集中，渗流量较大

检测项目	检查方法	检测原理	适用条件
渗漏入口	多普勒流速剖面法	通过获取不同水深单元的流速,对测线剖面流速分布进行统计分析,分析利用渗漏区流速分布特征	渗漏相对集中,渗流量较大
渗漏通道	探地雷达法	电磁波在介质的传播过程中,其路径、电磁场强度与波形将随所通过介质的电性特征及几何形态的变化而变化。当存在脱空缺陷时,会出现较强的反射波	面板与坝体填筑材料之间是否存在脱空缺陷
	高密度电阻率法	通过小点距、大数据密度的阵列式直流电阻率测量方法,兼有电测深法和电剖面法的特点,能直观、准确地反映含水坝体的电性异常体的形态	土石坝或覆盖层中的渗漏通道
	自然电场法	通过观测和分析地下良导电体因电化学作用、地下水中微粒子的过滤和扩散而产生的自然电位,以了解水文地质问题	土石坝或覆盖层中的渗漏通道
	充电法	通过人工向被探测目的体供电,提高被探测目的体与周边介质的电势,从而探测目的体分布	土石坝或覆盖层中的渗漏通道,埋深较浅;或在渗漏通道中有钻孔
	钻孔注水或抽水法	同一水体在连通环境下的压力差	在渗漏通道中有钻孔
	渗流场法	在有水位差情况下对渗压、扬压力、绕坝渗流及渗漏量等渗流场要素的监测	测区有钻孔较多并进行渗流测量

表 4-27　　　　　　　　　　渗漏检查常用方法、原理或仪器

检测项目	检查方法	原理或仪器设备示意图
渗漏入口	目视法	
	水下摄像法	

检测项目	检查方法	原理或仪器设备示意图
渗漏入口	水下探摸法	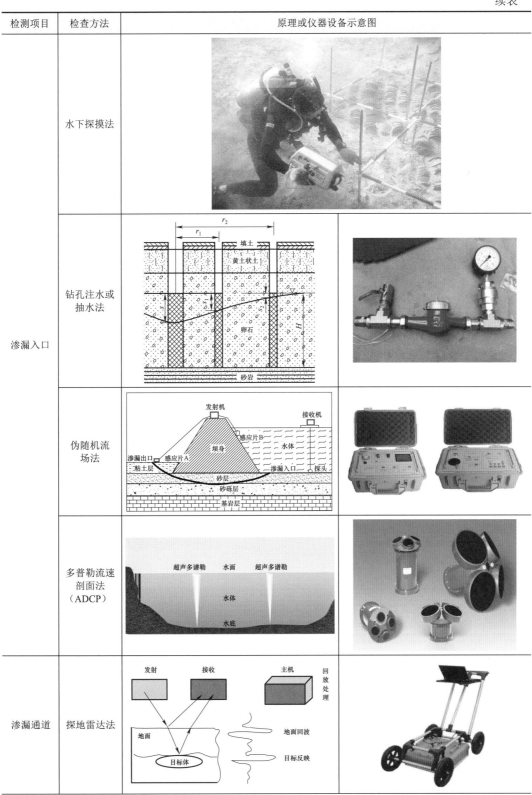
	钻孔注水或抽水法	
	伪随机流场法	
	多普勒流速剖面法（ADCP）	
渗漏通道	探地雷达法	

检测项目	检查方法	原理或仪器设备示意图
渗漏通道	高密度电阻率法	
	自然电场法	
	充电法	
	激发极化法	
	渗流场法	

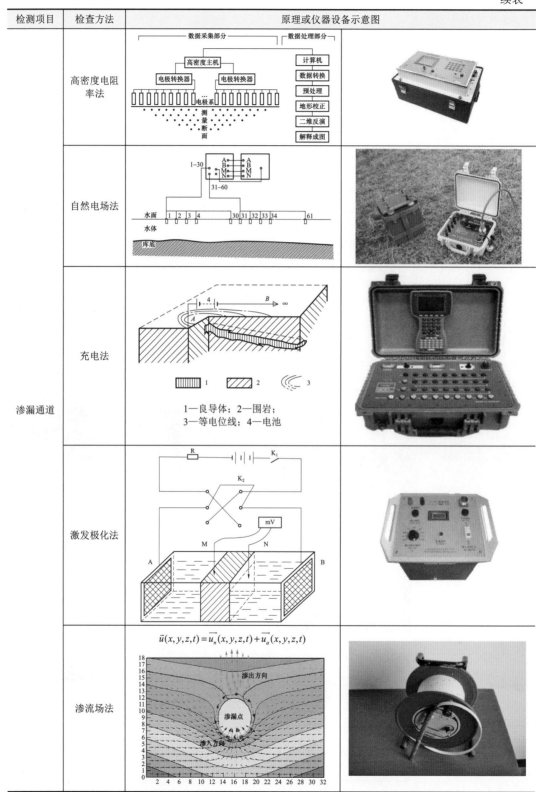

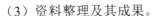

（3）资料整理及其成果。

1）通过绘制库水流速统计表、水深等值线图、流速分布平面图、剖面图及等值线图，确定流速异常区域，并结合渗漏特征、水工建筑物位置及结构特征等资料综合分析判定渗漏入口。

2）根据伪随机流场测量成果，计算各测点归一化电流密度值，并绘制水深等值线图、电流密度分布图、剖面图及等值线图；对整个测区的电流密度值进行统计分析，并结合已知未发生渗漏区域的电流密度值，确定测区电流密度背景值及异常值范围。

3）绘制缺陷平面图、断面图、素描图，附有相关缺陷图片、摄像资料，并用文字描述缺陷性状，包括部位、范围、尺寸等主要要素，分析对相关建筑物的影响，提出处理建议。

4.3.4　水下检查

（1）目的与内容。水下检查是为了检查检测水工建筑物表面缺陷、淤积与冲刷等情况，其内容检查要求主要包括：

1）当混凝土坝坝趾或坝踵基岩可能存在淘刷时，要查明冲刷、破损部位、范围、深度等。

2）若土石坝河床部位面板发生严重的挤压破损时，要对面板进行水上和水下检查，查明破损部位和规模。

3）当泄水消能建筑物经历超重现期 5 年以上历史最大洪水泄水后或发现流态异常情况时，要查明泄水建筑物门槽水下冲刷情况、流道破损部位和规模以及下游冲坑冲刷情况。

4）当通航建筑物输水流量明显减少或通航建筑物长期未使用时，要对进口淤积情况进行测量。

5）当泄水后下游岸坡可能存在淘刷时，要查明冲刷、破损部位、范围、深度。

6）当库盆防渗结构发生严重挤压破损、鼓包隆起时，要查明破损部位和规模。

（2）原理方法与仪器设备。水下检查检测可使用水下潜航器法、潜水员探摸或水下摄像法，单波束法、多波束法、侧扫声呐法等，需根据现场条件选用合适的方法，见表 4−28。常用方法原理或仪器见表 4−29。

表 4−28　　　　　　　　　　　　水下检查方法、原理及适用条件

检查方法	检测原理	适用条件
目视法	直接观察	适用于检查较清澈水域的水工结构表面裂缝、破损、冲刷、淘蚀、隆起等缺陷和结构缝开合、错台等以及坝前淤积和下游淤积、冲刷等情况
摄像法	由潜水员或潜航器拍摄进行视觉观察	
图像声呐法	包括二维图像声呐、定点式三维图像声呐、实时三维图像声呐。利用声学换能器向前方发射单波束或多波束声波，对目标体的回波信号处理形成声学图像，进而辨识水下目标体的形态、尺寸及空间分布的一种主动声呐检测方法	适用于检查水工结构较明显的表面破损、冲刷、淘蚀、隆起、结构缝错台等，常用于能见度较差水域的外观淤积和冲刷检查。水下声呐图像可由潜水员或潜航器拍摄

127

续表

检查方法	检测原理	适用条件
多波束声呐法	包括多波束测深和定点式三维图像成像。采用多波束声呐系统对水下地貌或结构物进行三维探测，以检查水下淤积情况或建筑物完整情况的水下检测方法	多波束测深适用于检查宽阔水域的水工结构表面破损、冲刷、淘蚀、隆起等情况，狭窄水域、复杂结构等部位的水工结构表面检查宜采用定点式三维图像成像；多波束测深适用于检查宽阔水域地形地貌及淤积、冲刷情况，定点式三维图像成像适用于检查狭窄水域或特定部位的水下淤积、冲刷情况；可快速普查较大范围的水下淤积、冲刷情况，通过与之前水下地形对比可计算淤积厚度或冲刷深度
侧扫声呐法	采用声学换能器发射与航向正交的声波，对水下进行扫描，接收水下回波信号，获得水下声学影像的一种主动声呐探测法	适用于普查宽阔水域、较大范围的水工结构表面破损、冲刷、淘蚀等情况；适用于检查宽阔水域地貌及水底沉积物类型，可快速普查较大范围的水下淤积、冲刷情况及淤积物类别
水域地层剖面法	利用声波在水底及水下各地层界面的透射和反射，获得水下浅层结构声学剖面，以探测水下淤积层及结构的一种方法	适用于探测细颗粒淤积物的厚度
水域多道地震法	利用地震波的反射，采用人工激发宽频带地震波和多次覆盖技术，探测水下淤积层的一种方法	适用于探测宽阔水域各类淤积物的厚度，通常用于较厚的淤积物

表 4-29　　　　　　　　　　　水下检查项目、方法原理或仪器

检查项目	检查方法	原理或仪器设备示意图
表面缺陷、淤积与冲刷	目视、摄像法	
	图像声呐法	
	多波束声呐法	

检查项目	检查方法	原理或仪器设备示意图
表面缺陷、淤积与冲刷	侧扫声呐法	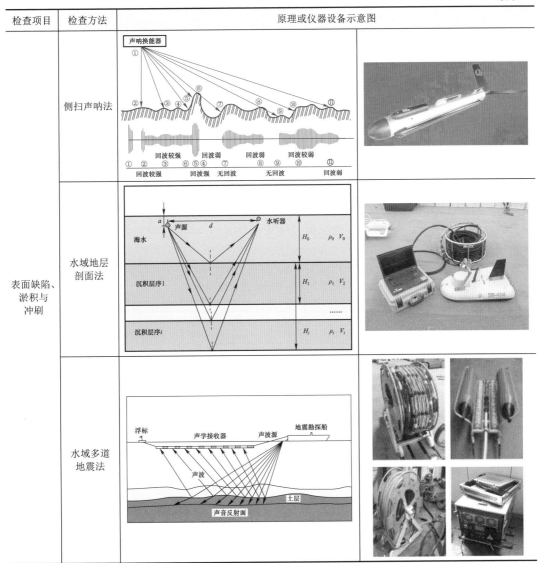
	水域地层剖面法	
	水域多道地震法	

（3）资料整理及其成果。

1）水下摄像作业完成后可通过专业视频软件视频进行回放和人工观察，利用视频软件进行截图处理，可以获得带有水下深度和视角姿态的摄像图。

2）多波束测深系统数据处理使用多波束数据后处理专用软件包，对于已采集的数量巨大的测深数据自动进行分析和分类，剔除错误的和受干扰的数据。然后对清理后的数据可进行一系列的分析、描述和制图。现场同时收集水电站提供的坝前坝后水位高程值作为多波束数据的高程参考值。经过各项改正后的水深数据，通过该软件包生成水深数据图、三维数字模型（DTM）图，并根据测图比例，生成格网水深数据文件。

3）绘制缺陷平面图、断面图、素描图，附有相关缺陷图片、摄像资料，并用文字描述缺陷性状，包括部位、范围、尺寸等主要要素，分析对相关建筑物的影响，提出处理建议。

4.3.5　冲坑检查

（1）目的与内容。泄水消能建筑物在经历超重现期 5 年以上历史最大洪水泄水后或发现流态异常情况后，需查明下游冲坑冲刷情况，其内容检查要求主要包括：

1）查明冲坑位置、分布范围，测量冲坑与周边水工建筑物的距离。

2）测量冲坑尺寸，包括最大坑深、最大宽度、最大长度及冲坑最深部位与挑流鼻坎坎趾下游端部的坡比。

3）检查冲坑混凝土完整程度、淤积状态、淤积高程。

4）检查描述冲坑基岩性状，包括基岩节理（裂隙）间距、发育程度、完整状态、结构类型、裂隙性质等。

（2）原理方法与仪器设备。根据冲坑检查内容及冲坑内是否充水情况，选择合适的检查方法。冲坑检测项目、检查方法选择及适用条件见表 4−30。冲坑检查常用方法原理或仪器见表 4−31。

表 4−30　　　　　　　　　　冲坑检测项目、检查方法及适用条件

检测项目	检查方法	适用条件
冲坑位置、范围、形态及与周边水工建筑物的位置关系	全站仪测量法（有控制点）	无水冲坑或抽干后测量
	全站仪测量+卫星定位测量法	无水冲坑或抽干后测量
	激光测量+卫星定位测量法	无水冲坑或抽干后测量
	人工吊锤或测深杆测量法	规模较小、较浅的水下冲坑测量
	多波束或单波束测量+卫星定位测量法	规模较大、较深的水下冲坑测量
冲坑淤积	全站仪测量法（有控制点）	无水冲坑或抽干后测量
	全站仪测量+卫星定位测量法	无水冲坑或抽干后测量
	多波束或单波束测量+卫星定位测量法	水下冲坑测量
冲坑底部混凝土完整性与基岩性状	目视法	无水冲坑测量或抽干后测量
	潜水员法	水下检查，水质清澈
	水下摄像法	水下检查，水质清澈
	三维或二维声呐法	水下检查

表 4−31　　　　　　　　　　冲坑检查常用方法原理或仪器

检查检测项目	检查检测方法	原理或仪器设备示意图
冲坑位置、范围、形态及与周边水工建筑物的位置关系以及冲坑淤积	全站仪测量法	

检查检测项目	检查检测方法	原理或仪器设备示意图
冲坑位置、范围、形态及与周边水工建筑物的位置关系以及冲坑淤积	全站仪测量＋卫星定位测量法	
	多波束或单波束测量＋卫星定位测量法	
冲坑底部混凝土完整性与基岩性状	水下摄像法	
	声呐法	

（3）资料整理及其成果。

1）填写冲坑检查记录表，见表 4-32。

表 4-32   冲 坑 检 查 记 录 表

项目	部位	成果要求	方法	情况记录
位置	位置	冲坑平面布置（若有多个，可自行增加）	人工测量、卫星定位测量	
	距离	与周边相关水工建筑物的距离	人工测量、卫星定位测量	
尺寸	冲坑个数	最大坑深、最大宽度、最大长度、周边坡比、冲坑个数	人工测量、卫星定位测量、激光测量或其他方法	
	最大坑深			
	最大宽度			
	最大长度			
	周边坡比			
淤积	淤积情况	冲坑淤积情况，淤积高程超过水面或影响尾水流态	人工测量、卫星定位测量	
	淤积高程			
	影响尾水流态程度			
完整程度	冲坑混凝土完整程度	检查冲坑混凝土完整程度与破坏情况	目视、水下照相、水下摄像、雷达、其他方法	
基岩	节理（裂隙）间距	详细说明基岩节理（裂隙）间距、发育程度、完整状态、结构类型、裂隙性质等	目视、水下照相、水下摄像、抽干后检查	
	发育程度			
	完整状态			
	结构类型			
	裂隙性质			

2）冲坑平面位置图，说明冲坑与周边水工建筑物的相对位置。

3）水下地形图。

4）应固定横河向、顺河向检查剖面，成果应包括淘刷范围和深度，并关注淘刷的变化趋势以及与泄水工况的关系。剖面图：沿最大坑深剖面图、泄水中心线剖面、沿冲坑最深部位与挑流鼻坎坎趾下游端部的剖面图。

5）对比历年冲坑检查结果，分析冲坑发展情况及对相关建筑物的影响，提出处理建议。

4.3.6 坝体混凝土质量检测

（1）目的与内容。混凝土质量检测内容主要包括混凝土强度和裂缝、不密实区、空洞。下列两种情况下要进行混凝土质量检测。

1）当混凝土溶蚀、老化严重或大面积冻融冻胀破坏时，应开展坝体混凝土质量专项检测，查明破坏范围、混凝土物理力学性能及渗流情况。

2）当混凝土遭受腐蚀破坏时，应开展水化学试验和混凝土质量专项检测，进行水质和析出物化学成分检测分析，查明腐蚀原因、破坏范围、混凝土物理力学性能及渗流情况。

（2）原理方法与仪器设备。大体积混凝土内部空洞、不密实和低强度等缺陷，根据现场条件，可选择坝体表面的超声回弹法、碳化深度测定法和钢筋锈蚀检测法，以及坝体内部的钻孔取芯法、孔内电视法、单孔声波法、穿透声波法、声波 CT 法、孔内弹模法、探地雷达法、超声横波反射三维成像法、脉冲回波法和压水/注水法等进行混凝土质量检测与评价。各种方法的检测原理及适用条件见表 4－33，部分方法的原理或仪器见表 4－34。

表 4－33　　　　　　　　　　坝体混凝土质量检测方法及适用条件

检测方法		检测原理	适用条件
坝体表面	超声回弹法	采用超声仪和回弹仪，在构件混凝土同一测区分别测量声音和回弹值，然后利用已建立起的测强公式推算测区混凝土强度	检测混凝土强度
	碳化深度测定法	采用浓度为 1%的酚酞酒精溶液对混凝土的酸碱反应测混凝土碳化深度	检测混凝土老化情况
	钢筋锈蚀检测法	采用半电池电位法测量钢筋表面与探头之间的电位差来判断钢筋锈蚀的可能性及其锈蚀程度	检测钢筋锈蚀情况
坝体内部	钻孔取芯法	观察混凝土芯样中有无离析、蜂窝	检测大体积混凝土内部空洞、不密实和低强度等缺陷及渗透（漏）情况。（1）检测无钢筋大体积混凝土的浅埋藏缺陷可选用探地雷达法；（2）检测有钢筋大体积混凝土的浅埋藏缺陷可选用超声横波反射三维成像法；（3）单孔声波法和穿透声波法可用于检测大坝内部混凝土缺陷，声波速度低于规定值的异常孔段或区域即被判断为混凝土缺陷；（4）单孔声波法和穿透声波法检测时宜同时进行钻孔全景数字成像，以便于异常分析判断；（5）声波 CT 法可用于详细检测大体积混凝土内部缺陷，大坝混凝土检测可选择孔间声波 CT，混凝土板、梁、柱可利用外侧临空面进行声波 CT 检测
	孔内电视法	观察钻孔孔壁图像有无离析、蜂窝	
	单孔声波法	利用一发双收换能器测得走时并计算声波在孔壁混凝土中的传播速度来评价混凝土质量	
	穿透声波法	利用一发一收换能器测得走时并计算声波在混凝土中的传播速度来评价混凝土质量	
	声波 CT 法	根据声波在混凝土中传播波速大小及其分布来评价坝体混凝土质量	
	孔内弹模法	根据孔内弹模试验获得的混凝土弹性模量值大小来评价坝体混凝土质量	
	探地雷达法	电磁波在介质的传播过程中，其路径、电磁场强度与波形将随所通过介质的电性特征及几何形态的变化而变化。当存在脱空缺陷时，会出现较强的反射波，根据反射波信号强弱来分析评价混凝土质量	
	超声横波反射三维成像法	利用横波传播中接收换能器接收到反射波信号强弱来分析评价混凝土质量	
	脉冲回波法	利用反射波特性分析评价混凝土质量	
	压水/注水	利用压力与渗流量关系评价坝体混凝土的渗透性	
水质和析出物化学成分检测		通过电化学反应或者化学药剂反应使水中或析出物的相应物质参与其中，然后通过比色法、滴定法、电导率测量等方式计算出水中相应物质的含量	坝体混凝土遭受腐蚀破坏时

表 4-34   坝体混凝土质量检测方法的原理或仪器示意图

检测方法	原理或仪器设备示意图
超声回弹法	
碳化深度测定法	
钢筋锈蚀检测法	
声波 CT 法	
孔内弹模法	

（3）资料整理及其成果。根据不同检测方法，计算并整理检测数据，提供如检测测点、测线分布图、检测成果及分析图表等。

4.3.7　金属结构质量检测

（1）目的与内容。金属结构主要包括钢闸门、启闭机、压力钢管等金属制品和金属构件。当金属结构在水、空气、土壤、浮游寄生物、荷载等的作用下可能产生腐蚀、变形等损伤或破坏时，需对金属结构进行质量检测，及时发现金属结构病害，并对检查检测发现的病害进行及时养护维修，从而使得金属结构的正常安全运行。

金属结构质量安全检查检测主要内容包括闸门和启闭机的现场检测、复核计算、安全评价，具体项目有巡视检查、外观与现状检测、腐蚀检测、材料检测、焊缝无损探伤、应力检测、振动检测、启闭机启闭力检测、启闭机运行状况检测与考核试验。

（2）原理方法与仪器设备。各主要检查检测项目、方法/仪器设备与适用条件等见表 4-35 和表 4-36。

表 4-35　　　　　　　　　　金属结构检查检测项目、方法与适用条件

检查检测项目	检查检测方法/仪器设备	适用条件
金属结构现状检查	目视法+测量法	—
腐蚀状况检测	测厚仪、测深仪、深度游标卡尺等量测仪器和量测工具	去除表面附着物、污物、腐蚀物等表面清理工作后
材料型号和性能检测	光谱分析仪+硬度计+万能试验机	闸门和启闭机主要结构件材料型号不清或对材料型号有疑义时
焊缝表面缺陷检测	磁粉法+目视法+渗透法	消除检测区域表面的附着物、污泥、腐蚀物、对检测区域表面进行修整打磨
焊缝内部缺陷检测	超声波法+射线法	消除检测区域表面的附着物、污泥、腐蚀物、对检测区域表面进行修整打磨
闸门和启闭机应力检测	静态应变测试系统+动态信号测试分析系统	应根据材料特性、结构特点、荷载条件等，按相关标准对闸门和启闭机主要结构进行应力计算分析
静载荷试验测量机架变形、结构应力	全站仪、水准仪、静态应变测试系统	移动式启闭机

表 4-36　　　　　　　　　　金属结构检查常用方法原理或仪器示意图

检测项目	检测方法	原理或仪器设备示意图
铸锻件、焊缝等表面缺陷	磁粉探伤仪	
铸锻件、焊缝等内部缺陷	全数字超声波探伤仪	

检测项目	检测方法	原理或仪器设备示意图
硬度	硬度计	
涂料涂层厚度	涂层厚度测定仪	
涂料涂层附着力	漆膜划格器	
腐蚀深度与面积	游标卡尺、超声波测厚仪	
振动频率、振幅	动态信号测试分析系统（含加速度传感器）	
橡胶硬度	数字邵氏硬度计＋测厚计	

检测项目	检测方法	原理或仪器设备示意图
钢丝绳缺陷	钢丝绳探伤仪	
（主梁）上拱度、上翘度、挠度、行程	水准仪＋铟钢尺、全站仪	
表面粗糙度	粗糙度检测仪	
	ISO 粗糙度比样块	
负荷试验	动态信号测试分析系统（动应变）＋静态电阻应变仪＋全站仪	

（3）资料整理与成果分析。

1）填写巡视检查记录表，见表 4-6～表 4-11。

2）详细描述并统计各个金属结构外观病害。

3）对各个金属结构的腐蚀状况进行统计分析，评定腐蚀等级。

4）对主要结构件材料型号不清或对材料型号有疑义的构件材料的抗拉强度、硬度、化学成分等进行分析，判断材料是否设计要求。

5）对金属结构焊缝外观病害和内部缺陷检测结果进行统计，按照规范判定焊缝质量是否符合规范要求。

6）对启闭机性能状态检测结果进行统计，详述病害，判断启闭机各项参数是否满足规范要求。

4.3.8 其他专项检查

（1）检查检测项目、内容与方法。其他专项检查的检查检测的项目主要有防渗墙质量检测、堆石坝面板质量检测、隧洞混凝土衬砌质量检测、压力钢管接触灌浆质量检测和桥梁质量检测，其检查检测项目、内容与方法将表 4-37。

表 4-37　　　　　　　　　　　　　检查检测项目、内容与方法

序号	检查检测项目	检查检测内容	检查检测方法
1	防渗墙质量检测	（1）防渗墙深度、墙体连续性和均匀性、墙体与基岩接触情况； （2）渗透系数（抗渗等级）、抗压强度、墙体完整性（连续性）、墙体深度、厚度、防渗效果； （3）塑性混凝土防渗墙的墙体弹性模量	穿透声波法
			弹性波 CT 法
			单孔声波法
			钻孔全景数字成像
			探地雷达法
			伪随机流场法
			地震反射波法
			钻芯法
			注水（压水）试验
			钻孔变形模量测试
2	堆石坝面板质量检测	面板与垫层间脱空、面板裂缝、面板强度及内部缺陷	红外热成像法
			超声横波反射三维成像法
			声波反射法
			脉冲回波法
			探地雷达法
			超声回弹综合法
3	隧洞混凝土衬砌质量检测	衬砌厚度、脱空、混凝土缺陷及强度、钢筋分布、保护层厚度等	探地雷达法
			脉冲回波法
			超声横波反射三维成像法
			声波反射法
			超声回弹综合法
4	压力钢管接触灌浆质量检测	引水隧洞压力钢管、岔管、肘管和蜗壳等钢衬洞段的钢管或钢衬与混凝土脱空情况	脉冲回波法
			声波反射法

序号	检查检测项目	检查检测内容	检查检测方法
5	门机桥结构检测与技术状况评定	桥梁外观检查内容：包括上部结构（上部承重构件和一般构件）、支座、下部结构、桥面系及附属设施	目视＋量测法计算状况评定法
		结构检测内容：包括混凝土强度及碳化深度、混凝土保护层厚度、钢筋间距	超声回弹法碳化深度测定法钢筋锈蚀检测法探地雷达法
		桥梁荷载试验包括静载试验和动载试验	荷载试验法

（2）资料整理及其成果。

1）防渗墙质量检测。

a. 计算单孔声波法和穿透声波法的声速，提供声速曲线、声速值统计分析图表。

b. 统计钻孔全景数字成像中的裂隙中结石充填和未充填情况，孔壁展开图像及裂隙、异常分类统计分析图表。

c. 除应绘制相应检测方法的成果图外，还应绘制防渗墙断面上渗漏、缺陷分布的成果图。

d. 计算钻孔变形模量或弹性模量，提供钻孔变形模量或弹性模量统计图表。

2）堆石坝面板质量检测。

a. 红外热成像检测应分区编辑热成像色谱或等值线平面图，确定温度异常及范围。

b. 探地雷达检测和声波反射检测应分析解释异常性质、位置和范围，编制异常分布表。

c. 声波平测、超声回弹法应分析计算测点的缺陷深度和强度值。

d. 依据验证钻孔获取有关脱空深度、范围等相关参数，对检测异常进行分析解释。

e. 绘制面板缺陷、强度、脱空分布的检测成果图。

3）隧洞混凝土衬砌质量检测。

a. 探地雷达法、声波反射法、超声横波反射三维成像、脉冲回波法应反演处理每条剖面或扫描区的图像，结合设计施工资料进行分析解释，绘制衬砌层厚、脱空、内部缺陷的分布成果图。

b. 超声回弹综合法应根据现行行业标准《大坝混凝土声波检测技术规程》（DL/T 5299）的相关规定推定测区混凝土强度。

c. 应将检测成果与参数标定孔进行对比分析，校正混凝土的电磁波和声波速度。

d. 提供测线、测区布置图，检测成果及分析图表。

e. 提供衬砌厚度、脱空和缺陷分布成果图表。

4）压力钢管接触灌浆质量检测。

a. 测线布置图

b. 检测试验及检测点波形、频谱图表。

c. 钢管脱空缺陷分布图表。

5）门机桥结构检测与技术状况评定。

a. 上部结构、支座、下部结构及桥面系等检查成果图表。

b. 桥梁结构技术状况评定成果。

c. 混凝土构件的混凝土强度、碳化深度和保护层厚度，钢筋分布间距和钢筋锈蚀等检查成果。

d. 桥梁的静载荷试验和动载荷试验成果。

4.3.9　专项检查检测报告编写要求

专项检查检测报告一般按"1　工程概况""2　检查检测目的及要求""3　检查检测部位和范围""4　检查检测方法""5　检查检测成果"及"6　存在问题及意见建议"等六章来编排，各章的分级及各章节的内容编写要求见表4—38。

表4—38　　　　　　　　　　　各章节的内容编写要求

章序+章名	节序+节名	内容编写要求
1　工程概况		主要描述工程的基本情况，如地理位置、坝址特点、枢纽布置、工程规模、运行历史变迁等
2　检查检测目的及要求		主要叙述任务来源，工程推测存在的缺陷和问题。需要获得的检查成果
3　检查检测部位和范围		描述推测的缺陷部位和范围，拟定的检查位置和可能的缺陷范围
4　检查检测方法		针对不同的检查项目叙述检查方法、检查过程
5　检查检测成果		对于检查发现的缺陷和异常情况，应与历年检查成果进行对比分析，说明发展变化情况
	5.1　混凝土坝	（1）对混凝土坝体贯穿性裂缝检查，应描述裂缝位置、长度、深度、宽度等。 （2）对坝体溶蚀或冻融破坏的混凝土质量检查，应给出破坏范围、混凝土的物理力学参数，评价混凝土质量。 （3）对坝趾或坝踵基岩淘刷的水下检查，应描述冲刷、破损区域范围、规模，附各类缺陷检查的影像资料。 （4）对坝基帷幕渗漏检测应给出渗流量及其变化、坝基扬压力增大范围、析出物情况、排水孔出水情况，评价帷幕和排水幕质量。 （5）对坝体混凝土腐蚀破坏检查，应给出破坏范围、混凝土的物理力学参数，评价混凝土质量；查明腐蚀原因、坝体渗流影响情况
	5.2　土石坝	（1）对上游坝坡、面板及止水面板接缝止水进行渗漏检查，描述渗流量变化、渗水点增加的部位、渗水点抬高前后的部位，上游面坝坡、面板及面板接缝止水损坏检查情况，查找并分析渗漏通道的部位。 （2）对砂砾石坝或均质土坝的坝体浸润线在同一库水位情况下有逐年抬高趋势的情况，描述坝体测压管或渗压计鉴定、测值对比分析、测值过程线及分布图、坝体发生渗透破坏或坝坡失稳分析等。 （3）对河床部位面板发生严重挤压破损进行的水上、水下检查，描述大坝渗流量在同一库水位下的变化情况、破损范围、破损原因及破损对大坝安全的影响。 （4）对坝顶、下游坝坡发生塌滑或滑坡的检查，描述塌滑或滑坡的时间、部位和规模、塌滑或滑坡原因分析、塌滑或滑坡对坝坡整体稳定的影响。 （5）对蚁穴的检查，描述蚁穴部位、规模、大坝损坏情况，分析白蚁的来源和危害性。 （6）对坝内埋管下游异常渗水，描述埋管是否内水外渗、埋管与大坝结合部位防渗止水结构破坏情况，查找并分析渗漏通道的部位
	5.3　泄水消能建筑物	（1）对流道及下游冲坑淘刷的水下检查，描述冲刷、破损区域范围、规模，附各类缺陷检查的影像资料。 （2）对闸墩裂缝检查，描述裂缝位置、长度、深度、宽度等。 （3）对压力管道出现内水外渗明显增加，渗压、变形、应力监测数据明显异常和检修发现管道有异物等异常情况时，描述渗流量或渗压等监测数据变化情况、渗水点部位及增加情况、渗漏部位与管道衬砌结构的关系，结合检查、监测数据或补充勘探成果综合分析渗漏通道。对压力管道须放空检查的情况时，描述管道内部混凝土结构破损、裂缝、渗水及灌浆孔封堵情况等，钢衬结构鼓包、脱空、裂纹、灌浆孔封堵情况等

章序+章名	节序+节名	内容编写要求
	5.4　输水发电建筑物	（1）对压力管道衬砌结构或其外部承载体渗水明显增加，渗压、变形、应力等监测数据明显异常的情况时，描述渗流量或渗压监测数据变化情况、渗水点部位及增加情况、渗漏部位与管道衬砌结构的关系，结合检查、监测数据或补充勘探成果综合分析渗漏通道。 （2）对埋藏式管道渗水及夹带颗粒的情况时，描述渗水来源、颗粒组成、渗水通道等。 （3）对压力管道须放空检查的情况时，描述管道内部混凝土结构破损、裂缝、渗水及灌浆孔封堵情况等，钢衬结构鼓包、脱空、裂纹、灌浆孔封堵情况等。 （4）对结构裂缝、结构或基础变形超过历史最大值且变形量不断增大的情况时，描述结构裂缝位置、长度、深度、宽度等。 （5）对地面厂房结构缝发生错动、变形等的情况时，描述结构错动、变形的部位、范围、程度、发展过程，分析结构稳定、基础应力等。 （6）对发电厂房主要混凝土支撑结构发生贯穿裂缝、持续变形的情况时，描述结构裂缝位置、长度、深度、宽度等。 （7）对地下厂房支护结构发生较大范围损坏或失效的情况时，描述部位、范围、程度、发展过程，重点分析地下洞室围岩稳定性。 （8）对地下洞室渗水有酸碱腐蚀性的情况时，分析渗水对厂房支护结构的影响。 （9）对厂房出现异常振动的情况时，描述振动部位、范围、程度，分析吸出高程、开停机情况和发电水头与振动的影响关系、设备振动频率和结构自振频率的关系，并分析厂房主要支撑结构稳定情况和劳动卫生安全。 （10）当厂区边坡坍塌、掉块和支护结构变形、裂缝、损坏情况严重，可能影响边坡整体稳定时，开展厂区边坡整体安全性检查评估
	5.5　通航建筑物	（1）对闸墙变形超过历史最大值且变形量不断增大时，描述闸墙裂缝开展情况，分析闸墙稳定。 （2）对主要受力部位裂缝发展时，对主要裂缝，描述其与周边结构的关系；对主要渗水部位，描述其与附近结构缝、裂缝、止水等的关系。 （3）对进口淤积情况进行测量或水下检查时，具体见第 4.3.4 节水下检查
	5.6　金属结构	（1）腐蚀检测时，绘图描述检测部位，锈蚀部位及分布、蚀余结构典型断面尺寸。 （2）无损探伤、应力检测、振动检测时，绘图描述检测部位，列表描述各部位的检测结果，并对检查结果进行综合评价。 （3）结构安全复核计算时，要针对蚀余尺寸开展，明确计算采用的荷载及其组合、容许应力、计算方法、计算结果，并对计算结果进行分析判断
	5.7　边坡	（1）对枢纽区边坡失稳和库岸滑坡体、变形体、崩塌堆积体等大规模失稳破坏或重大异常时，要开展必要的勘察工作，分析坡体稳定性。 （2）查明冲刷、破损部位、范围、深度，检查成果具体要求第 4.3.4 节水下检查
	5.8　水库及库盆	（1）对库底廊道的渗流量偏大，要检查库盆渗漏入口部位；描述渗流量变化、渗水点增加的部位，廊道止水损坏检查情况，查找并分析渗漏通道的部位。 （2）对库底廊道混凝土结构发生裂缝、变形等异常现象时，描述缺陷部位，分析裂缝、变形原因。 （3）对库盆防渗结构发生严重的挤压破损、鼓包隆起时，描述防渗体缺陷部位、规模，分析发生原因。 （4）对库区发生塌滑或滑坡时，描述塌滑或滑坡的部位和规模，分析原因及对水库库容及各类进水口的影响
6　存在问题及意见建议		对检查检测成果存在问题的，分析危害程度，提出处理意见和建议

4.3.10　专项检查检测典型示例

1．巴江口水电站水下检查检测

（1）工程概况。巴江口水电站工程枢纽建筑物从左至右依次布置有：左岸接头混凝土重力坝、船闸、河床式厂房、溢流坝和右岸接头重力坝。坝顶全长 425.00m，最大坝高 55.60m，坝顶宽 8.0m，坝顶高程为 104.60m，坝轴线全长 425m。左岸接头混凝土重力坝最大坝高 46.6m，全长 82.00m，共分 4 个坝段。右岸接头混凝土重力坝最大坝高 42.6m，全长 58.6m，共分 3 个坝段。

溢流坝布置在河床中部至右岸间的主河道区，共设 9 孔溢流闸孔，每孔净宽 15m，总长 169.4m。溢流坝坝顶高程 104.60m，最大坝高 44.6m。溢流坝采用戽流式消能工，一期、二期溢流坝采用同一型式的消力池，护担顶高程 64.5m，池底平段长 22m，全长 29m。最大泄量为 21700m³/s。

厂房上游进水口与进水渠相接，进水渠前缘拦沙坎位置设置进水口拦污栅，拦污栅墩坝与进水渠拦沙坎相结合；厂房下游尾水出口与尾水渠相接。

（2）水下检查情况。采用无人船搭载多波束作业及水下高清摄像等先进手段与方法，对坝后消力池、厂坝间导墙、消力池纵向围堰，消力池下游河床、坝前泥沙淤积、各部位门槽（溢流坝检修门、发电进水口检修门与快速门、上闸首检修门等）进行水下检查检测。

1）坝前淤积探测情况。根据检查成果，坝前 10m 范围内，泥沙淤积高程最低约 68m（发生在溢流坝 6 号检修门前和 3 号机组拦污栅前），最高约 74.5m（发生在 4 号溢流坝前），大部分坝段坝前泥沙淤积高程在 70.00～73.00m，与设计泥沙淤积高程 70.50m 较为接近。上游河床在溢流坝 3 号、4 号、8 号和 9 号检修门的高程为 73m；在 1 号和 2 号机组拦污栅前，河床高程为 74m。在船闸上游右侧导墙前端的水下发现一条疑似船形物，呈东西走向，长 20.5m，宽 3.5m，位于高程 75m 附近。水下地形图如图 4-3 所示。

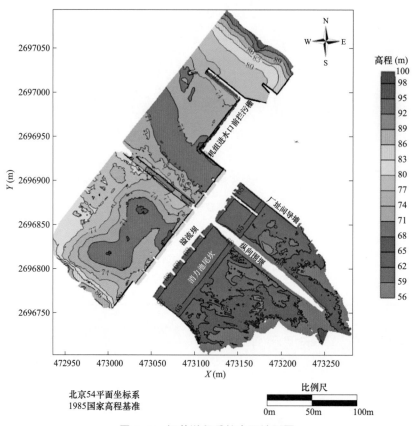

图 4-3 坝前淤积后的水下地形图

2）坝后消力池、尾坎及导墙冲刷情况。溢流坝共9孔，每孔净宽15m，采用底流消能，消力池底板顶高程64.5m，底板厚2m，消力池全长29m（含尾坎段），尾坎高3m。由于下游混凝土纵向围堰未拆除，纵向围堰将左、右两侧分为两个运行分区，其中左侧1~3号溢流坝称为"一区"，右侧4~9号溢流坝称为"二区"。一区消力池及尾坎总体完好，位于2号孔尾坎上游侧，左右岸宽度约6.2m范围表层局部混凝土被冲刷，并形成不规则冲槽，最大深度约0.1m，未见露筋。二区消力池尾坎总体完好，护坦共发现6处冲蚀，主要发生在结构缝，冲蚀最大宽度0.3m，最大深度0.2m，4处出现露筋，详见表4-39。厂坝之间导墙、消力池右导墙、消力池内的纵向围堰总体完好，无明显冲蚀。仅在右侧导墙桩号0+45.00m处基础部位（消力池侧）存在一条小的冲槽，上下游方向长度约1m，高度0.2m，表层混凝土被冲蚀，内部混凝土完整。

表4-39   "二区消力池"水下检查成果表

序号	位置	冲蚀情况	备注
1	4号孔中部上下游方向护坦分缝	冲蚀长度3m（上下游方向），宽0.1m，最深约0.2m	未露筋
2	4~5号孔之间闸墩下游侧护坦分缝（上下游方向）	该分缝冲蚀长度4m（上下游方向），最宽处0.2m，深约0.1m	露筋
3	5号孔尾坎上游侧尾坎斜坡冲槽（左右岸方向）	冲槽左右岸方向长度8.1m（左右岸方向），宽度0.3m，深度0.2m，10根钢筋出露。另在下游侧有2个小冲坑，尺寸1.0m×0.9m和0.8m×0.4m（长×宽），深度0.2m	露筋
4	5号孔中部冲槽（左右岸方向）	左右岸方向长度4m，宽度0.1m，最大深度0.2m	未露筋
5	8号孔尾坎上游侧护坦分缝（左右岸方向）	左右岸方向长度5m，宽度0.1m，最大深度0.3m，多根钢筋露筋	露筋
6	8号孔消力池护坦上游侧4条分缝	4条分缝被冲蚀，为矩形状，范围6m×8m（上下游长度×左右岸宽），冲槽宽度一般为0.1m，深度0.2m	露筋

3）消力池下游河床冲刷情况。下游混凝土纵向围堰未拆除，将左、右两侧溢流坝分为两个运行分区，消力池尾坎下游纵向围堰两侧河床均有不同程度的冲刷，纵向围堰两侧各存在1个冲刷坑。纵向围堰左侧存在一处冲刷坑，冲坑位于尾坎后24.1m至39.1m范围内，宽约8m，面积约136m²（高程60m以下范围）。坑底高程57.30m，距离尾坎31.6m，冲坑上游侧坡比1:11.7。从左右岸方向剖面图看，纵向围堰左侧河床高程约58m（尾坎下游约31.6m附近），明显低于纵向围堰基础高程64.00m，河床冲刷较严重。纵向围堰右侧也存在一处冲刷坑，冲坑坑底高程58.5m，高程60m以下面积约121m²，坑底距离尾坎（尾坎基础高程60.00m）水平距离约55m，冲坑上游侧坡比1:36.7。从左右岸方向剖面图看，纵向围堰右侧河床高程最低约59.00m（尾坎下游约55m附近），低于纵向围堰基础高程64.00m，河床冲刷较严重。典型成果如图4-4所示。

4）溢流坝、发电进水口、船闸上闸首门检修门槽。溢流坝、发电进水口、船闸上闸首门检修门槽埋件普遍存在锈蚀，混凝土总体完整，局部存在轻微冲蚀、麻面、骨料外露等，基本不影响检修门挡水。

2. 白沙河水电站大坝渗漏检查检测

（1）工程概况。白沙河水电站工程位于湖北省竹溪县兵营乡境内，堵河西支泗河上的

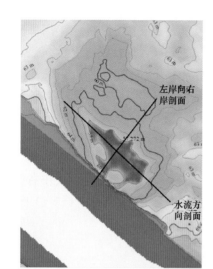
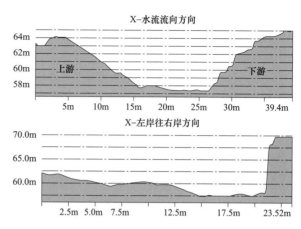

图 4-4　河床冲坑顺水流向剖面图和垂直流向剖面图

一级支流泉河上。水电站以发电为主，兼顾库区航运、养殖等综合效益，电站装机 50MW，工程规模属大（2）型，工程等别为二等，大坝为混凝土面板堆石坝，水库最大库容 2.476亿 m^3，最大坝高 104m。距竹溪县城约 70km，交通方便。

根据设计要求，坝前铺盖，坝前铺盖下层采用粉质黏土铺盖，上覆石渣混合料。坝前铺盖顶部高程 380m，顶宽 4m，坡比 1:2.5，其中下层粉质黏土铺盖顶宽 2m，坡比 1:2.0。

（2）渗漏情况。大坝渗流量受库水位影响明显，与库水位呈正相关变化，剔除降雨影响后，人工观测表明，2021 年 1 月临时封堵前最大渗流量 332L/s（上游水位 430.78m，2021 年 1 月 2 日）；封堵后最大渗流量为 290L/s（上游水位 441.18m，2021 年 8 月 2 日）；封堵后低水位渗流量比较，2021 年 3 月 22 日渗流量 179L/s（上游水位 420.68m），2021年 12 月 13 日渗流量 151L/s（上游水位 422.15m）；大坝渗流量仍偏大，但渗流状态平稳，防渗体系存在缺陷。

（3）渗漏检查检测。

1）伪随机流场法探查。采用伪随机流场法对白沙河水电站坝前区渗漏进行探测，探测具体范围为：大坝坝前 300m 库岸、面板及库底，探测范围约 60000m^2。通过对探测区域内各测值的分析和判断，在坝前 300m 库岸、面板及库底探测范围内有 17 个测点，测值明显高于附近区域背景值，分析该 17 个测点位置为疑似渗漏点，各异常点的坐标与高程见表 4-40。各坝前区疑似渗漏异常点分布见示意图 4-5。

表 4-40　　　　　　　　　坝前区疑似渗漏异常点汇总

异常点编号	北向坐标	东向坐标	当日水位（m）	探头深度（m）	异常点高程（m）
1	3554047.866	680876.916	442.838	29.2	413.6
2	3554055.635	680883.886	442.838	20.1	422.7
3	3554006.963	680849.720	442.838	37.8	405.0
4	3553984.530	680834.765	442.838	39.8	403.0
5	3553994.410	680871.019	442.924	50.9	392.0

异常点编号	北向坐标	东向坐标	当日水位（m）	探头深度（m）	异常点高程（m）
6	3553962.609	680889.453	442.924	60.1	382.8
7	3553883.895	680937.001	442.953	59.9	383.1
8	3553878.523	680947.841	442.953	54.1	388.9
9	3553874.430	680952.761	442.950	51.2	391.8
10	3553879.595	680957.507	442.950	46.3	396.7
11	3553878.796	680961.293	442.950	43.8	399.2
12	3553873.331	680959.772	442.950	45.1	397.8
13	3553885.533	680991.556	442.950	19.1	423.9
14	3553892.421	680994.045	442.950	20.2	422.8
15	3553891.107	680997.630	442.950	20.1	422.9
16	3553889.537	681003.753	442.950	18.3	424.7
17	3553877.694	680999.077	442.950	14.5	428.5

2）潜水员水下检查。对伪随机流场法探测的 17 个疑似渗漏异常点及高程 420m 水平缝、大坝左、右岸趾板周边缝、4～5 号面板垂直缝、24～25 号面板垂直缝等进行水下喷墨复查。发现的渗漏点如下：

a. 潜水员对 17 个疑似渗漏点逐一排查，未发现渗漏现象。但在对 16 号疑似渗漏点扩大喷墨复查时，发现与其相邻的右岸保留岩体有一处渗漏通道，喷墨时有轻微吸入现象。该点位于高程 429.4m，呈圆孔状，半径为 1cm。

b. 大坝高程 420m 水平缝，发现左 L3 面板水平缝盖片下侧有一缺陷部位，经喷墨检查，高锰酸钾明显被吸入，该部位有渗漏，长约 5cm，宽 0.5cm，且在该部位半径 0.5m 范围内喷墨高锰酸钾均会被吸入盖片下侧。

c. 大坝高程 420～439m 范围内的面板周边缝、水平缝、垂直缝，发现左 L10/左 L9 垂直缝、高程 436m，左 L9/左 L8 垂直缝、高程 425.9m，右 L8/右 L9 垂直缝、高程 429m，右 L12/右 L13 垂直缝、高程 429.1m 渗漏较为明显，且鼓包已经破损。

d. 大坝高程 383.00～384.00m 间，发现右岸周边缝渗漏明显，渗漏点周围淤积较多，淤泥表面呈现多个小型漩涡状，直径 5～6cm。

3）多波速法坝前铺盖水下地形扫测。采用无人船搭载多波束测深方法进行水下地形扫测检查工作，检查区域：① 对高程 380m 的铺盖扫测范围为从坝前开始，长度约 300m，宽度约 150m；② 建立坝面三维模型，提供三维地形图，本次多波束获取的水下三维地形数据平面精度为 5cm，高程精度为 10cm。

在 380m 高程铺盖平台附近共发现 5 处表面变形区域：第 1 处位于平台与左岸周边缝的交接位置，距平台内侧 3.73m，为滑塌变形，位于左 L3 坝块，周边有堆渣体淤积，两侧和塌陷区底部高差 0.5m；第 2 处位于平台中部高程 382.1m 的坝面位置，为局部塌陷，塌陷处边缘向坝面最大高差约 0.4m，位于靠近右 L2 和右 L3 坝块交接处；第 3 处距平台右端 26m 附近，为局部塌陷，距平台内侧 2.40m，局部最大高差约 0.9m，位于右 L6 坝块；第 4 处位于平台根部与右岸周边缝的交接位置，为滑塌变形，位于右 L9 坝块，周边有堆

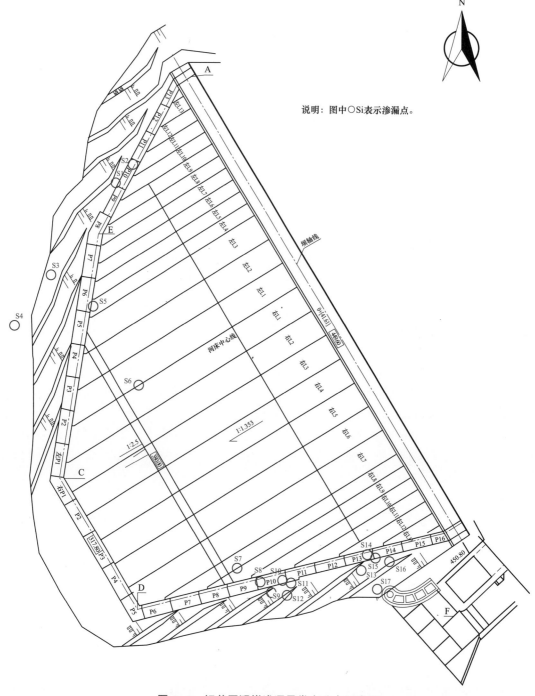

图4-5 坝前区疑似渗漏异常点分布示意图

渣体淤积；第 5 处位于距平台左端 23～31m 段，为明显平台倾斜变形，变形宽度与平台相当，与平台的最大高差为 2.8m，位于左 L1 坝块。

4）流速测试法复查。采用声学多普勒流速仪和单点海流计对疑似多波束扫描地形异常位置及典型检测位置附近的水体流速和流向进行测试，根据流速和流向的分布、变化情况，分析判断是否存疑似渗漏流速特征。

经筛选和初步分析，共对 12 个位置进行了流速测量，共对 9 个重要位置进行了流速复测，发现 407m 高程右岸周边缝位置附近流速范围为 2.49～100mm/s，平均流速约 45mm/s；水体内部流向为四周 360°径流，平均流向为向 SSW，该位置有渗漏现象。

3. 太平哨水电站闸门及启闭机检测

（1）工程概况。太平哨水电站大坝为混凝土重力坝，坝顶全长 555.6m，最大坝高 44.0m，顶宽 8.0m，共分为 36 个坝段。溢流坝位于主坝 3～23 号坝段，共设有 20 孔开敞式溢洪道，孔口尺寸为 12.0m×10.5m（宽×高），每个溢流坝段均设有一扇弧形工作闸门，闸门启闭设备为 1×1000kN 固定卷扬式启闭机。溢流坝布置如图 4-6 所示。

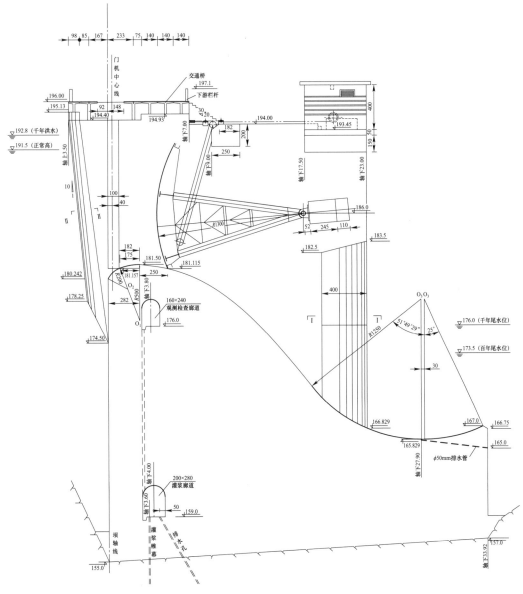

图 4-6　溢流坝布置图

溢洪道共 20 孔，孔口净宽 12.0m，设有 20 扇露顶式弧形工作闸门和 2 扇平面检修闸门。工作闸门尺寸 12.0m×10.885m（宽×高），弧门半径 13.0m，支铰中心高程 186.0m，闸门底槛高程 181.115m，闸门设计水头 10.385m；闸门启闭设备为 20 台额定容量 1×1000kN 固定卷扬式启闭机。工作闸门前设有 2 扇平面检修闸门（每扇分为二节），20 孔共用，闸门启闭设备由坝顶门式启闭机操作。

溢洪道工作闸门为双主横梁斜支臂圆柱铰弧形钢闸门，板梁结构，等高布置。面板支承在由主横梁、边梁、纵梁和小横梁组成的梁格上，面板与梁格直接焊接，支臂与主横梁采用螺栓连接构成主框架。主横梁、支臂臂杆和竖杆均为工字形截面组合梁；纵（边）梁为 T 形截面组合梁，共 6 根；小横梁为 22 号工字型钢，共 9 根（原设计为 20 号工字型钢，共 12 根），顶、底梁为 20 号槽钢；支臂斜撑杆由 2 根 125mm×125mm 角钢组成。溢洪道工作闸门结构型式如图 4-7 所示，工作闸门和启闭机主要技术参数列于表 4-41 中。

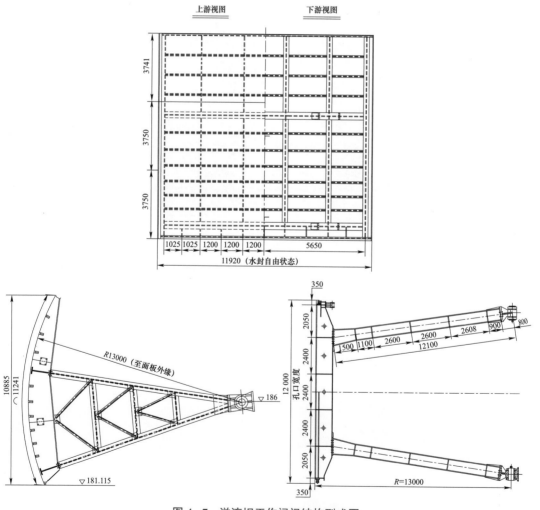

图 4-7　溢流坝工作闸门结构型式图

表 4-41   工作闸门及启闭机主要技术参数

闸门		启闭机	
型式	露顶式弧形钢闸门	型式	固定卷扬式启闭机
闸门尺寸	12.0m×10.885m（宽×高）	额定容量	1×1000kN
设计水头	10.385m	工作扬程	11.0m
操作条件	动水启闭	起门速度	1.4m/min
闸门重量	565kN	吊点中心距	11.3m

（2）闸门外观检查。溢洪道 20 扇工作闸门整体外观形态基本完好，门体主要构件无明显损伤；闸门除局部区域存在锈蚀外，主要构件涂层基本完整；支铰、吊耳装置、侧导轮装置等零部件基本齐全、完好，连接牢靠；支臂与主横梁连接状况良好，螺栓齐全、连接牢靠；止水装置齐全、完好，连接螺栓无松动和脱落；闸门止水效果较好，仅少数闸门局部存在轻微漏水。闸门典型缺陷状况见表 4-42。

（3）闸门锈蚀量检测。对溢洪道 9 号、10 号、17 号三扇闸门进行锈蚀量检测，其结果为：

1）三扇闸门锈蚀量频数分布相似，闸门锈蚀量主要位于 0.4~1.3mm，频数分别为 92.6%、86.9%、88.5%。表明三扇闸门锈蚀状况基本相似。

2）9 号闸门面板、主横梁、纵（边）梁、小横梁、支臂平均锈蚀量为 0.68~0.97mm，标准差为 0.21~0.29mm，平均锈蚀速率为 0.019~0.028mm/a。10 号闸门面板、主横梁、纵（边）梁、小横梁、支臂平均锈蚀量为 0.85~0.96mm，标准差为 0.23~0.39mm，平均锈蚀速率为 0.024~0.028mm/a。17 号闸门面板、主横梁、纵（边）梁、小横梁、支臂平均锈蚀量为 0.76~1.12mm，标准差为 0.16~0.35mm，平均锈蚀速率为 0.022~0.032mm/a。

3）9 号、10 号和 17 号闸门总体平均锈蚀量分别为 0.83mm、0.91mm、0.93mm，标准差分别为 0.25mm、0.31mm、0.25mm，平均锈蚀速率分别为 0.026mm/a、0.024mm/a、0.027mm/a。表明三扇闸门整体锈蚀程度基本相似。

4）三扇闸门的面板、主横梁、纵（边）梁、小横梁、支臂总体平均锈蚀量分别为 0.99mm、0.80mm、0.90mm、0.81mm、0.95mm，标准差分别为 0.24mm、0.34mm、0.29mm、0.22mm、0.26mm，平均锈蚀速率分别为 0.028mm/a、0.023mm/a、0.026mm/a、0.023mm/a、0.027mm/a。

5）三扇闸门总体平均锈蚀量为 0.88mm，标准差为 0.27mm，总体平均锈蚀速率为 0.025mm/a。

（4）闸门焊缝超声波探伤。9 号、10 号、17 号闸门焊缝超声波探伤结果表明：

1）9 号闸门支臂臂杆腹板对接焊缝有 5 处存在超标的未焊透制造缺陷（缺陷当量为 SL+5dB~RL+6dB），面板对接焊缝有 5 处存在超标的未焊透制造缺陷（缺陷当量为 SL+5dB~RL+5dB）；上述缺陷等级均评定为 BⅣ级，不合格。

2）10 号闸门左上支臂臂杆腹板对接焊缝有 1 处存在疑似裂纹缺陷（缺陷当量为 RL+7dB），该疑似裂纹未见有明显扩展。支臂臂杆腹板对接焊缝有 5 处存在超标的未焊透制造缺陷（缺陷当量为 RL+1~6dB），面板对接焊缝有 3 处存在超标的未焊透制造缺陷（缺陷当量为 SL+5.3dB~RL+4dB）；上述缺陷等级均评定为 BⅣ级，不合格。

表 4-42　闸门典型缺陷状况

序号	闸门编号	缺陷部位	缺陷现场照片与示意图	缺陷描述
1	9、10、11、13、18 号	顶梁及附近面板		闸门顶梁及附近面板存在向下游侧的凹陷变形，其中，10 号和 13 号闸门变形相对较大，10 号闸门最大变形量达 120mm
2	7 号	两侧边梁腹板		7 号闸门两侧边梁腹板和 13 号闸门左边梁腹板、漏焊现场拼接焊缝闸墩侧均存在漏焊现象，漏焊最长约 250mm。多数闸门节间面板焊缝附近在每个梁格间加焊有一块厚度 16mm、宽度 100mm 或 150mm 的钢板
3	13 号	左边梁腹板2、3 节		
4	15 号	5 号纵梁腹板		15 号闸门 5 号纵梁腹板存在撞击变形，最大变形量约 45mm，变形位置位于下主横梁下端

续表

序号	闸门编号	缺陷部位	缺陷现场照片与示意图	缺陷描述
5	4号	横梁、纵梁		4号闸门的7号小横梁（从上往下编号，含顶梁、下同）局部存在扭曲变形，最大变形量约40mm，变形范围长约1.1m，变形位于5号与6号纵梁之间；13号小横梁的8号翼缘后翼缘存在变形，最大变形量约15mm，变形范围长约0.3m。变形位于5号与6号纵梁之间
6	7、18号	导轮、挡板、止水装置		7号闸门左上侧导轮止轴挡板及1个连接螺栓丢失；1号闸门右上侧导轮止轴挡板和18号闸门右侧门上、下导轮止轴挡板连接螺栓各有1个断裂；侧导轮及连接装置多数存在一般锈蚀或较重锈蚀；表面分布有锈迹，麻点锈斑或浅点锈坑，局部密集成片
7	9、10、17号	导轨板		9号、10号、17号闸门面板迎水面涂层基本完好，在水位变化区域内，迎水面面板存在较深的老锈坑，局部老锈坑密集片分布，最大锈坑深约5mm

续表

序号	闸门编号	缺陷部位	缺陷现场照片与示意图	缺陷描述
8	1、13、17、20号	支臂		支臂与主横梁连接处的叠合部位及其下支臂处的连接螺栓、螺栓表面电裂，个别螺栓有锈损，下支臂的叠合部位相对较重
9	19、20号	腹板		上主横梁以上的小横梁后翼缘及其附近的腹板，上主横梁以下的小横梁前翼缘及其附近的腹板以及相邻部位的面板（2号闸门较多）梁腹板的锈蚀，也有新的锈坑，锈坑深度为0.5～2.0mm不等，局部锈坑集中成片的老锈坑，锈蚀较重。顶梁腹板有的存在较密集的老锈坑，最大锈坑深约1mm

　　3）17 号闸门支臂臂杆腹板对接焊缝有 1 处存在超标的未焊透制造缺陷（缺陷当量为 RL＋4dB），支臂臂杆翼缘板对接焊缝有 2 处存在超标的未焊透制造缺陷（缺陷当量分别为 SL＋2.5dB 和 RL＋3dB）；上述缺陷等级均评定为 BⅣ级，不合格。

　　4）三扇闸门支臂臂杆腹板与翼缘板 T 形连接焊缝、支臂臂杆腹板与连接板 T 形连接焊缝、主横梁腹板与翼缘板 T 形连接焊缝、边梁腹板与面板 T 形连接焊缝、吊耳板与连接座板 T 形连接焊缝等局部存在少量未焊透缺陷（缺陷最大当量为 RL＋6dB），但未焊透深度均未超过规范的要求，故均判定为合格。其余所有受检焊缝均未发现有超标缺陷存在。

　　（5）闸门材料检测。对 9 号、10 号、17 号工作闸门的材料检测表明：闸门主横梁后翼缘、边梁后翼缘和支臂加劲板试样材料的化学成分均与碳素结构钢 Q235 相符合；闸门主要构件材料的抗拉强度均与碳素结构钢 Q235 相符合。综合分析 9 号、10 号、17 号工作闸门主横梁后翼缘、边梁后翼缘和支臂加劲板试样材料的化学成分以及主要构件材料抗拉强度的检测结果，可以确定：9 号、10 号、17 号工作闸门主要构件所使用的材料均为碳素结构钢 Q235，与设计图纸一致。

　　（6）闸门启闭力检测。对 9 号、10 号、17 号工作闸门进行启闭力检测，检测工况为：工况一（闸门空载）：关闭检修闸门，工作闸门上、下游无水。工况二（闸门挡水）：9 号、10 号工作闸门上游水位 189.62m，底槛高程 181.115m，下游无水，作用水头 8.505m。根据检测结果可知：

　　1）在闸门空载和挡水两种工况下，9 号闸门实测最大启门力分别为 590.7kN、629.8kN，均小于启闭机额定启门力 1000kN。

　　2）在闸门空载和挡水两种工况下，10 号闸门实测最大启门力分别为 579.5kN、624.3kN，均小于启闭机额定启门力 1000kN。

　　3）在闸门空载和挡水两种工况下，17 号闸门实测最大启门力分别为 487.2kN、557.1kN，均小于启闭机额定启门力 1000kN。

　　4. 九甸峡水电站溢洪洞现场检查

　　（1）工程概况。九甸峡水利枢纽工程主要建筑物包括混凝土面板堆石坝、左岸布置 2 条表孔溢洪洞、右岸为有压放空泄洪排沙洞、引洮总干进水口、引水发电洞和地面厂房等。混凝土面板堆石坝坝顶高程 2206.50m，建基高程 2073.50m，最大坝高 133.0m，坝顶长度 232.0m，坝顶宽度 11.0m，大坝上游坡比为 1:1.4，下游综合坡比 1:1.5，局部坡比 1:1.4。左岸 2 条溢洪洞轴线平行，1 号溢洪洞靠近河床侧，2 号溢洪洞靠山体侧，两洞均采用无压洞设计。1 号溢洪洞进口引渠底板高程 2183.00m，控制段闸墩顶部高程 2206.00m，溢流堰采用实用堰，堰顶高程 2188.00m，洞长 728.0m，洞身段纵坡为 4.37%，隧洞断面采用圆拱直墙型，洞宽 9.0m，高 12.0m，其中隧洞进出口加强段、弯道段及Ⅳ类围岩段全断面采用 C30 钢筋混凝土衬砌，Ⅱ类围岩洞段底板及侧墙采用 C30 钢筋混凝土衬砌，顶拱部分采用喷锚支护。隧洞出口采用挑流消能。2 号溢洪洞洞长 783.25m，结构及布置设计与 1 号溢洪洞基本相同。左岸溢洪洞最大泄洪能力 3492m³/s，其中 1 号溢洪洞最大泄流能力 1741m³/s，2 号溢洪洞最大泄流能力 1751m³/s。右岸放空排沙泄洪洞进口位于右岸上游，出口位于坝下游 250.0m 处，平面转弯角度为 48.402°，为有压隧洞，进口高程 2125.00m，洞身段为圆形断面，洞长 409.16m，洞径 6.0m，隧洞纵坡为 4.07%，全断面采用 C50 高性能混凝土衬砌，最大泄流能力 758m³/s。

（2）现场检查情况。自 2011 年以来，每年均对左岸溢洪洞和右岸泄洪洞进行专项检查，发现右岸泄洪洞：① 出口工作闸门底部转角止水有轻微损坏，不影响闸门封水；② 泄洪洞进水口方变圆段（从检修闸门 0+022.0m）结构缝顶部渗水，呈线状渗水，渗水量较大；③ 出口平段（出口弧形闸门后）地面堆积少量松散砂石料、施工期垃圾、表层浮渣等淤积物。发现左岸溢洪洞：① 溢流面混凝土表层冻融损坏，局部钢筋外露，斜坡段顶部有三处较大渗水，呈喷射状。洞内两侧墙混凝土存在局部冻融损坏，最深达 10cm。② 桩号 0+085 至 0+519 之间洞两侧壁衬砌混凝土整体质量较差，出现混凝土表面损坏、脱落以及钢筋出露情况，地面块石、砂砾较多。③ 洞内有 4 处渗漏水。其典型缺陷状况见表 4−43。

（3）结论和建议。九甸峡泄洪洞经多年运行，泄洪洞总体运行性态良好，进水口检修闸门封水严密，闸门门体及止水完好。检查发现洞身段有一处表层冲坑，4 条结构缝、4 个灌浆孔存在渗漏水，无明显缺陷和渗漏水增加部位。受泄洪影响，出口工作闸门后两侧边墙及右侧地面有明显冲坑，钢筋外露缺陷。经缺陷处理，现场检查维修处理部位施工质量良好，泄洪洞总体运行性态良好。

5. 葛洲坝水利枢纽工程船闸检查

（1）船闸概况。葛洲坝水利枢纽左、右岸分别布设两条航道，右岸为大江航道，设置了一号船闸；左岸为三江航道，设置了二号、三号两座船闸。一号、三号船闸中心线与坝轴线正交，二号船闸中心线与坝轴线斜交，交角为 81.5°。一号船闸闸室有效长度 280m，有效宽度 34m，槛上最小水深 5.5m；二号船闸闸室有效长度 280m，有效宽度 34m，槛上最小水深 5m；三号船闸闸室有效长度 120m，有效宽度 18m，槛上最小水深 3.5m。一、二号船闸可通过万吨级大型船队和大型客货轮，三号船闸可通过 3000t 级船舶，与一、二号船闸配合使用，以提高枢纽通航能力。

葛洲坝三座船闸均系单级船闸，通航净空 18m，设计最大工作水头 27m，属高水头单级大型船闸。各船闸均由上下闸首、闸室、上下游导航墙、上下游靠船墩等钢筋混凝土设施组成。二号船闸和三号船闸根据上坝铁路和公路的需要，在坝轴线上各布置了一个桥墩段。各船闸闸首工作闸门均系人字闸门。船闸的桥墩段、上下闸首、闸室及与输水系统等部位为Ⅰ级建筑物，导航墙、靠船墩为Ⅱ级建筑物，其余为Ⅲ级建筑物。

除二号船闸下闸首采用整体式结构外，葛洲坝船闸其他建筑物结构型式均为分离式重力结构，结构缝内止水系统按照二级挡水标准设计，设置了"一道紫铜止水片+一道塑料止水片"。一号船闸的输水系统为立体四区段八支廊道出水，消能盖板消能；二号船闸的输水系统为三区段纵横支廊道加消能梁明沟消能；三号船闸的输水系统为两区段纵向支廊道加消能盖板。

（2）检查情况。船闸上下游导航墙、进口段、桥墩段、闸首段、闸室段混凝土结构整体情况较好，无明显新增裂缝、异常变形等现象，无渗漏现象，相邻结构块体之间无明显不均匀沉降或错动现象。提升楼、集控楼、陪衬楼等船闸附属设施基础部位无明显沉降，上部结构及外观情况良好。人字门机房、液压泵房整体结构未出现裂缝、挠度、变形过大等异常情况，墙面、顶面无渗水现象，门窗、钢踏步梯等均完好。总体情况正常。典型缺陷情况见表 4−44。

水电站泄洪洞典型病害状况

表 4 - 43

序号	隧洞	缺陷部位	缺陷现场照片与示意图	缺陷描述
1	1号溢洪洞	溢流面	 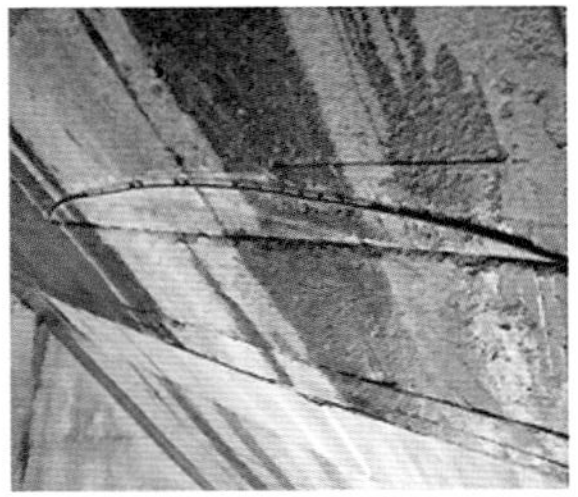	混凝土有冻融损坏，表层钢筋外露
2		斜坡段（0+050处）顶部		有三处较大渗水，呈喷射状
3		桩号 0+070 处右侧洞壁	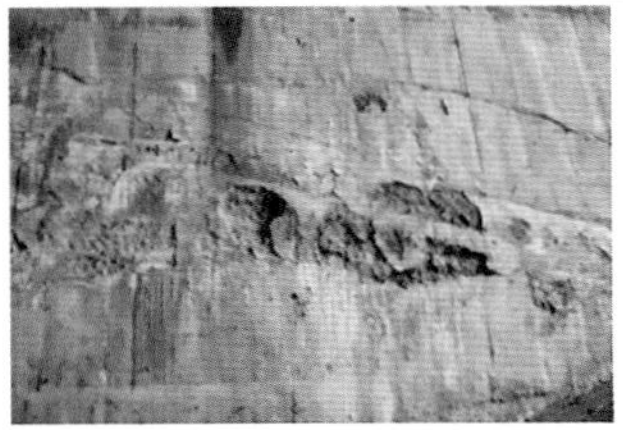	有 10m 长、2m 宽的混凝土冻融损坏，最深达 10cm
4		桩号 0+065～0+085 处	 	左侧壁 3×10m 的混凝土损坏；右侧壁有 2×6m 的混凝土损坏

续表

序号	隧洞	缺陷部位	缺陷现场照片与示意图	缺陷描述
5		桩号 0+117 至 0+141		洞壁右侧有 4 处混凝土损坏、脱落，其中一处钢筋网出露，深度 3cm
6	1 号溢洪洞	桩号 0+228 至 0+278		存在大面积渗水，在 0+248 附近有 5 条长度在 2～5m 之间的水平向裂缝，局部混凝土剥落，冻融剥蚀现象较严重，0+263 附近有一处水平钢筋整体脱落，多处钢筋外露且锈蚀严重，钢筋保护层厚度约为 20mm
7		桩号 0+423 至 0+483		五处顶部喷护混凝土，岩石掉落，最大塌落方面积 2m×2m，最大深度约 1m，地面掉落岩石块最大约 80cm 左右
8		桩号 0+453 至 0+463		渗水现象较多，过水面积较大，混凝土墙面平整性差，在 0+453 附近有一处长 2.5m，宽 0.5m，深度 100mm 的混凝土表面剥落，钢筋外露且锈蚀严重，混凝土呈蜂窝状，破坏深度为 100mm

表 4—44

船闸典型缺陷状况

序号	缺陷编号	缺陷部位	缺陷现场照片与示意图	缺陷描述
1	1ZS—ZQ	一号船闸闸墙		混凝土表面存在磨损现象，磨损区域主要集中在闸室段▽65.0m～▽69.0m和▽42.0m～▽46.0m范围内，中间区段无明显混凝土磨损现象。受损部位闸墙主要表现为表面混凝土有明显的刮蹭、摩擦痕迹，局部混凝土有小面积凹坑和粗骨料外露现象，无钢筋外露，凹坑最大深度在4cm左右；除闸室段、一号航墙、进口段，闸首段混凝土表面也有不同受损现象
2	1ZS—GQ	一号船闸左上人字门AB杆处隔墙	 	一号船闸上闸首左、右侧AB杆处隔墙有撞损现象，闸面钢栏杆、系船柱等撞损变形，系船柱有不同程度的磨损现象，最大磨损深度在2cm左右；左上号航墙端部包板有起翘现象
3	2CZ—F1、2CZ—F2	二号船闸左上桥墩段	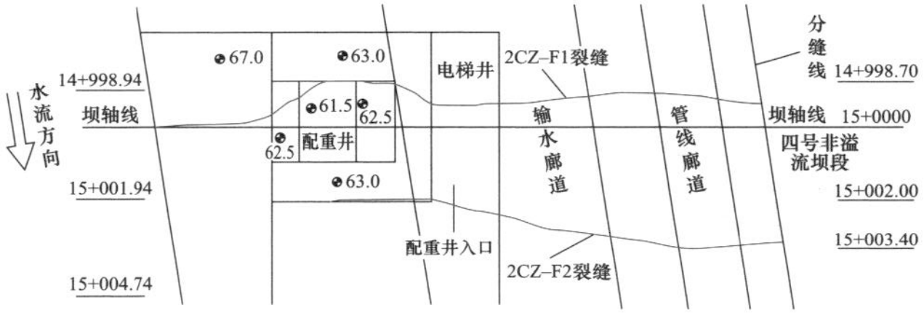	2CZ—F1裂缝从二号船闸闸首左侧墙贯穿二号配重井和管线廊道直至延伸到四号坝非溢流坝分缝线，该裂缝范围为坝轴线方向桩号K5+597.13～K5+613.31m、垂直坝轴线方向桩号K14+998.70～K15+000.0m，裂缝长度为16.5m，宽度为3.5mm。2CZ—F2裂缝在配重井内表面仍有漏水现象

序号	缺陷编号	缺陷部位	缺陷现场照片与示意图	缺陷描述
3	2CZ－F1、2CZ－F2	二号船闸左上桥墩段		2CZ－F2 裂缝已从二号配重井贯穿管线廊道直至延伸到四号非溢流坝段分缝处，该裂缝坝线范围内为坝轴线方向桩号 K5＋596.51～K5＋608.74m，垂直坝轴线方向桩号 K15＋001.94～K15＋003.40m，裂缝长度为12.1m。2CZ－F2 裂缝在配重井内桩号 K5＋606.10m 处和管线廊道 K5＋597.73m 处存在较严重析钙现象
4	2RZM－F	二号船闸人字门机房过梁端部墙体		四个人字门机房过梁上部墙体均存在自过梁端部向上延伸的裂缝，特别是二号船闸左下人字门机房除上部墙体存在明显裂缝外，过梁支承部位墙体也存在明显裂缝，且内外已贯穿，裂缝宽度实测最大值达到 9mm
5	2SSLD－HNT	二号船闸输水廊道阀门井段		混凝土气蚀面主要集中在输水廊道四个阀门井段反弧门下游廊道侧墙和下游面，右纵支廊道分流舌端部廊道侧墙部位，破损深度一般在 10～30mm，其中阀门井段破损面积较大，混凝土粗骨料大面积外露，最大破损深度达 5cm，破损程度较为严重；左下、右下纵支廊道分流舌端部气蚀面约 5.0m²，破损面积共 229.87m²

续表

序号	缺陷编号	缺陷部位	缺陷现场照片与示意图	缺陷描述
6	2QD-ZQ	二号船闸桥墩段右闸墙		桥墩段右闸墙▽42.0m～▽46.0m、▽67.0m～▽70.0m高程左右两侧墙面混凝土有磨损;大骨料外露,坑洞平均深度2cm
7	3YCFMJ-FHM	三号船闸右充阀闸门井反弧门左侧墙	 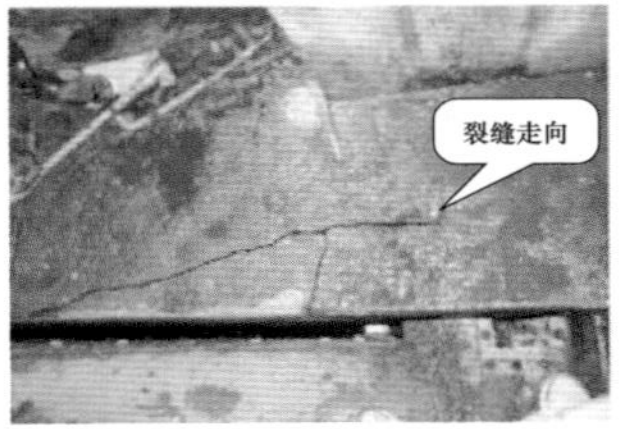 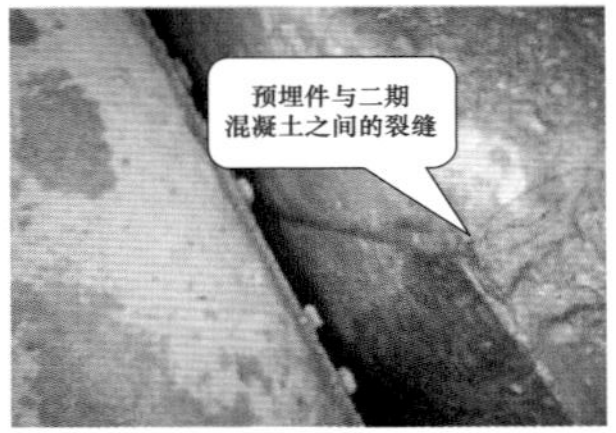	右充阀闸门井反弧门左侧止水二期混凝土有一条裂缝,裂缝位于反弧门左侧导轨下平台表面,裂缝长度约1m、宽度约2mm,裂缝未贯穿

裂缝位于平台表面

预埋件与二期混凝土之间的裂缝

裂缝走向

159

续表

序号	缺陷编号	缺陷部位	缺陷现场照片与示意图	缺陷描述
8	3SSLD－HNT	三号船闸输水廊道		廊道混凝土蚀损面主要集中在四个反弧门段下游区域及分流口处，廊道内结构缝混凝土破损共 23 断面 62 处，这些部位分布较分散，破损程度不一，其中以分流口处底 4 左 4 纵缝混凝土破损最为严重，最大破损部位达到了 154cm×65cm×24cm（长×宽×深），其他的破损深度平均 5cm

续表

序号	缺陷编号	缺陷部位	缺陷现场照片与示意图	缺陷描述
9	3ZSDF－XNGB	三号船闸闸室底板消能盖板	 闸室底板右上支廊道底2底第8块消能盖板断裂 左下支廊道分流口气蚀面■ 左1 左2 左3 左4 底 右1 右3 右4 	多处消能盖板有有童蹭的痕迹，闸室底板2第8块消能盖板破损严重并断裂错位，发生严重破损现象：两支墩间的顶盖板靠左侧已发生宽20cm，长120cm的贯穿性孔洞，竖向错位距离在10cm，主筋拉长并发生塑性变形，箍筋断裂，周围混凝土存在局部破损，裙带和顶盖板均存在裂缝，沿着水流向的其余消能盖板局部表面也存在不同程度的受损现象
10	3KZD－XLZ	靠船墩及导航墙		破损主要集中在各个靠船墩两侧和顶部棱角处，除了②号墩中上部破损较严重导致有轻微的露筋，上游6个靠船墩的顶部情况较好，只有混凝土表面浅层磨损，侧面系船柱均未缺失；下游6个靠船墩破损情况，未发现较大和较深破损以及露筋情况，侧面和顶面包板均有缺失，以及侧面的系船柱磨损或锈蚀严重

6. 太平哨水电站大坝上的桥梁结构检测与技术状况评定

（1）桥梁概况。太平哨水电站大坝溢流坝段交通桥，包括溢流坝检修门机桥、交通公路桥以及人行桥，其上部结构形式均采用钢筋混凝土 T 形梁，每孔以 6 片 T 形梁按上、下游分布拼装而成，其中下游分布为 3 片公路梁+1 片门机梁，上游分布为 1 片门机梁+1 片人行梁，全坝面共有梁 128 根（包括储蓄门槽坝段）。上游人行桥梁和上游门机梁之间以及下游门机梁和公路中主梁之间均以 4.13～4.14m 的隔板焊接相连，顶面铺以 6～13cm 厚混凝土，以加强整体性。下部结构采用重力式桥墩。溢流坝交通桥桥面系，分为上游、下游两部分。上游桥面铺装为水泥混凝土，靠近下游侧桥面上铺设一道门机梁用铁轨，整个上游桥面作为人行和门机梁共用通道；下游桥面靠近上游侧也铺设一道门机梁用铁轨，并在铁轨外侧加铺沥青混凝土作为行车道，整个下游桥面作为行车和门机梁共用通道。溢流坝交通桥上、下游桥面两侧均设有护栏，靠近外侧均为钢筋混凝土护栏，靠近内侧均为钢管护栏。大坝桥面两端设有限高、限宽、限重标识牌。桥梁概貌如图 4-8 所示。桥梁荷载等级：上游人行梁为 22t/m；上、下游门机梁为最大起升轮压每个轮 25t（每根梁为 4×25t）；公路梁为汽 20—挂 100。

图 4-8　桥梁概貌

（2）桥梁外观检查。

1）上部结构。溢流坝段、储门坝段检修门机桥、交通公路桥及人行桥其上部结构形式均采用钢筋混凝土装配式 T 形梁。经检查，上部结构主要存在以下病害。

a. 上部承重构件。

（a）上游人行梁、上下游门机梁及 3 号公路梁 T 形梁表面混凝土均局部存在混凝土剥落。

（b）大部分上、下游门机梁两侧腹板均存在竖向开裂现象，裂缝形态为中间宽、两端窄，裂缝未延伸至梁体底板及腹板顶部，裂缝距梁体底板 5～35cm，为典型收缩裂缝，裂缝最大宽度 0.20mm；人行梁跨中位置底板均存在多条横向受力裂缝，裂缝间距 10～30cm，部分裂缝延伸至腹板 5～43cm，裂缝最大宽度 0.12mm，腹板主筋位置裂缝最大宽度 0.08mm。

（c）部分上、下游门机梁腹板底部附近局部存在混凝土振捣不实、混凝土表面存在蜂窝麻面等现象。

（d）部分人行梁、公路梁翼缘板存在局部混凝土破损、露筋锈蚀情况。具体典型病害状况见表 4-45。

表 4－45　桥梁典型病害状况

序号	坝段	构件名称	缺陷部位	缺陷现场照片与示意图	缺陷描述	缺陷类型	标度
1	3~22 号坝段	上游人行梁、门机梁及 3 号公路梁	外侧腹板、翼缘板		3 号坝段门机梁腹板混凝土剥落	剥落、掉角	2
2		上、下游门机梁	腹板底部		3 号坝段门机梁腹板混凝土蜂窝麻面	蜂窝、麻面	2
3	3 号坝段	1 号公路梁	翼缘板		局部破损、露筋锈蚀，面积约为 0.02m²	剥落、掉角、钢筋锈蚀	2

续表

序号	坝段	构件名称	缺陷部位	缺陷现场照片与示意图	缺陷描述	缺陷类型	标度
4		下游门机梁	上、下游侧腹板		分别存在 3 条、2 条竖向裂缝，裂缝距腹板底部 8～25cm，最大宽度 0.15mm	裂缝	2
5	3 号坝段	人行梁	跨中位置底板		存在多条横向裂缝，裂缝间距 10～30cm，部分裂缝延伸至腹板 5～20cm，裂缝最大宽度 0.12mm，腹板主筋位置裂缝最大宽度 0.08mm	裂缝	2
6			3 号墩位置翼缘板		局部破损、露筋锈蚀，面积约为 0.04m²	剥落、掉角；钢筋锈蚀	2

续表

序号	坝段	构件名称	缺陷部位	缺陷现场照片与示意图	缺陷描述	缺陷类型	标度
7	22 号坝段	人行梁	跨中位置底板		存在多条横向裂缝，裂缝间距 10～30cm，部分裂缝延伸至腹板 10～43cm，裂缝最大宽度 0.12mm，腹板主筋位置裂缝最大宽度 0.08mm	裂缝	
8		上游门机梁	上、下游侧腹板		分别存在 4 条、3 条收缩裂缝，裂缝距腹板底部 3～21cm，裂缝最大宽度 0.15mm	裂缝	

b. 上部一般构件。上游人行梁与门机梁、下游门机梁与1～3号公路梁，各梁间横隔板连接处均存在连接钢板锈蚀、混凝土局部破损现象，个别桥跨湿接缝局部施工木模板未拆除。

c. 支座。溢流坝段、储门坝段检修门机桥、交通公路桥及人行桥的支座类型为钢支座，主要存在不同程度锈蚀的病害。

2）下部结构。下部结构为重力式桥墩（桥台），各墩（台）身常水位线以下部分受水流冲蚀或冻融影响，表层混凝土均存在不同程度的剥落、露骨料现象。

3）桥面系。溢流坝段、储门坝段桥面系分为上、下游两部分。上游混凝土桥面存在不同程度混凝土剥落露骨料病害；上游墩顶位置，水泥混凝土桥面存在不同程度破损开裂、露筋锈蚀病害；下游墩顶位置，沥青混凝土桥面存在横向裂缝病害。上、下游钢筋混凝土护栏均存在混凝土剥落露骨料病害，上游墩顶梁、板交接处护栏混凝土存在破损开裂、露筋锈蚀病害。

4）桥梁技术状况评定。根据《公路桥梁技术状况评定标准》（JTG/T H21—2011）对该桥上游人行梁+门机梁幅、下游门机梁+公路梁幅桥分别进行桥梁技术状况定，桥梁技术状况评分见表4-46和表4-47。

表4-46 上游人行梁+门机梁幅桥梁技术状况评定计算表

部位	类别	评价部件	构件数 n	权重	桥梁各部件评分	桥梁结构评分	结构技术状况分类	桥梁结构权重	桥梁技术状况评分	桥梁技术状况分类
上部结构	1	上部承重构件（主梁、挂梁）	48	0.70	59.7	61.6	3类	0.4		
	2	上部一般构件（湿接缝、横隔板等）	24	0.18	66.3					
	3	支座	96	0.12	65.5					
下部结构	4	翼墙、耳墙	4	0.02	72.4	72.1	3类	0.4	65.7	3类
	5	锥坡、护坡	0	0.00	无此构件					
	6	桥墩	23	0.30	65.4					
	7	桥台	2	0.30	52.7					
	8	墩台基础	25	0.28	100.0					
	9	河床	1	0.07	72.5					
	10	调治构造物	20	0.02	72.5					
桥面系	11	桥面铺装（混凝土）	1	0.57	59.5	60.9	3类	0.2		
	12	伸缩缝装置	0	0.00	无此构件					
	13	人行道	24	0.14	64.5					
	14	栏杆、护栏	2	0.14	63.5					
	15	排水系统	1	0.14	60.6					
	16	照明、标志	0	0.00	无此构件					

表 4-47　　　　　　　　　　下游门机梁+公路梁幅桥梁技术状况评定计算表

部位	类别	评价部件	构件数 n	权重	桥梁各部件评分	桥梁结构评分	结构技术状况分类	桥梁结构权重	桥梁技术状况评分	桥梁技术状况分类
上部结构	1	上部承重构件（主梁、挂梁）	80	0.70	60.8	62.7	3 类	0.4		
	2	上部一般构件（湿接缝、横隔板等）	60	0.18	68.3					
	3	支座	160	0.12	65.1					
下部结构	4	翼墙、耳墙	4	0.02	72.4	71.4	3 类	0.4	67.1	3 类
	5	锥坡、护坡	0	0.00	无此构件					
	6	桥墩	23	0.30	65.4					
	7	桥台	2	0.30	52.7					
	8	墩台基础	25	0.28	100.0					
	9	河床	1	0.07	72.5					
	10	调治构造物	20	0.02	72.5					
桥面系	11	桥面铺装（沥青）	20	0.67	67.1	67.3	3 类	0.2		
	12	伸缩缝装置	0	0.00	无此构件					
	13	人行道	0	0.00	无此构件					
	14	栏杆、护栏	2	0.17	64.5					
	15	排水系统	1	0.17	66.8					
	16	照明、标志	0	0.00	无此构件					

根据表 4-46 和表 4-47 可知，该桥上游人行梁+门机梁幅桥桥梁技术状况评分为 65.7，在 [60, 80) 之间，技术状况等级为 3 类；下游门机梁+公路梁幅桥桥梁技术状况评分为 67.1，在 [60, 80) 之间，技术状况等级为 3 类。综上所述，该桥总体技术状况等级为 3 类。

4.4　年　度　详　查

4.4.1　检查内容要求

年度详查检查内容除"4.2.1　日常巡查"中的要求外，各建筑物的年度详查的重点检查检测要求见表 4-48。

表 4-48　　　　　　　　　　各章节的内容编写要求

建筑物	重点检查检测要求
混凝土坝	（1）选择高水位、冰冻期检查坝基、坝肩、拱坝抗力体、下游坝面、坝体排水管；应选择低水位时检查上下游坝面、坝肩。 （2）坝顶重点检查坝段之间错动；坝肩、拱坝抗力体重点检查开裂、渗水情况；坝体重点检查贯穿上、下游的裂缝、渗水情况，坝体结构缝开合、渗水，坝体排水管排水情况，坝体下游面湿润、渗水情况；坝基应重点检查集中渗水点、析出物和冲刷情况。

建筑物	重点检查检测要求
混凝土坝	（3）对于坝顶贯穿性裂缝，要重点描述裂缝规模及与相邻结构的关系；对于坝体渗漏，要重点描述在同一高库水位情况下，坝内廊道、下游坝面集中渗水点具体部位、数量或渗流量变化情况；对于坝基扬压力，要重点描述变化趋势及与设计采用值的比较，有条件时检查测压管卸压后的渗水量；对于混凝土坝与其他结构连接部位，重点描述渗水变化和不均匀变形情况
土石坝	（1）选择高库水位时检查坝基、下游坝面及坝脚、土石坝与混凝土结构连接部位、坝内埋管下游渗水情况；应选择低库水位时检查上游坝面。 （2）坝顶路面应重点检查贯穿性裂缝出现和发展情况，上游面坝坡塌陷情况；设置排水孔的上游混凝土护面，在库水位下降过程中应根据排水孔反渗水重点检查排水孔通畅情况，坝基、下游坝面应重点检查坝坡滑、坝脚集中渗水点、大坝渗流量变化情况；砂砾石坝或均质土坝要检查坝体浸润线在同一高库水位情况下变化抬高的趋势；土石坝与混凝土结构连接部位要检查下游面渗水和塌陷情况；沉降量大的高坝在蓄水初期要实测坝顶及防浪墙顶高程。 （3）对于坝顶路面贯穿性裂缝，要核查防渗体开裂情况；在同一高库水位情况下，出现坝基、下游坝面及坝脚集中渗水点数量增多或大坝渗流量增大，砂砾石坝或均质土坝的坝体浸润线或出逸点部位有抬高趋势，土石坝与混凝土结构连接部位的渗水点数量增多和渗流量增大，坝内埋管与坝下游坡面出水量增大，应评估坝体或连接部位发生渗透破坏的可能性
堵头	重点检查堵头及周边渗漏情况、渗流量、渗透压力和析出物等变化情况；实心段下游衬砌混凝土开裂、掉块、钢筋裸露情况；堵头中设置放空管的，重点检查门（阀）、闷头及其紧固件的锈蚀、渗水等情况
泄水消能建筑物	（1）汛前重点检查进水口堵塞、淤积或其他阻水情况，出口段、消能段坍塌、淤积等阻碍行洪情况，排水设施、掺气设施完好情况，通气孔通畅情况。 （2）汛后重点检查流道混凝土空蚀、冲刷、破损等，下游岸坡冲刷、淘刷、塌岸等，原有缺陷处理效果
输水发电建筑物	（1）输水建筑物重点检查压力管道衬砌结构和其外部联合承载体、排水系统的渗水及其变化、隧洞沿线山体渗水情况；进水口、明渠及明敷式压力管道结构的变形及基础沉降等变化情况；混凝土结构的渗水、裂缝、破损发展情况；钢衬及支撑结构外观的锈蚀、变形、裂纹发展等情况。 （2）厂房重点检查混凝土挡水结构渗水和结构缝渗水的变化情况，对于不均匀地基或软基上的厂房，关注结构缝开合或错动变化情况；混凝土板、梁、柱等受力结构重点关注裂缝、变形发展等情况，如发生裂缝、趋势性变形等现象，应结合结构设计承载能力分析设备布置的合理性；地下厂房洞室支护结构的完整性；厂区边坡的稳定性
通航建筑物	（1）选择水库低水位时检查上闸首外立面，下游低水位时检查闸墙外侧混凝土和基础淘刷情况。 （2）选择闸室高水位时检查闸墙外侧和基础廊道渗水情况，低水位时检查内侧混凝土裂缝、破损、反渗情况；在闸室高、低水位交替期间检查闸墙、结构缝变形情况。 （3）检修或岁修期间，应对输水系统、闸室（首）水位以下部分、塔楼混凝土结构、闸（阀）门门槽等部位进行检查
金属结构	包括年度最高水头下运行工况的检查
边坡	（1）土质边坡重点检查后缘开裂及土石边坡交界处错动情况；重点对边坡开裂、错动、坐落、支护结构损伤等异常迹象应进行量测。 （2）近坝库岸滑坡体、变形体、崩塌堆积体等重点检查道路沿线、截排水沟、排水洞、支护结构的开裂、错落、错台、渗水及地表及植被形迹变化等情况，并扩大最终范围，必要时对轮廓线以外山体进行检查。以实地检查的方式进行，交通条件不具备的，可采用望远镜、无人机等手段检查
水库及库盆	（1）应选择高库水位时检查库底廊道的渗流量、水质等；应选择低库水位时检查库盆防渗结构的裂缝、塌陷、鼓包和止水结构的破坏等。 （2）水库渗漏检查的重点是近库区和水库垭口等防渗薄弱库段，观察库面冒泡、漩涡等现象；库盆应重点检查防渗体的裂缝和止水破坏；库底廊道应重点检查衬砌结构的裂缝、廊道排水孔排水量、总渗流量、析出物和水质等。 （3）应调查沿岸库岸再造、支沟泥石流、弃渣场、滑坡堆积、库区停泊船只、养鱼网箱和岸边储存罐等潜在的漂浮物的部位、数量、规模，湖泊型水库宜调查支沟围垦情况，调查内容包括部位、范围、围堤顶高程等
安全监测系统	（1）检查垂线孔（管）中的其他线缆与垂线线体接触，悬挂点支撑架松动或损坏等情况。 （2）检查引张线固定端或加力端的卡阻、加力端重锤不自由、两端支架松动或损坏等情况。 （3）检查静力水准钵体及支撑体变形、连通管路气泡、堵塞和漏液现象。 （4）检查双金属标管体和测点装置变形、连接、锈蚀情况，双金属标仪的固定情况。 （5）校测量水堰仪和水尺的起测点。 （6）安排在环境湿度较大的时段，重点检查自动化系统的传感器及监测数据采集设备的绝缘度

4.4.2　年度详查报告编写要求

年度详查报告一般按"1　概况""2　运行情况""3　维护改造情况""4　存在的主要问题和下一步工作安排"及"5　附件"等五章来编排，各章的分级及各章节的内容编写要求见表 4–49。

表 4–49　　　　　　　　　　　　　各章节的内容编写要求

章序+章名	节序+节名	内容编写要求
1　概况	1.1　工程概况	主要描述工程的基本情况，如地理位置、坝址特点、枢纽布置、工程规模、运行历史变迁等
	1.2　本年度大坝安全工作概况	描述本年度大坝安全主要工作开展情况
2　运行情况	2.1　水库运行及调度	主要描述一年来流域雨情、水情，各场洪水的入库洪量、洪峰流量、下泄流量、水库水位、下游水位、典型洪水调度情况
	2.1.1　流域基本情况	简要说明水库流域水文、气象的基本情况，洪水特性，汛期时段划分，流域开发情况等
	2.1.2　水情测报	流域或水库区水情测报系统运行检查维护情况，目前系统组成、测站分布、运行情况；当年每场洪水预见期及预报精度（包括洪峰流量、峰现时间、洪量和洪水过程等）
	2.1.3　水库来水情况	流域各雨量站当年降雨量，坝址区当年降雨量及最大日降雨量；当年径流量、发电用水量和弃水量；当年最大入库洪水洪峰流量及发生时间、最大下泄流量及发生时间
	2.1.4　水库运行情况	当年库水位过程线，最高、最低库水位及其相应时间，下游最高、最低水位及其相应时间。若挡水建筑物有水位控制要求（如拱坝高温低水位、低温高水位、低温低水位工况等），则说明特殊时段的水位控制情况。对有排沙要求的水库，描述当年实际排沙运行情况和效果
	2.1.5　洪水调度情况	当年防汛主管部门批复的调度运用计划及实际执行的水库运行方式；典型大洪水的调度过程（水位、入库流量、出库流量过程线图），典型洪水调度过程中存在的问题。汛限水位执行情况
	2.1.6　地震情况	对有要求进行地震监测的电站，描述地震监测台网当年维护、监测及其监测成果（水库诱发地震发生位置、震源深度、震级、相应烈度、对水工建筑物的影响）
	2.2　水工建筑物运行	主要描述水工建筑物一年来承受的水位、温度、地震、冰冻等荷载及其组合情况，重点监测项目的主要监测成果及日常巡视检查情况，泄水建筑物运行情况
	2.2.1　挡水建筑物	（1）当年历次检查和主要缺陷发展情况：总结一年来大坝检查发现的缺陷情况，包括：① 坝基——两岸坝肩（含坝肩排水洞）、下游坝趾、坝体与岸坡交界处、基础灌浆廊道等检查及发现的主要缺陷，缺陷发展情况。② 坝体——混凝土坝的坝顶、上下游坝面、廊道等部位检查及裂缝、渗漏、析钙等缺陷的发现时间、发展情况；土石坝的坝顶、上游坝面、下游坝坡及坝脚、下游排水反滤系统、土坝与混凝土坝或其他建筑物接头等部位检查及主要缺陷的发现时间、发展情况；面板坝的面板、趾板和止水检查发现的主要缺陷。实测坝顶及防浪墙顶高程分布图。③ 堵头——堵头渗水及其变化情况，堵头表面变形情况。 （2）目前存在的主要缺陷：包括缺陷部位、规模、性状及危害程度。对于坝体裂缝，与历年检查成果进行对比长度、宽度、渗水等发展变化情况；对坝体或坝基渗漏，要对比历次高库水位检查时渗水点数量、位置、渗水量的变化、析出物情况等；对坝基扬压力增高，计算渗压系数，并与历年情况和设计采用值进行对比。 （3）主要监测成果

章序+章名	节序+节名	内容编写要求
2 运行情况	2.2.2 泄水建筑物	（1）使用情况：当年泄水建筑物（包括岸边式溢洪道、坝身表孔、泄水闸、坝身泄水孔、泄洪洞、冲沙洞、放空设施等）泄水情况，最大下泄流量及相应频率，泄水历时。泄流流态、雾化情况及雾化对其他建筑物的影响等情况。有压洞（孔）充水和放空检修次数、时间统计。 （2）当年历次检查和缺陷发展情况：当年泄水建筑物（流道、闸墩、门槽、掺气减蚀设施等）及消能防冲设施（包括鼻坎、消力池、水垫塘、二道坝、护坦等）空蚀、冲刷、破坏等主要缺陷检查情况；主要缺陷的发现时间、发展情况。下游坝趾、河床、岸坡或防护结构淘刷、破坏情况及发展情况。 （3）目前存在的主要缺陷：包括缺陷部位、规模、性状、危害程度。对于坝体裂缝，与历年检查成果进行对比长度、宽度、渗水等发展变化情况；对坝体或坝基渗漏，要对比历次高库水位检查时渗水点数量、位置、渗水量的变化、析出物情况等；对坝基扬压力增高，计算渗压系数，并与历年情况和设计采用值进行对比。 （4）主要监测成果
	2.2.3 输水发电建筑物、通航建筑物及其他	输水发电建筑物、通航建筑物等当年检查情况及主要缺陷的发现时间及发展情况，包括缺陷部位、规模、性状及危害程度。对于坝体裂缝，与历年检查成果进行对比长度、宽度、渗水等发展变化情况；对坝基渗漏，要对比历次高库水位检查时渗水点数量、位置、渗水量的变化、析出物情况等；对坝基扬压力增高，计算渗压系数，并与历年情况和设计采用值进行对比
	2.2.4 金属结构	主要描述当年各闸门、启闭机和升船机（若有）和供电装置的运行工作状态、日常检修等情况。 （1）运行情况：分述当年各闸门、启闭机及升船机运行情况。对参与泄水运行的工作闸门，说明汛前提门试验情况。各闸门、启闭机和升船机调试和开启过程中发现的主要问题。启闭机和升船机保护装置运行情况。 （2）供电电源：启闭机供电电源、备用电源的电源点位置、电压等级；应急保安电源的布置、功率。当年检查维护情况
	2.2.5 边坡	主要描述枢纽边坡和近坝库岸检查、运行和监测情况。 （1）枢纽边坡：枢纽区边坡基本情况。当年边坡主要监测成果、存在的主要缺陷、整体稳定情况。 （2）近坝库岸：近坝库岸基本情况。目前的主要监测成果、运行过程或现场检查发现的不稳定情况
	2.2.6 水库及库盆	主要描述水库库区渗漏、泥沙淤积、潜在漂浮物及流域内有潜在风险的滑坡体和水库的分布情况。对抽水蓄能电站描述库盆防渗结构表面缺陷情况、止水结构运行情况，库底廊道（若有）混凝土表面缺陷情况、排水孔出水情况，防浪墙结构变形及表面缺陷情况，库盆外侧山体渗漏及表面变形情况
	2.2.7 监测系统	主要描述监测系统的项目和布置，以及当年监测系统的运行情况。包括监测设施的数量和完好情况，测点和频次的调整、封存停测情况，发生过的主要故障、异常情况描述和维护情况
3 维护改造情况		分述各水工建筑物、金属结构、设备设施等当年检查发现的主要缺陷的维护情况，启闭机、升船机等大修情况。针对主要缺陷的处理工作，包括主要方法、承担单位、施工过程、验收情况、效果等
4 存在的主要问题和下一步工作安排		若有更新、改造，须说明原因，更新或改造设备性能，更新、改造过程，运行效果
5 附件		主要描述当年水电站大坝检查、维护、监测过程中发现的缺陷和问题，并提出下一年或以后几年大坝安全管理工作和加固补强更新改造项目安排

第5章
大坝安全监测

5.1 概　述

大坝安全监测是大坝安全运行管理工作的"耳目"，是大坝安全运行管理工作重要组成部分。大坝的任何事故和破坏，都不是偶然发生的，一般都有从量变至质变的发展过程，大坝在荷载作用和温度、湿度等环境量变化情况下，自身在变形、渗流、应力等存在不同的响应，对其进行全面监测，能及时掌握大坝运行性态变化，当发生异常情况时，及时采取措施，可把事故消灭在萌芽状态，确保大坝安全运行。如我国梅山连拱坝因坝基地质问题在运行期通过安全监测发现右岸山坡有严重渗漏，13 号坝垛向左岸倾斜达 57mm，后及时放空水库进行加固处理，避免了事故发生。

通过大坝安全监测可以达到以下目的：

（1）监视掌握大坝运行安全状态，及时发现异常迹象，分析原因采取措施，改善运用方式，防止发生破坏事故。

（2）掌握水位、蓄水量等情况，了解大坝在各种状态下的安全程度，为正确运用提供依据，确定科学合理的运行方案，发挥工程最大效益。

（3）及时掌握施工期间大坝运行状态变化，用以指导施工，保证工程质量。

（4）分析判断大坝的运用和变化规律，验证设计数据，为提高设计水平和科学研究提供资料。

运行期大坝安全监测工作包括仪器监测、监测资料整编分析、监测系统维护和管理等。

5.2 仪　器　监　测

5.2.1 监测项目和监测频次

1. 监测项目

水电站大坝安全监测按照类别主要分为巡视检查、环境量、变形、渗流、应力应变及温度等，专项监测包括泄水建筑物水力学监测、坝体地震动反应监测、近坝区边坡稳定监测等。不同监测类别包含多种监测项目，如混凝土坝变形包括变形监测控制网、坝体位移、坝肩位移等，在工程设计阶段，根据大坝建筑物级别和工程实际需要选定监测项目，《混凝土坝安全监测技术规范》（DL/T 5178—2016）、《土石坝安全监测技术规范》（DL/T 5259—2010）均进行了明确规定，以混凝土坝为例，见表 5-1。

表 5-1　　　　　　　　　　　　　混凝土坝安全监测项目分类和选择表

序号	监测类别	监测项目	重力坝级别			拱坝级别		
			1	2	3	1	2	3
一	巡视检查	坝体、坝基、坝肩及近坝库岸	●	●	●	●	●	●
二	变形	1. 坝体位移	●	●	●	●	●	●
		2. 坝肩位移	○	○	○	●	●	●
		3. 倾斜	●	●	●	●	○	○
		4. 接缝变形	●	●	●	●	●	●
		5. 裂缝变形	●	●	●	●	●	●
		6. 坝基位移	●	●	●	●	●	●
		7. 近坝岸坡位移	●	●	●	●	●	○
三	渗流	1. 渗流量	●	●	●	●	●	●
		2. 扬压力或坝基渗透压力	●	●	●	●	●	●
		3. 坝体渗透压力	○	○	○	○	○	○
		4. 绕坝渗流（地下水位）	●	●	○	●	●	●
		5. 水质分析	○	○	○	○	○	○
四	应力、应变及温度	1. 坝体应力、应变	●	○	○	●	○	○
		2. 坝基应力、应变	○	○	○	●	○	○
		3. 混凝土温度	●	●	●	●	●	●
		4. 坝基温度	○	○	○	●	●	●
五	环境量	1. 上、下游水位	●	●	●	●	●	●
		2. 气温	●	●	●	●	●	●
		3. 降水量	●	●	●	●	●	●
		4. 库水温	●	○	○	●	○	○
		5. 坝前淤积	○	○	○	○	○	○
		6. 下游冲刷	○	○	○	○	○	○
		7. 冰冻	○	○	○	○	○	○

注　1. 有 ● 者为必设项目；有○者为可选项目，可根据需要选设。
　　2. 坝高 70m 以下的 1 级重力坝，坝体应力应变监测为可选项。
　　3. 裂缝监测，在出现裂缝时监测。
　　4. 闸坝可按重力坝执行。
　　5. 上、下游水位监测可与水情自动测报系统相结合。

基于大坝建设与运行的全生命周期安全监控理念,大坝安全监测项目按照运行寿命又分为永久监测项目、长期监测项目和短期监测项目三类。永久监测项目的监测设施应保证可以修复或更换,如土石坝的表面变形、渗流量,混凝土坝的坝体位移、坝肩位移、坝基位移、坝基扬压力、绕坝渗流、渗流量,以及大坝上下游水位、降水量等。对于长期监测和短期监测项目,当监测设施完成使命后可以封存停测、甚至报废,比如埋设于坝体内部的应力应变、温度等监测仪器,当经过一段较长时间观测后,大坝运行性态已掌握,此时监测仪器出现自然损坏且无法更换,应进行停测报废处理。封存停测、报废需按相关规定履行审批程序,详细内容见 5.5.4 节。

2. 监测频次

大坝设置监测项目后,需按照一定的频次进行观测,获取完整的基于时间序列的监测数据,但观测频次不是一成不变的,它与施工、运行、环境变化和结构特性有关。一般在埋设初期、施工期、蓄水期观测频次较高,进入运行期,观测频次会适当降低,当遇到特殊情况时,需增加测次。如混凝土坝位移观测,施工期一般为 1 次/旬～1 次/月,首次蓄水期为 1 次/天～1 次/旬,初蓄期为 1 次/旬～1 次/月,运行期为 1 次/月。观测时根据实际工程运行情况对频次进行调整,但一般不得低于规范要求。《混凝土坝安全监测技术规范》(DL/T 5178)、《土石坝安全监测技术规范》(DL/T 5259)均进行了明确规定,以混凝土坝为例,见表 5－2。

表 5－2　　　　　　　　　　混凝土坝安全监测项目测次表

监测项目	施工期	首次蓄水期	初蓄期	运行期
1. 位移	1 次/旬～1 次/月	1 次/天～1 次/旬	1 次/旬～1 次/月	1 次/月
2. 倾斜	1 次/旬～1 次/月	1 次/天～1 次/旬	1 次/旬～1 次/月	1 次/月
3. 大坝外部接缝、裂缝	1 次/旬～1 次/月	1 次/天～1 次/旬	1 次/旬～1 次/月	1 次/月
4. 近坝区岸坡稳定	2 次/月～1 次/月	2 次/月	1 次/月	1 次/季
5. 渗流量	2 次/旬～1 次/月	1 次/天	2 次/旬～1 次/月	1 次/旬～2 次/月
6. 扬压力	2 次/旬～1 次/月	1 次/天	2 次/旬～1 次/月	1 次/旬～2 次/月
7. 渗透压力	2 次/旬～1 次/月	1 次/天	2 次/旬～1 次/月	1 次/旬～2 次/月
8. 绕坝渗流	1 次/旬～1 次/月	1 次/天～1 次/旬	1 次/旬～1 次/月	1 次/月
9. 水质分析	按需要	按需要	按需要	按需要
10. 应力、应变	1 次/旬～1 次/月	1 次/天～1 次/旬	1 次/旬～1 次/月	1 次/月～1 次/季
11. 大坝及坝基的温度	1 次/旬～1 次/月	1 次/天～1 次/旬	1 次/旬～1 次/月	1 次/月～1 次/季
12. 大坝内部接缝、裂缝	1 次/旬～1 次/月	1 次/天～1 次/旬	1 次/旬～1 次/月	1 次/月
13. 钢筋、钢板、锚索、锚杆应力	1 次/旬～1 次/月	1 次/天～1 次/旬	1 次/旬～1 次/月	1 次/月～1 次/季
14. 上下游水位	1 次/天	4 次/天～2 次/天	2 次/天	2 次/天～1 次/天
15. 库水温		1 次/天～1 次/旬	1 次/旬～1 次/月	1 次/月

监测项目	施工期	首次蓄水期	初蓄期	运行期
16. 气温		逐日量	逐日量	逐日量
17. 降水量		逐日量	逐日量	逐日量
18. 坝前淤积			按需要	按需要
19. 下游冲刷			按需要	按需要
20. 冰冻		按需要	按需要	按需要
21. 坝区水平位移监测控制网	取得初始值	1 次/季	1 次/年	1 次/年
22. 坝区垂直位移监测控制网	取得初始值	1 次/季	1 次/年	1 次/年

注 1. 表中测次，均系正常情况下人工测读的最低要求。特殊时期（如发生大洪水、特大暴雨、地震等），应增加测次。自动化监测可根据需要，适当加密测次。

2. 施工期：坝体浇筑进度快的，变形监测的次数应取上限；埋入混凝土内的监测仪器在进行混凝土人工冷却或压力灌浆时，应增加测次。

首次蓄水期：库水位上升快的，测次应取上限；

初蓄期：开始测次应取上限；

运行期：当变形、渗流等性态变化速度大时测次应取上限，性态趋于稳定时可取下限。当多年运行性态稳定时，可减少测次或监测项目或停测，但应报主管部门批准。但当水位超过前期运行水位时，仍需按首次蓄水执行。每年泄洪后，宜施测 1 次下游冲刷情况。

3. 运行期对于低坝的位移测次可减少为 1 次/季。

4. 经运行期 5 次以上复测表明稳定的变形监测控制网，测次可减少为 1 次/3 年～1 次/2 年。

5. 在冰冻期，静冰压力观测宜为每日 2 次，若遇持续温升或温降天气，应适当增加测次。

当实现自动化观测后，观测频次不得低于 1 次/周，一般为 1 次/天。规范规定的观测频次为最低标准，与观测方式采用人工还是自动化方式没有关系，因此不管采用人工观测还是自动化观测，只要达到规范要求即可。在实际运行管理中，在实现自动化观测后，一些水电站大坝仍保留人工观测，这种在观测方式上有冗余，提高了观测成果的可靠性，但也增加了工作量，因此并不提倡长期和全部测点采取这种方式，要根据实际情况进行选择。比如，在自动化刚投入运行初期，或者自动化系统运行不稳定或故障率较高时，人工观测应该按照规范的要求进行，当自动化系统运行可靠，每半年进行人工和自动化比测即可，有条件的可保留变形、渗流等重要项目的人工观测。

抽水蓄能水电站由于运行方式与常规水电站有明显差异，每天均有抽水和放水的过程，因此上下库水位每天变化幅度较大，因此观测频次必须与之适应，一般为 1 次/d，定期需进行加密观测，如 1 次/h，用以获取日周期内变形、渗流变化规律。

通航建筑物在过船时，闸室内水位会有明显升降，此时应对闸室变形进行加密观测，观测频次根据实际充放水时间确定，往往可以达到 1 次/min 级。

当遭遇地震等极端情况时，需要快速反应，及时捕捉地震前后的大坝运行状况，这个时候需要及时触发观测要求。当前部分水电站大坝已实现了坝体地震动反应监测与大坝安全自动化监测系统联动，当地震动监测超过阈值，将触发自动化加密采集，以达到获取地震期间和地震后第一手信息。

3. 监测物理量正负号规定

为了规范监测物理量成果表示，对监测物理正负号需明确规则，一般规定如下：

（1）大坝水平位移：向下游为正，向左岸为正，反之为负；重力坝、土石坝按照坝轴线布置按顺河向和横河向划分，拱坝按照拱圈径向和切向划分。

（2）大坝垂直位移：下沉为正，上抬为负。

（3）大坝倾斜：向下游转动为正，向左岸转动为正；反之为负。

（4）接缝和裂缝开合度：张开为正，闭合为负。

（5）周边缝剪切变形：

1）竖向剪切：相对趾板，面板下沉为正。

2）平面剪切：岸坡段面板向坡下为正，河床段面板向左岸为正。

（6）边坡位移：水平向临空面为正，面向临空面左为正；反之为负。垂直下沉为正，上抬为负。

（7）岩体深部变形：拉为正，压为负。

（8）应力应变：拉为正，压为负。

（9）渗透压力：压为正。

（10）界面压应力计：压为正。

5.2.2　变形监测

变形监测是安全监测中的重要项目之一，是通过观测水电站大坝整体或局部的变形，掌握大坝在各种原因影响下所发生的变形量的大小、分布及其变化规律。

变形监测主要分为水平位移、垂直位移、接缝变形、基岩或围岩变形监测。水平位移监测采用的仪器或方法主要有视准线、交会法、引张线、垂线、测斜孔、引张线式水平位移计等；垂直位移监测采用的仪器或方法主要有精密水准、静力水准、水管式沉降仪、电磁沉降环等；接缝变形监测采用的仪器有测缝计、裂缝计等；基岩或围岩变形监测采用的仪器有多点位移计、基岩变位计、滑动测微计等。

1. 平面控制网

视准线、交会法等水平位移观测的工作基点有可能设在不稳定基础或受水压、温度影响或遭受人为破坏而产生位移，工作基点的位移将影响整个观测成果的可靠性，导致监测数据失真，因此必须定期对工作基点进行校测。由于受库水压力等因素的影响，坝区附近变形影响范围较广，因此需要在远离坝区、相对稳定的部位建立平面控制网，利用平面控制网来校测工作基点的水平位移。

监测大坝水平位移的边角网基准点一般布设在大坝下游不受大坝水库压力影响的地区，基准点组不宜少于 4 个，以互相校核本身的稳定性；网点之间要联测的方向应互相通视，视线离障碍物应大于 2m；纯测角或测边网，各三角形应尽可能布设成等腰三角形，其内角最小不宜小于 30°，最大不宜大于 120°；三角形的个数及布置范围，以能利用远离坝区的基准点校测坝区内工作基点，又遵循图形结构简单及外业工作量小为原则；大坝平面变形控制网观测平差后最弱点指定方向位移量全中误差应不大于 ±2mm。

平面控制网一般考虑多种观测方法进行综合布设。图 5-1 为某拱坝的平面控制网布设图，平面变形控制网由 TN1、TN2、TN3、TN4 四个边角网基准点（校核基点）组成基准点组，其中 TN1、TN2 分别布设于大坝下游约 600m 范围。通过基准点组互相校核各基准点稳定性，以确保基准点本身稳定可靠。变形控制网包括四个基准点及两个工作基点 TB1、TB2，工作基点分别布设于大坝下游 80～90m 范围内。大坝共布设 TP1～TP8 测点，其中 TP1、TP8 分别为左、右岸拱端测点，TP2、TP7 分别为左、右 1/4 拱环测点，TP4 为拱冠测点。测点位移量通过 TB1、TB2 工作基点采用 TCA2003 全站仪按"双照准法"前方交会法自动测量。

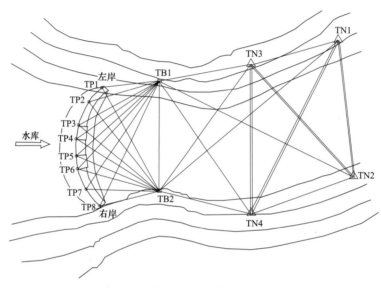

图 5-1　某拱坝平面控制网布设图

水平角观测应采用 J1 级及以上精度全站仪或经纬仪方向法观测 12 个测回，也可采用全组合测角法观测。垂直角视工程具体情况一般采用 J1 级及以上精度经纬仪或相应等级全站仪按中丝法观测 4～12 个测回，分别进行对向观测。为消除大气折光变化的影响，两测站的垂直角观测应尽量在接近的时间段内进行。边长测量应采用测距标准偏差满足规范要求的全站仪或测距仪。每次观测时，测前、测后应分别在仪器站和棱镜站读取温度、气压、湿度。

平面控制网需按照规范要求频次定期复测，复测后需进行网点稳定性分析，尤其要重视对水平位移工作基点稳定性的复核。在实际观测过程中，平面控制网网点或工作基点往往会存在一定的位移量，但这并不代表网点不稳定，当根据复测结果计算得到的网点相邻两期位移变化量小于 k（当显著性水平 $\alpha=0.05$ 时，$k=2$；当显著性水平 $\alpha=0.01$ 时，$k=3$）倍的网点最大位移中误差时，则认为该位移变化量完全有可能是测量误差引起的，当网点位移量远超过网点最大位移中误差时，则该位移量已无法用测量误差来解释，应综合各期复测成果及现场情况进行综合评判。当评判结果表明网点不稳定，相邻两期存在一定的位移时，不应直接将这位移量直接修正至某一期的水平位移观测成果中，这样容易造成水平位移观测序列存在阶跃现象，宜将位移量均分至每一期水平位移观测成果中，确保水平位移观测序列平稳、连续。

变形控制网布设要根据运行的需要及时进行调整。水电站大坝投运后，原用于施工期变形监测项目完成使命，不再需要进行观测，其相应的工作基点也不需要进行校测；另外，运行期大坝对水平位移监测进行了调整，如将视准线法改为了交会法观测，则工作基点需进行调整。上述这些情况都应及时对控制网网点布置和复测方法进行调整。

2. 视准线

视准线观测利用在工作基点和后视点之间构成的一条固定不变的基准线，对基线上各个观测点垂直偏离于此基线的变化量进行测定，得到各个观测点的水平位移。视准线观测方法分为活动觇牌法和小角度法。

利用活动觇牌法观测时，将经纬仪或全站仪（必须要有水平制动装置）安置于视准线工作基点上，在另一端（后视点）安置固定觇标，在位移点上安置活动觇牌，用经纬仪或全站仪瞄准后视点的固定觇杆作为固定视线。固定照准部使其不能左右转动，然后俯下望远镜照准位移测点，指挥司觇牌者移动觇牌，直至觇牌的中心线恰好落在望远镜的竖丝上时发出停止信号，读出此时觇牌上的读数，估读到 0.1mm。重新转动觇牌，令觇牌离开视线后，再与视线重合，再读数，此时完成上半测回。倒转望远镜，按上述方法测下半测回，视具体情况每一测次宜观测二测回以上。取视准线一测回或二测回均值作为本次观测值，其与首次观测值之差即为累计位移量，间隔位移量系指本次累计位移量与上次累计位移量之差。

采用活动觇牌法观测过程中，应随时注意经纬仪水准气泡居中情况，若气泡偏离中心位置接近 1 格时，必须重新整平仪器。尤其是工作基点与位移测点高差较大时，更应尽量减小仪器竖轴倾斜误差。每半测回后，应检查经纬仪或全站仪视线是否偏离。司觇牌者应使觇牌图像与视线垂直。为削弱观测时的照准误差，司觇牌者应在各次照准时改变觇牌的移动方向。如第一次照准时觇牌从上游往下游移动，待读出觇牌读数后，继续略往下游移动觇牌，使觇牌图像中心线与望远镜的竖丝错开，尔后第二次照准时觇牌便从下游往上游移动，以削弱望远镜竖丝与觇牌图像中心线的重合误差。

采用小角度法观测水平位移时，在工作基点 A 安置经纬仪或全站仪，在另一端后视点 B 安置固定觇牌，在位移测点 P（1、2、3、……）安置固定觇牌（或棱镜）。为测定 P 点位移后 P' 在垂直于坝轴线方向的偏离值 L，只要测出方向线 AP' 与坝轴线方向间的水平夹角 β（以秒计）。观测时以 B 作为零方向（后视点），依次照准 B 及位移测点 1、2、3、……，最后归到零方向 B，完成上半测回。小角度法观测示意见图 5-2。

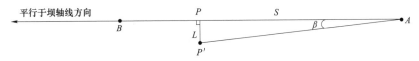

图 5-2　小角度法观测示意图

与活动觇牌法比较，小角度法观测视准线具有位移测点布设相对灵活，即使位移测点偏离基准线一定的距离仍可进行正常观测，后视基点不必强调一定要布设在视准线的延长线上，但工作基点必须在视准线的延长线上。使用同等级仪器在照准次数相同的情况下，活动觇牌法与小角度法观测视准线的精度相等。采用全站仪观测视准线时应采用小角度法。采用小角度法观测时，为了削弱照准和读数误差，每一方向均须采用"双照准法"观测，即照准目标两次，读测微器两次；各测次均应采用同样的起始方向和度盘配置。

在活动觇牌法实际观测过程中，由于活动觇牌是机械结构，容易发生隙动差，使得观测数据存在明显的误差，应在每次观测时测定觇牌的零位差。在活动觇牌摆放时需要注意觇牌读数尺刻度方向与水平位移方向之间的关系，以免因读数尺刻度方向与水平位移规定的正方向不一致，导致水平位移变化规律与一般规律相反。

3. 交会法

交会法是利用 2 个或 3 个已知坐标的工作基点，用经纬仪或全站仪测定位移标点的坐标变化，从而确定其水平位移值的一种观测方法。交会法包括测角交会、测边交会和边角交会法等。

采用测角交会时，在交会点上所成的夹角宜在 60°～120° 之间，最好接近 90°。工作基点到测点的距离，不宜大于 200m。当采用三方向交会时，上述要求可适当放宽。测点上应设置觇牌塔式照准杆或棱镜。

采用测边交会时，在交会点上所成的夹角宜在 45°～135° 之间，最好也是接近 90°。工作基点到测点的距离，不宜大于 400m。在观测高边坡和滑坡体时，不宜大于 600m。测点上最好安置反光棱镜。

水平角观测应采用方向法观测 4 测回（晴天应在上、下午各观测两测回）。各测回均采用同一度盘位置，测微器位置宜适当改变。每一方向均须采用"双照准法"观测，两次照准目标读数之差不得大于 4″。各测次均应采用同样的起始方向和测微器位置。观测方向的垂直角超过±3°时，该方向的观测值应加入垂直轴倾斜改正。

目前交会法观测仪器主要为全站仪，可实现按照预先设置的参数进行自动测量和平差，直接输出最终成果，这往往会导致观测单位只重视观测成果的合理性，而忽视了原始观测数据和平差计算过程，在后期的资料分析过程中，如发现原始观测数据有误或平差计算不满足规范要求时，则缺少原始数据进行重新计算或复核，因此，外观观测数据应注重原始观测数据的保存与归档。

4. 引张线

引张线是利用在两个固定的基准点之间拉紧的一根线体作为基准线，对设置在大坝的各个观测点进行垂直偏离于此基准线的变化量的测定，从而求得各观测点水平位移量的一种方法，其结构布置如图 5-3 所示。引张线分为浮托引张线和无浮托引张线。由于线体不可避免有一定的垂径，当悬径过大时，在大坝上将无法进行布置，需要使用小船浮托，以克服线体重力产生的挠度，这时就称为浮托引张线。若垂径不大，无须使用小船浮托，就称为无浮托引张线。

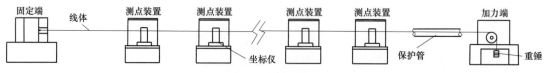

图 5-3 引张线结构示意图（侧视图）

引张线测线两端分别固定于大坝两端的固定端及加力端上，通过悬挂一定重量的重锤，使得线体能够张紧，成为一条悬链线。一般固定端及加力端布置在稳定部位，若固定端及加力端不在稳定部位，则通过其他手段测得固定端及加力端的实际位移，并换算出基准线在各测点处的实际位置。加力端及固定端的位移，通常采用倒垂线进行监测，也可以采用三角网测量。

引张线各测点位移量可由安装在测点处的读数尺进行人工观测，也可采用电容式、CCD 式、电感式、步进式等具有自动化测量功能的引张线仪进行观测。人工观测时，每一测次应观测两测回，测回间应在若干部位轻微拨动测线，待其静止后再测下一测回。观测时，先整置仪器，分别照准测线两边缘读数，取平均值，作为该测回的观测值。左右边缘读数差和测线直径之差不得超过 0.15mm，两测回观测值之差不得超过 0.15mm（当使用两用仪、两线仪或放大镜观测时，不得超过 0.3mm）。采用自动化观测时，应在首次观测前进行灵敏度系数测定，引张线仪的水平位移测量范围一般分为 0～10mm、0～20mm、0～40mm、0～50mm、0～100mm 等几种等级，分辨力要求均为≤0.1%F.S。

引张线系统一般会在测点处安装人工读数尺，用于日常人工观测，但往往由于读数不规范，会导致人工观测成果规律性较差，可靠度不高。主要原因有：① 读数前未将读数尺通过旋钮升至线体附近，导致读数尺与线体之间距离过大，存在明显的视差，人工读数时线体与读数尺的距离应小于 3.0mm；② 观测人员和观测角度不固定，或观测方法不规范，如采用肉眼直接观测或者手持放大镜观测，宜采用专用的显微镜由专人负责观测，如图 5-4 所示，确保观测成果连续可靠；③ 人工观测时仅取线体一侧边缘的读数作为该测回的观测值，且不同测次所取的边缘方向不一致。

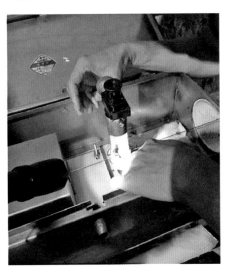

(a) 放大镜观测　　　　　　　　　　　(b) 显微镜观测

图 5-4　引张线人工读数照片

5. 垂线

垂线系统是观测水电站大坝水平位移与挠度的一种简便有效的测量手段，也可用于坝基岩体的相对位移、边坡岩土体的水平位移监测。垂线系统通常由垂线、悬挂（或固定）

装置、吊锤（或浮桶）、观测墩、测读装置（垂线坐标仪、光学坐标仪、垂线瞄准器）等组成。常用的垂线有正垂线和倒垂线。正垂线由一根悬挂点处于上部的垂线和若干个安装在建筑物上处于垂线下部的测读站组成，垂线下部悬挂一个重锤使其处于拉紧状态，重锤置于阻尼箱内，以抑制垂线的摆动。倒垂线的固定端浇筑在整个垂线系统的下部，垂线由上面的浮筒拉紧，如果锚固安装在基础内的固定点上，测站的测量值是沿垂线测点的绝对位移量。正倒垂线结构型式如图 5-5 所示。

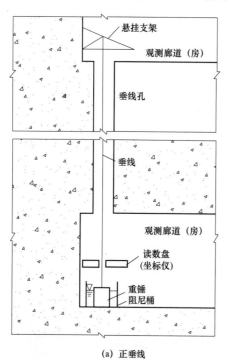

（a）正垂线　　　　　　　　　　　　（b）倒垂线

图 5-5　正倒垂线结构型式图

图 5-6　倒垂线计算示意图

倒垂线观测系统垂线下端固定在基岩深处的孔底锚块上，上端与浮筒相连，在浮力作用下，钢丝垂直方向被拉紧并保持不动。在各观测点设观测墩，安置仪器进行观测，即得到各测点相对于基岩深处的绝对挠度值，如图 5-6 中所示 S_0、S_1、S_2 等。这就是倒垂线的多点观测法。

正垂线观测一般采用一点支承多点观测法。利用一根正垂线观测各测点的相对位移值的方法如图 5-7 所示，测读仪安装在不同的高程处（测点设计高程）。S_0 为垂线最低点与悬挂点之间的相对位移，S 为任一点 N 与悬挂点之间的相对位移，S_N 为任一点 N 处的挠度，$S_N = S_0 - S$。

多条正垂线和倒垂线可以组成垂线组，通过不同高程处测点的位移量叠加可得不同高程的绝对水平位移。

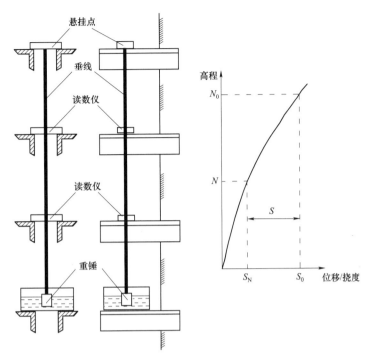

图 5-7　正垂线计算示意图

垂线的测量可由一台固定的读数盘进行人工测读,也可以用固定的或能够移动的具有数据自动化采集功能的垂线坐标仪进行读数。垂线坐标仪根据传感器的类型的不同可以分为电容式坐标仪、光电耦合式坐标仪、电感式坐标仪、步进式坐标仪、光学坐标仪、垂线瞄准器等。

垂线坐标仪 X 向和 Y 向水平位移的测量范围一般分为 0～10mm、0～20mm、0～25mm、0～50mm、0～100mm 等几种等级,电容式、光电耦合式、电感式以及步进式坐标仪分辨力要求均为≤0.1%F.S,光学坐标仪分辨力要求为≤0.1mm。垂线瞄准器 X 向和 Y 向水平位移的测量范围一般为 0～15mm,分辨力要求为≤0.1mm。

在垂线日常观测过程中常见的问题有:① 倒垂线浮筒中油位不足,导致浮力不够,线体松弛;② 环境潮湿,垂线坐标仪经常无读数;③ 垂线孔有效孔径小或线体活动方向有构件阻挡,线体活动范围小,容易碰壁,如图 5-8(a)所示;④ 浮子严重偏心,引起线体异常偏移,如图 5-8(b)所示;⑤ 垂线坐标仪安装过程中将顺河向水平位移与横河向水平位移方向混淆,导致水平位移观测成果变化规律不符合实际情况。

6. 测斜管

测斜管通过测斜仪轴线与铅垂线之间的夹角变化量,进而计算出管内不同高程处的水平位移。通过对测斜管的逐段测量可以获得钻孔在整个深度范围内的水平位移。主要适用于土石坝坝体、心墙、边坡(滑坡)岩土体、围岩等的深部水平位移监测。

(a) 线体无法自由活动

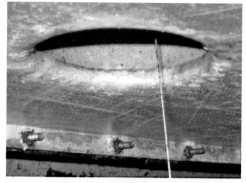
(b) 浮子严重偏心

图 5-8　垂线观测常见问题

测斜管的变形通过测斜仪进行观测。测斜仪分为活动测斜仪与固定测斜仪两种类型，固定测斜仪埋设于已知滑动面的部位，而活动测斜仪则沿钻孔各个深度从下至上滑动观测，以寻找可疑的滑面并观测位移的变化。

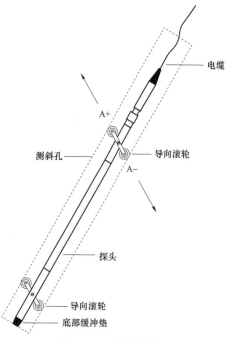

图 5-9　活动测斜仪

活动测斜仪由探头、电缆、数字式测读仪四部分组成（见图 5-9）。测斜仪在监测前埋设于待测的岩土体和水电站大坝内，孔内有 4 条十字型对称分布的凹型导槽，作为测斜仪滑轮的上下滑行轨道。测量时，使探头的导向滚轮卡在测斜管内壁的导槽中，沿导槽滑动至测斜管底部，再将探头往上拉，每隔 0.5m 或 1.0m 读取一次数据。监测数据由传感器经控制电缆传输并显示在测读仪上。在利用活动式测斜仪进行观测时，测量完成后应及时进行"和校验"，即将两组读数相加，取其平均值作为测斜仪传感器零漂移值，当零偏移值超过仪器规定值时应重测，这能有效提高测斜孔观测数据的准确性。

固定测斜仪由一组串联（或单支）安装的固定测斜传感器所组成。测斜仪通过钻孔安装到地面以下，使得定向安装在管内的测斜仪能够测量地下岩（土）层的位移。在垂直安装时，测斜管可以安装在钻孔中穿越可能的滑动岩（土）层。一组凹槽需对准预期的位移方向。传感器逐个由轴销相连接安装在测斜管内。当地层发生位移时，测斜管产生位移，从而引起安装在管内的传感器发生倾斜。倾角可以通过每支传感器的标距的位移读数测量得到。

7. 引张线式水平位移计

引张线式水平位移计主要布置在土石坝，观测坝体内部水平位移。引张线式水平位移计系统由大量程位移传感器（人工测读时采用位移标尺）、锚固装置、铟钢丝、保护管、伸缩节及配重等组成，其结构如图 5-10 所示。引张线式水平位移计的测量范围一般有 0~

500mm、0～800mm、0～1000mm 等几个等级，分辨力要求均为≤0.1%F.S。

坝体内部水平方向的变形会带动锚固板发生位移，锚固板的位移则通过紧绷的钢丝传递给位移传感器或位移标尺，从传感器或标尺上读取到的位移量就是坝体内部各测点的位移。引张线式水平位移计测得的位移值是坝体内各测点与观测房内测读装置之间的相对位移，与大坝表面水平位移观测值（如视准线）叠加即可计算得到坝体内部各测点处的绝对位移值。

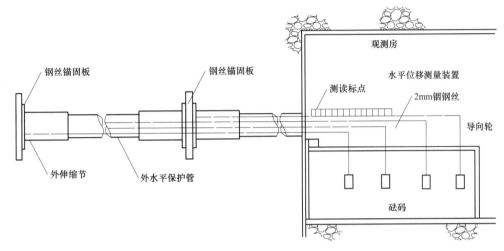

图 5-10　引张线式水平位移计系统结构图

在引张线式水平位移计系统埋设完成后，初始读数测读前，需对钢丝实行预拉。将常挂砝码全部挂上后，将钢丝预拉 24h。预拉完成后方可测定初始值，进入正常观测。预拉完成后，常挂砝码将永久悬挂于仪器上，测读砝码则在观测时挂上，观测完成后卸去。观测时，将测读砝码加载于锢钢丝上，加载完毕后 10～30min，待测值稳定后，在游标卡尺上读数。以后每隔 10min 测读一次，直到前后 2 次的测值读数差小于 2mm。同时应测量观测房的水平位移。

图 5-11 为引张线式水平位移计用于面板堆石坝内部水平位移监测的典型布置图，同一条测线上不同测点的测读装置均安装在下游观测房中。在实际观测中，存在不少观测单位直接将引张线式水平位移计的读数作为大坝内部水平位移，而忽略了观测房本身的位移，从而导致引张线式水平位移计的观测成果比实际大坝内部水平位移偏小。此外，还应

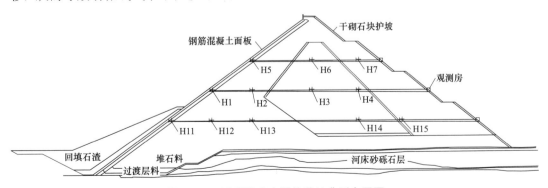

图 5-11　引张线式水平位移计典型布置图

注意引张线式水平位移计的始测时间是否与观测房水平位移的始测时间一致。

8. 高程控制网

精密水准的工作基点有可能因设在不稳定基础或受水压、温度影响或遭受人为破坏而产生位移，影响垂直位移观测成果的可靠性。因此可以通过在远离坝区的部位设置水准基准点，并布设成水准网的形式，即高程控制网，来校测水准工作基点的稳定性。高程控制网网点按其稳定性高低可分为：基准点（又称校核基点，是为垂直位移监测而布设的长期稳定可靠的监测控制点），工作基点（又称起测基点，是为直接监测垂直位移测点而在测点附近布设的相对稳定的测量控制点）。

高程控制网应在大坝及近坝边坡等枢纽建筑物的垂直位移监测点及工作基点布置完成的基础上进行布设，首先应将各建筑物表面变形监测工作基点纳入高程控制网范围，再根据枢纽及变形监测工作基点布置范围、地形地质、及网形结构布设水准基准点。基准点到大坝的间距要适当，应设在不受库区水压力影响的不变形地区。基准点可采用基岩标或者双金属标、钢管标，若采用基岩标，应成组设置，每组不得少于 3 个，相邻两点间距可在 30~100m，一般应设置在大坝下游 1~5km 处；若采用双金属标或钢管标，应布设二组及以上。水准网点的布设范围应尽可能广些，基准点应埋设于水库变形影响范围之外。大坝高程变形控制网观测平差后指定位移方向最弱点位移量全中误差应不大于±2.0mm。

大坝垂直位移工作基点一般布置在两岸，与大坝表面垂直位移测点形成附合水准路线，其平差后最弱点高程中误差为相等长度的支水准路线最弱点高程中误差的一半。对于土石坝而言，由于受地形限制，有时布设附合水准路线后大大增加了水准路线的长度，故只要能满足规定要求，水准路线布设成支水准线路也是可行的。图 5-12 为某面板堆石坝高程控制网布设图，该坝坝高 86m，坝顶长 440m。LS1、LS2、LS3 及 LS4 等均为工作基点，各工作基点距大坝约 200~400m。LE1~LE3 及 LE4~LE6 分别为二组构成附合路线的一等水准基点组，其中 LE1~LE3 距大坝约 1800m，LE4~LE6 距大坝约 800m。

高程控制网观测一般采用精密水准法，按往、返观测一测回即可，对于水准路线较长的工程也可考虑提高测次的方法以保证工作基点位移量观测中误差满足规定要求。一、二等水准测量采用单路线往返观测。一条路线的往返测，须使用同一类型的仪器和转点尺承，沿同一道路进行。同一测段的往测（或返测）与返测（或往测）应分别在上午与下午进行。每完成一条水准路线的测量，须进行往返测高差不符值及每公里水准测量的偶然中误差的计算，应符合规范要求。每完成一条附合路线或环线的测量，须对观测高差施加各项改正，然后计算附合路线或环线的闭合差。

高程控制网的复测要求以及网点稳定性分析要求与平面控制网一致。

9. 精密水准

混凝土坝和土石坝的垂直位移通常用水准测量进行观测。由于混凝土坝的垂直位移量与土石坝相比小得多，采用一等精密水准测量。土石坝垂直位移观测可采用三等水准测量，但应采用精密水准仪及配套铟钢尺按光学测微法观测。

垂直位移观测中，对于各转点为稳定的水准点、硬质路面水准线路，通视情况良好，观测线路不长、时间较短的情况，精密水准测量亦可采用：往测时奇数测站后—后—前—前；偶数测站前—前—后—后的观测顺序，以提高观测速度。返测时两支标尺必须互换位

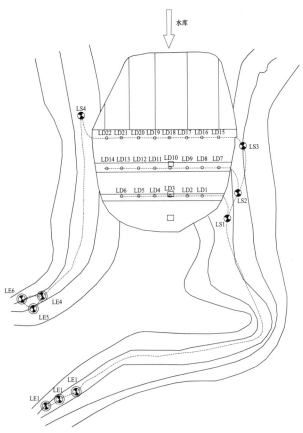

图 5 – 12 某面板堆石坝高程控制网布设图

置，各测站观测以始终先照准往测时先照准的某支标尺为原则，即当该水准线路的测站数为偶数的，返测时，奇、偶测站照准标尺的顺序分别与往测偶、奇测站相同；当该水准线路的测站数为奇数的，返测时，奇、偶测站照准标尺的顺序分别与往测奇、偶测站相同。

10. 静力水准

静力水准系统是依据静止的液体表面（水平面）来测定两点或者多点之间的高差。优点在于能比较直观地反映出各测点之间的相对沉降量。

静力水准系统的测量范围依位移传感器的量程而定，通常测量范围比较小，主要用于混凝土坝的垂直位移监测。

静力水准系统由主体容器、液体、传感器、浮子、连通管、通气管等部分组成，如图 5 – 13 所示。主体容器内装一定高度的液体，连通管用于连接其他静力水准仪测点，并将各个测点连成一个连通的液体通道，使各测点静力水准仪主体容器内的液面始终为同一水平面。传感器通常安装在主体容器顶部，浮子则置于主体容器内，浮子随液面升降而升降，浮子将感应到液面高度变化传递给传感器。

对于多测点静力水准系统，每个测头均需加接三通接头，使各测点之间的水管连通。各测点容器上部与大气相同，且基本位于同一高程处。多测点静力水准系统中一般选择一个稳定的不动点作为基准点，测出其他测点相对于不动点的沉降量。基准点定期校核，一般采用双金属管标。

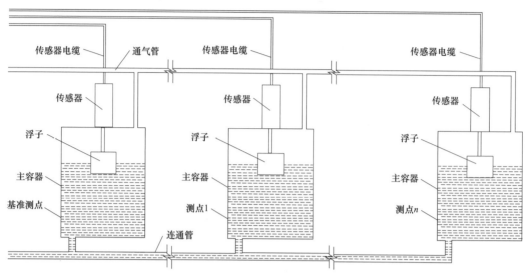

图 5-13　静力水准系统结构示意图

静力水准系统根据所使用的传感器不同可分为钢弦式静力水准仪、电容式静力水准仪、电感式静力水准仪、CCD 式静力水准仪等。电容式静力水准仪测量范围一般有 0～20mm、0～40mm、0～50mm、0～100mm 等几个等级，分辨力要求均为≤0.1%F.S.。

在静力水准使用过程中，影响观测成果准确性的常见问题有：① 连通管线路较长，中间存在管路弯折、无法通水现象；② 管路破损漏水，或人工读数管接头漏水；③ 静力水准读数仪长期浸泡在水中，运行工况不佳，如图 5-14 所示。

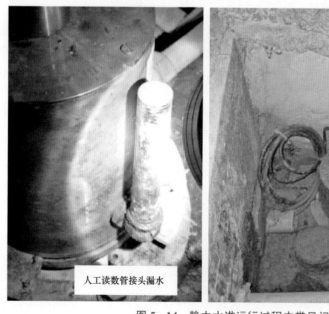

人工读数管接头漏水

读数仪浸泡在水中

图 5-14　静力水准运行过程中常见问题

11. 水管式沉降仪

水管式沉降仪主要安装埋设在土石坝内部，是利用液体在连通管两端口保持同一水平面原理，用来监测平面上不同部位垂直位移变化的仪器。

水管式沉降仪主要由沉降测头、管路系统（包括进水管、通气管、排水管和保护管）、供水系统（包括水箱）、量测系统（包括量测管、测尺和供水分配器）等部分组成，如图 5－15 所示；自动测量式水管式沉降仪还包括量测传感器、测控单元及电磁阀等部件。水管式沉降测读装置的观测台设置在与测点同高程的下游坡面上的观测房内。观测房地面高程应低于沉降测量高程线 1.4～1.6m。观测房设有垂直位移标点，可由精密水准法进行观测。

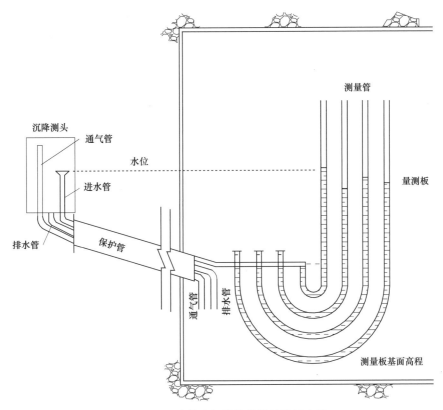

图 5－15 水管式沉降仪装置构造示意图

观测时，打开三通阀使水箱向仪器进水管及玻璃管内供水 1min，再次转动三通阀使仪器进水管与量测玻璃管连通而与压力室隔断，经过约 10min 水位稳定后量测玻璃管内读数。重复上述步骤，若两次读数误差小于 2mm，则该测点观测完成，进入下一测点观测。

测量液体可采用蒸馏水或冷开水，环境温度在 0℃ 以下时，测量液体应采用防冻液。水管式沉降仪的测量范围一般有 0～1000mm、0～1500mm、0～2500mm 等几个等级，分辨力要求均为 ≤1.0mm。

在水管式沉降仪使用过程中，影响观测成果准确性的常见问题有：① 管路堵塞，加水后玻璃管中水位无法恢复；② 测量板与基础连接不牢；③ 观测前未向进水管和玻璃管内供水；④ 玻璃管内有异物阻塞；⑤ 直接采用水管式沉降仪的观测成果作为大坝内部垂直位移,未叠加观测房的垂直位移。水管式沉降仪运行过程中常见问题如图5-16所示。

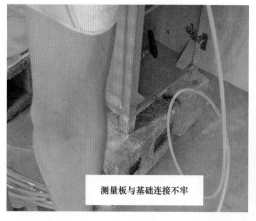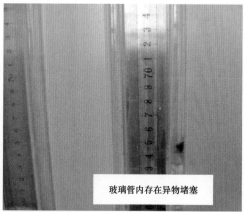

图 5-16 水管式沉降仪运行过程中常见问题

12. 电磁式沉降仪

电磁式沉降仪是将带有永久磁铁的锚固点穿过测管轴线并锚固在地下,带有读数开关的测量探头通过钢尺连接放入观测管中,在钢尺的两侧带有两根导线。当探头通过每个锚固点时,将会使探头读数开关闭合,然后会使放置在地表的钢尺绞盘上的蜂鸣器发声。当蜂鸣器鸣叫时,通过读取钢尺上的读数来得到锚固点的深度。一般地,最底部的锚固点会深入基岩,可作为基准点,土体沉降可用其他测点相对于基准点的绝对位移来计算。如果最深点锚固点不能深入基岩,则须用每个测点相对于观测管顶部(或孔口)的相对位移与测管顶部(或孔口)相对于外部垂直变形基准点的相对位移之和来计算测点的沉降变化。电磁式沉降仪常常安装埋设在土石坝内部,用来监测竖直向不同高程垂直位移变化。

电磁式沉降仪分为电磁振荡式和干簧管式两类沉降仪。干簧管式沉降仪的构造与电磁振荡式沉降仪基本相同,不同之处在于干簧管式沉降仪的探头采用干簧管制成,而示踪环采用永久磁铁制成。

电磁式沉降仪主要由探头、沉降环或沉降环、电缆和测尺等组成。探头由圆筒形密封外壳和电路板组成。探头一端系有50m(100m,150m或其他)长钢卷尺(两侧带有导线,并与卷尺一同压入尼龙或透明塑料中)或有刻度标识的电缆。钢尺或电缆平时盘绕在滚筒上,滚筒与脚架连为一体。沉降环或沉降盘套于主管之上,与主管一起埋入钻孔或填土中。电磁式沉降仪构造如图5-17所示。

电磁式沉降仪的测量范围一般有0~50m、0~100m、0~150m等几个等级,分辨力要求均为≤2.0mm。

对于最深点锚固点不能深入基岩的电磁式沉降仪,在观测过程中最常见的问题就是各测点相对于管口的相对位移未与管口相对于外部垂直变形基准点的相对位移进行叠加,导致观测成果值偏小。

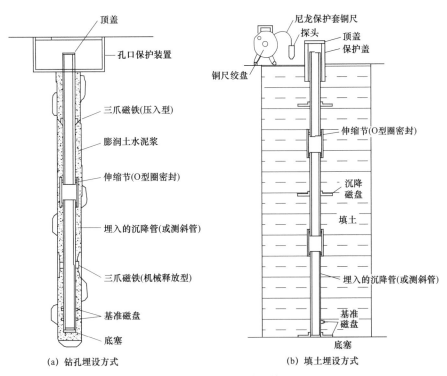

图 5-17　电磁式沉降仪构造图

13. 测缝计、裂缝计

测缝计适用于长期埋设在水电站大坝或其他混凝土建筑物内或表面,测量结构物伸缩缝或周边缝的开合度（变形）,也可用于监测混凝土结构与岩体之间的接触面开合度（变形）。

单向测缝计通常由前、后端座、保护钢管（波纹管）、弹性梁、传感器元件、信号传输电缆等组成。根据所使用传感器的不同,可分为钢弦式、差动电阻式、电容式、电感式等。对差动电阻式测缝计而言,当仪器受到表面变形时,由于外壳波纹管以及传感部件中的吊拉弹簧承担了大部分变形,小部分变形引起钢丝电阻的变化,而且两组钢丝的电阻在变形时的变化是差动的,电阻比的变化与变形成正比,测出电阻比即可计算出测缝计产生的变形量。对钢弦式测缝计而言,结构物发生的变形可通过前、后端座传递给转换机构,使其产生应力变化,从而改变振弦的振动频率。电磁线圈激振振弦并测量其振动频率,为修正温度对变形量的影响,弦式测缝计内也设有热敏电阻监测温度变化和温度电阻,频率信号经电缆传输至频率读数仪上,即可测出被测结构物的变形量。

图 5-18 为钢弦式单向测缝计的结构示意图,钢弦式单向测缝计由端部法兰、套筒底座、传递杆、钢弦式传感器、引出电缆等组成。

图 5-19 为差动电阻式测缝计的结构示意图。差动电阻式测缝计由上接座、钢管、波纹管、电阻感应组件、接线座和接座套筒等组成。电阻感应组件由两根方铁杆、弹簧、高频瓷绝缘子和弹性电阻钢丝组成。两根方铁分别固定在上接座和接线座上。两组电阻钢丝绕过高频瓷绝缘子张紧在吊拉簧和玻璃绝缘子焊点之间,并交错地固定在两根方铁杆上。

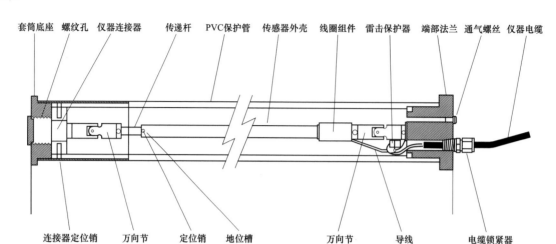

套筒底座　螺纹孔　仪器连接器　传递杆　PVC保护管　传感器外壳　线圈组件　雷击保护器　端部法兰　通气螺丝　仪器电缆

连接器定位销　万向节　定位销　地位槽　万向节　导线　电缆锁紧器
（2个）

图 5-18　钢弦式测缝计结构示意图

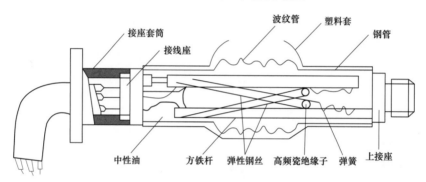

接座套筒　　波纹管　塑料套　钢管

接线座

中性油　　方铁杆　弹性钢丝　高频瓷绝缘子　弹簧　上接座

图 5-19　差动电阻式测缝计的结构示意图

多向测缝分为二向测缝计和三向测缝计。多向测缝计通常由单向大量程位移计或测缝计组装而成，配有特制的测缝计机架。常用的三向测缝计有 TSJ 型三向测缝计（传感器为电位器式位移计）、CF 型三向测缝计（传感器为差动电阻式测缝计）、SDW 型三向测缝计（传感器为钢弦式位移计）、3DM 旋转型三向测缝计（传感器为电位器式位移计）等。前三种都是利用刚性传递杆组装而成，典型结构型式如图 5-20 所示；3DM 型三向测缝计采用柔性钢丝传递位移。

裂缝计用于监测水电站大坝裂缝的开合度，也可用于监测建筑物混凝土施工缝、土体内的张拉缝以及岩体与混凝土结构的接触缝等。裂缝计与测缝计的结构型式基本相同，裂缝计是测缝计改装的一种仪器。

14. 多点位移计

多点位移计一般钻孔安装埋设在岩土工程洞室或边坡等内部，用来监测钻孔轴向的位移变化。常用于洞室围岩岩体变形、边坡岩体变形、坝基岩体变形等监测。当钻孔各个锚固点的岩土体发生变形时，变形将会通过传递杆传递到多点位移计的安装基座端，各点的位移量均可在安装基座端进行量测。安装基座端与各测点之间的位置变化即是测点相对于基座的位移。多点位移计的最深测点安装在岩土体变形范围之外，将其作为稳定不变的基

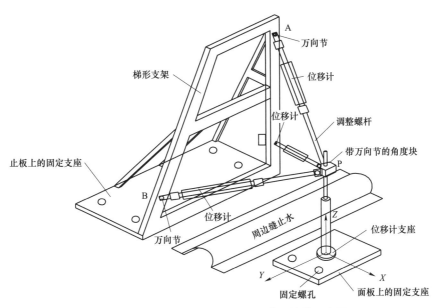

图 5-20　刚性传递杆三向测缝计典型结构示意图

准点，其余测点及孔口部位相对于最深测点的
变形可当作岩土体的绝对变形。

多点位移计基本组件包括锚头、测杆、塑
料保护管、过渡管、安装基座、电测基座以及
传感器，具体如图 5-21 所示。

15. 基岩变位计

基岩变位计用于长期监测沿钻孔轴向变形，
适用于埋设在混凝土坝的坝基、坝肩拱座、岩体
边坡、隧洞衬砌等部位的岩体中。基岩变位计锚
固端与基岩相对不动点用砂浆连成一体。位移传
感器一端与拉杆顶部固定，另一端与建基面上的
仪器底座固定，当建基面上的岩体相对锚固端发
生沿钻孔方向变形时，变形量可通过拉杆传递给
位移传感器，其测值与基准值相比就可以得到建
基面处相对于锚固端的相对变形量。锚固点一
般选择在变形非常小，岩体比较稳定的区域，
因此基岩变位计所测得的变形量也可以视作
建基面岩体表面的绝对位移量。

基岩变位计通常由传感器和固定附件组
成，传感器为位移计，固定附件由锚杆连接头、
安装底座、保护管和位移计后端座环（或支架）
等组成（见图 5-22）。基岩变位计在现场安装

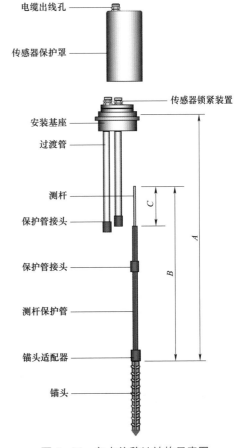

图 5-21　多点位移计结构示意图

191

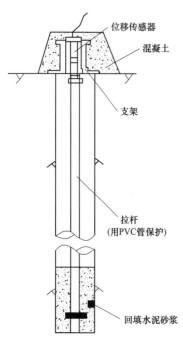

图 5-22　基岩变形计结构示意图

位移传感器

混凝土

支架

拉杆
(用PVC管保护)

回填水泥砂浆

时首先要在仪器布置位置的基岩上凿孔，拉杆就位后灌入砂浆，等待砂浆固结后安装好附件，再将传感器与锚杆连接，固定在钻孔孔口即可。

基岩变位计采用的传感器有很多种类型，如差动电阻式传感器、钢弦式传感器、电容式传感器、压阻式传感器及电感式传感器等。

16. 滑动测微计

滑动测微计是一种高精度的便携式应变计，专门用于高精度地测量任意方向的钻孔及岩石、混凝土或土壤中测线的轴向位移。滑动测微计能够完整地测量沿着测线方向的应变和轴向位移分布，有很高的记录精度，能够观测混凝土大坝由于水位变化、温度变化或混凝土收缩产生的影响。

滑动测微计主体为一标长 1m，两端带有球状测头的位移传感器，内装一个位移传感器和一个温度计。为了测定测线上的应变及温度分布，测线上每隔 1m 安置一个具有特殊定位功能的环形标，其间用硬塑料管相连，滑动测微计可依次地测量两个环形标之间的相对位移，可用于多条测线。滑动测微计由探头、电缆、绞线盘和数据控制器等组成，如图 5-23 所示。

滑动测微计配有用铟瓦合金制成的便携式标定架，如图 5-24 所示，可以随时检查仪器的功能，对探头进行标定，以保证仪器的长期稳定性和精度。

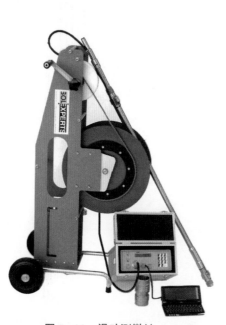

图 5-23　滑动测微计

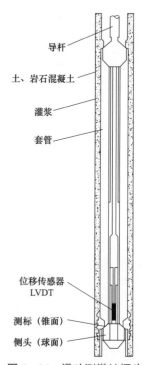

导杆

土、岩石混凝土

灌浆

套管

位移传感器
LVDT

测标（锥面）

侧头（球面）

图 5-24　滑动测微计探头

　　与滑动测微计配套使用的塑性套管一般埋入结构物或岩土体内,塑性套管上每隔一米有一个金属测标（锥形）,将测线划分成若干段,通过灌浆,测标与被测介质牢固地浇筑在一起,当被测介质发生变形时,将带动测标与之同步变形。

　　滑动测微计的测量范围一般有 $0\sim10mm$、$0\sim20mm$、$0\sim40mm$、$0\sim50mm$ 等几种等级,分辨力要求均为$\leqslant0.1mm$。

5.2.3　渗流监测

　　水电站大坝建成后,坝体和坝基会有渗流,渗流对坝体和坝基稳定有重要影响。地表水、地下水也是影响边坡和地下洞室稳定的重要因素之一,水对岩土有软化/泥化作用、产生静水压力和动水压力等,对其稳定性的影响十分明显。渗流监测主要分为扬压力、渗透压力、绕坝渗流、地下水位和渗流量监测。扬压力、渗透压力、绕坝渗流和地下水位监测常见的仪器或方法主要有测压管（地下水位孔）、渗压计（孔隙水压力计）等;渗流量监测常见的仪器或方法主要有量水堰、容积法等。

　　1. 测压管（地下水位孔）

　　测压管（地下水位孔）通过读取管内水压力以监测建筑物基础扬压力、渗透压力或地下水位。测压管由透水管段和导管组成。透水管段可用导管管材加工制作,一般长 $1.5\sim3.0m$,当用于点压力监测时应不大于 $0.5m$,面积开孔率约 $10\%\sim20\%$（孔眼形状不限,但须排列均匀和内壁无毛刺）,外部包扎防止土颗粒进入的无纺土工织物,管底封闭,不留沉淀管段,也可采用与导管等直径的多孔聚乙烯过滤管或透水石管作透水管段;透水管段顶端与导管牢固相连,导管段应顺直,内壁光滑无阻,两节管连接应采用外箍接头,如图 $5-25$ 所示。管材宜采用金属管或硬工程塑料管,一般选用管径为 $\phi38mm\sim\phi50mm$。对于利用地质勘探孔难以安装导管或岩体完整不易塌孔而不安装导管的地下水位监测孔,其孔口封孔段管材与上述一致,管径可据孔径确定。

　　测压管水位的观测,可采用尺式水位计,测尺长度的最小刻度 1mm;对有压管采用压力表量测。应据管口可能产生的最大压力值,选用量程合适的精密压力表,使读数在 $1/3\sim2/3$ 量程范围内。压力表精度不得低于 0.4 级。测读压力值时应读到最小估读单位,

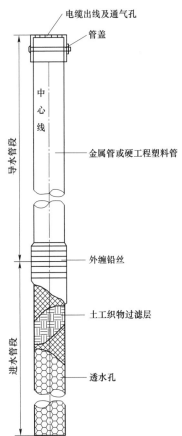

图 $5-25$　测压管结构图

对于拆卸后重新安装的压力表应待压力稳定后才能读数。也可采用渗压计量测测压管水头,其精度不低于 $\pm0.25\%F\cdot S$。

　　测压管在使用过程中常见问题有：① 有压管管路锈蚀严重、存在漏水现象;② 管

内渗压计计算公式中所采用埋设高程与实际埋设高程不吻合；③ 对于有压、无压交替变化的测压管，仅按照有压管的方式观测，当压力表读数为 0 时，认为测压管水位等于管口高程；④ 位于地表处的测压管缺少有效保护设施，易受雨水流入的影响；⑤ 有压管的压力表量程与实际压力不吻合，测值长期低于 1/3 量程或超过 2/3 量程。

2. 渗压计（孔隙水压力计）

渗压计（孔隙水压力计）适用于建筑物基础扬压力、渗透压力、孔隙水压力和水位监测。国内水电站大坝多采用钢弦式和差动电阻式。

钢弦式渗压计的工作原理是将一根振动钢弦与一灵敏受压膜片相连，当孔隙水压力经透水板传递至仪器内腔作用到承压膜上，承压膜连带钢弦一同变形，测定钢弦自振频率的变化，即可把水压力转化为等同的频率信号进行测读。

钢弦式渗压计由透水板（体）、承压膜、钢弦、支架、线圈、壳体和传输电缆等构成，如图 5-26 所示。透水板有圆锥形、圆板形等，材料一般用氧化硅、不锈钢或青铜粉末冶金烧结，高进气压力透水板多用陶瓷材料烧结。

差动电阻式渗压计的工作原理是感应板在渗流水的作用下会产生变形，并推动传感器，引起传感组件上两组钢丝电阻值的变化，测出电阻与电阻比，就可以计算出埋设点的渗透压力和介质温度。

国产差动电阻式渗压计由前盖、透水石、弹性感应板、密封壳体、传感部件和引出电缆等组成，如图 5-27 所示，传感部件由电阻钢丝和方铁杆组成。

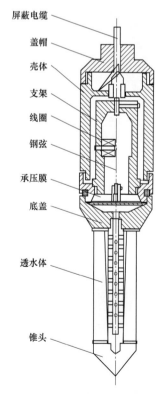

图 5-26 钢弦式渗压计示意图

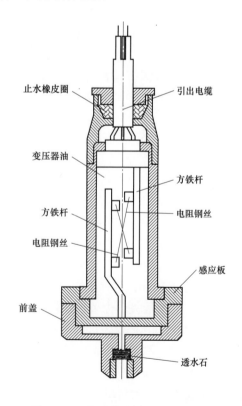

图 5-27 差动电阻式渗压计示意图

3. 量水堰

量水堰适用于各类大坝的渗流量监测，其工作原理比较简单：当通过量水堰堰槽的流量增加时，堰板前方的壅水高度将会增加，壅水高度与流量之间存在一定的函数关系。因此，只要测出量水堰堰板前方的壅水高度就可以求出渗流量。壅水高度可以采用水尺或水位测针进行人工测读，也可以采用具有自动化测量功能的量水堰计（亦称渗流量仪）进行观测。渗流量监测设施应根据其大小和汇集条件进行设计，常见的量水堰结构型式有直角三角形堰（适用流量范围 1~70L/s）、梯形堰（适用流量范围 10~300L/s）、矩形堰（适用流量范围大于 50L/s）。

量水堰计根据所使用传感器类型的不同可分为电容式量水堰计、钢弦式量水堰计、压阻式量水堰计、陶瓷电容式量水堰计、超声波式量水堰计、步进电机式量水堰计、测针式量水堰计、CCD 式量水堰计等。量水堰计由保护筒、浮子、连杆、导向装置、位移传感器等组成。保护筒底板用地脚螺栓固定在堰槽测点的混凝土壁上；传感器固定于保护筒的顶端；保护筒下部有网状滤孔，允许渗流水自由进入保护筒内；浮子悬浮于保护筒内，当保护筒内水面随堰槽内水位变化时，浮子会随水位变化上升或下降；导向装置保证浮子随水面变动作上下垂直运动。浮子的升降变化将通过连杆传递给位移传感器，从而量测出渗流水水位变化，经计算后得到渗流量的大小。

在使用量水堰进行渗流量监测过程中常见问题有：① 堰槽内淤积严重，或堰池下游排水不畅，导致堰板出口处无法形成自由出流，如图 5-28 所示；② 堰型与其适用范围不符合，尤其是利用矩形堰测量测值较小的渗流量；③ 堰流计或人工读数水尺安装在堰板附近，或者直接用钢尺在堰板处测读堰上水头，如图 5-29 所示；④ 堰流计或读数尺的起测点高程与堰口高程不一致。

图 5-28　量水堰下游无法自由出流现场照片

4. 容积法

容积法适用于小于 1L/s 的渗流量观测，其原理为在一定时间内以标准固定体积的容器对渗流水进行体积测量，以单位时间测得的渗流水体积来计算渗流量。测量容器一般有不同体积规格的量筒或量杯，在观测时，充水时间不得少于 10s。平行二次测量的流量误差不应大于平均值的 5%，取两次所测流量的平均值为最终值。在进行容积法观测时需注意在测量渗流水体积时应将全部渗流水汇集至容器中，否则将会导致渗流量测值偏小。

图 5−29 量水堰堰上水头测量照片

5.2.4 应力应变和温度监测

应力应变和温度监测均属于"内观监测"，通过在坝体内部布设各种类型的传感器，将传感器采集到的原始监测信息转换为对应的应变、应力、温度变化量。

差动电阻式和钢弦式是目前国内应力应变监测常见的两种传感器类型，压应力监测用压阻式传感器，温度监测用电阻温度计。

1. 钢弦式传感器

钢弦式传感器的优点是钢弦频率信号的传输不受导线电阻的影响，测量距离比较远，仪器灵敏度高，稳定性好，容易实现监测自动化。钢弦式传感器广泛用于制作各类型的监测仪器。

钢弦式传感器由受力弹性外壳（或膜片）、钢弦、坚固夹头、激振线圈振荡器和接收线圈等组成。钢弦常用高弹性弹簧钢、马氏不锈钢或钨钢制成，它与传感器受力部件连接固定，利用钢弦的自振频率与钢弦所受到的外加张力关系式测得各种物理量。钢弦式传感器所测定的参数主要是钢弦的自振频率，常用钢弦频率计测定，也可用周期测定仪测周期，两者互为倒数。

以连续激振型为例介绍钢弦式传感器的工作原理，如图 5−30 所示。

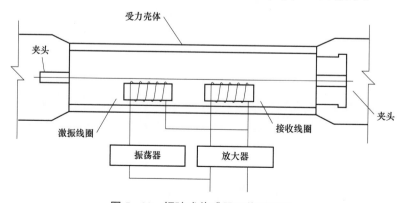

图 5−30 钢弦式传感器工作原理图

　　钢弦式仪器是根据钢弦张紧力与谐振频率成单值函数关系设计而成。由于钢弦的自振频率取决于它的长度、钢弦材料的密度和钢弦所受的内应力。其关系式为：

$$f = \frac{1}{2}L\sqrt{\frac{\sigma}{\rho}} \tag{5-1}$$

式中，f 为钢弦自振频率（Hz）；L 为钢弦有效长度（m）；σ 为钢弦的应力（Pa）；ρ 为钢弦材料密度（kg/m^3）。

　　当传感器制造成功之后所用的钢弦材料和钢弦的直径有效长度均为不变量。则由上式可以看出，钢弦的自振频率仅与钢弦所受的张力有关。因此，张力可用频率的关系式来表示，即

$$F = K(f_i^2 - f_0^2) + A \tag{5-2}$$

式中，F 为张力、位移或压力（N、mm 或 Pa）；K 为传感器灵敏系数；f_i 为张力变化后的钢弦自振频率（Hz）；f_0 为钢弦初始自振频率（Hz）；A 为修正常数，实践应用中可设 $A=0$。

　　由于传感器零件的金属材料膨胀系数的不同，造成了温度误差。为减小这一误差，在零件材料选择上，除尽量考虑达到传感器机械结构自身的热平衡外，还从结构设计和装配技术上不断调整零件的几何尺寸和相对固定位置，以取得最佳的温度补偿结果。实验结果表明，钢弦式传感器在 $-10\sim55℃$ 温度范围内使用时，温度附加误差仅有 1.5Hz/10℃。尽管如此，钢弦式传感器的温度补偿十分必要。通常温度补偿方法有两种：一种方法是利用电磁线圈铜导线的电阻值随温度变化的特性进行温度测量，另一种方法是在传感器内设置可兼测温度的元件。用当前温度测值与初始温度测值之间的温差乘相应的温度修正系数后，可得到相应监测量的修正值。

　　2. 差动电阻式传感器

　　差动电阻式传感器利用仪器内部张紧的弹性钢丝作为传感元件，将仪器感受到的物理量变化转变为模拟量。

　　差阻式传感器利用两个基本原理：① 钢丝受到拉力作用而产生弹性变形，其变形与电阻变化之间为线性关系。② 当钢丝受不太大的温度改变时，钢丝电阻随其温度变化之间的近似关系为线性。

　　根据上述两个基本原理，把经过预拉、长度相等的两根钢丝用特定方式固定在两根方形断面的铁杆上，钢丝电阻分别 R_1 和 R_2，因为钢丝设计长度相等，R_1 和 R_2 近似相等，如图 5-31 所示。

　　当仪器受到外界的拉压产生变形时，两根钢丝的电阻产生差动的变化：一根钢丝受拉，其电阻增加；另一根钢丝受压，其电阻减小。两根钢丝的串联电阻 R_1+R_2 不变而电阻比 R_1/R_2 发生变化。测量两根钢丝电阻的比值，就可以求得仪器的变形或应力。当温度改变时，引起两根钢丝的电阻变化是同方向的，温度升高时，两根钢丝的电阻都减小。测定两根钢丝的串联电阻 R_1+R_2，就可求得仪器测点位置的温度。

　　与钢弦式传感器类似，差阻式传感器也广泛用于制造各类监测仪器。但与钢弦式传感器相比，差阻式传感器受温度影响较大，工程实践中常出现温度修正系数设定不对导致测

值异常的情况。

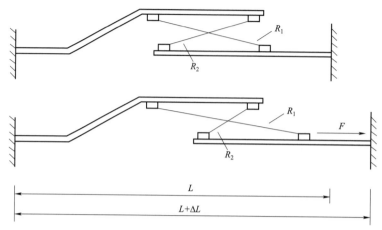

图5-31 差动电阻式传感器结构示意图

3. 压阻式传感器

当固体受到作用力后，其电阻率（或电阻）会发生变化，这就是固体的压阻效应。所有固体都具有压阻效应，其中以半导体材料的压阻效应最为显著。半导体材料的电阻率的相对变化可写为：

$$\frac{\mathrm{d}R}{R} \approx \pi_L E \varepsilon_L \tag{5-3}$$

式中，R 为电阻（Ω）；π_L 为压阻系数，表示单位应力引起的电阻率相对变化量（Pa^{-1}）；ε_L 为单向应变。

通过测量半导体在外力作用下的电阻变化值，就可以计算得到半导体的应变，从而制作出相应的传感器，测出压力、应力等物理量。

4. 电阻温度计

铜电阻温度计、铂电阻温度计是基于金属导体的电阻值随温度的增加而增加的这一特性来进行温度测量的，同时采用三线制或四线制消除热电阻传感体的引出电缆等各种导线电阻的变化给温度测量带来的影响。

5.3 自 动 化 监 测

5.3.1 发展状况

1980年，我国第一套大坝安全监测数据自动采集装置"JCS-1型大坝内部参数自动检测及计算机处理系统"在四川龚嘴水电站投入试运行，标志着我国开始了大坝安全监测自动化的征程。20世纪90年代是我国大坝安全监测自动化快速发展的时期，期间数十个大中型水电站纷纷要求对原有大坝安全监测系统进行自动化改造，如新丰江、新安江、青铜峡、刘家峡等。

1990 年，华东勘测设计研究院在福建水口水电站大坝安全监测设计中选用了美国新科公司的 IDA 智能数据采集系统，并于 1994 年安装完成投入正常运行，为我国水电工程成功引进国外大坝安全监测自动化系统开创了先例。这套系统的成功引进和运行，不仅引进了国外先进的技术设备，还引进了国外先进的自动化设备设计理念，极大地促进了我国大坝安全监测自动化技术的发展。

紧跟国际微电子技术、测控技术、计算机软硬件和网络信息技术的巨大进步，我国大坝安全监测自动化的技术水平也获得了长足的进步，从原先注重监测数据的自动采集，向监测数据采集与监测信息处理、安全监控并重发展。经过 40 余年的不懈努力，我国大坝安全监测技术及其管理水平已达到国际先进水平，某些方面甚至处于国际领先地位。

目前，在工程中应用较多具有代表性的系统主要有南瑞集团公司的 DAMS 型智能分布式监测数据采集系统、南京水利水文自动化研究所的 DG 型分布式安全监测数据采集系统、基康仪器（北京）有限公司的 BGK－MICRO 分布式监测数据自动采集系统、北京木联能工程科技有限公司的 LN1018 II 型分布式数据采集系统、国电南京自动化股份有限公司 FWC2010 数据采集系统、长江科创 CK-MCU 等。

5.3.2 系统组成

监测自动化系统布置主要采用分布式，由自动化监测仪器、数据自动采集单元和监测主机组成，其中数据自动采集单元布设在现场，各类自动化监测仪器通过专用电缆就近接入采集单元，由采集单元按照采集程序进行数据采集、A/D 转换并通过数据通信网络发送至监控中心。典型的分布式监测数据自动化采集系统结构如图 5－32 所示。

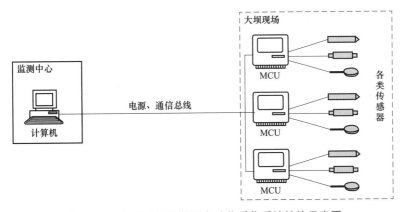

图 5－32 分布式监测数据自动化采集系统结构示意图

对于监测范围广、测点数量多、工程规模巨大的工程，宜采用二级管理方案。根据枢纽结构特点，以枢纽建筑物或工程为基本单元，将枢纽划分为若干监测子系统；由各子系统再组成上一级管理网络，并对各子系统现场网络进行管理。

分布式监测数据自动采集系统的特点在于：

（1）可靠性高。因采集单元分散，若发生故障，只影响这台采集单元上所接入的自动化监测仪器，不会使整个系统停止测量。

（2）抗干扰能力强。在数据通信网络上传输的是数字信号。

（3）采集时间段。由多台采集单元同时进行数据采集。

（4）便于系统拓展。增加采集单元并进行相应系统配置后，就可在不影响正常运行情况下将更多的自动化监测仪器接入，便于分期分步实施。

5.3.3　技术要求

《大坝安全监测自动化系统实用化要求及验收规程》（DL/T 5272—2012）对自动化系统的建设、功能、技术、管理四个方面提出了详细要求。本节结合实际情况，介绍后三方面的重点要求。

1. 功能要求

自动化系统应当具有：

（1）数据采集和处理功能。具备自动巡测和人工选择的功能。

（2）状态判别及报警功能。具备自动监测和诊断采集设备、电源、通信等硬件的工作状态，并对异常情况自动报警的功能。该功能主要针对硬件状况监控，与测点测值的监控报警应加以区分。

（3）系统维护和管理功能。对系统硬件、测点的改动；系统参数、测点公式、用户权限等系统管理功能。

（4）信息交换功能。可与其他系统进行信息交换。特别地，要求可按《水电站大坝运行安全信息报送办法》（国能安全〔2016〕261号）的要求发送监测信息。

（5）数据处理功能。

（6）数据整编功能。

（7）数据分析功能。

（8）电源管理功能。电源能自动切换，具有掉电保护功能。

（9）安全保护功能。具有网络安全防护功能；具有多级用户管理功能。

工程实践中，部分自动化系统的（5）和（6）项功能较为薄弱。常见的措施是通过系统中预留的接口，将原始监测导入另一套监测信息管理系统，对数据进行处理、分析、整编。

2. 采集系统的性能要求

（1）有效数据缺失率不大于3%。

（2）采集装置年平均无故障时间 MTBF 不小于 6300h。

（3）采集装置平均维修时间 MTTR 不大于 2h。

（4）短期稳定性要求：被测物理量基本不变的条件下，自动化系统数据采集装置连续15次采集数据的中误差应达到设备技术指标。

（5）自动化系统采集数据与同时同条件人工测读数据差值 δ 保持基本稳定，无趋势性变化，两者差值 δ 不应大于两倍均方差。

上述性能要求的定义和具体计算方法可见《大坝安全监测自动化技术规范》（DL/T 5211—2019）。

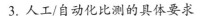

3. 人工/自动化比测的具体要求

采集系统可靠性评价是一项整体的评价工作，上节所述 1～4 项评价内容往往以数年为周期定期开展。而自动化采集数据准确性评价为一项常规性工作，需要在不同阶段按不同频次定期开展。

监测自动化系统试运行期间，需要保持原人工观测频次。实用化验收后，宜每半年对系统的部分或全部测点进行 1 次人工比测。人工/自动化比测的具体要求为：

取某监测点自动化监测和人工比测相同时间、相同测次的测值分别组成自动化测值序列 X_z 和人工测值序列 X_r。每次进行人工及自动化对比测量时的连续测读次数宜为 3～9 次，记录对应测量过程中的中间值 X_{zi}、X_{ri}。按照式（5-4）计算两个序列之间的偏差 δ_i，按照式（5-5-1）计算比测偏差序列的均方差 δ，按式（5-5-2）计算比测偏差控制限制 σ，取 $\delta \leqslant 2\sigma$。

$$\delta_i = \left| X_{zi} - X_{ri} \right| \qquad (5-4)$$

$$\delta = \sqrt{\frac{1}{n}\sum_{i=1}^{n}\delta_i} \qquad (5-5-1)$$

$$\sigma = \sqrt{\sigma_z^2 + \sigma_r^2 + e_z^2 + e_r^2} \qquad (5-5-2)$$

式中，i 为第 i 次比测；n 为总比测次数；σ_z 为自动化测量精度；σ_r 为人工测量精度；e_z 为自动化测值序列标准差算数平均值；e_r 为人工测值序列标准差算数平均值。

人工/自动化比测的目的是保证自动化采集数据的准确性。每次人工/自动化比测后，都应当筛选出差值超限的测点，对监测仪器和采集模块做进一步检查，找出采集数据不准确的原因，并排除故障。缺少这一步工作，人工/自动化比测就达不到其基本目标，切忌将比测工作仅当作一项合规化的工作开展，人工测完后便将数据搁置一旁。

4. 运行管理要求

（1）按 DL/T 5211 及 DL/T 5272 的要求完成监测自动化系统的实用化验收工作，做好设计、施工、监理、设备安装调试以及运行单位提交的技术报告的归档工作。技术报告包括书面报告、图纸及其电子文档。

（2）应结合工程的实际情况，编制监测自动化系统使用维护手册，并制定相关的管理规定，以及系统发生故障时保证不间断监测的应急预案。

（3）应加强监测自动化系统的维护和管理，定期对系统的设备（包括监测仪器）进行校验，并备有备品、备件。

（4）运行单位应指定专人负责监测自动化系统运行、管理、维护。

（5）监测自动化系统安装调试完成后应进行预验收，并投入为期 1 年的试运行。

（6）监测自动化系统的监测频次试运行期一般 1 次/天，并保持原人工观测频次。实用化验收后，监测频次不少于 1 次/周，非常时期应加密测次。宜每半年对系统的部分或全部测点进行 1 次人工比测。

（7）所有原始实测数据必须全部入库（采集数据库），监测数据至少每 3 个月作 1 次备份。

（8）至少每月对主要自动化监测设施进行 1 次巡视检查，汛前和汛后应进行 1 次全面检查、维护。

（9）每 1 个月应校正 1 次系统时钟。

（10）应有监测自动化系统日常运行维护日志。

（11）通过实用化验收的水电站大坝，其他未接入监测自动化系统的监测项目或测点，可根据实际情况逐渐减少人工监测频次或停测，但应按照有关规定上报批准后方可实施。

（12）根据大坝实际运行安全状况和管理需要，应适时对监测自动化系统进行完善、升级，包括增加或减少接入监测自动化系统的项目或测点，以满足大坝安全监控的要求。

5.3.4　信息管理系统

我国大坝安全监测信息管理系统的研制开发工作始于 20 世纪 80 年代，具有代表性的有：大坝中心大坝安全在线（远程）信息管理系统、工程安全监控与监测信息管理系统，南京南瑞集团公司 DSIMS 大坝安全监测信息管理系统，南京水文自动化研究所 DSIM 大坝安全信息管理系统。

5.3.5　工程实例

白鹤滩水电站位于金沙江下游四川省宁南县和云南省巧家县境内，距巧家县城 45km，上接乌东德水电站，下邻溪洛渡水电站，控制流域面积 43.03 万 km²。

电站总装机容量 16000MW，是我国已建、在建的仅次于三峡电站的第二大水电站。枢纽工程主要由混凝土双曲拱坝、二道坝及水垫塘、泄洪洞、引水发电系统等建筑物组成。混凝土双曲拱坝坝顶高程 834m，最大坝高 289m。

白鹤滩电站枢纽工程安全监测系统包括枢纽区变形监测网、拱坝安全监测、泄洪洞安全监测、引水及尾水建筑物安全监测、地下厂房洞室群安全监测、主要建筑物工程边坡安全监测、滑坡体治理工程安全监测。包括内观自动化和外观自动化两个子系统。

1. 内观监测自动化系统

白鹤滩电站枢纽工程内观安全监测自动化系统接入自动化系统的测点约 15000 个。主要监测仪器有气温计、水位计、雨量计、强震仪、测缝计、垂线坐标仪、测压管、多点变位计、双金属标仪、位错计、基岩变位计、钢管缝隙计、静力水准仪、地下水位孔、渗压计、量水堰计、无应力计、应变计、压应力计、钢板计、钢筋计、锚杆应力计、锚索测力计、温度计等。

系统采用分布式、多级连接的网络结构形式。安全监测自动化系统按三级设置，即监测站、监测管理站和监测中心站。

系统主要由自动化数据采集系统、通信系统、安全监测智能管理系统三部分组成。其中，智能管理系统除了数据采集、数据审核等常规功能外，还包含统计模型分析、巡检管理、监测成果整编分析、预警预报、安全监测综合评价等功能。

图 5-33 为白鹤滩水电站内观安全监测自动化系统总体框架概要图。

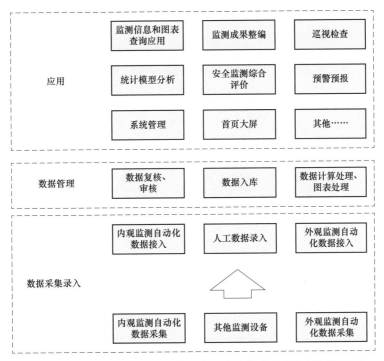

图 5－33 白鹤滩水电站内观安全监测自动化系统总体框架概要图

2．外观变形监测自动化系统

白鹤滩水电站外观变形监测范围主要包括大坝、枢纽区主要边坡、滑坡体及其他临建工程或零星工程等外观变形监测。控制网网点 37 个；大坝共布置表面变形测点 68 个，分布在 5 个高程；枢纽区边坡共布置表面变形测点 225 个，分布在 17 处边坡；滑坡体共布置表面变形测点 62 个，分布在 6 处滑坡体；其他部位（临建工程或零星工程）共布置表面变形测点 98 个，分布在 9 个位置。

453 个外观测点中，277 个测点实现了自动化观测，接入了外观变形监测自动化系统。系统主要由三部分组成：① 现场感知和采集系统；② 通信、供电及防雷设备（数据传输层）；③ 安全监控与监测信息管理系统（数据应用和管理）。

（1）现场感知和采集系统。主要包括测量机器人系统（含谷幅自动化系统）和 GNSS测量系统。其中测量机器人系统主要包括测量机器人测站（观测墩、测量机器人及附属设备）、棱镜（测点和后视点）；GNSS 测量系统主要包括接收机（测站和基准站）及其附属设备。

（2）通信、供电及防雷。各测量机器人测站均位于枢纽区，距离大坝较近，就近使用厂电供电并配备一套交流不间断电源（UPS）；坝顶 GNSS 测站具备 220V 厂电供应条件，使用厂电供电并配备一套交流不间断电源（UPS）；近坝边坡及较远 GNSS 测点，主要采用"太阳能＋蓄电池"方式供电。各测站均设置避雷针防护直击雷损害，同时配置防雷器防护雷电电磁脉冲（感应雷）损害。

（3）安全监控与监测信息管理系统。主要功能是对所有监测数据以及与安全有关的资料等进行科学有序的管理、整理整编与分析，并对最终分析成果、原始信息等以可视化的方式输出，同时还具有报警和定时上报功能。

外观变形监测自动化网络结构如图 5－34 所示。

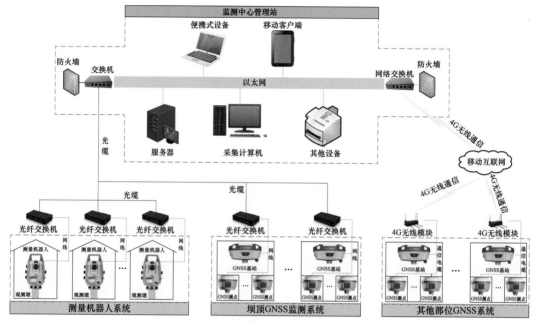

图 5－34　外观变形监测自动化网络结构图

5.4　监测资料整编分析

5.4.1　概述

监测资料整编分析是大坝安全监测的一项基础工作，通过整编工作可以规范监测成果，便于对监测数据的分析、决策和反馈，及时发现工程存在的安全隐患，并有利于资料的存档和传播。

监测资料整编工作突出及时性、可靠性和实用性。日常资料整理在每次监测后随即进行。对于人工监测，一般不得晚于次日 12 时，对于自动化监测应在数据采集后立即自动整理、评判处理和报警。定期资料整编应按规定时段（一般为年）对监测资料进行整编和初步分析，突出趋势性和异常现象诊断。

监测资料整理是对日常现场巡视检查和仪器监测数据的记录、检验，以及监测物理量的换算、填表、绘制过程线图、初步分析和异常值判别等，并将监测资料存入计算机。监测资料整编是在日常监测资料整理的基础上，定期对监测资料进行分析、处理等。

整编内容包括巡视检查、环境量、变形、渗流、应力应变及温度（包括水温）等主要监测项目的整编。

5.4.2　监测资料整理

每次人工和自动化监测完成后，需及时对原始记录的准确性、可靠性、完整性进行检查、检验，将其换算成相应的监测物理量，并判断测值有无异常，是否存在突变、毛刺、阶跃，是否符合工程的一般性规律。如有漏测、误读（记）或异常，应及时补（重）测、确认或更正，并记录有关情况。原始监测数据的检查、检验主要工作内容有：作业方法是否符合规定；观测记录是否正确、完整、清晰；各项检验结果是否在限差以内；是否存在粗差。

经检查、检验后，若判定监测数据不在限差以内或含有粗差，应立即重测；若判定监测数据含有较大的系统误差时，应分析原因，并设法减少或消除其影响。

每次巡视检查后，应随即对原始记录进行整理，建立工程巡视检查台账，对挤压破损、裂缝、渗水等情况应详细记录其位置、规模、发展迹象。

绘制监测物理量过程线图、分布图和相关图，相关图如渗流量与库水位、降雨量的相关关系图，位移量与库水位、气温的相关关系图等，检查和判断测值的变化趋势，是否存在趋势性和不符合一般规律的变化，作出初步分析。如有异常，应及时分析原因。

1. 变形监测

（1）准直线法。视准线、引张线、真空激光准直法均属于准直线法。

准直线法（绝对）位移量计算。当计及端点位移时，准直法观测位移量按下式计算，其计算式中相对应的部位如图 5-35 所示。

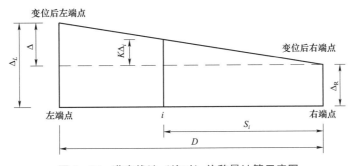

图 5-35　准直线法（绝对）位移量计算示意图

$$d_i = L + K\Delta + \Delta_{\mathrm{R}} - L_0 \tag{5-6}$$

式中，d_i 为 i 点位移量（mm）；K 为归化系数，$K = S_i/D$；S_i 为测点至右端点的距离（m）；D 为准直线两工作基点间的距离（m）；Δ 为左、右端点变化量之差，$\Delta = \Delta_{\mathrm{L}} - \Delta_{\mathrm{R}}$（mm）；$L_0$ 为 i 点首次监测值（mm）；L 为 i 点本次监测值（mm）。

（2）正、倒垂线。倒垂测点位移量指倒垂观测墩（所在部位）相对于倒垂锚固点的位移量，按下式计算：

$$\left.\begin{aligned} D_x &= K_x(X_0 - X_i) \\ D_y &= K_y(Y_0 - Y_i) \end{aligned}\right\} \tag{5-7}$$

式中，X_0、Y_0 为倒垂线首次值（mm）；X_i、Y_i 为倒垂线本次观测值（mm）；D_x、D_y 为倒垂测点位移量（mm）；K_x、K_y 为位置关系系数（其值为 -1 或 $+1$），与倒垂观测墩布置位置（方向）和垂线坐标仪的标尺方向有关。

正垂线测点相对位移值指正垂线悬挂点相对于正垂观测墩的位移值，按下式计算：

$$\left.\begin{array}{l}\delta_x = K_x(X_i - X_0) \\ \delta_y = K_y(Y_i - Y_0)\end{array}\right\} \tag{5-8}$$

式中，δ_x、δ_y 为正垂线测点相对位移量（mm）；X_0、Y_0 为正垂线首次值（mm）；X_i、Y_i 为正垂线本次观测值（mm）；K_x、K_y 为位置关系系数（其值为 -1 或 $+1$），与正垂观测墩布置位置（方向）和垂线坐标仪的标尺方向有关。

正垂线悬挂点绝对位移量指正垂线测点相对位移值与该测点所在测站的绝对位移值之和。按下式计算：

$$\begin{aligned}D_x &= \delta_x + D_{x0} \\ D_y &= \delta_y + D_{y0}\end{aligned} \tag{5-9}$$

式中，D_x、D_y 为正垂线悬挂点绝对位移量（mm）；δ_x、δ_y 为正垂线测点相对位移量（mm）；D_{x0}、D_{y0} 为测点所在测站的绝对位移量（mm）；一条正垂线含多个测点时，除悬挂点以外测点的绝对位移量计算公式：

$$\begin{aligned}D_x &= D_{x0} - \delta_x \\ D_y &= D_{y0} - \delta_y\end{aligned} \tag{5-10}$$

式中，D_x、D_y 为测点绝对位移量（mm）；D_{x0}、D_{y0} 为悬挂点绝对位移量（mm）；δ_x、δ_y 为测点相对位移量（mm）。

当垂线坐标仪的安装方向与其所在坝段真实的上下游或径切向之间存在夹角 θ，需对夹角误差进行修正，修正公式如下：

$$\begin{aligned}\Delta S &= \Delta Y \sin\theta + \Delta X \cos\theta \\ \Delta T &= \Delta Y \cos\theta - \Delta X \sin\theta\end{aligned} \tag{5-11}$$

式中，ΔX、ΔY 为垂线坐标仪安装方向观测值；ΔS、ΔT 为坝段实际上下游或径切向位移；θ 为垂线坐标仪安装方向与坝段上下游或径切向的夹角。

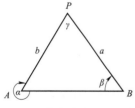

图 5-36　前方交会观测示意图

（3）交会法。交会法常见的有测角、测边及边角交会法。

测角前方交会观测示意图如图 5-36 所示，A、B 为已知点，P 为位移测点（1、2、…），观测时，在基点 A、B 观测计算得到水平角 α、β。

位移测点 P 的累计位移量 ΔX_P、ΔY_P 可根据水平角变化量 $\Delta\alpha$、$\Delta\beta$ 按下式计算：

$$\begin{cases}\Delta X_P = -K_1\Delta\alpha + K_2\Delta\beta \\ \Delta Y_P = -K_3\Delta\alpha + K_4\Delta\beta\end{cases} \tag{5-12}$$

$$K_1 = \frac{b \cos \alpha_{BP}}{\sin \gamma} \cdot \frac{1}{\rho};$$

$$K_2 = \frac{a \cos \alpha_{AP}}{\sin \gamma} \cdot \frac{1}{\rho};$$

$$K_3 = \frac{b \sin \alpha_{BP}}{\sin \gamma} \cdot \frac{1}{\rho};$$

$$K_4 = \frac{a \sin \alpha_{AP}}{\sin \gamma} \cdot \frac{1}{\rho}。$$

测边前方交会观测如图 5−36 所示,观测位移测点 P 的坐标时,在基点 A、B 分别观测 BP、AP 的水平距离 a、b,根据距离变化 Δa、Δb,按下式计算 X、Y 的坐标位移量 ΔX_P、ΔY_P。

$$\begin{cases} \Delta X_P = -\dfrac{\sin \alpha_{BP}}{\sin \gamma} \cdot \Delta b + \dfrac{\sin \alpha_{AP}}{\sin \gamma} \cdot \Delta a \\ \Delta Y_P = \dfrac{\cos \alpha_{BP}}{\sin \gamma} \cdot \Delta b - \dfrac{\cos \alpha_{AP}}{\sin \gamma} \cdot \Delta a \end{cases} \tag{5−13}$$

在测边的同时又增测了 α、β 角,则为边角交会法。

极坐标法观测示意图如图 5−37 所示,A、B 为已知点,P 为位移测点,在基点 A 上安置全站仪进行观测,计算得到水平角 α、水平距离 D_B,α_{AB} 为 AB 的坐标方位角。

位移测点 P 的坐标 X_P、Y_P 可按下式计算。

$$\begin{cases} X_P = X_A + \cos (\alpha_{AB} + \alpha) \cdot D_B \\ Y_P = Y_A + \sin (\alpha_{AB} + \alpha) \cdot D_B \end{cases} \tag{5−14}$$

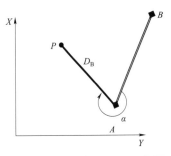

图 5−37 极坐标法观测示意图

在极坐标法观测水平角的同时观测垂直角,便可得到 P 点的三维坐标。

(4)引张线式水平位移计。土石坝坝体内部水平位移观测大多采用引张线式水平位移计,测点绝对水平位移计算公式如下:

$$\Delta L = (L_i - L_0) + \Delta X \tag{5−15}$$

式中,ΔL 表示绝对水平位移(mm);L_0 表示观测点初始读数(mm);L_i 表示观测点当前读数(mm);ΔX 表示观测房水平位移量(mm)。

(5)测斜观测。

测斜观测示意图如图 5−38 所示。

某一深度测段发生的位移为:

$$d_i = L \cdot \sin \theta_i \tag{5−16}$$

式中,d_i 为第 i 测段位移值;L 为测距,一般为 0.5m;θ_i 为测段测斜管与基准线夹角。

某一深度累计位移通过逐段叠加的方式计算:

$$D_n = \sum_{i=1}^{i=n} L \cdot \sin \theta_i \tag{5−17}$$

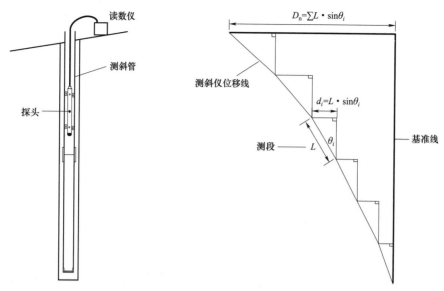

图 5-38 测斜观测示意图

（6）水管式沉降仪。在水管式沉降仪测读时，宜同步测量其所在观测房的垂直位移，并对相应观测点的垂直位移值进行修正。其绝对位移计算公式如下：

$$\Delta d = (h_i - h_0) + \Delta G \tag{5-18}$$

式中，Δd 为绝对垂直位移（mm）；h_0 为观测点初始读数（mm）；h_i 为观测点当前读数（mm）；ΔG 为观测房垂直位移量（mm）。

（7）静力水准。设静力水准系统测点的初始读数为 h_{i0}（$i = 1$、2、$\cdots$、n），并设于基准点处（设为第 1 点）的双金属管标同时测得绝对高程为 y_{10}，则第 i 测点的初始绝对高程 H_{i0} 为：$H_{i0} = y_{10} + (h_{i0} - h_{10})$。

相应地，第 j 次监测第 i 测点的绝对高程 H_{ij} 则为：$H_{ij} = y_{1j} + (h_{ij} - h_{1j})$。

静力水准示意图如图 5-39 所示。

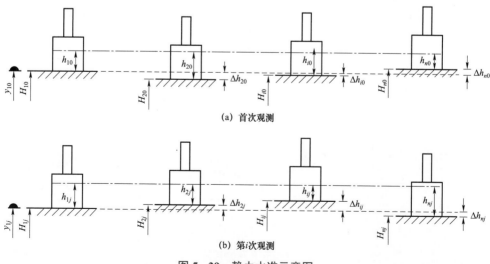

(a) 首次观测

(b) 第 i 次观测

图 5-39 静力水准示意图

208

（8）双金属标。目前，水电工程上应用的金属管均采用一根为钢管，另一根为铝管，并以钢管顶部的水准测量标心高程为基准（采用水准测量时），或以钢管顶部的双金属标仪测值为基准（采用双金属标仪测量时）。

1）作为精密水准测量基准点或工作基点。当双金属标作为精密水准测量的基准点或工作基点时，从钢管顶部的标心开始引测。这种情况下，计算示意图如图 5-40 所示，第 i 次观测时，钢管标高程计算公式：

$$H_{钢i} = H_{钢0} + \Delta_{钢} = H_{钢0} + \frac{\alpha_{钢}}{\alpha_{铝} - \alpha_{钢}} \cdot (\Delta h_i - \Delta h_0) \qquad (5-19)$$

式中，$H_{钢0}$ 为钢管标标心初始高程（m）；Δh_i 为第 i 次测量时两根管标的高差（m）；Δh_0 为初始观测时两根管标的高差（m）；$H_{钢i}$ 为第 i 次钢管标标心高程（m）；$\alpha_{钢}$ 为钢管标线膨胀系数；$\alpha_{铝}$ 为铝管标线膨胀系数。

2）作为静力水准校核基点。静力水准系统端点与双金属标仪底座应固定在同一个混凝土基座上。一般双金属标中钢管标心和铝管标心的变化量采用双金属标仪观测。计算示意图如图 5-41 所示，因此，最终静力水准系统端点改正值（即双金属标仪安装基座绝对位移量）为：

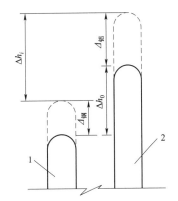

图 5-40　双金属管标作为精密水准的校核基点计算示意图

1—钢管标；2—铝管标

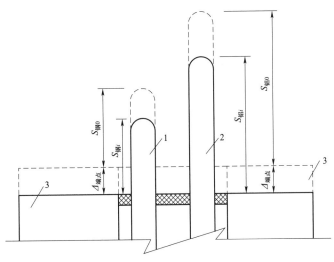

图 5-41　双金属管标作为静力水准的校核基点计算示意图

1—钢管标；2—铝管标；3—混凝土基座

$$\Delta_{端点} = (S_{钢i} - S_{钢0}) - \frac{\alpha_{钢}}{\alpha_{铝} - \alpha_{钢}} \cdot [(S_{铝i} - S_{铝0}) - (S_{钢i} - S_{钢0})] \qquad (5-20)$$

式中，$S_{钢0}$ 为钢管标初始测值（mm）；$S_{钢i}$ 为钢管标第 i 次测值（mm）；$S_{铝0}$ 为铝管标初始测值（mm）；$S_{铝i}$ 为铝管标第 i 次测值（mm）。

当取 $\alpha_{铝} = 2\alpha_{钢}$ 时，则

$$\Delta_{端点} = 2(S_{钢i} - S_{钢0}) - (S_{铝i} - S_{铝0}) \tag{5-21}$$

（9）多点位移计及基岩变位计。多点位移计其工作原理为在变形范围以外，或受变形影响最小位置的测点建立平面或高程变形基准点，以变形基准点为依据，观测工作基准面的位移量；再以工作基准面为依据，由各位移测点传感器观测出各位移测点与基准面的相对位移量，经过计算，获得各位移测点的绝对位移量。各锚固点的绝对位移按下式计算，计算示意图如图 5-42 所示。

$$D_0 = \delta_0$$
$$D_i = D_0 - \delta_i \tag{5-22}$$

式中，D_0 为孔口绝对位移（mm）；δ_0 为稳定锚固点对应的传感器测值（mm）；δ_i 为中间锚固 i 点对应的传感器测值（mm）；D_i 为中间锚固 i 点绝对位移（mm）。

对于预埋的多点位移计，其孔口相当于稳定锚固点，因此其各深度锚固点的相对位移值即为绝对位移值。

（10）型板式三向测缝标点。观测接缝开合、错动和高差三个方向变化，在接缝两侧混凝土上埋设型板式三向测缝标点，如图 5-43 所示。用游标卡尺测量每对三棱柱条间的距离变化，算出 ΔX、ΔY、ΔZ，即得接缝三个方向的相对位移。

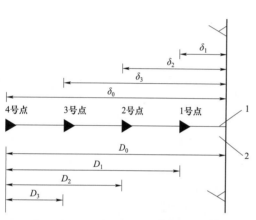

图 5-42 多点位移计位移计算示意图

1—多点位移计；2—围岩

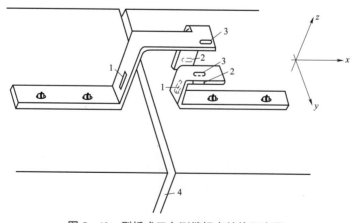

图 5-43 型板式三向测缝标点结构示意图

1—X 方向测量标点；2—Y 方向测量标点；3—Z 方向测量标点；4—伸缩缝

（11）三向测缝计。用于监测面板堆石坝面板与趾板之间的周边缝三向变位，可采用三向测缝计，河床部位的周边缝变位监测可采用二向测缝计。图 5-44 为 3DM 型三向测缝计，由三个旋转式电位器位移传感器、支护件等组成。

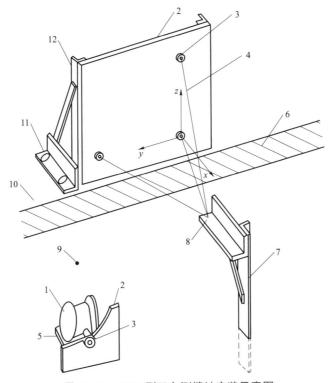

图 5-44　3DM 型三向测缝计安装示意图

1—位移计传感器；2—坐标板；3—传感器固定螺母；4—不锈钢丝线；5—传感器托板；6—周边缝；7—预埋板；
8—钢丝交点；9—面板；10—趾板；11—地脚螺栓；12—支座

3DM 型三向测缝计的变位计算公式如下：

$$
\left.
\begin{aligned}
L_3 &= L_{03} - (U_3 - U_{03}) / K_3 \\
L_2 &= L_{02} - (U_2 - U_{02}) / K_2 \\
L_1 &= L_{01} - (U_1 - U_{01}) / K_1 \\
y &= (s^2 - L_{03}^2 + L_{02}^2) / 2s \\
z &= (h^2 - L_{01}^2 + L_{02}^2) / 2h \\
x &= \sqrt{L_{02}^2 - y^2 - z^2} \\
\Delta y &= (s^2 - L_3^2 + L_2^2) / 2s - y \\
\Delta z &= (h^2 - L_1^2 + L_2^2) / 2h - z \\
\Delta x &= \sqrt{L_2^2 - (\Delta y + y)^2 - (\Delta z + z)^2} - x
\end{aligned}
\right\}
\qquad (5-23)
$$

式中，L_1、L_2、L_3 分别为 1、2、3 号传感器变位后的钢丝长度（mm）；L_{01}、L_{02}、L_{03} 分别为 1、2、3 号传感器至测点 P 的钢丝始测长度（mm）；U_1、U_2、U_3 分别为 1、2、3 号传

感器变位后的测读数；U_{01}、U_{02}、U_{03} 分别为 1、2、3 号传感器的始测读数；K_1、K_2、K_3 分别为 1、2、3 号传感器的测斜率；y、z、x 为测点 P 的始测坐标（mm）；h 为坐标板上传感器 1 号与 2 号的中心距（mm）；s 为坐标板上传感器 2 号与 3 号的中心距（mm）；Δy、Δz、Δx 分别为测点 P 在 y、z、x 三个方向上的位移量（mm）。

2. 渗流监测

（1）量水堰法。直角三角堰，自由出流的流量计算公式为：

$$Q = 1.4 \times H^{5/2} \tag{5-24}$$

式中，Q 为渗漏量（m^3/s）；H 为堰上水头（m）。

无侧收缩矩形堰，流量计算公式如下：

$$Q = \left(0.402 + 0.054\frac{H}{P}\right)b\sqrt{2g}H^{\frac{3}{2}} = mb\sqrt{2g}H^{\frac{3}{2}} \tag{5-25}$$

式中，H 为堰上水头（m）；P 为堰高（m），$P \geqslant H/2$；b 为堰口宽度（m）；g 为重力加速度（m/s^2）。

有侧收缩矩形堰，流量计算公式如下：

$$Q = \left(0.405 + \frac{0.0027}{H} - 0.030\frac{B-b}{H}\right)\left[1 + 0.55\left(\frac{b}{B}\right)^2\left(\frac{H}{H+P}\right)^2\right]b\sqrt{2g}H^{\frac{3}{2}}$$
$$= A_1 A_2 b\sqrt{2g}H^{\frac{3}{2}} \tag{5-26}$$

式中，m、A_1、A_2 可根据堰上水头和量水堰相关参数预先制成表。

梯形堰堰口坡度为1:0.25，流量计算公式为：

$$Q = 1.86bH^{\frac{3}{2}} \tag{5-27}$$

式中，b 为堰口底宽（m）。

（2）扬压力、地下水位。扬压力、地下水位一般采用测压管观测，观测仪器有电测水位计、渗压计、压力表。采用电测水位计观测，测压管管内水位为管口高程折算水头减去管口至水面距离；采用压力表观测，测压管管内水位为压力表中心高程加压力表读数；采用渗压计观测，测压管管内水位为渗压计埋设高程加渗压计读数折算水头。

坝基扬压力是混凝土坝的重要荷载，设计时根据不同的坝型、结构特点，采用不同的扬压力设计值，并用渗透压力强度系数或扬压力强度系数来表示。图5-45为常见的两类坝基扬压力设计图形。

当坝基设有防渗帷幕和排水孔时［见图 5-45（a）］，坝基渗透压力强度系数α 计算公式：

$$\left.\begin{aligned}\alpha = \frac{H_i - H_4}{H_1 - H_4} \qquad &\text{当下游水位低于基岩面高程}\\[2mm]\alpha = \frac{H_i - H_2}{H_1 - H_2} \qquad &\text{当下游水位高于基岩面高程}\end{aligned}\right\} \tag{5-28}$$

式中，H_i 为测点水位（m）；H_4 为基岩面高程（m）；H_1 为上游水位（m）；H_2 为下游水位（m）。

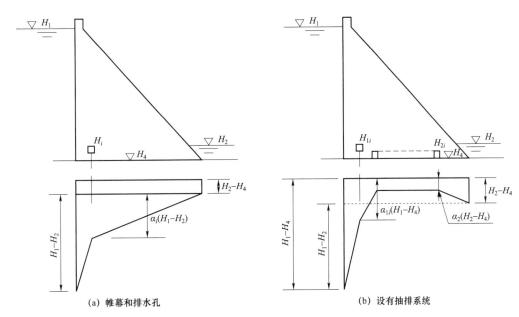

图5-45 常见坝基扬压力设计图形

当坝基设有防渗帷幕和上游主排水孔,并设有下游副排水孔及抽排系统时,见图5-45(b),坝基扬压力强度系数α_1和残余扬压力强度系数α_2计算公式如下:

$$\alpha_1 = \frac{H_{1i} - H_4}{H_1 - H_4} \; ; \quad \alpha_2 = \frac{H_{2i} - H_4}{H_2 - H_4} \qquad (5-29)$$

式中:H_{1i}为上游主排水孔测点水位(m);H_{2i}为下游副排水孔测点水位(m)。

3. 差动电阻式仪器

(1)应变计。

$$\varepsilon = f\Delta Z + b\Delta T \qquad (5-30)$$

式中,ε为应变(με);f为仪器最小读数(με/0.01%);ΔZ为电阻比变化量(0.01%);b为仪器温度修正系数(με/℃);ΔT为温度变化量(℃)。

(2)测缝计。

$$J = f\Delta Z + b\Delta T \qquad (5-31)$$

式中,J为缝的开合(mm);f为仪器最小读数(mm/0.01%);b为仪器温度修正系数(mm/℃)。

(3)渗压计。

$$P = f\Delta Z - b\Delta T \qquad (5-32)$$

式中,P为渗透压力(MPa);f为仪器最小读数(MPa/0.01%);b为仪器温度修正系数(MPa/℃)。

(4)钢筋计、锚杆应力计、压应力计。

$$\sigma = f\Delta Z + b\Delta T \qquad (5-33)$$

式中，σ 为应力（MPa）；f 为仪器最小读数（MPa/0.01%）；b 为仪器温度修正系数（MPa/℃）。

（5）锚索测力计。

$$P = f(Z_0 - Z_1) + b\Delta T \qquad (5-34)$$

式中，P 为锚索荷载（kN）；f 为仪器最小读数（kN/0.01%）；Z_0 为仪器受力为零时所测得的电阻比测值（0.01%）；Z_1 为本次测量时所测得的电阻比测值（0.01%）；b 为仪器温度修正系数（kN/℃）。

（6）温度计。

$$T = \alpha\Delta R \qquad (5-35)$$

式中，T 为温度（℃）；α 为温度常数（℃/Ω）；ΔR 为电阻变化量（Ω）。

4. 钢弦式仪器

（1）应变计。

$$\varepsilon = K(f^2 - f_0^2) + A \qquad (5-36)$$

式中，ε 为应变（$\mu\varepsilon$）；K 为应变计仪器系数（$\mu\varepsilon/Hz^2$）；A 为仪器修正值（$\mu\varepsilon$）；f_0 为基准频率值（Hz）；f 为频率值（Hz）。

（2）测缝计。

$$J = K(f^2 - f_0^2) + A \qquad (5-37)$$

式中，J 为开合度（mm）；K 为测缝计仪器系数（mm/Hz^2）；A 为测缝计仪器修正值（mm）。

（3）渗压计。

$$P = K(f^2 - f_0^2) + A \qquad (5-38)$$

式中，P 为渗透压力或压力（MPa）；K 为渗压计或压力计仪器系数（MPa/Hz^2）；A 为渗压计或压力计仪器修正值（MPa）。

（4）钢筋应力、锚杆应力计。

$$\sigma = K(f^2 - f_0^2) + A \qquad (5-39)$$

式中，σ 为钢筋、锚杆应力（MPa）；K 为仪器系数（MPa/Hz^2）；A 为仪器修正值（MPa）。

5.4.3 监测资料整编

1. 资料整编的基本规定

在施工期和初蓄期根据工程施工和蓄水进程进行阶段性整编工作，一般时间间隔不超过 1 年。在运行期，每年汛前应将上一年度的监测资料整编完毕。

监测自动化系统采集的数据一般取每周同一时刻的监测数据进行表格形式的整编，对于遭遇高水位、库水位骤变、特大暴雨、地震等特殊情况和工程出现异常时加密测次的监测数据也应整编。

绘制各监测物理量过程线图，以及能表示各监测物理量在时间和空间上的分布特征图和与有关因素的相关关系图，过程线选取近五年所有测值，对监测资料进行初步分析，阐述各监测物理量的变化规律以及对工程安全的影响，提出运行和处理意见。

整编资料报告主要内容包括工程概况、整编说明、基本资料（第一次整编时）、监测项目汇总表、监测资料初步分析成果、监测资料整编图表、结论和建议。

由于监测系统自动化、信息化程度越来越高，监测资料整编脱离了原来传统手工制表、绘图的方式，通过计算机自动换算监测物理量，实现快速高效的生成表格、图形。

2. 资料整编图形样式

（1）过程线图。过程线是以时间为横坐标轴，监测量为纵坐标轴，在二维笛卡尔坐标系上表示测值与观测时间关系的图形，是判断监测量规律性和趋势性的重要图形，如图5-46所示。绘制过程线图的基本要求：坐标轴刻度单位应标注；刻度线应延伸至整图幅；X轴应标注为区间坐标；Y轴刻度应尽量取整；同类图的Y轴刻度范围应一致；长时间缺测时，两测次间应断开；多条线可分辨，线上符号不应太密；关键点作标注。

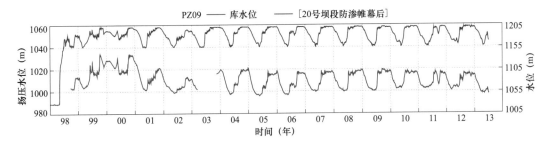

图5-46 过程线图示例

（2）相关图。以一个监测量为横坐标轴，另一个监测量为纵坐标轴，在二维笛卡尔坐标系上表示两个监测量测值之间关系的图形。相关图是判断两个监测量之间的相关性的重要图形，如图5-47所示。

（3）分布图。分布图是两个以上监测量的测值与测点位置之间关系的图形，是判断监测量的空间分布规律的重要图形，从分布图可以看出分布规律的合理性及工程薄弱部位，如图5-48所示。

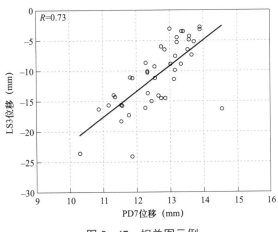

图5-47 相关图示例

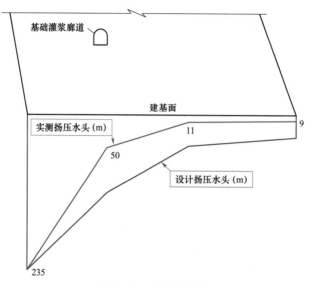

图 5-48 分布图示例

3. 资料整编表格样式

每次整编时，对本时段内巡视检查发现的异常问题及其原因分析、处理措施和效果等作出完整编录，并简要引述前期巡视检查结果加以对比分析。

整编表格样式见《混凝土坝安全监测资料整编规程》（DL/T 5209）、《土石坝安全监测资料整编规程》（DL/T 5256）的规定，典型表格见表 5-3 和表 5-4。上游和下游水位为逐日平均值或逐日定时值，准确到 0.01m；降水量为逐日降水量；气温为逐日平均气温；渗流整编同时抄录监测时相应的上、下游水位和降水量，必要时还应抄录气温等。

表 5-3   水 平 位 移 统 计 表
年基准值日期   mm

日期 月-日		测点编号及累计水平位移量								
		测点 1		测点 2		测点 3		...		测点 n	
		X	Y	X	Y	X	Y	X	Y	X	Y
...											
全年特征值统计	最大值										
	日期										
	最小值										
	日期										
	平均值										
	年变幅										

表 5－4   测 压 管 水 位 统 计 表

年

日期 月－日		测点编号、管内水位			上游水位 （m）	下游水位 （m）	降水量 （mm）
		测点 1	…	测点 n			
		管内水位 1 （m）	…	管内水位 n （m）			
…							
全年特征值统计	最高						
	日期						
	最低						
	日期						
	平均值						
	年变幅						

5.4.4 监测资料分析

由于监测系统获得的监测数据中包含着仪器运行性态和工程实际运行状态的各种信息，因此通过监测资料分析，正确地从中提取信息，认识工程的运行规律，揭示可能存在的问题，解释其工作性态并进行客观评价，是监控工程安全所必需的手段，也是发展工程技术的重要途径。事实上随着水力资源的深入开发，坝址地质条件越来越复杂，加上一些新型监测仪器的应用，利用监测数据结合工程实际，分析、评估工程运行状态，指导设计、施工、运行的要求越来越高。

工程安全监测资料分析作为工程安全评估工作必不可少的组成部分，应当以资料准确性判断为基础，注重仪器监测与现场巡视检查成果相结合，进行深入的定性、定量分析，关注监测物理量随时间的变化规律以及特征值的空间分布，以及与工程地质、水文地质条件、环境要素和结构特点的关系，评判工程运行安全性态。其中应当突出趋势性分析和异常现象诊断，如测值出现突变或趋势性变化，量值超设计值或超量程，或与同类工程比明显偏大，测值变化规律不符合一般规律等情况，应予以综合分析。

对大型工程、重要大坝和高坝的关键监测项目，宜提出安全警戒值，以指导工程运行。

在首次蓄水、蓄水到规定高程、竣工验收、大坝安全定期检查、出现异常或险情状态时应及时开展监测资料分析，提出资料分析报告。

工程安全监测资料分析具体有以下几个方面的作用。

（1）及时反馈设计和施工。在施工期间，由于外部条件的不断变化，如洞室、边坡的开挖、爆破，坝体的填筑、面板的浇筑等，需实时、动态地掌握工程的运行性态，确保施工期工程安全，一些大中型水电站在施工期间均及时开展了安全监测和资料分析，甚至专门成立安全监测中心，负责监测资料的分析和反馈，从目前实际情况来看，施工期的安全监测及资料分析反馈为及时发现安全隐患、保证施工安全发挥了很大的作用。

（2）及时发现工程运行安全隐患。工程投运后，特别是工程蓄水初期，容易出现一些蓄水前没有发现的安全隐患，因此在投运初期要特别重视安全监测工作，加强对监测资料的分析和反馈。我国有一些水电站在投运初期出现异常现象，其中以面板堆石坝尤为明显，受坝体堆石填筑质量、施工进度控制、接缝止水等多种因素影响，混凝土面板防渗体系容易出现问题，经分析后及时进行补强加固处理，确保了工程安全运行。

（3）分析工程缺陷产生机理。工程在运行期间出现的缺陷，必须先要了解、掌握该缺陷产生的机理、发展趋势及其对工程的危害，才能为下一步处理措施提供依据，为优化运行管理提供技术支持。因此当工程运行出现缺陷时，首先对监测资料进行全面的分析，结合工程结构特点、地质情况、外部环境量变化等，分析缺陷产生的原因。

1. 监测资料的分析方法

资料分析通常用比较法、作图法、特征值统计法及数学模型法，分析了解各监测物理量的大小、变化规律、趋势及效应量与原因量之间（或几个效应量之间）的关系和相关的程度。使用数学模型法做定量分析时，应同时用其他方法进行定性分析，加以验证。

（1）比较法。

1）监测值与监控指标相比较。监控指标是在某种工作条件下的变形量、渗漏量及扬压力等设计值，或有足够的监测资料时经分析求得的允许值。在蓄水初期可用设计值作监控指标，根据监控指标可判定监测物理量是否异常。

2）监测物理量的相互对比。监测物理量的相互对比是将相同部位或在相同条件下的监测量作相互对比，以查明各自的变化量的大小、变化规律和趋势是否具有一致性和合理性。

3）监测成果与理论的或试验的成果相对照。监测成果与理论的或试验的成果相对照，比较其规律是否具有一致性和合理性。如坝体材料参数反分析，基于坝体变形的实测数据，以有限元模型分析和统计分析为主要手段，反演得到能够反映坝体混凝土真实性态的综合弹性模量，并与设计、试验成果进行对比。

4）工程类比。与同类工程进行对比，判断监测物理量是否属于正常的区间范围。如面板堆石坝的渗漏量，基于已有的多座面板堆石坝渗漏量实测成果，可以大致掌握当前设计、施工水平下的渗漏量变化区间，作为其他工程渗漏量是否正常的判断参考。

（2）作图法。根据分析的要求，画出相应的过程线图、相关图、分布图等。直观地了解和分析观测值的变化大小和其规律，影响观测值的荷载因素和其对观测值的影响程度，观测值有无异常。

（3）特征值统计法。特征值包括各物理量历年的最大和最小值（包括出现时间）、变幅、周期、年平均值及年变化趋势等。通过特征值的统计分析，可以看出监测物理量之间在数量变化方面是否具有一致性和合理性。

（4）数学模型法。用数学模型法建立效应量（如位移、扬压力等）与原因量（如库水位、气温等）之间的关系是监测资料定量分析的主要手段，分为统计模型、确定性模型及混合模型等。有较长时间的观测资料时，一般常用统计模型。当有条件求出效应量与原因量之间的确定性关系表达式时（一般通过有限元计算结果得出），亦可采用混合模型或确定性模型。

统计模型要求不同监测效应量与原因量（水位、温度、降雨量等）之间建立最确切数学关系式，然后根据水位分量、温度分量和时效分量大小，定量说明影响程度。时效分量的变化形态是评价效应量正常与否的重要依据。当时效分量的变化速率减小或等于 0，时效分量量值很小，认为处于正常状态；当时效分量的变化速率保持不变，呈线性增长，应留意观察其发展；当时效分量的变化速率呈发散状态，速率持续增大，则应引起重视，及时进行综合分析和必要的处理。

监测效应量和筑坝材料不同，所选模型是有区别的。根据监测效应量基本可分为变形、内观应力和渗流，变形和应力统计模型可归成一类模型，渗流包括坝基扬压力及地下水位归成另一类模型。根据筑坝材料不同大体分为混凝土坝（重力坝、拱坝）、土石坝（面板堆石坝、土石坝等）及其他坝型，所采用的数学模型也不同。此外，不同阶段所采用的数学模型也不同。下面以混凝土坝变形的统计模型作为典型叙述。

影响大坝变形的主要有水荷载、温度荷载及坝体混凝土和基岩的徐变、塑性变形等因素。用如下数学模型表示坝体某一点的位移 δ：

$$\delta = \delta_H + \delta_T + \delta_t \tag{5-40}$$

式中，δ_H 为大坝上下游水位变化引起的弹性位移分量；δ_T 为温度变化引起的弹性位移分量；δ_t 为非弹性位移分量，即时效位移分量。

1）水压位移分量 δ_H。库水压力是大坝的主要荷载，水库蓄水后，库水压力必然会使坝体产生相应的位移。坝体任一点的水压位移一般与坝前水深 H 及其二、三次方或更高次方成比例，可以表示成上述因子的线性组合：

$$\delta_H = a_0 + \sum_{i=1}^{n} a_i H^i \tag{5-41}$$

一般重力坝 n 取 3 次即可，H、H^2、H^3 对应物理意义为水压力作用坝基及坝体产生地基倾斜引起坝体转角位移、坝体剪切位移、弯矩变形。

考虑到空间力系作用的拱坝、横缝灌浆或设有键槽的重力坝，水荷载沿悬臂梁及水平梁（或拱）两向分配，位移与水深更高次方有关，n 取 4 次或 5 次。

2）温度位移分量 δ_T。引起坝体位移的温度因素，主要是边界温度及坝体混凝土水化热的释放。坝体边界温度的变化，事实上都是由于气温的季节性变化引起，故计算温度位移分量时，可采用多段平均气温的线性组合。

$$\delta_T = \sum_{i=1}^{m} b_i \overline{T_i} \tag{5-42}$$

式中，$\overline{T_i}$ 一般取当天、前 5d、15d、30d、60d、90d、120d 等的平均气温。

若没有连续的气温资料，可采用正弦、余弦函数的线性组合来代替，温度位移分量的公式为：

$$\delta_T = b_0 + b_1 \sin\left(\frac{2\pi t}{365}\right) + b_2 \cos\left(\frac{2\pi t}{365}\right) + b_3 \sin\left(\frac{4\pi t}{365}\right) + b_4 \cos\left(\frac{4\pi t}{365}\right) \tag{5-43}$$

式中，t 为时间基准日至观测日的累计天数。时间基准日一般取为建坝时间或补强加固时间或起始观测时间。

3）时效位移分量 δ_t。坝体混凝土和基岩的徐变、坝体接缝或裂缝的变化及基岩节理裂缝的压缩等因素，都会导致大坝的非弹性变形。这种随时间形成的不可逆变形称时效位移。对于运行性态正常的大坝来说，时效位移的一般规律是：初期变化快，后期变化慢，最终趋于稳定。据此规律，并结合大坝的实际情况，选取相应的时效因子分别为：$t, \ln(1+t),$ $t/(100+t)$。因此，时效位移的数学表达式可写成：

$$\delta_t = c_0 + c_1 t + c_2 \ln(1+t) + c_3 \frac{t}{100+t} \tag{5-44}$$

式中，t 为时间基准日至观测日的累计天数。时效位移还可以是指数形式，具体可根据实际选用。

2. 监测资料分析基本内容

（1）分析监测资料的准确性、可靠性和精度，对由于仪器故障、人工测读及输入错误等因素产生的异常测值进行删除或修改，对由于基准值改变导致的系统误差进行修正，前后数据合理衔接，以保证分析的有效性及可靠性。

（2）分析监测物理量随时间或空间而变化的规律，根据各物理量的过程线，说明该监测量随时间而变化的规律、变化趋势，其趋势是否向不利方向发展。根据同类物理量的空间分布情况，分析该监测量随空间而变化的情况，大坝有无异常征兆。分析物理量的影响因子，与水位、温度、降雨等的关系，历年的效应量与原因量的相关关系是否稳定，主要物理量的时效分量是否趋于稳定。

（3）统计各物理量的有关特征值，包括各物理量历年的最大和最小值（包括出现时间）、变幅、周期、年平均值及年变化趋势等。判别监测物理量是否存在异常，是否存在超设计计算值、数学模型预报值，或与同类工程比明显偏大。

（4）应用数学模型分析各分量的变化规律及残差的随机性。一般用统计学模型，亦可用确定性模型或混合模型。

（5）分析坝体结构整体性，对纵缝和拱坝横缝的开度以及坝体挠度等资料进行分析，检查是否存在贯穿性裂缝，判断坝体的整体性。

（6）判断防渗排水性能，根据坝基内不同部位或同部位不同时段的渗漏量和扬压力观测资料，以及析出物情况，结合地质条件分析判断帷幕和排水系统的效果。

（7）校核大坝抗滑稳定性，当重力坝坝基或拱坝拱座实测扬压力超过设计值时，宜进行稳定性复核。

（8）对异常现象或存在的工程缺陷，应结合现场检查、附近相关监测物理量或复核计算成果，分析其对建筑物运行安全的影响。

（9）根据以上的分析判断对大坝的工作状态作出评估。

3. 环境量监测资料分析

（1）分析上下游水位运行特点和规律，说明特殊运用（放空、超蓄等）情况。

（2）分析气温变化特点和规律，说明历年最高、最低气温发生时段、水库结冰时段、最大冰层厚度。

（3）分析统计降雨分布特点和规律。

（4）分析统计基岩温度、库水温过程线变化特点和规律，说明库水温沿高程的空间分布特点，是否存在异重流、取水或坝前淤积影响。

（5）说明坝前淤积、下游冲刷情况；近坝区域的地震活动、重大施工活动等情况。

（6）环境量的特殊组合情况，投运以来是否遭遇不利工况组合，如低温高水位、高温低水位、寒潮冰冻、特大暴雨等。

4. 重力坝监测资料分析

（1）变形。

1）结合环境量情况、地形地质条件和坝体结构特点，分析坝体的水平位移、垂直位移的变化规律和空间分布规律，并与同类工程及设计情况进行对比，判断变形测值及变化速率的合理性以及结构的完整性和稳定性。

坝顶水平位移影响因子包括温度、水位、时效、结构特点、材料特性。一般情况下温度和上游水位是主要影响因素，温度对大坝变形的影响是由于坝体温度梯度的变化产生的，如图 5 - 49 所示。一般情况下坝高 100m 以下重力坝坝顶水平位移的年变幅为几毫米到十几毫米，超过 100m 重力坝坝顶水平位移可能超过 20mm。

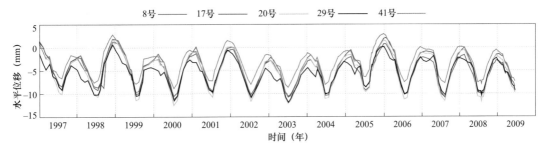

图 5 - 49　某 100m 级混凝土坝典型坝段坝顶水平位移测值过程线（向下游为正、向上游为负）

坝顶垂直位移主要源于温度变化导致坝体热胀冷缩，呈年周期变化规律为主，受上游水位影响较小。国内 100m 级重力坝水平、垂直位移年变幅一般在 20mm 以内。当不同坝段基础条件相差较大时，需关注不均匀沉降的影响。

2）分析坝基变形性态，判断坝基稳定性，对基岩内缓倾角结构面发育区、断层交会带、节理密集带及有软弱夹层部位以及坝基开挖面向下游倾斜部位的稳定情况，应作为重点对象进行分析，并与基础承载力结合分析。坝基基岩变形一般在施工坝体浇筑期呈压缩变形，浇筑完毕后趋于稳定。

3）分析坝体纵横缝、建基面和基岩面之间以及其他特殊部位接缝的各向测值的变化规律和空间分布规律，评价结构的相互作用及稳定性。

坝体横缝开合度一般随温度呈年周期变化规律，与温度负相关。

纵缝若已经进行灌浆处理，一般纵缝开合度变化较小，若出现纵缝开合度与上游水位、气温等明显相关，则表明灌浆效果较差。

建基面与基岩面的接缝一般呈闭合状态，但对于高坝需重点关注坝踵部位接缝是否有张开迹象，与坝基扬压力、渗漏量结合分析，若接缝呈张开迹象，且坝基扬压力、渗漏量同步增大，表明建基面与基岩面的接缝张开并穿过防渗帷幕，需引起关注和及时处理。

4）分析坝体裂缝的分布、延展、开合情况，评价是否影响结构完整性和稳定性。

5）施工期应注意分析基础开挖、固结灌浆等施工引起的变形，评价结构的完整性和稳定性。

（2）渗流。结合环境量、水文地质条件、坝基处理情况和坝体、坝基扬压力、渗流量以及绕坝渗流监测数据，分析坝体、坝基扬压力及渗漏和坝肩水位测值的变化规律和空间分布规律情况，并与同类工程及设计情况进行对比，评价固结灌浆、帷幕、排水及断层破碎带处理的效果和坝体、坝基（含坝肩）防渗体系工作状况。

1）坝基扬压力是重力坝重要荷载之一，由浮托力和渗透压力组成。坝基扬压力主要受坝上下游水位影响，并与坝基地质条件及防渗帷幕、排水设施的布置及工作效能有关。如由于帷幕的溶蚀、冲蚀或排水孔的淤堵，扬压水位出现上升趋势，这时往往需要做帷幕补强灌浆或进行排水孔清淤或加深加密排水孔。由于坝前淤积的增厚、压密或细颗粒泥沙被渗水带入基岩裂隙使坝基防渗性能改善，扬压水位也可能逐渐降低，这有利于坝的稳定。但有时也会因测压孔淤堵而造成扬压水位降低的假象，要注意把它与扬压力真正降低的情况区别开来。故在分析坝基扬压力时，除上下游水位外，还要根据各种情况，结合坝基地质条件、坝基处理情况、排水设施状况、坝前淤积等进行分析。

扬压水位实测值与设计值进行比较。《水工建筑物荷载设计规范》（DL/T 5077）规定实体重力坝坝基渗透压力强度系数河床坝段为 0.25，岸坡坝段为 0.35；如坝基设置了防渗帷幕和主、副排水及抽排系统的，主排水孔坝基扬压力系数为 0.2，残余扬压力强度系数为 0.5，其他坝型渗压系数参见规范。在资料分析时，首先查证设计单位采用的渗压系数值，分析坝基实际扬压力是否小于设计值，如果实际扬压力大于设计值，应分析设计大坝抗滑稳定系数是否富余，初步估算对大坝抗滑稳定的影响，必要时进行抗滑稳定复核。

不同排水孔设置、不同地质条件对扬压力图形影响较大。① 当帷幕后排水孔孔径和孔距适当，穿过岩体足够深度、孔口在尾水位以下一定深度，达到完全排水效果时，则在排水孔轴线下游理论上不再有库水位引起的渗透压力。② 当排水孔在尾水位以上或穿过岩体深度不足时，排水孔轴线下游存在部分渗透压力。③ 当坝基岩层向上游倾斜，在不透水层夹有一层透水岩层，排水孔的深度没有达到该透水岩层，此时，如果岩体在坝前因受拉产生垂直裂隙，使得库水深入，便会在坝基透水的岩体中出现可能与库水位相等的扬压力。④ 当坝基岩层倾向下游，透水层在下游不与地表连通，排水孔未达透水层，坝基存在较大的深层承压水，但在坝基面扬压力较小，给人安全的错觉。

2）渗漏量包括坝体和坝基渗漏量，分析时要注意区分。渗漏量与水位、气温相关，一般库水位上升，气温下降，渗漏量会增大，反之则减小。坝体渗漏量还往往受横缝影响较大，部分横缝止水损坏导致坝体渗漏量突增。

重力坝渗漏量一般较小，大部分工程在 5L/s 以内，要关注是否存在渗漏集中现象，即渗漏量是否集中在某一个坝段。

结合坝基扬压力和渗漏量，可以分析判断坝基防渗系统运行性能。当坝基扬压力小，渗流量小，表明防渗效果好；当坝基扬压力大，渗流量大，表明防渗效果差；当坝基扬压力小，渗流量大，为基础强排水所致，水力梯度较大，若基础有析出物带出，基础帷幕防渗性能下降，需引起关注；当坝基扬压力大，渗流量小，可能存在排水孔太少，或排水不畅情况，若坝基扬压力太大影响抗滑稳定，可增设排水孔降压或扫孔。

3）库水具侵蚀性或坝体坝基析钙明显时，应评价混凝土材料及帷幕的耐久性。

（3）应力应变及温度

1）温度监测量分析应结合环境量、筑坝材料、施工温控等情况，分析坝体内部温度的变化规律和空间分布规律（周期性、变幅、滞后、冰冻深度），以及与气温、太阳辐射、库水温度、基岩温度、设计温度的关系，评价施工期坝体温控措施效果以及坝体温度引起裂缝的风险。

2）无应力计实测的资料是混凝土的自由体积变形，是由混凝土内部的温度、湿度及物理化学变化所引起的非应力变形。由于在施工期，大体积混凝土内部的湿度变形是极其微小的，对混凝土自生体积变形起主导作用的是混凝土材料中水泥等的性质，水泥在硬化过程中引起混凝土的体积变化，有可能是膨胀型，也有可能是收缩型。当结构物受到约束时，收缩型自生体积变形将引起混凝土的拉应力，甚至造成裂缝；反之，膨胀型自生体积变形将使混凝土产生压应力，可以提高混凝土的允许应力，甚至可以简化施工措施，降低温控要求等。同时无应力计也是实测应变计算混凝土应力时必需的监测资料。

无应力计测值包含三部分变形：温度变形、自生体积变形和湿度变形，可由下式表示：

$$\varepsilon_0 = \alpha\Delta T + G(t) + \varepsilon_w \tag{5-45}$$

式中，ε_0 为混凝土自由体积变形；$G(t)$ 为混凝土自生体积变形；ε_w 为混凝土湿度变形；$\alpha\Delta T$ 为混凝土的温度变形；α 为温度膨胀系数；ΔT 为温度变化量。

混凝土浇筑以后，自生体积变形 $G(t)$ 及温度变化都很大，经过一段时间以后，$G(t)$ 的发展趋于平缓，温度开始下降，一般认为 ε_w 变化不大，在降温时段可以认为 $\Delta G(t) + \varepsilon_w = 0$，因此推得：

$$\alpha = \Delta\varepsilon_0 / \Delta T \tag{5-46}$$

在降温阶段取若干组数据，运用最小二乘法，可获得混凝土温度膨胀系数 α。此外，还可以回归计算求解，假设 $G(t)$ 和 ε_w 按时间 t 对数或线性变化，即

$$\varepsilon_0 = \alpha\Delta T + \beta\ln(t+1) + \gamma t \tag{5-47}$$

式中，α、β、γ 为待定系数，其中 α 即为混凝土温度膨胀系数。

一般情况下，混凝土的温度膨胀系数在 $5\times10^{-6}/℃\sim12\times10^{-6}/℃$ 之间。

无应力计测值扣除温度应变后即为混凝土的自生体积变形，绘制自生体积变形过程线，并加以分析，判断混凝土为膨胀型、收敛型或稳定性，对混凝土裂缝控制及应力变化的影响。

3）利用混凝土弹模和徐变试验资料，根据无应力计及应变计（组）实测数据计算混凝土应力，分析应力的变化规律和空间分布规律，结合钢筋计、锚索测力计等评价混凝土结构的应力水平、裂缝风险和稳定性，特别是坝踵、坝趾、孔口较多结构较复杂的泄洪坝段及引水、泄水坝段等部位。

为了计算混凝土应力，需先将应变计测值 ε_{mX}、ε_{mY}、ε_{mZ} 换算成各方向的单轴应变 ε_X'、ε_Y'、ε_Z'，计算公式如下：

$$\varepsilon'_X = \varepsilon_{mX} / (1-\mu) + (\varepsilon_{mX} + \varepsilon_{mY} + \varepsilon_{mZ}) \times \mu / [(1+\mu)(1-2\mu)] - \varepsilon_0 / (1-2\mu)$$

$$\varepsilon'_Y = \varepsilon_{mY} / (1-\mu) + (\varepsilon_{mX} + \varepsilon_{mY} + \varepsilon_{mZ}) \times \mu / [(1+\mu)(1-2\mu)] - \varepsilon_0 / (1-2\mu) \quad (5-48)$$

$$\varepsilon'_Z = \varepsilon_{mZ} / (1-\mu) + (\varepsilon_{mX} + \varepsilon_{mY} + \varepsilon_{mZ}) \times \mu / [(1+\mu)(1-2\mu)] - \varepsilon_0 / (1-2\mu)$$

式中，μ 为泊桑比，混凝土取 $\mu = 1/6$。

混凝土是黏塑弹性体，由单轴应变推求混凝土应力的理论基础和计算方法比较复杂，目前常用的方法有变形法和松弛法，下面介绍变形法计算混凝土应力。混凝土存在徐变变形，实测应力与外荷载及其变化历程有关，可按下式计算。

$$\sigma(\tau_i) = \sum_{i=1}^{n} \Delta\sigma(\tau_i) \quad (5-49)$$

其中 $\Delta\sigma(\tau_i)$ 为应力增量：

$$\Delta\sigma(\tau_i) = E'(\tau_i, \tau_{i-1}) \times \varepsilon'_i \quad (i=1) \quad (5-50)$$

$$\Delta\sigma(\tau_i) = E'(\tau_i, \tau_{i-1}) \times \left\{ \varepsilon'_i - \sum_{j=1}^{i-1} \Delta\sigma(\tau_j)[1 / E(\tau_{j-1}) + C(\tau_i, \tau_{j-1})] \right\} \quad (i \neq 1) \quad (5-51)$$

$$E'(\tau_i, \tau_{i-1}) = 1 / \{1 / E[1 / (\tau_{i-1})] + C(\tau_i + \tau_{i-1})\} \quad (5-52)$$

式中，$\Delta\sigma(\tau_i)$ 为 τ_i 时刻的应力增量；$E(\tau_{j-1})$ 为 τ_{j-1} 时刻混凝土的瞬时弹性模量；$C(\tau_i, \tau_{i-1})$ 为混凝土的徐变度。

求得各方向的正应力后，五向应变计的主平面就可以计算出剪应力、主应力和方向，七向应变计、九向应变计在空间内可以计算剪应力、主应力和方向。

5. 拱坝监测资料分析

混凝土拱坝除同混凝土重力坝监测数据分析内容外，还应重点分析下列内容：

（1）变形。

1）结合环境量、地形地质条件及坝体体型，分析坝体的水平位移、垂直位移的变化规律和空间分布规律，特别是与坝体、坝基变形的不对称性和坝体体型、日照等物理条件、地形地质条件不对称性的关系，并与同类工程及设计情况进行对比，判断变形测值的合理性以及坝体的完整性、坝肩的稳定性。关注高温低水位、低温高水位、低温低水位、高温高水位环境量组合的变形情况。

拱坝水平位移分为径向位移和切向位移，位移与库水位、温度相关性明显。一般情况径向水平位移在温度下降或上游水位上升时向下游变形，反之则向上游；切向水平位移在温度下降或上游水位上升时向两岸变形，反之则向河谷。最大径向位移一般在几十毫米到一百多毫米之间。切向位移一般在 30mm 以内，以左、右 1/4 拱部位居多。如图 5-50 所示，某 200m 级拱坝拱冠梁坝顶径向位移受水位影响明显，影响比重约 50%，温度和时效影响比重分别为 15%、35%。

高温低水位工况，拱圈受水压力作用减小，并在温度荷载的作用下向上游膨胀，达到向上游变形的最大位置；低温高水位工况，拱圈受水压力作用增大的同时温降收缩，拱圈向下游变形最大。高温高水位和低温低水位工况中，温度和水压对大坝变形的作用是反向的，拱圈的变形介于上述两种不利工况之间。若存在坝体结构的不对称或两岸地质条件的差异，拱圈的变形也会呈现不对称状，如图 5-51 所示。

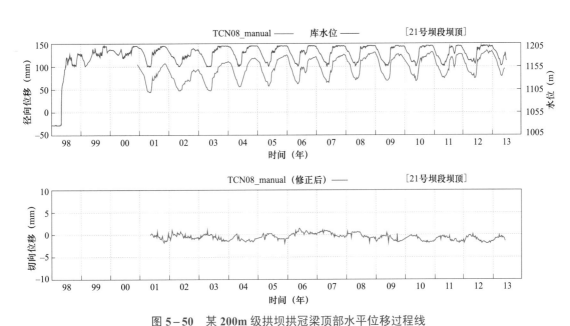

图 5-50　某 200m 级拱坝拱冠梁顶部水平位移过程线

垂直位移主要受温度影响较大，在某些双曲高拱坝的坝体上部垂直位移会出现与上游水位负相关。

2）施工期应关注灌浆施工和坝体倒悬的不利影响，分析坝体产生危害性裂缝的可能性；结合环境量情况，评价施工期封拱温度对坝体温度应力和稳定的影响。

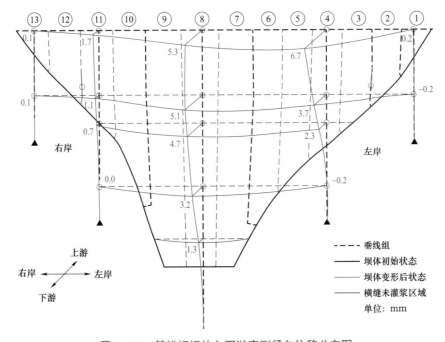

图 5-51　某拱坝坝体向下游实测径向位移分布图

温控措施对大坝应力和抗裂常起着关键作用。故一般混凝土坝均布置温度计，以观测混凝土温度，了解混凝土水化热和水温、气温、太阳辐射等影响而形成的坝体内部温度分布和变化情况，研究温度对坝体应力及变形及接（裂）缝影响，做好施工期的温控措施，防止产生温度裂缝。如北方大坝廊道均设置密封门，主要就是为了防止冬季寒冷大幅度温降，保持坝体内部温度，以免影响变形、裂缝开度和渗漏量。

温度分析要点：统计混凝土温度特征值（最大、最小、变化幅度），绘制坝体温度过程线、绘制水平剖面（拱坝）及典型坝段等温线（高温、低温、多年平均）。有时坝体温度计布置不够多时，可利用其他内部观测仪器的测温项进行补足。分析温度特征值，说明坝体混凝土温控措施效果。归纳坝体温度的变化特性（周期性、变化幅度、滞后性）及空间分布。对比坝体实测温度与设计温度，判断实际温度对应力和稳定是否有利。

3）拱坝横缝在进行封拱灌浆后，要关注灌浆后的接缝开合度，一般情况下如灌浆效果好的接缝，开合度基本不会发生变化。

坝踵与基岩间接缝变化与坝体填筑和水库蓄水关系密切，如某拱坝坝踵接缝变形过程线如图5-52所示，由图可知坝踵与基岩接缝开合度过程可分为以下三个阶段：

第一阶段为测缝计安装埋设后的3～6个月，其测值表现为拉伸变形。此阶段反映坝体混凝土在硬化过程中因湿胀等非荷载因素引起的自生体积膨胀，以及水化热释放引起的温度变形，并不代表坝踵与基岩接触面的真实结合状态。

第二阶段为第一阶段以后至1998年5月水库蓄水前，其测值表现为压缩变形。此阶段反映随着坝体浇筑高程的不断提高，坝踵与基岩间接缝受坝体自重荷载的增加而呈持续压缩闭合状态。

第三阶段为1998年5月水库蓄水后至今，坝踵下游1.5m处第一支测缝计的开合度测值呈明显的年周期性波动现象，其测值与库水位及环境温度相关性显著，表现为库水位升高，接缝开度增大，温度升高，接缝开度减小的规律；坝踵下游11.5m处第二支测缝计的开合度测值变幅微小，说明荷载变化引起的建基面接缝开合变形的深度范围尚没有扩展到该点，亦不会对防渗帷幕的安全造成危害。

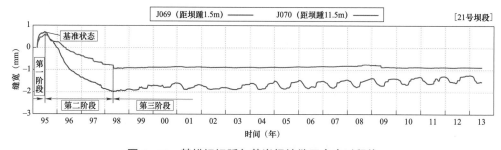

图5-52 某拱坝坝踵与基岩间接缝开合度过程线

（2）渗流。当坝体、坝基渗流变化不稳定、渗压值较大时，应分析其对拱坝结构安全和拱座稳定的影响。坝肩地下水位主要受库水位、降雨，还有可能受泄洪雾化影响，分析地下水位对拱座抗滑稳定的影响程度。

坝基扬压力分析要求基本与重力坝一致，但应注意，对于拱坝来讲，坝基扬压力不是拱坝的主要荷载，对拱坝的安全稳定影响的占比较小。

渗漏量分析要求基本与重力坝一致，结合扬压力、析出物状况，一并分析坝基防渗效果及坝踵是否存在开裂的可能。从目前收集的资料来看，拱坝渗漏量基本在 5L/s 以内。

（3）温度荷载。拱坝温度荷载是指经过接缝灌浆，坝体已形成整体后的温度荷载。因此拱坝有三个特征温度场，即封拱温度场、年平均温度场和变化温度场。温度荷载是混凝土拱坝的一项主要荷载，温度荷载产生的应力可以达到总应力的 1/3～1/2。因此分析温度荷载首先要掌握设计封拱温度、实际封拱温度及封拱时间。从温度荷载的作用效果角度考察，坝内温度又可分解为三部分，即沿截面厚度方向（即拱坝水平径向）的平均温度 T_m、等效温差 T_d 和非线性温度 T_n，即

$$T = T_m + T_d \frac{x}{L} + T_n \tag{5-53}$$

式中，x 为任一点至截面中心轴的距离；L 为截面厚度。

其中，平均温度 T_m 的作用效果为使坝体发生垂直于截面方向的伸缩变形；等效温差 T_d 的数学意义为斜率为 T_d/L 的线性分布温度对截面中心轴的静矩等效于实际温度对截面中心轴的静矩，其作用效果为使坝体发生绕截面中心轴的弯曲变形；非线性温差 T_n 是引起坝体表面裂缝的重要原因，但因其引起的应力具有自身平衡性质，不影响坝体的变位和内力，故拱坝温度荷载计算通常只考虑 T_m 和 T_d。如下式：

$$\begin{cases} T_m = T_{m1} - T_{m0} + T_{m2} \\ T_d = T_{d1} - T_{d0} + T_{d2} \end{cases} \tag{5-54}$$

式中，T_{m0}、T_{d0} 为封拱温度场的平均温度和等效温差；T_{m1}、T_{d1} 为年平均温度场的平均温度和等效温差；T_{m2}、T_{d2} 为变化温度场的平均温度和等效温差。

根据上述计算公式和实测的坝体温度测值，可以计算实际温度荷载，包括最大温升、最大温降，与设计温度荷载比较。当实际温度荷载对比设计偏不利时，需进一步分析对大坝应力的影响程度，必要时采用有限元或拱梁分载法进行计算分析。

如某拱坝坝体拱冠断面各典型高程度温度荷载 T_m、T_d 的实际值与设计值对比，无论温升还是温降工况，坝体温度荷载中平均温度 T_m 的实际值均超过设计值，两者最大相差 7.0～7.5℃，平均相差 4.3～4.6℃。无论温升还是温降工况，坝体温度荷载中等效温差 T_d 的实际值均普遍小于设计值，两者最大相差 7.5～8.1℃，平均相差 4.3～4.8℃。经按实际温度荷载进行拱坝应力复核表明：

实际温降荷载相对于设计温降荷载的差异有利于缓解坝体上游面的主拉应力水平（主拉应力最大值：设计 -2.27MPa，实际 -0.64MPa），而不至于显著增加坝体上游面的主压应力最大值（设计 5.75MPa，实际 6.26MPa）；有利于使下游面主压应力的分布趋于均一，减小下游面主压应力的变化梯度（主压应力最大值：设计 9.29MPa，实际 8.26MPa；主压应力最小值：设计 1.59MPa，实际 2.74MPa）；对坝体下游面第二主应力的影响有限，并未使坝体下游面出现主拉应力。

实际温升荷载相对于设计温升荷载的差异不利于控制坝体上游面的主压应力水平（主压应力最大值：设计 3.90MPa，实际 4.88MPa；主压应力最小值：设计 0.35MPa，实际

0.62MPa）；有利于缓解坝体上游面的主拉应力水平（主拉应力最大值：设计 –1.11MPa，实际 –0.4MPa）；有利于使下游面主压应力的分布趋于均一，减小下游面主压应力的变化梯度（主压应力最大值：设计 5.26MPa，实际 4.32MPa；主压应力最小值：设计 0.42MPa，实际 0.62MPa）；但加剧了坝体下游面的主拉应力水平（1090m 高程右拱端下游面主拉应力：设计 –0.01MPa，实际 –0.35MPa）。

（4）谷幅变形。拱坝工程建成前后，河谷的宽度通常会发生一定的变化，近些年特高拱坝的建设，对谷幅变形越来越重视。谷幅变形主要受开挖卸荷、水库蓄水等影响。

施工期，坝肩边坡开挖，两岸岩体受开挖卸荷影响，两岸山坡向河床方向倾斜，导致谷幅长度趋向缩小，边坡开挖结束后，缩小趋势逐渐减小。

水库蓄水后，蓄水对下部岩体存在扰动，产生蠕变变形导致河谷收缩；蓄水抬高了两岸地下水位，在一定程度上可能使得原本稳定的岩体由于渗透压力增大和摩擦系数、抗剪参数等的降低而产生不利下滑变形，并在自重应力等作用的综合影响下，导致谷幅缩小；库水位升高使库盆下沉增大，导致谷幅缩小；水压和温度荷载作用下拱端推力使谷幅发生变化，但与前三项相比，水压和温度对谷幅影响较小。

蓄水结束后，边坡开挖卸荷、岩体蠕变、两岸渗流场以及库盆下沉逐渐趋稳，因此谷幅变形基本稳定，这一阶段谷幅主要受库水位和气温影响。库水位对拱坝下游侧拱推力影响区域内谷幅有较明显的影响，表现为"水位升高，谷幅伸长；水位降低，谷幅缩短"。

水库蓄水后，近坝库岸向河床变形过程能持续 10～15 年，反过来会对拱坝的整体应力状态有一定影响。

6. 土石坝监测资料分析

（1）垂直位移。土石坝垂直位移均为不可逆的沉降变形，施工期沉降量较大，与施工期坝体填筑加载导致压缩变形有关，运行期主要受堆石体自身蠕变影响，沉降速率逐渐变小。一般沉降速率在 10mm/年以内，认为土石坝沉降已基本稳定。图 5–53 为某面板堆石坝坝坡表面垂直位移过程线。多座土石坝实测沉降资料表明，沉降与坝高比在施工期小于 1%，运行期小于 0.1%比较合理，对于坝高超过 150m 以上特高坝则沉降比例会更大一些，最大内部沉降位于坝高 1/3～2/3 部位。

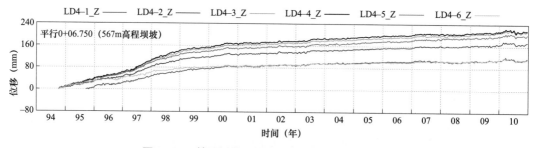

图 5–53　某面板堆石坝坝坡表面垂直位移过程线

一般情况下，上游区的密实度大于下游区，则沉降分布规律大致表现为：同一横断面，大坝上部略大于下部，上游侧大于下游侧；同一纵断面，河床中部大于两岸。典型工程沉降分布如图 5–54 所示。

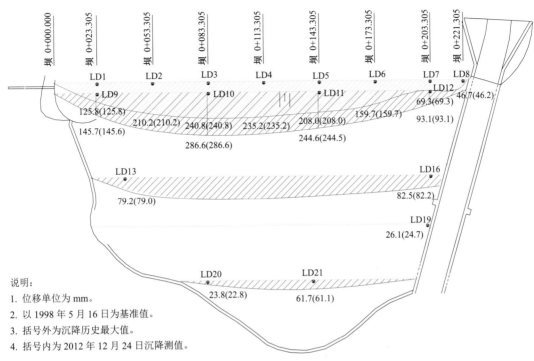

说明:

1. 位移单位为 mm。

2. 以 1998 年 5 月 16 日为基准值。

3. 括号外为沉降历史最大值。

4. 括号内为 2012 年 12 月 24 日沉降测值。

图 5-54 某面板堆石坝表面垂直位移分布图

（2）水平位移。顺河向水平位移主要发生在大坝施工期,之后水平位移趋势随时间的推移而减缓,最后趋于稳定。在水库蓄水前,顺河向水平位移受上部填筑加载和堆石体自身蠕变特性影响,致使位于坝轴线上游侧向上游位移,位于坝轴线下游侧向下游位移。水库蓄水后,由于上游坝面受到水荷载作用并随库水位上升而逐渐增加,上游侧向上游位移得到抑制,开始走平或向下游位移。

一般情况顺河向水平位移向下游为主,河谷大于两岸,横河向水平位移则两岸向河床变形,但面板顶部水平位移还受一定的上游水位、温度影响。典型工程水平位移分布如图 5-55 所示。

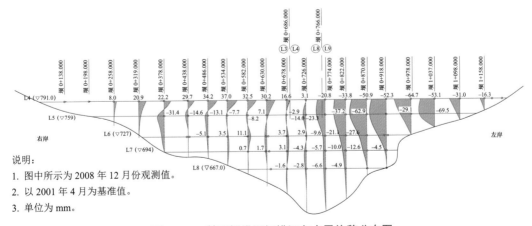

说明:

1. 图中所示为 2008 年 12 月份观测值。

2. 以 2001 年 4 月为基准值。

3. 单位为 mm。

图 5-55 某面板堆石坝横河向水平位移分布图

（3）面板挠度变形。面板在堆石体沉降变形及蠕变的影响下会产生挠度变形，当变形过大会导致面板弯曲破坏，因此为了避免产生不利影响，必须对面板挠度加以控制。

面板挠曲变形一般通过埋设在面板内的倾角仪（即电平器）或活动式测斜仪进行监测，也可根据埋设在垫层料附近的沉降仪和水平位移计测得的位移值，用矢量叠加法求得面板的挠度值。

面板挠度与大坝沉降关系较为密切，沉降变形较大的工程，其面板挠度也相对较大。在《混凝土面板堆石坝》（曹克明等著，中国水利水电出版社 2008 年出版）中，提到最大挠度可以用坝体施工期的最大沉降 S_{max} 表示，即 $\delta = 0.25 S_{max}$。

工程界一般认为面板挠度与坝高（H）的平方成正比，与堆石的压缩模量（E_{rc}）成反比。在《中国混凝土面板堆石坝 20 年综合·设计·施工·运行·科研（1985—2005）》（蒋国澄主编）中提到面板挠度估算的公式为：

$$\delta = (1.1 \sim 1.6) H^2 / E_{rc}$$

式中，δ 为面板挠度（mm）；H 为坝高（m）；E_{rc} 为蓄水前垂直压缩模量（MPa）。

面板挠度分布曲线一般呈抛物线或马鞍形，与面板施工分期、预留沉降时间等有关。

（4）周边缝、垂直缝。面板分缝的目的是适应坝体的变形，接缝的结构及止水一般根据地形条件、地质条件和坝体条件（包括坝高和填筑堆石体可能产生的变形）确定，接缝主要包括垂直缝和周边缝。

面板周边缝监测目的则是监测面板与趾板之间的变形，周边缝变形过大，特别是边坡较陡处由于剪切变形大，往往会造成止水结构破坏。室内剪切试验表明：混凝土面板之间止水铜片，在面板沿切线方向滑动大于 20mm 时将被剪切破坏。目前由于设计水平提高、高新材料发展和施工工艺改善，适应变形量可大一点，如三板溪周边缝设计值（张开 60mm、剪切 60mm 和沉降 100mm）比 90 年代天生桥一级面板周边缝设计值（张开 22mm、剪切 25mm、沉降 42mm）大许多。面板周边缝位移主要取决于坝体变形，一般来说坝越高、坝体变形（坝体最大沉降/坝高）越大，周边缝位移越大；周边缝位移尤其是剪切位移也与河谷形状、岸坡坡度及其变化密切相关，一般来说，岸坡陡峻则周边缝位移较大。周边缝变形主要发生在施工期和蓄水初期，之后坝体变形逐渐趋于稳定，周边缝位移也趋于稳定。

面板垂直缝位移取决于堆石体向河谷中央变形时坝体与面板之间的摩擦力，因此坝越高、岸坡越陡、最大沉降/坝高比越大，面板垂直缝位移就越大。垂直缝开度大小与气温和水位有一定的相关性，温度升高缝宽减小，温度降低缝宽增大；面板受水压后，一般中部垂直缝闭合，两岸的张开，水位越高靠近两岸的张性缝缝宽增大，靠近河床的张性缝缝宽略有减小。其分布规律为靠近两岸张性缝开度较大，靠近河床的张性缝开度较小。

（5）渗流。土坝在上下游水头差的作用下会形成渗流，在一定的渗流条件下，渗水在坝体、坝基中流动时，可能产生管涌、流土等现象，严重的会影响土坝的安全，据国内外大量统计资料表明：由于渗流问题直接造成土石坝失事的比例占 30%～40%，因此渗流问题是土石坝安全的关键。

由于库水位等影响，土坝渗流的原因量在不断变化，因此土坝渗流是不稳定渗流。影响土坝渗流变化的主要原因是库水位，随着库水位的不断变化，坝体水位也相应变化，但坝体水位变幅小于库水位的变幅，坝体水位的升降滞后于库水位的涨落。降雨通过表面下漏，引起测压管水位上升，其滞后时间相应短些。温度变化会改变水的黏滞性和土体孔隙大小，从而改变土的渗透系数，引起渗流量的变化；如果渗流区域内不同材料的渗透系数比值不变，渗透系数变化不会改变各点渗透水头大小。因此，温度变化对坝体水位影响较小，可以不予考虑。随着时间的推移，土体逐步固结、上游坝面泥沙淤积增加、防渗排水设施的性能发生变化，这些都会引起渗流状态的改变，从而影响坝体渗流，称之为时效。

土石坝坝体渗压反映了大坝的防渗性能，浸润线高低及溢出点位置，关系到下游坝坡的稳定性。帷幕前渗压水位变化与库水位紧密相关，库水位上升则渗压水头增大，与帷幕前相比，由于防渗帷幕的作用，帷幕后渗压水头有大幅度减小，与库水位的相关性也较弱，帷幕后坝基渗压水位与下游水位基本齐平。

土石坝的渗漏量主要受库水位和降雨影响，部分工程因绕坝渗流或山体地下水位补给，也会影响渗漏量变化。在分析时要尽量扣除降雨等其他因素影响，提取库水位影响的渗漏量量值变化情况。如同水位下，渗漏量出现增加迹象，需引起关注。从目前同类工程情况来看，百米级面板堆石坝一般在 100L/s 以内，心墙堆石坝渗漏量一般在 50L/s 以内。

在库水位明显上升或下降时，绘制库水位与渗漏量的关系曲线。在渗流稳定的情况下，相关曲线也是比较稳定的。如某面板堆石坝自蓄水以来至 2012 年 9 月，库水位大致经历了 5 次升降过程线，绘制第 1 次和第 4 次渗漏量和库水位升降相关图进行对比，如图 5-56 所示。由图可知：第 1 次库水位升降期间，升和降曲线有明显差别，差不多为两条平行的直线，量值相差 150～180L/s，而导致两者相差的原因为在库水位上升到 466.25m 后，渗漏量快速增大，可以判断在此时面板异常。经过面板修复后，第 4 次库水位升降关系曲线基本吻合，表明该期间渗漏较为稳定。

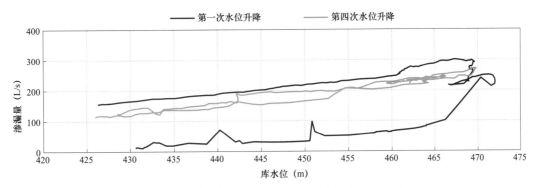

图 5-56　某面板堆石坝渗漏量与库水位升降相关图

（6）面板应力分析。面板应变受温度和水库蓄水的影响较大，随温度和库水位的升降而增减。水库蓄水以后，面板压应变快速增大，之后主要与温度呈正相关；位于面板上部（水面以上或浅水处）测点温度受气温影响明显，年变幅较大，表现为有拉有压；位于面板下部（水面以下较深处）受气温影响较小，年变幅较小，一般表现为压应变。

面板应变除受温度、库水位等环境量因素影响外，一般还与坝高、河谷形状、坝体填筑质量等有关。大坝蓄水后，面板在堆石体自身流变和水荷载作用下产生法向挠度，同时面板沿坝轴线靠河床中间受压，靠两岸受拉。面板应变与坝体沉降关系明显，坝体沉降持续增大，面板拉、压应变也随之增大；坝体沉降趋于稳定，面板拉、压应变也趋于稳定。

某面板堆石坝面板混凝土应力分布图及极值等值线如图 5-57 所示，面板大部分区域

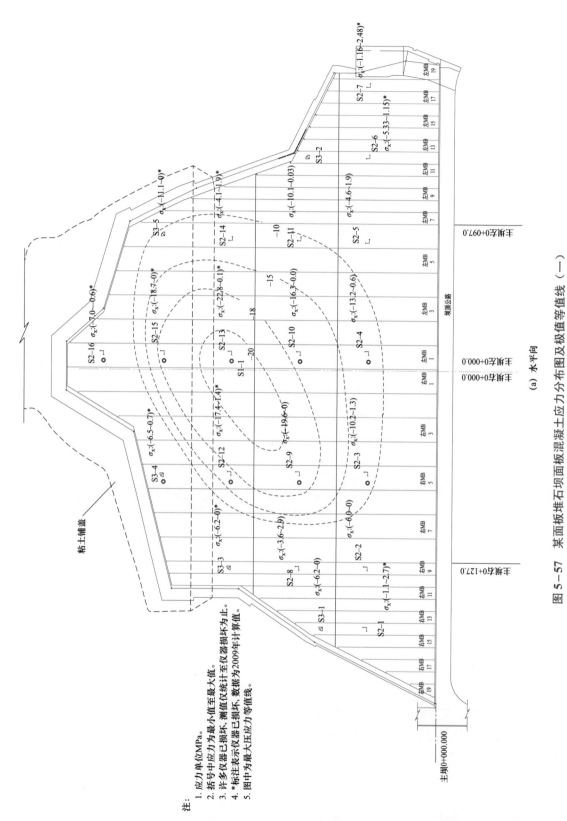

图 5-57 某面板堆石坝面板混凝土应力分布图及极值等值线（一）

（a）水平向

注：
1. 应力单位MPa。
2. 括号中应力为最小值至最大值。
3. 许多仪器已损坏，测值计至仪器损坏为止。
4. *标注表示仪器已损坏，数据为2009年计算值。
5. 图中为最大压应力等值线。

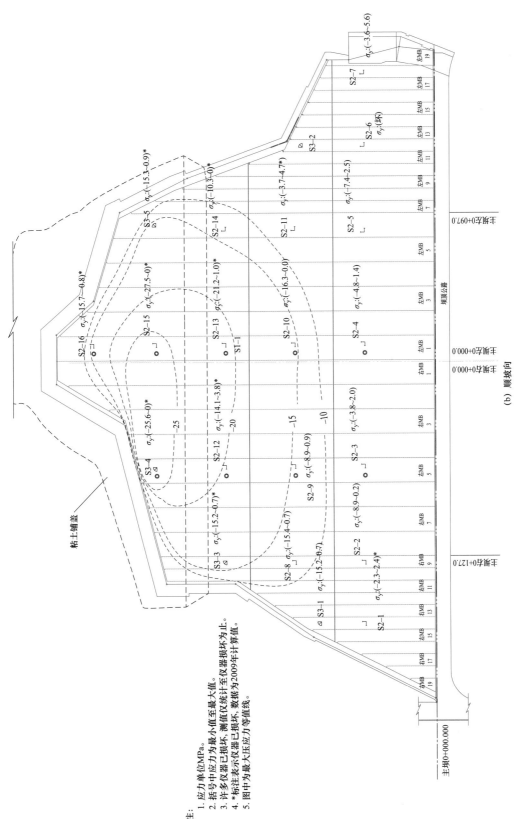

注:
1. 应力单位MPa。
2. 括号中应力值为最小值至最大值。
3. 许多仪器已损坏,测值计至仪器损坏为止。
4. 标注表示仪器已损坏,数据为2009年计算值。
5. 图中为最大压应力等值线。

(b) 顺坡向

图 5-57　某面板堆石坝面板混凝土应力分布图及极值等值线(二)

受压，一期面板、二期面板中间压应力较大，其中水平向最大压应力为 22.8MPa，出现在一期面板的上部，超过或接近混凝土的抗压强度（20MPa）；顺坡向最大压应力为 27.5MPa，出现在一期面板的下部，超过混凝土的抗压强度标准值（20MPa）。

7. 边坡监测资料分析

（1）变形。边坡变形监测分为表面变形和深部变形。

表面变形需通过绘制过程线、矢量分布图，计算变形变化速率，分析库水位变化、降雨对变形速率、开裂与错动现象的影响，如尚未收敛，应进一步分析变形分布规律，与边坡失稳模式是否对应，有无整体变形迹象。某工程边坡上部上游侧卸载边坡由于受地形、岩性、岩体完整性的影响，倾倒变形体未全部挖除，岩体强风化、强卸荷，岩体破碎，结构较松弛，采取了锚、网、喷混凝土支护，但边坡开挖坡度较陡，处于不稳定状态。图 5-58 为该边坡表面变形矢量分布图，由图可见，除测点 TP04-YBD 和 TP06-YBD 外，其余

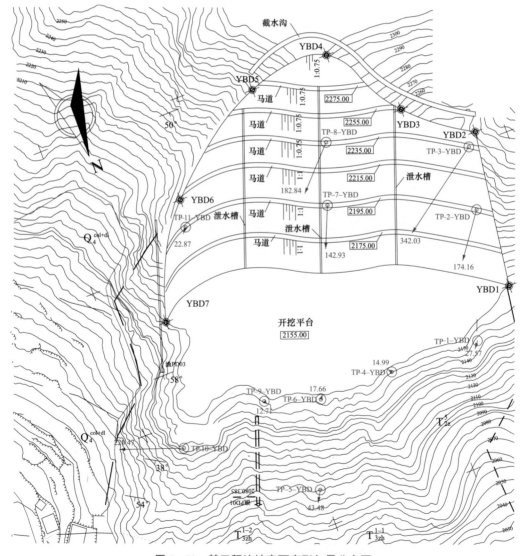

图 5-58　某工程边坡表面变形矢量分布图

测点均表现为向坡外位移，以起测日为基准日的平面合位移在 12.71～342.03mm 之间，高程 2175m 以上开挖边坡测点合位移相对较大，最大值 342.03mm 发生在高程 2235m 的测点 TP03－YBD，与边坡地质条件一致。高程 2155m 开挖平台以下测点除 TP10－YBD 外，平面合位移较小，在 50mm 范围内。

深部变形通过绘制位移—深度关系曲线，分析边坡深部是否存在可疑滑动面，以及滑动面位移的趋势性、收敛情况。若某工程边坡采用测斜孔观测，其中 ZBJ－IN－3 在 535m 高程（深度约 25m）处有较明显滑动面，如图 5－59 所示，该部位位于弱化带下限位置，向坡外变形量达 55mm 左右，从测值过程线看，也未见明显收敛。

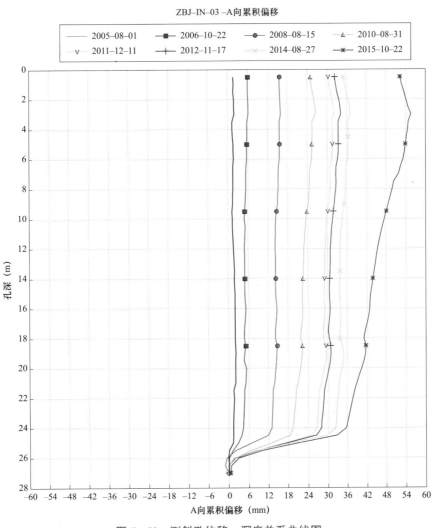

图 5－59　测斜孔位移—深度关系曲线图

（2）渗流。绘制地下水位过程线，分析地下水位变化规律，与降雨、上游水位的关系，特别是特大暴雨对地下水位的影响程度，评价边坡排水效果。统计地下水特征值，对比水库蓄水前地下水位，分析蓄水对地下水位的影响程度。绘制地下水位平面柱状分布图或等值线图，分析与边坡地势相关性。绘制边坡典型剖面地下水位线，比较实测地下水位与边坡稳定计算考虑的地下水位的关系，如超过原设计情况，必要时进行稳定复核。

（3）应力。分析锚索应力、锚杆应力的变化规律，与开挖、降雨、地下水位的相关性，统计应力特征值。对于锚索预应力应对比设计永存吨位、超张拉吨位、锁定吨位，计算预应力损失率，若锚索预应力损失较大，则分析是否满足边坡支护要求。锁定吨位测值的准确性可采用锁定时的压力表读数对比分析。若锚索应力有增大迹象，则分析与变形的相关性，并根据锚索材料特性、截面等计算锚索截面应力，并与材料设计强度比较，是否会出现拉断可能。

5.5 监测系统维护和管理

监测系统投入运行后，需持续开展高质量的监测系统维护和管理工作，以保障监测系统长期可靠运行，真实反映大坝工作性态，及时发现异常现象或者工程隐患。

电力行业通过颁布行业规范性文件，制订相关技术标准等方式不断促进水电站大坝安全监测系统维护和管理水平提升。2017 年颁布的《水电站大坝安全监测工作管理办法》（国能发安全〔2017〕61 号）（以下简称监测管理办法）明确了监测系统维护和管理的总体要求，包括：

（1）加强监测系统的日常巡查、年度详查和定期检查，定期对监测仪器设备进行校验，对监测仪器设备的异常情况进行处理。

（2）运行期，电力企业应当及时整理、分析监测数据，对测值的可靠性和监测系统的完备性进行评判，掌握监测系统的运行情况，对监测仪器设备的异常情况进行处理。

（3）不得擅自减少监测项目、测点、测次和期限，监测设备封存或报废、监测频次和期限的调整应履行相应的手续。

（4）当监测系统不能满足大坝运行安全要求时，应当进行更新改造。

相关技术标准包括《大坝安全监测系统运行维护规程》（DL/T 1558—2016）、《大坝安全监测系统评价规程》（DL/T 2155—2020）、《大坝安全监测自动化系统实用化要求及验收规程》（DL/T 5272—2012）等。

相关规范性文件是在总结我国水电站大坝安全监测系统维护和管理实践经验基础上制定的，为监测设施检查维护、观测规程的制（修）订、监测系统鉴定评价、监测仪器封存停测或报废、监测系统更新改造等工作开展提供了指南。

5.5.1 监测设施检查维护

监测设施检查维护一般分为四类：日常检查维护（经常性和周期性）、年度详查维护（结合汛前检查）、定期检查维护（结合大坝安全定期检查或根据仪器使用要求）、故障检查维护。保证监测设施运行正常，重点是做好日常检查维护工作。

检查维护需按监测系统的特点，从环境、安全、防护和功能等方面开展。包括检查、检验、清洁、维修和保养等工作。主要监测设施的检查维护要点如下：

1. 变形监测设施

（1）外观变形监测。外观变形监测设施主要包括观测墩、水准点、测量仪器等，日常检查发现有下列情况及时进行维护，如观测墩开裂、倾斜、基础松动，测点间通视受阻，工作基点变位显著，保护装置破损等。

（2）垂线。垂线是监测混凝土坝坝体变形的主要设备，一般布置在坝体或坝顶的观测房内，由线体、油桶、浮子、观测墩、垂线坐标仪等组成。

日常检查发现有下列情况应及时进行维护，如观测房潮湿、窜风、照明失效、渗水、结露，垂线线体卡阻、碰壁、不能复位，油桶油位不足或变质，浮子装置倾斜碰壁、坐标仪故障等。垂线装置运行常见问题示例如图 5−60 所示。

环境潮湿、锈蚀严重　　　浮桶油位不足　　　线体活动受限

图 5−60　垂线装置常见问题

对于坐标仪故障，应及时修复或更换；对于正垂线孔沿孔壁渗水现象，应考虑增设引排水装置，如图 5−61 所示。对于观测房潮湿现象，可采用增设除湿机、加热片等方式解决。

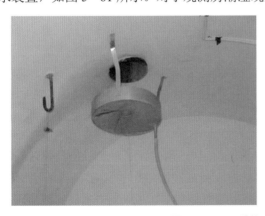
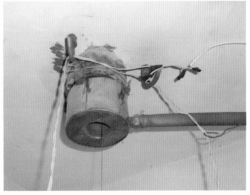

图 5−61　正垂线孔渗水引排水装置

（3）引张线。引张线是监测混凝土坝水平位移的主要设备，一般布置在基础廊道和坝顶电缆沟内，由线体、固定端、挂重端、浮船、船箱、坐标仪组成。日常检查发现有下列情况应及时进行维护，如引张线线体卡阻、松弛、振动，沟槽积水，浮船碰壁、搁浅，浮船箱液体蒸发严重或杂质堆积、坐标仪故障、护管窜风等。引张线装置运行常见问题示例

如图 5-62 所示。

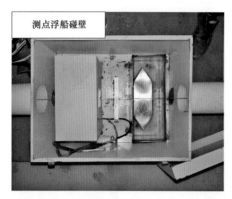
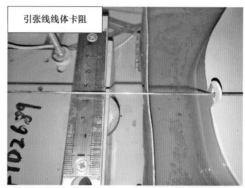

图 5-62　引张线装置运行常见问题

当引张线采用两端固定方式，由于线体热胀冷缩，高温季节容易出现线体松弛现象，若松弛明显应予以改造。位于坝顶沟槽的引张线，受外界温度影响，液面蒸发显著，应定期加液，并滴硅油减少蒸发；同时受暴雨影响，沟槽堵塞容易积水，应及时进行疏通，必要时增加排水孔；对于坐标仪损坏应及时更换；引张线测点、护管及两端观测房应保持密闭，防止和减少小动物、小虫等进入管道。

（4）真空激光准直系统。真空激光准直系统由激光发射部件、测点部件、激光接收部件、真空管道、自动化测控等装置构成。检查维护重点是检查处理发射端与真空管道连接处、接收端与真空管道连接处、真空管道与测点箱连接处和波纹管等部位的变形和不密封等情况，保证真空管道的漏气率和真空度满足规范要求。

（5）引张线式水平位移计。引张线式水平位移计系统一般安装埋设在土石坝及其他岩土工程洞室内，用来监测沿钢丝水平张拉方向的位移变化。

重点检查维护引张线式水平位移计的线体及其挂重装置运行情况，检查处理外露端卡阻无润滑、测读装置不紧固、悬挂端重锤不自由、支架松动或损坏等情况。

（6）水管式沉降仪。水管式沉降仪是安装埋设在堤坝、土石坝、土基内部，用来监测平面上不同部位垂直位移变化的仪器。

重点检查维护观测房内测量柜及水位指示装置的固定情况。检查维护各管路的通畅和接头密封情况，保持管内液体清洁；对自动化数据采集装置，日常主要对充水设备的电磁阀门及阀门继电器等进行检查维护；定期对进水管、通气管、排水管的连通性进行测试，按要求及时清洗管路。水管式沉降仪运行常见问题示例如图 5-63 所示。

（7）静力水准系统。静力水准系统是依据静止的液体表面（水平面）来测定两点或者多点之间的高差。在水电站大坝沉降变形、倾斜变形自动化监测方面应用广泛。

静力水准系统日常主要检查各测点的人工读数窗、浮子状态和液位，及钵体和管路的保温情况。对静力水准系统开展补充液体工作时，应缓慢加液，避免产生气泡，在液体中加少量硅油可减缓液体的蒸发速度。每年对钵体及其支撑体的变形、连通管路中的气泡及漏液部位等进行检查处理。

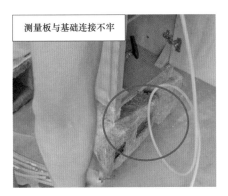
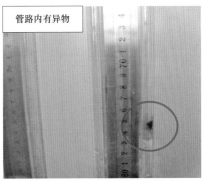

图 5-63　水管式沉降仪运行常见问题

静力水准运行常见问题示例如图 5-64 所示。

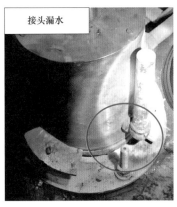

图 5-64　静力水准运行常见问题

（8）双金属标。双金属标需每年对管体变形、测点装置变形及其与金属管连接、金属管锈蚀等情况进行检查处理。每年对双金属标仪底座与端点混凝土基座的固定情况进行检查处理，定期对双金属标仪进行检测、校验。双金属标装置常见问题如图 5-65 所示。

（9）测斜管及测斜仪。日常检查活动式测斜仪的导轮、弹簧、密封圈的工作情况，确认输出正常。日常对管口变形、管口保护装置进行检查。每半年应对测斜仪电缆长度标尺进行校验；必要时应对测斜管进行测扭检查。

2. 渗流监测设施

（1）测压管。测压管是坝基扬压力监测的主要设备，一般布置在基础灌浆廊道，由进水段、孔口装置、压力表、渗压计、电测水位计等组成。日常检查发现有下列情况应及

图 5-65　双金属标装置常见问题

时进行维护，如孔口装置锈蚀、渗水、破损，压力表不归零，孔内堵塞、渗压计失效等。由于廊道内环境比较潮湿，孔口容易发生锈蚀现象，应定期进行镀锌防腐处理，或更换为不锈钢孔口装置。压力表为易损耗材，应定期进行送检，及时更换不合格压力表。测压管运行常

见问题示例如图 5-66 所示。

图 5-66 测压管运行常见问题

图 5-67 测压管孔口浇筑封闭

不宜将孔口浇筑封闭（见图 5-67），封闭后不便于运行期维护。测压管内安装的渗压计出现性能下降或损坏应及时更换。工程长期运行后，渗压计测值往往发生偏差，需定期校验修正。当测压管由于孔内淤积等原因导致灵敏度下降，应进行扫孔处理。

（2）量水堰。量水堰是监测大坝渗流量的主要设备，由堰板、堰槽、测读装置等组成。日常检查发现有下列情况应及时进行维护，如堰板锈蚀、变形，堰口附着物较多，堰槽沉积物过多影响堰口过流（见图 5-68），测读钢尺变形、污物附着导致刻度不清等。

图 5-68 堰板附着物较多影响出流

混凝土坝坝基和坝体析出物较多时，应关注堰前沉积物，及时清理。量水堰计等测读装置损坏应及时更换。

3. 应力应变及温度等监测设施

（1）传感器。日常主要检查传感器电缆标识、敷设保护、工作环境等情况，及时对电缆线头进行维护，清除氧化层，保持接触良好。

对安装在建筑物表面的传感器或传感器外露的，日常检查其保护装置的完整性，对出现松动、外壳破损、积水、电缆敷设异常等情况，应及时进行处理。

（2）测量仪表。测量仪表应保持清洁，防止灰尘、雨水进入，检查测量仪表电源的工作状态。按测量仪表技术要求进行日常检查和保养，每季度进行自检和准确性测试。

（3）集线箱。日常检查集线箱的工作温度，保持环境清洁干燥，检查集线箱通道切换开关工作状况和指示挡位的准确性。

4. 监测自动化系统

对自动化测点宜每半年进行1次人工比测，人工和自动化测值之差超过限差时，应对传感器及数据采集装置等进行检查。

对自动化数据进行检查，发现数据缺失率高、异常数据增多时应及时查明原因。

具有访问功能的自动化系统，在进行远程诊断和维护时，应按规定的程序，由经过授权的管理人员进行操作，操作完成后应及时关闭该功能。

5.5.2 观测规程的制（修）订

水电站大坝观测规程（以下简称"观测规程"）是电力企业开展监测工作的指导性、规范性文件。根据相关法律法规、规章制度要求，电力企业负责监测系统的运行管理，应制定大坝安全监测技术规程，并遵照开展观测工作。

为了充分发挥水电站大坝观测规程对日常观测、监测资料整编分析、监测系统维护和管理等各方面的指导作用，编制内容需满足覆盖全面、针对性强、可操作性高等要求。综合各类工作要求及要点，宜按照表5-5中框架结构、章节安排、内容及要点开展观测规程编制工作。

表5-5 水电站大坝观测规程编制建议

框架及主要章节	内容及要点
扉页	观测规程编制（修订）单位、版本号、批准人和日期等
1 编制说明	观测规程的编制目的、适用范围，版本受控、修订情况，以及编制（修订）单位与主要编制人员等
2 引用标准及文件	编制依据的法律法规、技术标准、企业规定等
3 观测工作原则和基本要求	安全监测工作的目的、原则、基本要求、一般规定等
4 监测系统概况	汇总说明监测系统建设和更新改造情况、监测系统组成、监测数据正负号、观测频次等内容。应附必要的监测布置图，编制监测系统一览表辅助说明。具体如下： （1）监测系统建设和更新改造情况应包括监测系统建设时间、施工主要过程、起测时间、验收时间，自动化系统的建设情况、起测时间，监测系统更新改造等建设和变更过程等； （2）监测系统组成应明确现有监测系统的项目、内容和频次总体情况；

框架及主要章节	内容及要点
4　监测系统概况	（3）监测数据正负号规定应对涉及的仪器观测项目各监测分量统一说明，正负号规定与规范不一致的应予以明确； （4）观测频次应按自动化、人工分别说明；明确遇特殊情况加密测次的规定； （5）所附的监测布置图包括监测系统平面布置、纵横剖面图等，应标明各建筑物监测项目和监测仪器设备设施的位置；纵横剖面数量以能表明测点位置为原则； （6）监测系统一览表应包括观测类别、观测项目、观测方法、测点数量和观测频次等要素；频次不满足要求、当前观测项目与设计有较大差异等重要事项应在备注中说明
5　仪器观测项目	各仪器观测项目按观测布置情况，观测方法、步骤和精度要求及观测成果的计算等三个方面编制内容。具体如下： （1）观测布置情况应包含测点部位、测点数量，及仪器测值方向、安装高程等内容； （2）观测方法、步骤和精度要求应根据仪器类型，明确观测前的检查、准备事项，观测过程的分解步骤、操作要点、限差控制标准等内容，及补测或重测，观测完成后的复原工作等要求； （3）观测成果的计算应明确仪器测值分量、正负号规定、计算公式等内容；不同仪器观测项目需进行测值叠加计算的应明确换算方法
6　巡视检查	分别从巡视检查路线、方法、频次、记录等方面作规定，并明确特殊情况下的巡视检查开展条件、程序。具体如下： （1）巡视检查路线应明确工程部位、巡检对象、巡检次序等内容，宜按水电站大坝类型分别绘制巡视检查路线图； （2）巡检检查方法应根据不同巡检对象特点、巡检内容要求编制，对采用的检查手段、检查工器具进行说明，明确对裂缝、破损、渗漏、析出物、剥蚀溶蚀、冲刷淘刷等水电站大坝运行缺陷的检查要求； （3）巡视检查频次应按日常巡视检查、年度巡视检查及特殊情况下的巡视检查分别制定； （4）巡检记录应包含巡检时间、巡检内容、缺陷跟踪、检查结论等内容，明确巡查记录的翔实性、准确性、充分性等要求；制定巡视检查记录表
7　监测自动化系统	分别从系统运行及管理、系统检查及维护两个方面作规定。具体如下： （1）系统运行及管理 ①　明确接入自动化系统的观测项目、测点数量、仪器类型、监测数据自动采集系统、监测信息管理系统等系统组成情况； ②　明确监测自动化系统操作权限级别规定； ③　明确监测自动化系统采集时间、采集频次的设定，仪器参数的设置、修改，系统时钟的校正等操作方法； ④　明确查看系统超限报警信息及故障报警及上报、处理的时限要求及程序； ⑤　明确监测数据备份周期及方法； ⑥　明确自动化、人工比测频次要求及比测时自动化系统断电、比测完成后恢复等操作要点。 （2）系统检查及维护 ①　明确监测自动化系统电源、防雷、电缆保护等措施及检查要求； ②　明确监测自动化系统监测站数据采集装置、监测管理站、监测管理中心站等设备的运行状态检查及维护要求； ③　明确自动化系统维护日志记录和存档要求
8　监测资料整理整编	明确观测资料整理、整编的编制内容及要求。具体如下： （1）资料整理 ①　明确仪器观测数据和巡视检查的记录、检验方法，观测物理量的换算、填表、图表绘制、初步分析、异常值判别等的要求； ②　明确观测资料整理时限和资料存储要求； ③　资料整理应符合 DL/T 5209、DL/T 5256 的规定，附观测记录和物理量计算表格式。 （2）资料整编 ①　明确对整理后的观测资料进行分析、处理、编辑、刊印和生成标准格式电子文档等的要求； ②　明确观测资料整编时限和资料归档要求； ③　资料整编应符合 DL/T 5209、DL/T 5256 的规定，附监测资料整编表格式

续表

框架及主要章节	内容及要点
9　安全监测信息管理及报送	分别从信息管理系统操作与维护、监控预警及信息报送等方面作规定。具体如下： （1）信息管理系统操作与维护中明确信息管理系统功能、操作与维护方法、操作权限范围； （2）监控预警中说明监控预警指标设置、查看操作方法、处理权限及安全监测信息管理系统发出监控预警后的处理流程； （3）信息报送中明确安全监测信息报送范围、报送内容、报送方式、报送对象、报送处理时限要求
10　观测仪器仪表的维护及检验	分别从观测仪器仪表的使用和保养、检验等方面作规定。具体如下： （1）观测仪器仪表的使用和保养中说明大地测量仪器、光学垂线坐标仪、测斜仪、电测水位计、埋入式仪器读数仪等仪器仪表的使用、保管维护内容及要求； （2）观测仪器仪表的检验中明确送检方法、检验频次及检验记录台账等规定
附录	当正文中某项内容较多时，将采用附录的形式放在正文之后，其内容应与正文有关，并被正文条文所引用

观测规程编制、评审、发布后应组织开展相关人员培训，并在以下情况发生后及时修订：

（1）引用的法律法规、技术标准更新，或水电站大坝安全评价结果及安全监测设施可靠性评价结果发生变化时，应及时开展观测规程修订。

（2）监测系统更新改造，监测设施增设、修复更新、停测封存、报废，观测方法变更、频次调整等情况导致现行观测规程无法满足要求时，应及时开展观测规程修订。

5.5.3　监测系统鉴定评价

大坝安全监测系统运行覆盖范围广、涵盖的类别和项目多、布设建立环节多、周期长、对专业要求广而深，做好监测设施维护管理、规范监测工作开展有利于提高监测系统运行可靠性，但仍有可能存在监测系统不完备、不可靠等问题，需系统性地开展监测系统鉴定评价工作，对监测系统实际运行情况进行动态评估，查找发现问题并及时改进完善，确保监测系统及安全监测工作起到安全监控的实效性。

关于监测系统鉴定评价工作，相关法规也明确提出了要求。如中华人民共和国国家发展和改革委员会 2015 年第 23 号令《水电站大坝运行安全监督管理规定》要求电力企业应加强大坝安全监测系统建设工作，《水电站大坝安全监测工作管理办法》（国能发安全〔2017〕61 号）指出：

（1）监测系统竣工验收时，建设单位应当组织开展监测系统鉴定评价和监测资料综合分析。

（2）运行期电力企业应当及时整理、分析监测数据，对测值的可靠性和监测系统的完备性进行评判，掌握监测系统的运行情况，对监测仪器设备的异常情况进行处理。

监测系统鉴定评价工作专业性要求较高，电力企业一般委托相关技术单位开展，从行业开展情况来看，存在一些常见不足，例如：

（1）对仪器完好率等指标比较重视，但忽略实际运行的监测需求。

（2）重视仪器日常的检查情况，忽略对监测成果的分析判断。

（3）重视仪器观测项目，对巡视检查工作评价的关注度不够。

（4）评价工作依据不充分，层次不清。

（5）评价工作不全面，存在缺少分项、总体意见等问题。

为了规范和指导电力企业及相关技术单位开展监测系统评价工作，提高行业的监测工作水平，从监控大坝安全的角度出发，明确监测系统完备性评定的基本原则和方法、监测设施可靠性评判的方法和指标，国家能源局 2020 年 10 月发布了《大坝安全监测系统评价规程》（DL/T 2155—2020）2021 年 2 月 1 日起实施。该规程指出：

（1）大坝安全监测系统评价从监测系统完备性及可靠性两个方面进行总体评价，并应对监测设施的增设、修复更新、停测封存、报废和巡视检查以及监测管理工作改进提出意见。

（2）监测系统完备性评价，目的是评价监测项目设置和测点布置是否能全面和有效监测大坝运行性态。评价工作应结合地质条件、大坝的结构特点及其实际运行性态，从监控大坝安全的角度，综合监测项目设置、测点布置和巡视检查内容进行完备性评级。

（3）监测系统可靠性评价，目的是评判仪器观测成果是否真实可靠反映大坝实际运行性态。评价工作应进行现场检查、测试和资料复查，综合监测方法、监测设施的工作状态、监测成果等方面进行可靠性评级。

根据监测系统完备性、可靠性评级，进而综合得出监测系统总体评价结果。具体见表 5-6～表 5-8。

表 5-6　　　　　　　　　　　　　监测系统完备性评级标准

完备性评级	评价标准
完备	所有永久监测项目均评为完备，且长期监测项目评为完备或基本完备的
基本完备	所有永久监测项目均评为完备，但长期监测项目中有评为不完备的，或永久监测项目中有评为基本完备但没有评为不完备的
不完备	永久监测项目中有评为不完备的

表 5-7　　　　　　　　　　　　　监测系统可靠性评级标准

可靠性评级	评价标准
可靠	所有永久监测项目均评为可靠，且长期监测项目均评为可靠或基本可靠的
基本可靠	所有永久监测项目均评为可靠，但长期监测项目中有评为不可靠的，或永久监测项目中有评为基本可靠但没有评为不可靠的
不可靠	永久监测项目中有评为不可靠的

表 5-8　　　　　　　　　　　　　监测系统总体评价标准

可靠性评级	完备性评级		
	完备	基本完备	不完备
可靠	正常	正常	基本正常
基本可靠	正常	基本正常	不正常
不可靠	不正常	不正常	不正常

5.5.4　监测仪器封存停测或报废

受外界环境影响和仪器自然寿命限制,监测系统投用后必然会出现部分监测仪器设备失效损坏等问题,需进行封存停测、报废等处理。

1. 监测仪器封存停测或报废条件

根据《大坝安全监测系统评价规程》(DL/T 2155—2020),当满足下列条件时,监测设施可进行停测封存或报废:

(1)长期监测项目评为不可靠,确认仪器损坏无法修复,且监测对象运行性态已稳定或规律已掌握,可进行报废。

(2)短期监测项目在完成阶段性任务后,可停测封存或报废。

(3)仪器观测项目采用两套以上监测设施或监测方法进行冗余观测,且结构运行性态正常,在保证其中一套监测设施或监测方法可靠前提下,另一套可停测封存。

2. 监测仪器封存停测或报废工作程序

《水电站大坝安全监测工作管理办法》(国能发安全〔2017〕61 号)规定:按照《水电站大坝运行安全信息报送办法》规定报送的监测项目,电力企业不得擅自停测。对于失效的仪器设备应当尽快修复、更换或者采用其他替代监测方式。

对于其他监测项目的设备封存或报废、监测频次和期限的调整,应当经过技术分析和安全论证,由电力企业上级管理单位审查后实施,实施情况应当报送大坝中心。

监测仪器封存停测或报废审查实施后,应继续做好以下工作:

(1)做好封存仪器设备的保护工作,以便必要时启用。

(2)对报废和封存仪器设备相关的埋设考证资料以及历年监测资料进行整理、入库、归档,以便备查。

(3)及时更新监测系统信息化管理系统测点变化。

(4)对水电站大坝观测规程进行修订。

5.5.5　监测系统更新改造

1. 一般要求

当监测系统在系统功能、性能指标、监测项目、设备精度及运行稳定性等方面不能满足大坝运行安全要求时,应及时进行更新改造。常见有两类情况:

(1)大坝现状监测系统重要监测设施损坏,无法满足规范要求。例如部分闸坝原设计采用埋入式渗压计观测坝基扬压力,运行多年后,随着大多数渗压计自然损坏,无法对坝基扬压力状况进行监控。类似的还有土石坝内埋渗压计损坏导致坝体渗流监测无法实现,需进行测压管改造。

(2)监测自动化系统可靠性低或未建设监测自动化系统,无法适应大坝运行性态监控需求。例如,近坝库岸边坡监测采用常规外部变形人工测量方法频次受限,尤其在暴雨工况下,观测条件恶劣,很难发挥监测预警作用,需进行测量机器人、GNSS 外观自动化改造等;随着河流梯级水电站的兴建和企业管理现代化新形势的要求,"少人值守、无人值班"的运行管理方式逐步形成,相应地要求一些已建大坝对安全监测设施进行改造，建立一套可靠和稳定的、高精度和具有数据通信功能的自动化监测系统。

以上情况均应适时开展监测系统更新改造，并按程序开展设计、审查和验收工作。

（1）监测系统的更新改造设计工作原则上由原设计单位承担，也可由具有相应资质的设计单位承担。

（2）电力企业应当组织审查监测系统更新改造设计方案。

（3）监测系统更新改造施工应当由具有相应资质的施工单位承担。电力企业应当派监测工作人员全程参与监测系统更新改造施工。在监测系统更新改造过程中，电力企业应当对重要监测项目采取临时监测措施，保证监测数据有效衔接。

（4）更新改造的监测系统经过一年试运行后，电力企业方可组织竣工验收。验收合格后，电力企业应当将监测系统更新改造的设计、审查、安装调试、试运行、竣工验收等相关技术资料报送大坝中心。

2. 监测自动化系统实用化验收

监测自动化系统更新改造完成后，应按照《大坝安全监测自动化系统实用化要求及验收规程》（DL/T 5272—2012）进行实用化验收。

（1）申请验收条件。自动化系统在试运行期满或竣工验收后，且有连续完整的运行记录，各项要求已实现，自查合格后，可申请实用化验收。有条件的，自动化系统竣工验收和实用化验收宜联合一并进行。

申请验收单位应按要求组织一次自查测试，逐项检查各项考核指标，在此基础上编写自查报告，供验收时参考。验收时，设计、施工、设备安装调试及运行管理单位应提交自动化系统设计报告、自动化系统安装调试技术总结报告、自动化系统运行总结报告、自动化系统实用化验收申请报告等相关技术文件。

（2）验收工作组织。由水电站运行单位委托大坝安全技术监督单位对监测自动化系统进行验收。由大坝安全技术监督单位根据工程规模和特点组织有关专家成立验收专家组。验收申请单位将自动化系统实用化验收申请报告，最近1年的自动化系统采集的数据库、人工比测数据，以及完整的系统运行维护日志（电子文件）等送达验收组织单位，启动验收工作，具体工作流程如图5-69所示。

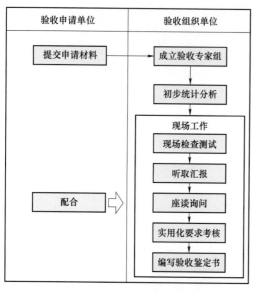

图5-69　监测自动化系统实用化验收工作组织流程

5.6　监测新技术

5.6.1　北斗卫星导航系统

1. 发展历程

北斗卫星导航系统是我国着眼于国家安全和经济社会发展需要，自主建设、独立运行的全球卫星导航系统，是为全球用户提供全天候、全天时、高精度的定位、导航和授时服务的国家重要空间基础设施。

我国的北斗系统发展历程为三步走：北斗一号系统主要是为中国服务，北斗二号系统主要为亚太地区服务，北斗三号系统是面向全球服务。发展历程总体如下：我国于 20 世纪 80 年代提出双星快速定位系统的发展计划，具体方案于 1983 年提出，2000 年 10 月 31日和 12 月 21 日两颗试验的导航卫星成功发射，标志我国已建立起第一代独立自主导航定位系统，2003 年 5 月 25 日第三颗北斗卫星的发射成功，一个完整的卫星导航系统完全建成，可确保全天候实时提供卫星导航定位服务。2012 年 10 月 25 日，第 16 颗北斗卫星进入预定轨道，北斗完成亚太地区组网；12 月 27 日，北斗卫星导航系统正式提供区域服务，具备覆盖亚太地区的定位、导航和授时以及短报文通信服务能力。2020 年 7 月，北斗三号卫星组网成功，已建成由 30 余颗卫星组成的北斗全球卫星导航系统，可以提供覆盖全球的高精度、高可靠的定位、导航和授时服务。北斗三号全球卫星导航系统全面建成并开通服务，标志着工程"三步走"发展战略取得胜利，中国成为世界上第三个独立拥有全球卫星导航系统的国家。2035 年前，将以北斗卫星导航系统为核心，建设完善更加泛在、更加融合、更加智能的国家综合定位导航授时（PNT）体系。

北斗卫星导航系统具有以下特点：一是北斗卫星导航系统空间段采用三种轨道卫星组成的混合星座，与其他卫星导航系统相比高轨卫星更多，抗遮挡能力强，尤其低纬度地区性能特点更为明显。二是北斗卫星导航系统提供多个频点的导航信号，能够通过多频信号组合使用等方式提高服务精度。三是北斗卫星导航系统创新融合了导航与通信能力，具有实时导航、快速定位、精确授时、位置报告和短报文通信服务五大功能。

随着北斗卫星导航系统建设和服务能力的发展，其已广泛应用于交通运输、测绘地理信息、电力调度、救灾减灾等领域，其高精度变形技术也在水电站大坝运行安全领域有着广泛的应用前景。

2. 北斗高精度变形监测

北斗导航卫星发射测距信号和导航电文，导航电文中含有卫星的位置信息。用户接收机在某一时刻同时接收三颗以上卫星信号，测量出用户接收机至三颗卫星的距离，通过星历解算出的卫星的空间坐标，利用距离交会法就解算出用户接收机的位置。

采用静态相对定位技术来实现观测精度提升。观测时用两台卫星信号接收机分别安置在基线两端的站点，一个站点为基准点，另一个站点为在测测点，同步观测相同 4 颗及以上卫星。通过计算两站点之间的相对位移，计算测点位移发展变化，并通过延长观测时段（一般在 4～6h），消除观测噪声影响，提高计算求解精度，使相对定位精度达到毫米级，满足工程变形监测要求。

传统大坝变形监测主要采用三角测量、水准测量等方法，存在人力成本高、技术要求高、观测时段受限、无法自动化观测等弊端，越是强降雨、地震等极端情况越是难有作为。北斗高精度变形监测技术相比传统方法具有明显的优势，具体如下：

（1）提高了水电站大坝运行安全预警预报和应急响应能力。北斗高精度变形监测不受白昼、雨雪、雾霾等因素影响，能够提供全天候不间断的监测服务，将传统人工观测频次从每月提高到以分钟、小时计，在大坝出现事故征兆前，能及时捕获异常变形信息，提前进行安全预警，当地面通信网络瘫痪，还可以通过北斗短报文方式发送应急信息，最大程度上为防灾减灾工作提供可靠、及时的信息支撑，为采取应急措施和人员撤离提供充足的时间响应，极大提高预警预报和应急响应能力。

（2）代替传统的观测方法，减轻电力企业负担，提高工作效能。北斗高精度变形监测技术是一种替代传统观测方法的技术，相比传统方法，前期建设成本相当，后期运行维护工作量很少，人力投入也较少，可明显减轻电力企业的负担。同时由于自动化观测，工作效率也得到了提升，电力企业可以高效地获取相关成果进行分析评判。

（3）解决了大范围的库区地质灾害、近坝库岸的变形监测预警。水电站库区近坝库岸滑坡体、地质灾害点具有分布范围广、观测视距长、交通不便等特点，传统变形观测方法难以开展工作。北斗高精度变形监测技术只需接收卫星信号即可进行观测，不受测点布置、测点间通视等影响，是解决大范围的库区地质灾害、近坝库岸边坡的变形监测预警的首选方案。图 5-70 为某库区滑坡体北斗监测成果。

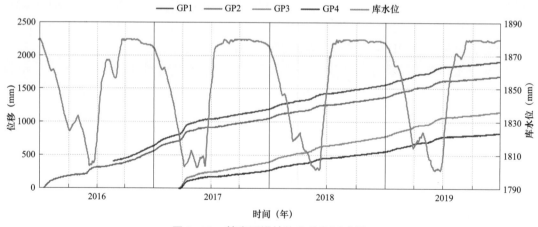

图 5-70　某库区滑坡体北斗监测成果

3. 北斗短报文通信

北斗卫星导航系统采用了处在静止轨道的同步卫星，因此可以像通信卫星一样完成通信任务。通信功能是北斗卫星导航系统的技术特色，目前 GPS 等其他卫星导航系统都不支持通信功能。不过由于"北斗"系统的主要任务是导航定位，大部分的信道资源都必须让给定位数据的传送，留给通信的信道资源就比较少，所以北斗卫星导航系统不能像通信卫星一样进行实时的话音通信，只能传送简短的数字报文。

北斗卫星导航系统的短报文通信有两种模式：点对点模式和通播模式。点对点模式和手机短信类似，可以在两个北斗终端间传送短报文。北斗终端必须通过唯一的 ID 实现通信功能，每次通信过程都要经过北斗地面中心站的二次转发。

通播模式其实就是广播方式，允许通过一个特殊终端同时向多个普通终端发送短报文。这个特殊终端叫作指挥管理型终端，也叫指挥机，它除了拥有普通终端的全部功能外，还具有管理普通终端的功能，可以实现用户管理、通播、查询、调阅和监听等功能。

北斗卫星导航系统在抢险救灾方面可以发挥重要的作用，比如汶川地震发生时，电话、短信、互联网，这些高度依赖地面通信设施的常规通信手段在遭到地震的破坏全部中断，北斗卫星导航系统可以发挥不受地面状况影响的优势，它的短报文通信功能可以成为救援指挥工作的有效的通信手段。

北斗短报文终端分为数传终端和手持通信终端：数传终端可以实现数据传输、信息上报等工作，可以用来传输水情、监测等现场采集的信息；手持通信终端则用于短信发送，可用于人员搜救、定位、灾情等信息传送。

5.6.2　卫星遥感技术应用

1. 应用背景

我国水电资源主要分布于西部地质条件复杂地区，近年来地震、洪水、泥石流等地质灾害呈频发多发态势，由此造成的漫坝、垮坝及大坝重大结构损坏的风险居高不下。例如，2018 年 11 月西藏自治区江达县波罗乡白格村境内金沙江右岸发生山体滑坡，阻断金沙江干流形成堰塞湖，严重威胁金沙江中游各水电站的运行安全。2019 年 8 月四川省汶川县境内发生特大暴雨泥石流灾害，太平驿水电站大坝下游形成堰塞湖，导致大坝被淹；龙潭水电站大坝工作电源被山洪损毁，泄洪闸门无法正常开启，导致洪水翻坝。

另外，我国高坝大库规模及数量居世界首位，大多具有坝高谷宽、地质条件复杂、水荷载巨大、泄洪规模大、抗震设防要求高等特点。工程建设超出现有标准规范的范围，突破了已有的工程经验，运行管理中也缺少经验可供借鉴、参考。特高坝一般建有完善的安全监测系统，但受复杂地质条件及结构特点影响，也发现了一些与原设计预想有较大区别的新性态，如溪洛渡水电站谷幅收缩变形；近坝库岸大型边坡滑坡体稳定性监测与预警也存在技术难题，如锦屏一级水电站左岸坝肩边坡，库区三滩沟、解放沟变形分析及跟踪。这些复杂的工程运行性态、特点也为水电站大坝安全运行带来新的挑战。

近年来，卫星遥感技术发展快速，观测广度和深度不断扩展，空间分辨率、时间分辨率显著提升，将人类带入到一个多层、立体、多角度、全方位和全天候对地观测的新时代。国产卫星已经具备构建星座观测系统，形成"高中低"分辨率合理配置、空天地一体多层观测的全球数据获取能力，全国第三次土地调查与各大型地质调查项目使用的卫星国产化占有率均已超过 95% 以上，国产光学卫星基本可替代国外光学卫星。

卫星遥感技术具有大范围、非接触、多频次的天眼观察优势。以大坝及边坡外部变形监测预警为例，目前行业内普遍采用三角测量、水准测量等光电大地测量法，其存在现场工作量大、作业周期长、对人员技术水平要求高、观测时段受气象条件限制严格、无法实现全天候全自动化观测等诸多弊端，且受到成本制约及技术限制，无法对库区大尺度范围内的安全隐患进行全面排查。如何从源头上更早地识别、判断和评估这些潜在的、隐蔽性极强的重大地质灾害隐患及其链式地质灾害,是当前地质灾害防治工作的重点任务和难点问题。如何对这些地处偏远、自然条件恶劣、人工实地调查难以有效开展的区域实现远程监控,是地质灾害隐患早期识别与监测预警的重点工作内容。如何通过远程监控对库区边坡进行定性分析、定量信息提取,并在此基础上进行综合评估,以明确灾害隐患的位置、范围、可能导致的后果及其严重程度,是行业需要具体面对并研究解决的关键核心技术。

综合来看,卫星遥感技术在大坝及边坡风险识别和预警领域应用潜力巨大,用好这一水电站大坝运行安全风险感知技术载体,扩充大坝运行信息的获取途径,并可与北斗导航、无人机等先进空天科技手段相结合,多维度优化提升大坝运行性态监控的可靠性、连续性和准确性,丰富大坝安全运行管理手段。

2. 卫星遥感技术原理概述

在大坝及边坡风险识别和预警领域应用的卫星遥感技术主要包括基于微波的合成孔径雷达(SAR、InSAR、PSInSAR 等)技术和基于可见光遥感的长时序监测技术。

(1)光学遥感技术。光学遥感是指从距离地面 100km 以上的高空利用可见谱段(波长 0.4~0.7μm)对地面目标进行探测,以获取地物有关信息的技术。各种地物如混凝土、岩石、土壤、植被等吸收、反射光的能力各不一样,对各种光谱波长具有不同的吸收率和反射率。把遥感所获得的地物光谱信息与已知地物的光谱数据进行比较,就可分析地物的种类和群体地物的组合。

光学遥感关键技术为多源数据协同处理。多源数据情况下,由于传感器成像机理、空间分辨率、定位模型、文件类型、元数据信息均有差异,需进行多源多类型传感器卫星数据协同处理。通常单一数据源到多源数据协同处理流程如图 5-71 所示。

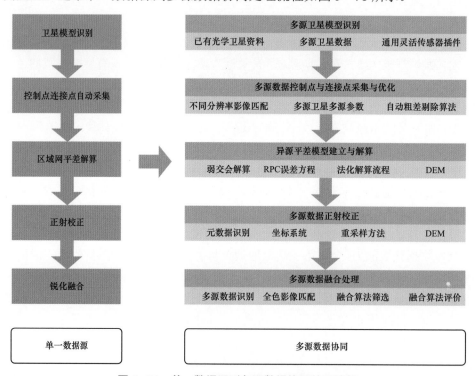

图 5-71　单一数据源到多源数据协同处理流程

（2）合成孔径雷达遥感技术。合成孔径雷达（synthetic aperture radar，SAR）是一种主动式微波传感器，由于其全天候、全天时获取数据，并能穿透云雾、烟尘和大面积获取地表信息的特点而成为对地观测领域不可或缺的传感器。雷达影像反映了雷达所发射的电磁波和目标物相互作用的结果，与光学影像不同的是，除了地物散射信息外，还包含雷达信息的相位信息。合成孔径雷达干涉测量技术（interferometric synthetic aperture radar，InSAR）以合成孔径雷达复数据的相位信息为信息源获取地表的三维信息和变化信息，可以高精度地监测大面积微小地表形变，实现对地表形变毫米级的几何测量。

InSAR 地表形变监测主要技术流程如图 5－72 所示。

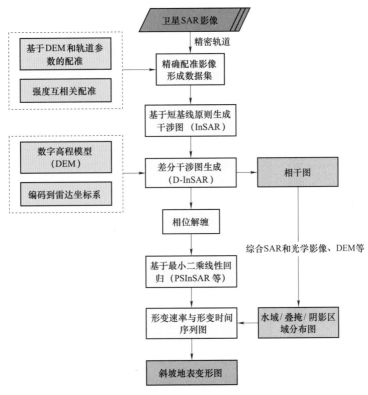

图 5－72　InSAR 地表形变监测主要技术流程

3. 工程案例

以我国西南部某水电站库区变形体风险识别及分析为例，介绍卫星遥感技术在水电站大坝运行安全领域的应用。

（1）变形体概况。某变形体距离某水电站坝址 16.8km，变形体前缘高程约 1115m（高出原河水位约 80m），后缘高程约 1600m，顺河长度 160～250m，宽度约 660m，体积约 150 万 m^3。发育于三叠系白果湾组（T3bg）薄层砂页岩中。其全貌如图 5－73 所示。

蓄水前变形体覆盖层曾发生过小型塌滑。2016 年 8 月，变形体前缘左岸库周交通公路路面出现开裂，坡体主要见 8 条裂缝，后缘及上下游裂缝贯通，下错位移明显；2016 年 8 月 23 日，公路边坡局部垮塌；2017 年 7—11 月，坡体变形加剧，后缘裂缝下错，坡体普遍开裂，局部垮塌；2017 年 12 月 1 日起，最大日变形量值开始小于 10mm，变形体变形逐渐减缓；2018 年 6 月 17 日开始，监测数据出现突变，7 月 2 日该变形体大面积垮塌。为及时掌握变形体的位移及发展趋势，有效监测险情动态，新增了 7 个 GNSS 监测点，对变形体进行实时监测。自 2018 年 12 月 1 日起，该变形体最大日变形量值小于 10mm，逐渐呈减缓的趋势。

图 5-73　某变形体全貌图

（2）变形体地表形变面积变化。利用多期高分辨率光学卫星遥感影像对该变形体地表形变进行变化分析，计算滑坡体的地表面积变化。查找 2016 年 7 月至 2021 年 3 月期间变形体区域空间分辨率优于 2m 的光学卫星遥感数据，通过去云雾筛选与处理，进行解译分析，统计变形体面积时序变化，如图 5-74 所示。由图可见：变形体在 2016 年开始初步发育，规模较小。2018 年内发生两次大规模变化：3 月发生第一次大规模变化，较之前面积增长了 10.4 倍；6 月之后，面积继续扩大至 3 月份时的 4.5 倍，这一时期正是变形体滑坡的发生期，进而出现了较大规模的滑坡灾害。随后滑坡的面积除了小幅度增长之外，

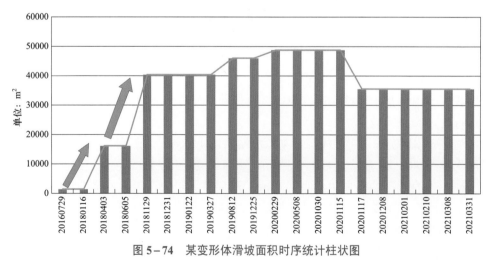

图 5-74　某变形体滑坡面积时序统计柱状图

基本处于稳定状态。遥感光学影像解译的变形体地表面积变化特征与地面调查结果较为一致，可有效回溯形变发展过程。

（3）变形体形变精细化分析。进一步开展变形体详细 InSAR 形变时间过程分析。根据滑坡数据源、地形地貌、SAR 侧视成像特点及区域结果等，选用 Sentinel - 1 降轨数据开展相应处理。数据起止时间为 2017 年 3 月 15 日—2021 年 4 月 23 日，共计 135 期，数据重访周期为 6～12d。经处理得到变形体的精细形变结果，如图 5 - 75 所示。由图可见：该变形体整体存在不同程度变形，后缘变形程度高于前缘,形变最大区域在变形体中后部，从光学影像上亦可看出其后缘有明显"圈椅状"，整个变形体色调较周围背景色较浅，坡体上有不同程度呈现灰色的坡体溜滑活动，坡体后缘发育数条宽度不等的冲沟。

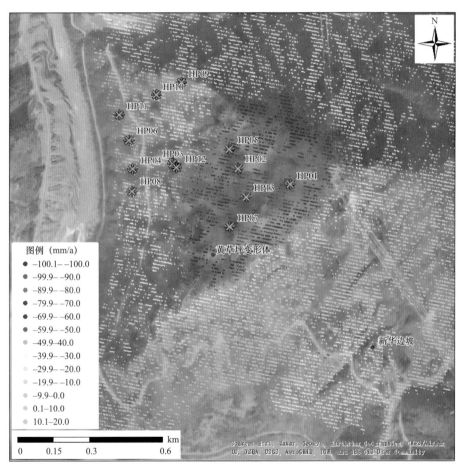

图 5 - 75　某变形体相干目标形变速率图

从该变形体风险识别及分析成果来看,基于卫星遥感技术可以通过对变形体单体精细化分析，识别变形体边界及细分区域变形差异，且能够对大坝周围活动边坡做到早发现，相较地面调查、地面监测系统具有覆盖范围广、成本低廉等优势，并通过动态识别活动分区，可以有效指导地面监测系统的优化调整，多源协同监测提高变形体风险识别能力、识别精度，增强高风险部位预警能力。

5.6.3 大坝安全视频监控系统

1. 视频监控技术发展

随着智能化产业的不断发展，视频监控以其直观、准确、及时和信息内容丰富而广泛应用于许多场合，主要包括交通、安防、发电设备运行以及智慧城市的建设等。目前的视频监控系统具有多画面监控效果、多样的录制策略、特别的移动侦测功能以及灵活的报警联动方式，可通过分析和对比图像数据的变动来确定现场发生的行为，通过对监控源地点的图像变化分析来实现监控系统的一系列联动操作。

视频监控作为大坝安全监控的一种辅助手段，将能够对大坝安全实现快速、高效、在线、实时、远程的有效检查，避免传统人工巡检的一些弊端的同时，提高水电站安全监测系统数据的直观性和可靠性。特别针对结构裂缝的出现及变形、局部掉块、局部隆起以及渗漏点的出现等相关结构缺陷或险情的识别、处理以及预警均具有较强的适用性。若进一步将图像识别后的信息与原大坝安全监测信息系统中相关信息相结合，做到监测数据与结构现状的联合分析，并做出及时预警，则能进一步提高大坝安全监测及集控管理的水平。

传统的视频监控系统是指利用摄像机通过传输线路将音频视频信号传送至显示、控制和记录设备上。传统的视频监控系统具有三大基本功能：监视、录像、回放。监视主要是指可以看到现场的实时画面，录像是指将可以监视的视频图像记录下来，回放是指播放记录下来的视频图像资料。通过更加先进的技术手段，也能够实现图像分析、事先预警、事后防范的功能。

21世纪初，开始大规模应用的基于 IP 的网络视频监控系统解决了远距离传输的问题。能够通过局域网、广域网、无线网络传输视频数据。网络视频监控系统可以通过视频管理服务器，在网络上任意一台计算机都可以观看、查询和管理视频信息，实现对整个监控系统的指挥、调度、授权等功能。同时，网络视频监控系统采用了视频编码压缩技术、存储阵列技术，可以保存比较多、比较久、比较清晰的视频数据。视频监控系统的组成，如图 5-76 所示。

前端系统是指视频监控线缆前端连接的设备部分，主要指的是监控系统的现场设备，包括摄像机、镜头、护罩、支架、立杆、变压器、电源、云台、解码器、光端机、防雷器、接地体和抗干扰器等。

摄像机和镜头是前端系统也是视频监控系统的核心和必选设备，其余设备为配套设备。一般固定摄像机需要配置镜头，有的半球形摄像机可以自配镜头，其余的摄像机大部分情况下配有镜头。

从早期的模拟摄像机到现在的数字摄像机、网络摄像机，在形态、清晰度、功能方面都有了很大的提升。由于摄像机应用的场合复杂多样，根据监控场景正确地选配摄像机及附件十分重要。

摄像机根据接线方式不同，可分为无线摄像机、同轴摄像机和网络摄像机。无线摄像机应用于不便布线的场合，无线传输的距离较短且容易受到干扰，可额外采用专用的无线收发器增加传输距离和抗干扰性；支持 3G/4G/5G 网络进行传输的设备，因带宽成本较高，仅适用于偶发性监控应用。同轴摄像机即早期的模拟信号摄像机，配备光缆传输配件，可满足大部分长距离传输需要。网络摄像机生成数字信号，且可通过网络传输，不需要额外布线，但越高清的视频占用的带宽越大，成本较高。

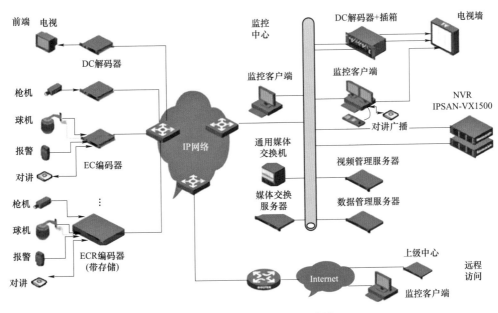

图 5-76　网络视频监控系统图

摄像机根据外形可分为枪式摄像机、半球型摄像机、筒形摄像机、一体化摄像机、高速球形摄像机、针孔摄像机、全景摄像机等。其中枪型摄像机可自由搭配各种型号镜头，应用范围广泛；高速球形摄像机内置云台、解码器，可 360° 旋转，用于需要全方位监控的场景。各类型摄像机实物图如图 5-77 所示。

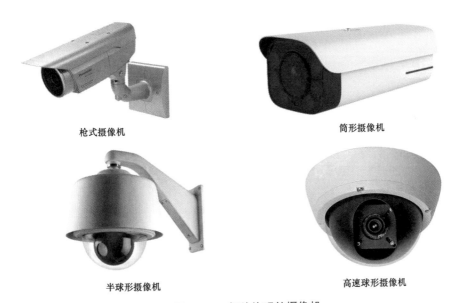

图 5-77　各种外观的摄像机

同时，市场上还有很多特殊性能的摄像机产品。诸如超级透雾、防抖、超低照度（光照条件较差时可清晰成像）、全景成像、低功耗抓图、水尺读取等特殊功能。

视频监控系统经过60年的发展，从模拟系统到数字化、网络化、再到智能化已经有了革命性的进展。随着云计算、大数据技术的影响，再加上人工智能（artificial inteligence，AI）技术的赋能，视频监控系统逐渐向智能视频监控系统转变。

智能视频监控能够自动识别物体的特征，并根据管理员制定的策略，检查画面中出现的异常情况，以预定的方式发出警报或提供有效信息。可以解决人工寻找有效视频信息效率低下的问题。

智能视频监控核心技术为视频内容分析（video content analysis，VCA），它能够把图像中的有效信息数据化，从而使计算机能够通过图像处理和分析来理解画面中的内容。

采用智能算法的配置通常分为前端智能摄像机/编码器和后端智能算法服务器。一般而言，受限于前端智能摄像机/编码器的硬件配置，只能嵌入较为简单的智能算法，准确率相对后端智能算法服务器要低，故应用于一些对准确率要求不高的简单场景。后端智能算法服务器通过高性能的计算机对前端采集到的高清图像进行分析处理，能够实现人脸识别、入侵检测等复杂识别业务，处理的效率和准确度均高于前端智能设备。

由于深度学习技术的发展、计算能力的提升和视觉数据的增长，视觉智能计算技术在不少应用当中都取得了令人瞩目的成绩。图像视频的识别、监测、分割、生成、搜索等经典和新生的问题纷纷取得了不小的突破。其中视频监控分析技术是利用机器视觉技术对视频中的特定内容以及信息进行快速的检索、查询、分析的技术，可以从海量的视频数据中统计到有价值的信息；图像识别分析技术可以实现以图搜图、物体/场景识别、人物属性、服装、车型的识别等。

2. 视频监控系统组成

视频监控系统一般由前端设备、传输设备、控制设备、存储设备、显示设备等组成，其中：前端设备包括一台或多台摄像机以及与之配套的镜头、云台等；传输设备包括电缆、光缆等有线传输设备和无线信号传输设备；控制、存储和显示设备包括视频切换器、云台和镜头控制器、监视器、服务器、存储设备、画面分割器等。这些设备基本都是通用的。

大坝安全视频监控需要对大坝及近坝库区巡视检查的重点部位、重要缺陷等监控对象进行监视。整个范围相对于智慧城市、智慧交通等系统来说相对较小，一般水电站视频监控系统采用分布式结构，并在监控站进行统一存储、控制。因此，大坝安全视频监控系统分为监控点、监控子站、监控主站三个层级。其中，监控点是前端设备安全或监控的场所；监控子站是设置交换机，作为监控前端设备信号接入和传输节点的场所；监控主站是用于大坝安全视频系统监控管理、操作人员值守，对系统进行管理、控制，对监控信息进行应用、处置的场所。

监控点内包括前端设备，监控子站内包括传输设备及交换机，监控主站内有存储设备、控制设备、显示设备及信息管理系统等。大坝安全视频监控系统图如图5-78所示。

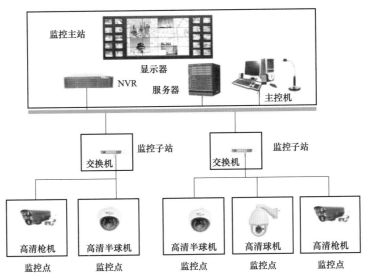

图 5-78 大坝安全视频监控系统图

大坝安全监测工作遵循仪器监测和巡视检查相结合的原则。巡视检查是监视大坝安全运行的一种重要方法。大坝的一些异常现象，通过巡视检查可以及时发现，如裂缝的产生、新增渗漏点、混凝土冲刷和冻融、坝基析出物、局部变形等，以弥补仪器监测的不足，视频监控可为远程巡视检查提供技术手段。大坝安全监测系统是大坝重要的附属设施，它广泛布置在大坝各个部位，各种监测设施极易受到人为的碰撞和多种自然因素的影响，从而影响安全监测数据的准确性和可靠性，对重要的监测设备状态进行远程监视，对数显和刻度类的仪器还可通过远程监视代替人工现场测读。

根据大坝安全监控的要求和视频监控的特点，将视频监控项目分为三个层级，每个层级的监控特点也不一样。

（1）全景监控。第一个层级是全景监控，即针对较大场景进行监控。通过对水电站建筑物关键监控因素的梳理研究，确定全景监控的内容和对象包括以下四个部分：

1）建设期的大坝基础、坝肩槽、浇筑或填筑面貌，围堰及导流设施，枢纽区边坡及弃渣场；运行期的坝顶和上、下游坝面，左、右岸坝肩。

2）影响工程安全的泥石流沟、滑坡体等。

3）大坝管理区范围内的大型漂浮物。

4）大坝管理区范围内的下游河道的过流泄水、人员活动。

（2）重要部位监控。第二个层级是重要部位监控，即针对影响大坝安全的重要部分，梳理可利用视频进行监控的部位，并针对混凝土坝、土石坝等不同坝型的结构特点，确定监控部位。主要包括以下六个部分：

1）混凝土坝的基础廊道、集水井、岸坡连接坝段、不同结构连接部位。

2）土石坝的坝脚、防浪墙与防渗体的结合部位、穿坝建筑物的下游面、岸坡连接坝段。

3）泄洪闸门、泄槽、消能设施。

4）有失稳迹象，且失稳后影响工程正常运用的近坝库岸和工程边坡。

5）影响工程安全的其他关键部位和薄弱环节。

6）上下游水尺、量水堰堰上水尺、压力表、数显监测仪器等重要监测设施。

（3）缺陷监控。第三个层级是缺陷部位的监控，针对不同部位的缺陷，视频可以针对性监控其现状，记录其发展态势。一般可利用视频进行监控，且对大坝安全有重要影响的缺陷主要包括以下五个方面：

1）坝基、坝脚及坝后等部位的涌水点。

2）坝前水下入渗点、坝面裂缝、冲蚀等。

3）影响大坝整体安全的裂缝、错动、塌陷等。

4）对大坝安全影响严重的其他缺陷。

5）流道上部大梁等易阻水部位。

3. 前端设备选型

在确定了大坝安全视频监控的对象和项目后，则可以根据监控对象的监控要求和所在部位特点进行设备的选型和布设。针对上述三个监控层级，即全景监控、重要部位监控和缺陷监控，其监控要求并不一样。具体来说：

（1）全景监控。全景监控时，监控的都是大场景，对于大坝安全来说，关心的是这些部位的整体面貌、是否发生滑移等大范围的变化，因此监控的要求为"看得见"。

监控建设期的大坝基础、坝肩槽、浇筑或填筑面貌，围堰及导流设施，枢纽区边坡及弃渣场；运行期的坝顶和上、下游坝面，左、右岸坝肩时，需要24h全天候进行监控，且能做到透雾监控，对于清晰度来说，能看得见目标即可。在测点布置时，需根据施工现场条件，布置在左右岸高程相对较高、视野较佳处，设备类型宜采用超高清全景摄像机，监控目标距离超过2km时宜采用高空瞭望激光云台。

监控影响工程安全的泥石流沟、滑坡体等，需要24h全天候进行监控，且能做到透雾监控，对于清晰度来说，能看得见目标即可。在测点布置时，需根据实际情况布置于泥石流沟口及沿线处，设备类型宜采用高清网络红外球机。

监控大坝管理区范围内的大型漂浮物，需要24h全天候进行监控，且能做到透雾监控，对于清晰度来说，要能分辨目标类型，同时要能支持漂浮物、船只等闯入报警。在测点布置时，需根据工程现场特点，布置在大坝制高点处，设备类型宜采用高空瞭望激光云台或激光球机。

监控大坝管理区范围内的下游河道的过流泄水、人员活动，需要24h全天候监控，对于清晰度来说，要能看得清目标轮廓，在进行布置时，可根据现场情况布置在左右岸高程相对较高、视野较佳处，设备类型宜采用激光球机。

（2）重要部位监控。重要部位监控的场景相对来说范围较小，是某一特定部位，因此监控的要求为"看得清"，即需要看清该部位的状态是否正常。

监控混凝土坝的基础廊道、集水井、岸坡连接坝段、不同结构连接部位时，需要24h全天候监控，且可清晰抓拍关注范围内的目标物和关键部位状况，因此监控点布置应满足监控场景要求，以覆盖监控部位为原则确定监控点个数，而监控设备则宜采用高清网络红外球机。针对廊道这一特殊场景，亦可采用巡检机器人搭载云台进行监控。

监控土石坝的坝脚、防浪墙与防渗体的结合部位、穿坝建筑物的下游面、岸坡连接坝段时，需要 24h 全天候监控，且可清晰抓拍关注范围内的目标物和关键部位状况，监控设备宜采用高清网络红外球机。

监控泄洪闸门、泄槽、消能设施时，需要 24h 全天候监控，且能做到透雾监控，并可清晰抓拍关注范围内的目标物和关键部位状况，对应设备宜采用高清网络红外筒机。

监控有失稳迹象，且失稳后影响工程正常运用的近坝库岸和工程边坡时，需要 24h 全天候监控，且能做到透雾监控，可看清目标整体状态，对应设备宜采用超高清全景摄像机或高清网络红外球机。

监控影响工程安全的其他关键部位和薄弱环节时，需要 24h 全天候监控，且能做到透雾监控，并可清晰抓拍关注范围内的目标物和关键部位状况，对应设备应根据现场实际情况进行合理选型。

监控上下游水尺、量水堰堰上水尺、压力表、数显监测仪器等重要监测设施时，需要 24h 全天候监控，可看清目标运行状态、看清数字或刻度，对应设备宜采用高清网络红外筒机。

（3）缺陷监控。缺陷监控是针对影响大坝安全的各种缺陷，进行重点监控，在能看到缺陷的基础上，还可以利用人工智能技术，图像识别技术等达到"看得懂"的程度。

针对坝基、坝脚及坝后等部位的涌水点的监控，需要 24h 全天候监控，且能分辨目标类型、颜色，监控点布置除满足看清缺陷目标的要求外，还应考虑缺陷识别功能需满足的特殊要求，在设备选型时宜采用高清网络红外筒机。

针对坝前水下入渗点、坝面裂缝、冲蚀等缺陷的监控，需能做到水下监控、且支持透雾监控、可清晰抓拍关注范围内的目标物和关键部位状况，因此宜采用具备相应功能要求的水下检查摄像机。

针对影响大坝整体安全的裂缝、错动、塌陷等，需 24h 全天候监控，且能分辨目标类型，在有廊道的大坝，最佳方式可采用轨道式机器人（挂载可见光云台）或高清网络红外筒机。

各类监控设备相关技术指标见表 5－9。

表 5－9　　　　　　　　　　大坝安全视频监控前端设备技术指标表

前端设备	技术指标						
	最大分辨率	最低照度	焦距	最大光学变倍	宽动态	电子防抖	补光照射距离
超高清全景摄像机	全景：≥4K 特写：≥1080P	彩色：0.01Lux 黑白：0.001Lux	全景：2.8mm 特写：6～240mm	≥37 倍	≥120dB	支持	红外补光， ≥200m
高空瞭望激光云台	≥1080P	彩色：0.01Lux 黑白：0.001Lux	6～350mm	≥53 倍	≥120dB	支持	激光补光， ≥1000m
网络激光球机	≥1080P	彩色：0.01Lux 黑白：0.001Lux	6～240mm	≥37 倍	≥120dB	支持	激光补光， ≥500m
高清网络红外球机	≥1080P	彩色：0.01Lux 黑白：0.001Lux	6～240mm	≥37 倍	≥120dB	支持	红外补光， ≥200m

续表

前端设备	技术指标						
	最大分辨率	最低照度	焦距	最大光学变倍	宽动态	电子防抖	补光照射距离
高清网络红外筒机	≥1080P	彩色：0.01Lux 黑白：0.001Lux	—	—	≥120dB	支持	红外补光，≥30m
无人机挂载摄像机	≥4K	彩色：0.05Lux 黑白：0.01Lux	6～240mm	≥37倍		支持	—

根据上述要求可确定前端设备的类型，之后还需根据不同监控环境和要求，确定其他参数。当监控目标环境照度较低（＜1Lux）或补偿性光源较弱的区域，应采用超低照度摄像机；在大坝、库区环境多雾的监控场景，应采用具有透雾功能的摄像机；针对大坝、库区、水闸、边坡等大场景，需要经常快速变换监控对象的室外场景，宜采用一体化高速球形摄像机或全景摄像机。监视周边环境时，宜采用全景摄像机和球机联动，也可采用无人机、无人船等搭载相应视频监控设备来完成；全景大坝制高点监控宜采用高空瞭望云台摄像机或全景摄像机；需要观察多个方向，且要清晰显示细节的区域，宜布设高速球形摄像机；监控闸门、阀门、门槽、量水堰、压力表、数显监测仪器等固定场景对象，可采用固定式定焦摄像机；环境照度变化大的场所宜采用宽动态摄像机；廊道内结构各部位基本情况、结构缺陷情况以及监测仪器设备状况巡查，可采用固定式摄像机，也可采用轨道巡检机器人。

同时，镜头的焦距应满足监视要求，具体根据视场大小、镜头与监视目标的距离按相关公式确定。摄像机应支持电子防抖。水电站大坝在应急状态下，可能出现通信中断的情况，而此时的监控视频是十分重要的资料。因此，若在前端摄像机配置256GB的存储卡，可在通信中断的情况下，存储一定时长的视频。通信协议应支持现行国家标准《公共安全视频监控联网系统信息传输、交换、控制技术要求》（GB/T 28181）、ONVIF等标准协议，支持标准API开发接口。

设置在室内的设备主要需满足防尘、防潮要求；设置在室外的设备，应根据现场环境设计抗风、抗震、防雨电、防尘的功能要求，在滨海地区盐雾环境下工作的设备，还应具有耐盐雾腐蚀的性能；同时，应综合考虑现场的电磁环境、系统电磁敏感度、电磁骚扰和周边其他系统的电磁敏感度等，对设备的电磁兼容性提出要求。

结合大坝廊道安全监测需求以及现场环境和条件，可选配含高清挂载摄像机的大坝廊道巡检机器人，挂载摄像机的技术性能应不低于下列要求：外形宜采用云台设计，垂直监控范围－90°～90°，水平监控范围0°～360°；对于照明条件较差或无法长期提供照明的大坝廊道，应满足超低照度条件下的清晰成像要求，并具有较好的防水和防潮特性。

无人机可利用挂载的摄像机对大坝、库区或高边坡进行整体监控，无人机挂载摄像机的技术性能宜不低于下列要求：支持1080P及以上高清视频实时回传，支持23倍及以上的光学变焦倍数，满足缺陷细节情况的采集；持4K分辨率实时视频录制；内置姿态测量传感器和图像自稳定系统，保证飞行过程中图像的稳定性；具有低照度下清晰成像的能力；

支持高速准确聚焦、数字宽动态、3D 数字降噪等图像优化处理功能。

4. 信号传输要求

当视频监控点位置距离监控主站较远，且相对集中的时候，可在附近设置监控子站，将多个监控点的信号集中后再统一传送至监控主站。监控子站应具备一定的工作空间和稳定可靠的电源，宜与大坝安全监测自动化系统的监测站结合布设。大坝安全监测自动化系统的监测站一般布置在监测仪器集中的地方，并具备一定的工作空间和稳定可靠的电源，有条件与监控子站分享工作空间和电源。

大坝安全视频监控主站应与监控子站连接，控制、监视、调阅所辖范围内所有监控前端的视频和音频信息。监控主站宜与大坝安全监测自动化系统的监测管理站结合布设，位置宜选择在工作环境较好的坝顶、两岸坝头、坝后厂房内或地下电站主厂房内，也可在远离现场的管理区内。监控主站建筑耐火等级不应低于二级，室内净高应满足所有监控系统设备的安装要求，应具备稳定可靠的电源。监控主站内的设备宜与监测管理站内设备协调统筹，满足系统运行、系统管理、设备安装和维护等要求。监控主站内的设备应按功能分区布置，一般包括控制设备、存储和显示设备。显示设备、控制台等设备落地布置时，其设备底座应与混凝土地面固定牢固。在抗震设防地区，设备安装应采取减震措施。

大坝安全视频监控系统的网络通信方式的选择应根据监控点与监控子站，以及监控子站与监控主站的距离、传输介质通过的环境条件等确定，采取有线传输或无线传输方式。音频设备与视频设备集中布置时，音频信号经调频后，宜与视频信号通过网线或光纤一起传输；音频设备与视频设备分开布置时，音频信号与视频信号可通过网线或光纤分开传输。控制信号线缆可采用多芯电缆直接传输或经过数字编码后用光缆或电缆传输。

有线通信传输介质可根据需要及现场条件选择光缆、五类及以上网络线缆等。对于部分难以部署有线网络的视频监控点位，宜采用无线通信方式，无线发射装置的发射频率、功率应符合国家无线电管理的有关规定。交换机应采用工业级交换机，支持网络拓扑管理、端口管理和远程程序升级。摄像机与交换机距离不超过 100m 时，可采用网线连接；摄像机与交换机距离超过 100m 时，宜采用单/多光口工业级光纤收发器和光缆连接。

目前视频监控系统适用的无线通信方式主要包括无线网桥和 4G、5G 等移动通信技术。

无线网桥是无线射频技术和传统的有线网桥技术相结合的产物。无线网桥是为使用无线（微波）进行远距离数据传输的点对点网间互联而设计。它是一种在链路层实现 LAN 互联的存储转发设备，可用于固定数字设备与其他固定数字设备之间的远距离（可达 50km）、高速（可达百兆 bps）无线组网。扩频微波和无线网桥技术都可以用来传输对带宽要求相当高的视频监控等大数据量信号传输业务。

5. 信息存储要求

视频监控存储方式可分为分布式存储和集中存储两种，因大坝安全视频监控路数一般不多，且区域相对集中，宜采用监控主站集中存储的方式。

针对大坝安全视频监控系统的特点，存储设备在选型时应满足：能保存原始场景的监视记录，监视记录应有原始监视时间和地址信息；具有防篡改功能；视频接入路数应根据现场实际摄像点位数量确定，并预留不少于 20%的余量；宜采用嵌入式设计，支持视频监控接入、存储、管理和控制等基本功能；支持 ONVIF、RTSP 标准及主流厂商的网络摄像机；支持视频集中管理、视频参数配置、信息的导入和导出等功能；支持千兆双网口。容量大小根据视频存储时间的要求进行计算设计。

大坝安全视频监控系统中的信息分为视频流信号和抓拍的视频和图片。视频流在存储设备中的储存时间不应少于 30d，存储设备在选型时，应根据这个要求确定存储容量。

视频监控系统中抓取重点部位、重要时段的图片及生成报表的频次应与大坝安全监测相关规范中关于巡视检查的频次要求相适应；应急或事故情况下的预警视频信息，服务器内部存储时间不应少于 1 年，且应生成报警事件电子图片报表档案永久保存。

第6章

大坝实测运行状态

6.1 重力坝实测运行性态

6.1.1 重力坝变形

1. 水平位移

（1）实测数据统计。混凝土重力坝是悬臂结构，随着库水位、温度等荷载变化，坝体和坝基上下游向存在明显位移，同时还因各坝段两侧变形不能完全协调，存在一定的左右岸向水平位移。由于混凝土重力坝左右岸向变形总体较小，且不是变形性态的关注重点；坝基水平位移量值较小，受观测误差影响较大；因此，本节主要对坝顶上下游向水平位移进行统计分析。

为便于横向比较，水平位移统一以最大年变幅值作为基本统计量，以避免因监测基准日不同而带来的位移绝对量值在数学意义上的不统一，国内53座混凝土重力坝工程水平位移最大年变幅统计结果见表6-1，按坝高统计的最终成果见表6-2。由表可见：

1）坝高100m以上的混凝土重力坝（高坝），坝顶上下游向水平位移最大年变幅在7.6~30.22mm，平均为15.0mm，最大为坝高184.0m的三峡大坝（30.22mm），其次为坝高200.5m的光照大坝（29mm左右），最小为坝高110.0m的岩滩大坝（7.6mm）。

2）坝高在50~100m的混凝土重力坝（中坝），坝顶上下游向水平位移最大年变幅在6.0~16.7mm，平均为9.9mm，最大为坝高85.8m的五强溪大坝（16.7mm），最小为坝高82.0m的乐滩大坝（6.0mm左右）。

3）坝高50m以下的混凝土重力坝及闸坝（低坝），坝顶上下游向水平位移最大年变幅在2.5~13.9mm，平均为7.9mm，最大为坝高39.0m的小天都大坝（13.9mm），最小为坝高34.0m的锦屏二级大坝（2.5mm左右）。

表6-1　国内53座混凝土重力坝坝顶上下游向水平位移最大年变幅实测数据统计表

坝名	最大坝高（m）	坝型	坝顶水平位移最大年变幅（mm）	上游水位最大年变幅（m）	气温最大年变幅（℃）	蓄水时间	坝基岩性
光照大坝	200.5	碾压混凝土重力坝	29.0左右	51.45	27.2	2007年12月	灰岩
龙滩大坝	192.0	碾压混凝土重力坝	10.2	41.32	26.0	2006年9月	砂岩夹泥板岩
三峡大坝	184.0	混凝土重力坝	30.22	40.0	约30.0	2003年6月	—

坝名	最大坝高（m）	坝型	坝顶水平位移最大年变幅（mm）	上游水位最大年变幅（m）	气温最大年变幅（℃）	蓄水时间	坝基岩性
刘家峡大坝	147.0	混凝土重力坝	10.6	15.39	40.1	1967 年 10 月	云母石英片岩夹少量角闪片岩
宝珠寺大坝	132.0	混凝土重力坝	13.2	30.78	33.4	1996 年 10 月	钙质粉砂岩、粉砂质页岩
漫湾大坝	132.0	混凝土重力坝	8.3	11.51	22.5	1993 年 3 月	流纹岩
洪口大坝	130.0	碾压混凝土重力坝	11.0	28.81	29.9	2008 年 7 月	流纹岩
安康大坝	128.0	混凝土重力坝	18.0	29.00	43.0	1989 年 12 月	千枚岩
索风营大坝	115.8	碾压混凝土重力坝	10.1	18.62	约 30.0	2005 年 6 月	灰岩
云峰大坝	113.8	混凝土宽缝重力坝	18.2	29.56	49.0	1965 年 3 月	凝灰集块岩、板岩、玢岩、花岗斑岩
彭水大坝	113.5	碾压混凝土重力坝	9.6	14.85	30.8	2008 年 1 月	灰岩、白云岩
棉花滩大坝	113.0	碾压混凝土重力坝	15.5	24.22	29.8	1999 年 12 月	黑云母花岗岩
大朝山大坝	111.0	碾压混凝土重力坝	8.1	16.09	20.6	2001 年 11 月	火山岩、玄武岩、杏仁状玄武岩
岩滩大坝	110.0	碾压混凝土重力坝	7.6	12.51	30.8	1992 年 3 月	辉绿岩
黄龙滩大坝	107.0	混凝土重力坝	23.8	29.23	37.5	1974 年 1 月	白云母石英钠长片岩、绿泥钠长片岩
新安江大坝	105.0	混凝土宽缝重力坝	15.6	11.51	35.4	1959 年 9 月	砂岩、石英砂岩
新丰江大坝	105.0	混凝土支墩坝	13.7	15.57	29.8	1959 年 10 月	花岗岩、伟晶岩和煌斑岩
水口大坝	101.0	混凝土重力坝	11.4	8.94	29.9	1993 年 4 月	黑云母花岗岩
枫树坝大坝	95.3	混凝土宽缝重力坝	11.6	26.80	34.2	1973 年 9 月	安山玢岩
安砂大坝	92.0	混凝土宽缝重力坝	8.1	20.84	20.9	1975 年 9 月	石英砂岩、砾岩和石英岩
丰满大坝	91.7	混凝土重力坝	14.5	20.68	57.9	1942 年 11 月	变质砾岩、少量砂岩夹层
牛路岭大坝	90.5	混凝土空腹重力坝	8.5	30.93	19.8	1979 年 10 月	中粗粒花岗岩
五强溪大坝	85.8	混凝土重力坝	16.7	22.19	40.0	1994 年 11 月	石英岩、石英砂岩、砂岩、板岩
龚嘴大坝	85.0	混凝土重力坝	9.7	7.57	28.3	1971 年 12 月	花岗岩
南沙大坝	85.0	碾压混凝土重力坝	7.5	7.64	24.4	2007 年 12 月	灰岩角砾岩
石板水大坝	84.6	碾压混凝土重力坝	14.0	32.43	29.3	1996 年 9 月	石英砂岩
铜街子大坝	82.0	混凝土重力坝	6.9	5.34	27.4	1992 年 4 月	玄武岩、灰岩、砂岩和泥岩
乐滩大坝	82.0	混凝土重力坝	约 6.0	3.55	35.6	2006 年 1 月	泥晶灰岩
池潭大坝	78.0	混凝土宽缝重力坝	12.0	33.09	38.8	1980 年 3 月	流纹斑岩
大化大坝	74.5	混凝土重力坝	约 7.0	2.14	27.6	1983 年 5 月	泥岩灰岩互层
周宁大坝	72.4	碾压混凝土重力坝	12.6	14.94	29.2	2004 年 7 月	碎斑熔岩、花岗斑岩
长潭大坝	71.3	混凝土重力坝	8.8	11.42	37.9	1987 年 1 月	含砾石英砂岩、石英砂岩夹紫红色粉砂岩
古田溪一级大坝	71.0	混凝土宽缝重力坝	6.4	21.75	31.2	1959 年 6 月	流纹斑岩

续表

坝名	最大坝高（m）	坝型	坝顶水平位移最大年变幅（mm）	上游水位最大年变幅（m）	气温最大年变幅（℃）	蓄水时间	坝基岩性
上犹江大坝	67.5	混凝土空腹重力坝	8.4	14.97	32.1	1957年8月	石英砂岩及砾岩
平班大坝	67.2	碾压混凝土重力坝	7.2	4.99	37.0	2004年12月	钙质砂岩、泥质粉砂岩、泥页岩
白水峪大坝	64.5	混凝土重力坝	约12.0	14.14	33.5	1997年3月	石英砂岩与砂质页岩
水东大坝	63.0	碾压混凝土重力坝	12.0	6.16	31.9	1993年11月	花岗斑岩、凝灰质砂岩、页岩、流纹岩
天生桥二级大坝	60.7	碾压混凝土重力坝	6.9	4.79	25.8	1992年11月	灰岩、页岩互层，夹少量砂岩
盐锅峡大坝	57.2	混凝土宽缝重力坝	8.3	3.81	40.5	1961年3月	厚层砂岩、砂砾岩
高坝洲大坝	57.0	混凝土重力坝	9.5	3.47	35.4	1999年6月	白云岩
洪江大坝	56.9	混凝土重力坝	7.8	5.00	33.8	2002年11月	砂质板岩、砂岩
鱼潭大坝	54.5	混凝土空腹重力坝	6.8	15.05	约35.0	1997年3月	石英砂岩夹石英粉砂岩
南河大坝	50.0	混凝土宽缝重力坝	9.9	15.10	40.9	1980年8月	白云岩、页岩
富春江大坝	47.7	混凝土重力坝	9.2	2.01	39.5	1968年12月	流纹斑岩、凝灰岩和凝灰角砾岩
小天都大坝	39.0	混凝土闸坝	13.9	11.26	25.6	2005年10月	覆盖层、斜长花岗岩夹辉绿岩
凌津滩大坝	38.5	混凝土闸坝	8.9	2.14	33.0	1998年12月	石英岩、石英砂岩、砂岩、砂质板岩、板岩
小峡大坝	35.0	混凝土重力坝	11.3	7.15	53.8	2004年9月	结晶片岩
锦屏二级	34.0	混凝土闸坝	约2.5	约2.0	23.0	2012年10月	覆盖层、变质砂岩、板岩
小东江大坝	34.0	混凝土闸坝	7.8	7.37	33.5	1989年12月	石英砂岩、粉砂质页岩
雍口大坝	32.8	混凝土重力坝坝	7.7	14.70	31.9	1994年10月	石英砂岩夹粉砂岩
雨城大坝	31.9	混凝土闸坝	5.2	14.96	31.9	1995年9月	泥质粉砂岩、夹砂质泥岩
太平驿大坝	29.1	混凝土闸坝	6.3	约10	28.6	1994年10月	块碎石土、砂层及漂卵石夹砂互层
纪村大坝	22.5	混凝土重力坝坝	5.0	12.52	37.1	1976年10月	黏土质粉砂岩、粉砂质黏土岩

表6-2　国内53座混凝土重力坝坝顶上下游向水平位移最大年变幅按坝高分类统计表　　（mm）

坝高	坝顶水平位移最大年变幅	坝顶水平位移年变幅平均值
100m以上（高坝）	7.6～30.22	15.0
50～100m（中坝）	6.0～16.7	9.9
50m以下（低坝）	2.5～13.9	7.9

（2）上下游向水平位移最大年变幅的统计规律分析。

1）将坝顶上下游向水平位移最大年变幅与坝高、上游水位最大年变幅、气温最大年变幅绘制相关图，见图6-1～图6-3。由图可见：坝顶上下游向水平位移最大年变幅与坝高、上游水位最大年变幅有较明显的相关性，与气温最大年变幅存在一定相关性，简单相关系数分别为0.64、0.68、0.20，表现为坝高越高、上游水位年变幅越大、气温年变幅越大，坝顶上下游向水平位移最大年变幅越大，但毕竟影响因素较多（如坝体结构特性、坝基地质条件等），因此并非完全线性相关。

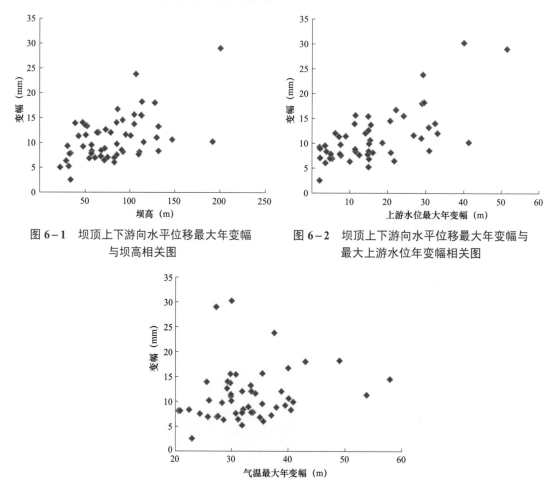

图6-1　坝顶上下游向水平位移最大年变幅
与坝高相关图

图6-2　坝顶上下游向水平位移最大年变幅与
最大上游水位年变幅相关图

图6-3　坝顶上下游向水平位移最大年变幅与气温最大年变幅相关图

2）根据上述分析和表6-1的统计数据，以坝高、上游水位最大年变幅、气温最大年变幅为自变量，采用逐步回归拟合坝顶上下游向水平位移最大年变幅，F检验值取3，拟合结果见式（6-1）。由式可见：坝高（单位 m）、上游水位最大年变幅（单位 m）、气温最大年变幅（单位℃）因子均入选，复相关系数为0.76，表明拟合精度尚可，可作为大致推算运行期混凝土重力坝上下游向水平位移最大年变幅的经验公式。

$$S = -2.62 + 0.05H_0 + 0.193H_1 + 0.189T \qquad (6-1)$$

式中，S 为上下游向水平位移最大年变幅（mm）；H_0 为坝高（m）；H_1 为上游水位最大年变幅（m）；T 为气温最大年变幅（℃）。

3）表6-3为国内7座坝高100m左右的混凝土重力坝最大坝高坝段坝顶上下游向水平位移的水压分量回归分析成果，由表可见，各工程的回归方程复相关系数均较高，因此成果可用于归纳分析。

表 6-3　　　　　　　　国内 7 座混凝土重力坝坝顶上下游向水平位移水压分量统计表

坝名	坝型	坝高（m）	上游水位最大年变幅（m）	水压分量变幅（mm）	回归方程复相关系数
彭水	碾压混凝土重力坝	113.5	14.85	3.28	0.93
棉花滩	碾压混凝土重力坝	113.0	24.22	9.23	0.85
戈兰滩	碾压混凝土重力坝	113.0	15.19	2.52	0.97
大朝山	碾压混凝土重力坝	111.0	16.09	3.53	0.95
新安江	混凝土宽缝重力坝	105.0	11.51	3.55	0.96
水口	混凝土重力坝	101.0	8.94	1.16	0.94
枫树坝	混凝土宽缝重力坝	95.3	26.8	9.42	0.89

图 6-4 为根据表 6-3 绘制的上游水位最大年变幅与水压分量变幅相关图。坝前水深 H 引起的坝顶水平位移是 H、H^2 和 H^3 的函数，因此同理，位移变幅和水位变幅之间存在相同的 3 次函数关系，采用水位变幅拟合水压分量变幅，结果见式（6-2），复相关系数为 0.93，表明拟合精度较高。式（6-2）可用于大致推算运行期坝高 100m 左右的混凝土重力坝上下游向因上游水位变化发生的水平位移变化量。

$$S = 0.0001H^3 + 0.0071H^2 + 0.0938H \qquad (6-2)$$

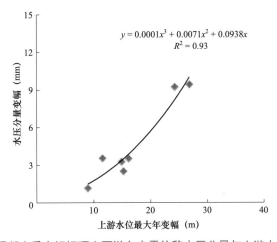

图 6-4　国内 7 座混凝土重力坝坝顶上下游向水平位移水压分量与上游水位最大年变幅相关图

4）对于运行期重力坝，坝顶上下游向水平位移到底是温度分量大还是水压分量大，是大坝安全监测界普遍关注的问题。重力坝各坝段使用横缝隔开，处于独立工作状态，在相同上下游水位、气温的影响下，由于各坝段坝高不同，其温度分量和水压分量占比也不相同。因此，在对比不同工程的最大坝高坝段坝顶上下游向水平位移水压、温度占比时，需保证其坝高基本相近。表 6-4 列出了国内 15 座混凝土重力坝最大坝高坝段坝顶上下游向水平位移的统计模型各分量占比情况，将这 15 座混凝土重力坝按坝高分为 130m、110m、100m、70m、50m 五组，可见：

a. 坝高低于 130m 的 12 座混凝土重力坝中，棉花滩大坝由于上游水位变幅（24.2m）相较其他工程偏大，其坝顶上下游向水平位移的水压分量大于温度分量，其余大坝的坝顶上下游向水平位移均是温度影响占主导，水压分量占比明显小于温度分量，且坝高越低，水压分量占比总体越小。

b. 坝高高于 130m 的 3 座混凝土重力坝中，除漫湾大坝由于上游水位变幅相对较小（11.5m），水压分量没有明显大于温度分量外，其余两座大坝的坝顶上下游向水平位移的水压分量明显大于温度分量。

c. 由本节第 3）部分的分析可知，坝顶上下游向水平位移的变幅与上游水位变幅存在 3 次函数关系，通常高坝的上游水位变幅更大，且坝高增大能放大水位的影响效应，因此，坝高越高，水压分量的占比也会越大。

d. 综合上述分析可知，坝顶上下游向水平位移到底是温度分量大还是水压分量大实际上是一个"伪命题"。对于低坝、中坝，通常上游水位变幅较小，其上下游向水平位移一般受温度影响较明显；对于高坝，通常上游水位变幅较大，坝高也能放大上游水位的影响，其上下游向水平位移一般受水压影响较明显，但以上只是一般的定性规律，如需定量，具体工程仍需具体分析。

表 6—4　　　　国内 15 座混凝土重力坝最大坝高坝段坝顶上下游向水平位移
统计模型分量统计表

坝名	最大坝高（m）	坝顶水平位移最大年变幅（mm）	上游水位最大年变幅（m）	气温最大年变幅（℃）	水压分量（%）	温度分量（%）	时效分量（%）
宝珠寺大坝	132.0	13.2	30.8	33.4	57	41	2
漫湾大坝	132.0	8.3	11.5	22.5	35	33	32
洪口大坝	130.0	11.0	28.81	29.9	61	24	15
彭水大坝	113.5	9.6	14.85	30.8	25	47	28
棉花滩大坝	113	15.5	24.2	29.8	44	38	18
戈兰滩	113	6.0	15.2	15.2	28	38	34
大朝山大坝	111	8.1	16.1	20.6	39	48	12
新安江大坝	105	15.6	11.5	35.4	17	67	15
水口大坝	101	11.4	8.9	29.9	17	83	0
枫树坝大坝	95.3	11.6	26.8	34.2	19	57	24
周宁大坝	72.4	12.6	14.94	29.2	20	59	21
上犹江大坝	67.5	8.4	14.97	32.1	20	49	31
水东大坝	63.0	12	6.16	31.9	13	50	37
南河大坝	50.0	9.9	15.10	40.9	10	67	23
富春江大坝	47.7	9.2	2.01	39.5	10	81	9

（3）时间过程规律。

1）上下游向水平位移。

a. 蓄水期及运行期，坝基和坝体上下游向水平位移受上游水位影响较大，二者呈正相关，表现为"上游水位升高，坝体和坝基向下游位移；上游水位降低，坝基和坝体向上游回弹"的变化规律。部分大坝由于上游水位波动不大，水位变化对上下游向水平位移的周期性影响相对不显著，更主要的反映在持续的水压力造成的坝体及坝基时效位移上。

图 6—5 为三峡大坝泄 2 坝段坝基和坝体上下游向水平位移测值过程线，由图可知：

坝基和坝体上下游向水平位移与上游水位呈显著的正相关关系，即上游水位上升，坝基和坝体向下游位移，上游水位下降，坝基和坝体向上游回弹，且高程越高，规律越明显。

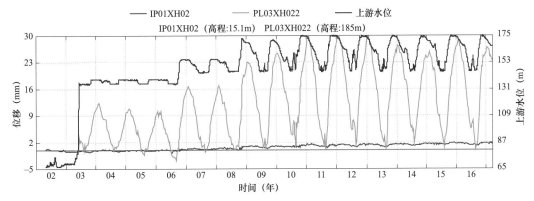

图 6 - 5　三峡大坝泄 2 坝段坝基和坝顶上下游向水平位移过程线

b. 坝体上下游向水平位移受气温影响较大，总体表现为"气温升高，坝体向上游位移；气温下降，坝体向下游回弹"的变化规律。由于气温为年周期变化，坝体上下游向水平位移也存在相同的年周期变化，并且因坝体温度场调整的滞后而存在时滞现象。

在此需要注意的是，水平位移测点变化规律和年变幅与测点位置有关，位于薄长闸墩下游侧末端的位移测点，有的表现为"高温季节向下游侧位移，而低温季节向上游侧位移"，变化规律与一般规律相反，这主要是因为闸墩平均温度对水平位移的影响（高温季节使测点向下游位移）比坝体温度梯度对位移的影响（高温季节使测点向上游位移）更显著。

（a）图 6 - 6 为水东大坝坝顶上下游向水平位移测值过程线，水库为季调节，上游水位运行较平稳，变幅较小，对上下游向水平位移的影响较小。由图可见：上下游向水平位移与温度呈明显负相关，夏季随着气温升高，坝顶向上游位移逐渐增大；冬季随着气温下降，坝顶向下游逐渐回弹。一般每年 8 月中旬坝顶向上游位移最大，2 月中旬坝顶向下游位移最大，上下游向水平位移变化滞后气温变化约 1 个月。

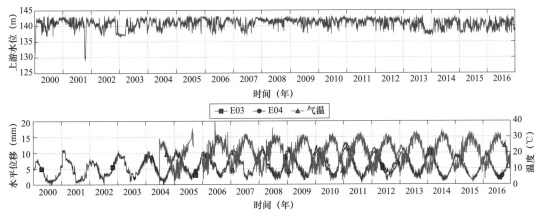

图 6 - 6　水东大坝坝顶上下游向水平位移测值过程线

（b）图 6-7 为安砂混凝土宽缝重力坝闸墩临时测点水平位移过程线。由图可见，闸墩临时测点上下游向水平位移与温度呈明显正相关，随着温度上升，测点向下游方向位移；随着温度下降，测点向上游方向回弹。

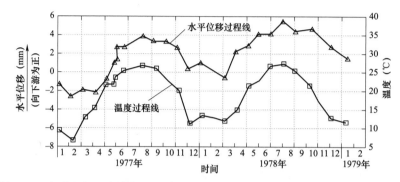

图 6-7　安砂混凝土宽缝重力坝坝顶闸墩临时测点上下游向水平位移测值过程线

c. 在蓄水期及运行初期，受混凝土徐变、坝体接缝及裂缝的变化、基础中的节理裂隙及软弱岩带等在加载过程中受压闭合、坝体混凝土逐渐温降等因素的影响，坝体上下游向水平位移存在一定的时效位移。时效位移为不可逆变形，运行性态正常的大坝，时效位移在初期变化较快，后期变化较慢，最终趋向稳定。

表 6-5 为国内 7 座混凝土重力坝的最大坝高坝段坝顶上下游向时效位移统计表，这7 座大坝的上下游向水平位移从水库蓄水起始测，记录了坝顶水平位移从蓄水期至运行期的完整变化过程。由表可见：这 7 座工程的坝顶上下游向水平位移目前均已稳定，从蓄水至水平位移达到稳定的时间在 4～10 年，时效位移的量值在 1.4～4.5mm。需要注意的是，蓄水期坝体温度降低过程使坝体具有向下游的"时效"变形，这部分变形并非是结构在荷载作用下的真实时效变形。

表 6-5　　　　国内 7 座混凝土重力坝最大坝高坝段坝顶上下游向时效位移统计表

坝名	坝高（m）	坝型	蓄水时间	时效位移量值（mm）	稳定情况	达到稳定时间
三峡大坝	184.0	混凝土重力坝	2003 年 6 月	—	已稳定	10 年左右
漫湾大坝	132.0	混凝土重力坝	1993 年 3 月	3.3	已稳定	5 年左右
洪口大坝	130.0	碾压混凝土重力坝	2008 年 7 月	1.4	已稳定	5 年左右
彭水大坝	113.5	碾压混凝土重力坝	2008 年 1 月	3.7	已稳定	4 年左右
戈兰滩大坝	113.0	碾压混凝土重力坝	2008 年 7 月	2.8	已稳定	4 年左右
大朝山大坝	111.0	碾压混凝土重力坝	2001 年 11 月	4.5	已稳定	8 年左右
炳灵大坝	61.0	混凝土重力坝	2008 年 7 月	1.5	已稳定	4 年左右

d. 对于我国北方等寒冷地区的混凝土重力坝工程，当低温季节来临时，混凝土内部孔隙中水分会冻结成冰，由于水结成冰后体积增加约 9%，导致混凝土会发生膨胀变形，上游侧产生向上游的局部位移，下游侧产生向下游的局部位移，易受到负温影响的部位冻

胀变形越明显。因此，布置在坝顶上游的水平位移测点测值过程线会有明显的"双峰双谷"现象，即高温季节，向上游的水平位移达到最大值，随着温度的降低，向下游的水平位移逐渐增大，当降到负温时，由于冻胀变形，又逐渐产生向上游的水平位移，待温度逐渐回升时，冰融化成水，由冻胀变形引起的局部向上游位移逐渐消失。

原丰满大坝是处于我国东北寒冷地区的典型混凝土重力坝，位于吉林省，始建于1937年，最大坝高为91.7m。图6-8为原丰满大坝坝顶水平位移过程线。由图可见，除了受气温影响呈现明显的年周期性变化外，在每年3月份左右会出现局部峰值现象，经有限元计算和回归统计模型分析，局部峰值现象主要是由冻胀变形引起的。

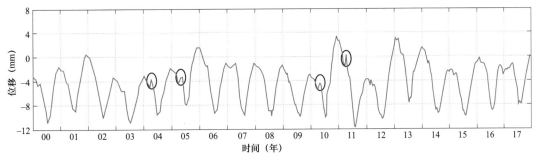

图6-8　原丰满大坝坝顶水平位移过程线

2）左右岸向水平位移。

a. 坝体左右岸向水平位移主要受气温变化的影响，呈年周期变化。当气温降低时，两岸坝段向河床方向位移；当气温升高时，两岸坝段分别向各自的岸坡方向位移。

图6-9为新丰江大坝坝顶左右岸向水平位移测值过程线，左右岸向水平位移是通过垂线组观测的，IP1和IP2分别设置在左右岸坝段的坝顶，PL_87设置在左岸最大坝高坝段高程25m处，PL_146设置在右岸14号坝段高程51m处。由图可知，坝体左右岸向水平位移与气温有很好的相关性，呈现明显的年周期性变化。在高温季节，左岸坝段测点向左岸位移，右岸坝段测点向右岸位移，在低温季节，则规律相反：即高温季节，两岸坝段向岸坡方向位移，低温季节，两岸坝段向河床方向位移。坝体左右岸向水平位移变化明显滞后气温变化，且越靠近坝基部位，滞后时间越长。

b. 在特殊情况下，重力坝左右岸向水平位移会表现出特殊的时间过程规律，例如：带有开敞式溢流坝段的坝顶左右岸向水平位移，随着气温升高，大坝两侧分别向带有开敞式溢流坝段方向位移；随着气温下降，大坝两侧分别向各自的岸坡回弹。

（4）空间分布规律。

1）上下游向水平位移。

a. 同一高程沿坝轴线方向，不论是低温高水位工况还是高温低水位工况，河床坝段上下游向水平位移最大，向两岸上下游向位移逐渐减小。

图6-10为黄龙滩大坝各部位实测上下游向水平位移极值空间分布图，由图可见：右岸岸坡2～5号坝段随着坝高的依次增加，其坝顶水平位移也在依次增大，河床7～15号坝段坝顶水平位移年变幅明显大于两岸坝段。总体来看，坝顶上下游向位移呈现中间坝段大、两侧坝段小的分布，与坝段高度和坝体结构基本相对应。

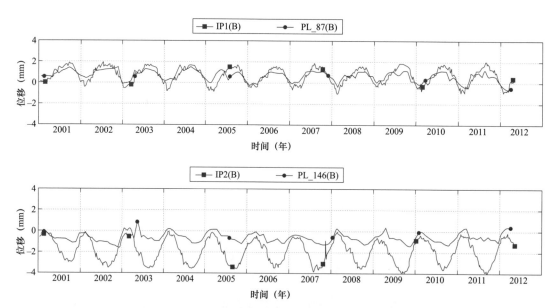

图 6-9　新丰江大坝坝顶左右岸向水平位移测值过程线

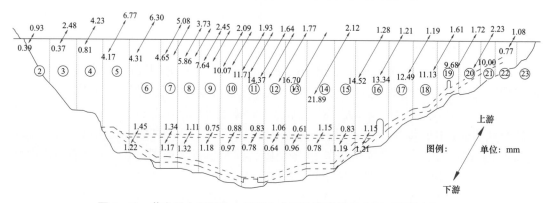

图 6-10　黄龙滩大坝坝体上下游向水平位移极值分布图（下游立视）

b. 同一坝段沿高程方向，高程越高，上下游向水平位移越大，上下游向水平位移最大值一般出现在坝顶位置。

图 6-11 为水口大坝 23 号坝段和 32 号坝段坝体上下游向水平位移沿高程分布图，由图可知，不同工况下，坝体整体向下游变形，最大上下游向水平位移均出现在坝顶位置，高程越低，上下游向水平位移值越小，且受不同工况的影响也越小。

c. 上下游向水平位移空间分布还与坝体结构有关。若除挡水坝段外还有其他不同坝体结构的坝段（如溢流坝段、埋管坝段、厂房坝段）时，坝体刚度较小的坝段水平位移一般较大。如泄洪闸和溢流闸闸墩及边墩，因结构比较单薄，抗弯刚度低，而且闸墩及边墩表面积大，平均温度高于挡水坝段，受气温影响相对较大，这时上下游向水平位移呈闸墩部位大、挡水坝段小的分布规律。

图 6-12 为三峡大坝 175.4m 高程水平位移分布图。三峡大坝是一次建成、分期蓄水：左岸大坝于 2003 年 5 月 20 日～6 月 10 日进行 135.0m 蓄水，右岸大坝于 2006 年 5 月 26

日～6月6日进行135.0m蓄水；整个大坝于2006年9月20日～10月30日进行156.0m蓄水；2008年9月20日～11月12日进行172.8m蓄水。图中分别画出了这三次蓄水时大坝上下游向水平位移的分布情况，由图可见，大坝上下游向水平位移呈现"两端小、中间大，泄洪坝段最大和厂房坝段次大"的分布规律。

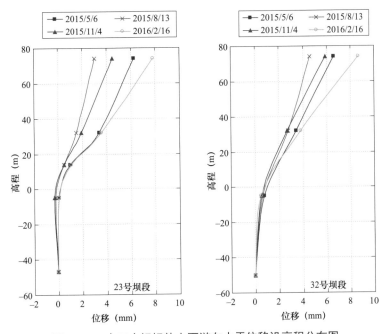

图6-11 水口大坝坝体上下游向水平位移沿高程分布图

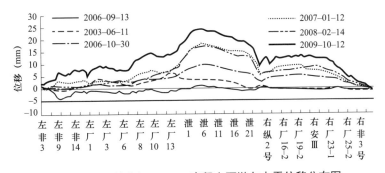

图6-12 三峡大坝175.4m高程上下游向水平位移分布图

2）左右岸向水平位移。

a. 同一高程沿坝轴线方向，坝体左右岸向水平位移基本呈现对称分布，河床中央坝段位移年变幅较大，两岸岸坡坝段位移年变幅较小。左右岸向位移与纵剖面地形、横缝构造、观测精度等因素有关，不同工程测值统计结果存在一定差异。

坝体左右岸向水平位移通常采用的监测手段有交会法和垂线，由于左右岸向水平位移一般较小，交会法的观测精度难以保证，垂线的监测成果基本能够反映坝体左右岸向水平位移的变化情况。混凝土重力坝一般选择典型坝段布置垂线组，统计国内11座混凝土重力坝不同坝段坝顶左右岸向水平位移最大年变幅见表6-6，由表可见：位于大坝左右岸对称部位的坝段，左右岸向水平位移年变幅总体相差不大，部分大坝存在一定的差异主要是受坝高、体型等因素的影响；左右岸坝肩附近坝段的坝高总体较低，左右岸向水平位移年变幅较小，河床坝段坝高较高，位移年变幅相对较大。

表6-6　　　国内11座混凝土重力坝不同坝段坝顶左右岸向水平位移最大年变幅统计表

坝名	坝段	坝高（m）	年变幅（mm）	坝名	坝段	坝高（m）	年变幅（mm）
光照大坝	左坝肩	—	0.3	棉花滩大坝	左岸坝头	12.4	0.6
	5号坝段	97	4.7		2号坝段	59	4.6
	16号坝段	96	3.6		4号坝段	113	4.7
	右坝肩	—	0.8		5号坝段	75	7.2
漫湾大坝	19号坝段	36	1.4		右岸坝头	14	2.2
	17号坝段	75	3.2	戈兰滩大坝	16号坝段	23	1.4
	12号坝段	125	4.6		12号坝段	79	3.2
	7号坝段	100	2.4		9号坝段	110.5	3.6
	1号坝段	54	3.4		7号坝段	70	3.5
安康大坝	26号坝段	24	2.3		1号坝段	21	2.1
	21号坝段	68	3.9	安砂大坝	9号坝段	44	0.8
	16号坝段	102	2.6		6号坝段	92	2.0
	13号坝段	104	1.8		3号坝段	57	3.0
	10号坝段	102	2.7	五强溪大坝	33号坝段	22.5	2.7
	5号坝段	73	2.8		27号坝段	55.5	2.1
	1号坝段	26	1.1		22号坝段	84.5	4.6
索风营大坝	左坝肩	—	1.1		10号坝段	79.5	3.2
	坝体中部	115	1.7		1号坝段	22.2	2.1
	右坝肩	—	1.2	大化大坝	左岸坝头	16.5	1.9
彭水大坝	5号坝段	88.5	2.7		14号闸墩	50	2.0
	8号坝段	113.5	3.1		10号闸墩	48	0.9
	11号坝段	96.5	3.6		5号闸墩	57.9	1.4
水口大坝	8号坝段	64	1.4		1号闸墩	50	2.6
	23号坝段	81	2.4		右岸安装间	58	3.5
	32号坝段	85	1.7		右岸坝头	20	0.9

b. 同一坝段沿高程方向，通常是高程越高，坝体左右岸向水平位移越大。

图6-13为彭水水电站大坝典型坝段左右岸向水平位移分布图，该大坝为碾压混凝土重力坝，最大坝高113.5m，挡水前缘总长309.53m。为监测坝体挠度变化情况，在5号、8号、11号坝段布置3套正倒垂线组，从不同工况下坝体左右岸向水平位移分布图来看，大坝横河向水平位移整体较小，尤其是基础，主要受温度影响，5号坝段温升向右岸位移，8号、11号坝段温升向左岸位移，受上游水位的影响较小；沿高程方向，高程越高，水平位移越大。

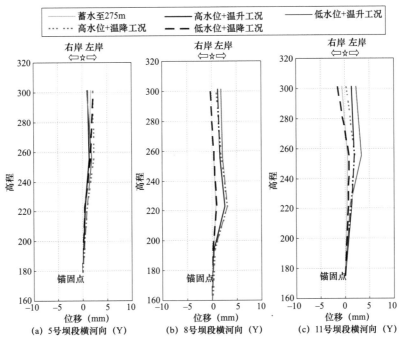

图 6-13　彭水水电站大坝典型坝段左右岸向水平位移分布图

2. 垂直位移

（1）实测数据统计。本节主要对各混凝土重力坝工程坝顶垂直位移监测数据进行统计分析，为便于横向比较，坝顶垂直位移统一以最大年变幅值作为基本统计量，以避免因监测基准日不同而带来的位移绝对量值在数学意义上的不统一，国内 58 座混凝土重力坝工程的统计结果见表 6-7，按坝高统计的最终成果见表 6-8，由表可见：

1）坝高 100m 以上的混凝土重力坝（高坝），坝顶垂直位移最大年变幅在 2.0～12.5mm，平均为 7.1mm，最大为坝高 107.0m 的黄龙滩大坝（12.5mm），最小为坝高 192.0m 的龙滩大坝（2～3mm）、坝高 113m 的戈兰滩大坝（2mm）。

2）坝高在 50～100m 的混凝土重力坝（中坝），坝顶垂直位移最大年变幅在 2.8～20.5mm，平均为 7.4mm，最大为坝高 85.8m 的五强溪大坝（20.5mm），最小为坝高 60.7m 的天生桥二级大坝（2.8mm）。

3）坝高 50m 以下的混凝土重力坝及闸坝（低坝），坝顶垂直位移最大年变幅在 2.5～13.3mm，平均为 7.2mm，最大为坝高 39.0m 的小天都大坝（13.3mm），最小为坝高 34.0m 的锦屏二级大坝（约 2.5mm）。

表 6-7　　　　国内 58 座混凝土重力坝坝顶垂直位移最大年变幅实测数据统计表

坝名	最大坝高（m）	坝型	坝顶垂直位移最大年变幅（mm）	上游水位最大年变幅（m）	气温最大年变幅（℃）	蓄水时间	坝基岩性
光照大坝	200.5	碾压混凝土重力坝	5～6	51.45	27.2	2007 年 12 月	灰岩
龙滩大坝	192.0	碾压混凝土重力坝	2～3	41.32	26.0	2006 年 9 月	砂岩夹泥板岩

坝名	最大坝高（m）	坝型	坝顶垂直位移最大年变幅（mm）	上游水位最大年变幅（m）	气温最大年变幅（℃）	蓄水时间	坝基岩性
刘家峡大坝	147.0	混凝土重力坝	11.5	15.39	40.1	1967 年 10 月	云母石英片岩夹少量角闪片岩
宝珠寺大坝	132.0	混凝土重力坝	5～6	30.78	33.4	1996 年 10 月	钙质粉砂岩、粉砂质页岩
漫湾大坝	132.0	混凝土重力坝	9.1	11.51	22.5	1993 年 3 月	流纹岩
洪口大坝	130.0	碾压混凝土重力坝	6.4	28.81	29.9	2008 年 7 月	流纹岩
安康大坝	128.0	混凝土重力坝	8.0	29.0	43.0	1989 年 12 月	千枚岩
索风营大坝	115.8	碾压混凝土重力坝	3.7	18.62	约 30.0	2005 年 6 月	灰岩
云峰大坝	113.8	混凝土宽缝重力坝	8.5	29.56	49.0	1965 年 3 月	凝灰集块岩、板岩、玢岩、花岗斑岩
彭水大坝	113.5	碾压混凝土重力坝	8.0	14.85	30.8	2008 年 1 月	灰岩、白云岩
棉花滩大坝	113.0	碾压混凝土重力坝	5.5	24.22	29.8	1999 年 12 月	黑云母花岗岩
戈兰滩大坝	113.0	碾压混凝土重力坝	2.0	15.19	15.2	2008 年 7 月	河床坝段：安山岩；两岸岸坡：凝灰岩
大朝山大坝	111.0	碾压混凝土重力坝	约 6.0	16.09	20.6	2001 年 11 月	火山岩、玄武岩、杏仁状玄武岩
岩滩大坝	110.0	碾压混凝土重力坝	5.2	12.51	30.8	1992 年 3 月	辉绿岩
黄龙滩大坝	107.0	混凝土重力坝	12.5	29.23	37.5	1974 年 1 月	白云母石英钠长片岩、绿泥钠长片岩
新安江大坝	105.0	混凝土宽缝重力坝	8.2	11.51	35.4	1959 年 9 月	砂岩、石英砂岩
新丰江大坝	105.0	混凝土支墩坝	10.6	15.57	29.76	1959 年 10 月	花岗岩、伟晶岩和煌斑岩
水口大坝	101.0	混凝土重力坝	6.7	8.94	29.9	1993 年 4 月	黑云母花岗岩
枫树坝大坝	95.3	混凝土宽缝重力坝	8.0	26.80	34.2	1973 年 9 月	安山玢岩
居甫渡大坝	95.0	碾压混凝土重力坝	4.3	9.46	约 20.0	2008 年 11 月	砂岩、砂砾岩夹泥岩
安砂大坝	92.0	混凝土宽缝重力坝	6.6	20.84	20.9	1975 年 9 月	石英砂岩、砾岩和石英岩
丰满大坝	91.7	混凝土重力坝	11.5	20.68	57.9	1942 年 11 月	变质砾岩、少量砂岩夹层
牛路岭大坝	90.5	混凝土空腹重力坝	6.5	30.93	19.8	1979 年 10 月	中粗粒花岗岩
五强溪大坝	85.8	混凝土重力坝	20.5	22.19	40.0	1994 年 11 月	石英岩、石英砂岩、砂岩、板岩
龚嘴大坝	85.0	混凝土重力坝	6.1	7.57	28.3	1971 年 12 月	花岗岩
南沙大坝	85.0	碾压混凝土重力坝	7.8	7.64	24.4	2007 年 12 月	灰岩角砾岩
石板水大坝	84.6	碾压混凝土重力坝	5.6	32.43	29.3	1996 年 9 月	石英砂岩
铜街子大坝	82.0	混凝土重力坝	5.7	5.34	27.4	1992 年 4 月	玄武岩、灰岩、砂岩和泥岩
乐滩大坝	82.0	混凝土重力坝	7.0	3.55	35.6	2006 年 1 月	泥晶灰岩
池潭大坝	78.0	混凝土宽缝重力坝	9.1	33.09	38.8	1980 年 3 月	流纹斑岩
大化大坝	74.5	混凝土重力坝	5.8	2.14	27.6	1983 年 5 月	泥岩灰岩互层

续表

坝名	最大坝高（m）	坝型	坝顶垂直位移最大年变幅（mm）	上游水位最大年变幅（m）	气温最大年变幅（℃）	蓄水时间	坝基岩性
周宁大坝	72.4	碾压混凝土重力坝	3.6	14.94	29.2	2004 年 7 月	碎斑熔岩、花岗斑岩
长潭大坝	71.3	混凝土重力坝	7.8	11.42	37.9	1987 年 1 月	含砾石英砂岩、石英砂岩夹紫红色粉砂岩
古田溪一级大坝	71.0	混凝土宽缝重力坝	3.3	21.75	31.2	1959 年 6 月	流纹斑岩
上犹江大坝	67.5	混凝土空腹重力坝	约 10.0	14.97	32.1	1957 年 8 月	石英砂岩及砾岩
平班大坝	67.2	碾压混凝土重力坝	3.6	4.99	37.0	2004 年 12 月	钙质砂岩、泥质粉砂岩、泥页岩
白水峧大坝	64.5	混凝土重力坝	约 9.0	14.14	33.5	1997 年 3 月	石英砂岩与砂质页岩
水东大坝	63.0	碾压混凝土重力坝	3.9	6.16	31.9	1993 年 11 月	花岗斑岩、凝灰质砂岩、页岩、流纹岩
天生桥二级大坝	60.7	碾压混凝土重力坝	2.8	4.79	25.8	1992 年 11 月	灰岩、页岩互层，夹少量砂岩
盐锅峡大坝	57.2	混凝土宽缝重力坝	10.0	3.81	40.5	1961 年 3 月	厚层砂岩、砂砾岩
高坝洲大坝	57.0	混凝土重力坝	7.9	3.47	35.4	1999 年 6 月	白云岩
洪江大坝	56.9	混凝土重力坝	8.0	5.0	33.8	2002 年 11 月	砂质板岩、砂岩
鱼潭大坝	54.5	混凝土空腹重力坝	4.7	15.05	约 35.0	1997 年 3 月	石英砂岩夹石英粉砂岩
凌津滩大坝	52.1	混凝土闸坝	12.2	2.14	33.0	1998 年 12 月	石英岩、石英砂岩、砂岩、砂质板岩、板岩
小峡大坝	50.7	混凝土重力坝	6.2	7.15	53.8	2004 年 9 月	结晶片岩
南河大坝	50.0	混凝土宽缝重力坝	7.5	15.10	40.88	1980 年 8 月	白云岩、页岩
富春江大坝	47.7	混凝土重力坝	8.1	2.01	39.47	1968 年 12 月	流纹斑岩、凝灰岩和凝灰角砾岩
东西关大坝	47.2	混凝土重力坝	9.5	2.53	36.50	1995 年 6 月	细砂岩、泥质砂岩
青铜峡大坝	42.7	混凝土重力坝	10.6	1.97	45	1967 年 4 月	砂页岩与灰、页岩互层
小天都大坝	39.0	混凝土闸坝	13.3	11.26	25.6	2005 年 10 月	覆盖层、斜长花岗岩夹辉绿岩
锦屏二级	34.0	混凝土闸坝	约 2.5	约 2.0	23.0	2012 年 10 月	覆盖层、变质砂岩、板岩
小东江大坝	34.0	混凝土闸坝	3.0	7.37	33.5	1989 年 12 月	石英砂岩、粉砂质页岩
雍口大坝	32.8	混凝土重力坝	6.7	14.70	31.88	1994 年 10 月	石英砂岩夹粉砂岩
雨城大坝	31.9	混凝土闸坝	4.9	14.96	31.9	1995 年 9 月	泥质粉砂岩、夹粉砂质泥岩
高砂大坝	30.5	混凝土闸坝	6.7	4.93	28.5	1995 年 6 月	砂砾岩夹粉砂岩
太平驿大坝	29.1	混凝土闸坝	8.0	10 左右	28.6	1994 年 10 月	块碎石土、砂层及漂卵石夹砂互层
近尾洲大坝	24.0	混凝土闸坝	6.5	1.24	38.17	2000 年 12 月	细砂岩、泥质粉砂岩
纪村大坝	22.5	混凝土重力坝	6.0	12.52	37.1	1976 年 10 月	黏土质粉砂岩、粉砂质黏土岩

表 6-8　　　　　国内 58 座混凝土重力坝坝顶垂直位移最大年变幅按坝高分类统计表　　　（mm）

坝高	坝顶垂直位移最大年变幅	坝顶垂直位移年变幅平均值
100m 以上（高坝）	2.0～12.5	7.1
50～100m（中坝）	2.8～20.5	7.4
50m 以下（低坝）	2.5～13.3	7.2

4）将坝顶垂直位移最大年变幅与坝高、上游水位最大变幅、气温最大变幅绘制相关图，见图 6-14～图 6-16。由图可见：坝顶垂直位移最大年变幅与坝高、上游水位最大年变幅相关性不明显，与气温最大年变幅存在一定相关性，简单相关系数分别为 0.01、0.01、0.40，不同工程之间坝顶垂直位移最大年变幅与坝高、最大上游水位变幅的关系无明显可比性。

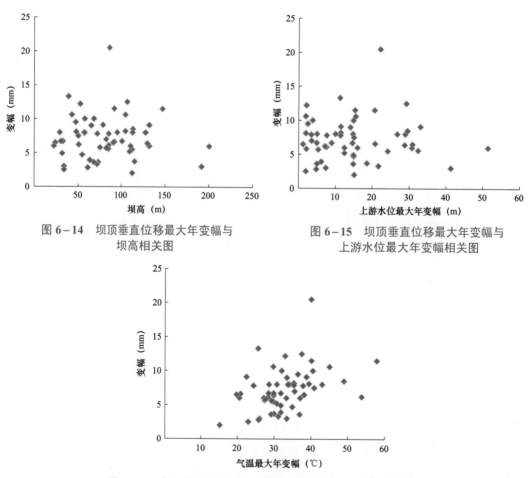

图 6-14　坝顶垂直位移最大年变幅与
坝高相关图

图 6-15　坝顶垂直位移最大年变幅与
上游水位最大年变幅相关图

图 6-16　坝顶垂直位移最大年变幅与气温最大年变幅相关图

5）根据上述数据统计和分析可见，温度是影响坝顶垂直位移的最主要因素。表 6-9 统计了国内 19 座混凝土重力坝坝体温度与坝顶垂直位移最大年变幅，由表可见：

a. 当坝体内部温度已达到准稳定，且气温年变幅较大、气温多年平均值较小时，坝顶垂直位移年变幅较大。例如坝高 85.8m 的五强溪大坝，气温多年平均值为 16.6℃，气温最大年变幅达到 40.0℃，坝体内部已达到准稳定（平均值 17.5℃），坝顶垂直位移最大年变幅达到 20.5mm。

b. 洪口、棉花滩、岩滩、周宁、平班和水东等 6 座大坝坝体内部温度场基本达到稳定状态，位于福建省和广西壮族自治区等气温年变幅较大的区域，且所在地的气温多年平均值和最大年变幅相差较小，坝高在 63～130m，坝顶垂直位移年变幅在 3.6～6.4mm，基本呈现正相关关系，由此可见，当坝体内部温度达到稳定状态，且环境温度相差不大时，大坝坝顶垂直位移年变幅基本随着坝高的增加而增大。

c. 当坝体内部温度较高，尚未达到准稳定，高于气温多年平均值较多，且气温年变幅较小时，坝顶垂直位移年变幅较小。例如坝高 200.5m 的光照大坝和坝高 192.0m 的龙滩大坝，运行十余年坝体内部平均温度仍有 34.9℃、26.0℃，分别高出当地气温多年平均值 13.3℃、8.0℃，相应坝顶垂直位移年变幅也较小，分别只有 6mm 和 3mm，索风营、居甫渡大坝也存在类似情况。

表 6-9　　国内 19 座混凝土重力坝坝体温度与坝顶垂直位移最大年变幅实测数据统计表

坝名	坝高（m）	坝型	气温多年平均值（℃）	气温最大年变幅（℃）	近期坝体内部温度平均值（℃）	近期坝体内部温度年变幅（℃）	坝体温度场稳定情况	坝顶垂直位移最大年变幅（mm）
光照大坝	200.5	碾压混凝土重力坝	21.6	27.2	34.9	0.4	未稳定	5～6
龙滩大坝	192.0	碾压混凝土重力坝	18	26.0	26.0	0.6	未稳定	2～3
宝珠寺大坝	132.0	混凝土重力坝	16.5	33.4	15.1	0.7	2005 年稳定	5～6
洪口大坝	130.0	碾压混凝土重力坝	19.8	29.9	20.8	0.2	2017 年稳定	6.4
安康大坝	128.0	混凝土重力坝	15.6	43.0	14.9	0.4	1998 年稳定	8.0
索风营大坝	115.8	碾压混凝土重力坝	16.8	30.0	20.0	0.6	未稳定	3.7
彭水大坝	113.5	碾压混凝土重力坝	18.4	30.8	20.0	0.2	2012 年稳定	8.0
棉花滩大坝	113.0	碾压混凝土重力坝	20.5	29.8	19.8	0.3	2012 年稳定	5.5
戈兰滩大坝	113.0	碾压混凝土重力坝	22.8	15.2	25.0	0.4	2015 年稳定	2.0
大朝山大坝	111.0	碾压混凝土重力坝	17	20.6	22.0	0.4	未稳定	约 6.0
岩滩大坝	110.0	碾压混凝土重力坝	22	30.8	22.1	1.2	2009 年稳定	5.2
居甫渡大坝	95.0	碾压混凝土重力坝	20.6	20.0	24.0	0.2	未稳定	4.3
五强溪大坝	85.8	混凝土重力坝	16.6	40.0	17.5	1.1	2006 年稳定	20.5

续表

坝名	坝高（m）	坝型	气温多年平均值（℃）	气温最大年变幅（℃）	近期坝体内部温度平均值（℃）	近期坝体内部温度年变幅（℃）	坝体温度场稳定情况	坝顶垂直位移最大年变幅（mm）
南沙大坝	85.0	碾压混凝土重力坝	26	24.4	27.1	1.9	2012 年稳定	7.8
乐滩大坝	82.0	混凝土重力坝	20.7	35.6	21.0	0.8	2010 年稳定	7.0
周宁大坝	72.4	碾压混凝土重力坝	15.9	29.2	17.6	0.2	2007 年稳定	3.6
平班大坝	67.2	碾压混凝土重力坝	21	37.0	22.0	1.8	2011 年稳定	3.6
水东大坝	63.0	碾压混凝土重力坝	19.3	31.9	18.8	2.1	1997 年稳定	3.9
高坝洲大坝	57.0	混凝土重力坝	17.5	35.4	16.2	2.3	2006 年稳定	7.9

（2）时间过程规律。

1）施工开挖期间，基岩开挖后卸载回弹，坝基都有不同程度的上抬，这种上抬与坝基地质关系密切。在随后的坝体浇筑期间，随着坝体不断升高，混凝土自身重量不断增大，坝体和坝基都会发生明显的沉降位移。以彭水大坝为例，在蓄水前两年的施工期中，坝踵部位基岩已发生最大值为 1.89mm 的压缩变形，坝趾部位基岩发生最大值为 0.67mm 的压缩变形。

2）运行期，坝体和坝基垂直位移主要受气温变化的影响，二者呈负相关：气温升高，坝体混凝土膨胀上抬（由于坝体此时向上游变形，下游侧测点比上游侧测点上抬稍大）；气温下降，坝体下沉（由于坝体此时向下游变形，下游侧测点比上游侧测点下沉稍大）。气温对坝体垂直位移的影响存在滞后现象，坝顶垂直位移一般滞后 1～3 个月；坝体廊道垂直位移滞后现象更明显，测点越在坝体深处，滞后时间越长，可达 2～5 个月。

图 6-17 为棉花滩大坝垂直位移过程线。由图可见，坝顶垂直位移与气温有着明显的负相关性，总体呈现"气温升高坝体上抬，气温降低坝体下沉"的变化规律，随着高程的降低，坝体垂直位移受气温的影响程度逐渐减弱，坝基垂直位移的年变幅几乎可以忽略。棉花滩大坝坝址气温每年 7 月最高，1 月最低，而坝顶垂直位移每年 2 月底或 3 月初最大，9 月下旬最小，由此可见，气温对坝顶垂直位移的影响滞后了约 2 个月。

3）运行期，上游水位对坝体垂直位移有一定影响，从大多数工程的统计情况来看，坝体上游侧的垂直位移与上游水位主要表现为"上游水位升高，坝体上抬；上游水位降低，坝体下沉"的变化规律。

图 6-18 为光照大坝高程 702m 廊道垂直位移过程线。由图可见，在运行期，坝体垂直位移与上游水位呈明显的负相关性，即上游水位升高，坝体下沉位移减小，上游水位降低，坝体下沉位移增大，且坝高越高（11 号坝段为最大坝高坝段），垂直位移随上游水位变化而变化的幅度越明显。

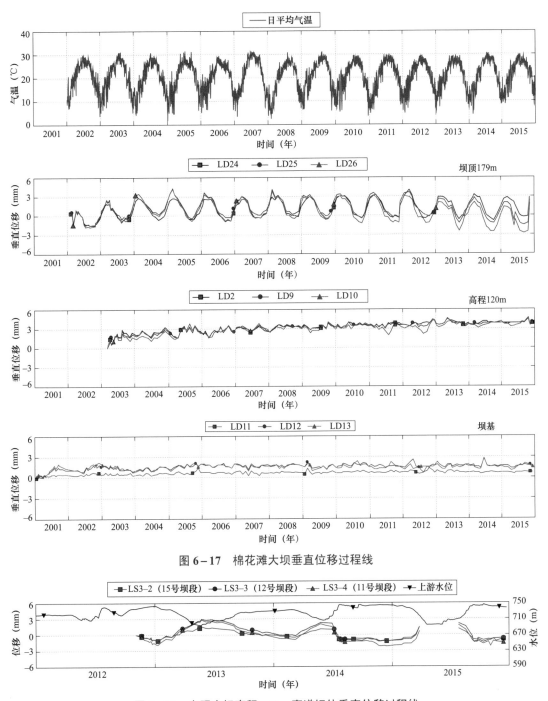

图 6-17　棉花滩大坝垂直位移过程线

图 6-18　光照大坝高程 702m 廊道坝体垂直位移过程线

4）在运行期，坝基垂直位移总体较小，且坝基附近温度较为稳定，因此坝基垂直位移一般处于稳定状态，但不少工程的坝基垂直位移与上游水位存在一定的相关性。根据对桓仁大坝沉降值的分析，发现坝基沉降与上游水位几乎呈线性正相关关系，即随着上游水位升高，坝基逐渐下沉，水位降低后坝基又逐渐回弹。由于水推力对坝体产生的弯矩作用，坝基下游侧所受压力较大,因此,在上游水位升高时,下游侧坝基垂直位移一般要比上游侧的大。但受水推力大小以及库盘地质条件等多方面因素的影响,个别大坝坝基垂直位移与上游水位会呈现负相关关系,即随着上游水位升高,坝基下沉位移逐渐减小,水位降低后坝基又逐渐下沉,例如龙滩大坝。

图 6-19 为光照大坝坝基垂直位移过程线。由图可知,坝基垂直位移基本表现为"上游水位升高,坝基下沉;水位降低,坝基上抬"的变化规律。在上游水位升高时,坝基下游侧沉降量要大于上游侧,即表现为向下游倾斜;在水位降低时,表现为向上游回弹。

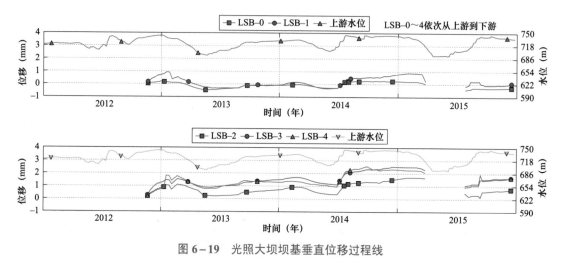

图 6-19 光照大坝坝基垂直位移过程线

5)运行期,重力坝垂直位移存在时效,主要表现为随着上游水位逐渐升高以及时间的推移,坝体和坝基沉降量不断增大,随后逐渐趋于稳定。

图 6-20 为棉花滩大坝坝顶垂直位移过程线。由图可见,LD28 测点在观测初期有明显的趋势性位移,随后逐渐趋缓。根据该测点垂直位移的回归统计模型计算,气温是影响该测点垂直位移的最主要因素,占总位移的 58.4%,而时效也是一个主要因素,占总位移的 41.6%。由该测点各分量过程线(见图 6-21)可知,时效量在初期增长较快,随后增幅减小,呈逐渐收敛趋势,2010 年后基本处于稳定状态。

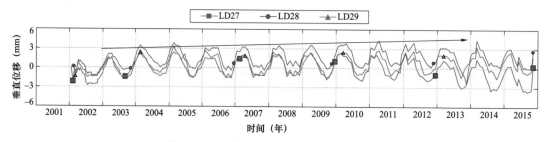

图 6-20 棉花滩大坝坝顶垂直位移过程线

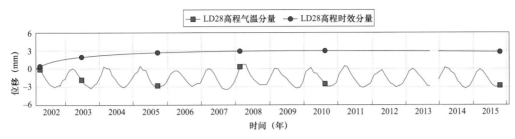

图 6-21　棉花滩大坝 LD28 测点垂直位移各分量过程线

表 6-10 为国内 5 座混凝土重力坝的最大坝高坝段蓄水以来垂直向时效位移统计表。由表可见：重力坝垂直向时效位移的发展基本都在蓄水期内完成，运行期未见明显变化，坝基垂直向时效位移为 0～1.4mm，坝顶垂直向时效位移为 1.5～4.2mm。需要注意的是，蓄水期坝体温度降低过程使坝体具有沉降"时效"变形，这部分变形并非是结构在荷载作用下的真实时效变形。

表 6-10　　　　　　　国内 5 座混凝土重力坝最大坝高坝段垂直向时效位移统计表

坝名	最大坝高（m）	蓄水期位移		运行期位移	
		水位升幅（m）	垂直位移时效位移（mm）（基础/坝顶）	基础时效位移（mm）	坝顶时效位移（mm）
彭水	113.5	68	0/2.0	0	0.5
大朝山	111	65	−0.5/−1.5	0	0
岩滩	110	50	1/3	0	0
棉花滩	113	30	1/3	0	1
铜街子	82	35	1.4/4.2	0.3	0

6）地震对重力坝垂直位移有一定影响，高程不同，垂直位移有不同的表现，有的上抬，有的下沉，通常突变的量值较小，一般人工观测很难捕捉到坝体垂直位移在地震过程中的变化量。

图 6-22 为宝珠寺大坝坝顶典型测点垂直位移过程线，可见汶川地震后，各坝段坝顶沉降量均有所增加。震后多年平均值减震前多年平均值表明，河床中部沉降增量最大（17 号坝段，沉降量增加 8.6mm），至两岸逐渐减小至 6mm 左右（右岸 1 号坝段沉降量增加 5.7mm，左岸 27 号坝段沉降量增加 6.5mm）。

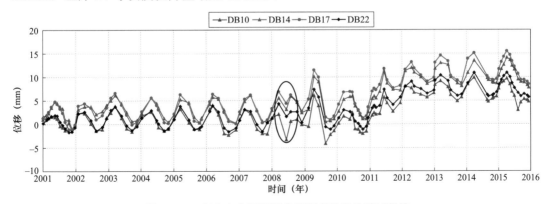

图 6-22　宝珠寺大坝坝顶典型测点垂直位移过程线

7）在我国北方等寒冷地区的混凝土坝工程，当坝顶较多裂缝进水时，在低温下结冰，因体积膨胀引起坝顶垂直位移上抬；随着气温上升，因冰融化而坝顶垂直位移下降；但若存在一定的时效位移，则冻融已导致表层混凝土一定程度破坏。如位于吉林的原丰满大坝，坝顶垂直位移曾存在逐年向上发展的情况，1975—1979 年间各坝段上抬达 3～30mm，经分析，主要原因为坝体上部存在较多水平裂缝，冬春低温期缝中渗水结冰膨胀使裂缝撑开，融冰后裂缝却不能闭合到原有位置，从而产生了位移的积累。

（3）空间分布规律。

1）同一高程沿坝轴线方向，河床中间坝段垂直位移量值及变幅较大，两岸坝段由于高度较小，量值及变幅较小。图 6-23 为牛路岭大坝坝顶垂直位移分布图，由图可见，坝顶垂直位移基本呈现"中间溢流坝段较大，左右岸重力坝段较小"的分布规律，且河床中间坝段的垂直位移年变幅要明显大于两岸坝段。

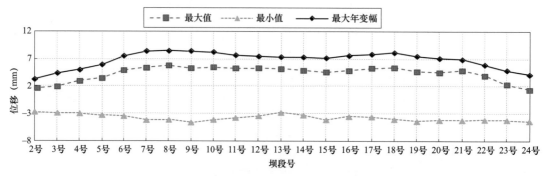

图 6-23 牛路岭大坝坝顶垂直位移特征值分布图

2）同一坝段沿高程方向，坝体上部垂直位移较大，坝体下部垂直位移较小，重力坝坝体下沉位移最大值及最大年变幅一般出现在河床坝段的坝顶。以棉花滩大坝为例，水库蓄水 16 年以来，坝体垂直位移最大值为 4.40mm，最大年变幅为 5.50mm，均发生在 5 号坝段坝顶处。

3）坝基沿深度方向，表面垂直位移较大，深部垂直位移较小。图 6-24 为居甫渡大坝坝基深部垂直位移分布图。由图可见：在孔深 27m 处坝基垂直位移基本为零，随着高程升高，坝基垂直位移逐渐增大，建基面附近坝基沉降量达到 8.5mm 左右。

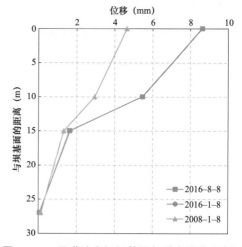

图 6-24 居甫渡大坝坝基深部垂直位移分布图

6.1.2 重力坝渗流

重力坝渗流包括坝基扬压力、渗流量、坝体渗透压力等，其中坝基扬压力是运行期评价重力坝坝基防渗及排水效果的重要依据，本章重点介绍重力坝坝基扬压力的实测运行性态。

坝基扬压力是指库水对坝基面产生的渗透压力及下游水位对坝基面产生的浮托力之和。坝基扬压力的大小和分布情况主要与基岩地质特性、裂隙程度、帷幕灌浆质量、排水系统的效果以及坝基轮廓线和扬压力的作用面积等因素有关。作用方向为垂直向上的扬压力减少了坝体的有效重量，降低了重力坝的抗滑稳定性，直接影响重力坝的安全运行。

1. 实测数据统计

统计国内 20 座混凝土重力坝坝基渗压系数或扬压力强度系数、残余扬压力强度系数情况见表 6-11，由表可见：

表 6-11　　　　　　国内 20 座混凝土重力坝坝基渗压系数、扬压力强度系数和
残余扬压力强度系数统计表

坝名	渗控措施	最高坝段防渗标准（Lu）	渗压系数 α/扬压力强度系数 α_1		残余扬压力强度系数 α_2	
			设计采用值	实测计算值	设计采用值	实测计算值
光照	1~3 排帷幕灌浆 5 排纵向排水孔	1	0.2	10 个扬压力测点有 2 个扬压力系数平均值超限，1 个最大值超限	0.5	下游帷幕前 7 个扬压力测点中有 2 个残余扬压力系数最大值超限
龙滩	1~3 排帷幕灌浆 上下游主排水孔+辅助排水孔	1	河床 0.2 岸坡 0.35	河床坝段 13 个、岸坡坝段 14 个扬压力测点的扬压力系数均不超限	0.5	副排水孔处22个扬压力测点的残余扬压系数均不超限
刘家峡	1 排帷幕灌浆 3 排排水孔	1	0.2	坝基曾有 4 孔实测渗压系数超限，经复查施工资料，这 4 个孔均在帷幕影响范围内	—	—
漫湾	1~3 排帷幕灌浆 5 排纵向排水孔	1	河床 0.3 岸坡 0.4	25 个扬压力测孔中仅有 1 个渗压系数最大值超限，平均值均未超限	—	—
云峰	1~2 排帷幕灌浆 1 排纵向排水孔	—	0.3	55 个坝段中有 5 个坝段的渗压系数超限	—	—
彭水	2 排帷幕灌浆 1 排纵向排水孔	1	河床 0.25 岸坡 0.35	33 支测压管中仅有 1 支渗压系数最大值略微超限	—	—
棉花滩	1~2 排帷幕灌浆 1 排纵向排水孔	1	河床 0.3 岸坡 0.35	25 支测压管中有 3 支渗压系数超限	—	—
戈兰滩	2 排帷幕灌浆 3 排纵向排水孔	3	河床 0.25 岸坡 0.35	21 个扬压力测孔中有 5 个渗压系数超限	—	—
大朝山	2 排帷幕灌浆 5 排纵向排水孔	1	河床 0.25 岸坡 0.35	11 个扬压力测孔中有 2 个扬压力系数超限	河床 0.40 岸坡 0.45	坝基 8 个扬压力测孔中有 3 个残余扬压力系数超限
黄龙滩	2 排帷幕灌浆 1~3 排纵向排水孔	1	0.25	坝基 36 个扬压力测点中有 2 个渗压系数最大值超限	—	—
新安江	3 排帷幕灌浆 1~4 排纵向排水孔	1	0.36~0.41	2009 年基础廊道 42 个扬压力测孔中有 4 孔渗压系数超限	—	—
水口	1 排帷幕灌浆 2 排纵向排水孔	1	河床 0.25 岸坡 0.35	43 个扬压力测孔中有 9 个渗压系数超限	—	—
枫树坝	2 排帷幕灌浆 1 排纵向排水孔	1	0.25	45 个扬压力测孔中有 1 孔实测渗压系数超限	—	—
居甫渡	1~2 排帷幕灌浆 2 排纵向排水孔	3	河床 0.2 岸坡 0.35	河床坝段 12 个扬压力测孔中有 3 个扬压力系数超限，岸坡坝段 8 个测孔中有 1 个超限	0.5	河床坝段 7 个扬压力测孔中有 2 个残余扬压力系数超限

续表

坝名	渗控措施	最高坝段防渗标准（Lu）	渗压系数α/扬压力强度系数α_1		残余扬压力强度系数α_2	
			设计采用值	实测计算值	设计采用值	实测计算值
安砂	防渗墙下接2～3排帷幕，无排水孔	1	0.5	坝基扬压力测孔渗压系数均低于设计采用值	—	—
牛路岭	2排帷幕灌浆1排纵向排水孔	1	河床0.25岸坡0.35	22个扬压力测孔中有5个渗压系数超限	—	—
池潭	1～2排帷幕灌浆1排纵向排水孔	1	0.25	在总计13个坝段中有3个坝段坝基渗压系数超限	—	—
古田溪一级	帷幕灌浆1排纵向排水孔	—	0.20～0.25	在总计22个坝段中有3个坝段坝基渗压系数超限	—	—
盐锅峡	2排帷幕灌浆1排纵向排水孔	—	0.25	在总计20个坝段中有4个坝段坝基渗压系数超限	—	—
富春江	帷幕灌浆、排水孔与抽水泵		0.3	坝基54个扬压力测孔中有5孔渗压系数超限，其中一孔常年超限	—	—

（1）坝基设有防渗帷幕和上游主排水孔，并设有下游副排水孔和抽排系统的4座大坝中，仅有龙滩大坝的实测扬压力强度系数和残余扬压力强度系数均小于设计采用值，其余3座大坝均有1～4个测点超限。

坝基设有防渗帷幕和幕后排水孔的15座大坝中，没有一座大坝的坝基渗压系数完全小于排水孔中心线处渗压系数设计采用值，漫湾、彭水、棉花滩、黄龙滩、枫树坝、池潭和古田溪一级等7座大坝绝大多数测点渗压系数低于设计采用值，超限测点有1～3个；刘家峡、云峰、戈兰滩、新安江、水口、牛路岭、盐锅峡和富春江等8座大坝有部分测点实测渗压系数超过设计要求，超限测点有4～9个。

坝基仅设防渗墙下接灌浆帷幕而未设排水孔的安砂大坝在防渗帷幕后布置了17个测压管，所有测点处渗压系数均未超过设计允许值。

由此可见，坝基扬压力的大小不仅与渗控措施布置形式有关，还与帷幕灌浆质量、排水效果等因素密切相关。

（2）各工程渗压系数超限原因不尽相同。光照、棉花滩和古田溪一级等3座大坝部分坝段渗压系数超限主要是因为防渗帷幕相对薄弱或者帷幕的防渗性能随着时间的推移逐渐减弱；大朝山、枫树坝、盐锅峡和富春江等4座大坝渗压系数超限的主要原因是坝基存在断层或者构造裂隙，从而导致基础存在渗漏通道；刘家峡大坝由于部分测孔距离帷幕太近，扬压水位受帷幕的折减影响较小，导致渗压系数偏高。另外，最大闸高27.5m的城东大坝12号坝段UP4-1测压管处渗压系数常年在0.9左右，超过设计采用值0.6，该测孔扬压水位与上游水位无明显相关性，且未发生淤堵，主要原因是石膏含量较高的泥质粉砂岩在水的腐蚀下产生融通的通道，测压管与地下承压水相连通。

（3）光照、索风营等8座混凝土重力坝，运行期因坝基扬压力超过设计值进行抗滑稳定复核，表6-12列出了相应计算成果。由表可见：8座大坝渗压系数最大的坝段坝基渗压系数在0.33～0.86之间，复核计算成果表明抗滑稳定均满足规范要求，但光照（最大渗压系数 0.48)、索风营（最大渗压系数 0.33)、新安江（最大渗压系数 0.85)、黄龙滩（最大渗压系数 0.60) 等 4 座大坝在最不利工况下，安全系数只略大于规范要求值，或者结构抗力略大于作用效应。由于各工程坝体断面、坝基地质条件、泥沙淤积等情况均不同，因此，坝基扬压力超过设计值对大坝抗滑稳定影响需要通过复核计算得出。统计 6 座混凝土重力坝坝基渗压系数与抗滑稳定安全系数的关系表见表 6-13。由表可见，坝基渗压系数偏大会导致大坝抗滑稳定安全系数的降低，渗压系数超过设计值 65%～225%，坝基抗滑稳定系数降低 0.1%～29.1%，但渗压系数超限比例与安全系数降低比例并无明显的相关性，有些工程渗压系数超限较多，却不会引起大坝抗滑稳定安全系数的显著降低，这与坝体的体型、坝高、受力情况等因素有关。

（4）许多工程通过观测计算得出的坝基渗压系数有大致相同的变化规律，即较高库水位时的扬压力系数往往小于较低库水位时的渗压系数。这一现象说明，大坝个别部位在某些时段虽然实测渗压系数，但对应库水位较低，此时不属于影响坝基抗滑稳定安全的控制工况，因而坝基渗压系数短时偏大一般不会对大坝的安全运行产生实质性的不利影响。另外需指出的是，规范给出的渗压系数值对应的是设计工况，对其他工况并不完全适用。

（5）对于下游水位较高的重力坝，坝基廊道一般会设置抽排系统，上、下游帷幕之间设置抽排系统可以有效降低坝基残余扬压力。例如，龙滩大坝河床坝段坝基采用了抽排减压设计，多年实测结果表明副排水孔处最大残余扬压力强度系数均小于设计值 0.5。部分高坝泄水建筑物的消能设施采用了消力池或水垫塘，为降低水垫塘底部扬压力和减少渗漏量，常在其基础设置排水系统，这除了能够达到降压减渗的目的外，还能够显著降低大坝坝基扬压力。例如，漫湾水电站在水垫塘尾部设阻水帷幕，并考虑抽排系统，多年实测结果表明河床坝段的测孔扬压水位普遍较低，年变幅也较小。

（6）为了掌握坝踵至帷幕的扬压力分布情况，或为了与帷幕前设计扬压力采用值进行比较，有些大坝在帷幕前设置了观测孔。如刘家峡大坝在坝踵附近布置 3 个观测孔，实测数据表明有 2 孔的实测扬压力系数小于采用值；有 1 孔超限，但有历年减小的趋势，1998 年以前平均为 0.80，2013 年平均为 0.75，主要原因为刘家峡大坝位于多泥沙河流上，随着泥沙淤积，坝踵处防渗能力逐渐加强。同样位于多泥沙河流上的青铜峡大坝在坝踵附近布置 4 个观测孔，实测扬压力系数多年平均值为 0.35～0.66。盐锅峡大坝坝踵附近布置 5 个观测孔，实测扬压力系数为 0.45～0.93。由此可见，位于多泥沙河流的大坝，在设计时坝踵扬压力作用水头做适当折减是可行的，而位于少泥沙河流上的大坝，实测帷幕前扬压力分布情况与坝踵按全水头至主排水孔中心线处按陡倾直线变化的假设不尽相符，一些大坝实测值超过假定值，呈现比较平缓的曲线状变化。安砂大坝 4 号、5 号、9 号和 10 号坝段帷幕前测孔实测扬压力为全水头，其中 5 号坝段 1 个测孔实测渗压系数约为所在部位假定值的 1.8 倍。坝踵至帷幕是一个应力敏感区域，实际扬压力超过预想假定，有可能造成坝踵压应力减小和引起坝踵部位坝基面张开，对于高坝尤其需要加以重视。

（7）在坝基渗压系数超限的测点中，以位于岸坡坝段的观测孔居多，主要与两岸地下水位较高、降雨入渗易使岸坡地下水位抬高、排水不畅等因素有关。排水不畅既与坝基岩体软化后渗透系数变小有关，也与排水孔的布置情况有关。有些大坝岸坡坝段灌浆排水廊道与坝基距离较远，帷幕后排水孔出口高程较高，孔内水需达到一定的水位后才能排出。

表 6-12 　　　　　　　　　　国内 8 座混凝土重力坝抗滑稳定复核成果

坝名	复核坝段	设计渗压系数	实测最大渗压系数	复核采用的抗剪（断）参数		按水利行业规范计算成果		按电力行业规范计算成果			评价
				f'	c'（MPa）	最不利工况	复核安全系数	最不利工况	作用效应（kN）	结构抗力（kN）	
光照	7 号坝段	0.2	0.48	1.06	1.014	—	—	正常蓄水位	101146.73	102302.77	满足规范要求
索风营	右岸溢流坝段	0.2	0.33	0.753	0.485	—	—	正常蓄水位	60635.52	62579.15	满足规范要求
棉花滩	3 号坝段	0.3	0.58	1.15	1.19	—	—	正常蓄水位	39328	50287	满足规范要求
黄龙滩	14 号坝段	0.25	0.60	1.29	1.246	设计洪水	1.06	—	—	—	满足规范大于1.05 要求
新安江	3 号坝段	0.37	0.85	0.75	0.4	校核洪水位	2.51	—	—	—	满足规范大于2.5 要求
水口	5 号坝段	0.35	0.86	1.0	0.8	—	—	正常蓄水位	3816	17904	满足规范要求
龚嘴	14 号坝段	0.2	0.65	1.2	1.0	正常蓄水位	4.71	—	—	—	满足规范大于3.0 的要求
古田溪一级	4 号坝段	0.25	0.42	1.0	0.9	校核洪水位	5.11	—	—	—	满足规范大于2.3 的要求

表 6-13 　　　　　　国内 6 座混凝土重力坝坝基渗压系数与抗滑稳定安全系数关系表

坝名	复核坝段	设计渗压系数	实测最大渗压系数	渗压系数升高比例	最不利工况	设计安全系数	复核安全系数	安全系数降低比例
光照	7 号坝段	0.2	0.48	140%	正常蓄水位	1.36	1.01	25.7%
索风营	右岸溢流坝段	0.2	0.33	65%	正常蓄水位	1.04	1.03	0.1%
棉花滩	3 号坝段	0.3	0.58	93%	正常蓄水位	1.41	1.28	9.2%
黄龙滩	14 号坝段	0.25	0.60	140%	设计洪水	1.19	1.06	10.9%
龚嘴	14 号坝段	0.2	0.65	225%	正常蓄水位	4.95	4.71	4.8%
古田溪一级	4 号坝段	0.25	0.42	68%	校核洪水位	7.21	5.11	29.1%

注　光照、索风营和棉花滩大坝是按照《混凝土重力坝设计规范》（NB/T 35026—2014）进行抗滑稳定计算，本表中的安全系数取为结构抗力/作用效应；黄龙滩大坝是按照《混凝土重力坝设计规范》（SL 319—2108）中抗剪强度公式进行抗滑稳定计算，而龚嘴和古田溪一级大坝是按照《混凝土重力坝设计规范》（SL 319—2108）中抗剪断强度公式进行抗滑稳定计算。

2. 时间过程规律

当下游无水时，坝基扬压力其实是渗透压力；当下游有水时，坝基扬压力是浮托力和渗透压力的总称。对于坝基扬压力，一般（正常）情况下的变化规律和变化趋势为：

（1）运行期，坝基扬压力与上游水位变化相关：随着上游水位上升，坝基扬压力增大；上游水位下降，坝基扬压力减小。由于渗流过程中沿途要克服阻力，因此扬压力的变化相对库水位的变化存在滞后现象。但当渗流通道畅通时，扬压力变化可以与上游水位变化基本同步。

图 6-25 为黄龙滩大坝 10 号坝段坝基帷幕后 Z10-1 测点扬压水位过程线。由图可见：Z10-1 测点的扬压水位与上游水位有显著的相关性，当上游水位较高时，坝基扬压水位较高，当上游水位较低时，坝基扬压水位较低，并且扬压水位变化与上游水位基本同步。

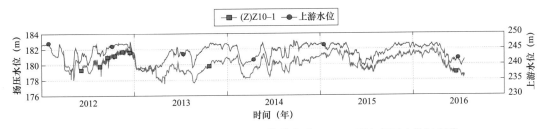

图 6-25　黄龙滩大坝 10 号坝段坝基帷幕后 Z10-1 测点扬压水位过程线

（2）运行期间，库水温度对坝基扬压力有一定影响。随着水温上升，渗流通道因膨胀受阻，扬压力下降；随着水温下降，渗流通道因收缩而通畅，扬压力上升。由于水温变化滞后气温变化，因此，扬压力变化也滞后于气温的变化，对于高坝，滞后可达 4~6 个月。但是高坝坝踵附近水温较恒定，因此温度变化对高坝扬压力的影响较小，一些大坝坝基扬压力回归分析结果显示温度分量不到 10%。但是，对于上游水位较为恒定且坝高较低的大坝，温度又是影响坝基扬压力的主要因素。

（3）降雨对岸坡坝段坝基扬压力有较大影响，在降雨较多的季节，岸坡扬压水位较高，在少雨季节，岸坡扬压水位较低。降雨对河床坝段坝基扬压力基本没有影响。

（4）坝基部分测孔扬压力存在时效变化，有的是因为坝前泥沙淤积或渗流通道被慢慢堵塞引起测点扬压力呈趋势性缓慢下降，但也有渗流通道被打开又被堵塞的情况发生，导致扬压力出现时效变化。

（5）当基础岩性较好、结构致密时，基岩的透水性极低，排泄通道不畅，这时扬压力测孔的水位受外界因素的影响很小，测孔灵敏度很低，一旦引发孔水位升高，常常表现为水位居高不下。

（6）地震工况下，坝基扬压水位可能出现显著的上升或下降，这是坝基岩体和帷幕微细裂隙张开，帷幕渗透性或基岩排水性增强的表现。随着时间的推移，坝基扬压水位逐渐恢复至震前水平，表明地震力促使坝基岩体和帷幕微细裂隙张开的效应较大程度上具有可恢复性。

表 6-14 为宝珠寺大坝坝基扬压力"5·12"汶川地震前后测值变化汇总表，图 6-26 为典型测点坝基扬压水位过程线。由图表可见：汶川地震后，大部分坝基测压管水位测值

发生了突变，左、右岸岸坡坝段震后表现为测值减小，减小最大的为左岸 5 号坝段 U0501，测压管水位下降 5.05m；越靠河床，测压管水位下降幅度越小，河床中间部位坝基测压管扬压水位震后总体表现为升高，最大升高 2.37m，在 16 号坝段主排水幕处。地震过后 3～4 年，坝基扬压力基本恢复至震前水平，表明地震对坝基扬压水位的影响在较大程度上具有可恢复性。

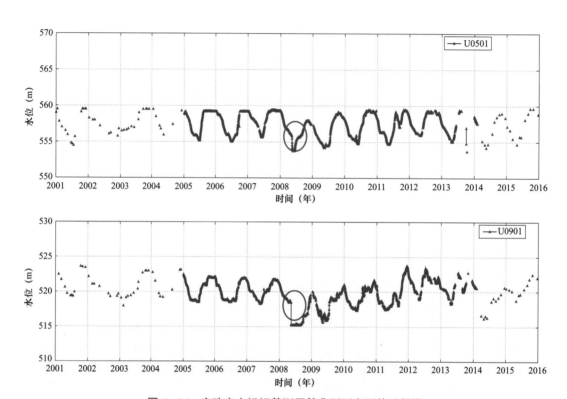

图 6-26 宝珠寺大坝坝基测压管典型测点测值过程线

表 6-14 宝珠寺大坝汶川地震前后坝基测压管水位变化情况汇总表（单位：m）

测点	震前测值	震后测值	变化	测点	震前测值	震后测值	变化
U0501	558.83	553.78	−5.05	U1601	472.76	475.13	2.37
U0901	518.51	515.23	−3.28	U1701	469.09	470.79	1.7
U0902	514.9	513.34	−1.56	U1801	469.41	470.98	1.57
U1003	498.59	497.11	−1.48	U1903	473.66	473.25	−0.41
U1102	488.02	489.41	1.39	U1904	475.07	474.44	−0.63
U1201	488.3	489.15	0.85	U1907	482.68	480.06	−2.62
U1302	484.7	484.17	−0.53	U2101	490.38	489.17	−1.21
U1401	485.4	486.78	1.38				

3. 空间分布规律

（1）沿上下游方向，帷幕前坝基扬压力较大，扬压水位接近上游水位；灌浆帷幕和排水幕后扬压力小，且离帷幕和排水幕越远，坝基扬压力越小。此外，一些工况下可能出现中间排水孔处水位低于下游水位的现象，这种情况发生在排水降压作用显著而下游水位或下游地下水位较高时。

图 6-27 为龙滩大坝 12 号、16 号坝段典型工况下扬压力横向分布图。由图可见，坝基扬压水位横向分布总体呈现从上游向下游递减的趋势，库水经过防渗帷幕和各排水幕后，扬压力明显降低，至下游帷幕灌浆廊道降到最低，说明帷幕灌浆、排水孔及集水井等抽排减压措施对降低坝基扬压力有显著的效果。坝基中部出现了排水孔处扬压水位低于下游水位的现象，这主要是由于抽排系统的排水降压效果比较明显。

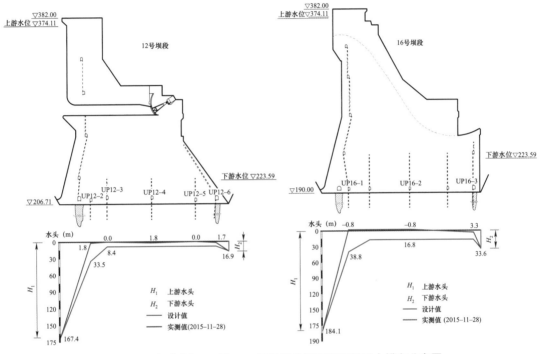

图 6-27　龙滩大坝 12 号、16 号坝段典型工况下扬压力横向分布图

（2）帷幕后沿坝轴线方向，扬压水头通常是中央河床坝段较高，两岸较低；扬压水位一般是两岸高，中央河床较低。但坝基帷幕灌浆、排水幕施工质量，坝基构造裂隙分布、坝基排水畅通情况以及两岸地下水分布均对坝基扬压力存在影响，因此坝基扬压水头并不一定严格按照"两端小、中间大"分布。

图 6-28 为光照大坝实测坝基扬压水位纵向分布图。由图可见，沿坝轴线方向，坝基扬压水位总体呈现"岸坡坝段高、河床坝段低"的分布规律，而扬压水头总体呈现"河床坝段高、岸坡坝段低"的分布规律。

（3）坝基渗压系数沿坝轴线的分布，很可能两岸坝段高、中央河床坝段低。大朝山大坝坝基渗压系数沿坝轴线方向分布总体表现为"岸坡坝段较大、河床坝段较小"，平均渗压系数超限的 2 个测点均位于岸坡坝段，河床坝段的渗压系数总体较小，均不超过设计控制指标。

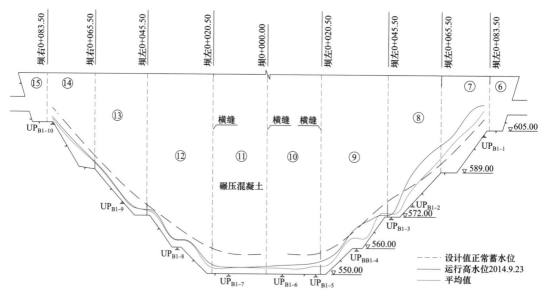

图6-28 光照大坝实测坝基扬压水位纵向分布图

6.1.3 重力坝应力

1. 坝体应变和应力特征值统计

统计国内 9 座混凝土重力坝最高坝段坝踵、坝趾垂直向实测总应变和应力应变最大值、最大年变幅见表 6-15 和表 6-16，由表可见：

（1）在混凝土浇筑初期，大坝坝踵垂直向一般会出现一定的拉应变或拉应力，但测值较小，持续时间较短，对坝体的安全状况几乎不产生不利影响。

（2）在统计的 9 座典型混凝土重力坝中，蓄水后坝踵垂直向实测最大总压应变为 $-70.0\mu\varepsilon \sim -291.3\mu\varepsilon$，最大年变幅为 $122.3\mu\varepsilon \sim 180.0\mu\varepsilon$，扣除混凝土自由体积变形的实测最大应力应变（压向）为 $-53.2\mu\varepsilon \sim -275.5\mu\varepsilon$；坝趾实测最大总压应变为 $-60.4\mu\varepsilon \sim -202.0\mu\varepsilon$，最大年变幅为 $43.0\mu\varepsilon \sim 135.5\mu\varepsilon$，实测最大应力应变（压向）为 $-18.0\mu\varepsilon \sim -65.6\mu\varepsilon$。

表 6-15　　　　国内部分混凝土重力坝坝踵、坝趾垂直向总应变特征值统计表

坝名	坝高（m）	坝段	埋设初期坝踵最大拉应变（$\mu\varepsilon$）	蓄水后坝踵压应变（$\mu\varepsilon$）		蓄水后坝趾压应变（$\mu\varepsilon$）	
				最大值	最大年变幅	最大值	最大年变幅
索风营大坝	115.8	6 号	—	−151.1	—	−146.1	—
彭水大坝	113.5	8 号	—	−70.0	—	−116.9	—
戈兰滩大坝	113.0	12 号	7.6	−166.6	133.6	−60.4	55.3
居甫渡大坝	95.0	8 号	21.0	−291.3	180.0	—	—
池潭大坝	78.0	9 号	—	−196.1	139.5	−202.0	103.9
周宁大坝	72.4	4 号	42.8	−181.5	122.3	−101.7	135.5
长潭大坝	71.3	6 号	—	—	—	−69.4	43.0
平班大坝	67.2	7 号	—	−200.0	—	−92.0	—

表6-16　　　　　国内部分混凝土重力坝坝踵、坝趾垂直向应力应变特征值统计表

坝名	坝高（m）	坝段	蓄水后坝踵压向应力应变（με）		蓄水后坝趾压向应力应变（με）	
			最大值	最大年变幅	最大值	最大年变幅
岩滩大坝	110.0	16 号	−53.2	13.8	−65.6	11.9
平班大坝	67.2	7 号	−184.0	—	−18.0	—
水东大坝	63.0	坝 0+118.5m	−275.5	—	—	—

2. 坝体应力的时间过程规律

对于坝体应力，一般情况下正常的变化规律和变化趋势如下：

（1）坝体应力受施工季节及混凝土的入仓温度影响较大。夏季浇筑时，混凝土入仓温度较高，相应的最高温度也较高，混凝土因受到已浇筑混凝土的约束，出现了压应力；在降温过程中，往往压应力迅速下降而转变为拉应力，因此后期的压应力较小。冬季浇筑时，混凝土入仓温度较低，相应的最高温度也较低，在降温过程中，一般不会出现拉应力，后期有较多的压应力储备。但如果高温季节浇筑混凝土时采取了较好的降温措施，坝体最高温度一般可控制在设计范围内，坝体即使会出现拉应力，不也会太大，后期的压应力储备也比较充足。

（2）施工期间，随着大坝浇筑高度的增加，混凝土自重加大，坝体上游侧的垂直向压应力逐渐增加。随着水库开始蓄水，坝前逐渐增大的水推力均由坝体承担，此时的重力坝相当于一个悬臂梁，从而使得坝踵处（上游侧）垂直向压应力逐渐减小，而坝趾处（下游侧）垂直向压应力逐渐增加。运行期，上游水位的变动会对坝体应力产生一定的影响，但通常影响不大。

（3）运行期间，温度变化对坝体应力有较大影响，具体规律如下：

1）温度升高，坝体整体表现为膨胀变形，受到基础边界约束作用，整个横截面上的顺河向压应力增加或拉应力减小；温度降低，坝体整体表现为收缩变形，受到基础边界约束作用，整个横截面上的顺河向压应力减小或拉应力增加。

2）高温季节，坝体下游面温度升高快，与上游面会形成一定的温度差，下游侧坝体整体表现为膨胀变形，但受到上游侧坝体的约束，其坝轴线方向压应力增加或拉应力减小；低温季节，坝体下游面温度降低快，与上游面会形成一定的温度差，下游侧坝体整体表现为收缩变形，但受到上游侧坝体的约束，其坝轴线方向压应力减小或拉应力增加。

3）坝体应力变形相对于气温变化具有时滞效应，不同部位的应力滞后气温的时间不同，靠近下游面的应力滞后气温 1～3 个月，坝体内部以及靠近上游面（水面以下）的应力滞后气温 3～5 个月。

3. 坝体应力的空间分布规律

重力坝一般分成若干互相独立的坝段，每个坝段的坝体应力主要为垂直向和顺河向，坝轴线方向的应力较小，因此，重力坝各坝段的坝体应力可以看成平面应力问题来处理，其空间分布规律主要是研究典型坝段横断面的应力分布情况。

（1）空库情况下，坝体主要受到混凝土自重的影响，垂直向正应力主要为压应力，沿高程方向自上而下，坝体压应力逐渐增大，坝踵部位处压应力值最大，呈"上小下

大"的分布。由于自重荷载主要集中在上游侧，坝趾部位处压应力较小，甚至会出现轻微的拉应力。

（2）满库情况下，坝体受到混凝土自重和水压力的共同作用，上下游侧垂直向正应力一般均表现为随着高程降低逐渐增大的分布规律，其中以坝体中下部的变化梯度最为显著。随着库水位的升高，坝体上游侧垂直向正应力逐渐减小，坝体下游侧垂直向压应力逐渐增大。

上述混凝土重力坝坝体应力空间分布规律主要考虑一般作用荷载的影响，但地基变形、地基不均匀性以及施工纵缝等因素也会对坝体应力空间分布规律产生明显影响，因此，在进行具体工程应力分析时还应关注这些非荷载因素的影响。

4. 混凝土重力坝坝踵实测应力与设计应力差异分析

混凝土重力坝坝踵应力可通过计算和监测获得。设计阶段，重力坝应力分析的方法有模型试验法和理论计算法，其中理论计算法包括材料力学法、弹性理论解析法、弹性理论差分法、弹性理论的有限单元法，其中材料力学法有长期的实践经验，目前我国重力坝设计规范中的强度标准就是以该法为基础的。运行期通过仪器监测坝踵应力，一般是在坝踵部位埋设应变计（组）和压应力计。从各工程多年的监测成果来看，混凝土重力坝坝踵的实测应力和设计应力之间有很多相似之处，然而也存在许多重大差异，例如大多数混凝土重力坝蓄水后的坝踵应变组的压应力仍较大，蓄水后坝踵应变计组的压应力存在持续增大现象等，这些都是坝工界工程师们普遍关注的问题。

（1）压应力计监测成果。压应力计通过感应板感知混凝土体中由压力产生的变形，使仪器腔内液体产生压力变化，再通过敏感元件检测并转换为应变，进而获得压应力。其监测原理决定其可测读感应面上所受的各种压力，包括混凝土压应力和渗透压力，即

$$\sigma_{总应力} = P + \sigma_{有效应力}$$

式中：$\sigma_{总应力}$ 为压应力计实测应力；P 为压应力计周围的渗透压力；$\sigma_{有效应力}$ 为基岩—混凝土之间的有效应力。

国内绝大多数重力坝并未在坝踵布置压应力计，本次只收集到了三峡、大朝山和水口这3座重力坝的坝踵压力计监测成果，坝踵压应力计有效应力测值统计见表6-17，测值过程线如图6-29~图6-31所示。由图表可见：

表6-17　　　　　　　　国内3座混凝土重力坝坝踵压应力计测值统计表

序号	坝名	坝高 (m)	部位	水位骤升阶段升幅 (m)	坝踵应力变化量 (MPa)			坝趾应力变化量 (MPa)			正常蓄水位实测值 (MPa)		正常蓄水位设计值 (MPa)		坝踵应力趋势性增量 (MPa)
					蓄水前	蓄水后	变化量	蓄水前	蓄水后	变化量	坝踵	坝趾	坝踵	坝趾	
1	三峡	184.0	泄18坝段	66.92	-2.72	-1.95	0.77	-0.45	-0.65	-0.20	-1.38	-1.27	—	—	无趋势性
			左导墙坝段	66.92	-1.73	-0.69	1.04	-2.06	-2.14	-0.08	-0.32	-2.97	—	—	无趋势性
2	大朝山	111.0	13号坝段	57.89	-1.05	-0.88	0.17	—	—	—	-0.70	—	-0.49	-1.93	无趋势性
3	水口	101.0	19号坝段	41.00	-1.80	-1.10	0.70	-0.31	-0.82	-0.51	-0.95	-1.05	-0.40	-1.50	无趋势性

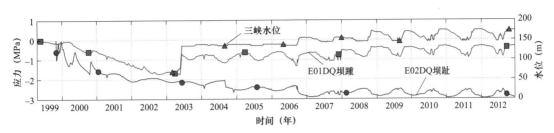

图 6-29　三峡大坝左导墙坝段坝踵、坝趾压应力计测值过程线

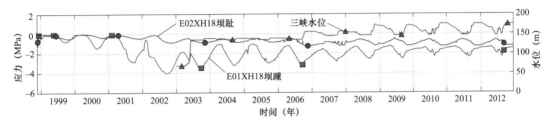

图 6-30　三峡大坝 18 号泄洪坝段坝踵、坝趾压应力计测值过程线

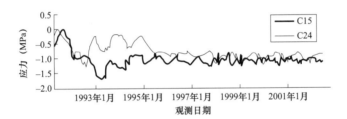

图 6-31　水口大坝 19 号坝段坝踵、坝趾压应力计测值过程线

1）水库蓄水前，坝踵最大压应力为-1.05～-2.72MPa；蓄水期水位骤升阶段，坝踵压应力均表现为减小，减小量为 0.17～1.04MPa；正常蓄水位下，坝踵仍表现为受压，最大压应力为-0.32～-1.38MPa。

2）水库稳定运行后，坝踵压应力计测值与库水位呈稳定的负相关变化，无论是埋设在建基面（三峡大坝、大朝山大坝），还是坝踵混凝土内（水口大坝）的压应力计，压应力均未出现趋势性变化。

（2）应变计组监测成果。目前除了在坝体明确已知是压应力的部位埋设压应力计直接测压应力外，其他情况下还是只能利用应变计组监测混凝土应变，然后换算成混凝土应力。混凝土总应变由应变计组测得，无应力计与应变计组配套埋设，用于测量混凝土自由体积变形。获得混凝土应力应变后，常用做法是根据广义胡克定律计算单轴应变，结合室内混凝土徐变及弹性模量试验资料，利用变形法计算混凝土应力。国内 7 座混凝土重力坝最大坝高坝段坝踵应变计组（埋设位置距坝基面 5～30m）垂直向正应力测值统计见表 6-18，典型工程坝踵、坝趾应力过程线如图 6-32～图 6-34 所示，由图表可见：

表6-18　　国内7座混凝土重力坝最大坝高坝段坝踵应变计组实测垂直向正应力统计表

序号	坝名	坝高(m)	部位	坝段高(m)	水位骤升阶段升幅(m)	坝踵应力变化量(MPa)			坝趾应力变化量(MPa)			正常蓄水位实测值(MPa)		正常蓄水位设计值(MPa)		坝踵应力趋势性增量(MPa)
						蓄水前	蓄水后	变化量	蓄水前	蓄水后	变化量	坝踵	坝趾	坝踵	坝趾	
1	光照	200.5	11号坝段	200.5	80.6	-4.25	-3.34	0.91	-0.66	-1.41	-0.75	-4.04	-2.14	-0.89	-3.84	约1.0MPa
2	三峡	184.0	泄2坝段	181.0	66.92	-5.92	-5.10	0.81	-1.30	-1.88	-0.76	-5.27	-2.48	—	—	存在一定趋势性
			泄18坝段	141.2	66.92	—	—	—	—	—	—	-2.61	-3.78	—	—	
			左导墙坝段	180.0	66.92	-3.71	-3.16	0.55	-0.62	—	—	-4.40	-3.43	—	—	存在一定趋势性
3	漫湾	132.0	16号坝段	100.0	80.00	—	—	—	—	—	—	-2.99	-2.53	-0.32	-1.12	—
4	索风营	115.8	6号坝段	115.8	12.64	—	—	无明显变化	—	—	无明显变化	-2.05	-1.05	-0.65	-1.95	存在一定趋势性
5	大朝山	111.0	13号坝段	111.0	57.89	—	—	—	—	—	—	—	—	-0.49	-1.93	存在一定趋势性
6	黄龙滩	107.0	11号坝段	107.0	—	—	—	—	—	—	—	—	—	-0.43	-1.96	约0.6MPa
7	龚嘴	85.0	9号坝段	85.0	—	—	—	—	—	—	—	-2.10	—	—	—	存在一定趋势性

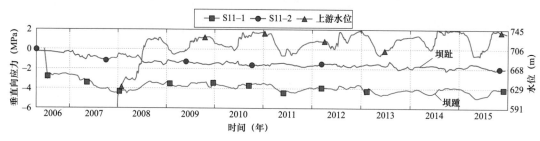

图6-32　光照大坝11号坝段坝踵、坝趾应变计组实测垂直向正应力过程线

1）水库蓄水前，光照、三峡大坝的坝踵最大压应力为-3.71～-5.92MPa；蓄水期水位骤升阶段，除索风营大坝因水位升幅较小外，其他大坝坝踵压应力均表现为明显减小，减小量为0.55～0.91MPa；正常蓄水位下，坝踵仍表现为受压，最大压应力为-2.05～-5.27MPa，坝高越高，坝踵压应力越大；与设计值相比，坝踵实测压应力明显偏大。

2）水库稳定运行后，坝踵应变计组测值与库水位呈负相关变化，坝趾应变计组测值与库水位呈正相关变化，坝踵压应力总体要大于坝趾压应力；多数工程在达到正常蓄水位后，运行期的坝踵、坝趾混凝土压应力仍存在一定趋势性增大的现象。

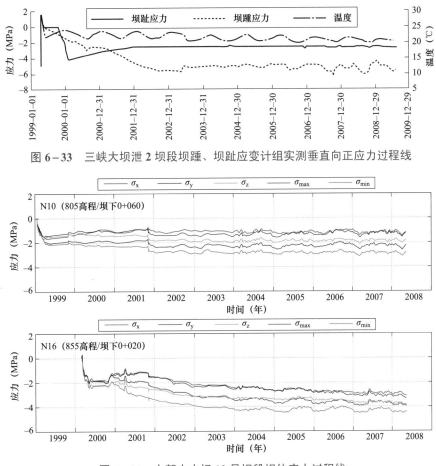

图 6－33　三峡大坝泄 2 坝段坝踵、坝趾应变计组实测垂直向正应力过程线

图 6－34　大朝山大坝 13 号坝段坝体应力过程线

（3）坝踵实测应力与设计应力成果对比。

1）坝踵实测应力与设计应力在水荷载作用下的变化规律是一致的，即随着水位升高，坝踵压应力减小，水位降低，坝踵压应力增大。

2）运行期坝踵实测压应力要明显大于设计值。除表 6－18 外，文献《重力坝的实测坝踵应力及原因分析》（王志远，《大坝观测与土工测试》，2001 年 2 月 20 日，第 25 卷第 1 期）中统计的 5 座混凝土重力坝坝踵垂直向正应力见表 6－19。潘家口、黄龙滩、柘溪、五强溪、湖南镇这 5 座混凝土重力坝坝高为 85.8～129.0m，各工程运行期坝踵最大压应力为－0.5～－5.15MPa，平均值为－2.30MPa，也与（2）统计的结果相一致，表明运行期的坝踵实测压应力与设计相比明显偏大。

3）大多数工程运行期坝踵、坝趾混凝土实测应力均存在趋势性受压现象，与压应力计测值规律明显不同。从表 6－18 统计的 7 座混凝土重力坝的监测成果来看，运行期坝踵、坝趾混凝土的实测应力均存在往受压方向发展的趋势，光照、黄龙滩等工程坝踵混凝土实测应力的趋势性量值为 0.5～1.0MPa。

（4）坝踵实测应力与设计应力差异分析。由第（2）、（3）节的统计分析结果可知，目前混凝土重力坝坝踵实测应力与设计相比，主要存在以下两点差异：

表 6-19　　　　　　　　文献《重力坝的实测坝踵应力及原因分析》中坝
踵垂直应力统计表（单位：MPa）

坝名	坝高（m）	坝段号	测点编号	蓄水年月	施工期 拉	施工期 压	蓄水时	运行期 拉	运行期 压
潘家口	107.5	25	25A-1		0	-2.6	-1	-0.6	-1.5
			25A-2	1981年1月	0.39	-2.2	-1	-0.6	-1.5
			P2513		0.25	-1.35	-0.95	-0.7	-1.5
黄龙滩	107	14	E73-75		0	-2.29		-1.38	-2.52
			E69-71	1974年1月	1.38	0		-0.36	-1.3
			E58-62		2.14	-0.5	0.5	0.99	-0.4
		11	E21-25		0.9	-2.9	-2.74	-2.5	-3.7
柘溪	104	3	R34		1.06	-1.43	0.27	-0.55	-3.23
			R76	1961年2月					
			R78		0.01	-1.74	-1.14	0.1	-2.01
		5	R417			-0.37	0.29	-0.83
五强溪	85.8	9	$9S_1$		0.17	-4.41	-3.82	-3.44	-5.15
			$9S_5$		0.07	-3.37	-2.94	-2.51	-3.98
		10	$10S_1$	1994年10月	0.01	-3.08	-2.64	-2.25	-3.85
		19	$19S_1$		0.1	-2.81	-2.36	-1.86	-3.83
		22	$22S_1$		0.03	-1.03	-0.77	-0.44	-1.04
		27	$27S_1$		0.12	-1.98	-1.03	-1.08	-2.68
湖南镇	129	12	S-1		1	-1	0.2	0.7	-1
			S-2		2.1	-0.4	1.2	1	-1.2
		13	S13-2	1979年1月	0.9	-2	-1.5	-0.5	-2.6
		9	S9-15		1	0	-1	1.6	0.5
			S9-20		0.5	-4.5	-3.5	-3.5	-5
		最大值			2.14	0	1.2	1.6	0.5
		最小值			0	-4.5	-3.82	-3.5	-5.15
		平均值			0.61	-1.98	-1.29	-0.84	-2.30

1）运行期的坝踵实测压应力要明显大于设计值。

2）运行期的坝踵、坝趾混凝土实测应力均存在趋势性受压现象。

从目前收集的资料及文献来看，由于绝大多数重力坝工程并未在坝踵布置压应力计，部分工程的坝踵应变计组损坏失效未能监测到从安装埋设至运行期的完整数据，不同工程的应力计算成果水平参差不齐等原因，可供参考的可信成果偏少；此外，针对坝踵实测应力的种种疑问，目前坝工界尚无确定的认识，部分学者提出的观点需要进一步的研究和论证。因此，针对以上两点差异，从结构受力及监测方法的角度进行了分析，提出了几点认识，但仍需进一步深入分析。

1）材料力学计算假定与实际情况存在差异。应用材料力学法分析应力时，基本假定包括：坝体混凝土为均质、连续、各向同性的弹性材料；视坝段为固结于地基上的悬臂梁，不考虑地基变形对坝体应力的影响，并认为各坝段独立工作，横缝不传力；假定坝体水平截面上的正应力按直线分布，不考虑廊道等对坝体应力的影响。但坝体应力由于受很多因素影响，实际分布情况是比较复杂的。材料力学计算过程中并未考虑坝基变形模量、坝体混凝土分区、纵缝、分期施工、温度变化等对坝体应力的影响，而监测测值反映的是在真实的边界条件下，受坝体浇筑过程、分期施工和蓄水、温度变化、混凝土材料特性等综合影响的坝体应力，从这一层面上看，两者并没有明显的可对比性。

2）监测方法的局限性。

a. 埋设部位与设计定义存在差异。在设计及数值计算中，坝踵一般定义为重力坝上游面和建基面交点。压应力计布置在建基面，距上游面 3～6m 的部位，一般不在建基面布置应变计组。图 6-35 为基岩在水平荷载和垂直荷载作用下内部应力分布等值线图。由图可见：坝踵基岩在荷载作用下的应力分布与坝体混凝土不同，且通常情况下基岩变形模量要小于混凝土，在基岩与混凝土接触面变形协调的条件下，埋设在基岩内的压应力计测值小于混凝土应变计组实测应力，这也与表 6-17 统计结果相一致。

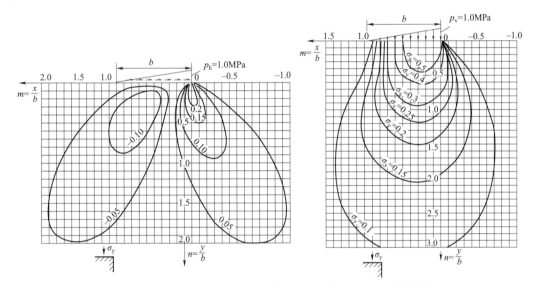

图 6-35　基岩在水平荷载和垂直荷载作用下内部应力分布等值线图

对于埋设在坝踵的应变计组，考虑到坝踵处于结构的几何突变位置，为避免应力集中影响，按规范要求坝体应变计组布置在距离坝面大于 1m、距基岩开挖面应大于 3m 的部位，因此实际上监测的是坝体混凝土应力，与真实的坝踵部位的应力状态是存在一定差异的。

b. 压应力测值存在不确定性。由于建基面表面形状存在差异，难以避免局部产生应力集中，坝体在建基面上的应力分布可能会很不均匀，即使埋设在相近部位的压应力计测值也会存在较大差异。此外，压应力计是否处于良好的运行状态，几乎完全取决于仪器受压面与混凝土是否完全接触，但压应力计的安装埋设质量存在不确定性。例如压应力计安装时，压力盒与岩石间接触面采用水泥浆填充密实，但水泥水化热消散后会产生收缩，仪器周围的混凝土和仪器间可能会产生细微的空隙,导致实测受力情况与实际受力情况出现偏差。

c. 应变计组的计算误差。应变计组只能监测混凝土应变,再根据广义胡克定律计算混凝土应力。由应变监测数据计算实测应力方法有有效弹模法、变形法和松弛法,其中变形法最为常用。变形法考虑前期徐变影响叠加计算应力,将应力变化简化为台阶形式,与应力连续变化的实际不符。此外,变形法计算环节多,包括监测数据前期处理(基准时间和基准值选取、监测数据误差检验)、拟合混凝土弹模和徐变度、计算混凝土温度线膨胀系数及自生体积变形、计算单轴应变等,这其中每个环节的影响因素复杂,均存在一定误差。因此,计算假定以及各计算步骤带来的误差传播使应变计组最终成果准确度降低。

d. 无应力计存在受力现象。当无应力计测值不能真实反映混凝土的自由体积变形 ε_0 时,必然造成计算混凝土应力的应力应变 ε 测值失真。混凝土重力坝坝踵混凝土的应力量级通常较高,又同时受到建基面混凝土局部应力集中的作用,无应力计在这种高应力场中,将难免受到这些应力应变的影响。光照大坝河床最高的 11 号坝段坝踵无应力计测值与上游水位的相关过程线如图 6—36 所示。由图可见:坝踵混凝土温度呈稳定的下降趋势,但坝踵无应力计测值和水位呈正相关变化。无应力计受力对应变计组计算成果最直接的影响就是造成坝踵实测压应力增大(坝踵无应力计与水位正相关变化,导致应变计组计算得到的应力应变量值及变幅增大),从而造成了实测成果在一定程度上的失真。

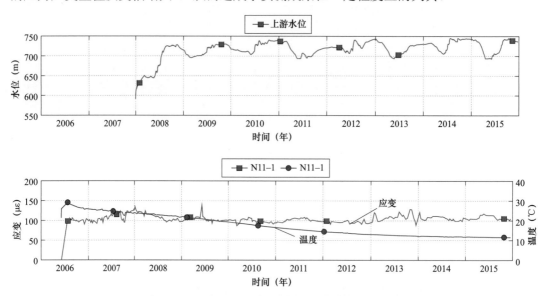

图 6—36 光照大坝河床 11 号坝段坝踵无应力计测值与上游水位过程线

3)库盘变形影响。

a. 水荷载作用下的混凝土重力坝坝踵变形机理。水库蓄水后,混凝土重力坝的坝基在水荷载作用下向下游倾转变形(见图 6—37),同时由于上游巨大水体的自重,库盘发生沉陷,使坝基产生向上游的倾倒变形(见图 6—38)。因此,水荷载作用下的坝踵变形包含坝基变形和库盘变形。

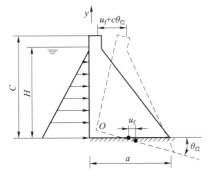

图 6-37　水压的弯矩作用对坝基变形的影响

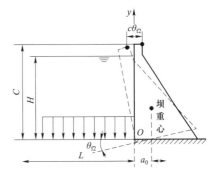

图 6-38　库底压沉对坝基变形的影响

对于高坝大库，库盘变形对坝体和坝基变形产生显著影响。例如，龙羊峡水电站工程的监测资料表明，在蓄水过程中，坝体有向上游倾倒的变形现象，监测到的向上游最大水平位移达 16.0mm；小湾水电站工程蓄水阶段的库区沉陷观测资料也反映出坝址上游最大沉降 35.0mm、下游最大抬升 2.7mm 的变形现象（见图 6-39）。

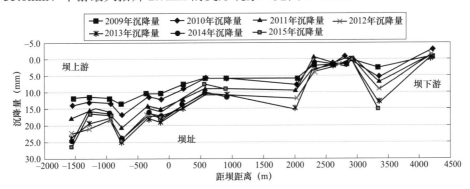

图 6-39　小湾水电站沿河向库盘测点沉降分布图

b. 三峡大坝坝基垂直位移及坝踵基岩变形（坝顶长 2309.5m、坝高 184.0m、总库容 450 亿 m³）。

（a）三峡水电站坝基垂直位移自 1999 年 5 月起开始观测，典型坝段坝基垂直位移过程线如图 6-40 所示。监测成果表明：蓄水前，在自重作用下基础廊道最大垂直位移为 14.97mm，同一坝段上游基础廊道沉降量要大于下游基础廊道沉降量；2003 年 6 月开始初期蓄水，随着库水压力增加，坝基沉降明显增加，河床坝段沉降增量为 7～8mm，同一坝段下游侧沉降增量大于上游侧 1mm；蓄至正常蓄水位时，实测基础最大累计沉降量为 21.58mm，沿顺水流向上游侧沉降量大于下游侧沉降量。

（b）三峡大坝典型泄洪坝段坝踵、坝趾基岩变形过程线如图 6-41 所示。由图可见：蓄水前，受大坝自重影响，同一坝段坝踵基岩变形要明显大于坝趾；2003 年 6 月开始初期蓄水，随着库水压力增加，坝踵基岩变形未发生明显变化，坝趾基岩压缩变形逐渐增大；蓄至正常蓄水位时，坝踵基岩变形仍明显大于坝趾，这也与运行期三峡大坝坝踵压应力明显大于坝趾的实际情况相对应。

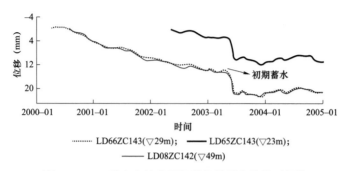

图 6-40　三峡水电站典型坝段坝基垂直位移过程线

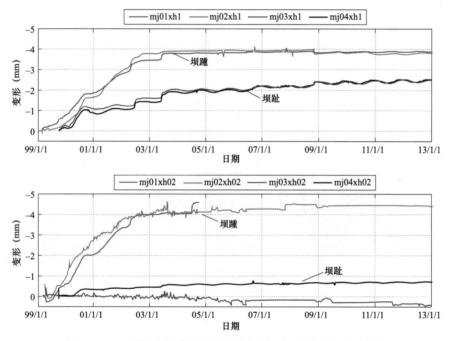

图 6-41　三峡水电站典型泄洪坝段坝踵、坝趾基岩变形过程线

c. 光照大坝坝基垂直位移（坝顶长 410.0m、坝高 200.5m、总库容 31.35 亿 m³）。光照水电站于 2007 年 12 月蓄水，坝基垂直位移于 2012 年 11 月开始监测，因此测值未包含施工期和蓄水期坝基沉降，最高的 11 号坝段坝基垂直位移过程线如图 6-42 所示（从上游侧至下游侧 LSB-0～LSB-4）。由图可见：光照大坝坝踵基岩在蓄水运行 5 年后，仍监测到了水库水位升高后造成的坝基沉降，即"水位升高，坝基下沉；水位降低，坝基上抬"，可以推断，受施工期自重及蓄水初期水重的影响，坝踵存在明显大于坝趾的沉降变形。

d. 彭水大坝坝踵基岩变形（坝顶长 309.53m、坝高 113m、总库容 14.65 亿 m³）。彭水水电站坝踵、坝趾部位基岩变形测值过程线如图 6-43 和图 6-44 所示。由图可见：蓄水前，受大坝自重影响，同一坝段坝踵基岩变形要明显大于坝趾；2008 年 1 月蓄水后，库水位骤升，受水压力作用，坝踵处基岩压缩量逐渐减少，坝趾处基岩压缩量逐渐增加；运行期坝踵基岩压缩变形虽仍大于坝趾，但两者的差值较蓄水之前已有一定缩小，这也与表 6-17 和表 6-18 的统计结果相符，即坝高相对较低的工程，坝踵压应力虽偏大，但未出现明显大于坝趾压应力的现象。

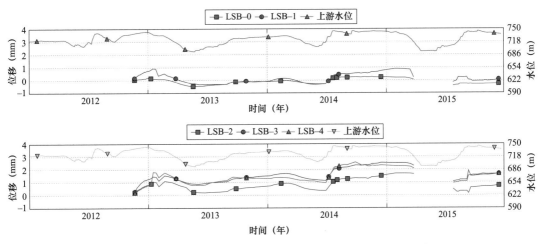

图 6-42　光照大坝 11 号坝段坝基垂直位移与水位相关过程线

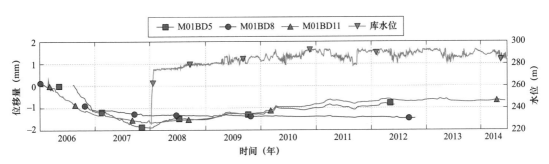

图 6-43　彭水大坝坝踵基岩变形与上游水位相关过程线

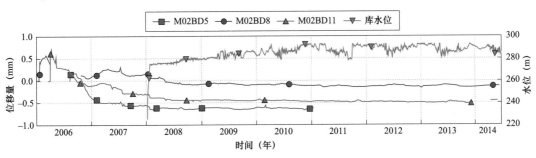

图 6-44　彭水大坝坝趾基岩变形与上游水位相关过程线

　　e. 库盘变形对坝踵实测应力的影响。由上述分析可知，水电站大坝在蓄水后库盘沉降并造成坝基向上游倾斜变形，但材料力学计算并未考虑库盘沉降的影响，因而实测坝踵压应力会比未考虑库盘变形影响的计算值偏大。从三峡大坝、光照大坝、彭水大坝的监测成果可知，库盘变形对大坝坝踵变形及应力的影响，按工程规模及水库库容大小大致可分为以下两种类型：

（a）对于三峡大坝、光照大坝等坝前库容较大、河道宽阔、坝高较高的工程，水库蓄水前坝踵已因自重产生了较大的压缩变形，且明显大于坝趾；水库蓄水后，因大量的水重集中于坝前，整个库盘产生坝前沉降大于坝后沉降的"翘曲"变形，虽然水荷载抬升坝踵向下游转动，但与前期自重作用以及库盘沉降造成的上下游沉降差相比，该作用相对不明显，坝踵压缩变形仍明显大于坝趾，坝踵压应力虽有所减小，但仍保持在较高水平。

（b）对于库容较小、河道细长、坝高较低的工程，与高坝大库的工程相比，蓄水前因自重产生的坝踵压应力本就相对较小，蓄水后因坝前水量有限，库盘沉降也相对较小，水荷载抬升坝踵向下游的倾斜变形能抵消或超过库盘沉降的影响，坝踵基岩压缩变形有较明显减小，通常这部分工程蓄水后的坝踵压应力未出现明显偏大现象。

目前国内外对库盘变形的监测和分析较少，国内仅有极少数工程开展了库盘变形的监测工作。单从小湾水电站的库盘监测成果来看，2008年11月蓄水以来，其库盘沉降存在逐年增大的趋势，蓄水初期沉降增量较大，之后增长速率逐渐趋缓。库盘在蓄水期及运行初期的逐渐沉降有可能是造成混凝土坝坝体上游侧的实测应力在蓄水后仍趋势性受压的一方面原因，但仍需根据今后的监测成果作进一步研究和论证。

4）湿胀变形影响。混凝土长期浸泡在水中，特别在高压水作用下，其表面的含水量会有较大增长，从而引起湿涨变形，受到约束时外部受压，内部则受拉。大坝蓄水以后，上游坝面特别是在坝踵等关键部位的湿胀变形，对裂缝的产生起到有利的控制作用，但这仅是一种定性估计，由于国内至今没有专用的湿度计，难以对其影响做出定量评估。

文献《水工混凝土的变形特性》（赵志仁，人民黄河，1987年02期）中提到，萨扬舒申斯克重力拱坝（坝高242m）的应力计算表明，大坝上游表面有1MPa左右的拉应力。为了防止库水渗入坝内，在大坝上游面下部应设置防渗层，所需费用约50万卢布。全苏水工科学研究院的室内试验表明，混凝土试件因湿涨引起变形达$200 \times 10^{-6} \sim 400 \times 10^{-6}$，在受约束时产生的附加压应力为$1 \sim 7$MPa（由水头确定），继而在萨扬舒申斯克水电站坝踵离上游面不同距离处埋设了专门的湿度计。1978年10月水库蓄水后，以蓄水时的混凝土湿度作为基准测出坝踵表面混凝土含水量增加值如图6-45所示。自蓄水后至1981年春，库水位较在仪器

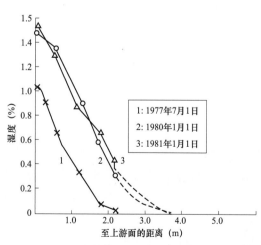

图6-45　萨扬舒申斯克水电站蓄水后坝体上游面
含水量的变化

埋设高程处抬高了 88m，实测成果表明，水库蓄水后 1～1.5 年期间，上游坝面混凝土含水量增加相当大，达 1.5%，进而估计出增加的压应力可达 −1.0～−1.8MPa。

由上述分析可知，湿胀变形首先在坝的上游面发生，且不可能是均匀的，它受到坝体其他部位的约束，在坝的上游部位特别是在坝踵产生湿胀应力，从而增大坝踵压应力。其次，由于应变计与无应力计处于不同的位置，且有无应力计筒的阻隔，它们总是在不同的渗透压力作用之下，具有不同的湿度及其变化条件，无应力计并不能完全扣除湿胀变形影响。因此，从现有相关成果及相应分析来看，湿胀变形可能是造成坝踵压应力增大的一方面因素，但同样需要做进一步的研究。

6.2　拱坝实测运行性态

6.2.1　拱坝变形

拱坝变形主要包括坝体（坝基）水平位移、坝体（坝基）垂直位移、接缝变形等，本节对国内部分已投运拱坝工程在运行中变形的量值、分布规律以及影响因素进行归纳、分析和总结。

1. 水平位移

拱坝是一种壳体结构，坝轴线呈曲线形，且厚度较薄。拱坝水平位移的主要影响因素为库水位和温度。除径向水平位移外，还因温度变化时坝体发生热胀冷缩，拱坝轴线产生伸长和缩短，存在明显的切向水平位移。

（1）实测数据统计。为便于定量统计分析，将水平位移分解为径向水平位移和切向水平位移两部分。径向水平位移以向下游为正，向上游为负；切向水平位移以向左岸为正，向右岸为负。此外，为便于各拱坝之间的横向比较，水平位移统一以监测量的年变幅值作为基本统计量，以避免各拱坝因监测基准日不同而带来的位移绝对量值在数学意义上的不统一。对小湾、二滩、龙羊峡等拱坝的坝顶径向水平位移和坝体切向水平位移最大年变幅进行了统计，具体见表 6−20 和表 6−21。由表可见：

1）坝高 200m 以上的拱坝，径向水平位移最大年变幅为 67.70～82.75mm。其中坝高 294.5m 的小湾大坝 82.75mm，坝高 240.0m 的二滩大坝 67.7mm。

2）坝高为 100～200m 的拱坝，径向水平位移最大年变幅为 15.63～45.13mm，平均径向水平位移最大年变幅为 29.34mm。其中大于 30mm 的有 6 座，分别为坝高 157m 的东江拱坝 34.10mm，坝高 149.5m 的白山拱坝 45.13mm，坝高 140m 的重庆江口拱坝 39.79mm，坝高 124m 的藤子沟拱坝 33.60mm，坝高 103.85m 的华光潭一级拱坝 42.60mm，坝高 102m 的紧水滩拱坝 36.10mm。

3）坝高 100m 以下的拱坝，径向水平位移最大年变幅为 11.56～29.18mm，平均径向水平位移最大年变幅为 20.53mm。其中大于 20mm 的有 4 座，分别为坝高 96.5m 的蔺河口大坝 29.18mm，坝高 80.0m 的泉水大坝 27.50mm，坝高 78.0m 的流溪河大坝 21.80mm，坝高 72.0m 的大山口大坝 25.79mm。

表 6-20　　　　国内 23 座拱坝坝顶径向水平位移最大年变幅实测数据统计表

坝名	坝高（m）	坝顶弧长（m）	厚高比	径向水平位移最大年变幅（mm）			各效应分量平均占比			蓄水时间（年.月）	分析时段（年～年）
				左 1/4 拱	拱冠	右 1/4 拱	水压分量	温度分量	时效分量		
小湾	294.50	892.79	0.248	49.76	82.75	52.12	—	—	—	2008.11	2010～2015
二滩	240.00	774.69	0.232	39.78	67.70	27.83	62%	19%	19%	1998.05	2000～2013
龙羊峡	178.00	396.00	—	13.78	20.04	17.42	—	—	—	1986.01	2000～2015
东风	162.00	254.35	0.163	13.32	17.77	10.33	36%	51%	13%	1994.04	1994～2010
东江	157.00	438.00	0.233	34.10	33.30	32.82	55%	43%	3%	1986.08	2001～2014
李家峡	155.00	414.00	0.290	17.62	18.28	14.46	—	—	—	1996.12	1996～2014
隔河岩	151.00	665.45	—	14.12	19.68	11.39	43%	55%	2%	1993.04	2005～2011
白山	149.50	676.50	—	41.15	45.13	40.66	—	—	—	1982.11	1982～2011
重庆江口	140.00	380.71	0.192	20.93	39.79	29.99	52%	19%	29%	2002.12	2003～2010
洞坪	135.00	245.43	0.174	13.88	15.63	7.98	46%	46%	8%	2005.07	2005～2013
藤子沟	124.00	339.48	0.171	24.40	33.60	17.80	—	—	—	2005.03	2010～2012
华光潭一级	103.85	227.90	0.168	27.20	42.60	26.80	33%	49%	18%	2005.06	2005～2010
紧水滩	102.00	350.60	0.241	30.81	36.10	30.89	15%	60%	25%	1986.06	1988～2008
蔺河口	96.50	311.00	0.282	16.90	29.18	19.48	52%	42%	6%	2003.01	2003～2011
双口渡	81.50	153.68	—	6.7	13.0	8.7	—	—	—	2005.06	2005～2014
龙首一级	80.00	133.81	0.170	—	19.24	—	21%	72%	7%	2001.04	2007～2013
泉水	80.00	209.00	0.112	17.50	27.50	12.90	27%	73%	0%	1976.02	2003～2008
流溪河	78.00	255.50	0.283	13.00	21.80	15.80	11%	80%	9%	1958.06	2003～2008
陈村	76.30	419.00	—	9.00	14.52	8.66	28%	69%	3%	1970.08	2004～2012
铜头	75.00	108.89	0.207	—	11.56	—	—	—	—	1994.01	1999～2006
普定	75.00	195.67	0.376		14.63		45%	55%	0%	1993.05	2005～2011
大山口	72.00	219.80	—	17.62	25.79	19.25	25%	69%	6%	1991.12	2005～2012
托海	54.50	179.240	0.264	12.53	16.73	—	—	—	—	1989.05	1996～2010

表 6-21　　　　国内 6 座拱坝坝体切向水平位移最大年变幅实测数据统计表

坝名	坝高（m）	坝顶弧长（m）	厚高比	切向水平位移最大年变幅（mm）			各效应分量平均占比			蓄水时间（年.月）	分析时段（年～年）
				左 1/4 拱	拱冠	右 1/4 拱	水压分量	温度分量	时效分量		
小湾	294.50	892.79	0.248	13.57	1.88	19.11	—	—	—	2008.11	2010～2015
东江	157.00	438.00	0.233	5.39	1.89	5.24	59%	33%	8%	1986.08	2001～2014
白山	149.50	676.50	—	11.68	3.98	9.46	—	—	—	1982.11	1982～2011
蔺河口	96.50	311.00	0.282	4.30	1.20	5.12	59%	32%	9%	2003.01	2003～2011
陈村	76.30	419.00	—	2.48	1.42	2.26	25%	73%	2%	1970.08	2004～2012
大山口	72.00	219.80	—	5.27	3.92	4.62	26%	69%	5%	1991.12	2005～2012

4）坝体切向位移由于量值较小，受误差影响较大，大部分工程测值可信度较差，因此只对小湾等 6 座坝体切向位移测值较为可信的大坝进行统计。各工程坝体切向水平位移最大年变幅为 1.20～19.11mm，其中大于 10mm 的有 2 座，分别为坝高 294.5m 的小湾大坝 19.11mm，坝高 149.5m 的白山大坝 11.68mm。

5）将径向水平位移最大年变幅与坝高、坝顶弧长绘制相关图如图 6－46 和图 6－47 所示。由图可见：径向水平位移最大年变幅与坝高有较明显的相关性，表现为坝高越高，径向水平位移最大年变幅越大，但毕竟影响因素较多，并非完全线性相关，外荷载（如库水位、气温）的年变幅对径向水平位移年变幅也有较大影响。坝顶弧长由于与坝高存在较明显的正相关性，因此径向水平位移与坝顶弧长存在类似的规律。从 23 座拱坝的实测数据来看，径向水平位移最大年变幅与坝高的比值均在 $1.0 \times 10^{-4} \sim 4.0 \times 10^{-4}$ 之间，超过 4.0×10^{-4} 则需要进一步分析其合理性。

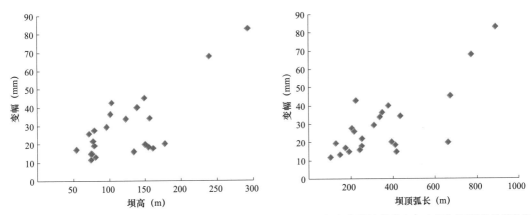

图 6－46　径向水平位移最大年变幅与坝高相关图　　图 6－47　径向水平位移最大年变幅与坝顶弧长相关图

（2）时间过程规律。

1）径向水平位移时间过程规律。

a. 施工阶段，双曲拱坝因设计成倒悬结构，在混凝土自重作用下，径向水平位移指向上游。以溪洛渡拱坝为例，水库蓄水（2013 年 5 月 4 日）前，受坝体倒悬影响，河床拱冠梁坝段径向水平位移表现为向上游，最大位移量为 7.36mm。重力拱坝没有这种现象。

b. 蓄水及运行阶段，径向位移受上游水位影响较大，二者呈正相关，表现为"上游水位升高，坝体和坝基向下游位移；上游水位降低，坝体和坝基向上游回弹"的变化规律。部分大坝由于上游水位波动不大，水位变化对径向位移的周期性影响相对不显著，更主要的反映在持续的水压力造成的坝体及坝基时效位移上。

图 6－48 是二滩拱坝拱冠梁 21 号坝段实测径向水平位移过程线，图中测点按高程从高到低依次是 TCN08、TCN09、TCN10、TCN11 及 TCN12。由图可见，坝体径向位移呈明显的年周期性变化，表现为与上游水位显著的正相关关系，即上游水位上升，坝体向下游位移，上游水位下降，坝体向上游回弹。

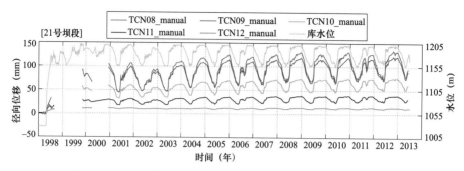

图 6-48　二滩拱坝拱冠梁坝段各高程坝体径向水平位移过程线

图 6-49 为小湾拱坝拱冠梁 22 号坝段坝踵径向水平位移（多点位移计测值）过程线。由图可见，22 号坝段上游侧基岩的水平变形基本与水库蓄水过程相对应。蓄水初期，因水库水体重量引起库盘沉降带动坝基向上游侧倾斜，引起坝前岩体微微倾向上游位移（约 0.5mm），使坝前岩体小幅压缩；随着水位逐渐上升，库水对坝体的水推力逐渐增大，最后坝体在水推力作用下向下游位移，引起坝前岩体开始逐渐向下游方向位移（小于 1.5mm）。在水库放水期间，坝踵基岩可恢复的弹性变形即刻回弹，而微裂隙张开形成的变形不可完全恢复，因此，在高水位循环蓄水放水过程中，坝基不是呈现完全的弹性变形。

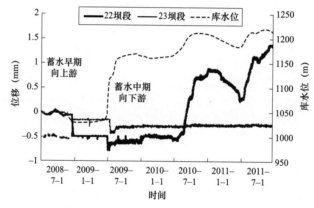

图 6-49　小湾拱坝拱冠 22 号、23 号坝段坝踵径向水平位移过程线

c. 径向水平位移受气温影响较大，二者呈负相关，表现为"气温升高，坝体向上游位移；气温下降，坝体向下游回弹"的变化规律。由于气温为年周期变化，坝体径向水平位移也存在相同的年周期变化，并且因坝体温度场调整的滞后而存在时滞现象。

图 6-50 是大山口拱坝拱冠梁坝段径向水平位移过程线，水库为日调节，库水位一般控制在 1401.1～1406.1m，水位波动幅度较小，对径向水平位移影响较小。由图可见，径向水平位移受温度影响显著，夏季随着气温升高，径向水平位移向上游逐渐增大；冬季随着气温下降，径向水平位移向下游逐渐回弹。一般每年 8 月中下旬径向水平位移向上游位移最大，2 月中下旬向下游位移最大，径向水平位移滞后气温变化约 1 个月，平均变幅为 20.95mm。

d. 在蓄水期及运行初期，受混凝土徐变、坝体接缝及裂缝的变化、基础中的节理裂隙及软弱岩带等在加载过程中受压闭合等因素的影响，大坝径向水平位移存在一定的时效分量，时效分量为不可逆变形，因此径向水平位移表现为随时间增长而趋势性增大，最终趋于收敛的变化规律。

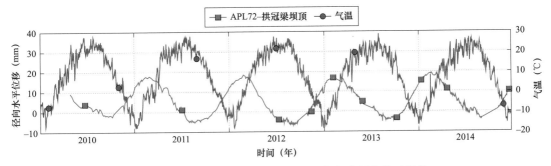

图 6-50　大山口拱坝拱冠梁坝段坝顶径向水平位移过程线

二滩大坝拱冠 21 号坝段径向水平位移过程线如图 6-48 所示，图 6-51 是拱冠 21 号坝段径向水平位移时效分量过程线，图 6-52 是该坝段典型测点 2005～2013 年时效增量示意图。由图可见：2005 年以来，拱冠 21 号坝段坝体各高程均存在向下游的时效位移，至 2013 年底，坝顶累计向下游的时效位移最大为 15.22mm。时效位移初期增长较快，后期变慢并趋于收敛，2013 年拱冠 21 号坝段坝顶时效位移增量最大为 0.80mm，径向水平位移已基本稳定。

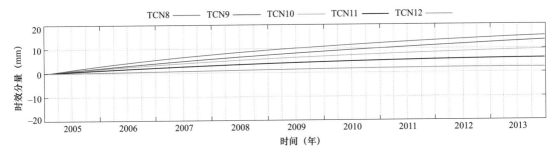

图 6-51　二滩拱坝拱冠 21 号坝段各高程时效位移过程线

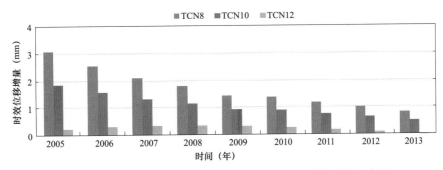

图 6-52　二滩拱坝拱冠 21 号坝段坝体典型高程时效增量示意图

图 6-53 是二滩拱坝坝基倒垂线 TCN17 测点径向水平位移与库水位加卸载关系曲线。TCN17 测点位于右岸 33 号坝段，它较充分反映了第 1 次～第 4 次水库蓄放水（加卸载）过程时效位移的变化。由图可见，第 1 次～第 4 次蓄水加载径向位移的斜率分别为 7.84、9.66、10.03、12.33，第 4 次蓄水加载过程位移曲线的斜率大于前几次，表明坝基时效变形增

量随着库水位上下变化次数的增加而逐渐减小，并逐渐趋于稳定。

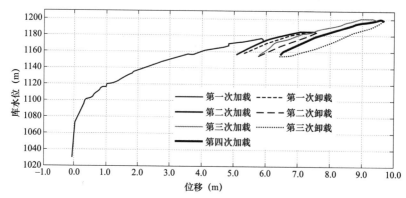

图 6-53　二滩拱坝 33 号坝段坝基 TCN17 测点径向水平位移与库水位加卸载关系曲线

2）切向水平位移时间过程规律。

a. 拱坝切向水平位移受水位变化影响显著，在蓄水期间尤为明显。随着库水位升高，在水压力作用下，两岸坝段向各自的岸坡方向位移；库水位下降，两岸坝段向河床中间回弹。图 6-54 是小湾拱坝拱冠、左右 1/4 拱处坝顶高程切向水平位移过程线。由图可见：库水位上升时，左 1/4 拱坝段切向向左岸位移，右 1/4 拱坝段切向向右岸位移；库水位下降时，左、右 1/4 拱坝段切向都向河床方向回弹；拱冠坝段切向向左右岸位移不明显。

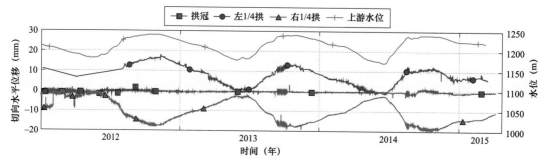

图 6-54　小湾拱坝拱冠、左右 1/4 拱处坝顶切向水平位移过程线

b. 拱坝切向水平位移受气温变化影响显著，呈年周期变化。温度变化使坝体发生热胀冷缩，因拱轴线是一条弧线，当气温升高时，两岸坝段向河床方向位移；当气温下降时，两岸坝段分别向各自的岸坡方向回弹。坝顶切向位移变化滞后气温变化 1 个月左右。气温对大坝两侧切向水平位移影响较大，对河床中间坝段影响较小。

图 6-55 是大山口重力拱坝拱冠、左右 1/4 拱处坝顶高程切向水平位移过程线。大山口水库为日调节，库水位基本在 1401.0～1406.0m 之间，水位对切向位移影响较小。由图可见：坝顶切向水平位移主要受气温影响呈年周期变化。气温下降时，左 1/4 拱坝段切向向左岸位移，右 1/4 拱坝段切向向右岸位移；气温升高时，左、右 1/4 拱坝段切向都向河床方向位移。并且，左右 1/4 拱切向位移的量值及年变幅均远大于拱冠坝段。

c. 时效对拱坝切向水平位移影响较小，但当两岸坝肩地质条件较复杂时，会存在一定时效位移，通常坝肩地质条件较差的一侧，坝体切向水平位移的时效分量也较大。

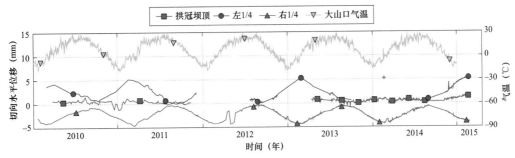

图 6-55　大山口重力拱坝拱冠、左右 1/4 拱处坝顶切向水平位移过程线

图 6-56 和图 6-57 是二滩拱坝左、右 1/4 拱坝段坝体切向水平位移过程线，图 6-58 是右岸 33 号坝段坝体切向水平位移时效分量过程线。由图可见：左岸 1/4 拱坝 11 号坝段切向水平位移已无时效分量，右岸 1/4 拱坝 33 号坝段各高程切向水平位移时效分量变幅为 0.45～2.54mm，约占总变幅的 14%～22%，左、右岸坝段切向水平位移的时效作用之所以存在如此差异，很可能是因为右岸坝基软弱岩带和 f_{20} 断层的不利压缩变形所致。

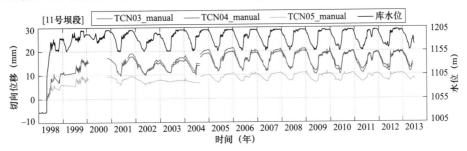

图 6-56　二滩拱坝左岸 11 号坝段坝体切向水平位移过程线

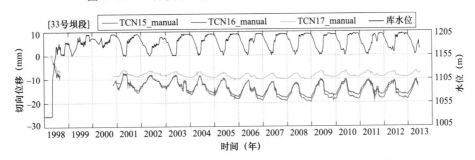

图 6-57　二滩拱坝右岸 33 号坝段坝体切向水平位移过程线

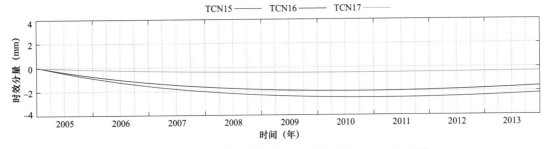

图 6-58　右岸 33 号坝段坝体切向水平位移时效分量过程线

（3）空间分布规律。

1）径向水平位移空间分布规律。

a. 同一高程沿坝轴线方向，不论是低温高水位工况还是高温低水位工况，拱冠坝段径向水平位移最大，两岸坝段位移逐渐减小。

图 6-59 是小湾拱坝在正常蓄水位 1240m 时，1245m（坝顶）、1190m、1150m、1100m、1060m 和 1010m 高程拱圈径向水平位移分布图。由图可见，沿坝轴线方向，各高程拱圈径向水平位移均呈拱冠向两岸逐渐减小的分布规律。

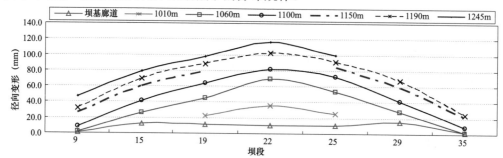

图 6-59　小湾拱坝正常蓄水位下（1240m）不同高程拱圈径向水平位移分布图

b. 同一坝段沿高程方向，高程越高，径向水平位移越大，通常最大径向水平位移出现在坝顶。

图 6-60 为东江拱坝高温低水位工况（库水位 265.27m，气温 26.5℃）下坝体径向水平位移空间分布示意图。从图可见：高温低水位工况下坝体整体向上游变形，最大径向水平位移出现在拱冠梁坝顶，以拱冠梁为轴线，向两边及下部径向水平位移逐渐减小，位移分布整体对称。

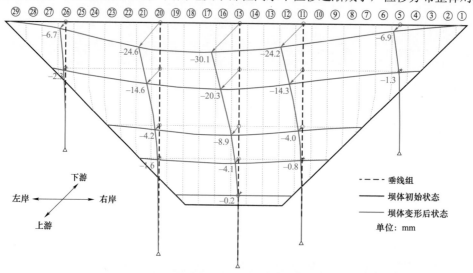

图 6-60　东江拱坝高温低水位工况下坝体径向水平位移分布图

目前高拱坝采用模拟分期浇筑和蓄水的数值计算成果表明，拱坝的顺河向变位极值一般不在坝顶，而是出现在 3/4～4/5 坝体高程附近，与传统计算和实测最大水平位移出现在坝顶差异较大，本次参与统计的工程中也未发现此分布规律。因此建议在 3/4～4/5 坝体高程附近有坝后桥等条件时，设置表面水平位移监测点，对该范围变形作辅助监测布置，以捕捉坝体最大变形值。

2）切向水平位移空间分布规律。

a. 同一高程沿拱轴线方向，坝体切向水平位移呈反对称分布，即拱冠梁及两岸拱端位移较小，极大值基本对称（对称程度和体形相关）地出现在左、右1/4拱附近。

图6−61为小湾拱坝正常蓄水位1240m时各高程拱圈切向水平位移分布图。由图可见：沿坝轴线方向，切向水平位移呈反对称分布，在左、右1/4拱处出现最大值，拱冠处切向水平位移量值微小。

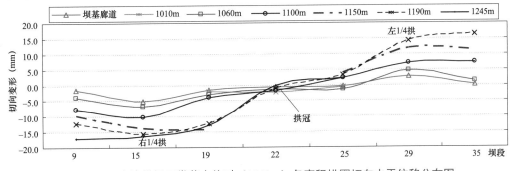

图6−61　小湾拱坝正常蓄水位时（1240m）各高程拱圈切向水平位移分布图

b. 同一坝段沿高程方向，通常是高程越高，坝体切向水平位移越大。

图6−62是小湾拱坝左右岸对称坝段典型水位下切向水平位移分布图。由图可见：切向水平位移随着水位升高向两岸变形，随着高程的升高而增大，基础切向变形小且基本稳定，左右岸对称坝段切向变形沿高程分布基本对称，分布规律较好。

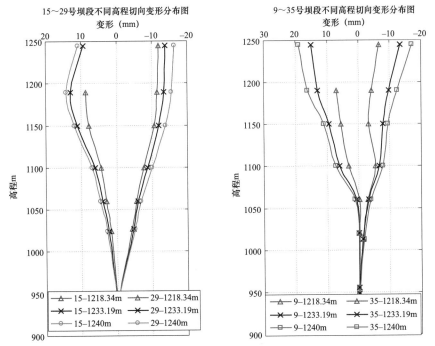

图6−62　小湾拱坝左右岸对称坝段典型水位下切向水平位移分布图

注：图中标识代表坝段—水位。

2. 垂直位移

（1）实测数据统计。为便于各拱坝之间的横向比较，坝体垂直位移统一以年变幅值作为基本统计量，以避免各拱坝因监测基准日不同而带来的位移绝对量值在数学意义上的不统一。本次对小湾、二滩等 19 座拱坝的坝体垂直位移进行了统计，具体见表 6-22。由表可见：

表 6-22　　　　　　　国内 19 座拱坝坝体垂直位移最大年变幅实测数据统计表

坝名	坝高(m)	坝顶弧长(m)	厚高比	坝顶高程(m)	高程(m)	变幅(mm)	高程(m)	变幅(mm)	高程(m)	变幅(mm)	高程(m)	变幅(mm)	高程(m)	变幅(mm)	蓄水日期
小湾	294.50	892.79	0.248	1245.0	坝顶	6.8	1190.0	11.6	1100.0	14.4	坝基	3.9			2008年11月
二滩	240.00	774.69	0.232	1205.0	坝顶	4.5	1169.0	7.0	1091.0	9.5	1040.0	7.5	980	3.8	1998年5月
乌江渡	165.00	395.60		765.0	坝顶	4.3									1979年1月
东风	162.00	254.35	0.163	978.0	坝顶	7.9	915.0	2.5	830.0	0.8					1994年4月
东江	157.00	438.00	0.233	294.0	坝顶	9.3	250.0	2.4	175.0	2.6	145.0	0.8			1986年8月
李家峡	155.00	414.00	0.290	2185.0	坝顶	5.1	2114.0	2.9	2059.0	2.3					1996年11月
隔河岩	151.00	665.45		206.0	坝顶	7.5	145.0	3.8							1993年4月
白山	149.50	676.50		423.5	坝基	11.2		2.2							1982年11月
重庆江口	140.00	380.71	0.192	305.0	坝顶	10.5	270.0	7.2	245.0	6.2	210.0	4.9			2002年12月
洞坪	135.00	245.43	0.174	495.0	坝顶	5.7	坝基	1.2							2005年4月
藤子沟	124.00	339.48	0.171	777.0	坝顶	11.0	坝基	0.8							2005年3月
华光潭一级	103.85	227.90	0.168	449.9	坝顶	9.4									2005年6月
紧水滩	102.00	350.60	0.241	194.0	坝顶	9.2	153.0	3.5	坝基	3.1					1986年6月
双口渡	81.50	153.68		346.5	坝顶	6.3									2005年6月
龙首一级	80.00	133.81	0.170	1751.7	坝顶	6.5									2001年4月
陈村	76.30	419.00	0.700	126.3	坝顶	4.3	坝基	1.9							1970年8月
大山口	72.00	219.80	0.352	1409.0	坝顶	5.5	坝基	0.6							1991年12月
贺龙	47.20	160.58		294.6	坝顶	4.9									1997年3月

1）各座大坝坝体垂直位移最大年变幅为 4.3~14.4mm，其中大于 10mm 的有 4 座，分别为坝高 294.5m 的小湾大坝 14.4mm，坝高 149.5m 的白山大坝 11.2mm，坝高 140.0m

的重庆江口大坝 10.5mm，坝高 124.0m 的藤子沟大坝 11.0mm。乌江渡和陈村拱坝坝顶垂直位移年变幅最小，均为 4.3mm。

2）各座大坝坝基垂直位移最大年变幅为 0.6～3.9mm，变幅最大的为小湾拱坝（3.9mm），其次为紧水滩拱坝（3.1mm），藤子沟（0.8mm）和大山口（0.6mm）坝基垂直位移年变幅小于 1mm。

3）图 6-63 绘制了小湾、二滩、东风、东江、李家峡、重庆江口、紧水滩等 7 座典型拱坝坝体拱冠梁坝段各高程垂直位移年变幅分布曲线。由图可见：除小湾和二滩大坝外，其余大坝坝体垂直位移最大年变幅均出现在坝顶。小湾和二滩大坝均为坝高 200m 以上的特高拱坝，坝体垂直位移最大年变幅出现在 1/2 坝高附近，与拱坝垂直位移的一般分布规律不同。

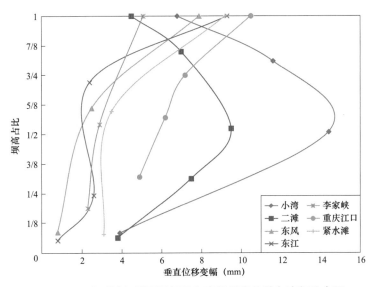

图 6-63　典型拱坝拱冠梁坝段各高程垂直位移年变幅分布图

4）将坝顶垂直位移最大年变幅与坝高绘制相关图如图 6-64 所示。由图可见：坝顶垂直位移最大年变幅与坝高有较明显的相关性，表现为坝高越高，坝顶垂直位移最大年变幅越大，但毕竟影响因素较多，并非完全线性相关，外荷载（如库水位、气温等）的年变幅对坝顶垂直位移年变幅也有较大影响。从 19 座拱坝的实测数据来看，坝顶垂直位移最大年变幅与坝高的比值均在 1.0×10^{-4} 以内，超过 1.0×10^{-4} 则需要进一步分析其合理性。

（2）时间过程规律。

1）施工开挖期间，基岩开挖后卸载回弹，坝基都有不同程度的上抬，这种上抬与坝基地质关系密切，地质条件越好，上抬量越大。在坝体浇筑期间，随

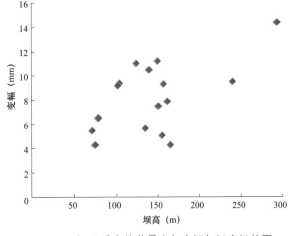

图 6-64　坝顶垂直位移最大年变幅与坝高相关图

着坝体不断升高，混凝土自身重量不断增大，致使大坝沉降不断加大。以溪洛渡拱坝为例，在施工期间河床坝段坝基累积最大沉降达到 26.86mm。

2）运行期，坝体和坝基垂直位移主要受气温变化影响，二者呈负相关，气温升高，坝体混凝土膨胀上抬（由于坝体此时向上游倾斜，下游侧温度变幅较上游侧大，下游侧测点比上游侧测点上抬稍大）；气温下降，坝体下沉。气温对坝体垂直位移的影响存在滞后现象，坝顶垂直位移一般滞后 1～3 个月；坝体廊道垂直位移滞后现象更明显，测点越在坝体深处，滞后时间越长，可达 2～5 个月。

图 6-65 为东江拱坝坝顶垂直位移过程线。由图可见：坝顶垂直位移与气温同步性较好，多年月平均气温 1 月最低，7 月最高，坝顶垂直位移在 1～3 月下沉量最大，7～9 月上抬量最大。

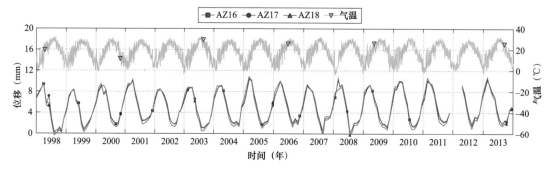

图 6-65　东江拱坝坝顶垂直位移过程线

图 6-66 为某拱坝拱冠梁 12 号坝段坝基不同高程垂直位移实测过程线，图中绘制了 7 条过程线，它们分别位于建基面下 1.32m、5.32m、10.32m、15.32m、20.32m、25.32m 和 30.32m 深处。由图可见：距建基面 20m 以内岩体的垂直位移都与温度变化有关，温度升高时，垂直位移趋向上抬；温度下降时，垂直位移趋向下沉。距建基面 20m 以外岩体垂直位移与温度变化关系不大。坝基表面岩体垂直位移大，累计变形达 1.52mm，位移的变幅也较大，达到 0.2～0.5mm，随着深度增加，岩体垂直位移逐渐变小，变化趋平稳。

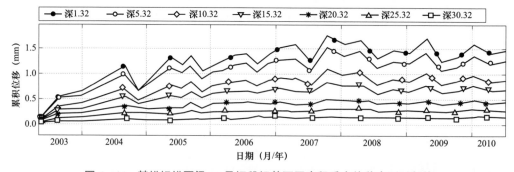

图 6-66　某拱坝拱冠梁 12 号坝段坝基不同高程垂直位移实测过程线

3）运行期，库水位对拱坝坝体垂直位移有一定影响，双曲拱坝尤为明显。以坝体上游侧测点为例，如图 6-67 所示，表现为"库水位上升，坝体上抬；库水位下降，坝体下沉"的变化规律。双曲拱坝体形向上游倒悬，坝体在自重作用下处于向上游河床方向微倾的状态，当库水位升高时，一方面坝体倒悬面以下的竖直向水压力产生向上顶托坝体的作用效果，另一方面坝体在水平向水压力的作用下使得坝体梁向曲率更扁平，中上部坝体向上变位。

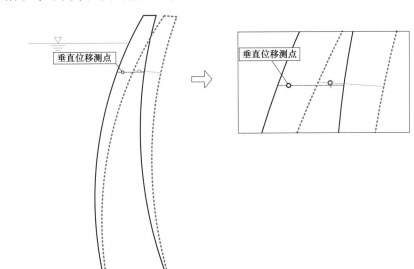

图 6−67　库水位对拱坝坝体垂直位移影响示意图

东江拱坝坝体中部 250m、175m 高程坝体垂直位移（测点位于上游侧）过程线如图 6−68 和图 6−69 所示。由图可见：250m 高程和 175m 高程河床坝段测点垂直位移主要受库水位影响，表现为"库水位上升坝体上抬，库水位下降坝体下沉"的变化规律。

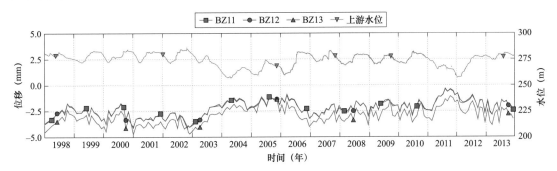

图 6−68　东江拱坝 250m 高程坝体垂直位移过程线

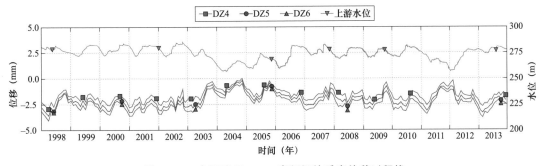

图 6−69　东江拱坝 175m 高程坝体垂直位移过程线

在蓄水运行期间，坝基垂直位移主要受库水压力影响。随着库水位上升，上游侧坝基因受拉抬升，下游侧坝基因受压而下沉；随着库水位下降，上游侧坝基因回弹而下沉，下游侧坝基因回弹而上抬。

图6-70和图6-71为小湾拱坝拱冠梁坝踵和坝趾垂直位移过程线。由图可见，随着库水位的不断升高，水推力作用逐渐增大，受弯矩作用坝体向下游转动，坝踵基岩压缩变形逐渐减小，测值逐渐增大（变幅0.5～3.4mm）；而坝趾基岩压缩变形继续增加，多点位移计测值逐渐减小（变幅0.2～1.5mm），由于坝趾继续压缩时受到基岩的约束限制，坝踵压缩变形减小的幅度比坝趾压缩变形增大的幅度稍大。

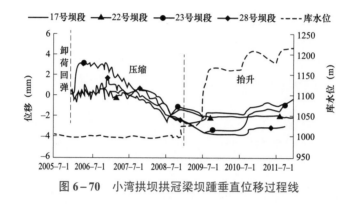

图6-70　小湾拱坝拱冠梁坝踵垂直位移过程线

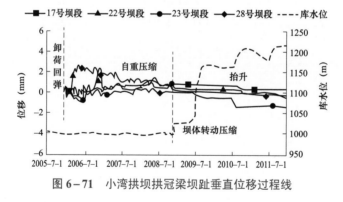

图6-71　小湾拱坝拱冠梁坝趾垂直位移过程线

4）运行期，时效对拱坝垂直位移有一定影响，主要表现为随着库水位逐渐升高以及时间的推移，坝体和坝基沉降量不断增大，随后逐渐趋于稳定。

图6-72为华光潭一级拱坝自2005年6月蓄水以来坝顶垂直位移过程线。由图可见：2005年6月蓄水以来，大坝呈下沉的趋势性位移，前期较大，后逐渐趋缓。至2010年，6号坝段坝顶垂直位移时效分量累积达到3.0mm，下沉速率从2006年的0.88mm/年降至2010年的0.13mm/年，垂直位移已基本稳定。

图6-73为小湾拱坝坝踵垂直位移时效分量过程线。由图可见，时效量在初期增长较快，随后增幅逐渐减小，呈逐渐收敛趋势，至2011年尚未完全稳定，但量值总体较小，不会对大坝安全造成威胁。

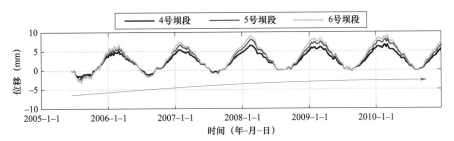

图6-72　华光潭一级拱坝4~6号坝段坝顶垂直位移过程线

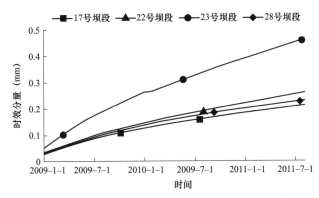

图6-73　小湾拱坝坝踵垂直位移时效分量过程线

5）地震对拱坝垂直位移有一定影响，高程不同，垂直位移有不同的表现，有的上抬，有的下沉，但通常突变的量值较小。

图6-74是铜头拱坝2008年5月12日地震前后位移明显突变测点垂直位移过程线。由图可见：地震造成了铜头拱坝坝体722.5m高程的C46~C49共4个测点的沉降，最大沉降量2.2mm，坝体其余测点测值变化不明显，说明在地震作用下，铜头拱坝没有发生整体位移。

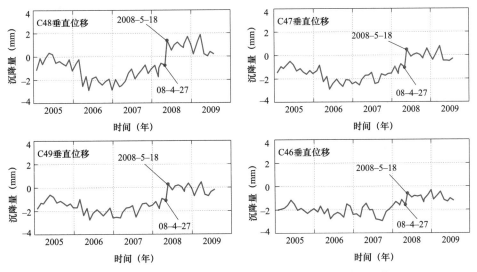

图6-74　铜头拱坝地震前后位移明显突变测点测值过程线

6）在我国北方等寒冷地区的混凝土坝工程，当坝顶较多裂缝进水时，在低温下结冰，因体积膨胀引起坝顶垂直位移上抬；随着气温上升，因冰融化而坝顶垂直位移下沉；若存在一定的时效位移，则冻融已导致表层混凝土一定程度破坏。例如白山拱坝两坝头 1 号和 39 号坝段坝面存在严重的冻融剥蚀破坏，39 号坝段上抬达 5～20mm，1 号坝段上抬也达 4～7mm。

（3）空间分布规律。

1）同一高程沿坝轴线方向，河床中央坝段垂直位移量值及变幅较大，两岸坝段由于高度较小，量值及变幅也较小。图 6-75 为东江拱坝坝体各高程垂直位移最大年变幅分布图。

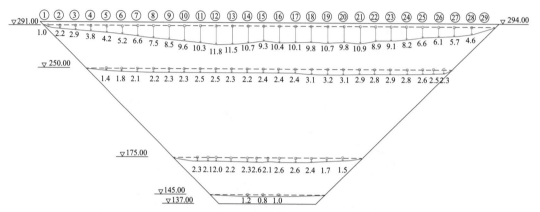

图 6-75 东江拱坝坝体垂直位移最大年变幅空间分布图（单位：mm）

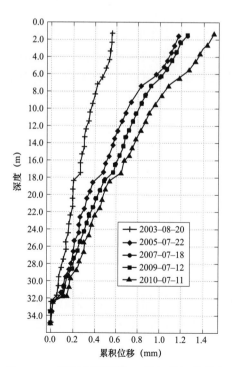

图 6-76 某拱坝拱冠梁 12 号坝段坝基垂直位移沿深度分布图

2）同一坝段沿竖直方向，坝体上部垂直位移较大，坝体下部垂直位移较小。拱坝坝体最大垂直位移及最大年变幅一般出现在拱冠坝顶，但坝高 200m 以上的特高拱坝则一般发生在拱冠梁上游面 1/2 坝高附近。以小湾拱坝为例，水库蓄水 5 年来，坝体垂直位移最大年变幅为 14.4mm，位于拱冠 16 号坝段 1100m 高程（坝顶高程 1245m）。

3）坝基沿深度方向，表面垂直位移较大，深部垂直位移较小。图 6-76 为某拱坝拱冠梁 12 号坝段坝基垂直位移沿深度分布图。由图可见，坝基表面岩体变形最大，孔口最大累计位移为 1.52mm，随着深度增加，岩体变形越来越小，河床坝段基岩变形发生在 0～32m 深度范围内。

3. 横缝变形

拱坝建设中，为了减小沿坝轴线向的温度应力，适应地基的不均匀变形，配合施工的浇筑能力，必须要设置若干垂直于坝轴线的横缝，待坝体混凝土冷却到年平均气温左右、混凝土充分收缩后，再用水泥浆封填，以保证坝的整体性，灌

浆浆液结石达到预期强度后，坝体才能蓄水。横缝一般有三种布置形式：

1）径向缝，即在任何高程均为径向，该缝面为一扭曲面。例如龙羊峡、白山、泉水、石门等拱坝的横缝。

2）铅直面与扭曲面相结合，即缝面在一定高度范围为铅直面，而在另一高度范围内为扭曲面，两者连为一条横缝。如窄巷口、流溪河等拱坝的横缝。

3）以某一高程拱圈的径向横缝为准，其他各高程横缝与之一致的铅直缝面。如古城、大水峪等拱坝的横缝。

一般而言，径向或接近径向的横缝，拱坝受力条件较好，采用较多。

横缝有开合和错动位移，对于拱坝，横缝间隙的存在削弱了拱坝结构的整体性，一方面增大了梁荷载，另一方面改变了结构体型，使坝体处在一个相对不良的变形和应力状态，加速坝体老化和损坏，因而运行期拱坝需要关注坝体横缝的开合度变化，以判断横缝灌浆效果以及是否发生开裂。

（1）实测数据统计。表 6-23 统计了国内 11 座混凝土拱坝横缝灌浆后最大开度及其最大年变幅，表中监测数据均由坝体埋入式测缝计测得。由表可见：

1）锦屏一级、溪洛渡、二滩、构皮滩、东江、重庆江口、洞坪、蔺河口、铜头等 9 座拱坝横缝灌浆后最大开度基本或全部在 5mm 以内，藤子沟和华光潭一级拱坝分别有 11.1% 和 30.0% 的测点横缝最大开度大于 5mm，最大值分别为 9.71mm 和 10.53mm，但开度总体上仍在 5mm 以内。

表 6-23　　　　国内 11 座混凝土拱坝横缝灌浆后最大开度及其最大年变幅统计表

序号	坝名	坝型	最大坝高（m）	横缝测缝计数量[①]	横缝最大开度（mm）	横缝最大年变幅（mm）
1	锦屏一级	双曲拱坝	305.00	412	-0.33～8.60 绝大部分在 3mm 以内	基本在 0.5mm 以内，有 7 支大于 1.0mm
2	溪洛渡	双曲拱坝	285.50	649	-0.14～5.84 绝大部分在 3mm 以内	/[②]
3	二滩	双曲拱坝	240.00	89	0.01～4.41	0.02～0.97mm，平均为 0.27mm，有 6 支大于 0.5mm
4	构皮滩	双曲拱坝	230.50	362	-0.20～4.00	均在 0.5mm 以内
5	东江	双曲拱坝	157.00	15	0.91～5.31	/
6	重庆江口	双曲拱坝	140.00	69	0.13～5.33	基本在 0.5mm 以内
7	洞坪	双曲拱坝	135.00	22	0.83～3.52	0.03～0.39mm，平均为 0.12mm
8	藤子沟	双曲拱坝	124.00	36	0.03～9.71 4 支超过 5mm/36 支	/
9	华光潭一级	双曲拱坝	103.85	19	1.08～10.53 6 支超过 5mm/19 支	0.11～1.04mm，平均 0.44mm，有 6 支大于 0.5mm
10	蔺河口	碾压混凝土双曲拱坝	96.50	8	-0.30～6.50 1 支超过 5mm/8 支	0.20～1.50mm，有 3 支大于 0.5mm
11	铜头	双曲拱坝	75.00	7	1.2～3.5 左右	均在 0.3mm 以内

① 表中横缝测缝计数量为正常运行仪器数量；

② 查阅资料有限，部分未收集到的资料以 "/" 表示。

2）拱坝横缝灌浆后，横缝开合度变幅主要由灌浆质量的好坏决定。由表可见，除锦屏一级有 7 支（占总数 1.7%）测缝计最大年变幅超过 1mm，以及华光潭一级和蔺河口拱坝分别有 1 支测缝计最大年变幅超过 1mm（分别达到 1.04mm 和 1.50mm）外，各工程横缝灌浆后的最大年变幅基本都在 0.5mm 以内。锦屏一级 10～13 号坝段高程 1585～1621m 横缝在灌浆后开度变化大于 1mm（7 支，约占总数的 1.7%），其明显张开时间与上部相邻灌区压水、灌浆时间基本吻合，表明这些部位横缝灌浆后重新张开与上部灌浆有关。

（2）时间过程规律。

1）横缝灌浆前，横缝缝宽主要有以下 3 个变化过程，具体可参见图 6-77。

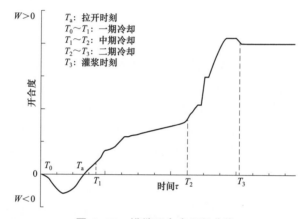

图 6-77　横缝开合度历程曲线

a. 浇筑开始前缝宽初始值为零，混凝土浇筑后，由于坝体混凝土不断升温，混凝土呈现膨胀的趋势，拱轴线方向的膨胀效应使得各坝段间在横缝位置产生预压应力，这时缝面是闭合的。

b. 横缝开度在冷却通水时有一个明显的增大过程，这是由于通水时混凝土因温度迅速下降而表现为收缩的趋势。这一过程中，温降对横缝缝宽的影响分为两部分：第一部分是抵消早期升温及蓄水过程中在横缝位置产生的预压应力；第二部分是预压应力被完全抵消后，缝面拉应力超过横缝黏结强度，横缝逐渐张开，灌浆前横缝开度大小与温度降幅大小直接相关。

c. 混凝土通水冷却后至接缝灌浆前，横缝开度主要受混凝土温度变化影响，低温季节横缝开度增大，高温季节横缝开度减小。高拱坝一般要提前蓄水发电，因而蓄水后拱坝上部混凝土的浇筑和灌浆还在进行，横缝受库水压力作用，缝面将受压挤紧，缝宽减小，这种情况对灌浆不利。

2）在封拱灌浆期间，横缝的开度会有所增加，随着灌浆结束，开度又有所减小。横缝灌浆后，若灌浆密实，缝宽则基本保持稳定，受库水位和温度影响不明显。

图 6-78 为洞坪拱坝河床中央 8 号和 9 号坝段间横缝 440m 高程上游侧测缝计缝宽与温度过程线。由图可见：大坝封拱灌浆前，横缝两侧的坝体混凝土凝结硬化而产生了收缩变形，横缝存在一定张开度。2005 年 4 月灌浆时横缝开度多数在 2mm 左右，具有良好的

可灌性。灌浆过程中，缝宽略有增大。灌浆后缝宽保持稳定，开合度基本不受库水位和温度的影响，表明横缝灌浆效果较好。

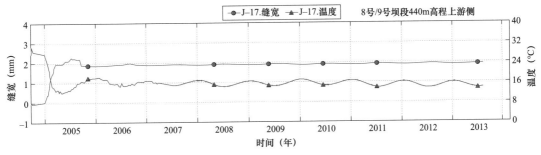

图 6-78 洞坪拱坝横缝测缝计典型测点缝宽与温度测值过程线

4. 拱坝谷幅变形

在拱坝工程建成前后，河谷的宽度通常会发生一定的变化，可在两岸坝肩设置垂直河流方向的成对测线，测定两岸岩体相对于河床方向的"张开"和"靠拢"变形，以了解各种外力对两岸坝肩岩体综合作用后的变化规律。谷幅变形符号规定伸长为"＋"，缩短为"－"。

（1）实测数据统计。谷幅测值在拱坝坝肩边坡开挖、坝体浇筑以及蓄水期均有明显变化，蓄水结束后逐渐趋于稳定，因此本节只对以蓄水日（或之前）为基准的拱坝工程谷幅测值进行统计，以了解蓄水前后谷幅的完整变化规律。表 6-24 统计了溪洛渡、二滩等 5座拱坝蓄水以来谷幅变形的最大累积变化量。

表 6-24 国内 5 座拱坝工程坝区谷幅变形最大累积变化量统计表

坝名	坝高（m）	最大累积变化量（mm）	变化类型
溪洛渡	285.50	−30.2～−47.4	上下游侧谷幅均缩短
二滩	240.00	−33.4	上游侧谷幅缩短
李家峡	155.00	−22.5～−39.8	上下游侧谷幅均缩短
藤子沟	124.00	−14.4～−46.1	上下游侧谷幅均缩短
蔺河口	96.50	−5.5～−19.8	上下游侧谷幅均缩短

由表可见：

1）溪洛渡拱坝共布置 7 条谷幅测线，坝前 4 条，坝后 3 条。上下游的谷幅均表现为缩短，蓄水期间谷幅收缩量为 30.2～47.4mm，上下游谷幅收缩量值基本相当，高高程谷幅测线收缩量大于低高程谷幅测线。

2）二滩拱坝共布置 6 条谷幅测线，谷幅监测成果反映，坝前测线 C9～C10 逐渐缩短，截至 2014 年 8 月，C9～C10 谷幅长度缩短达 33.4mm，且未见收敛趋势；坝后 5 条测线谷幅长度变化平稳。

3）李家峡拱坝共布置 5 条谷幅测线，均位于坝后，蓄水之后各条谷幅均缩短，最大收缩量为 22.5～39.8mm。

4）藤子沟拱坝在上下游侧各布置一条谷幅测线，蓄水以来，实测谷幅弦长最大收缩量为 14.4～46.1mm。

5）蔺河口拱坝上下游侧共布置 5 条谷幅测线，蓄水之后各条谷幅均缩短，最大收缩量为 5.5～19.8mm。

（2）时间过程规律。

1）拱坝坝肩边坡开挖、坝体浇筑阶段，谷幅变形主要受基岩开挖后的卸荷扰动影响，两岸山坡向河床方向变形，导致谷幅长度趋向缩小，边坡开挖结束后，谷幅缩小趋势逐渐趋于平稳。

锦屏一级水电站在左、右两岸利用观测平洞布置了 10 条谷幅观测测线，截至 2013 年 4 月 11 日，谷幅跨河段累计变形测值为 −21.54～−90.92mm，均表现为缩短。谷幅变形与左岸边坡开挖、大坝及垫座浇筑进程关系曲线如图 6−79～图 6−81 所示。

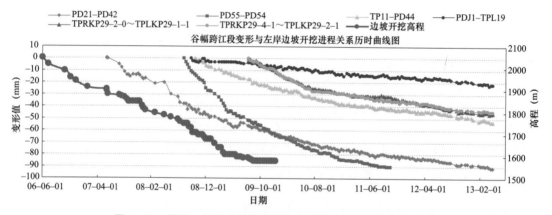

图 6−79　锦屏一级拱坝谷幅变形与左岸边坡开挖进程关系曲线

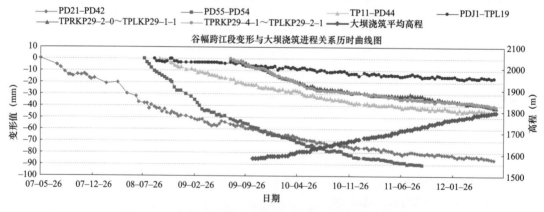

图 6−80　锦屏一级拱坝谷幅变形与大坝浇筑进程关系曲线

由图可见：

谷幅变形与大坝及垫座混凝土浇筑相关性不大，与左岸边坡开挖有一定相关性，在开挖施工期间位移速率较大，开挖结束后位移速率有所减缓。边坡开挖结束后近三年时间内谷幅位移尚未收敛，表明谷幅位移除了受边坡施工影响外，还受自身地形、地质条件影响。

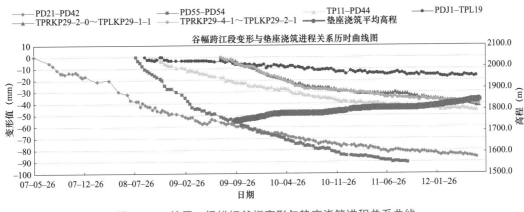

图 6-81　锦屏一级拱坝谷幅变形与垫座浇筑进程关系曲线

2）蓄水期，谷幅通常呈现明显的缩短趋势，我们认为库水位对谷幅影响具体表现为：

a. 蓄水抬高了两岸地下水位，在一定程度上可能使得原本稳定的岩体由于渗透压力增大和摩擦系数、抗剪参数等的降低而产生下滑变形，并在自重应力等作用的综合影响下，导致谷幅缩小。

b. 库水位升高使库盆下沉增大，导致谷幅缩小。

c. 水压和温度荷载作用下，拱端推力使谷幅发生变化，但与前三项相比，水压和温度对谷幅影响较小（具体分析参见溪洛渡工程的谷幅变形规律）。

3）蓄水结束后，边坡开挖卸荷、岩体蠕变、两岸渗流场以及库盆下沉逐渐趋稳，因此谷幅变形基本稳定，这一阶段谷幅主要受库水位和气温影响。库水位对拱坝下游侧拱推力影响区域内谷幅有较明显的影响，表现为"水位升高，谷幅伸长；水位降低，谷幅缩短"。温度对谷幅的影响通常不同工程规律有所不同，主要与谷幅测线离大坝位置、岩体内部温度滞后气温时间有关。

二滩拱坝在下游侧布置了 AN1～AN2、AN3～AN4 两条谷幅测线，布置情况如图 6-82 所示，2000 年以来谷幅测值过程线如图 6-83 所示。由图可见：AN1～AN2、AN3～AN4 谷幅变化与库水位具有较好的相关性，尤以高程相对较高的 AN1～AN2 测线更为显著，具体表现为库水位升高，谷幅伸长，库水位降低，谷幅缩短，长度在 -2.6～3.6mm 变化。

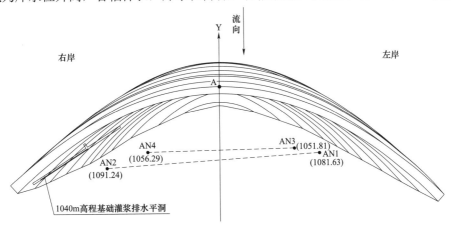

图 6-82　二滩拱坝下游侧谷幅测线布置示意图

325

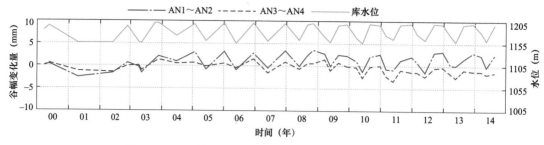

图6-83 二滩拱坝下游侧谷幅变形与库水位相关性过程线

（3）空间分布规律。

1）高高程部位谷幅测线量值及变幅要大于低高程部位（可见图6-84 二滩拱坝下游侧谷幅变形分布规律）。

2）谷幅变化主要受两岸岩体表面变形影响，岩体深层部位基本稳定。

（4）典型实例。

1）溪洛渡拱坝谷幅变形分析。溪洛渡拱坝在大坝前后布置了7条谷幅测线，坝前布置 4 条（VDL01-VDR01～VDL04-VDR04），坝后 3 条（VDL05-VDR05～VDL07-VDR07），具体布置情况如图6-84 所示。溪洛渡拱坝上游水位过程线如图6-85 所示，蓄水以来上下游侧谷幅变形过程线如图6-86 和图6-87 所示。

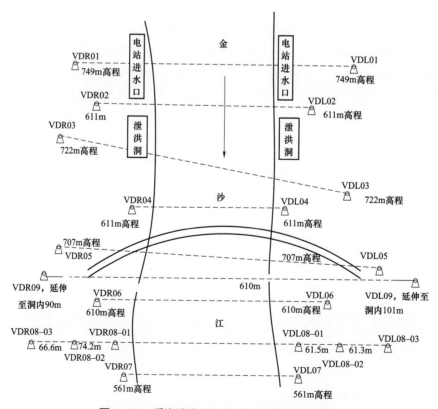

图6-84 溪洛渡拱坝坝区谷幅变形监测布置图

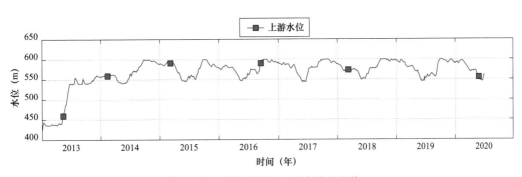

图6-85 溪洛渡拱坝上游水位过程线

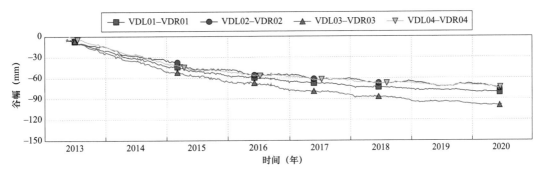

图6-86 溪洛渡拱坝上游侧谷幅变形过程线

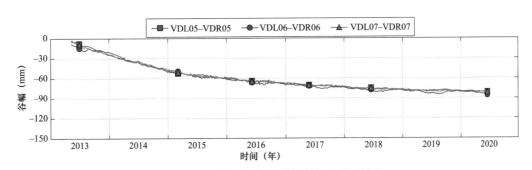

图6-87 溪洛渡拱坝下游侧谷幅变形过程线

由图可见：拱坝上下游侧的谷幅长度均表现为缩短，上游侧谷幅长度累计缩短36.69～51.31mm，下游侧谷幅长度累计缩短50.00mm左右。拱坝上、下游侧谷幅收缩量值基本相当。

通过计算谷幅测点的变化速率，比较不同高程谷幅的变化速率与水位关系，成果见表6-25，VDL05-VDR05测线变形速率与水位关系过程线如图6-88所示。由图表可见：蓄水各阶段谷幅变形速率基本一致，变化速率不因水位回落而减缓（2014年10月～2015年2月上游水位降低，谷幅仍表现为趋势性缩短），上下游侧谷幅测线变化速率与水位无明显对应关系。

表 6 – 25 溪洛渡拱坝谷幅变化速率统计表

测线编号	蓄水各阶段变化速率（mm/d）					蓄水后变化速率（mm/d）
	库水位 440～540m	库水位 540～560m	库水位 560～580m	库水位 580～600m	库水位 587～600m	
	历时（年-月） 13-5～13-6	历时（年-月） 13-6～13-12	历时（年-月） 13-12～14-8	历时（年-月） 14-8～14-10	历时（年-月） 14-10～15-2	
VDL01 – VDR01	– 0.05	– 0.08	– 0.06	0.00	– 0.07	– 0.06
VDL02 – VDR02	0.00	– 0.04	– 0.07	0.01	– 0.04	– 0.05
VDL03 – VDR03	– 0.05	– 0.10	– 0.07	– 0.03	– 0.08	– 0.07
VDL04 – VDR04	– 0.04	– 0.07	– 0.06	– 0.04	– 0.07	– 0.06
VDL05 – VDR05	– 0.09	– 0.09	– 0.07	– 0.02	– 0.09	– 0.08
VDL06 – VDR06	– 0.12	– 0.03	– 0.07	– 0.02	– 0.05	– 0.06
VDL07 – VDR07	– 0.08	– 0.08	– 0.08	– 0.02	– 0.06	– 0.07

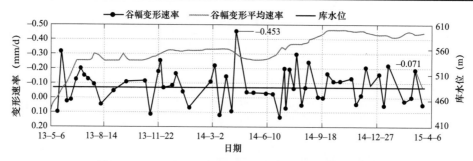

图 6 – 88 VDL05 – VDR05 谷幅变化速率与水位关系图

2）李家峡拱坝谷幅变形分析。李家峡拱坝利用左右岸变形控制网点，在坝后高边坡不同高程设置 5 条谷幅测线，以监测两岸岩体横河向变位情况，测线布置情况如图 6 – 89 所示，谷幅测值过程线如图 6 – 90 所示。由图可见：

a. 5 条谷幅测线的位移变化基本一致，自水库下闸蓄水以来，谷幅测线逐渐缩短，两岸岩体逐步朝河心方向变位。由于右岸边坡山体雄厚，地质条件较好，基本不存在边坡稳定问题，因此可以认为，各条谷幅测线测值逐渐减小，主要是由于左岸高边坡岩体的下滑变形所致。

b. 从空间分布看，谷幅测线所在的高程越高，其位移测值越大，表明上部岩体朝河心方向的变位相对较大，而下部岩体朝河心方向的变位相对要小些。

c. 1996 年底至 2002 年初的整个蓄水期，河谷的收缩变形与蓄水过程并没有呈现明显的相关性，认为蓄水后库盆水压、库区渗流场改变以及岩体蠕变是影响谷幅收缩的主要因素。

d. 温度变化也是影响谷幅位移变化的主要因素之一。从测值过程线看出，受温度周期性变化的影响，各高程部位的谷幅测值也大体呈一定的周期性变化，一般在每年夏季 7～9 月测值相对较大，谷幅伸长；而在冬季 1～2 月测值相对较小，谷幅缩短。

e. 从谷幅位移在各年度的特征值统计结果看,5 条谷幅测线实测两岸岩体朝河心方向的最大相对变位为 − 34.4mm,2002 年 12 月份发生在高程 2185m 测线 TP17～LJ03 之间;而朝两岸方向的最大相对变位为 1.9mm,1997 年 7 月发生在高程 2185m 的测线 TP16～TP06 之间。此外,各条谷幅位移测线的实测年变幅较小,一般不超过 10mm。

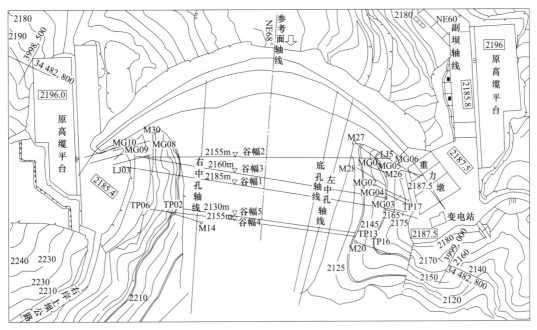

图 6-89 李家峡拱坝谷幅测线布置图(单位:m)

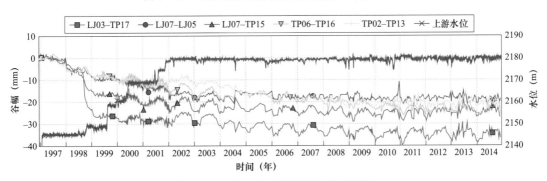

图 6-90 李家峡拱坝谷幅位移过程线

但结合李家峡坝址区特殊的地质构造缺陷,进行深入分析后发现,引起李家峡高边坡岩体朝河心方向变形的根本原因可能在于:随着库水压力作用的不断增强,坝基和高边坡岩体裂隙破碎带等缺陷部位的渗流作用也逐渐加强,可能使得原本稳定的岩体由于渗透压力增大和摩擦系数、抗剪参数等的降低而产生下滑变形,并在自重应力等作用的综合影响下,导致高边坡岩体主要产生朝河心方向的变位。

从前面分析可知,高边坡各高程部位的谷幅位移大体呈年周期性变化,即在每年夏季 7～9 月谷幅伸长(表明岩体朝岸坡方向变位)、冬季 1～2 月缩短(岩体朝河心方向变位),这正好与高边坡岩体受气温升降影响而热胀冷缩的一般规律相背。但深入分析可知,一方面是由于高边坡岩体的温度变化较气温变化有较长时间的滞后，某些深层部位甚至滞后达半年左右；另一方面则主要是由于拱坝坝体较两岸山体明显单薄，其自身受温度荷载变化的影响较大，在高温季节由于坝体热胀而对两岸岩体的拱端推力作用增强，使得坝肩附近两岸岩体朝河心方向变位减小，相应地谷幅测值增大，而在低温季节则由于拱坝坝体冷缩变形、其对两岸岩体的拱端推力作用减弱，两岸岩体朝河心方向变位增大，从而谷幅测值相应减小。

6.2.2 拱坝温度

1. 坝体温度的时间过程规律

对于坝体温度，一般情况下，正常的变化规律和变化趋势如下：

（1）浇筑初期，坝体温度受混凝土水化热影响显著。混凝土浇筑后 3～5d 受水化热影响，坝体温度迅速上升，达到 40℃左右；此后随着混凝土水化热消散，坝体温度逐渐下降。若遇低温季节或人工降温，坝体温度下降较快；若遇高温季节，坝体温度下降较慢。

图 6-91 为构皮滩拱坝 14 号坝段 485m 高程坝体中部混凝土温度过程线。由图可见：

1）坝体 485m 高程中部混凝土浇筑后约 2.5～12.4d 达到最高温度，最高温度约为 35.0℃。

2）浇筑后约 200～340d 混凝土冷却至封拱温度，约 9.3～12.6℃，区域平均温度约为 11.0℃，开始封拱。

3）封拱后，在残余水化热作用下温度有所回升，回升温度约为 5.4℃，运行期间坝体中部混凝土温度约为 16.4℃。

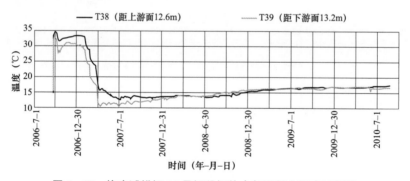

图 6-91　构皮滩拱坝 14 号坝段坝体中部混凝土温度过程线

图 6-92 为拉西瓦拱坝坝体中部温度过程线。由图可见：坝体中部混凝土经过 3～10d 的短期温升达到最大值，随后在一期冷却和二期冷却下，混凝土温度经历了两次台阶式的温降，最终趋于接缝灌浆温度 7.5～10.0℃，而后在残余水化热和其他因素作用下，温度回升约 2℃左右。

（2）坝体上游侧温度受库水温和气温影响较大，二者呈正相关：随着库水温和气温的升高，坝体上游侧温度上升；随着库水温和气温降低，坝体上游侧的温度下降。由于库水温和气温呈年周期性变化，坝体上游侧温度也呈年周期性变化，且库水温和气温对坝体温度的影响存在滞后现象，测点与坝体表面距离越大，受库水温和气温影响的滞后时间越长。

图 6-93 为二滩拱坝 1184m 高程坝体上游侧温度（J018 测缝计）与上游坝面温度（Te02 温度计）过程线。由图可见，二滩拱坝 1184m 高程坝体上游侧温度随上游坝面温度变化呈年周期性变化规律，且周期相位略滞后于上游坝面温度。

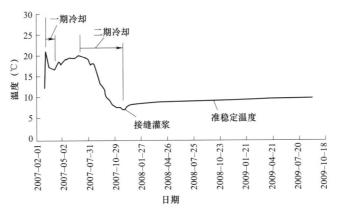

图 6-92　拉西瓦拱坝坝体中部温度过程线

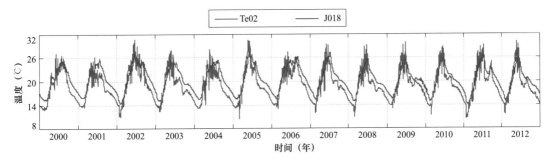

图 6-93　二滩拱坝 1184m 高程坝体上游侧温度与上游坝面温度过程线

（3）坝体下游侧温度主要受气温影响，二者呈正相关：随着气温升高，坝体下游侧温度上升；随着气温降低，坝体下游侧温度下降。坝体下游侧温度随气温波动呈年周期性变化规律，且相对于外界气温存在滞后现象。监测成果及理论分析表明，外界气温对混凝土的影响主要集中在表面 5m 范围内，大于 15m 深度的位置受外界温度影响十分微弱。图 6-94 为二滩拱坝 1154m 高程坝体下游侧温度（J093 测缝计）与下游坝面温度（Te33 温度计）过程线。由图可见，二滩拱坝 1154m 高程坝体下游侧温度随下游坝面温度变化呈年周期性变化规律，且周期相位略滞后于下游坝面温度。

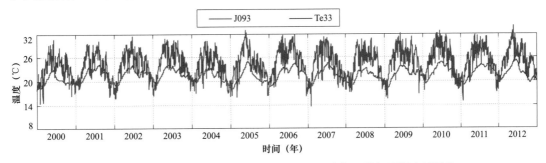

图 6-94　二滩拱坝 1154m 高程坝体下游侧温度与下游坝面温度过程线

（4）坝体靠近坝基部位的温度较为稳定，受库水温和气温影响均较小。图6-95为二滩拱坝拱冠梁靠近坝基部位坝体温度过程线，可见该部位坝体温度变化幅度较小。

（5）坝体中部温度在蓄水初期波动较大，至运行期逐渐趋于稳定。如二滩拱坝坝体温度在运行初期的年平均变幅约为±0.5℃，运行期年平均变幅则小于±0.15℃，如图6-96所示。图中Te40位于上游坝面，NS017位于同高程坝体上游侧，NS018位于同高程坝体中部，可见随着测点位置深入坝体中部，测点温度波动逐渐减小。

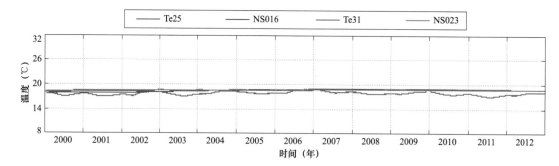

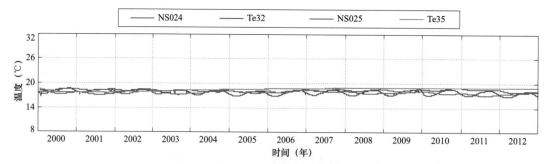

图6-95 二滩拱坝拱冠梁974m高程坝体温度过程线

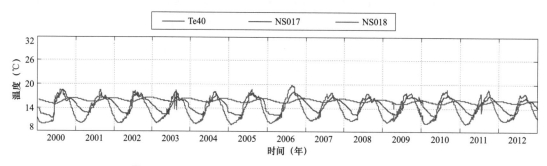

图6-96 二滩拱坝拱冠梁1123.5m高程坝体温度过程线

（6）在运行初期，坝踵部位温度受泥沙淤积地温上升的影响，存在缓慢上升的现象，并逐渐趋于稳定。图6-97是石门拱坝坝踵部位温度过程线，由图可见，坝踵温度过程线在1980年7月前后的变化情况明显不同，虽然年周期性变化规律不变，但是年变幅显著减小，平均温度也略有增加。这是由于拱坝所在的褒河流域在80年代初因强降雨大洪水频发，河流泥沙量激增，导致坝前泥沙淤积高程迅速上升，在1980年7月超过了坝踵温度测点埋设高程。

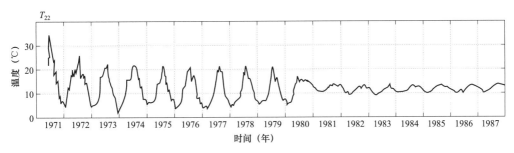

图 6-97 石门拱坝坝踵温度过程线

2. 坝体温度的空间分布规律

对于坝体温度，一般情况下正常的空间分布规律如下：

（1）坝体温度从变幅角度考察可分为两个区域：一个位于坝体上部以及靠近上、下游坝面的浅层区域，为变温区；另一个位于坝体下部的中间部位，为（相对）恒温区。图 6-98 为东江拱坝拱冠梁断面 2011 年 1 月（低温季节）和 7 月（高温季节）温度分布图。由图可见，在坝体中下部的中央部位，有一个温度较为稳定的区域，温度为 16～19℃。

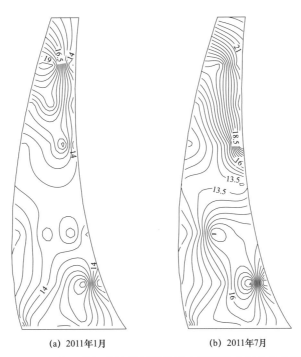

(a) 2011年1月　　　(b) 2011年7月

图 6-98 东江拱坝拱冠梁断面典型高低温季节温度分布图

（2）高温季节，坝体平均温度上部较高，中下部较低；低温季节，坝体平均温度的最大值可能出现在中下部。图 6-99 为洞坪拱坝 5 号、8 号、11 号坝段典型高低温季节温度分布图。由图可见：在高温季节，高温极值区域出现在坝体上部，低温极值区域出现在坝体下部，坝体温度总体表现出随着高程减小逐渐降低的分布形式；在低温季节，高温极值区域已经转移至坝体中低高程部位，坝体高高程部位则出现低温极值区域。

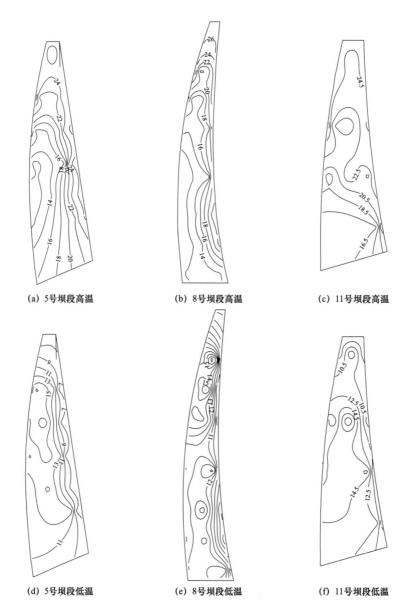

(a) 5号坝段高温   (b) 8号坝段高温   (c) 11号坝段高温

(d) 5号坝段低温   (e) 8号坝段低温   (f) 11号坝段低温

图 6-99   洞坪拱坝 5 号、8 号、11 号坝段断面典型高低温季节温度分布图

（3）当坝体内部水化热基本散发完毕后，坝体温度主要受库水温和环境气温的影响；由于库水温变化明显滞后于环境气温，且前者温度变幅也显著小于后者，从而导致坝体内部温度在沿坝体厚度方向上一般也表现出梯度分布现象，具体为：在高温季节，环境气温温升早于库水温，且前者高温极值高于后者，坝体内部温度从上游面至下游面依次升高；低温季节，环境气温温降早于库水温，且前者低温极值低于后者，但考虑到下游坝面还会受到日照辐射的影响，坝体内部温度在沿坝体厚度方向上的梯度方向可能不会与高温季节相反，但梯度量值会显著减小。

图 6-100 为二滩拱坝拱冠梁断面典型高低温季节温度分布图。由图可见：高温季节，坝体高温极值区域分布在坝体下游面附近，低温极值区域出现在坝体上游面的中下部，沿

坝体厚度方向上，温度从下游至上游逐渐减小，上下游面温差为 10～15℃；低温季节，虽然坝体高、低温极值区域的分布部位与高温季节相同，但在沿坝体厚度方向上的温度梯度已显著减小，上下游坝面温差为 7～9℃。

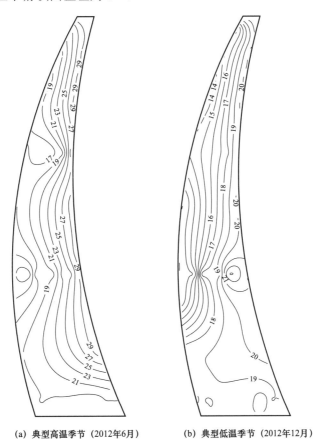

(a) 典型高温季节（2012年6月）　　　　(b) 典型低温季节（2012年12月）

图 6－100　二滩拱坝拱冠梁断面典型高低温季节温度分布图

6.2.3　拱坝应力

1. 坝体实测应力统计

统计国内典型拱坝拱向、梁向实测最大拉压应力以及上、下游面实测最大主应力分别见表 6－26 和表 6－27。

表 6－26　　　　　　　　　　　典型拱坝坝体正应力极值统计表

坝名	坝高（m）	拱向		梁向	
		拉应力（MPa）	压应力（MPa）	拉应力（MPa）	压应力（MPa）
龙首一级	80	2.60	－5.20	—	－5.35
蔺河口	96.5	1.00	－5.00	1.00	－4.50
紧水滩	102	2.84	－10.01	2.40	－9.63
华光潭一级	103.85	2.79	－5.01	—	－3.97

坝名	坝高（m）	拱向		梁向	
		拉应力（MPa）	压应力（MPa）	拉应力（MPa）	压应力（MPa）
周公宅	125.5	1.15	−4.25	1.17	−3.63
重庆江口	140	3.02	−7.06	2.62	−7.99
李家峡	155	2.68	−6.64	3.55	−12.71
东江	157	0.93	−7.83	0.82	−7.58
东风	162	0.01	−3.07	0.11	−6.79
溪洛渡	285.5	—	−5.18	—	−8.07
小湾	294.5				−6.98
锦屏一级	305				−6.52

表 6−27　　　　　　　　　　　典型拱坝坝体主应力极值统计表

坝名	坝高（m）	上游面		下游面	
		拉应力（MPa）	压应力（MPa）	拉应力（MPa）	压应力（MPa）
铜头	75	1.20	—	—	−3.87
龙首一级	80	1.94	−7.44	2.72	−9.89
蔺河口	96.5	3.00	−7.00	1.20	−5.00
华光潭一级	103.85	—	−5.70	3.27	—
李家峡	155	1.86	−7.79	1.71	—
东江	157	0.95	−3.70	0.83	−5.08
观音岩	159	0.49	−3.30	1.55	−3.35
二滩	240	1.05	−9.04	0.96	−8.39

由以上各表可见：

（1）在统计的 12 座典型拱坝中，拱向实测拉应力在 3.02MPa 以内，拱向压应力为−3.07～−10.01MPa；梁向拉应力在3.55MPa 以内，梁向压应力为−3.63～−12.71MPa。

（2）在统计的 8 座典型拱坝中，上游面拉应力在 3.00MPa 以内，上游面压应力为−3.30～−9.04MPa；下游面拉应力在3.27MPa 以内，下游面压应力为−3.35～−9.89MPa。

2. 坝体应力的时间过程规律

对于坝体应力，一般情况下正常的变化规律和变化趋势如下：

（1）坝体应力受施工季节及混凝土的入仓温度影响较大。夏季浇筑时，混凝土入仓温度较高，相应的最高温度也较高，混凝土因受到已浇筑混凝土的约束，出现了压应力；在降温过程中，往往压应力迅速下降而转变为拉应力，因此后期的压应力较小。冬季浇筑时，混凝土入仓温度较低，相应的最高温度也较低，在降温过程中，一般不会出现拉应力，后期有较多的压应力储备。

图 6−101 为乌江渡拱坝 8 号坝段 660m 高程实测应力过程线。由图可见，各测点应力与施工过程中的温度状态有密切关系：

1）$S_8−15$ 和 $S_8−16$ 分别在 7 月和 8 月埋设，混凝土入仓温度高达 29℃ 和 23℃，相应的最高温度为 42.9℃ 和 40.4℃，在降温过程中，σ_x 出现了 1.0MPa 和 0.5MPa 拉应力，后期的压应力较小。

2）S_8-17 和 S_8-18 分别在 1 月和 3 月埋设，混凝土的入仓温度只有 7℃ 和 11℃，最高温度分别为 21.3℃ 和 29℃，在降温过程中，正应力没有出现拉应力，且有较大的压应力储备。

（2）施工期间，随着大坝浇筑高度的增加，混凝土自重加大，坝体上游侧的梁向压应力逐渐增加；同时由于拱坝倒悬体型的影响，坝体有向上游倾倒的变形趋势，使得坝体下游侧的梁向压应力增大幅度小于上游侧，甚至可能出现减小的迹象。随着水库开始蓄水，坝前逐渐增大的水推力一部分由拱坝梁系承担，从而使得坝体上游侧梁向压应力逐渐减小，而下游侧的梁向压应力逐渐增加。

图 6-102 是龙首一级拱坝拱冠坝踵及坝趾实测梁向应力过程线。由图可见：

1）坝踵梁向应力从坝体混凝土浇筑后开始增大，至蓄水前，压应力达到最大值 3.8MPa，蓄水后由于梁向承担了部分水压荷载，压应力有所降低，目前压应力基本维持 1.5～2.0MPa，无明显趋势性变化。

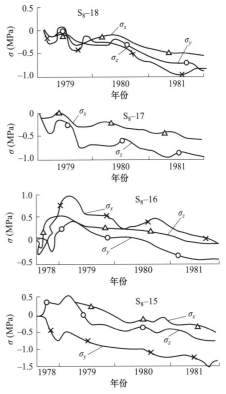

图 6-101 乌江渡拱坝 8 号坝段高程 660m 实测应力过程线

2）坝趾梁向应力总体小于坝踵，蓄水前压应力约 1MPa，蓄水后由于梁向承担部分水压荷载，压应力逐渐增大至 1.0～2.0MPa。

3）从蓄水前后梁向应力变化过程看，拱坝梁系承担了一定的水压荷载，上游面梁向压应力减小而下游面梁向压应力增大。

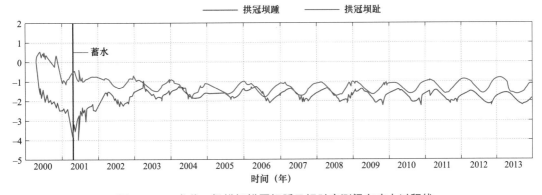

图 6-102 龙首一级拱坝拱冠坝踵及坝趾实测梁向应力过程线

（3）蓄水后，由于水压荷载部分由拱坝拱系承担，因此拱坝上下游侧拱向压应力均有所增加。图 6-103 为二滩拱坝典型高程上下游面实测拱向应力过程线。由图可见，各高程上下游面拱向压应力在蓄水后均呈增大迹象。

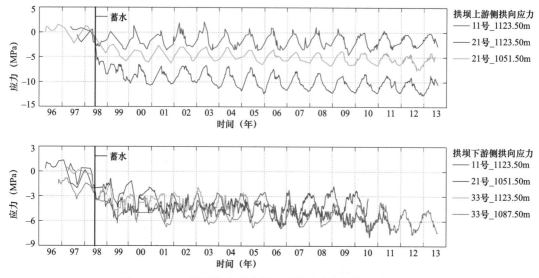

图6-103 二滩拱坝典型高程上下游面实测拱向应力过程线

（4）运行期间，温度变化对坝体应力有较大影响，具体规律如下：

1）温度荷载中平均温度T_m升高，坝体表现为整体膨胀变形，受到基础边界约束作用，整个横截面上的压应力（即梁向压应力）增大或拉应力（即梁向拉应力）减小；平均温度T_m降低，坝体表现为整体收缩变形，受到基础边界约束作用，整个横截面上的拉应力（即梁向拉应力）增大或压应力（即梁向压应力）减小。

2）温度荷载中等效温差T_d（即上下游面温差，且以下游面温度高于上游面温度为正）升高，坝体表现为向上游的弯曲变形，受到基础边界约束作用，横截面上游侧的拉应力（即梁向拉应力）减小或压应力（即梁向压应力）增大，下游侧压应力（即梁向压应力）减小或拉应力（即梁向拉应力）增大；等效温差T_d降低，坝体表现为向下游的弯曲变形，受到基础边界约束作用，横截面上游侧的压应力（即梁向压应力）减小或拉应力（即梁向拉应力）增大，下游侧拉应力（即梁向压应力）减小或压应力（即梁向拉应力）增大。

3）坝体应力变形相对于气温变化具有时滞效应，不同部位的应力滞后气温的时间不同，靠近下游面的应力滞后气温1~3个月左右，坝体内部以及靠近上游面（水面以下）的应力滞后气温约3~5个月。

3. 坝体应力的空间分布规律

拱坝坝体应力大致呈梁向和拱向分布，且坝体下部主要表现为梁向应力，坝体上部主要表现为拱向应力。因此，对于拱坝坝体应力，一般可按梁向应力和拱向应力分析正常情况下坝体的应力分布规律：

（1）梁向正应力。

1）沿高程方向的分布。

a. 空库情况下，在混凝土自重作用下，梁向正应力基本为压应力。双曲拱坝坝体上游面压应力在梁的凸点以上变化不大，从梁的凸点以下逐渐增大，坝踵处最大，呈"上小下大"分布；坝体下游面压应力在梁的凸点以上从上到下逐渐增大，从梁的凸点以下逐渐减小，坝趾处最小，甚至出现拉应力，呈"上下两端小、中间大"的分布。在温降荷载作用下，坝体产生拉应力，上、下游面拉应力呈"上小、下大"的分布。

b. 满库情况下，在坝体自重和水压力共同作用下，坝体上、下游面梁向压应力一般均表现为随着高程降低逐渐增大的分布规律，其中以坝体中下部的变化梯度最为显著。随着库水位升高，坝体上游面梁向压应力逐渐减小，部分拱坝甚至在上游面的坝踵部位出现梁向拉应力区，坝体下游面梁向压应力逐渐增大。

2013 年 5 月 4 日至 2014 年 10 月 5 日，溪洛渡拱坝上游水位从 440.87m 上升至接近正常蓄水位 600m，图 6-104 为溪洛渡拱坝初蓄期 18 号坝段梁向正应力分布图。

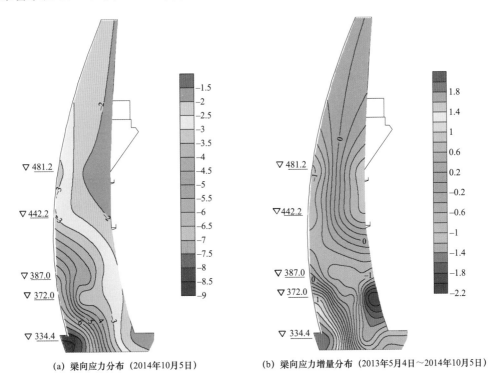

(a) 梁向应力分布（2014年10月5日）　　(b) 梁向应力增量分布（2013年5月4日～2014年10月5日）

图 6-104　溪洛渡拱坝初蓄期 18 号坝段梁向正应力分布图

由图可见：受拱坝倒悬体形的影响，拱冠梁断面上游侧梁向压应力较大，下游侧梁向压应力较小；高程越高，上游侧梁向压应力越小。蓄水后，387m 高程以下坝体上游侧梁向压应力减小，下游侧梁向压应力增加；387m 高程以上梁向压应力的变化幅度较小。

2）沿坝轴线方向的分布。

a. 空库情况下，在混凝土自重作用下，坝体上、下游面梁向应力沿着河谷中轴线呈对称分布，梁向应力基本为压应力，以拱冠周围为最大，向两侧拱端逐渐减小。在温降荷载作用下，坝体产生拉应力，由于坝体周边受到约束，上、下游面拉应力至坝体周边拉应力最大，中间区域较小的分布。

b. 满库情况下，在坝体自重和水压力作用下，坝体上游面梁向应力沿着河谷中轴线呈对称分布，在坝体大部分区域为压应力。坝体上部，梁向压应力拱冠周围为最小，向拱端逐渐增大；坝体中部，梁向压应力拱冠周围为最大，向拱端逐渐减小，但比上部大；坝体下部，梁向压应力拱冠周围最小，坝踵及附近甚至为拉应力。坝体下游面梁向应力沿着河谷中轴线呈对称分布，在 1/3～2/3 坝高范围出现较多低压应力区域，甚至是拉应力区域。2/3 坝高附近，梁向拉应力拱冠周围为最小，向拱端逐渐增大；1/3 坝高附近，梁向拉应力拱冠周围为最大，向拱端逐渐减小，直至出现压应力；坝体下部，梁向应力均为压应力，拱冠周围最大，向拱端略有减小，坝踵及附近为最大。

（2）拱向正应力。

1）沿高程方向的分布。

a. 空库情况下，在混凝土自重作用下，坝体上部拱向应力基本为拉应力，下部拱向应力为压应力。在温降荷载作用下，坝体产生拉应力，上、下游面拱向应力呈"上小、下大"分布。

b. 满库情况下，在拱冠周围的上游面，拱向应力均为压应力，从上到下，压应力逐渐增大又逐渐减小，最大压应力出现在 2/3 坝高附近；在拱端的上游面，从上到下，拱向压应力呈"上下两头小、中间大、上头有时为拉应力"的分布。

在拱冠周围的下游面，从上到下，拱向压应力呈"上下两头小、中间大、上头 1/3 坝高范围有时为拉应力"的分布。在拱端的下游面，拱向应力均为压应力，从上到下，呈"下部小、上部大、中部最大"分布。

2）沿坝轴线方向的分布。

a. 空库情况下，在混凝土自重作用下，坝体上、下游面拱向应力沿着河谷中轴线呈对称分布，对于双曲拱坝，坝体上部大部分区域处于微拉状态，拱冠周围最小，拱端为最大；坝体下部大部分区域处于受压状态，拱冠周围最小，拱端为最大。

在温降荷载作用下，坝体上、下游面拱向应力沿着河谷中轴线呈对称分布，在坝体大部分区域为拉应力。拱向拉应力拱冠周围为最大，向拱端逐渐减小。

b. 满库情况下，在水压力作用下，坝体上游面拱向应力沿着河谷中轴线呈对称分布，大部分区域为压应力。坝体上部，拱向压应力拱冠周围为最大，向拱端逐渐减小，甚至出现拉应力；坝体中部，拱向压应力拱冠周围为最大，向拱端逐渐减小；坝体下部，拱向压应力拱冠周围最大，由于拱作用减弱，拱向压应力较小。

坝体下游面拱向应力沿着河谷中轴线呈对称分布，大部分区域为压应力。拱向压应力以拱端为最大，向拱冠逐渐减小，在 1/3～2/3 坝高范围的拱冠周围常常出现拉应力。

（3）主应力。

1）上游坝面。

a. 第一（最大）主应力 σ_1 沿着河谷中轴线呈对称分布，在坝体大部分区域为压应力，拱冠周围为最大，并且向拱端逐渐减小，拉应力主要集中在上游坝面左右拱端。低水位＋温降时，最大主拉应力主要出现在坝顶上游侧拱端部位；高水位＋温降时，最大主拉应力主要出现在拱冠梁的坝踵和坝体中下部的上游侧拱端部位；高水位＋温升时，最大主拉应力主要出现在坝体中下部的上游侧拱端。

b. 第三（最小）主应力 σ_3 沿着河谷中轴线呈对称分布，基本为压应力，拱冠周围较大，并且向拱端逐渐减小；沿高程方向，最小主应力 σ_3 最大值发生在拱冠中部。

2）下游坝面。

a. 第一（最大）主应力 σ_1 沿着河谷中轴线呈对称分布，基本为压应力，拉应力极少，主要分布在拱冠周围，并且向拱端逐渐减小；沿高程呈"上部小、中部大、下部更小"分布，最大主应力 σ_1 最大发生在 2/3 坝高拱冠处。低水位＋温升时，最大主拉应力主要出现在坝体中下部下游侧拱端部位。

b. 第三（最小）主应力 σ_3 沿着河谷中轴线呈对称分布，基本上均为压应力分布，最小主应力 σ_3 沿横河向从拱冠梁向两边递增，呈"中间小、两端大"的分布；沿高程从坝顶向坝基递增，呈"上小、下大"分布；最大压应力主要集中在坝趾及附近坝面的左右拱端位置处。

6.3　土石坝实测运行性态

6.3.1　土石坝变形

1. 面板堆石坝变形

（1）坝体沉降。

1）坝体内部沉降量值统计。坝高 100m 以上的大坝坝体施工期沉降量为 163～2953mm，平均为 1096.3mm；大坝坝体总沉降量（观测 12a 以上）为 286～3663mm，平均为 1458.5mm。坝高 100m 以下的大坝坝体施工期沉降量为 264～1162mm，平均为 624.6mm。大坝坝体总沉降量（观测 15a 以上）为 389～1492mm，平均为 900.8mm。坝体内部沉降量与坝高关系如图 6-105 所示。由此可知，坝体施工期沉降量和总沉降量与坝高有密切的关系。

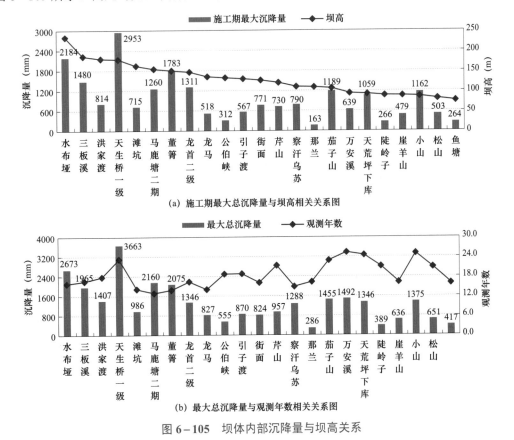

（a）施工期最大总沉降量与坝高相关关系图

（b）最大总沉降量与观测年数相关关系图

图 6-105　坝体内部沉降量与坝高关系

施工期坝体内部沉降量与总沉降量的比值为 42.8%~97.4%，其中比值大于 60% 的约占总统计大坝数量的 78%，可见坝体内部沉降主要发生在施工期；施工期沉降变形较大，而运行期沉降较小。

施工期坝体内部沉降量与坝高的比值为 0.1%~1.7%，平均为 0.7%，且大部分在 1% 以内，如图 6-106 所示。结果表明：百米级面板堆石坝施工期最大沉降量一般在坝高的 1% 以下；如超过 1%，则属偏大；超过 2%，则属过大。

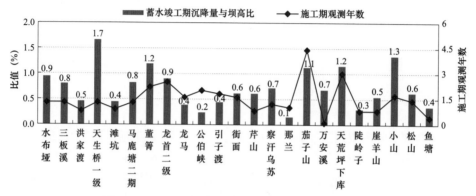

图 6-106　施工期坝体内部沉降量与坝高的比值关系

2）坝顶表面沉降量值统计。因坝体填筑到顶后修建的临时位移测点资料不全，故大多数工程采集到的运行期坝顶沉降量为坝顶永久变形观测墩测值。如图 6-107 所示，坝高 100m 以上的大坝运行期（观测 11a 以上）坝顶沉降量为 40~644mm，平均为 278.5mm；坝高 100m 以下的大坝运行期（观测 14a 以上）坝顶沉降量为 40~321mm，平均为 177.2mm。

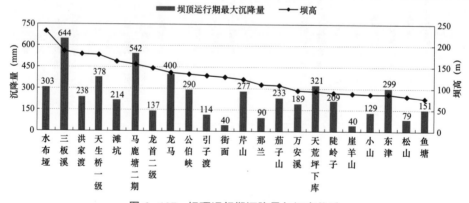

图 6-107　坝顶运行期沉降量与坝高关系

坝顶运行期沉降量与坝高的比值为 0.03%~0.35%，平均为 0.19%，大部分在 0.3% 以内，如图 6-108 所示。

3）时间分布规律。施工期坝体内部沉降主要受坝体高度、填筑料的抗压强度、碾压设备等影响。大坝坝体在填筑碾压过程中沉降最快，且坝体填筑越高、沉降量越大；沉降量随时间延长而增加，但蠕变分量一般小于填筑分量；因此，填筑高度是影响坝体沉降的首要因素，但蠕变的影响也不可忽略。典型工程（天生桥一级水电站）坝体内部沉降与坝体填筑高程、库水位相关曲线如图 6-109 所示。

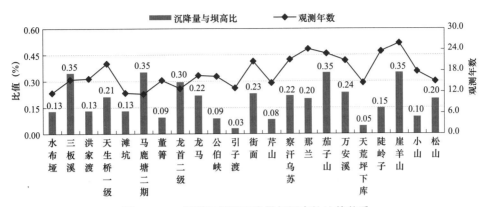

图6-108　坝顶运行期沉降量与坝高的比值关系

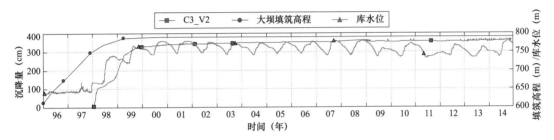

图6-109　典型工程坝体内部沉降与坝体填筑、库水位相关曲线

运行期影响坝体变形的主要因素为水压和堆石体的中后期蠕变,温度变化对堆石体的影响较小。水库蓄水后,库水位对坝体沉降有一定的影响,但水库蓄水的影响较弱。在水压和蠕变过程中,水压影响相对稳定,蠕变随时间增长而增加,但量值根据位置和水库蓄水过程不同而变化。随着运行年数的增长,沉降速率逐年减少,最终趋于稳定。典型工程坝顶永久观测墩测点沉降过程线如图6-110所示。

4）空间分布规律。坝体内部沉降分布规律大致表现为：在同一横断面,大坝最大沉降量位于1/3~2/3坝高范围内,且上游侧大于下游侧；典型工程坝体内部沉降分布如图6-111所示。

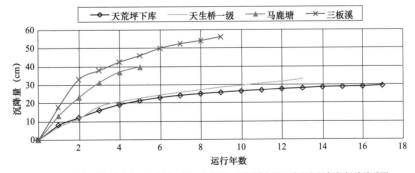

（a）天荒坪下库、天生桥一级、马鹿塘、三板溪大坝沉降量与运行年相关关系图

图6-110　典型工程坝顶表面沉降测点过程线（一）

343

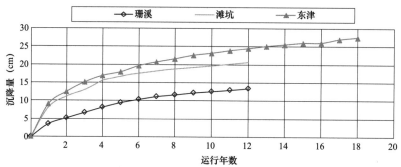

（b）珊溪、滩坑、东津大坝沉降量与运行年相关关系图

图6-110 典型工程坝顶表面沉降测点过程线（二）

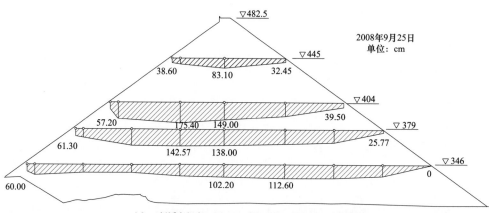

（a）三板溪主坝右0+071.80m内部沉降（以起测日为基准日）

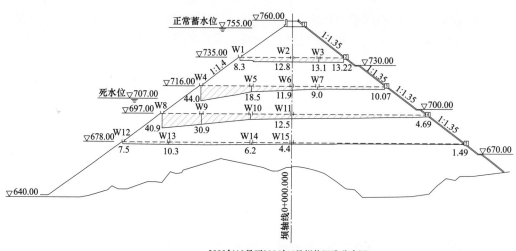

2000年10月至2006年6月坝体沉降分布图

（b）芹山大坝内部沉降（以2000年10月为基准日）

图6-111 典型工程坝体内部沉降分布

大坝表面沉降分布规律一般为：河床中部大于两岸；受两岸地形条件影响，左右岸沉降大小差异较明显。典型工程（天荒坪下库大坝）沉降分布如图6-112所示。

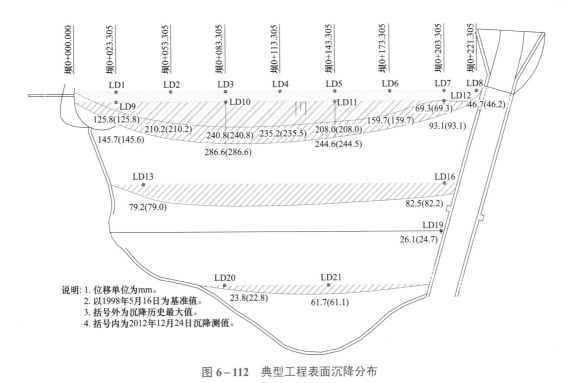

图 6–112　典型工程表面沉降分布

5）影响因素分析。堆石体沉降量主要与坝高、堆石材料、施工和地形等有关，其中坝高和堆石材料为主要影响因素。

堆石体沉降量与坝高呈正比，坝体越高，沉降变形也越大。但坝高并不是影响沉降大小的唯一因素，如：坝高 178m 的天生桥一级大坝施工期沉降量为 2953mm，明显大于坝高 179.5m 的洪家渡（沉降量 814mm）；坝高 92m 的天荒坪下库大坝施工期沉降量为 1059mm，明显大于坝高 93.8m 的万安溪（沉降量 639mm）等。因此，沉降量大小还受其他因素影响。

而面板堆石坝由面板、垫层和堆石体组成，堆石体所占的比重最大，且百米级面板堆石坝对筑坝材料要求相对较低，除硬质岩外，强、弱风化岩等不能满足混凝土骨料要求、抗压强度较低的软质岩也可做坝料，故坝体的变形与堆石体的材料特性密切相关，主要体现在岩石的抗压强度、风化程度等方面。

a. 岩石的抗压强度：岩石根据其抗压强度分为坚硬岩（抗压强度 60MPa 以上）、中硬岩（抗压强度 30～60MPa）和软岩（抗压强度 30MPa 以下）。以砂砾石、石英岩等坚硬岩为主要堆石填料的堆石坝，变形相对较小；如坝高 162m 的滩坑大坝，其坝体中部为砂砾石料，抗压强度为 110MPa，施工期最大沉降量与坝高的比值为 0.4%。以玄武岩、花岗岩、安山岩、流纹岩、凝灰岩、砂岩等中硬岩为主要堆石填料的堆石坝，变形稍大；如坝高 80.8m 的松山大坝，其堆石体岩性为安山岩和条状玄武岩，抗压强度大于 40MPa，施工期最大沉降量与坝高的比值为 0.6%。以石灰岩、板岩、泥质页岩等软质岩为主要堆石填料的堆石坝，变形较大；如坝高 150m 的董箐大坝，其堆石体岩性为砂泥岩料，部分填筑料抗压强度小于 30MPa，施工期最大沉降量与坝高的比值为 1.2%。因此，抗压强度高的坚硬岩碾压变形、变形与坝高比值较小，中硬岩稍大，软岩较大。

此外，填筑料岩性相同、抗压强度相近的大坝，其沉降量与坝高的比值也相差较大，如芹山、桐柏下库、三板溪、天荒坪下库，主堆石区筑坝材料均为凝灰岩，相应变形量与坝高的比值如图 6-113 所示。天荒坪下库坝的沉降量与坝高的比值明显大于其余 3 座坝，可见除坝高和岩石的抗压强度外，沉降变形还受其他因素影响。

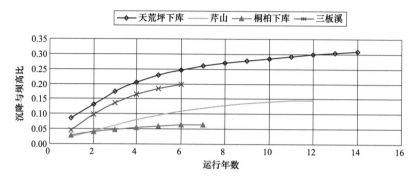

图 6-113 国内部分已建面板坝变形量与坝高比值比较

b. 岩石的风化程度：坝体填筑料的风化程度越深，其抗压强度越低、越易破碎，风化岩在自重和降雨等作用下，岩石碎块充填到下部堆石体空隙中，使堆石体积缩小。堆石体风化程度越高，堆石体体积缩小越明显，变形量越大。

另外，堆石体变形的大小与堆石填筑施工有关，主要包括填筑层铺料厚度、堆石填筑顺序、施工质量、碾压加水情况、碾压机具和遍数等。

a. 填筑层铺料厚度。大多数面板堆石坝主堆石区的铺层厚度为 60～80cm，次堆石区铺层厚度为 80～120cm，如果堆石铺层太厚，则不易碾压密实，堆石体变形就较大。如天荒坪下库大坝主堆石区铺层厚度为 80cm，次堆石区铺层厚度为 160cm，略偏大，故其变形较类似的工程大。

b. 堆石填筑顺序。主次堆石填筑一般采用全断面上升法，但实际施工时，因很多工程为抢工期，填筑不规范，导致上、下游堆石体不能均衡上升，次堆石区与主堆石区高差太大，最终导致坝体变形不均，特别是主、次堆石结合部位，对坝体填筑整体性造成一定的影响，后期变形也较大。

c. 施工质量。堆石变形大小与施工质量关系密切，若填筑过程中，出现粗细料过于集中、超层厚、对新老填筑接触带处理不到位、漏碾压等现象，则会造成堆石碾压效果不佳，进而导致变形量过大。

d. 碾压加水情况。在堆石填筑碾压过程中，适当洒水能润滑和软化堆石料，减小内摩擦角，以达到最大压实度，特别是对软岩效果较好。

e. 碾压机具和遍数。堆石区选用的碾压机具及碾压遍数合理，堆石体越易碾压密实，后期变形越小，稳定时间越短。

最后，堆石体变形与地形条件关系密切。河谷有宽河谷和窄河谷之分，其中，宽高比大于 3.1 或谷形系数大于 2.6 的河谷属于宽河谷。对于堆石坝而言，坝顶沉降量与沉降率受河谷形态影响，两岸岸坡对堆石坝体存在拱效应，而拱效应的减弱需要经历很长的时间，故拱效应的作用主要是延长沉降过程，而不会减小沉降量。

（2）坝体顺河向水平位移。在水库蓄水前，顺河向水平位移受上部填筑加载和堆石体自身蠕变特性影响，致使位于坝轴线上游侧向上游位移，位于坝轴线下游侧向下游位移。水库蓄水后，由于上游坝面受到水荷载作用并随库水位上升而逐渐增加，上游侧向上游位移得到抑制，开始走平或向下游位移。顺河向水平位移主要发生在大坝施工期和蓄水初期，之后水平位移趋势随时间的推移而减缓，最后趋于稳定。典型工程坝体内部顺河向水平位移测值过程线如图6-114所示。

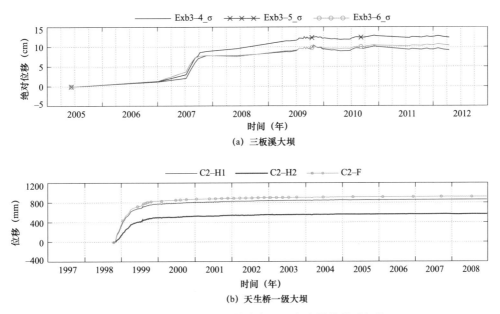

图6-114　典型工程坝体内部顺河向水平位移过程线

顺河向水平位移分布一般是河床位移大于两岸，下游区大于上游区，与大坝施工顺序、运行环境和自身结构特性等有关。三板溪大坝顺河向水平位移分布如图6-115所示。

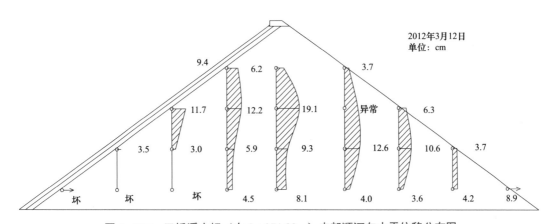

图6-115　三板溪大坝（右0+071.80m）内部顺河向水平位移分布图

（3）坝体横河向水平位移。横河向水平位移主要发生在大坝施工期和蓄水初期，由两岸向河床位移，之后水平位移趋势随时间的推移而减缓，最后趋于稳定。横河向水平位移基本以河床所在桩号为界，左右岸两侧向河床部位位移。对于较对称的河谷，左右岸具有较好的对称性；对于非对称河谷，地形坡度较陡的一侧位移较大。典型工程横向水平位移分布如图6-116所示。

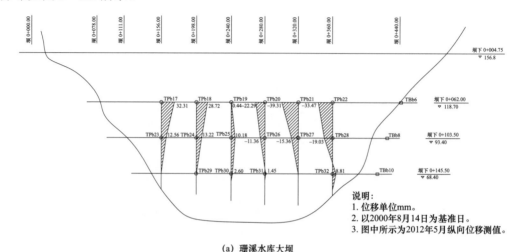

（a）珊溪水库大坝

（b）天生桥一级大坝

图6-116　典型工程大坝横河向水平位移分布图

（4）面板挠度。

1）量值统计。统计国内已投运的坝高100m以上的10座混凝土面板堆石坝的面板挠度观测方法、实测值、设计计算值、垂直压缩模量、最大沉降、面板挠度与面板斜长之比，得出：面板挠度为191～1193mm，除水布垭（1193mm）、天生桥一级（725mm）大坝外，其余均在500mm以内，且大部分大坝的挠度实测值接近或小于设计计算值；垂直压缩模量为50.9～135.2MPa，挠度与面板最大斜长之比为0.09%～0.3%。

2）影响因素。面板挠度主要与坝高（H）、沉降量、压缩模量（E_{rc}）有一定的相关性，但也受其他因素影响。

实测最大面板挠度与坝高关系图如图 6-117 所示。由图可见：面板挠度与坝高呈正比，坝高越高，面板挠度也越大。

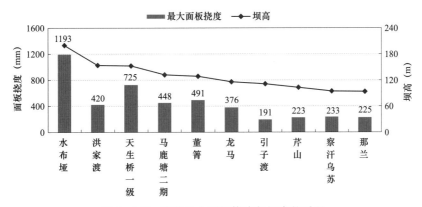

图 6-117　实测最大面板挠度与坝高关系图

实测最大面板挠度与 H^2/E_{rc} 相关图如图 6-118 所示。由图可见：面板挠度与 H^2/E_{rc} 关系较为密切，H^2/E_{rc} 较大的大坝，其面板挠度也相对较大，这与工程界常规认识一致，即面板挠度与坝高（H）的平方呈正比，与堆石的压缩模量（E_{rc}）呈反比。我们根据大坝实测值拟合的面板挠度估算公式为 $\delta = 1.43H^2/E_{rc}$，这与《混凝土面板坝工程》（蒋国澄等，湖北科学技术出版社，1997 年 12 月出版）中提到的面板挠度估算公式 $\delta = （1.1 \sim 1.6）H^2/E_{rc}$ 相符。

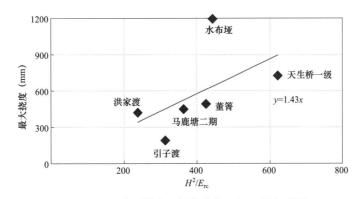

图 6-118　实测最大面板挠度与 H^2/E_{rc} 的相关图

实测最大面板挠度与最大沉降量的相关图如图 6-119 所示。由图可见：面板挠度与大坝沉降量关系密切，沉降量较大的大坝，其面板挠度也相对较大。我们根据大坝实测值拟合的面板挠度估算公式为 $\delta = 0.28S_{max}$。《混凝土面板堆石坝》（曹克明等，中国水利水电出版社，2008 年 12 月出版）中提到的最大挠度 δ 可以用坝体施工期的最大沉降 S_{max} 表示，即可采用推荐公式 $\delta = 0.25S_{max}$ 计算，两个估算公式较为接近，差值约 10%。

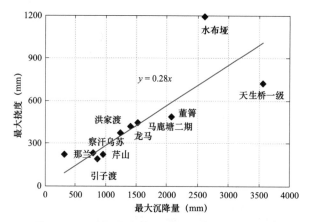

图 6-119　实测最大挠度与最大沉降量的相关图

3）变化规律及分布规律。堆石体受外部荷载和自身重量等影响，产生沉降、上下游方向和左右岸方向的变形，混凝土面板作为一个刚性体，随堆石体的变形而产生挠曲变形。面板挠度随时间变化规律表现为：施工期及水库蓄水初期坝体沉降等变形较大，面板挠度也较大，且大坝越高挠度越大；运行期大坝变形主要受库水位影响，库水位上升，作用于面板的水压增加，致使面板产生较大的向下游变形，库水位下降，面板会产生一定的向上游方向的回弹变形，位于面板高高程处的测点变形较明显，呈现一定的波动性。运行期挠度变化量较施工期及水库蓄水初期要小。如贵州某大坝面板挠度采用电平器观测，典型测点过程线如图 6-120 所示，由图可见，变形主要发生在 1998 年汛期和 1999 年汛期蓄水过程。

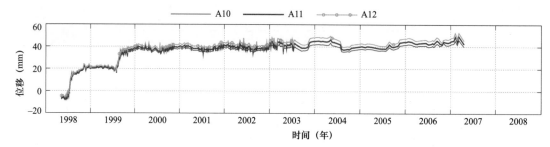

图 6-120　贵州某大坝面板挠度典型测点过程线

面板挠度空间分布规律表现为：在河床中间部位的挠曲变形相对较大，两岸相对较小，其分布曲线一般呈抛物线形或马鞍形，这与面板施工分期、预留沉降时间等有关。一般混凝土面板堆石坝受水压力的作用向下游位移，位移最大值一般出现在坝高的 2/3 附近，但面板最大挠度出现的部位并不固定，面板中部或顶部都有可能，位于顶部的一般与大坝运行期的堆石体蠕变较大有关。

如浙江某大坝，面板挠曲变形利用埋设在面板下垫层料内的水平垂直位移计或面板上的表面位移测点测值，用矢量迭加法估算。大坝面板分两期浇筑，面板挠度分布如图 6-121 所示。由图可见：面板挠度受坝体填筑体变形影响，在运行初期增量较大，之后逐年递减，面板最大挠度发生在 1/3 坝高处。

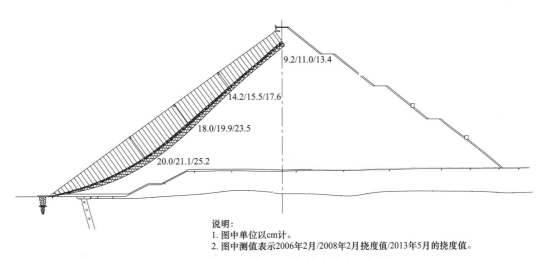

说明：
1. 图中单位以cm计。
2. 图中测值表示2006年2月/2008年2月挠度值/2013年5月的挠度值。

图6-121　浙江某大坝面板挠度分布示意图

面板挠度分布呈抛物线形，下部（一期面板）变形较大，上部（二期面板）较小，变形总体较为协调。

贵州某大坝面板挠度分布如图6-122所示。由图可见，面板挠度分布曲线呈马鞍形，在面板 4/7 坝高处（近二期的中部）向下游存在极大值和 5/6（近三期中部）坝高处存在向上游极大值。在三期面板中部往上游位移较大，这与大坝中部总体变形模量较低有关。但由于上游面在水压作用下向下游位移，两者的综合作用，致使在水下部分（一期、二期面板）向下游位移，向下游最大值出现在坝高的 4/7，较接近一般坝高的 2/3 处，符合混凝土面板堆石坝面板位移的分布规律。在水下部分面板通常一期、二期面板变幅均不大，各条曲线较为接近，三期面板测点变幅较大，呈较分散状况，并有向上游变化的趋势。

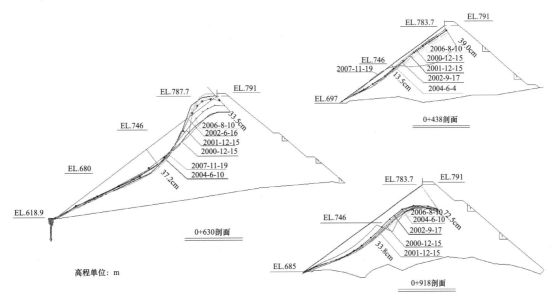

图6-122　贵州某工程典型面板挠度分布曲线

（5）面板垂直缝和周边缝变形。

1）面板垂直缝开度及变化分布规律。统计国内 22 座面板堆石坝垂直缝最大开度、最大沉降/坝高比关系如图 6－123 所示。由图可见：面板垂直缝最大开度在 2（芹山大坝）至 38.3mm（洪家渡大坝）之间。面板垂直缝开度大多在 20mm 以内，仅水布垭（29.4mm）、洪家渡（38.3mm）、天生桥一级（43.15mm）3 座高面板堆石坝垂直缝开度超过了 20mm。面板垂直缝位移取决于堆石体向河谷中央变形时坝体与面板之间的摩擦力，因此坝越高、河谷越窄、岸坡越陡、最大沉降/坝高比越大，面板垂直缝变形就越大。

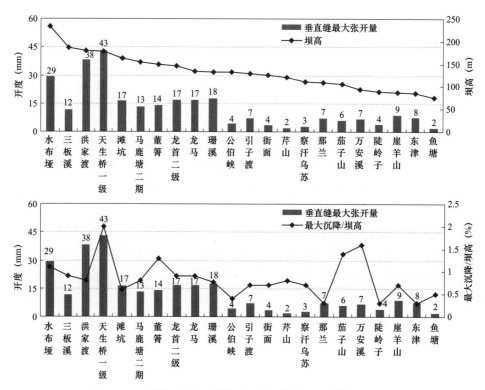

图 6－123　国内部分面板堆石坝垂直缝最大开度情况对比图

垂直缝开度大小与气温和水位有一定的相关性，温度升高缝宽减小，温度降低缝宽增大；面板受水压及两岸堆石体向河床位移影响，一般中部垂直缝闭合，两岸张开，水位越高靠近两岸的张性缝缝宽越大，靠近河床的张性缝缝宽略有减小。其分布规律为靠近两岸张性缝开度较大，靠近河床的张性缝开度较小。回归分析成果表明：温度位移分量普遍大于水压位移分量。

2）面板周边缝位移及变化分布规律。趾板固定在基岩上，面板则跟随堆石发生位移，因此面板接缝中的薄弱环节是周边缝，周边缝存在三向变形，即面板平面方向的张开变位、垂直面板平面的法向变位（沉降）、平行周边缝的剪切变位，面板周边缝变形大小也是衡量面板堆石坝运行性态的重要指标，它的大小关系到判断面板堆石坝防渗止水效果。

统计国内 23 座面板堆石坝周边缝位移（沉降、剪切、开合）极值情况，周边缝最大位移量（最大沉降、最大剪切、最大开度）与坝高、沉降量与坝高比关系如图 6-124～图 6-126 所示。由图可见：

a. 面板周边缝最大沉降在 3.43mm（龙马大坝）至 76.07mm（公伯峡大坝）之间，有 17 座周边缝最大沉降量在 50mm 以内，占总量的 77%；仅三板溪（50.2mm）、滩坑（55mm）、马鹿塘二期（67.4mm）、公伯峡（76.07mm）、小山（55.6mm）等 5 座大坝面板周边缝最大沉降量超过了 50mm。

b. 运行经验和试验证明，接缝过大的剪切位移是引起铜止水片破裂的主要原因，应引起重视。面板周边缝最大剪切量在 4.1mm（茄子山大坝）至 58.6mm（三板溪大坝）之间，有 18 座周边缝最大剪切量在 30mm 以内，占总量的 83%；仅三板溪（58.6mm）、洪家渡（36.8mm）、马鹿塘二期（42.88mm）、引子渡（35.6mm）、小山（36.4mm）等 5 座大坝面板周边缝最大剪切量超过了 30mm。

c. 面板周边缝最大张开量在 3.7mm（东津大坝）至 71.8mm（三板溪大坝）之间，有 20 座周边缝最大张开量在 40mm 以内，仅三板溪（71.8mm）、公伯峡（54.57mm）、小山（55mm）等 3 座大坝面板周边缝最大张开量超过了 40mm。

就同一工程而言，三种变位中大多数以沉降值最大。

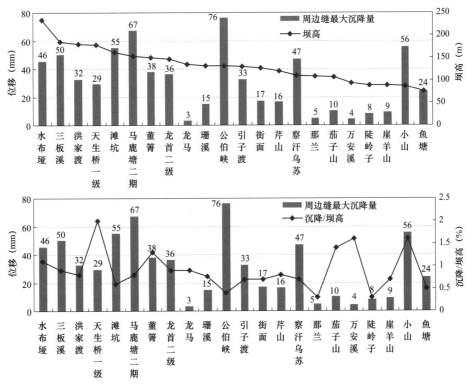

图 6-124 国内部分面板堆石坝周边缝最大沉降情况对比图

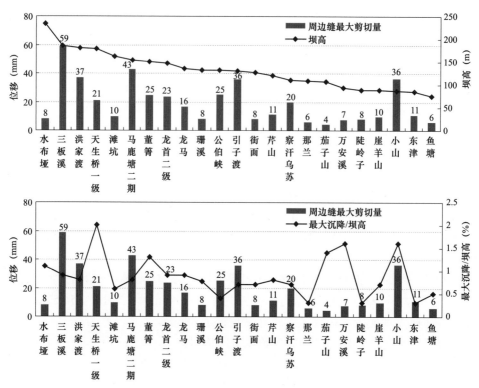

图 6-125　国内部分面板堆石坝周边缝最大剪切情况对比图

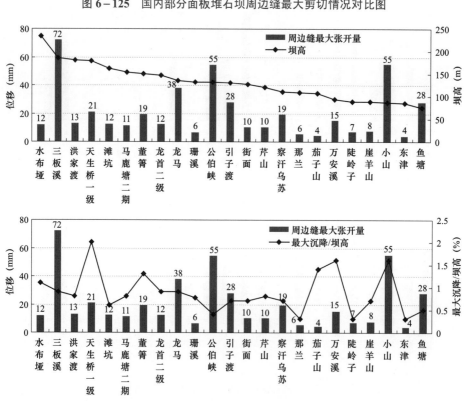

图 6-126　国内部分面板堆石坝周边缝最大开度情况对比图

周边缝变形与温度有一定的相关性，大多数与库水位相关关系不明显。周边缝变形主要发生在施工期和蓄水初期，之后坝体变形逐渐趋于稳定，周边缝位移也趋于稳定。典型工程周边缝变形过程线如图 6－127 所示。

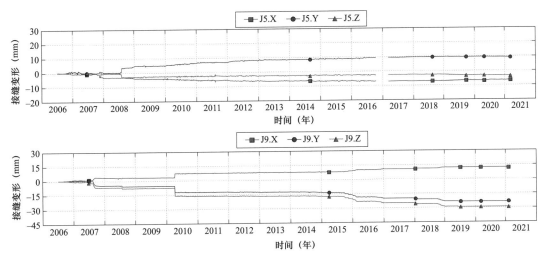

图 6－127　典型工程周边缝变形过程线（**X**、**Y**、**Z** 分别代表三向变形）

面板周边缝位移主要取决于坝体变形，一般来说坝越高、坝体变形（坝体最大沉降/坝高）越大，周边缝位移越大。

周边缝位移尤其是剪切位移也与河谷形状、岸坡坡度及其变化密切相关，一般来说，岸坡陡峻则周边缝位移较大。

（6）面板裂缝及破损变形。面板堆石坝的坝体由面板防渗，由堆石体承受上游水荷载。从面板堆石坝的结构设计特点可以看出，面板是整个大坝的关键部位，如果面板发生贯穿性裂缝，则导致大坝漏水，堆石体中的渗流将带走小颗粒，造成大的堆石颗粒出现架空，危及大坝的稳定与安全。

《混凝土面板堆石坝设计规范》（NB/T 10871—2021）规定：面板裂缝宽度大于 0.2mm 或判定为贯穿性裂缝时，应采取专门措施进行处理；严寒地区和抽水蓄能电站的混凝土面板堆石坝，面板裂缝处理标准应从严确定。

1）面板裂缝成因。根据面板产生裂缝的原因不同可将面板裂缝分为结构性裂缝和非结构性裂缝两类：

a. 结构性裂缝：面板支撑体在自重、水压力、浪压力等外荷载作用下，产生不均匀的沉降和水平位移，导致面板和垫层之间脱空，改变了面板的受力性态，面板抗压不抗拉，面板上作用荷载产生的拉应力大于混凝土的抗拉强度后便产生裂缝，如水布垭面板裂缝等。宏观而言，面板为刚性体而堆石为柔性体，堆石体的变形直接影响到面板的稳定，所以需保证面板与堆石体的变形协调。从受力角度而言，面板所承承受的水压力，是由其下部的垫层料来支撑的，而垫层料又是靠其下游堆石体来维持稳定的。由此可知，一旦垫层料、堆石料产生较大的变形，就直接影响到面板的受力状态，若变形较大，超过了面板的抗拉应力，面板就产生了结构裂缝。结构性裂缝是造成面板后期呈规律性开裂的主要原因，一旦发生此裂缝，面板将可能产生贯穿性张裂。结构性裂缝一般呈粗、长、深特性，裂缝宽度一般大于 0.2mm，多受外力影响所致，规模较大，容易导致局部渗水。如在地震水平力作用下，面板薄弱部位也可产生剪切破坏；混凝土保护层太薄、钢筋直径过粗等原因，也可导致面板混凝土产生结构性裂缝。

b. 非结构性裂缝：主要是面板在非外力作用下产生的裂缝，面板非结构性裂缝的成因主要分为面板混凝土施工不当产生的裂缝、因面板混凝土材料化学反应造成的裂缝、因面板混凝土干缩和温度应力产生的裂缝。其中面板混凝土干缩和温度应力造成的裂缝是面板裂缝最普遍的现象。据统计，施工期出现的面板裂缝均属于非结构性裂缝，应重视施工期产生面板裂缝的控制措施。干缩裂缝和温度裂缝一般为表面裂缝，若裂缝宽度较大时，也可能形成贯穿性裂缝。干缩裂缝一般细、短和浅，一般初期裂缝宽度小于 0.2mm，不影响面板结构安全，热胀冷缩将会导致面板裂缝的进一步发展。

干缩裂缝：在混凝土在硬化过程中，表面水分蒸发速度快于内部，造成混凝土表面发生干缩变形，而在表面产生收缩应力，当应力过大时面板就产生裂缝。

温度裂缝：由于面板厚度小、结构暴露面积大，因此对环境温度变化敏感。混凝土面板受温度影响发生变形，外界和内部各种约束将限制其变形，超过混凝土的抗裂强度时就会产生裂缝，此种裂缝的直接影响因素是温差值大小和约束条件，约束条件随具体工程的不同而异，一般的影响温差包括混凝土水化热导致的内外温差、昼夜温差和季节性温差。

除上述因素外，也有一些近代碾压堆石面板坝因一些特殊情况引起不均匀沉降而导致面板混凝土断裂和大量渗漏。如尼日利亚的谢罗罗坝，坝高 125m，由于岩面起伏差大，面板与高 2.0～6.5m 的趾墙连接，因不均匀沉降而致面板断裂，缝宽从几毫米到几厘米，可以伸入手指，渗漏量达 1800L/s，处理后减少到 100L/s。泰国高兰坝，坝高 113m，由于地形关系，靠近右岸有一山梁将堆石体明显分为两段，使跨过山梁的面板发生 14 条大裂缝，最大宽度 7mm，渗水量为 50L/s，处理后减为 1L/s。中国的小干沟、西北口等也都发生过一些偶然因素引起的较大且密集的裂缝，其分布极不规则，与上述一般分布规律完全不同。

2）面板裂缝特点。从已建成的面板堆石坝裂缝统计情况来看，面板裂缝大多呈水平状。如 1981 年建成的马肯托士坝，其面板裂缝如图 6-128 所示。这些裂缝均在浇筑后的几星期内产生，都属于温降和干缩形成的收缩裂缝。裂缝都是水平的，呈间隔分布，其间距一般为 5～10m，一般通过整块面板，缝宽一般小于 0.1mm，很少超过 0.2mm，但这些细小裂缝多会在蓄水前自行闭合与钙化，较大裂缝采用橡胶基化合溶液涂刷处理，处理后对面板的抗渗性能影响较小。

我国的第一座面板堆石坝，西北口大坝面板裂缝大部分发生在面板浇筑后但还没有蓄水的第一年冬天，面板厚度主要为贯通裂缝。裂缝方向基本是水平的，横通整个板块；大于 0.2mm 的裂缝多为贯穿裂缝。根据计算分析，西北口堆石坝面板的裂缝主要是由于温度应力和干缩应力引起。西北口堆石坝面板裂缝如图 6-129 所示。

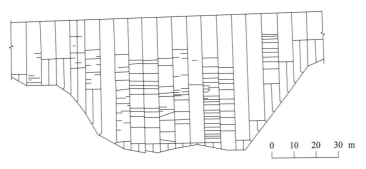

图 6-128 马肯托士坝面板裂缝分布图

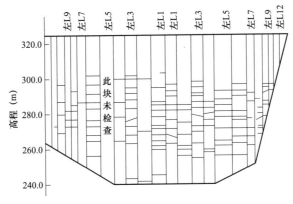

图 6-129 西北口堆石坝面板的裂缝分布图

另外，少数面板裂缝为斜缝。在岸坡较陡、水深较大时，容易出现平行岸坡方向的裂缝，如下比尔 1 号坝，靠近岸壁的堆石增厚较快，水压力较大，造成了密集的挠度等值线，其面板在水压力作用下的弯曲形态如图 6-130 所示，最大弯曲应力发生在等值线由密变稀处，于是出现了平行于岸坡方向的裂缝。我国的水布垭大坝右岸面板也同样出现了平行于岸坡方向的裂缝，如图 6-131 所示。这些裂缝可视为混凝土结构性裂缝。

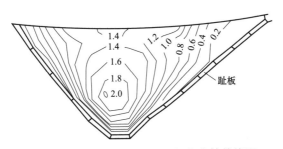

图 6-130 下比尔 1 号坝面板挠度等值线图

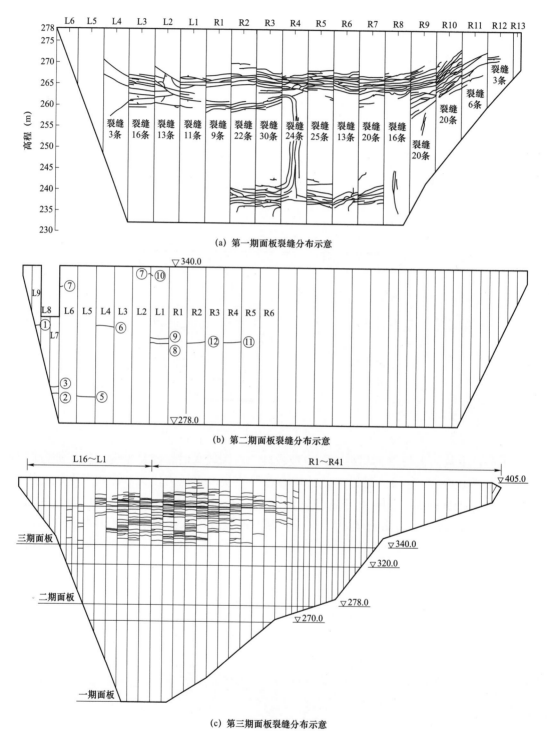

(a) 第一期面板裂缝分布示意

(b) 第二期面板裂缝分布示意

(c) 第三期面板裂缝分布示意

图 6-131　水布垭大坝面板裂缝素描图

也有个别面板裂缝呈放射状，如沟后左 10 面板结构性裂缝，如图 6-132 所示。

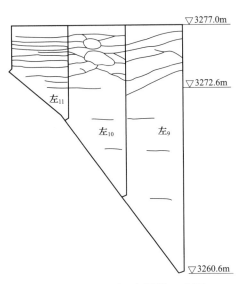

图 6－132　沟后面板裂缝示意图

而公伯峡大坝面板在水位波动区出现了裂缝，且几乎都是竖向裂缝，这在国内外都是极为罕见的，如图 6－133 所示。

3）面板接缝破损成因及特点。由国内外已建大坝实例可知，面板支撑体在自重、水压力、浪压力等外荷载作用下，产生不均匀的沉降和水平位移，可能会导致面板垂直缝挤压破损、水平施工缝挤压破损、周边缝破损，分述如下：

其一，坝体沉降会引起两侧坝体堆石向河心的变形，在面板中逐渐沿坝轴向聚积水平向应变能量，若沉降量过大，可能会导致中部面板垂直缝间的挤压破损。

如天生桥一级大坝河床部位 L3 与 L4 面板之间的垂直缝处的挤压破损：面板竖向挤压破损前，河床部位坝体沉降量约为最大坝高的 2%，是我国已建高面板坝中最大的，继而引起两侧坝体堆石向河心的变形过大，由于混凝土面板与堆石的整体刚度相差很大，两者挤压变形不相协调，结果在面板河心部位逐渐聚积水平向应变能量，挤压破损范围水平向压应变最大达 922×10^{-6}，水平向压应力大于 15MPa，最大达 20.21MPa，接近或超过 C25 混凝土的轴心抗压强度（17MPa），造成面板竖向挤压破损。

其二，蓄水期间堆石体不均匀沉降变形，使面板偏心受压，可能会导致局部压应力集中，若面板水平施工缝有缺陷，则其缝面可能出现挤压破损。

如三板溪水平施工缝的挤压破损：三板溪大坝首次蓄水水位上升过快，引起大坝变形速率过大，面板 385m 高程水平缝破损前，面板大部分区域受压，一期面板、二期面板中间压应力较大，其中水平向最大压应力为 22.8MPa（S2－13），出现在一期面板的上部，水平缝破损前（7 月 24 日）为 19.9MPa（S2－13），超过或接近混凝土的抗压强度标准值（20.1MPa）；顺坡向最大压应力为 27.5MPa（S2－15），出现在一期面板的下部，水平缝破损前（7 月 24 日）为 26.2MPa（S2－15），超过混凝土的抗压强度标准值（20.1MPa）。

其三，坝体沉降过大会导致面板与趾板变形不协调，周边缝变形偏大，从而可能导致周边缝拉裂或剪切破坏，如公伯峡大坝、马鹿塘二期大坝。

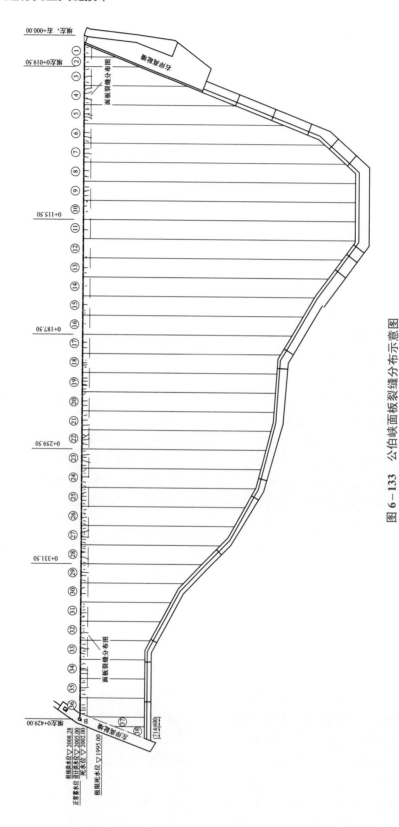

图 6-133　公伯峡面板裂缝分布示意图

公伯峡大坝位于右岸高趾墙上游、坝左 0+050.00m、1920.80m 高程的 PPdb-01 测点蓄水后渗压水头一直有增大趋势,最高渗压水位达 1926.40m(5.6m 水头)。水下检查发现右岸周边缝 3 号面板 1966.82~1967.72m 高程范围混凝土破损,并有渗漏通道。右岸周边缝变形是混凝土面板与右岸高趾墙之间的相对变形,而面板下部堆石体变形尚未趋于稳定;高趾墙刚度较大,面板刚度相对较小,在各种荷载作用下,两者受力、变形不均匀;周边缝与高趾墙连接部位局部地形条件复杂,坡度较陡,以上因素导致周边缝变形普遍较大,张开量、沉降量大多超过设计标准(该坝周边缝开合度、沉降设计值分别为 20mm、40mm)。周边缝过大的变形量导致了周边缝产生破损。

2. 心墙堆石坝变形

统计心墙堆石坝沉降、顺河向水平位移的最大值、变化规律、分布规律、影响因素等,总结归纳一般规律,对特殊规律适当展开叙述。

(1)沉降。

1)量值统计。心墙坝变形大小通常以变形量、变形量与坝高的比值作为指标来衡量。对瀑布沟、鲁布革、碧口等 6 座心墙坝坝体及坝顶的沉降量、沉降量与坝高的比值、多年平均沉降速率等进行了统计,统计结果表明:

a. 施工期沉降为 5~1997mm,与设计计算值相比,除硗碛施工期沉降超设计计值外,其余 5 座大坝均在设计计算值内。运行至今总沉降量为 444.7~1358.8mm(瀑布沟、直孔大坝未收集到总沉降量)。沉降量基本与坝高呈正比,具体如图 6-134 所示。

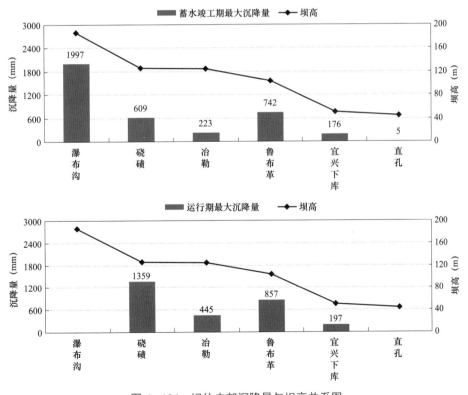

图 6-134　坝体内部沉降量与坝高关系图

b. 施工期沉降量与坝高比除瀑布沟大坝（1.2%）超过 1%外，其余均在 1%以内，如图 6-135 所示。可见：百米级心墙坝施工期最大沉降量一般为坝高的 1%以下；如超过 1%，则属偏大。

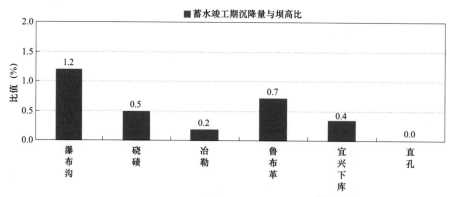

图 6-135　施工期坝体内部沉降量与坝高的比值柱状图

c. 施工期沉降量与总沉降量的比值为 45%～89%，如图 6-136 所示。可见坝体内部沉降主要发生在施工期。

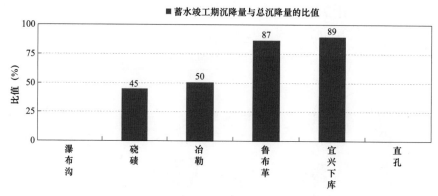

图 6-136　施工期坝体内部沉降量与总沉降量的比值柱状图

d. 因坝体填筑到顶后修建的临时位移测点资料不全，无法进行全面的统计，故本次运行期坝顶沉降量以坝顶永久变形观测墩沉降资料为准。大坝运行期坝顶沉降量为 22～1576.4mm，平均为 343.4mm，坝顶运行期沉降与坝体施工期沉降量、总沉降量一样，与坝高有密切的关系，具体如图 6-137 所示。但柘林坝高低于徐村，但沉降量明显大于徐村，说明坝顶沉降还受其他因素影响。

e. 坝顶运行期沉降量与坝高比为 0.04%～2.48%，除柘林大坝（2.48%）、南水大坝（0.66%）外，其余均在 0.3%以内，如图 6-138 所示。可见：大坝施工完成后，坝体还将继续沉降，坝顶运行期沉降量与坝高比一般在 0.3%以内。

2）分布规律。在时间分布上，心墙坝沉降主要发生在施工期，大坝在持续填筑过程中，受坝体填筑强度影响，沉降最快，沉降也普遍较大，进入运行期后沉降逐渐减小，并最终趋于稳定。沉降与坝高呈正比，坝高越高，沉降越大。库水位对堆石体沉降有一定的影响，主要表现在压实作用和渗透作用，这两个作用是反向的，压实作用对堆石体产生沉降，而渗透作用产生上抬（在库水位上升，土石孔隙大量充水，沉降量减小，反之，沉降增大）。降雨量对堆石体沉降影响较小。

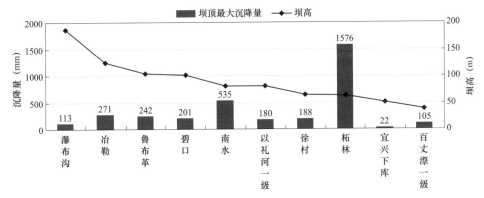

图6-137 坝顶运行期沉降量与坝高关系图

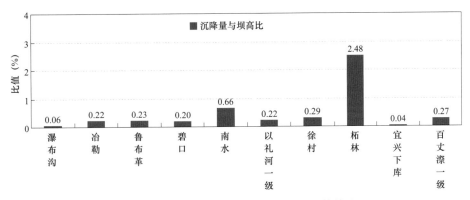

图6-138 坝顶运行期沉降量与坝高的比值柱状图

同一横断面，变形大致随高程降低而减小，且坝轴线附近沉降大于上下游侧；同一纵断面，河谷中部大于两岸；受两岸地形条件影响，左右岸沉降大小差异较明显。

3）影响因素分析。影响心墙坝沉降变形的因素很多，可分为内部因素和外界因素。内部因素主要是指大坝自身结构特性的改变引起的大坝沉降变形，包括本身质量、坝型、剖面尺寸、筑坝材料和施工程序、坝基地形地质、由自重引起的颗粒骨架蠕变等；外界因素主要是指环境量改变引起的大坝沉降变形，如：上游水位、下游水位、气温、降雨量等。但心墙坝沉降最主要的因素是本身的固结沉降和次固结沉降，属于不可逆时效变形。

（2）顺河向水平位移。顺河向水平位移主要发生在大坝施工期，在水库蓄水前，受上部填筑加载和堆石体自身流变特性影响，致使位于坝轴线上游侧向上游位移，位于坝轴线下游侧向下游位移。水库蓄水后，由于上游坝面受到水荷作用并随库水位上升而逐渐增加，上游侧测点向上游位移得到抑制，开始走平或向下游位移。之后水平位移趋势随时间的推移而减缓，最后趋于稳定。

顺河向水平位移分布一般是河床位移大于两岸，下游区大于上游区，与大坝施工顺序、运行环境和自身结构特性等有关。

6.3.2　土石坝渗流

土石坝在上下游水头差的作用下会形成渗流，在一定的渗流条件下，渗水在坝体、坝基中流动时，可能产生管涌、流土等现象，严重的会影响土石坝的安全。

渗流力学伴随着土石坝设计及其监控理论的发展而来，土石坝的发展史也就是渗流理论和渗流控制理论的发展史。这是因为渗透破坏在影响土石坝安全的三大影响因素中占有较大的比重。据国内外大量统计资料表明：由于渗流问题直接造成土石坝失事的比例占30%～40%。

由于库水位等影响，土石坝渗流的影响因素在不断变化，因此土石坝渗流是不稳定渗流。

影响土石坝渗流变化的主要原因是库水位，随着库水位的不断变化，坝体水位也相应变化，但坝体水位变幅小于库水位的变幅，坝体水位的升降滞后于库水位的涨落。降雨通过表面下漏，引起坝体水位上升，其滞后时间相应短些。

温度变化会改变水的黏滞性和土体孔隙大小，从而改变土的渗透系数，引起渗流量的变化；如果渗流区域内不同材料的渗透系数比值不变，渗透系数变化不会改变各点渗压水头大小。因此，温度变化对坝体水位影响较小，可以不予考虑。

随着时间的推移，土体逐步固结、上游坝面泥沙淤积增加、防渗排水设备的性能发生变化，这些都会引起渗流状态的改变，从而影响坝体渗流，称之为时效。

面板堆石坝渗流重点关注坝体渗压、坝基（建基面）渗压、周边缝渗压和渗漏量；心墙堆石坝渗流重点分析坝体（心墙和堆石体）渗透压力、坝基渗压、渗漏量。

1. 面板堆石坝渗流

面板坝的防渗体系包括面板、趾板、趾板地基的固结与帷幕灌浆、周边缝和板间缝中的止水结构及防浪墙。与其他坝型相比，其防渗结构主体位于表面，且相对于作用水头，沿渗流方向的尺寸较小，略显单薄。这就要求务必精心设计、精心施工，任何粗心和不合理的处理措施将会对工程的运用乃至安全产生一定的影响。渗流监测是水电站大坝最重要的监测项目之一。

（1）面板堆石坝渗压。

1）面板堆石坝渗流一般规律。帷幕前渗压水位变化与库水位紧密相关，库水位上升则渗压水头增大。与帷幕前相比，由于防渗帷幕的作用，帷幕后渗压水头有大幅度减小，与库水位的相关性也较弱；在蓄水初期，帷幕后渗压随库水位的升高而增大；进入运行期后，帷幕后渗压多趋于稳定，紧邻帷幕后的个别测点可能与库水位存在一定的相关性。

坝体浸润线情况：防渗帷幕折减效果明显，帷幕后坝基渗压水位一般与下游水位基本齐平。帷幕后大坝浸润线较低，则表明坝基渗流状态稳定。

进入运行期后，周边缝渗压一般较为平稳；如渗压水头突然增大，说明该处周边缝可能出现破损。周边缝变形较大且尚未稳定，也会影响到周边缝渗压变化情况，比如公伯峡大坝右岸周边缝变形较大，大多超过设计标准，且目前尚未完全稳定，而位于右岸高趾墙上游、坝左0+050.00m、1920.80m高程的PPdb-01测点蓄水后渗压水头一直有增大趋势，最高渗压水位1926.4m（5.6m水头）；2011年4月后随着周边缝破损处修复后，测点渗压逐渐减小；2012年2月5日，测点渗压水头突然增大了1.6m，之后逐渐稳定，目前渗压水位在1924.40m（3.6m水头）左右；坝后量水堰渗流量也有增大趋势，增大了2L/s左右。

2）剩余水头系数。一般用剩余水头系数评判大坝基础防渗体系的防渗效果。剩余水头 α 计算公式如下：

a. 当下游水位（坝后量水堰堰前水位）高于或等于测点高程时：

$$\alpha = (H_p - H_x)/(H_s - H_x)$$

b. 当下游水位（坝后量水堰堰前水位）低于测点高程时：

$$\alpha = (H_p - H_c)/(H_s - H_c)$$

式中，H_s 为上游库水位（m）；H_x 为下游水位（坝后量水堰堰前水位，m）；H_p 为渗压水位（m）；H_c 为测点高程（m）。

统计国内 21 座各大坝最大剩余水头系数如图 6-139 所示。通过统计分析可知，最大剩余水头一般在 30% 以下，超过 50% 的有马鹿塘二期、董箐、龙马、那兰、茄子山、小山、鱼塘等 7 座坝；剩余水头超过 50% 且渗压水位过程线与库水位相关明显，表明个别部位防渗效果较差，大坝防渗体系存在渗漏通道或帷幕底部存在绕渗现象，应关注渗压变化趋势。

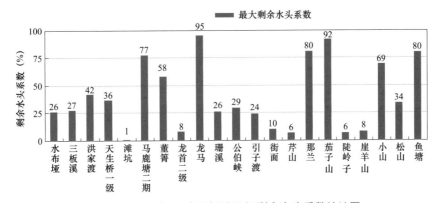

图 6-139　国内 21 座面板堆石坝剩余水头系数统计图

3）典型案例。马鹿塘二期：P-10～P-12 埋设在帷幕后同一竖直孔内，各点之间封闭隔离，安装高程分别为 440m、458m 和 473m，各测点水位与库水位相关性较好，剩余水头系数最大为 0.69～0.77，过程线如图 6-140 所示。坝纵 0+233 断面帷幕后上、中高程部位以某种形式与库水位相通，上部近基岩和帷幕中部高程的渗压水位变幅相近，下部帷幕端头较小一些，同期水位差约在 20m 左右。

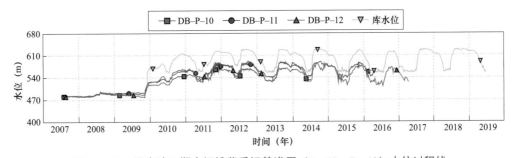

图 6-140　马鹿塘二期大坝帷幕后坝基渗压（P-10～P-12）水位过程线

龙马大坝：坝 0+080.00 断面紧邻帷幕后、趾板后的钻孔渗压计 DB−P−11 的渗压水位自 2010 年 7 月起呈持续增大趋势，截至 2022 年 6 月尚未完全稳定，且与库水位显著相关，过程线如图 6−141 所示。实测最高渗压水位为 634.30m（2022 年 2 月 23 日，对应库水位 637.72m），对应剩余水头系数为 0.95。2017 年开展了水下检查工作，发现左岸周边缝高程 570～600m 之间存在较大的渗漏区，2018 年 3～5 月采用定点抛投粉细砂对渗漏通道进行封堵。从实测数据来看，2018 年渗漏处理后，DB−P−11 渗压略有减小，2018 年高水位工况相对处理前渗压水头降低了约 3m，处理效果不明显，且 2020 年以后渗压水头进一步增大（渗压水头 64.30m），该处浅层帷幕或周边缝渗漏通道处理效果不显著，目前大坝渗流量仍较大，但总体稳定。

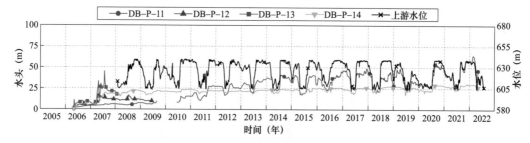

图 6−141　龙马大坝帷幕后坝基渗压（P−11）水位过程线

那兰大坝：C2−DB−C−P1（高程 297m）虽然与上游水位相关性明显，但剩余水头系数总体不大（23.2%）；C2−DB−C−P4（高程 347m）渗压水位与库水位相关性明显，剩余水头系数为 80.1%，过程线如图 6−142 所示。初步判断坝纵 0+230m 断面帷幕与趾板结合部位或者浅层灌浆帷幕可能存在渗漏通道，且灌浆帷幕底部存在少量渗漏通道。目前 C2−DB−C−P4 渗压水位呈逐年下降趋势，说明渗流通道随着水库运行逐渐被淤塞。

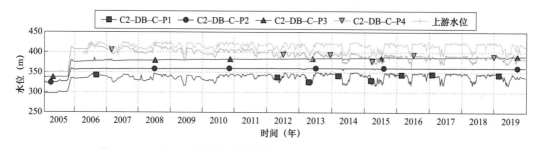

图 6−142　那兰大坝帷幕后坝基渗压（C2−DB−C−P1～4）过程线

（2）面板堆石坝渗漏量。

1）国内面板堆石坝渗漏量量值统计及影响因素。统计国内 22 座面板堆石坝大坝总渗漏量极值如图 6−143 所示，最大总渗漏量受施工初期干扰、运行期各种环境因素的影响，带有极大的偶然性，因此（工程处理后）稳定最大漏水量最能反映运行期大坝的实际渗流状态，（工程处理后）稳定最大漏水量为 8（松山大坝）～273.73L/s（三板溪大坝）。

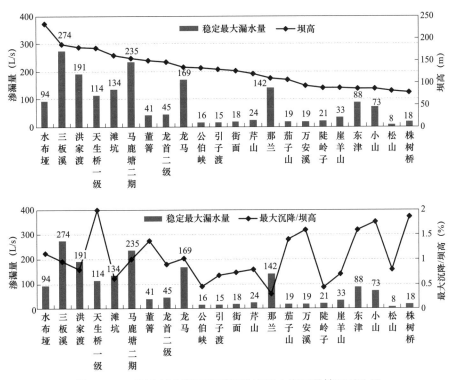

图 6-143　国内部分面板堆石坝稳定最大渗漏量情况对比图

面板坝的实测总渗流量大小不一，施工质量、河床形状、基础处理对测值影响较大，下游截水墙的阻水效果对测值可靠性有较大影响。渗漏量主要受库水位影响，随着库水位的升高而增大，同时与降雨量有一定的相关关系；从时效看，一般运行初期测值大，随着时间的推移渗漏量呈逐年减小趋势。渗漏量与坝高也存在一定的关系，一般来讲，坝体较高，渗漏量普遍较大。

2）工程案例。以三板溪、小山两座最大渗漏量较大的大坝为例对面板堆石坝的渗漏量情况进行介绍，并对渗漏量偏大的原因进行分析。

三板溪大坝：三板溪水电站位于沅水干流清水江的中下游，在贵州省黔东南锦屏县境内，下距锦屏县城 25km。水库正常蓄水位 475.00m，死水位 425.00m。主坝为混凝土面板堆石坝，最大坝高 185.50m，坝顶长 423.75m，坝顶宽 10.0m。工程于 2002 年开工，2006 年工程竣工。

大坝渗漏量过程线如图 6-144 所示。由图可见：水库蓄水后初期库水位在 435m 左右运行，渗漏量基本在 30L/s 以下；2007 年 6 月 1 日至 7 月 25 日，库水位由 431.94m 快速升至 464.88m，渗漏量随库水位的升高而增大，由 26.30L/s 增大到 100.57L/s。

2007 年 7 月 26 日至 27 日 24 小时内库水位由 465.38m 骤增至 470.26m（涨幅 4.88m），渗漏量由 113.64L/s 增大到 255.42L/s，面板水平施工缝出现破损迹象。2007 年 7 月 30 日库水位达最高 472.10m，此时渗漏量为 244.54L/s。2007 年 8 月再度蓄高时，2007 年 9 月 26 日库水位达到 467.26m，渗漏量达到最大 303.10L/s。

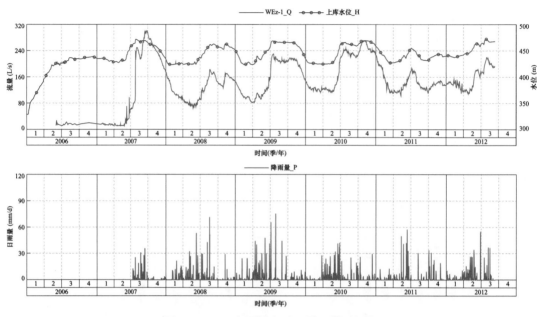

图 6-144 三板溪主坝渗漏量测值过程线

2009 年 2~4 月对剩余的右 MB1、右 MB3、右 MB8 等块进行了修复，并对新发现的右 MB8 高程 385~390m 范围的两条交叉裂缝及其下部面板脱空区域进行了灌浆处理。2009 年最大渗漏量达 231.02L/s（2009 年 7 月 17 日，库水位 468.74m），渗漏量未见减小。

2010 年 1 月检查发现右 MB4~右 MB8 五块面板一二期施工缝修复区混凝土均出现破损，原修复的 PBM 混凝土与面板老混凝土结合面黏结质量较差、新老混凝土未黏结。2~4 月对发现的缺陷进行修复处理。修复后 2010 年渗漏量未见减小，最大渗漏量达 271.68L/s（2010 年 10 月 27 日，库水位 469.23m）。

2011 年 3 月检查发现左 MB6~右 MB8 十四块面板一二期施工缝区域混凝土均出现破损。但 2011 年 4 月以来渗漏量未见继续增大迹象，最大渗漏量为 220.72L/s（2012 年 7 月 29 日，相应库水位 472.71m），与 2007 年 9 月面板破损期间库水位 467.26m 时渗漏量达 303.10L/s 相比，渗漏量已有明显较少，表明经过历次面板处理后，面板运行状态有一定的改善。

小山大坝：小山水电站位于吉林省抚松县境内，坐落于第二松花江上游的松江河干流上，是松江河水电梯级开发的第一级工程，距松江河镇约 16km。水库正常蓄水位 683.00m，死水位 620.00m。拦河大坝为混凝土面板堆石坝，最大坝高 86.30m，坝顶长 302m，坝顶宽 7m。1994 年工程开工，1998 年工程竣工。

小山大坝渗漏量过程线如图 6-145 所示。由图可见：

实测大坝最大渗漏量为 281.48L/s，出现于 1999 年 1 月 4 日，对应库水位为 682.57m。在水库蓄水初期，渗漏量随库水位增高明显增大，与库水位存在一定的相关性，随着 1998

年底右岸帷幕施工形成连续的防渗帷幕，1999 年后渗漏量逐年下降，2002～2010 年渗漏量趋于稳定测值在 90L/s 左右。

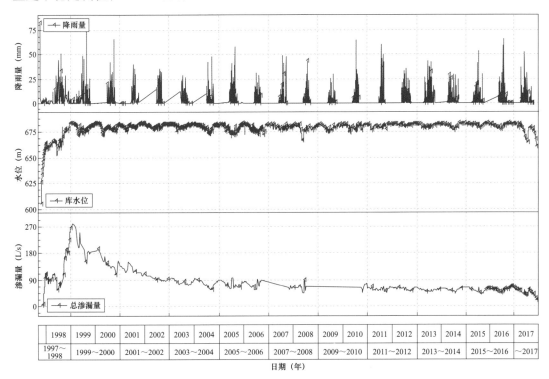

图 6-145　小山大坝坝体实测渗漏量过程线

2011～2017 年，实测坝体最大渗漏量为 72.52L/s，出现于 2016 年 12 月 24 日，对应库水位为 681.28m。坝体渗漏量呈现为低温季节渗漏量增大，高温季节减小的变化规律；2016～2017 年的坝体最大渗漏量比 2015 年增加了约 8L/s，这是因为 2016 年 8 月溢洪道泄洪放水，致使量水堰水流倒灌，量水堰观测室整体移动，而量水堰堰板固定在观测室底板，亦随之移动，导致其测值失真；量水堰恢复正常工作后，所测大坝渗流量多在 40L/s 以下。

蓄水初期未形成连续防渗帷幕，大坝右岸坝基玄武岩柱状节理与层面节理组合构成的渗透网络、右岸可能存在的局部面板破损、止水破坏、两岸绕坝渗流均可能是导致大坝初期渗漏量较大的原因。但随着连续防渗帷幕形成，坝体沉降、水库的逐年淤积及颗粒物的沉积、堵塞作用，原坝基渗漏通道逐渐封闭，大坝总渗漏量逐年减小。

2. 心墙堆石坝渗流

（1）心墙堆石坝渗压。

1）位势。在平面渗流中，理论上位势是指某部位水头在渗流场中占总水头的百分数，位势值 Φ 按下式计算：

当 $H_x \geqslant H_c$ 时：$\Phi(\%) = [(h_i - H_x) / (H_s - H_x)] \times 100\%$；

当 $H_x < H_c$ 时：$\Phi(\%) = [(h_i - H_c) / (H_s - H_c)] \times 100\%$。

式中，h_i 为测点处水位；H_s 为库水位高程；H_x 为下游水位高程；H_c 为心墙下游基岩面高程。

对坝体而言，由于处于无压渗流状态，其位势值通常不是常数，而与上下游水位有关，但心墙测压管或渗压计由于埋设在黏土心墙内，若心墙质量较好，受库水位或坝下水位的影响相对就较小，因此可通过心墙测压的位势值变化是否稳定来对心墙的渗流状态进行分析。位势减小，表明心墙防渗消减水头效果好，并向好的方向发展；反之，心墙防渗减弱，有恶化趋势。心墙内的水头采用渗压计或者测压管观测，渗压计安装高程或测压管管底高程一般在 1/2 心墙高位置。

而对坝基渗压，根据渗流理论，当渗流场（上下游水位及渗流介质）确定时，位势仅为空间位置的函数，空间位置确定，测点的位势不随时间而变，如果发生变化，则表明渗流场在发生改变。坝基为有压渗流，位势理论上应是常数，位势—时间过程线也应是一条水平线，而实际上由于基础的地质条件、坝基防渗体系质量等均随时间而发生变化，因此位势值也会发生一定的变化。若位势过程线逐年上升，则表明坝基渗流在逐年恶化；若位势过程线逐年下降，则表明坝基渗流条件逐年改善。坝基渗流多采用埋设于坝基基岩内的渗压计或孔底深入基岩的测压管观测，渗压计安装在基础垫层与心墙接触面处，一般在心墙轴线前、轴线处、轴线后均布置渗压计。

2）心墙渗流一般规律。

a. 影响因素。影响心墙内部渗流场的主要因素是库水位，降雨对坝体渗流场略有影响。

心墙上游堆石体与库水位直接连通，其渗压水位基本与库水位变化一致；心墙下游堆石体与下游水位连通，其渗压水位基本与下游水位变化一致，还可能受到库水位的一定影响；降雨时雨水渗入堆石体，因此降雨对心墙上、下游渗压水位变化也有较为明显的影响。

心墙内的渗压水位变化大多与库水位呈正相关，其变化规律与库水位保持较好的一致性。心墙内的渗压水位滞后于库水位，越靠近下游侧的渗压水位滞后现象越明显。

降雨是心墙内部水位变化的又一影响因素。在雨量较大或者降雨较为密集的时候，心墙轴线前的渗压水位略有升高，这与雨水从上游堆石体入渗有关。

b. 心墙孔隙水压力。若施工期心墙内积累的孔隙水压力至运行期仍未完全消散，则库水位骤降时可能会影响上游坝坡稳定。如硗碛大坝，当库水位低于心墙渗压仪器埋设高程时，仍有孔隙水压力测值，这说明心墙内部孔隙水压力由两部分组成：库水浸润引起的部分，施工期就存在的静孔隙水压力部分（与施工期心墙土料的含水率有关），且施工期积累的静孔隙水压力部分消散很慢，该情况对库水位骤降期上游坝坡的稳定不利。

c. 心墙渗压位势情况。心墙对渗压水头具有折减作用，特别是在高水位下心墙的折减作用明显，若心墙防渗效果较好，经过心墙后下游堆石体水位可降至略高于尾水水位高度，如徐村、柘林大坝。由表 6−28 可见，在高水位作用下，黏土心墙的最大位势为 70%～85%，如柘林、宜兴下库、徐村、云鹏等大坝，最大位势多发生在心墙轴线上游侧，沿顺流向位势一般逐渐减小；而鲁布革大坝心墙材料为风化料，其 0+105.00m 断面的心墙轴线位置的位势（74%）与类似工程黏土心墙较为一致，0+041.00m 断面及坝 0+160.00m 断面的心墙轴线位置的位势（98%）较高，说明这两个断面的心墙防渗性能是相对较差的。

d. 坝体浸润线与水力坡降。坝体横断面上水力坡降最大值主要集中在心墙，坝体浸润线在心墙部位均呈现大幅度的下降情况，表明作为坝体防渗体系的心墙、作为坝基防渗体系的防渗墙或防渗帷幕承担了大部分渗透水头的作用，坝体防渗体系防渗效果较明显。而在心墙下游侧堆石体中的各测压管之间以及最下游测压管与下游河水之间的浸润线变化较平稳，一般无急剧变化情况。

不设反滤保护的黏土和沙壳料的允许渗透水力坡降经验值一般可达 4.0 和 0.25；而鲁布革大坝防渗体采用风化料，试验表明，风化料至少能够承受 40 以上的水力坡降，最大可达 163，渗透坡降的设计值采用 40。由表 6-28 可知，统计的国内 7 座黏土（窄风化料）心墙堆石坝心墙实测最大水力坡降均不超过 3，未超过黏土（风化料）的允许水力坡降经验值 4（40），因此土心墙一般不存在渗透破坏问题。

表 6-28　　　　　　　　　　　国内典型心墙堆石坝渗压统计表

坝名	心墙类型	坝高（m）	兴建时间、完工时间	心墙最大水力坡降（最大允许坡降）	心墙			坝基渗压最大位势 Φ（%）		
					心墙轴线处最大位势 Φ（%）	对应心墙内渗压水位（m）	对应库水位（m）	帷幕前	帷幕轴线	帷幕后
硗碛大坝	砾石土直心墙	125.5	2000 年、2009 年		92	2136.95	2145.47	>90		37.95
冶勒大坝	沥青混凝土心墙	124.5	2000 年、2005 年	95~180（1800）						87~94
鲁布革大坝	窄风化料心墙	103.8	1986 年、1988 年	1.4（40）	80	1119.6	1128.81	>90	60~70	<10
云鹏大坝	黏土心墙	96.5	2003 年、2007 年	1.88（4）	85	891.11	901			
以礼河一级大坝	黏土心墙	80.5	1958 年、1969 年	0.503（4）						
徐村大坝	黏土心墙	65	1999 年、2001 年	2.64（4）	84	1293.73	1302.34			
柘林大坝	黏土和混凝土防渗心墙	63.5	1958 年、1972 年	2.63（>4）	70.2~81.6	51.86	53.5	87.79	82.75	71.62
宜兴下库大坝	黏土心墙	50.4	2003 年、2007 年	<3（4）	71.9	69.68				
洪门	黏土心墙	38.7	1958 年、1969 年	1.94（4）				106.16	86.57	21.35

3）坝基渗流一般规律。帷幕或防渗墙为坝基的防渗体，因此帷幕前坝基渗透压力与库水位的变化规律基本一致，库水位变化是帷幕或防渗墙前渗透压力变化的主要原因；帷幕或防渗墙轴线处的渗透压力受库水位影响程度有所降低；心墙轴线下游的坝基渗透压力主要受坝下水位及降雨的影响，也可能受到库水位的一定影响。可见，影响心墙基础渗流场的主要因素是库水位，其影响程度顺流向逐渐减小。

帷幕或防渗墙对渗压水头具有折减作用，由表 6-29 可见，基础渗透压力沿帷幕顺水流逐级折减，一般可认为帷幕后坝基位势小于 20%，表明防渗体防渗效果较好。

如鲁布革大坝坝基渗压位势沿帷幕顺水流向折减明显，帷幕后最大坝基位势小于10%，这表明该坝帷幕灌浆防渗较好，基础渗透压力较小。

洪门大坝 F_{11} 和 F_{23} 断层上的基岩测压孔水位从帷幕前→心墙→帷幕后呈递减的顺序，F_{11} 断层的基6与基7间的断层渗水通道由于1997年灌浆处理而变小，防渗效果加强，但在2006年以后水位呈逐渐上升趋势；2007年基1水位有一次明显的突增，说明随着使用年限的增加，F_{11} 断层局部已发生渗透变形，其工作性态有恶化趋势。F_{23} 断层上位于黏土心墙后的基10在1997年7月底至9月初水位异常陡升，表明 F_{23} 断层状态恶化，黏土心墙与基岩的接触面形成集中渗漏通道。对 F_{23} 断层补强处理后，新基10水位明显下降，补强处理取得了良好的防渗效果，目前帷幕后最大坝基位势小于21.35%，运行性态正常。

而当帷幕后坝基位势大于70%，说明坝基防渗体局部防渗效果较差，具体工程实例如下：

柘林大坝坝基渗压位势值过程线变化比较平缓，变幅一般不超过10%，表明主坝坝基渗流状态比较稳定，其中台地坝段坝基渗压位势还有随时间而逐步降低的现象，表明台地段内的坝基渗流条件在向好的方向改善，但其位势仍处在80%左右的高水平上。结合有关设计、施工资料，台地坝段的坝基测压管水位较高可能与该范围内的坝基防渗系统较为复杂有关，在该坝段，灌浆帷幕中心线与混凝土防渗墙轴线错开约13.0m，且帷幕存在疏孔或漏灌，可能形成"天窗"，增加了下游侧坝基的渗透压力。但坝基测压管水位并没有趋势性的上抬现象，且经受了1998年历史特大洪水的考验，表明灌浆帷幕及混凝土防渗墙所组成的坝基防渗系统工作状态是稳定的。

冶勒大坝左岸（坝）0+120.00m 监测断面，防渗墙下游侧位势达87%～94%，运行期渗压水位与库水位同时升降，表明该部位防渗系统下游侧测点与水库的水力渗透联系较为紧密。究其原因很可能是左岸基岩存在有卸荷裂隙带，而该断面防渗墙处于渗透性较强的卸荷裂隙带中，防渗墙体未能全部截断该部位透水性较强的卸荷裂隙带，以致该断面防渗墙后基础以下渗压水位出现较高的情况。

（2）心墙堆石坝渗漏量。

1）统计国内11座心墙坝渗漏量见表6-29：各坝的最大渗漏量为2.5L/s（宜兴下库大坝）～113.37L/s（瀑布沟大坝）；大坝稳定（或多年平均）渗漏量为2.5L/s（宜兴下库大坝）～57.76L/s（瀑布沟大坝）。分析坝高（最大沉降/坝高比）与稳定渗漏量的关系（见图6-146和图6-147），坝体较高，渗漏量普遍较大；最大沉降/坝高比越大，渗漏量普遍较大。但因渗漏量影响因素较多，坝高（最大沉降/坝高比）与稳定渗漏量之间并非线性关系。

表6-29　　　　　　　　　　心墙堆石坝坝体、坝基总渗漏量总表

坝名	心墙类型	坝高（m）	坝顶长度（m）	兴建时间、完工时间	实测最大总渗漏量（L/s）	扣除降雨影响后的最大总渗漏量（L/s）	稳定（或多年平均）渗漏量（L/s）	最大沉降与坝高比（%）	设计渗漏量（L/s）
瀑布沟大坝	黏土心墙坝	186.0	540.5	2001年、2010年	113.37		57.76*	1.2	
硗碛大坝	砾石土直心墙	125.5	433.8	2000年、2009年	32.87		12.4	1.33	

续表

坝名	心墙类型	坝高 (m)	坝顶长度 (m)	兴建时间、完工时间	实测最大总渗漏量 (L/s)	扣除降雨影响后的最大总渗漏量 (L/s)	稳定 (或多年平均) 渗漏量 (L/s)	最大沉降与坝高比 (%)	设计渗漏量 (L/s)
冶勒大坝	沥青混凝土心墙	124.5	411	2000 年、2005 年	103.07		49.79	0.36	500
鲁布革大坝	窄风化料心墙	103.8	217	1986 年、1988 年	61.8	20	20*	0.74	111.3
云鹏大坝	土质直心墙	96.5	456.8	2003 年、2007 年	136.2	86.2	48.04	1.76	
南水大坝	黏土斜墙	81.3	215	1958 年、1970 年	77.97		24.29	0.65	
以礼河一级大坝	黏土心墙	80.5	467	1958 年、1969 年	101.67	34.24	10.25*	3.39	122
毛尖山大坝	黏土心墙	72.7	210	1958 年、1964 年	4		3	0.40	
宜兴下库大坝	黏土心墙	50.4	485.79	2003 年、2007 年	2.5		2.5	0.39	
百丈漈一级大坝	黏土心墙	39.0	358.0	1958 年、1960 年	64.77	13.67	3.7*	0.27	
铁门关大坝	砂壤土心墙	25.0	260.0	1969 年、1972 年			4		

*　扣除降雨影响后的多年平均渗漏量。

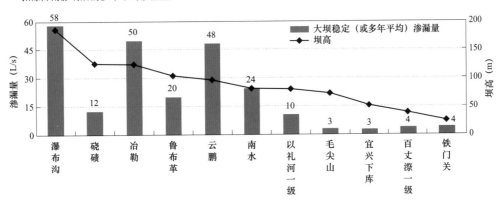

图 6-146　大坝稳定渗漏量与坝高相关关系图

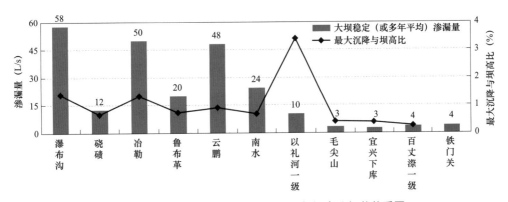

图 6-147　大坝稳定渗漏量与最大沉降/坝高比相关关系图

2）心墙堆石坝坝体及坝基渗漏量主要受降雨的影响。坝区降雨时，由坝体下游块石护坡进入大坝堆石体的雨水较多，即使降雨停止，坝体内的渗流也难迅速稳定下来，对降雨后若干天的渗漏量值有较大的影响。一般认为降雨约 7d 后，基本不影响大坝渗漏量。因此，剔除降雨影响后的渗漏量较实测最大渗漏量一般要小很多，如鲁布革大坝、以礼河一级大坝总渗漏量分别为 39.5L/s、101.67L/s，剔除降雨影响后的渗漏量分别降为 11L/s、34.24L/s。

3）库水位也是影响心墙堆石坝坝体及坝基渗漏量的一个重要因素。但因不同的心墙坝坝基坝体防渗效果的差异，库水位对渗漏量的影响也不尽相同。如鲁布革大坝、以礼河一级大坝、百丈漈一级大坝，心墙后的渗流状态稳定，大坝渗漏量受库水位影响较小；如南水大坝、硗碛大坝、毛尖山大坝渗漏量与库水位相关性良好，受库水位影响较为明显，但渗流量变化比较稳定，无明显增大趋势，这说明目前坝体、坝基的防渗效果还是比较好的；而云鹏大坝渗漏量受库水位影响明显，扣除降雨影响后渗漏量仍较其他心墙坝大，表明该坝防渗体系相对较差。

6.3.3　土石坝应力

1. 面板混凝土应力

（1）面板混凝土应变。

1）面板混凝土热膨胀系数。同一大坝面板混凝土只要用同样的骨料，尽管其他因素有差异，热膨胀系数 α 值大致相同，波动范围不大。混凝土的热膨胀系数主要决定于骨料和水泥石，一般以石英岩和砂岩骨料的混凝土 α 值较高，如三板溪（$9.31 \times 10^{-6}/℃ \sim 12.1 \times 10^{-6}/℃$）、公伯峡（$9.47 \times 10^{-6}/℃ \sim 12.4 \times 10^{-6}/℃$）、街面（$10 \times 10^{-6}/℃ \sim 11.9 \times 10^{-6}/℃$）；而以石灰岩为骨料的较低，如天生桥一级（$4.8 \times 10^{-6}/℃ \sim 6.4 \times 10^{-6}/℃$）、引子渡（$5.8 \times 10^{-6}/℃ \sim 7.0 \times 10^{-6}/℃$）、鱼塘（$6.21 \times 10^{-6}/℃ \sim 7.42 \times 10^{-6}/℃$）。

无应力计测值扣除温度应变后即为混凝土的自生体积变形和湿度变形。面板混凝土的自生体积变形和湿度变形有三种类型变化，即稳定型、膨胀型和收缩型，收缩型混凝土一般易产生裂缝。

2）面板应变变化规律。面板应变受温度和水库蓄水的影响较大，随温度和库水位的升降而增减。水库蓄水以后，面板压应变快速增大，之后主要与温度呈正相关；位于面板上部（水面以上或浅水处）测点温度受气温影响明显，年变幅较大，表现为有拉有压；位于面板下部（水面以下较深处）测点受气温影响较小，年变幅较小，一般表现为压应变。典型过程线如图 6-148 所示。

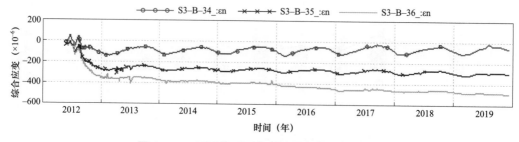

图 6-148　面板典型测点混凝土应变测值过程线

面板应变除受温度、库水位等环境量因素影响外，一般还与坝高、河谷形状、坝体填筑质量等有关。大坝蓄水后，面板在堆石体自身流变和水荷载作用下产生法向挠度，同时面板沿轴向中间受压，两侧受拉。大坝填筑完工初期，坝体沉降持续增大，面板拉、压应变也随之增大；运行多年后，随着坝体沉降趋于稳定，面板拉、压应变也趋于稳定。

3）面板应变量值统计。顺坡向应变一般中、下部受压，水布垭（799.69×10^{-6}）、三板溪（1230.8×10^{-6}）、天生桥一级（1152×10^{-6}）、滩坑（837.02×10^{-6}）、龙首二级（954.24×10^{-6}）、龙马（1328.25×10^{-6}）、珊溪（1046.5×10^{-6}）面板顺坡向压应变较大，最大压应变均超过了 800×10^{-6}；上部受堆石体填筑质量影响较大，坝体沉降量过大时，可能会出现较大拉应变（天生桥一级、陡岭子顺坡向最大拉应变超过 500×10^{-6}）。

水平向应变一般是河床部位、面板中间上部受压，岸坡部位受拉，拉应变量值一般较小（但马鹿塘二期大坝水平向最大拉应变超过 500×10^{-6}），压应变量大，三板溪、天生桥一级、马鹿塘二期、龙马大坝最大压应变均超过了 800×10^{-6}，最大分别曾达 994×10^{-6}、948×10^{-6}、817.58×10^{-6}、1142.72×10^{-6}。

面板的受力状态与所处部位关系较大，其中下部由于水压作用处于三向受压的有利状态，而上部可能会出现一拉一压的不利状态，甚至会造成混凝土压剪破坏。典型面板混凝土应变分布如图 6-149 所示，统计各工程面板最大压应变和最大拉应变特征值如图 6-150 和图 6-151 所示。

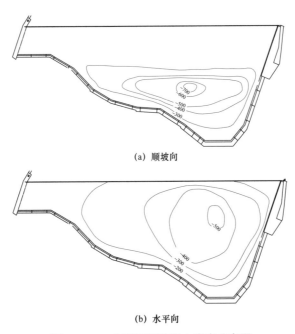

(a) 顺坡向

(b) 水平向

图 6-149　典型面板混凝土应变分布图

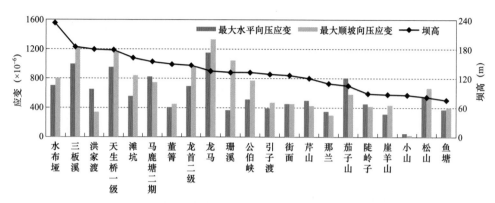

图 6-150 国内典型面板堆石坝面板顺坡向及水平向最大压应变特征值

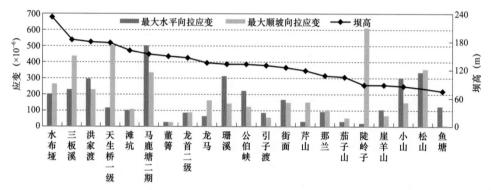

图 6-151 国内典型面板堆石坝面板顺坡向及水平向最大拉应变特征值

面板在应力状态较差情况下综合拉应变一般不超过 $150×10^{-6}$，超过 $150×10^{-6}$ 面板局部可能出现拉裂缝，如天生桥一级大坝三期面板顶部桩号 0+245m 的 SGP2、0+629m 的 SGP14 等测点处顺坡向拉应变较大（>$500×10^{-6}$），部分混凝土被拉裂；陡岭子大坝面板约 269m 高程处出现连续同一高程水平裂缝，主要集中在左 L1、右 L1 和右 L2、右 L5～L6 块面板，而左 L1～右 L6 面板的顺坡向拉应力较大（最大 $611.97×10^{-6}$），因此出现了水平裂缝。压应变一般不超过 $800×10^{-6}$，压应变超过 $1000×10^{-6}$，面板存在压坏的可能，如三板溪面板水平施工缝曾挤压破损、天生桥一级面板垂直缝挤压破损、龙马面板垂直缝局部挤压破损等。

（2）面板混凝土应力。

1）面板混凝土应力计算方法及参数取值。由单轴应变推求混凝土应力的理论基础和计算方法比较复杂，目前常用的方法有变形法和松弛法，对国内 10 座面板堆石坝（三板溪、天生桥一级、珊溪、公伯峡、引子渡、街面、芹山、那兰、小山、松山）面板采用变形法来推求面板混凝土的应力。

混凝土弹性模量主要与混凝土强度等级有关，而徐变除外界因素外，主要与水泥、骨料、水灰比、灰浆率、外加剂和粉煤灰有关；变形法计算应力的过程中，混凝土弹性模量、徐变一般取施工期试验值，或者根据面板混凝土施工配合比和参考类似工程取用。

2）面板混凝土应力变化及分布规律。同面板应变一样，面板应变受温度和水库蓄水的影响较大，随温度和库水位的升降而增减。水库蓄水以后，面板压应变快速增大，之后

主要与温度呈正相关。

面板应力与坝体沉降关系明显，坝体沉降持续增大，面板拉、压应力也随之增大；坝体沉降趋于稳定，面板拉、压应力也趋于稳定。

顺坡向应力一般中、下部受压，水平向应力一般是河床部位、面板中间上部受压。

3）面板应力量值范围及对安全的影响。《水工混凝土结构设计规范》（NB/T 11011—2022）中规定：C30 混凝土抗拉、抗压强度设计值分别为 1.43MPa、14.3MPa；C25 混凝土抗拉、抗压强度设计值分别为 1.27MPa、11.9MPa。统计国内 10 座面板堆石坝面板混凝土应力特征值见表 6-30。通过对应力量值进行研究，得出如下结论：

表 6-30　　　　　　　　　　国内典型面板堆石坝面板混凝土应力特征值表

坝名	坝高（m）	混凝土等级	最大主拉应力（MPa）	最大主压应力（MPa）	混凝土水平向应力（MPa）		混凝土顺坡向应力（MPa）	
					最大拉应力	最大压应力	最大拉应力	最大压应力
三板溪	185.5	C30	—	—	<2	22.8	<2	27.5
天生桥一级	178	C25	7.95	24.05	5.23	20.21	>10	26.9
珊溪	132.5	C25	0.3	8	0	11.5	0	21.6
公伯峡	132.2	C25	4.88	13.58	2.52	7.12	4.39	11.4
引子渡	129.5	C25	0.9	6.18	1.51	6.88	0.27	9.29
街面	126	C25	4.22	7.04	2.77	5.89	3.65	9.24
芹山	120	C25	1.89	10.17	0.94	8.98	1.28	7.35
那兰	109	C25	0.98	9.16	0.99	7.43	1.67	8.4
小山	86.3	C25	—	3.83	0.56	3.83	0.68	3.34
松山	80.8	C30	—	—	0	8.92	0	15.46

其中，采用 C30 等级的松山大坝面板，松山大坝面板最大压应力为 15.46MPa，超过规范要求的抗压强度设计值 14.3MPa，但超限不多，只要结构上没有明显缺陷，一般不会引起面板的挤压破坏；采用 C30 等级的三板溪大坝面板分三期施工，压应力分布在一期面板和二期面板中下部，顺坡向大于水平向，极大值分别为 27.5MPa、22.8MPa，均超过混凝土抗压强度设计值 14.3MPa，对 385m 高程水平施工缝面形成较大压力，这也导致了一、二期面板水平施工缝的挤压破损。

采用 C25 等级的 8 座大坝面板中：

a. 面板拉、压应力均以天生桥一级大坝为最大，其水平向、顺坡向最大压应力分别为 20.21MPa、26.9MPa，最大主压应力达到 24.05MPa，均超过了 C25 混凝土抗压强度设计值 11.9MPa，较大的压应力导致了面板中间垂直缝挤压破坏；面板个别部位最大拉应力超过 10MPa，该处混凝土已被拉裂。

b. 珊溪大坝虽然一期面板中下部顺坡向应力较大，最大达 21.6MPa，超过了 C25 混凝土抗压强度设计值 11.9MPa，但未超过混凝土试验或实测强度。根据面板混凝土抽样检查（125 组）结果，28d 抗压强度最大值 47.8MPa，最小值为 33.6MPa，平均为 42.8MPa，而且一期面板中下部位处于较好受力状态，为三向受压，主应力的方向大致为顺坡、水平向及垂直于面板的水压力，每一向的抗压强度随另二向压应力增加而增加，且极限压应变可大大增加，所以，目前尚不至于由于应力过大造成面板混凝土受挤压而破坏。

c. 除天生桥一级、珊溪大坝外，其余 6 座大坝（公伯峡、引子渡、街面、芹山、那兰、小山）面板最大压应力均小于 C25 混凝土抗压强度设计值，面板不会出现挤压破坏；面板局部，如面板上部水平向左右岸附近及面板中间上部顺坡向出现拉应力，超过 C25 混凝土轴心抗拉强度，可能出现裂缝等情况，但面板配筋会限制裂缝的发展，日常维护处理及时能保证面板运行安全。

2. 面板钢筋应力

（1）面板钢筋应力变化和分布规律。面板钢筋受温度变化影响明显，面板内钢筋应力与温度呈相反的变化规律：温度降低，钢筋应力增大；温度升高，钢筋应力减小。

同面板应变规律类似，面板钢筋顺坡向应力一般中、下部受压，面板顶部可能存在拉应力；水平向应力一般是河床部位、面板中间上部受压，岸坡部位可能存在拉应力。

（2）面板钢筋应力量值统计。统计国内 20 座面板堆石坝面板钢筋顺坡向应力特征值如图 6-152 所示。由图可知，钢筋顺坡向最大压应力超过 200MPa 的有 3 座坝，分别为三板溪（245.6MPa）、龙首二级（201.39MPa）、龙马（218.6MPa），最大压应力为 100～200MPa 的有 8 座，其余 9 座最大压应力均在 100MPa 以内；天生桥一级最大钢筋拉应力 518.7MPa、龙马最大钢筋拉应力 363MPa 已超量程，其余 18 座大坝中，有 3 座大坝（滩坑 133.25MPa、龙首二级 167.24MPa、那兰 190.72MPa）面板钢筋最大拉应力超过 100MPa，有 15 座大坝钢筋最大拉应力小于 100MPa。坝高越高，钢筋最大拉、压应力普遍偏大，但由于钢筋应力的影响因素较多，其与坝高并非为线性关系。

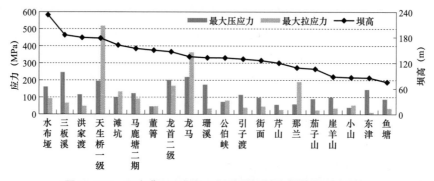

图 6-152　国内典型面板堆石坝面板顺坡向钢筋应力特征值

统计国内 15 座面板堆石坝面板钢筋水平向应力特征值如图 6-153 所示。由图可知：有 6 座大坝钢筋最大压应力为 100～200MPa，最大为 194.7MPa（天生桥一级），9 座钢筋最大压应力小于 100MPa；最大钢筋拉应力中，除天生桥一级（217.0MPa）、龙马（338MPa）、鱼塘（136.20MPa）外，其余 12 座大坝面板钢筋最大拉应力均小于 100MPa。

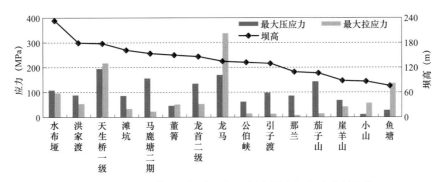

图6-153 国内典型面板堆石坝面板水平向钢筋应力特征值

3. 心墙堆石坝应力

（1）黏土心墙应力。一般在心墙内布置土压力计，来监测心墙的总应力。心墙内部应力的分布规律如下：

1）统计国内五座大坝的心墙内部应力极值见表6-31，由表可见，心墙最大应力为0.33～3.33MPa。

表6-31 心墙堆石坝应力汇总表

坝名	坝高（m）	心墙材料	心墙最大竖向压应力（MPa）
瀑布沟大坝	186.00	砾石土料	3.11
硗碛	125.5	砾石土	0.907
鲁布革大坝	103.80	砂页岩风化料	0.33
云鹏大坝	96.50	土质	1.51
宜兴下库大坝	50.40	东梅园土料	3.33

2）在心墙填筑期间，心墙内大部分测点土压力变化随着筑坝高度的升高而增大。在填筑到坝顶后，土压力变化幅度一般较小、基本保持稳定。

3）心墙应力分布一般规律为下部应力大、随高程增加而应力逐渐减小。对同一高程测点，心墙轴线上游侧应力普遍大于下游侧。典型分布如图6-154所示。

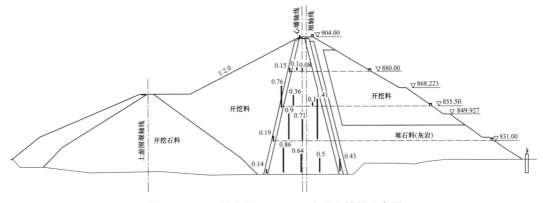

图6-154 云鹏大坝0+208.53土压力柱状分布图

4）心墙堆石坝，如瀑布沟、云鹏大坝、宜兴下库坝，心墙中部应力较上、下游侧偏小，心墙存在一定的拱效应。产生拱效应的原因一般是由于坝壳堆石料沉降速度较快，心墙由于固结速度慢，沉降滞后于堆石料，因此坝壳通过心墙接触面的摩擦力作用阻止心墙沉降，心墙内土压力测值呈"U"形分布，形成心墙的拱效应。若拱效应过大对大坝运行不利，应予以关注。

5）土压力计与渗压计一般成对布置，测点处的心墙竖向土压力减去相应渗透压力，即为该点的有效应力。若有效应力大于 0，表明土体仍承受一定的荷载，将有效应力大于 0 作为不发生水力劈裂的控制标准。

（2）沥青混凝土心墙应力。沥青混凝土心墙作为大坝的重要防渗结构物，其最大厚度比较薄，如冶勒大坝沥青混凝土心墙最大厚度仅 1.2m，属薄壁结构。若在墙内埋设仪器，势必将削弱结构物。因此一般采用将单向（垂直）应变计用锚板固定在心墙的上下游壁表面上；另外，由于沥青混凝土心墙压缩量大，应变计最大量程不能满足要求，一般采用大量程测缝计代替。

统计了 1 座沥青混凝土心墙坝（冶勒大坝）心墙实测应变情况。冶勒沥青混凝土心墙最大压应变达 76683$\mu\varepsilon$，发生在河谷最大断面 2543.00m 高程下游侧。该应变值较大，其压缩比为 7.67%。造成该部位变形较大的原因可能与仪器埋设方法有关，上下游埋的应变计未紧靠壁面，伸出壁面 5～10cm，同时未加隔离保护装置，使得应变计既受心墙变形影响，又受过渡料影响，测值是一个综合变形，以致变形量偏大。应变竖向分布特点为心墙中部高程压应变普遍大于低高程和高高程。

第7章
大坝维护和除险加固

为了保障大坝的运行安全、结构完整，并延长其使用寿命，做好大坝的维护工作，防止缺陷的发生和发展；在发现缺陷后，及时进行维护、加固；在开展维护、加固时做到技术方案及材料安全可靠。

7.1 缺 陷 管 理

7.1.1 缺陷分类

1. 缺陷统计

由于设计缺陷、施工质量、运行管理、特殊工况（如地震、高寒）等原因，水电站大坝投运后会出现缺陷，需要运行中加强维护检修，及时消除隐患。根据大坝中心已注册备案的 385 座大、中型混凝土重力坝、拱坝、土石坝，对运行中发现的缺陷类型进行统计。涉及重力坝 251 座，拱坝 44 座，土石坝 90 座，其中混凝土坝存在缺陷 431 条，土石坝存在缺陷 188 条，泄水建筑物存在缺陷 520 条，枢纽边坡存在缺陷 234 条，水工金属结构及相关设备缺陷 576 条，共计 1949 条。具体缺陷类型统计情况如图 7-1~图 7-5 所示。

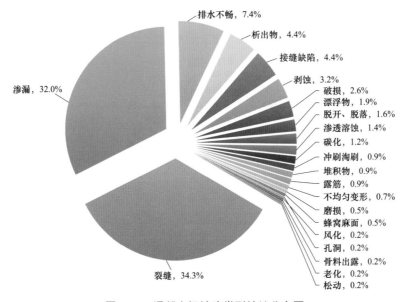

图 7-1 混凝土坝缺陷类型统计分布图

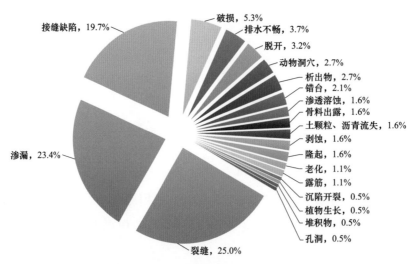

图 7-2　土石坝缺陷类型统计分布图

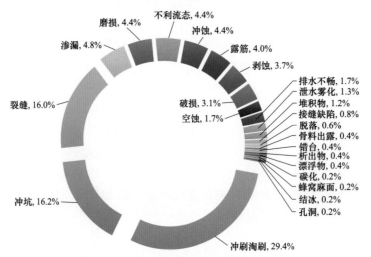

图 7-3　泄水建筑物缺陷类型统计分布图

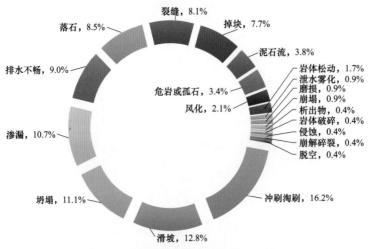

图 7-4　枢纽边坡缺陷类型统计分布图

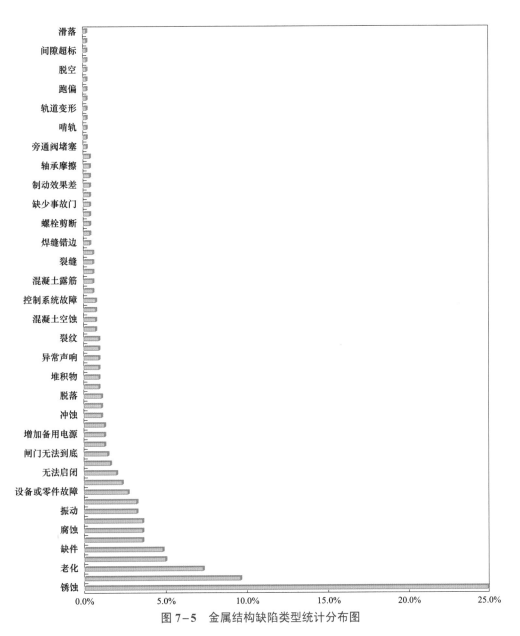

图 7-5　金属结构缺陷类型统计分布图

　　根据上述缺陷的统计情况，按照缺陷发生部位和表现形式进行分类，主要类型在下文中详细描述。

　　2. 混凝土坝结构运行缺陷

　　（1）坝体：混凝土裂缝、破损、冻融冻胀、剥蚀；渗漏、析出物、排水不畅；止水失效；坝段错动。

　　（2）坝基：渗漏、溶蚀、排水不畅；不均匀沉降或错动；坝基抗力岩体开裂、掉块、错动、滑坡；冲坑、冲槽；坝体与岸坡结合部位的脱开、错动、渗漏。

　　（3）拱座：坝肩或抗力体开裂、掉块、崩塌、错动、滑坡；渗漏。

3. 土石坝结构运行缺陷

（1）坝体：混凝土（沥青混凝土）面板裂缝、混凝土（防渗土工膜）破损；坝面隆起或塌陷、挤压破坏；渗漏、管涌；心墙开裂、劈裂；坝内廊道开裂、崩塌；坝肩开裂或错动。

（2）坝体与其他建筑物连接部位：开裂、错动、塌陷；渗漏、溶蚀。

（3）坝基：渗漏、溶蚀、排水不畅；不均匀沉降或错动；冲坑、冲槽。

（4）库盆：混凝土（沥青混凝土）面板裂缝、混凝土（防渗土工膜）破损；隆起或塌陷；渗漏、管涌。

4. 泄水消能建筑物

流道冲坑、冲槽、混凝土结构裂缝、破损；掺气/通气设施失效；止水失效；预应力索锚失效；牛腿、胸墙、启闭机排架等混凝土结构裂缝或大梁、导墙、护坡等破损；泄水隧洞混凝土裂缝、结构缝错动，围岩崩塌、掉块；压力钢管鼓包、撕裂、屈曲；消能工渗漏、溶蚀、排水不畅。

5. 厂房建筑物

（1）地面厂房：混凝土裂缝；不均匀沉降、梁柱倾倒、弯曲等异常变形；渗漏。河床式厂房建筑物挡水部分结构运行缺陷类型参照"2. 混凝土坝结构运行缺陷"。

（2）地下厂房：混凝土裂缝、破损；洞室围岩掉块、崩塌、锚索松动；渗漏、溶蚀。

6. 输水建筑物

混凝土裂缝、破损；钢结构鼓包、撕裂、屈曲；围岩掉块、崩塌；水生物吸附；渗漏、溶蚀、排水不畅。

7. 封堵结构

堵头混凝土裂缝、破损、渗水、析出物；封堵结构与围岩结合面错动、渗漏；围岩崩塌、漏水、溶蚀。

8. 通航建筑物

混凝土裂缝、破损；渗漏、溶蚀；止水失效；流道冲坑、冲槽；淤积；倾倒、错动、弯曲等异常变形。

9. 近坝库岸、枢纽区边坡

滑坡、裂缝、崩塌、掉块、岩体破损；锚索松动；泥石流、冰崩、雪崩；排水不畅、溶蚀等缺陷。

10. 水工金属结构设备

（1）闸门：闸门门叶、门槽的锈蚀、异常变形、裂纹、空蚀和磨损等缺陷，门叶支承滑块、支承轮、支铰、支枕垫和止水等装配件的紧固件松动、缺件、转动不畅或咬死、水封老化和磨损等缺陷；闸门关闭时漏/射水、啸叫等缺陷，闸门启闭过程的振动、卡阻等缺陷。

（2）启闭设备：启闭机承力构件异常变形、裂纹、磨损等缺陷，钢丝绳断丝、磨损等缺陷，制动器、减速器、联轴器、传动轴等传动机构缺陷，移动式启闭机轨道缺陷，启闭机荷载限制、开度及极限位置保护、夹轨器等安全装置缺陷，液压启闭机液压油、油泵电动机组、液压控制设备、油箱及附件缺陷，启闭机电气控制系统缺陷。

　　水工建筑物结构、近坝库岸及枢纽边坡运行缺陷主要类型见表 7−1，水工金属结构设备运行缺陷主要类型见表 7−2。

表 7−1　　　　　　　　水工建筑物结构、近坝库岸及枢纽边坡运行缺陷主要类型

序号	缺陷类型		缺陷类型说明
1	损伤类	混凝土裂缝	混凝土由于温差、结构变形、塑性收缩等原因发生的开裂现象
2		混凝土磨损	混凝土表层、过流面等受水流冲蚀、空蚀，以及沙石等磨损
3		混凝土/土工膜破损	混凝土（沥青混凝土）、接缝、围岩、衬砌结构等部位混凝土挤压/碱活性破损、露筋；防渗土工膜老化、张拉，挤压等形成的土工膜撕裂和破损等
4		冻融冻胀、剥蚀、溶蚀、疏松、孔洞	混凝土（沥青混凝土）冻融、溶蚀、腐蚀、侵蚀、碳化等形成混凝土剥蚀、疏松脱壳、孔洞、露筋等
5		冲坑、冲槽	坝基、坝脚及下游消能设施、河床、边坡、护坡等由于水流冲刷、淘刷、淘空形成冲坑、冲槽等
6		开裂、滑坡、崩塌、掉块、挤压破坏	土体或岩体受河流冲刷受地下水活动、雨水浸泡、地震及外力损伤等因素影响等开裂、滑坡、坍塌、崩塌、掉块、挤压破坏
7	渗流类	渗漏	结构缝、施工缝、裂缝、岩体、孔洞、坝体和岸坡结合处等部位渗水
8		管涌	在渗流作用下土体细颗粒沿骨架颗粒形成的孔隙，水在土孔隙中的流速增大引起土的细颗粒被冲刷带走的现象
9		排水不畅	排水系统堵塞、抽排设施损坏
10		析出物	坝体、坝基排水孔排出物，混凝土析钙等
11		防渗及反滤料流失	防渗黏土料、垫层料、过渡料等流失
12	异常变形类	不均匀沉降、错动、脱开、倾倒、弯曲	相邻坝段、坝体及坝基与岸坡、坝体及坝基与其他建筑物等结合部位由于不均匀变形出现的沉降、错动、脱开现象梁柱结构倾倒、弯曲等
13		塌陷、隆起、错台	土体由于地震、渗透破坏、压实度偏低等质量缺陷造成的塌陷、隆起、错台等
14		鼓包、屈曲、撕裂	钢结构因内外水作用产生的鼓包、屈曲、撕裂、脱空脱落等现象
15		锚索松动	结构支护锚索端部因变形或质量缺陷造成的松动
16	其他	泥石流	建筑物附近存在或潜在泥石流冲沟或冰川融化冲击
17		冰崩、雪崩	建筑物附近存在或潜在冰湖、冰崩、雪崩等阻塞河道
18		止水失效	大坝、面板、防浪墙等接缝止水断裂、脱落、腐蚀，保护盖损坏、盖片破损、压条翘起、螺栓松动等
19		掺气/排气设施失效	有压洞室通气孔不畅、淤堵，溢洪道掺气设施不畅、损坏
20		不利流态	吸气漩涡、水翅、雾化；水流流态紊乱
21		动物洞穴	白蚁等动物洞穴
22		淤积	进水口、航道或鱼道进口等淤积
23		水生物吸附	微生物、水草、藻类及鱼贝类等水生物混凝土表面附着

表 7-2 水工金属结构设备运行缺陷主要类型

序号	缺陷类型	缺陷类型说明
1	锈蚀	钢闸门因生锈而被腐蚀
2	闸门变形	闸门发生过载、意外撞击或结构削弱时引起结构变形
3	闸门漏/射水	闸门关闭挡水时门叶结构四周的止水部位、门槽的二期混凝土部位在水压力的作用下出现漏/射水现象
4	闸门结构空蚀和磨损	布置在流速相对较大流道中的高水头闸门的门叶和门槽结构在高流速中发生空蚀，或因水流中泥沙含量较大而产生磨损
5	支承滑块或支枕垫磨损	长期运行后支承滑动面的磨损
6	闸门裂纹	闸门的结构件出现裂纹或焊缝出现裂纹
7	闸门振动	闸门启闭过程、局部开启时发生的振动
8	闸门紧固件松动	闸门承受动荷载后，易发生螺栓等连接件的松动
9	闸门水封老化和磨损	闸门水封在环境因素作用下发生变脆、强度下降、止水效果减弱等现象或者闸门启闭导致水封磨损
10	闸门缺件	闸门装配零部件缺失
11	转动不畅或咬死	闸门上转动部件由于润滑不良或轴承磨损等原因出现转动不畅或咬死现象
12	啸叫	闸门关闭挡水时射水，或闸门动水关闭时通气不足，出现啸叫现象
13	闸门启闭卡阻	闸门在启闭过程中无法闭合到位
14	启闭机承力构件变形	启闭机的门架、机架、卷筒、滑轮、吊叉、车轮、油缸支铰、油缸活塞杆、油缸缸体、油缸端盖和螺杆式启闭机的螺杆等承力构件在过载、意外撞击或结构削弱时引起结构变形
15	启闭机承力构件裂纹、磨损	启闭机的螺杆等承力构件的结构和焊缝出现裂纹
16	钢丝绳缺陷	钢丝绳断丝、断股、磨损、绳径缩小、变形、锈蚀、排列不整齐等
17	制动器缺陷	制动器制动片工作面发现磨损或腐蚀，不满足运行要求
18	减速器缺陷	减速器存在漏油、油质不合格、油量不足等现象，或减速器的齿轮出现齿面胶合、点蚀、磨损、裂纹等现象，或齿轮轴轴承润滑不足而造成温升
19	联轴器、传动轴缺陷	联轴器或传动轴出现腐蚀、变形、磨损、噪声等现象，不满足运行要求
20	移动式启闭机轨道缺陷	移动式启闭机轨道的轨面高差、接头间隙和错位超过设计标准或规范规定
21	启闭机安全装置缺陷	启闭机荷载指示装置/压力表和开度指示装置失灵；启闭机荷载限制器/压力控制器、极限位置控制装置失灵；移动式启闭机缓冲器、夹轨器、锚定装置、风速仪、避雷器等安全设施缺失或失灵
22	液压启闭机液压油缺陷	液压油水分或机械杂质超标；液压油牌号或黏度不符合要求
23	液压启闭机油泵电动机组缺陷	油泵电动机组锈蚀；电动机温升过高、冒烟、轴承过热；油泵外泄漏、出流量不足、异常振动、异常噪声
24	液压启闭机液压控制设备缺陷	液压阀件、管路等元器件的腐蚀、液压控制系统仪表的灵敏度、准确度不够，液压控制阀组和管路泄漏、双吊点液压启闭机同步偏差过大，液压系统无法正常启闭闸门
25	液压启闭机油箱及附件缺陷	液压启闭机油箱管接头漏油、呼吸口干燥剂变色或缺失，油箱的滤油器、油液温度计、液位计报警或缺失
26	电气控制系统缺陷	配电柜、电控柜除湿加热设施不能正常工作，电缆老化，电动机、配电柜、电控柜和供配电线路的绝缘及接地不合规，电动机的电压、电流异常

7.1.2　缺陷治理过程中的重要事项

缺陷需要及时治理，治理过程中应做好缺陷记录及相关风险管控措施。

1. 缺陷台账

针对检查发现缺陷，应建立管理台账，对各类缺陷均应详细记录。台账记录包括缺陷的发现途径、时间、性态、范围、数量、缺陷的类别、认定时间、认定途径、治理方案、施工情况、验收情况、效果评价、缺陷处理状态等。

2. 风险管控措施

在缺陷治理过程中，需要采取有效的风险管控措施，应当加强水情监测、水库调度、防洪度汛、安全监测以及巡视检查等工作，配备必要的管理设施和抢险物料，确保大坝运行安全。

7.2　大　坝　维　护

大坝维护是保证大坝正常运行的一项重要的经常性工作。针对日常巡视检查、年度详查等发现的缺陷或隐患，及时进行维护，以防止或减轻外界不利因素对大坝、闸门启闭设备、边坡、监测设施及附属设施的损害，保持大坝正常运行。维护内容需根据行业标准，并结合工程实际确定，主要包括混凝土坝维护、土石坝维护、地下洞室维护、闸门及启闭设备维护、工程边坡维护、安全监测设施及其他辅助设施维护等，泄水建筑物维护可参照混凝土坝维护。

7.2.1　混凝土坝维护

混凝土坝维护内容主要包括工程表面、伸缩缝止水设施、排水、掺气及通气设施维护，以及冻害、碳化与氯离子侵蚀、化学侵蚀等的防护。

1. 工程表面维护

（1）经常性清理混凝土坝坝面、坝顶路面，保持表面清洁整齐，无积水、散落物、杂草、垃圾、杂物、工具等。

（2）泄洪前清除过流面上可能引起冲磨损坏的石块和其他重物，保持过水面光滑、平整。

（3）对混凝土建筑物表面的轻微裂缝采取封闭处理措施。

（4）对混凝土表面渗漏采取导排措施。

（5）对混凝土表面轻微剥蚀、磨损、冲刷、风化等一般缺陷采用水泥砂浆、细石混凝土或环氧类材料等进行及时修补。

2. 伸缩缝止水设施维护

（1）及时清除沥青井出流管溢出的沥青，及时修复损坏的沥青井出流管及盖板。沥青井 5～10 年加热一次，沥青不足时应补灌，及时更换老化的沥青，更换的废沥青应回收处理。

（2）伸缩缝充填材料老化脱落时，及时进行充填封堵。

（3）定期清理各类变形缝止水设施下游的排水孔，保持排水通畅。

3. 排水、掺气及通气设施维护

（1）经常性采用人工或机械清理坝面、廊道、边坡及其他表面的排水沟、排水孔，保持排水通畅；定期检查掺气及通气设施，保证掺气、通气正常。

（2）经常性采用人工掏挖或机械疏通坝体、基础、溢洪道边墙及底板、护坡的排水孔，保持排水通畅。疏通时避免损坏反滤层。无法疏通时，应在附近增补排水孔。

（3）及时清除集水井、集水廊道的淤积物。

（4）地下洞室的顶拱、边墙等部位出现渗漏时，增设排水孔，并设置导排设施。

4. 冻害防护

（1）易受冰压损坏的部位，可采用人工、机械破冰或安装风、水管吹风、喷水扰动等防护措施。

（2）冻拔、冻胀损坏防护措施。

1）冰冻期排干积水、降低地下水位，减压排水孔定期清淤、保持畅通。

2）采用草、土料、泡沫塑料板、现浇或预制泡沫混凝土板等物料覆盖保温。

3）在结构承载力允许的条件下采用加重法减小冻拔损坏。

（3）冻融损坏防护。

1）冰冻期排干积水，及时修补溢流面、迎水面水位变化区出现的剥蚀或裂缝。

2）易受冻融损坏的部位采用物料覆盖保温或采取涂料涂层防护。

3）防止闸门漏水，避免发生冰拔和冻融损坏。

5. 碳化与氯离子侵蚀防护

（1）对混凝土表面碳化与氯离子侵蚀可能引起钢筋锈蚀，采用涂料涂层全面封闭防护。

（2）对有氯离子侵蚀的钢筋混凝土表面可采用涂料涂层封闭防护，也可采用阴极保护。

6. 化学侵蚀防护

（1）已形成渗透通道或出现裂缝的溶出性侵蚀，可研究采用灌浆封堵。

（2）酸类和盐类侵蚀防护措施。

1）加强环境污染监测，减少污染排放。

2）对轻微侵蚀可采用涂料涂层防护，严重侵蚀可采用浇筑或衬砌形成保护层防护。及时更新老化的防护涂料。

7.2.2 土石坝维护

土石坝维护主要内容包括坝顶、坝端、坝坡、面板、坝基与坝区、排水设施维护。

1. 坝顶维护

（1）经常性清理坝顶及坝顶公路路面，保持坝顶清洁整齐，无积水、散落物、杂草、垃圾、杂物、工具等。坝顶出现的坑洼和雨淋沟采用相同材料填平补齐，并保持一定的排水坡度。坝顶公路路面损坏时，及时按原路面要求修复，不能及时修复的应用土或石料临时填平。

（2）防浪墙、坝肩、踏步、栏杆、路缘石等出现局部破损时，及时修补或更换。

（3）及时清除坝肩的堆积物。坝肩出现局部裂缝、凹坑时，及时查明原因并填补。

（4）经常性清理坝顶排水系统，保持排水通畅。

2. 面板维护

面板变形缝止水结构的止水盖板（片）、柔性填料等出现局部损坏、老化现象时，须及时修复或更换。

3. 坝坡维护

土石坝坝坡面需保持平整，无雨淋沟，无荆棘杂草丛生现象；护坡砌块完好，砌缝紧密，填料密实，无松动、塌陷、脱落、架空等现象；排水系统应完好无淤堵。根据坝坡类型及所在区域不同，坝坡维护主要内容如下：

（1）干砌块石坝坡维护。对个别脱落或松动的护坡石料及时进行填补、楔紧。对风化或冻毁的块石及时更换、并嵌砌紧密。

（2）混凝土或浆砌块石坝坡维护。及时填补伸缩缝内流失的填料。护坡局部发生剥落、裂缝或破碎时，及时采用水泥砂浆表面抹补、喷浆或填塞处理；如破碎面较大，且垫层被淘刷、砌体有架空现象时，应临时用石料填塞密实，适时彻底修理。排水孔如有不畅、及时进行疏通或补设。

（3）堆石护坡或碎石坝坡维护。石料滚动造成堆石护坡或碎石护坡厚薄不均时，及时整平。

（4）草皮护坡维护。经常修整、清除杂草、防治病虫害。保持护坡完整美观。草皮干枯时，及时洒水或施肥维护。出现雨淋沟时，应及时还原坝坡，补植草皮。坝坡坡面排水系统、坝体与岸坡连接处的排水沟、两岸山坡上的截水沟出现堵塞、淤积或损坏时，及时清除和修复。

（5）严寒地区坝坡维护。入冬前，清除干净坝坡排水系统内积水。在冰冻期间，防止冰凌对护坡的破坏，根据具体情况，采用打冰道或在护坡临水处铺放塑料薄膜等方法减少冰压力。具备条件时，采用机械破冰法破碎坝前冰盖。

4. 坝区维护

（1）经常性清理坝区范围内的排水设施、交通通道，保持完整、美观、无损坏。

（2）对于坝区内白蚁及其他动物危害易发工程，积极预防和防治。

（3）对于坝区范围内新出现的渗漏溢出点，设置观测设施进行持续观测，分析查明原因后处理。

（4）上游设有铺盖的土石坝，避免放空水库，防止铺盖出现干裂或冻裂。避免库水位骤降引起坝体滑坡并损坏铺盖。

（5）坝区内的排水、导渗设施须保持无断裂、损坏、堵塞、失效现象、排水畅通。维护要求如下：

1）及时清除排水沟（管）内的淤泥、杂物及冰塞，保持通畅。

2）排水沟（管）局部出现裂缝和损坏时，及时修补。排水沟（管）的基础遭受冲刷破坏时，需先恢复基础，后修复排水沟（管）。修复时需使用与基础相同的土料并夯实，排水沟（管）如设有反滤层时、也应按设计标准进行修复。

3）随时清理坝趾或导渗设施周边山坡的截水沟，防止山坡浑水淤塞坝趾导渗排水设施，保持排水畅通。

4）减压井经常进行清理疏通，必要时洗井，保持排水畅通；周围如有积水渗入井内，须将积水排干，填平坑洼，保持井周无积水。减压井的井口应高出地面、防止地表水倒灌。如减压井已被损坏无法修复，可将该减压井用反滤料填实、另建新减压井。

5）经常性检查并防止土石坝的导渗和排水设施遭受下游浑水倒灌或回流冲刷，必要时可修建导流墙或将排水体上部受回流影响部分的表层石块用砂浆勾缝、排水体下部与排水暗沟相连，保证排水体正常排渗。

7.2.3 闸门及启闭设备维护

闸门及启闭设备维护内容主要包括闸门及拦污栅、闸门行走支撑装置、吊耳吊杆及锁定装置、启闭设备、电气及自动控制系统、柴油发电机组维护等。

1. 闸门及拦污栅维护

（1）定期清理闸门、拦污栅，保持闸门迎水面无附着物，闸门背水面梁格、顶部及弧门支臂上有无淤泥、杂草、锈皮等污物，闸门梁格排水孔排泄畅通；带滚轮的闸门的滚轮及其附近区域的无污物，保证滚轮运转正常。

（2）定期清理门槽、底坎处的碎石、杂物，防止闸门卡阻。

（3）发现结构件防腐蚀涂层起皮、脱落现象，查明原因后进行修复。

（4）及时更换变形、损伤或脱落的连接螺栓。发现断裂时，查明原因后采取相应措施处理。

（5）闸门或拦污栅位移或倾斜，使单侧或对角的侧轮（滑块）受力时，查明原因后及时纠正。

（6）闸门或拦污栅启闭过程中有卡阻、跳动、异常振动和响声时，查明原因后及时消除。

（7）及时清理附着在水封上的杂草、冰凌或其他障碍物；定期调整闸门水封压缩量，使其松紧适当，并在设计数值范围内使用；及时更换老化、变形或破损的止水橡皮，修复变形、损伤或脱落的止水垫板、压板、挡板等部件。

（8）闸门门叶节间连接装置在每次使用前后按要求进行保养。

（9）闸门充水阀保持止水严密，部件完整，阀门启、闭无卡阻。

2. 闸门行走支撑装置维护

定期清理闸门行走支撑装置，保持清洁。及时拆卸清洗滚轮或支铰轴堵塞的油孔、油槽，并注油，做好支承行走装置的润滑和防锈。

3. 吊耳吊杆及锁定装置维护

定期清理吊耳吊杆及锁定装置，保持销轴转动灵活，零部件完好，锁定装置支撑牢固可靠，存放时排列整齐，防止变形和腐蚀。吊耳吊杆及锁定装置的部件变形时，及时矫正。

4. 启闭设备维护

闸门启闭设备维护工作主要包括：定期清理机房、机身、备用电源、闸门井以及操作室等；及时更换和添加润滑油，保持设备润滑良好；定期量测电机绝缘电阻，保持电机干燥；定期清除钢丝绳表面的污物，清洗后涂抹油脂保护；备用电源及通信、避雷、照明等

设施需经常维护，保持正常工作状态等。针对设备类型不同，主要要求如下：

（1）卷扬式启闭机维护。

1）定期清理卷扬式启闭机表面，保持各连接件连接牢固。

2）保持制动器制动拉杆、弹簧等各部件无锈蚀、变形、断裂等情况，制动轮外表面无油污、裂纹等状况。液压制动器及时补油，定期清洗、换油。

3）定期清理钢丝绳并涂脂保护；保证钢丝绳两端固定部件紧固、可靠；双吊点启闭机钢丝绳两吊轴高差超标时，及时调整。当钢丝绳润滑油失效时，及时更换。更换时用钢丝刷刷去钢丝绳上污物，并用清洗剂清洗干净，将润滑油均匀涂抹在钢丝绳上。更换钢丝绳润滑油时检查钢丝绳破坏或磨损情况。

4）当制动带磨损原厚度的1/2或制动带磨至与铆钉齐平时，及时更换制动带。

5）必要时清洗大齿轮与小齿轮上润滑油脂，并重新涂抹。

6）双吊点启闭机两吊点高差不满足SL 381《水利水电工程启闭机制造安装及验收规范》的规定时，查明原因后及时调整处理。

7）必要时清除电动机旧的润滑脂，清洗后注入新的润滑脂。在注入前检查电动机风扇及轴承磨损情况，若风扇有破坏及时更换，若轴承磨损严重及时维修。

8）当减速器润滑油不满足要求时需更换。更换的新油须确保合格。注油设备、油孔、油道、油箱等经过清洗后方可注入新油。

9）定期向各活动部件的润滑点加注润滑油。

（2）液压启闭机维护。

1）清理活塞杆行程内的障碍物。长期暴露于缸外或处于水中的活塞杆需有防腐蚀保护措施。

2）当空气进入油缸内部时，用排气阀缓慢放气；无排气阀时，可用活塞以最大行程往复数次，实施排气。

3）系统中各计量表计按要求进行检定或校验。

4）定期清洗空气过滤器、吸油滤油器、回油滤油器、注油孔及隔板滤网，有损坏时更换。

5）根据管接头的漏油情况更换相应的密封件，更换老化的高压胶管、测压软管、挠性橡胶接头。

6）油缸活塞杆的伸缩速度、双缸同步性能不满足设计要求时，查明原因后及时处理。

7）油缸下滑量值不满足SL 381的规定时，查明原因后及时处理。

8）保持油箱中的液压油需正常的油位，油位下降需补同品牌液压油，新油需过滤，并达到设计要求。

9）按GB/T 30507的规定定期对液压油进行杂质和水分的检验和过滤，达不到要求时更换。

10）定期检查维护消防设备，保证齐备有效。

（3）螺杆启闭机维护。必要时更换螺杆、螺母、蜗轮、蜗杆及轴承润滑油。各转动部件的间隙不满足SL 381的规定时，查明原因后矫正修复。双吊点启闭机两吊点高差不满足SL 381的规定时，查明原因后校正。

（4）门式起重机（移动式启闭机）的维护按 DL 835、SL 101 执行。

（5）电气及自动控制系统维护。

1）电动机应保持牢固，风扇及护罩均不得松动。

2）定期摇表测量电动机的绝缘电阻，保证电动机运行三相电流不平衡度应满足 SL 381 的要求。

3）各种监测仪表、信号及指示装置（如限位装置）需经常性检查调整，保证其处理准确可靠的工作状态。

4）及时清扫电气设备表面，以利散热，保证无异常发热现象。

5）定期检查仪器、仪表、电气液压元件（如压力表、压力传感器、压力继电器以及其他各种继电器等）设定值的准确性，并按照相关标准规定进行定期校验。

6）防雷设施按照 GB/T 21431 的规定进行定期校验，保证其有效性。

5. 柴油发电机组维护

检查柴油机各部油位是否正常，油质是否合格，不满足要求的，需补油或换油；检查绝缘电阻是否符合要求，更换不符合要求的部件；及时修复有卡阻的发电机转子、风扇与机罩间隙；擦拭干净集电环换向器，及时调整电刷压力；检查机旁控制屏元件和仪表安装是否紧固，更换损坏的熔断器；更换动作不灵活、接触不良的机旁控制屏的各种开关。

7.2.4 工程边坡维护

工程边坡维护主要内容如下：

（1）混凝土喷护边坡表面滋生的杂草与杂物及时清除。

（2）边坡排水沟、截水沟内的杂草与淤积物等及时清除，保持沟内清洁与流水畅通。排水沟、截水沟表面出现的破损及时整修恢复。排水孔出现堵塞时及时疏通。

（3）定期观察边坡的稳定情况，清除落石，必要时设置防护设施。

（4）边坡出现冲沟、缺口、沉陷及坍落时需进行整修。

（5）边坡挡土墙需定期检查，发现异常现象及时采取下列措施：

1）清除挡土墙上的草木。

2）墙体出现裂缝或断缝时先进行稳定处理，再进行补缝。

3）排水孔应保持畅通，出现严重渗水时，应增设排水孔或墙后排水设施。

（6）边坡锚固系统的维护应符合下列规定：

1）定期检查边坡支护锚杆的外露部分是否出现锈蚀。如锈蚀严重，需先去锈、再用防护层保护。

2）定期检查边坡支护预应力锚索外锚头的封锚混凝土的碳化与剥蚀情况。如碳化或剥蚀情况较为严重，应按 SL 230 的有关规定进行处理。

3）加强锚杆和预应力锚索支护边坡的防水、排水工作，防止地下水入渗，减轻或避免地下水对锚杆和锚索的腐蚀作用。

7.2.5 地下洞室维护

地下洞室维护内容如下：

（1）地下洞室的衬砌混凝土维护参照 7.2.1 节 "工程表面维护"部分。发现局部衬砌漏水时，加强观测，并采取封堵和导排措施。

（2）地下洞室内的排水廊道、排水沟、排水孔出现淤积、堵塞或损坏时，及时采取人工掏挖、机械疏通或高压水冲洗等方法进行疏通和修复。

（3）加强洞室顶拱、边墙等部位的检查、及时清除裸露岩体表面松动的石块，清理隧洞内的积渣；对地下厂房渗漏点进行截堵或导排，并做好通风防潮工作。

（4）加强对地下厂房内岩锚吊车梁的观测，发现裂缝时，应及时分析处理。

（5）过流隧洞定期进行排干检查与维护。经常清理过流隧洞进口附近的漂浮物。

（6）地下洞室围岩若出现大面积掉块的现象，需采用喷锚或混凝土衬砌的方法加以保护。

7.2.6　安全监测设施维护

安全监测设施维护主要内容如下：

（1）定期检查各类安全监测设施的工作状态，及时保养和维护。损坏且具备修复条件的安全监测设施及时修复。

（2）易损坏的安全监测设施加盖上锁、建围栅或房屋进行保护，如有损坏及时修复。

（3）及时转移动物在安全监测设施中筑的巢窝，尽量不伤害小动物。易被动物破坏的安全监测设施须设防护装置。

（4）有防潮湿、防锈蚀要求的安全监测设备，采取除湿措施，定期进行防腐处理。

（5）经常性检查维护安全监测自动化采集系统的避雷装置。

（6）保持观测房及观测站室内干燥，室内温度需满足安全监测仪器的工作温度要求，必要时采取保暖措施；观测房应保持外观整洁，通往观测房的道路应通畅，无杂草、杂物。

7.2.7　其他附属设备设施维护

其他附属设备设施维护主要内容如下：

（1）有排漂设施的应定期排放漂浮物；无排漂设施的可利用溢流表孔定期排漂，无溢流表孔且漂浮物较多的，可采用浮桶、浮桶结合索网或金属栏栅等措施拦截漂浮物并定期清理。

（2）定期监测坝前泥沙淤积和泄洪设施下游冲淤情况。淤积影响枢纽正常运行时，应进行冲沙或清淤；冲刷严重时应进行防护。

（3）坝肩和输、泄水道及泄洪影响区的岸坡应定期检查，及时疏通排水沟、孔，对滑坡体及其坡面损坏部位应立即处理。

（4）定期检查输水洞、涵、管等的完好情况及其周围岩土体的密实情况、及时填堵存在的接触缝和接触冲刷形成的缺陷。

（5）保证坝肩山坡和地面截水设施正常运行，防止水流冲刷坝顶、坝坡或坝脚，及时清理岸坝结合部山坡的滑坡堆积物，并及时处理滑坡部位。

（6）及时打捞漂至坝前的较大漂浮物，避免遇风浪时撞击坝坡。

（7）加强水库库岸周边安全护栏、防汛道路、界桩、告示牌等管理设施的维护与维修。

7.2.8 常见缺陷处理

根据缺陷统计情况，大坝常见缺陷包括裂缝、渗漏、混凝土过流面冲蚀磨损破坏等。

1. 裂缝修补

混凝土裂缝的修补方法主要有以下一些方法：

（1）表面修补法。表面修补法是一种简单、常见的修补方法，它主要适用于稳定和对结构承载能力没有影响的表面裂缝以及深层裂缝的处理。通常的处理措施是在裂缝的表面涂抹水泥浆，环氧胶泥或在混凝土表面涂刷油漆、沥青等防腐材料，在防护的同时为了防止混凝土受各种作用的影响继续开裂，通常可以采用在裂缝的表面粘贴玻璃纤维布、表面凿槽嵌补和表面贴条法等措施。

施工时，首先用钢丝刷子将混凝土表面打毛，清除表面附着物，用水冲洗干净后充分干燥，然后用树脂充填混凝土表面的气孔，再用修补材料涂覆表面。

（2）灌浆、填充法。灌浆法主要适用于对结构整体性有影响或有防渗要求的混凝土深层裂缝的修补。它是利用压力设备将胶结材料压入混凝土的裂缝中充填其空隙，胶结材料凝结硬化后与混凝土形成一个整体，从而起到补强加固、防渗堵漏，并恢复结构整体性作用，包括水泥灌浆和化学灌浆。常用的胶结材料有水泥浆、环氧树脂、甲基丙烯酸酯、聚氨酯等化学材料。

嵌缝法适合于修补较宽裂缝（宽度大于 0.5mm）的方法。它通常是沿裂缝处凿"U"形或"V"形槽，槽顶宽约 10cm，在槽中充填塑性或刚性止水材料，以达到封闭裂缝的目的。常用的塑性止水材料有聚氯乙烯胶泥、塑料油膏、丁基橡胶等；常用的刚性止水材料为聚合物水泥砂浆。

如果钢筋混凝土结构中钢筋已经锈蚀，则将混凝土凿除到能够充分处理已经生锈的钢筋部分，将钢筋除锈，然后进行防锈处理，再在槽中充填聚合物水泥砂浆或环氧树脂砂浆等材料。

（3）结构加固法。当裂缝影响到混凝土结构的性能时，就要考虑采取加固法对混凝土结构进行处理。结构加固中常用的方法包括：加大混凝土结构的截面面积；在构件的角部外包型钢、采用预应力法加固、粘贴钢板加固；增设支点加固以及喷射混凝土补强加固等。

（4）混凝土置换法。混凝土置换法是处理严重损坏混凝土的一种有效方法，此方法是先将损坏的混凝土剔除，然后再置换入新的混凝土或其他材料。常用的置换材料有：普通混凝土或水泥砂浆、聚合物或改性聚合物混凝土或砂浆。

（5）电化学防护法。电化学防腐是利用施加电场在介质中的电化学作用，改变混凝土或钢筋混凝土所处的环境状态，钝化钢筋，以达到防腐的目的。阴极防护法、氯盐提取法、碱性复原法是化学防护法中常用且有效的三种方法。这种方法的优点是防护方法受环境因素的影响较小，适用钢筋、混凝土的长期防腐，既可用于已裂结构也可用于新建结构。

2. 渗漏处理

渗漏处理的一般原则是："上堵下排，以堵为主，以排为辅"，对于渗漏的封堵处理则需遵循"治本为主，治表为辅，表本结合，综合治理"的原则。"治本为主"，是指在渗漏处理中应尽可能从混凝土内部将渗水通道和孔隙封闭，从根本上解决渗漏产生的原因；"治表为辅"则是指在当无法有效地对渗水通道和孔隙进行封闭时，可采用表面嵌填、粘贴、涂刷等方法作为辅助手段对混凝土表面进行防渗处理。只有将二者有效结合，才能达到较好的综合治理效果。

防渗可采取迎水面处理或背水面处理，一般来说，迎水面的防渗处理可以较好地从源头封闭渗漏水的通道，这样既可直接阻止渗漏，又有利于建筑物本身的稳定，是防治渗漏的首选办法，在条件允许时应尽可能采取。但由于水工建筑物的特殊性，该方法所受的局限性较大，一般仅对新建工程中由于施工不当引起的混凝土裂缝，或在允许放空的中小型水库及渠道的处理上采用。而对于大多数渗漏处理工程，一般面临的都是背水面防水处理，一些水库因无法放空或放空代价太大，只能从下游面进行施工，一般需要带水操作，在这种情况下，对防水材料和工艺的选择就提出了更高的要求。

对于渗漏的处理工艺，常见的有化学灌浆、表面嵌填、粘贴、涂刷以及水下渗漏处理等。

对于不同的渗漏，处理方法亦不相同，下面分别按点渗漏、裂缝渗漏、变形缝渗漏和面渗漏，阐述渗漏的处理方法。

（1）点渗漏的处理。点渗漏也可称为孔洞渗漏或集中渗漏，根据渗漏水压力的大小及漏水孔洞大小，可以采用以下不同渗漏处理方法。

1）直接堵塞法。当水压不大（水头在 2m 以下），漏水孔洞较小的情况下，可采用"直接堵塞法"处理。操作时，先根据渗漏水情况，以漏水点为圆心剔槽。一般槽的直径为 1～3cm、深 2～5cm。毛细孔渗水，剔成直径 1cm、深 2cm 的槽即可。槽壁必须与基面垂直，不能剔成上大下小的楔形槽。剔完槽后，用水将槽冲洗干净，随即配制水泥胶浆（水泥：促凝剂＝1:0.6）并将胶浆捻成与槽直径相接近的锥形团。在胶浆开始凝固时，迅速以拇指将胶浆用力堵塞于槽内，并向槽壁四周挤压严实，使胶浆与槽壁紧密结合。堵塞完毕后，立即将槽孔周围擦干，撒上干水泥粉。待已堵塞严密，无渗水现象时，再在胶浆表面抹素灰和水泥砂浆各一层，并将砂浆表面扫成条纹，待砂浆有一定强度后（夏季 1 昼夜，冬季 2～3 昼夜），再按四层做法和其他部位一起进行防水层施工。如发现堵塞不严仍有渗水现象时，应将堵塞的胶浆全部剔除，槽底和槽壁经清理干净后，重新按上法进行堵塞。

2）灌浆堵漏法。灌浆堵漏法对于水压较大，孔洞较大且漏水量大孔洞的封堵很合适，也可用于密实性差、内部蜂窝孔隙较大的混凝土的渗漏处理和回填。灌浆材料可以用水泥、水玻璃、丙凝、丙烯酸盐以及水泥和水玻璃、丙烯酰胺、丙烯酸盐的混合灌浆材料。目前使用最广泛的尚属氰凝和水溶性聚氨酯类堵漏灌浆材料。

灌浆堵漏法的具体操作步骤如下：先将漏水孔凿成喇叭形，用快凝灰浆把灌浆嘴埋入，并封闭灌浆管四周，使漏水顺管集中排出。然后再用高强砂浆回填至原混凝土面，必要时可立模养护。待高强砂浆达到一定强度后，沿灌浆嘴顶水灌浆。灌浆完毕，关紧灌浆管阀门，等浆液凝固后再行拆除。灌浆压力选择与孔洞大小（或混凝土内部孔隙率大小、渗透系数）、静水压力、浆液黏度、浆液适用期、总灌浆量有关。用有色水代替浆液试灌，可以为计算灌浆量、灌浆时间、灌浆压力提供参考数据。

（2）裂缝渗漏处理。裂缝渗漏处理方法首先明确裂缝渗漏的成因和危害性大小，明确修补的目的（恢复结构整体性、防渗耐久、美观等），然后综合考虑环境条件、工期、经济性，选择适当的方法进行处理。处理裂缝渗漏的方法有：

1）表面（喷）涂刷。表面涂刷是指在裂缝或混凝土表面通过涂刷防水材料以封堵缝隙和孔洞的目的。可供涂刷（喷涂）的材料可分为两大类：一类是无机类水泥基渗透结晶型防水材料，典型的有 XYPEX 和凯顿百森，这是一种含有活性化合物的水泥基粉状防水材料，在有水条件下，活性化合物向混凝土内部渗透，催化混凝土内的微粒和未完全水化的成分再次发生水化作用，在孔隙和裂缝中形成大量不溶于水的长链状结晶，形成不溶性枝蔓状结晶并与混凝土结合成为整体，填充和封堵渗水的孔隙与裂缝，从而达到防水、防潮和保护钢筋、增强混凝土结构强度的效果，研究表明，渗透深度可达 5cm 以上。这项技术在三峡大坝坝面防渗以及天生桥二级、大坳、安康等水利工程的修补中应用均取得良好效果。另一类材料属高分子化学材料，它以合成橡胶或合成树脂为主要成膜物质，可单独作为防渗涂层使用，如聚氨酯、环氧防水涂料等，也可以乳液与水泥、砂拌制成聚合物水泥砂浆（有氯丁胶乳、丙烯酸酯胶乳、羧基丁苯胶乳等）。以 PCCM 聚合物水泥砂浆为例，与普通水泥砂浆相比，黏结强度提高 2～3 倍，极限拉伸值提高 3～4 倍，抗拉弹模降低 2～3 倍，抗裂系数提高 20 多倍，防碳化能力提高约 3 倍。

2）表面粘贴。表面粘贴是指对混凝土表面大面积缺陷（如表面龟裂、冒汗等），通过在表面粘贴片状防水材料来防止渗漏的办法。一般来说橡胶防水卷材（如三元乙丙橡胶防水卷材、SR 防渗保护盖片、氯化聚乙烯橡胶防水卷材等）综合性能优异，可冷施工，无污染，可广泛用于混凝土裂缝的防渗处理。而沥青改性防水卷材（如 SBS 防水卷材）则必须加热施工，施工有一定困难，综合性能也稍差。

3）表面嵌填。表面嵌填是指沿裂缝凿槽，并在槽中嵌填止水密封材料，封闭裂缝以达到防渗、补强的目的。对于以结构补强为目的或非变形缝的处理，一般可采用环氧砂浆、弹性环氧砂浆、聚氨酯砂浆等强度较高的聚合物水泥砂浆；对于以防渗为主要目的的，则可以采用弹塑性止水材料。

聚合物水泥砂浆是通过向水泥砂浆掺加聚合物乳胶改性而制成的一类有机、无机复合材料。与普通水泥砂浆相比，聚合物水泥砂浆的弹模低、抗拉强度高、极限拉伸率高、与老混凝土的黏结强度高，因此聚合物水泥砂浆层能承受较大振动、反复冻融循环、温湿度强烈变化等作用，耐久性优良，适用于恶劣环境条件下水工混凝土结构的薄层表面修补。施工方法有人工涂刷喷涂及灰浆机湿喷。

弹性止水材料种类有许多，聚氨酯、聚硫、有机硅是其中 3 大类，而又以聚氨酯密封胶应用较广。塑性止水材料有聚氯乙烯、非硫化丁基橡胶改性材料等，GB（SR）塑性止水材料以非硫化丁基橡胶和有机硅等高分子材料为主体，通过添加各种助剂制备而成，具有接缝变形适应性强、抗渗耐老化性好、与混凝土基面黏结性强、冷施工操作简便、材料成本低等特性，非常适用于各类活动接缝的防渗处理，已在我国面板坝工程建设中获得广泛应用。目前常用的此类材料有 HK 聚氨酯密封胶、SR 塑性止水材料等。

4）灌浆法。前述的裂缝渗漏方法，仅仅是对裂缝表面的处理，堵塞渗漏水的进口或出口。而灌浆法则是对渗漏裂缝内部的处理，通过压力把灌浆材料注人并充满裂缝内部，把水逼出混凝土结构体外。视所选用浆材的不同，灌浆处理能起到动水堵漏、防渗或防渗补强等作用。对开度受环境气温变化影响的渗漏裂缝，裂缝开度大时是灌浆的最佳时机，此时灌浆容易取得成功。这是因为在此后裂缝的长期开合变化中，固化浆体总是处于受压或中性状态。但裂缝开度大时环境温度较低，不利于灌浆材料的固化；且开度增大会招致渗漏量增加，对灌浆施工不利。对于大体积水工混凝土结构，应充分研究论证裂缝灌浆最佳开度和最优灌浆材料。

弱漏水裂缝处理。所谓弱漏水裂缝，是指漏水量和漏水压力都不大，可以用"先封后灌"的方法加以处理的裂缝。

强漏水裂缝灌浆。所谓强漏水，是指漏水量大、水压力和流速也比较高的情况。对于这种漏水在漏水溢出口无法封堵，必须采用间接灌浆法来处理。即把浆液压入渗漏路径中，在有效水压力和流动水的作用下沿路径扩散，在极短的时间内令浆液胶凝，从而将漏水堵住。

（3）变形缝渗漏的处理。处理水工混凝土建筑物变形缝止水结构失效而造成的渗漏，常用下面几种方法。

1）嵌填止水密封材料法。清除缝内已经失效的止水材料及杂物，再将缝的两个侧面清理干净，然后在缝的底部设置垫条或垫片，按止水密封材料的施工工艺要求嵌填密封材料。为防止密封材料老化和反复伸缩变形把密封材料挤出，可采用在缝上粘贴玻璃丝布等措施加以保护。

变形缝的缝宽、变形量的大小和方向，决定着止水密封材料的选择。变形量、位移值越大，方向变化越多，选用的密封材料具有的弹性和延伸性就应该越大。对于宽度小、伸缩变形大，发生密封材料挤出破坏的变形缝，修补时应根据实际情况适当拓宽嵌填，施工时应注意不得使密封材料和凹槽底部混凝土黏结，否则缝的伸缩变形会在密封材料内引起多向应力，拉开密封材料。

2）锚固橡胶板等止水材料法。用膨胀螺栓、锚固螺栓、射钉及钢压条锚固件把止水橡胶板、塑料板、紫铜片（或镀锌铁片）、不锈钢片等锚固在变形缝上，覆盖变形缝达到止水效果。

3）灌浆堵漏法。如果必须在渗漏状态下（背水面）处理变形缝时，可先设法降低水位，然后用化学灌浆法堵漏。根据渗漏情况可进行全缝或局部灌浆（处理段两头需要设止浆孔）。钻孔可以骑缝也可以从缝两侧钻斜孔，或两种孔并用。灌浆法有时可单独用于伸缩缝渗漏水处理，但在很多情况下则作为导流止漏措施配合前述的修补方法使用。灌浆材料可选用氰凝、丙凝、丙烯酸盐类、水溶性聚氨酯等化学浆材。灌浆压力一般为 0.3～0.5MPa。灌浆泵根据渗漏水量的大小情况和施工条件选定。

4）止水结构缝渗漏的处理。混凝土建筑物止水结构缝渗漏的修补，先采用热沥青补灌，当此法无效时，可采用化学灌浆。灌浆的材料用聚氨酯，单液法灌浆，设备简单，施工容易。此外，还常采用丙凝浆液。

（4）大面积散渗处理。处理大面积渗漏水应尽量先将水位降低，使能在无水情况下直接进行施工操作，且最好能在迎水面完成作业。若不能降低水位，须在渗漏水状态下于背水面作业时，首先导渗降压，在漏水较严重的部位开凿孔眼，埋入导管排水，降低混凝土内部的渗水压力，便于在混凝土表面进行防渗层施工。待防渗层达到一定强度后，再堵塞排水孔。处理大面积散渗有以下几种常用方法：

1）表面涂抹覆盖法。表面覆盖法即以防渗、耐久性及美观等为目的，选用合适的修补材料把渗水混凝土表面覆盖封闭起来。所选表面覆盖修补材料对施工环境的适应性、能否与混凝土面有足够的黏结强度，以及在所处的环境条件下耐久性的好坏，是修补处理成败的关键。常用的修补材料有各种有机或无机防水涂膜材料、水泥防水砂浆、钢丝网喷浆、聚合物水泥砂浆、环氧玻璃钢。

2）浇筑混凝土或钢筋混凝土护面。适用于大面积散渗情况的修补处理（由混凝土内部密实性差或裂缝非常发育引起），同时还可起到补强加固作用。如闸、坝等挡水建筑物的迎水面、闸底板、铺盖等的防渗加固，隧洞、涵管等输水建筑物或某些水下建筑的背水面内衬加固。

3）灌浆处理。适用于因混凝土含浆量不足、搅拌不均匀、离析、漏振或冬季浇筑混凝土时出现冰冻引起的结构物混凝土密实性差的渗漏处理。灌浆材料可选用水泥或化学灌浆材料，这要视具体工程情况而定。

（5）其他漏水情况的处理。

1）基础渗漏处理。软基渗漏处理。原有防渗设施性能不好应设法补强或增加其他形式防渗设施，常用方法有以下几种：

a. 重筑黏土铺盖：此法适用于坝体防渗效果好，但不透水层较深的单层地基，其前提是坝区附近有黏土，需放空水库或做围堰施工。否则只能改用上游水中抛土或灌注浑水的方法，但效果较差。

b. 增筑黏土截水墙或连锁混凝土井柱：此法适用于坝体质量尚好，不透水层埋藏较浅而基础又未挖到不透水层的情况，条件是需放空水库施工。当透水层为沙、沙壤土或其他软弱层时，也可采用砂浆板桩。

c. 筑混凝土防渗墙：此法适用于透水层较深的情况。

d. 作灌浆帷幕：此法适用于砂砾石或细沙基础，而且不能放空水库施工的情况。根据基础材料的可灌性，可分别选用黏土灌浆、水泥灌浆、黏土水泥灌浆或化学灌浆。

e. 建造减压井或压渗台、排渗沟：此法适用于基础有承压水，坝后逸出坡降大于允许值或有沼泽化现象的情况。

岩基渗漏处理。首先要根据渗漏现象查清有关部位的排水孔和测压孔的工作情况，然后再根据原设计要求和施工情况进行综合分析判别渗漏原因，确定处理方法。如查明原帷幕深度不够，可加深帷幕，加深后如下部孔距不满足要求时，则还要加密钻孔。若有断层破碎带垂直或斜交于坝轴线、贯穿坝基而造成渗漏，除在该处适当加深或加厚帷幕外，并可根据破碎带构造情况增设钻孔，进行固结灌浆。如查明是排水设备不畅或堵塞，可设法疏通，必要时增设排水孔或导渗平洞。

2）坝体渗漏处理。根据坝体材料、渗漏原因和程度的不同，可分别采用截、排或两者结合的措施。

土坝坝体渗漏处理常用方法有导渗沟法、导渗培厚法（下游贴坡加固）、砂桩导渗法、上游加做黏土斜墙法、黏土或黏土水泥灌浆法以及防渗墙或连锁井柱法。

混凝土坝（闸）坝体渗漏处理包括裂缝渗漏处理、散渗或集中渗漏处理、止水、结构缝渗漏处理。

砌石坝坝体渗漏处理常用方法有：上游面涂抹环氧材料；麻丝填塞砌缝后再用水泥砂浆勾缝；砌缝灌注水泥浆与坝面涂抹水泥砂浆相结合；上游面增做混凝土防渗墙或刚性防水层等。

3）绕坝（闸）渗漏处理。尽量采取封堵措施，封堵后仍有漏水时，也可辅之以排。常用处理方法有：水中抛土或放淤；加筑黏土斜墙或贴坡；灌注黏土、水泥或黏土水泥浆；筑混凝土防渗墙或连锁井柱；喷浆；开挖回填或加深刺墙；补设排水孔或导渗平洞；加做排水反滤体或排水压重等。

4）接触带渗漏处理。由于接触带渗漏往往与绕坝渗漏相伴出现，故其处理除了参考绕坝渗漏的处理方法外，对于混凝土与岩石间接触带渗漏，还可采用接触灌浆处理。

7.3　补　强　加　固　案　例

对工程安全或运行管理有不利影响的缺陷，需及时进行补强加固处理。本文结合常见几种工程隐患或缺陷实际案例进行描述。

7.3.1　坝顶高程不足

由于设计的坝顶（或防渗体顶部）高程是针对大坝沉降稳定后的情况而言的，运行期大坝往往会出现坝顶（或防渗体顶部）高程不满足要求的情况。主要包括三个方面：其一是防洪标准偏低防洪能力不足，导致坝顶（或防渗体顶部）高程不满足要求；其二是坝体填筑压实度低，竣工以后沉降量大，导致坝顶（或防渗体顶部）高程不足；其三坝顶超高不够导致坝顶（防浪墙顶）高程不足。大坝坝顶（或防渗体顶部）加高处理统计情况见表 7-3。

表 7-3　　　　　坝顶（防渗体顶）加高处理大坝统计情况一览表　　　　　单位：m

大坝名称		坝型	加高处理前			加高处理后		
			坝顶高程	防浪墙顶高程	防浪墙超出坝顶	坝顶高程	防浪墙顶高程	防浪墙超出坝顶
陡岭子		混凝土面板砂砾石堆石坝	275.00	276.20	1.20	275.00	276.45	1.45
雪山湖		混凝土面板堆石坝	547.40	548.40	1.00	547.40	548.70	1.30
百丈漯一级	主坝	黏土心墙坝	658.70	659.70	1.00	659.00	660.20	1.20
	白坟副坝	黏土心墙坝	658.00	659.00	1.00	658.70	659.90	1.20
毛尖山		黏土心墙土石混合坝	371.78	372.78	1.00	372.70	373.70	1.00
以礼河一级		黏土心墙土坝	2227.00	2231.70	1.20	2229.70	2231.70	1.20
红枫		灌浆心墙堆石坝	1241.30	1242.50	1.20	1243.08	1244.28	1.20

注　表中黏土心墙坝坝顶高程指防渗体顶高程。

在实际工程中针对不同的缺陷情况，采用不同的处理方式：

（1）坝顶（或防渗体顶部）高程满足土石坝规范要求，防浪墙顶高程安全超高不满足，仅需对防浪墙进行加高处理。

（2）坝顶（或防渗体顶部）高程高于设计洪水位和正常蓄水位，低于校核洪水位，且防浪墙顶低于浪顶高程。如以礼河一级电站拦河坝为黏土心墙土坝，最大坝高 80.5m，坝顶高程 2230.5m。设计正常水位 2227.0m，校核洪水位 2229.5m，设计心墙顶高程 2229.7m，实际心墙顶高程 2227.0m，比设计少填筑了 2.7m。遂对大坝 2226.43m 高程以上的心墙进行了挖槽、拼接和铺筑土工膜技术进行了相应处理，并按规定技术要求回填心墙红黏土，层层夯实至 2229.7m 高程。处理后，心墙顶高程 2229.7m，高出校核洪水位 0.2m，坝顶高程 2230.5m，满足设计规范要求。

7.3.2　混凝土重力坝横缝渗漏

混凝土重力坝横缝渗漏较多见，如陈村、纪村、柘溪、龙滩、棉花滩，厂房结构缝渗漏也类似。本节以越南松真 2 水电站大坝横缝渗漏处理作为案例。

越南松真 2 水电站大坝为混凝土重力坝，最大坝高 96m，坝长 640m。电站蓄水发电后，大坝数条横缝出现渗漏，其中单条最大渗漏量 49.7L/s，总渗漏量达 81.1L/s，经水下喷墨检查，吸入明显。经综合分析，渗漏水原因为大坝横缝止水失效或横缝止水与周边混凝土衔接不密实，存在通道。处理方案为对漏水横缝自坝顶至淤积层以上新设缝面止水结构，具体由缝内化学灌浆和缝面柔性防渗止水模块构成。缝内化学灌浆选用水溶性聚氨酯灌浆材料，利用其遇水膨胀的特性填充横缝缝腔、止水周边渗漏水通道，再用 SR 防渗止水模块在横缝上游面形成一道柔性止水。共处理横缝约 657m（其中水下 294.6m），总渗漏量减小率达到 89.2%，处理效果显著。

有些工程因多种条件限制，无法在上游面直接对横缝进行处理，也可在横缝第一道止水后，大坝坝顶骑横缝钻孔至相应部位，孔内灌注水溶性聚氨酯材料，利用材料遇水膨胀、以水止水的性能，再造一道止水。

7.3.3　混凝土重力坝上游面裂缝

某混凝土重力坝，最大坝高 115m，在正常蓄水位下，大坝基础廊道总渗漏量达到 139.2L/s，经水下检查发现大坝上游面存在数条总长约 700m 的水平裂缝，喷墨检查时吸入现象明显，水平裂缝与横缝交叉部位也有局部吸入。经综合分析，漏水原因为水平裂缝延伸至横缝第一道止水处及坝体排水孔，库水通过裂缝进入排水孔。根据漏水原因，采用对水平裂缝与横缝的交叉部位进行水溶性聚氨酯灌浆封闭，水平裂缝骑缝切 V 形槽、涂刷水下黏结剂、嵌压 SR 防渗模板，并压条固定的方案。经处理后总渗漏量降为 5.1L/s，效果明显。

7.3.4　混凝土拱坝坝内裂缝

某混凝土拱坝坝高 292m，坝顶长 922.74m，拱冠梁顶宽 13m，底宽 69.49m。在施工期发现坝体内部存在裂缝（外部不可见），裂缝产状在平面上基本为近平行拱圈方向分布，在拱圈方向有一定的连通性，高程方向为近铅直向且较为连通，裂缝缝面几千平方米，缝宽 0.2～1.4mm。由于拱坝本身受力特性，裂缝处理目的以补强加固为主，采用坝下游面往坝内钻孔穿缝,孔内灌注低黏度环氧灌浆材料的方案。灌浆遵循"由低至高,在同一高程灌浆孔中,先进行串通孔灌浆,后进行单孔灌浆"的原则,在升压方式上,采用 "能灌则灌,不易灌则升压"的原则,当注入量小于 1L/min 时,开始逐级升压,最高至设计压力 0.5~0.8MPa。灌浆注入量小于 0.01L/min,保持进浆压力屏浆 2h 后结束灌浆。处理后,从有效检查孔芯样结石反映,大坝裂缝内均被浆液充填密实且黏结良好,处理效果满足设计要求。

7.3.5 碾压混凝土重力坝上下游贯穿性裂缝

某混凝土重力坝,最大坝高 159m。在运行期突发大漏水,经检查,廊道内有环向裂缝,缝宽 0.2~5mm,下游坝面见明显斜向开裂并漏水,各层廊道的合计漏水量约为 195L/s,严重影响大坝及发电厂房安全运行。裂缝处理按先堵水后补强加固方案实施,由于库水位较高,如上游面直接水下处理,作业水深超 100m,国内无成熟案例,时间也不允许。经方案比选,采用在大坝廊道内穿缝深孔化学灌浆方案,穿缝部位距离大坝上游坝面 4~5m,同时考虑到缝面串通性较好,相邻穿缝部位相距 4m 左右,灌浆材料采用 LW/HW 水溶性聚氨酯柔性材料,尽量在大坝上游侧封堵漏水,为坝体下游侧补强加固创造条件。灌浆顺序从底层廊道往上层廊道,灌浆压力 0.5~1.2MPa,实施过程中,通过漏水中浆液流动、固化情况动态控制进浆速度。裂缝经一期化学灌浆堵漏处理后,仅有少量纵向排水廊道尚有约 1.3L/s 漏水,各层廊道裂缝部位已基本无漏水现象,坝后出露裂缝部位漏水也基本消除,处理效果明显。

7.3.6 面板堆石坝渗漏

某混凝土面板堆石坝,最大坝高 102.4m,坝长 230.0m。工程下闸蓄水后,在正常蓄水位下相应的渗流量约为 325L/s,死水位下相应渗流量约为 148L/s,与国内同等规模面板堆石坝相比较,明显偏大。经综合检测分析,大坝基础防渗体系和面板接缝止水存在渗漏通道。为减少大坝渗漏量,采用对大坝基础防渗补强灌浆、周边缝水下集中渗漏点灌浆封堵及表层止水更换、大坝面板裂缝处理等综合治理措施。

在大坝趾板基础共布置主、副双排帷幕灌浆孔,孔距 2.5m,排距 0.8m,主帷幕灌浆深入 3Lu 以下 5m,副帷幕灌浆为帷幕灌浆深度的 2/3,普通硅酸盐水泥浆,灌浆压力 0.25~2MPa;考虑周边缝集中渗漏点已有填料流失,通过灌注合适粒径砂石料对其进行充填,并进行水溶性聚氨酯化学灌浆;原表层止水材料耐久性已明显减弱,更换成优质的 SR 塑性止水材料,表面盖板更换成优质的三元乙丙增强型 SR 防渗盖片,并增加弹性环氧腻子封边措施,强化其止水功能。经综合治理后,大坝在死水位的实测渗流量约为 11L/s,同比减小了 92.6%,效果显著。

7.3.7 复合土工膜防渗缺陷

某复合土工膜防渗堆石坝,最大坝高 56m,2008 年蓄水,2021 年 3 月检查时发现坝面土工膜破损较多,破洞孔数远超同类工程孔洞数 26 个/万 m² 的经验值。三维渗流计算分析成果表明,通过坝面土工膜缺陷的渗流量约为 132.29L/s,约占总渗流量的 17.27%,

在坝面土工膜缺陷处存在集中过流现象，存在局部渗透破坏可能。

设计考虑不利用 2019 年修复过的土工膜，对整个坝面采用新土工膜进行修复，考虑到在坝面原土工膜上直接铺设新土工膜可能存在膜间排水不畅，新、老土工膜抗滑稳定等问题，将原铺设土工膜全部拆除。综合分析确定坝面修复采用的复合土工膜仍为技施阶段原设计的"两布一膜"的型式，规格调整为 $500g/m^2$—$HDPE1.2$—$500g/m^2$，增加了土工膜两侧土工布的重量。坝面明显错台、塌陷部位采用 C25 混凝土找平，为防止新铺复合土工膜被原无砂混凝土垫层尖锐的骨料刺穿，对原无砂混凝土的表面再铺设一层透水混凝土作为新复合土工膜的下垫层。土工膜上部原采用 12cm 厚、预制 C25 混凝土盖板保护，后调整为喷 12cm 厚混凝土保护。土工膜与防渗墙、趾板、防浪墙连接密封采用化学螺栓、橡胶垫片、不锈钢扁钢联合紧固密封方式，河床段土工膜一端锚固在防渗墙顶部，两岸趾板段土工膜一端锚固在趾板表面，土工膜顶部锚固在防浪墙人行便道表面，形成封闭的坝面防渗体系，锚固端外包 C25 混凝土进行保护并增强防渗效果。在防渗墙、趾板和防浪墙结构混凝土与土工膜之间设计了可变形的伸缩节以适应大坝蓄水后土工膜的拉伸变形。距左岸岸坡趾板 30m 范围坝面码放 0.6m 厚土工沙袋，防止边坡落石砸坏坝面土工膜。处理后，渗流量明显下降，处理效果较好。

7.3.8 心墙防渗缺陷

某 PVC 膜心墙堆石坝，最大坝高 59.5m，2011 年蓄水，渗流量一直较大，2013 年汛期渗流量开始超过 300L/s，之后基本稳定在 350～400L/s。2019 年 5 月，大坝后量水堰渗水出现浑浊情况，随后发现大坝轴线桩号约 0+070m、高程约 2702.50m 处，大坝后坡出现局部塌陷。在开展大坝钻孔取芯、物探检测试验和监测成果分析等工作的基础上，提出的实施方案是：大坝坝体、坝基内新建全封闭混凝土防渗墙、墙后心墙充填灌浆、墙下进行帷幕灌浆等。在大坝病害治理实施完后，水库再次蓄至正常水位 2700m，期间，大坝内外部变形增量不明显，大坝表面沉降尚未完全稳定，但总体趋势较平稳；下游坝基渗压水位较低、水头折减明显，大坝下游量堰无渗水，治理效果显著。

7.3.9 泄水消能建筑物冲蚀

某水电站消力池汛后检查发现：消力池立面挡墙与底板交接处混凝土局部冲蚀，上下游长度 9m，最大宽度 1.5m，平均深度 20cm；消力坎面层混凝土冲蚀并露筋；局部面积 $0.96m^2$，上下游长度 1.8m，平均深度 40cm，其余还存在一些大小不一的冲蚀坑。受运行条件限制，电站每天都有泄洪的任务，所以要求进行水下修补，同时修复材料具有较高的早期强度。HK–UW–1 水下环氧混凝土胶料与骨料在水中流动过程中不离析，它具有起强快（1h 抗压强度大于 20MPa）、水中可以自流平、自密实等优点。通过水下清理、切边凿除混凝土、凿毛、钻孔锚筋、布设钢筋网、仓面清洗、安装模板、HK–UW–1 水下环氧混凝土分层浇筑、拆模，修复完成后经历数个月泄洪考验，经水下复查，修补体表观完整，未出现剥离、开裂、磨损等现象，修复效果好。

第8章
大坝安全风险管理

8.1　概　　述

8.1.1　大坝安全风险管理的基本概念

大坝安全风险管理研究始于 20 世纪 60 年代末，美国、加拿大、澳大利亚等国最早将风险分析技术引入到大坝设计和大坝安全评估中，后来逐步在大坝失事概率、风险评估、风险标准、大坝安全辅助决策等领域进一步推广应用。

根据国际大坝委员会第 130 号公告中的定义，风险是指大坝对生命、健康、财产或环境的负面影响的可能性和严重程度的度量。在传统工程领域，风险只定义为可能性，例如洪水风险是指大坝在运行期内由于泄洪能力不足或超高不够导致失事的概率。在风险工程领域，风险主要包含三方面内容：一是荷载发生的可能性（如洪水、地震等导致）；二是结构在荷载作用下发生破坏的概率，称为易损性或脆弱性；三是破坏事件导致的后果严重程度（例如生命损失、经济损失、社会环境影响等）。风险管理是一种事先管理机制，以风险度量为评判指标，通过用于管理、控制风险的一整套程序和政策，对风险进行识别、评估、处理和监控。大坝安全风险管理主要由风险识别、风险分析、风险评价和风险处理等内容组成，大坝安全风险管理框架如图 8-1 所示。

风险识别（risk identification）是鉴定大坝风险的来源及其影响范围，包括失事成因识别和失事模式识别。风险分析（risk analysis）是根据大坝风险识别的结果，对筛选出的主要失事模式及其相应后果进行风险计算。风险评价（risk evaluation）则是在风险分析结果的基础上，根据风险标准对大坝风险进行检验和评判，并给出相应的决策建议。风险处理（risk treatment）是指根据需要选择合适的方案来处理大坝风险，例如：采用工程或非工程措施降低大坝风险；通过立法、合同、保险等手段转移风险；采用降低运行水位等措施规避风险；或者当风险可接受时可保留或在某种措施下保留风险等。

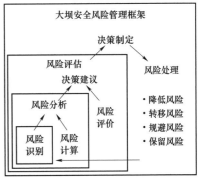

图 8-1　大坝安全风险管理内容关系图

其中，风险识别、风险分析与风险评价组成了风险评估，风险评估是一个决策过程，是对不利事件发生的可能性及其出现的后果进行结构化、系统化的检查评估，是支撑风险管控体系的重要环节。图 8-2 为大坝风险评估框架。如图中所示，根据大坝溃决的逻辑发展顺序可以将大坝风险评估从左至右分为四个环节，分别是初始事件、系统响应、事件结果以及失事后果。初始事件是指灾害起因，包括外部事件（例如洪水、地震、上游大坝失事等）和内部薄弱环节（例如土石坝内部管涌破坏）。根据各种可能出现的初始事件，分析大坝各组成部分的系统响应，如变形、失稳、滑坡、漫顶等，并分析是否可能发展成为溃坝事件以及溃坝事件发生的可能性。由大坝失事所造成的后果又可分为生命损失、经济损失、环境破坏和社会影响等。大坝风险评估就是分析荷载作用下大坝各个组成部分（包括挡水、输水、泄水建筑物及附属建筑物）的潜在失事模式，以及可能造成的不利后果，将计算得出的大坝风险与风险标准进行比较，并针对各个环节给出相应的风险控制建议。

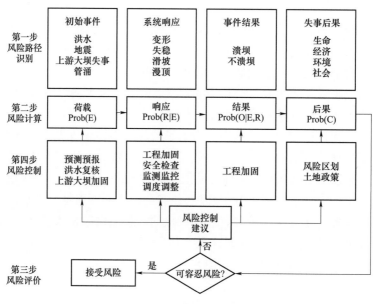

图 8-2　大坝风险评估框架

风险评估的目的是为风险管理提供支持，以制定出合理可行的风险决策。大坝安全风险管理不仅仅与工程本身或大坝业主有关，它更是监管机构、政府和整个社会的责任，它需要在不同风险之间、某些个人或团体风险与他人风险之间、成本和收益之间作出权衡取舍。

我国在 20 世纪 80 年代起就针对大坝漫顶、裂缝、渗流破坏等破坏模式进行了大坝安全可靠度分析。20 世纪 90 年代，李君纯、李雷等提出了水库大坝总体安全度法，该方法以结构安全可靠度为基础，同时考虑了工程的社会和经济等影响，代表了我国大坝安全管理向风险管理的转变。但是可靠度分析往往计算复杂，由于环境、人为因素、模型、参数等不确定性，对各种随机变量的概型分布研究难度较大，因此采用理论方法计算真实溃坝概率的困难很大，结果并不一定"可靠"。

因此，人们转而采用基于溃坝模式来计算溃坝概率的方法，如事件树法等。在溃坝模式和溃坝路径识别的研究上，由于我国有大量历史溃坝资料，结合溃坝模型试验分析，我国对大坝尤其是土石坝的主要溃坝原因、溃坝模式和溃坝路径等进行了较为充分的研究，确定溃坝模式及溃坝路径后，再由专家根据经验将溃坝路径上各个环节发生的定性判断转化为定量概率。这种采用基于专家经验的定性和半定量方法计算得到的"溃坝概率"，显然也并不是真实的溃坝概率。

在溃坝后果研究方面，首先需要进行溃坝洪水及其演进分析，确定溃坝洪水淹没范围。目前国内外相关研究成果非常丰富，对于溃口洪水分析除了应用广泛的 BREACH 模型等国外模型，国内学者也提出了多种计算模型，而溃坝洪水演进分析目前多为国外水动力计算软件，如 DAMBRK、FLADWAV、MIKE 等，还需要进一步结合我国预警预报、应急管理等人工干预因素的基础上加强洪水演进分析软件的研发。在确定溃坝洪水淹没范围后需要根据当地实际情况估算溃坝后果。我国结合实际国情对溃坝后的生命损失、经济损失和社会环境影响进行了相关研究；洪灾经济损失评估研究起步较早，方法较为成熟；在溃坝生命损失、社会与环境影响研究方面，周克发、李雷等根据 8 座已溃大坝调研资料，提出了适合我国国情的溃坝生命损失评价模型；王志军、顾冲时等利用支持向量机等技术对溃坝生命损失进行评估；王仁钟等总结了社会与环境影响的主要因素，并对其进行量化，提出了社会与环境影响指数的确定方法；但是溃坝后果估算尤其是生命损失估算存在很大不确定性，未来还需进一步加强研究。

在得出大坝风险后很重要的一项内容是如何制定大坝风险标准，大坝风险标准是风险评估和决策的依据，是综合评估大坝工程安全程度、溃坝后果及承受能力后给出的社会可接受的标准，其涉及经济社会发展水平、风险意识、传统文化背景、价值观、管理体制、保险制度等各方面，我国虽有学者对此进行过相关研究，但并未形成广泛共识，也缺少相应的实践应用和检验。

目前我国虽然对大坝风险相关技术展开了大量的研究，但实际应用中仍存在不少问题。受各种不确定性影响，通过理论方法定量计算大坝溃决概率实际应用难度很大，在规范标准制定中也没有得到推广应用，通过定量的风险概率计算，进行风险评估的模式目前尚不适合在我国大范围内推广应用。另外从溃坝后果评价来看，虽然目前国家防总、水利部、国家能源局等相关文件、标准规范等都对溃坝洪水演进分析、溃坝淹没图、溃坝损失评估等作了相关要求，但是目前各电力企业实际完成程度不一，水平参差不齐，实用性不高，且极少开展过详细的溃坝损失评估。另外目前针对大坝安全风险标准各家研究成果各不相同，还未形成全国统一且被广泛接受的大坝安全风险标准。

针对上述问题，国外有研究通过相关风险因素赋值的方式计算得出大坝风险指数，从而进行优先排序。此类方法在我国也有研究，该法考虑了与大坝风险相关的各个因素，可以根据得出的风险指数有效地揭示出大坝风险优先关系，但是目前国内研究应用有限，鲜有在大范围群坝中开展深入推广应用。

8.1.2　国外大坝安全风险管理模式

1. 美国

美国目前有大坝 9 万多座，联邦政府机构拥有其中约 3%，绝大部分大坝为州或地方政府、公共机构或私人所有。美国大坝的建设、运行管理体制较为复杂，分为联邦、州和私人企业等几个层次。各联邦机构和各州都有着不同的大坝安全管理规章制度、运行程序和相关的技术文件。自 20 世纪 90 年代以来，一些联邦机构的大坝安全项目已经从基于标准的方法转变为风险管理方法。风险管理方法优先考虑溃坝对生命和财产造成最大威胁的大坝，通过检查项目、除险加固等手段来降低大坝结构破坏所带来的风险。美国负责大坝安全管理的联邦政府机构主要有联邦应急事务管理署（FEMA）、陆军工程兵团（USACE）和垦务局（USBR）等。为了更好地管理大坝安全，联邦机构为大坝业主提供了一些工具来应对大坝溃坝风险。例如 FEMA 的风险地图系统 RiskMAP，该系统包括洪水淹没图和洪水风险评估工具等；FEMA 的水基础设施安全决策支持系统 Decision Support System for Water Infrastructure Security（DSS-WISE），可进行大坝溃坝模拟以及溃坝后果评估；DamWatch 是一个基于网络的监测和信息管理工具，主要用于 11800 多座非联邦防洪大坝的风险管理；地质调查局的 ShakeCast 是一个地震预警应用系统，该系统可以对大坝管理单位发出预警，并评估地震可能对坝址地区造成的影响。

根据风险的定义，美国将大坝按潜在后果和大坝运行情况进行分级。大坝潜在危害根据表 8-1 被分为低危害、中等危害和高危害三类，该潜在危害不涉及大坝破坏的可能性，只针对大坝破坏后对下游的影响类型和程度。随着下游城镇规模的变化，大坝潜在危害类别会不断更新。另外，大坝运行情况可根据表 8-2 细分为四个等级。

表 8-1 美国大坝潜在后果分级

潜在危害等级	失事后果描述
高危害	至少有一人死亡 产生其他经济和环境损失
中等危害	无人员死亡 可能导致经济损失、环境破坏以及基础设施中断
低危害	无人员死亡 少量经济或环境损失，损失主要局限于大坝业主

表 8-2 美国大坝运行情况分级

运行情况等级	运行情况描述
好	未发现存在或潜在的大坝安全缺陷
较好	在正常运行工况下未发现存在大坝安全缺陷 罕见或极端的水文和/或地震事件可能导致大坝安全缺陷
较差	在可能发生的荷载条件下存在一处或多处大坝安全缺陷 必须采取除险加固措施
不符合	存在一处或多处大坝安全缺陷，需要立即采取行动或紧急补救行动来解决问题

《联邦大坝安全导则》要求相关机构对其监管大坝至少每五年进行一次安全检查，部分大坝根据其下游潜在危害等级还应缩短检查间隔。定期检查的结果也会影响大坝危害等

级和运行情况等级的评估结果。

陆军工程兵团（USACE）为美国国防部下属的大坝管理机构，负责管理美国 700 多座大坝。USACE 在联邦大坝安全导则要求的基础上进一步采用基于溃坝概率和风险增量的大坝安全行动分类系统（dam safety action classification system，DSAC）对其监管的大坝进行安全风险管理。此处风险增量定义为当大坝溃决、漫顶、发生故障或操作失误时对库区及下游淹没区所造成的风险。

该风险管理方法并不是取代传统的大坝安全管理程序，而是对其进行补充，其将风险分析与风险评价作为改进大坝管理的一种手段。图 8-3 为 USACE 的群坝组合风险管理框图，主要由大坝运行维护、监测检测、安全检查等常规安全管理活动（框图外圈）以及大坝风险分析和风险处理（框图内部）组成。

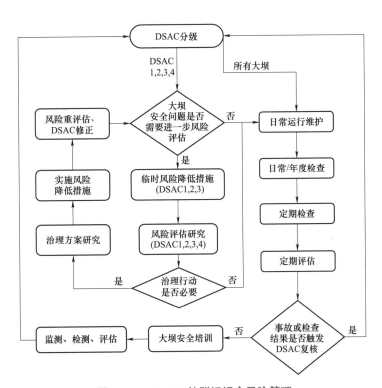

图 8-3　USACE 的群坝组合风险管理

USACE 在进行群坝组合风险管理之前，首先采用筛选风险评估方法，根据大坝安全分类系统 DSAC 对大坝风险等级进行划分，该分类系统主要以大坝失事概率以及潜在失事后果为依据，将大坝从最危险到最安全划分为 1 级至 5 级的五个等级。所有等级的大坝都必须接受日常运行维护、日常检查、监测检测等，并且每五年左右接受定期检查。定期评估是对定期检查结果的进一步修正，以及对上一次定期评估结果的补充，例如对潜在失事模式的修改增减、对溃坝后果重新分析评估等，其时间间隔可以长于定期检查，但不得超过十年。

当大坝风险等级被划分为1级至4级时,应根据实际情况进行后续详细风险评估工作。根据风险评估结果决定大坝风险程度以及是否有必要采取措施来降低风险(注:1级至3级的大坝需立即采取临时风险降低措施)。在此基础上再进行下一步治理方案研究,并采取风险降低措施。最后重新进行风险评估并进行大坝安全风险等级修正。

2. 加拿大

加拿大是世界上最早将风险管理方法用于大坝安全管理的国家之一,加拿大《大坝安全导则》提出了4条基本原则:一是要尽可能地降低大坝的风险,以保护公众及环境不受溃坝及大坝泄水的影响;二是要根据溃坝后果来确定大坝安全管理的等级,溃坝后果不仅包括淹没区的生命损失、伤残及对人口结构的总体破坏,还应包括对生态环境及文化的影响,对基础设施、经济及财产的破坏(见表8-3);三是要求整个大坝的生命周期中都应该开展大坝安全管理工作,包括大坝设计、施工、运行、报废不同阶段;四是所有大坝都应建立一套完善的大坝安全管理系统,包括法规政策、职责任务、计划及工作程序、文件管理、培训、大坝复核、除险加固及其他完善措施等。

表8-3 加拿大大坝安全等级划分标准

风险分级	风险人口居住情况	增量损失		
		生命损失	生态环境及文化损失	基础设施及经济价值
低	无	无	短期内极少的损失;无长期损失	少量经济损失、区域内的基础设施及服务设施损失有限
较高	临时居住	不确定	无严重损失或鱼类、野生动物栖息地的退化;仅对栖息地边缘造成损失;恢复或补偿的可能性大	对娱乐设施、季节性工作场所及不常使用的交通道路造成损失
高	永久居住	≤10人	对重要鱼种或野生动物栖息地造成严重损失;恢复或补偿的可能性大	经济损失严重,对基础设施、公共交通及商业设施造成影响
很高	永久居住	10~100人	对濒危鱼类或野生动物栖息地造成重大损失;恢复或补偿的可能性较大	经济损失很严重,对重要基础设施或服务系统(如高速公路、工业设施、危险物品的储存设施)造成严重影响
非常高	永久居住	>100人	对濒危鱼类或野生动物栖息地造成严重损失;不可能恢复或补偿	经济损失非常严重,对关键基础设施或服务系统(如医院、重要工业设施、重要危险物品的储存设施)造成非常严重的影响

加拿大《大坝安全导则》明确规定要基于风险开展大坝分级,确定大坝运行目标,做出安全决策。从上表中可以看出,大坝的分级完全基于溃坝的后果,而且大坝安全定期检查的周期也是依据溃坝后果来制定。另外,导则中还规定开展大坝安全检查评估之前,要确定大坝外部及内部的风险,要合理确定大坝外部致灾因子及业主可以掌控的大坝内部致灾因子,同时识别大坝的破坏模式、破坏时序及多种破坏模式的组合情况。该导则为加拿大各省及地区的大坝安全管理提供了实践依据,虽然不是强制性文件,但被加拿大坝工界广泛接受,并在国际上普遍得到认可。

第 8 章　大坝安全风险管理

（1）BC Hydro 水电公司。BC Hydro 是加拿大不列颠哥伦比亚省的水电公司，其于 1991 年起实行大坝安全风险管理，是世界上最早实行大坝安全风险管理的公司，迄今已有 20 多年的经验。BC Hydro 的大坝安全管理有三个主要目标：一是确定大坝的安全程度，二是确定大坝如何才算安全，三是用最经济的方法将不安全大坝改善至达到安全标准。由于传统大坝管理方法无法单独完成这些任务，因此 BC Hydro 引入了风险分析和管理技术，其大坝安全风险管理过程如图 8-4 所示。图中"执行例行监测"下的决定点是一个以规范为主的大坝安全分析，包括设计计算、施工记录、大坝工况及大坝运行和维护方式。如果认为每个方面都达到要求，就可以认为大坝是安全的，不必进行风险评估。反之，当大坝不能满足所有安全要求，或者当标准更新且查明大坝存在潜在隐患时，需要进行图中右侧大方框内的基于风险的决策制定过程。

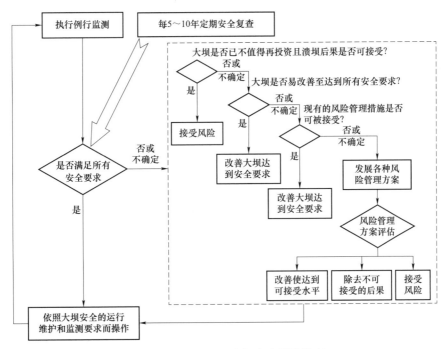

图 8-4　BC Hydro 大坝安全风险管理

BC Hydro 采用风险指数分析法（portfolio risk index，PRI）对群坝进行分析排序。大坝风险指数包含大坝脆弱度（vulnerability index）（见图 8-5）和大坝失事后果两部分内容，脆弱度根据大坝结构及运行管理中的缺陷和隐患得出，失事后果涉及生命损失、经济损失、环境影响等，从而得到所管理大坝的综合风险指数及其历年变化情况（见图 8-6）。BC Hydro 据此对群坝进行安全风险管理，流程如图 8-7 所示。安全管理过程中由参加大坝安全审查和现场检查的工程师们组成专家组，根据常规监测、定期检查以及运行性能评估等报告，结合风险分析方法对大坝进行鉴定和排序，为后续缺陷研究和除险加固资金投入的优化排序提供依据，从而合理地分配大坝安全运行管理经费。

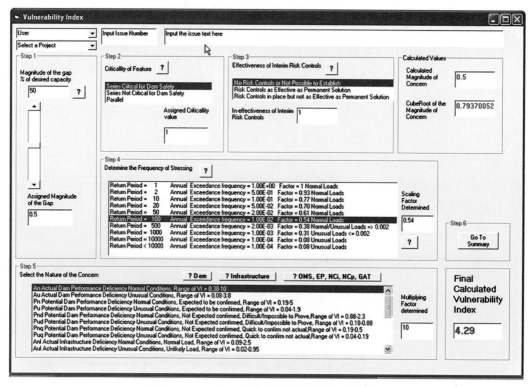

图 8-5　BC Hydro 风险脆弱度指数计算软件

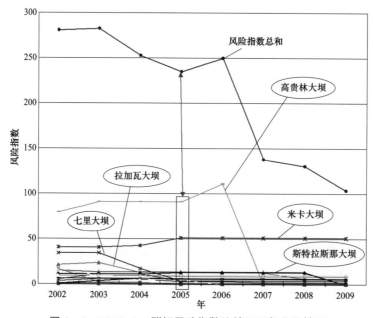

图 8-6　BC Hydro 群坝风险指数比较及历年发展情况

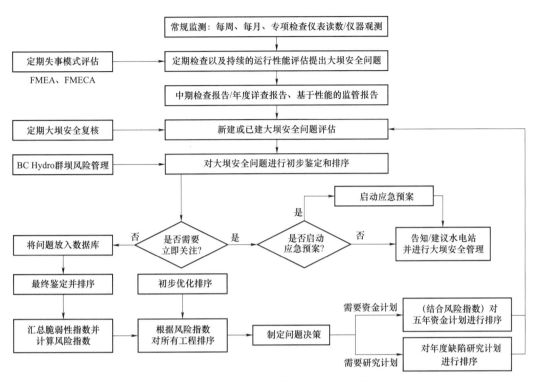

图 8-7　**BC Hydro** 的群坝安全管理流程图

BC Hydro 的大坝安全管理方法要求在风险管理工作完成后，任何剩余的风险都是符合合理可行前提下风险尽可能低原则（as low as reasonably practicable，ALARP）。BC Hydro 认为以风险为主的大坝安全管理有以下优点：可以增强对大坝薄弱部位的了解；增强大坝安全的分析以及大坝安全决策的能力；充分了解大坝的安全程度；将所有大坝的缺陷调查和加固改善工作列出优先次序；尽量增加业主投资的回收；尽量减少溃坝的损失；经济有效地运用大坝加固改善资金等。

（2）魁北克水电公司。魁北克水电公司于 1985 年首次提出了大坝安全对策和各项规程，此后在 2000 年正式颁布了"大坝风险管理政策"（dam risk management policy），有以下三条基本原则：一是各管理单位必须加强事先管理，尽责和尽可能降低大坝风险，遵循 ALARP 原则，采取预防措施降低溃坝概率；二是各级管理人员必须随时做好准备，在紧急情况发生时有效进行干预；三是在日常管理中重视相关各方的利益，强调健全的通信计划和公众对大坝风险的认识。

魁北克水电公司在风险分析中主要采用状况指数法（condition index，CI），其目标是为一组大坝进行资源的优化配置，最终达到大坝安全的目的。实施这种方法可分为四步进行：第一步是从总体上或某一种破坏机制上客观估算出可能发生破坏的概率；第二步是估算监测设施及其可能发生损害的情况；第三步是估算每一座坝的特殊情况；最后一步是得出每一座坝的状况指数，状况指数是 0～100 的一个相对排序数，根据这些坝的排序情况采取相应的补救措施。除了状况指数法，魁北克水电公司对定量风险评估方法也展开了一定的研究，但是考虑到大坝破坏统计资料缺乏，且一些研究示例缺乏验证，因此认为需要对破坏概率的得出持谨慎态度，并且需要对参数不确定性研究进行进一步改进和完善，以能更好地符合贝叶斯统计学的概率理论。

3. 澳大利亚

澳大利亚大坝委员会（ANCOLD）的《ANCOLD风险评价指南》为澳大利亚大坝安全风险管理提供了一般性的框架，确定了风险分类、风险分析、风险评估和风险处理过程中的主要步骤。澳大利亚大坝委员会指出大坝风险评估与管理并不是要替代传统的基于标准的方法，而是对传统方法的增强，以进一步提高大坝安全管理水平。澳大利亚的单坝风险管理以及群坝组合风险管理分别如图8-8和图8-9所示。

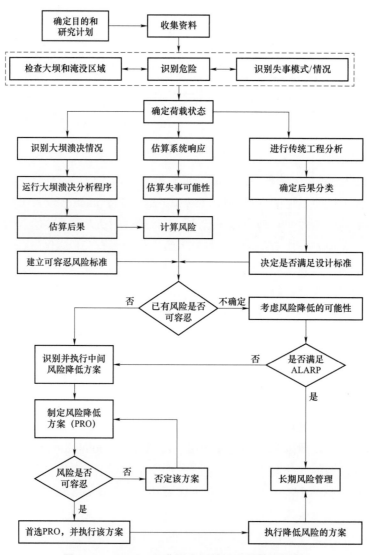

图8-8　ANCOLD典型大坝单坝风险管理过程

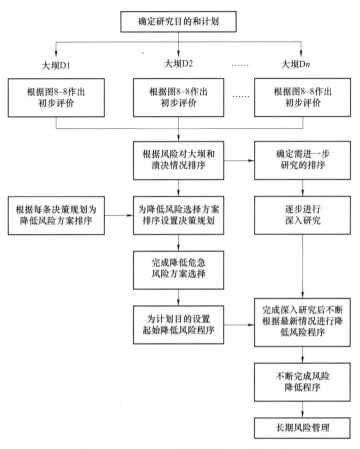

图 8-9　ANCOLD 典型群坝风险管理过程

　　澳大利亚的风险分析通常是通过事件树或故障树法,采用定性与定量相结合来分析大坝风险，即列出大坝所存在的各种隐患，对隐患发生的可能性进行概率分析或专家判断，结合溃坝后果评价成果，计算和分析大坝破坏风险的大小。另外，澳大利亚在单坝风险管理的基础上首次提出了群坝组合风险评估（portfolio risk assessment，PRA）的概念。群坝组合风险评估主要是对某一管辖范围内的大坝的风险进行比较,确定高风险大坝的风险排序和加固排序，制订资金流向和管理策略，是针对大坝群的初步风险评估。

　　4. 英国

　　英国健康和安全委员会（Health and Safety Executive，HSE）于 2001 年发布了文件《降低风险，保护民众（Reducing Risks，Protecting People）》，该文件针对危险工业部门（如核电站等）设立了通用的决策制定和风险可容忍度框架。英国大坝安全管理机构也尝试将风险评估引入水库安全管理中，提出了基于风险指数法的 CIRIA 指南以及英国水库定量风险评估的临时指南等，但这些方法提出后并没有得到广泛接受。2010 年实施的洪水与水资源管理法介绍了采用基于风险的方法对水库安全进行管理的概念。2012 年一种新的《水库大坝安全风险评估导则》被提出，旨在为英国尤其是英格兰和威尔士地区的水库大坝提供一种合适可靠的风险评估方法，该导则认为风险评估是大坝安全和资产管理极其重要的一部分，是英国已建坝安全管理办法的补充。该风险评估导则提出的评估框架如图 8-10 所示，图中所列步骤为风险评估流程中的基本步骤。

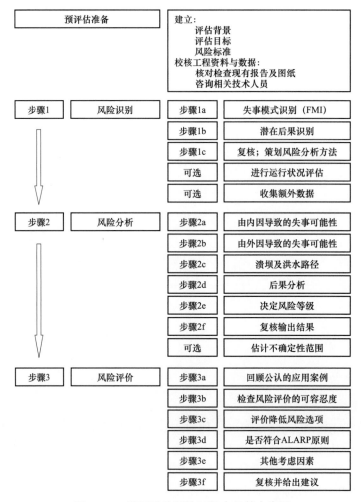

图 8-10　英国风险评估过程中的基本步骤

该导则制定了三种层次的风险评估类型（见表 8-4），分别为定性风险评估、简易定量风险评估和详细定量风险评估。每种层次的风险评估虽然步骤类似，但具体采用的分析方法根据风险等级和后果严重程度而有所不同。

第一层次的定性风险评估可以作为所有水库大坝的初始评估，在该评估中根据专家经验识别大坝缺陷和潜在失事模式，分析可能的失事后果，并用一个简单的风险矩阵对失事概率和失事后果进行定性描述，见表 8-5。第二层次的简易定量风险评估中的失事模式识别要求更加详细和完整，而且需要进一步分析由内外因导致的失事概率、评估溃坝洪水路径、估计人口经济损失以及 ALARP 评价等。所有这些分析步骤都采用简化方法，针对一座大坝的整个评估过程只需一至两天时间且无须借助计算机软件即可完成。第三层次的风险评估是在第一、二层次的基础上完成的，往往针对重点部位或重点大坝进行。该评估往往采用事件树法等对失事模式进行严格识别，通过可靠度分析等数值方法对概率进行详细计算，因此其给出的结果也更加全面可靠。目前该评估导则已经针对英国部分大坝进行了试验性应用，并将根据反馈意见进行进一步改进。

表 8-4　英国分层风险评估表

层次	风险评估类型	描述
1	定性	对潜在失事模式排序；采用描述性风险矩阵对可能性以及结果的等级进行划分；敏感性分析（可选）
2	简易定量	通过简单方法（例如手算）进行阈值计算；敏感性分析（可选）
3	详细定量	确定风险等级的范围，包括初始事件的范围、系统响应曲线等，采用计算机软件进行风险计算；通过敏感性分析对不确定性进行处理

表 8-5　英国第一层次定性风险分析的风险矩阵

下游淹没可能性	潜在后果严重程度				
	很低	低	中等	高	很高
很高	低	中等	高	很高	极高
高	低	低	中等	高	很高
中等	很低	低	中等	中等	高
低	可忽略	很低	低	中等	中等
很低	可忽略	很低	低	中等	中等

目前国外的大坝风险研究技术较为成熟，研究成果丰富，相关大坝安全风险法规、导则及标准的发布增加了大坝安全风险管理的可操作性，因此大坝安全风险管理模式已在国外先进国家得到了广泛的应用。

8.1.3　我国大坝风险研究进展

我国的大坝风险研究目前仍处于初级阶段，风险分析方法研究以事件树法为主，风险指标法较少；研究对象多以土石坝为主，混凝土坝较少；案例分析多以单坝或小范围群坝为主，没有在上百座大规模群坝中真正推广应用；大坝安全管理信息化水平不断发展，但还没有形成综合性的群坝风险动态管理系统。

截至 2022 年年底，在国家能源局注册和备案的水电站大坝已达到 662 座，水电站大坝安全管理责任重大。大坝中心作为大坝安全监管机构，负责大坝运行安全技术监督管理服务，为国家能源局及其派出机构开展大坝运行安全监督管理提供技术支持。为了更好地提高大坝安全监管工作效率，进一步保障大坝运行安全，对大坝风险进行分级管控，大坝中心研究形成了一套科学合理且可以在几百座大坝中快速推广应用的水电站大坝运行安全风险综合动态评估方法，并开发形成大坝风险动态管理系统，进一步提高了水电站大坝运行安全风险管理的科学性和针对性。

8.2 大坝安全风险评估方法

8.2.1 溃坝可能性分析方法

1. 溃坝模式分析

溃坝失事模式分析是一种针对大坝溃坝风险的定性分析,主要方法称为失事模式与影响分析(Failure Modes and Effects Analysis, FMEA)。FMEA 是一种归纳的分析方法,其假设特定的初始条件和故障,分析初始条件和故障对系统的全方位影响,应用综合筛选过程确定水库大坝所有可能的破坏模式。这里的"影响"是指某种破坏模式对水库大坝内部某些功能失效的影响,该影响仅针对水库大坝而言,并不包括溃坝洪水对大坝下游地区的生命损失、经济损失等。因此 FMEA 只对系统失事模式的范围和影响做出解释。FMEA 分析方法的结果通常以表格形式表示,见表 8-6。

表 8-6　　　　　　　　　　　FMEA 分析表(示例)

系统							时间			
约定层次							页码			
参考图							编制			
任务							批准			

识别编号	项目/功能识别(术语)	功能	失事模式和原因	失事影响			失事检测方法	补救措施	严重程度	备注
				局部影响	下一个更高级别	最终影响				
1-3-3-1	柴油发电机	为闸门提供动力	因燃油问题或机械故障无法启动	发电机故障	闸门无动力	闸门保持关闭	燃油表及定期检查	无(该大坝无备用发电机)		考虑备用发电机
			因信号传输、启动或接收设备故障导致无法收到信号	启动信号故障	闸门无动力	闸门保持关闭	实时通信测试	测试启动失效修复程序		
1-3-3-2	闸门启闭机电动机	扭转以提升机械	溢洪道闸门启闭机电动机故障		无法提升闸门	闸门保持关闭	定期检查和维护	现场有冗余电动机		
1-3-3-3	闸门提升机械	提升闸门	提升机械抱死			闸门保持关闭	定期检查和维护	100km 以外有备用零件		考虑现场备用零件

另外,FMEA 还可以扩展为失事模式、影响和危害程度分析(Failure Modes, Effects and Criticality Analysis, FMECA)。危害程度是在难以计算溃坝概率的情况下对风险的一种定性度量方法,与破坏模式发生的可能性、破坏后果的可能性以及严重程度有关,是这三者的组合,通常以表格形式分别罗列出三者的判别标准,并形成危害程度指标赋值矩阵。FMECA 方法是适用于单座水库风险因素排序的定性分析方法,一般由经验丰富的坝工专家来进行。

FMEA 与 FMECA 这项技术广泛应用在其他工业领域，在坝工领域的应用虽然有限，但也正在逐步发展，目前加拿大、美国、澳大利亚等多数发达国家进行破坏模式和破坏路径分析时，主要采用 FMEA 与 FMECA 法。该方法较粗糙，但是简单易行，可以让大坝风险分析小组对大坝总体有一个初步的了解，为水库大坝可能溃决方式和破坏机理提供重要信息，同时为进一步的水库大坝风险分析提供依据。

2. 事件树分析

事件树分析（Event Tree Analysis，ETA）是指从荷载状态出发，分析大坝系统各组成部分的破坏模式，从而得出大坝破坏路径，并对每个破坏过程发生的可能性都赋予某一概率，从而评价大坝总体的溃决概率。事件树分析法在计算溃坝概率时有三个重要步骤：

首先，分析可能出现的荷载及其频次。根据需要将荷载频率曲线分隔成若干频率范围，每一部分称为荷载状态 i，$i=1, 2, \cdots, n$。荷载状态的概率即该频率范围内两个端点的概率之差。划分荷载状态越多，计算的溃决概率精度越高，但计算量也越大。

其次，由熟悉大坝情况的坝工专家结合 FMEA 法确定大坝的可能破坏路径 j，$j=1, 2, \cdots, m$。

第三，确定第 i 种荷载状态下，第 j 条大坝破坏路径发展过程中各个环节 k 出现的概率 $P(i,j,k)$，其中 $k=1, 2, \cdots, s$。该概率理论上可以采用可靠度方法、工程模型等进行计算，但在实际操作中由于受到分析资料和技术水平的限制，往往由经验丰富的专家结合大坝历史统计资料进行评价和赋值。

由此，可以得到第 i 种荷载状态下，第 j 条破坏路径得出的大坝破坏概率为：

$$P(i,j) = \prod_{k=1}^{s} P(i,j,k) \qquad (8-1)$$

假设第 i 种荷载状态下的 m 条破坏路径为 A_1、A_2、$\cdots$、A_m，其概率可以用上式求出分别 P_1、P_2、$\cdots$、P_m。考虑到同一荷载状态下各条破坏路径并不互斥，则在 i 荷载状态下的大坝溃坝概率为：

$$\max(P_1, P_2, \cdots, P_m) \leqslant P(A_1 + A_2 + \cdots + A_m) \leqslant 1 - \prod_{j=1}^{m}(1 - P_j) \qquad (8-2)$$

根据 de Morgan 定律取上式中事件并集概率的上限值，即第 i 种荷载状态下的大坝溃坝概率 $P(i) = 1 - \prod_{j=1}^{m}(1 - P_j)$。

上式所得为一种荷载状态下的概率值，由于一般情况下认为不同荷载状态下各条件概率是互斥的，因此大坝溃决概率等于各个荷载状态溃决概率之和：

$$P = P(1) + P(2) + \cdots + P(n) \qquad (8-3)$$

事故树分析法详细地分析了可能荷载状态下的大坝溃决路径，对每一环节的概率都进行了分析，是一种定性与定量相结合的方法。其特点在于破坏路径清晰、各环节概率分析全面，可以用于已发生事故的总结分析，也可以对系统各要素之间的关系以及整体性态进行预估。

澳大利亚作为世界上大坝风险分析技术最为成熟且大坝风险评价应用最为广泛的国

家之一,目前已经有相当数量的大坝通过事件树法进行了详细的风险分析,有着丰富的数据资料和研究基础。因此基于事件树法的群坝风险管理方法已经在澳大利亚形成了一套标准化模式,应用较为成熟。但是,事件树法对每一条溃坝路径上的每一个节点发生概率的计算都需要有详细的分析资料,如果是通过专家进行赋值则会存在一定的主观性,且事件树法整个分析过程复杂,因而在其他地区的群坝风险管理中未必合适。

但是,国际大坝安全专家之间尚对以下问题存在一定的分歧,即大坝溃坝概率究竟是否可以被可靠地计算出,以及该溃坝绝对概率对于群坝风险排序是否有实际应用价值。

8.2.2 溃坝后果分析方法

溃坝后果是指大坝溃决后对下游可能淹没地区造成的生命损失、经济损失、社会与环境影响等。溃坝后果分析是融合洪水特征信息、地理信息、社会人口经济环境信息等,通过洪水计算、社会调查、风险判别反映溃坝后果严重性程度的一个复杂过程,其主要包括两部分内容。第一部分是针对相关溃坝模式和相应洪水位下进行溃坝洪水及其演进计算,获得溃口流量变化过程和水位过程线,并结合下游地形特征,得出洪水下泄后沿程各处的流量、水位、流速、洪峰到达时间等,从而确定溃坝影响范围,制作溃坝洪水淹没图、溃坝洪水严重性分布图以及溃坝洪水到达时间分布图等洪水风险图。这部分内容是溃坝后果评价的基础,目前国外研究较为充分,且有相对成熟的计算模型,例如美国国家气象局开发的 DAMBRK 模型、BREACH 模型以及 FLDWAV 模型等,这些都在溃坝洪水分析中得到了广泛应用。第二部分是在溃坝洪水分析及洪水演进计算的基础上,通过调查统计计算对生命损失、经济损失以及社会环境影响进行评价,下面对这三方面溃坝损失的计算方法进行介绍。

1. 溃坝生命损失

溃坝生命损失计算方法有很多,如 DeKay & McClelland 法、Assaf 法、Graham 法、McClelland & Bowles 法以及我国学者在 Graham 法基础上结合我国溃坝生命损失情况提出的李—周法等。下面对 DeKay & McClelland 法和李—周法进行介绍。

(1) DeKay & McClelland 法。在该方法中,生命损失 L_{OL} 为:

$$L_{OL} = \frac{P_{AR}}{1 + 13.277(P_{AR}^{0.440})\exp(0.795W_T - 3.790F + 2.223W_TF)} \tag{8-4}$$

式中,L_{OL} 为溃坝洪水淹没范围内的生命损失(人);P_{AR} 为溃坝洪水淹没范围内的风险人口(人);W_T 为警报时间(h);F 为溃坝洪水严重性 S_d 的函数符号,取值范围为 0~1,对于高度严重溃坝洪水,$F=1$;对于中度严重溃坝洪水,$F=0.5$;对于低度严重溃坝洪水,$F=0$。

风险人口 P_{AR} 计算可采用静态统计法和动态统计法。静态统计法又分为人口密度估算法、居民点或居住单元数目累计估算法,以及基于土地利用类型的风险人口估算法等,适合在人口相对固定或流动性弱的地区使用。动态统计法通过调查统计及人口登记数据计算在不同时刻的风险人口数量,适合人口频繁流动的地区。

溃坝洪水严重性 S_d 为：

$$S_d = hv \qquad (8-5)$$

式中，h 为溃坝洪水淹没范围内某点的水深（m）；v 为相应某点的流速（m/s）。

溃坝洪水严重性 S_d 的划分标准如下：当 $S_d > 7.0\text{m}^2/\text{s}$ 时，高度严重；当 $3.0\text{m}^2/\text{s} < S_d \leqslant 7.0\text{m}^2/\text{s}$ 时，中度严重；当 $S_d \leqslant 3.0\text{m}^2/\text{s}$ 时，低度严重。

（2）李—周法。采用李—周法时，生命损失 L_{OL} 为：

$$L_{OL} = P_{AR} \cdot f \qquad (8-6)$$

式中，f 为风险人口死亡率，可按表 8-7 确定。

表8-7　　　　　　　　　　　李—周法风险人口死亡率推荐表

溃坝洪水严重性程度 S_d	警报时间 W_T (h)	风险人口对洪水严重性的理解程度	风险人口死亡率	
			推荐值	建议值范围
高	<0.25	模糊	0.7500	0.3000~1.0000
		明确	0.2500	0.1000~0.5000
	0.25~1.0	模糊	0.2000	0.0500~0.4000
		明确	0.0010	0.0000~0.0020
	>1.0	模糊	0.1800	0.0100~0.3000
		明确	0.0005	0.0000~0.0010
中	<0.25	模糊	0.5000	0.1000~0.8000
		明确	0.0750	0.0200~0.1200
	0.25~1.0	模糊	0.1300	0.0150~0.2700
		明确	0.0008	0.0005~0.0020
	>1.0	模糊	0.0500	0.0100~0.1000
		明确	0.0004	0.0002~0.0010
低	<0.25	模糊	0.0300	0.0010~0.0500
		明确	0.0100	0.0000~0.0200
	0.25~1.0	模糊	0.0070	0.0000~0.0150
		明确	0.0006	0.0000~0.0010
	>1.0	模糊	0.0003	0.0000~0.0006
		明确	0.0002	0.0000~0.0004

2. 溃坝经济损失

经济损失包括直接经济损失和间接经济损失，直接经济损失是指水电站工程损毁所造成的经济损失和洪水直接淹没所造成的可用货币计量的各类损失，通常采用分类损失率法、单位面积总和损失法和人均综合损失法等。

分类损失率法可按下式计算直接经济损失：

$$D = \sum_{i=1}^{n} R_i = \sum_{i=1}^{n}\sum_{j=1}^{m} R_{ij} = \sum_{i=1}^{n}\sum_{j=1}^{m}\sum_{k=1}^{l} V_{ijk}\eta_{ijk} \qquad (8-7)$$

式中，R_i 为第 i 个行政区的各类财产损失总值（万元）；R_{ij} 为第 i 个行政区、第 j 类财产的损失值（万元）；V_{ijk} 为第 i 个行政区、第 k 级淹没水深下第 j 类资产价值（万元）；η_{ijk} 为第 i 个行政区、第 k 级淹没水深下第 j 类资产损失率，根据溃坝洪水严重、历时等因素确定（%）；n 为行政区数；m 为资产种类数；l 为淹没水深等级数。

采用单位面积综合损失法和人均综合损失法时，溃坝直接经济损失可按式（8-8）和式（8-9）计算：

$$D = AL_A \tag{8-8}$$

$$D = P_{AR}L_P \tag{8-9}$$

式中，A 为溃坝洪水淹没范围（km^2）；L_A 为溃坝洪水淹没范围内单位面积损失值（万元/km^2）；P_{AR} 为溃坝洪水淹没范围内的风险人口（人）；L_P 为风险人口人均损失值（万元/人）。

间接经济损失是指直接经济损失以外的可用货币计量的损失，包括采取各种防汛抢险措施等而增加的费用、交通线路中断给相关企业造成停工停产而造成的费用等等，通常采用系数折算法和调查分析法计算得到。

采用系数折算法时，溃坝间接经济损失为：

$$S = \sum_{i=1}^{n} k_i R_i \tag{8-10}$$

式中，R_i 为第 i 个行政区的直接经济损失总值（万元）；k_i 为系数，可根据实际洪灾损失调查资料确定，缺少资料时，可取 $k_i = 0.63$；n 为行政区数。

调查分析法应通过实地调查溃坝洪水淹没区社会经济受灾程度，在相关的社会经济统计资料基础上，运用数理统计及时间序列分析等方法估算受灾区的间接经济损失。

3. 溃坝社会与环境影响

溃坝后对社会与环境影响所涉及的范围很广，且非常复杂。有研究主要考虑了溃坝洪水淹没范围内风险人口数量、城镇规模、基础设施重要性、文物古迹级别、河道形态破坏程度、动植物栖息地保护级别、自然景观级别、潜在污染企业规模等要素，分别对其进行赋值，以溃坝社会与环境影响指数 I_{SE} 度量：

$$I_{SE} = \prod_{i=1}^{8} C_i \tag{8-11}$$

式中，C_1 为风险人口系数；C_2 为城镇规模系数；C_3 为基础设施重要性系数；C_4 为文物古迹级别系数；C_5 为河道形态破坏程度系数；C_6 为动植物栖息地保护级别系数；C_7 为自然景观级别系数；C_8 为潜在污染企业规模系数。

8.2.3 大坝安全风险指数法

风险指数法是一种相对简便的风险定性/半定量分析方法，指通过一系列风险评价因素综合溃坝可能性和溃坝后果两方面对大坝安全风险进行评估。风险指数法以某种指数的形式来表示风险的严重程度，由于其不具有真实物理意义，因此只能应用于同样使用该方法的所有大坝之间的相对风险排序。但是，风险指数法往往操作过程简便，计算快速，因此适合大范围群坝的初步风险评估和风险排序，并据此进一步确定风险控制措施的优先顺序。目前，由于世界上部分大坝安全研究人员对于风险概率是否能真实表达大坝风险程度持有保留意见，因此不少西方发达国家（如美国、加拿大等）的大坝管理机构均研究出一套适合各自风险管理要求的大坝风险指数法，并得到了广泛的应用。

1. 加拿大 BC Hydro 大坝风险排序法

加拿大 BC Hydro 水电公司在大坝风险研究方面一直处于世界领先水平，其在 20 世纪 90 年代初将风险分析引入大坝安全管理之后，尝试由顶尖的坝工专家组成研究组对大坝年溃坝概率进行计算，但最终的研究结果显示这种结合主观因素的定量风险分析方法所得出的数据合理性并不能被准确验证。因此 BC Hydro 认为在群坝风险分析中要避免定量溃坝概率的复杂计算，并在 1998 年提出了一种基于大坝缺陷的风险指数排序方法，即用大坝脆弱性指标 VI 来代替溃坝概率，结合溃坝后果系数综合得出大坝风险指数。该风险排序方法中的指标关系如图 8-11 所示。

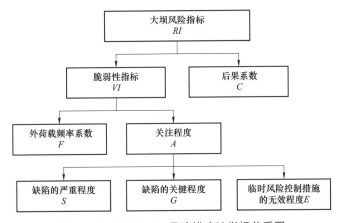

图 8-11　BC Hydro 风险排序法指标关系图

在 BC Hydro 大坝风险排序法中，大坝缺陷 S 包括了大坝运行缺陷、结构设计缺陷和运行维护监测程序缺陷三方面，每项缺陷又按正常荷载条件和非正常荷载条件下的实际缺陷与潜在缺陷进行细分，并赋以不同权重 w。缺陷 S 是指实际和需求之间的差距，差距大小用大坝达到所需或者最低设计要求的百分比来表示；若达到了设计要求的 90%，则 S 为 0.1；若只达到设计要求的 10%，则 S 为 0.9。缺陷的关键程度 G 与临时风险控制措施的无效程度 E 赋值范围为 0~1，在初始评价阶段一般取值为 1。

外荷载频率系数 F 与荷载的年超越概率有关。后果系数 C 则是根据加拿大《大坝安全导则》从生命损失、环境及文化价值、基础设施及经济价值三个方面划分为五个等级，并根据损失程度从小到大赋值 0、1、2、3、4。最终大坝风险指标 RI 的计算公式如下：

$$RI = 10^C w \cdot \sqrt[3]{S \cdot G \cdot E} \cdot F \tag{8-12}$$

BC Hydro 大坝风险排序方法提供了一种相对风险比较方法，适用于其管辖范围内大坝群的风险排序并根据风险指数进行风险等级划分。所需资料可以从大坝安全检查中直接获得，缺陷分析清晰明了，风险计算简便实用，因此在加拿大其他一些水电公司以及欧洲部分国家中都得到了广泛应用。

2. 华盛顿州大坝风险排序方法

美国华盛顿州大坝安全办公室（Washington State Dam Safety Office，DSO）早在 20 世纪 90 年代就在其大坝安全项目中引入了风险理念。在整个华盛顿州的大坝安全管理中，基于风险的管理方法起到了较好的作用。他们认为对所有大坝都采取详细的定量风险分析是不现实的，也是没有必要的，因此开发了一套以大坝缺陷为基础的风险优先排序程序。该程序的基本排序原则是：

——对于有相似缺陷的一些大坝，那些有最严重后果的大坝更应优先；

——对于有相似后果的一些大坝，那些有严重缺陷的大坝最为优先；

——对于有相似缺陷和相似后果的一些大坝，那些不易向公众警报的大坝最为优先；

——仅有小缺陷的大坝排列应低于有较大缺陷的大坝，不管后果如何；

——有三个小缺陷风险的大坝排列应低于有一个中等缺陷的大坝；

——有两个中等缺陷风险的大坝排列应低于有一个重要缺陷的大坝；

——所有条件相同的，老坝更应优先。

基于这些排序原则，他们为大坝风险优先值开发了两个不同的计算公式，见表 8-8。第一个计算公式是针对那些有一个或多个缺陷被确定为中等、重要或紧急的大坝。第二个计算公式是针对那些所有缺陷均确定为小的大坝。根据后果、警报充分度和缺陷严重性开发的等级赋分见表 8-9。

表 8-8 　　　　　　　　　　　华盛顿州大坝风险优先排序计算公式

1 个或 1 个以上缺陷为中等、重要或紧急的大坝	风险优先值 =[∑ 缺陷严重程度]+[警报因子]+[后果危害因子]+[坝龄/2]
所有缺陷均为小的大坝	风险优先值 =[∑ 缺陷严重程度]+[警报因子]+0.5×[后果危害因子]+[坝龄/2]

表 8-9 　　　　　　　　　　　华盛顿州大坝风险优先排序方法赋值

根据后果危害等级赋分	
高危害：	
危害等级 1A（100 个以上家庭有危险）	500 分
危害等级 1B（11～99 个家庭有危险）	400 分
危害等级 1C（3～10 个家庭有危险）	300 分
重大危害：	
危害等级 2（1～2 个家庭有危险）	200 分
低危害：	
危害等级 3（0 个家庭有危险）	100 分
根据警报充分程度赋分	
警报不足（预警时间＜10 分钟）	100 分
勉强充分的警报（预警时间 10～30 分钟）	50 分
充分警报（预警时间＞30 分钟）	0 分
根据缺陷严重程度赋分（重点关注那些可能导致溃坝或库水无控制下泄的缺陷）	
紧急情况	250 分
重要缺陷	145 分
中等缺陷	65 分
严重程度不确定	65 分
小缺陷	20 分

　　该大坝风险优先排序方法在华盛顿州管辖的大坝中得到了广泛应用,它可以合理地利用有限的人力和物力资源,对大坝风险程度进行排序,从而对那些最"不安全"的大坝优先采取相应的失事保护措施。在此方法上华盛顿州那些存在安全缺陷的大坝的修补工作取得了很大进展。

　　3. USACE 大坝风险筛评方法

　　本书在 8.1.2 节中介绍了美国 USACE 的群坝组合风险管理模式,即在大坝安全风险管理中首先采用风险筛评方法对大坝进行等级划分,称之为大坝安全行动分级(Dams Safety Action Classification,DSAC)系统,再根据该系统确定进一步的管理程序。该风险筛评方法是一种相对风险评估方法,由 USACE 于 2005 年提出。该方法综合考虑了荷载频率、用于估计溃坝相对可能性的工程评分以及溃坝所造成的生命和经济后果,大坝风险 R 根据下式中的五大参数评估得出。

$$R = H \cdot P_f \cdot P_b \cdot X \cdot L \qquad (8-13)$$

式中,H 为初始事件发生的年超越概率;P_f 为初始事件下大坝发生破坏的概率;P_b 为大坝破坏条件下发生溃决的概率;X 为该初始事件下大坝溃决后可能受到影响的人与财产;L 为下游损失率。

　　需要说明的是,式(8-13)中的概率计算会根据概率等级分别乘以调整系数 1、10、100 或 1000,即该方法计算得到的是一种相对溃坝概率,并非真实概率值。因此 USACE 的风险筛评方法是一种相对风险工具,其结果只能用于对使用该方法的大坝群进行相互比较和风险分级,而不能与其他导则中所规定的风险标准进行比较。

　　风险筛评需要的数据资料主要基于已有的风险评价、工程评估、设计资料、施工图纸、操作记录以及大坝安全检查报告等。由该风险筛评方法得出的大坝分级并不是固定不变的,当工程性能发生变化或者得到更多详细资料的时候,大坝等级的评定需要发生相应调整。USACE 已经为其管辖的所有大坝进行了风险筛评和大坝安全等级划分,从而为群坝组合风险管理以及大坝安全资金合理分配等问题提供了科学有效的决策支持。

　　4. Andersen 大坝风险排序方法

　　Andersen 等学者提出了一种针对土石坝的风险指标排序法,主要用于大坝维护加固等任务的优先排序问题。该风险指标并不是对风险的直接度量,而是以一种相对指标的形式从大坝特性、大坝运行缺陷以及溃坝后果等三方面进行综合评价。其中,大坝特性指标 V 为:

$$V = \frac{I_1 + I_2 + I_3 + I_4}{4} \cdot \frac{E_1 + E_2}{2} \cdot \frac{D_1 + D_2}{2} \qquad (8-14)$$

式中,I 表示大坝固有的、不随时间改变的特性因素,I_1 为坝高,I_2 为大坝类型,I_3 为坝基类型,I_4 为库容;E 表示外部的、会随时间改变的特性因素,E_1 为坝龄,E_2 为地震烈度;D 表示与设计相关的特性因素,D_1 为泄洪能力,D_2 为坝坡安全系数。这八个特性因素的赋分范围为 1~10。

　　溃坝后果指标 H 根据美国联邦应急管理署(FEMA)发布的《大坝安全联邦导则——大坝后果潜在危害性分级系统》来确定,赋分情况见表 8-10。

表 8-10   Andersen 风险排序法溃坝后果指标赋分表

潜在危害性等级	生命损失	经济、环境、基础设施损失	赋分 H
低	无潜在生命损失	低且主要仅限于业主的损失	1
中	无潜在生命损失	存在损失	5
高	存在一个或一个以上	存在损失（但并非本等级必要条件）	10

在大坝运行缺陷指标的确定中，首先定义了土石坝四种主要溃坝模式 M_i，即漫顶、表面冲蚀、管涌破坏和滑动破坏，并进一步在每一种溃坝模式下定义了不同的运行性能缺陷 CF_j。专家根据历史资料及工程经验确定不同溃坝模式相对于溃坝事件的条件概率 $P[M_i|F]$ 以及不同运行性能缺陷相对于溃坝模式的条件概率 $P[CF_j|M_i]$，并根据大坝定期检查报告对各项运行性能缺陷 CF_j 进行 0（破坏状态）到 10（安全状态）的赋分。因此 Andersen 大坝风险排序方法的最终风险值 R 为

$$R = V \cdot H \cdot \sum_{i,j} P[CF_j|M_i] \cdot P[M_i|F] \cdot \frac{10 - CF_j}{10} \tag{8-15}$$

式中，M_i 表示第 i 种溃坝模式；CF_j 表示第 j 种运行性能缺陷。

Andersen 方法得出的大坝风险值并非大坝溃决的绝对概率，而是基于大坝运行缺陷得出的一种相对风险值。该方法被美国马萨诸塞州环境管理部的大坝安全办公室以及加拿大魁北克水电公司等借鉴采用，对其管辖的大坝进行风险优先排序，并取得了较好的效果。

8.2.4 大坝安全风险评价

大坝安全风险评价是指将风险分析的结果与预先设定的大坝安全风险标准相比较，或者在各种风险的分析结果之间进行比较，确定大坝风险等级。一般根据风险的可接受程度，可以将大坝安全风险划分为以下 3 个等级：

（1）不可接受等级。在该等级内大坝安全风险是无法承受的，必须不惜代价采取风险应对措施从而降低大坝安全风险。

（2）中间等级。在该等级内大坝安全风险需要考虑实施应对措施的成本与收益，并权衡机遇与潜在后果。

（3）广泛可接受等级。该等级内的大坝安全风险很小，甚至微不足道，风险可以接受而无须采取任何风险应对措施。

前文提到的合理可行前提下风险尽可能低原则（ALARP）即遵循了这一风险分级方式。在中间级别（即 ALARP 级别）中，对于相对较低的大坝安全风险可以直接进行风险应对措施的成本收益分析，如果采取相关措施对安全的贡献不大，则可认为风险是可容许的；对于其中相对较高的大坝安全风险，则需要进一步采取相应措施，以使风险尽量向可接受级别靠拢。

目前，美国、加拿大、澳大利亚等国家在进行大坝安全风险管理时均是根据上述原则确定相应的风险标准，具体制定风险标准时会在上述 3 个级别基础上进一步细分为 4 个甚至 5 个风险等级。需要指出的是，大坝风险标准的制定具有很强的地域性、时变性和社会

性，是一个十分复杂的社会学、政治学、经济学问题，各个国家、各个地区甚至各个大坝管理机构的风险标准都不尽相同。

大坝风险标准可以采用 $F-N$ 曲线来表示损失与其超越概率的关系，如图 8-12 所示为某地区大坝生命风险标准 $F-N$ 示意图，根据该标准来判断某大坝风险是否可接受或可容忍。此外对应还有经济风险标准图、社会与环境风险标准图等。另外，大坝风险标准还可以采用定性风险矩阵的形式来表示（见图 8-13）。还有一些国家或大坝管理机构认为无须考虑具体风险概率数值，只需针对管理的所有大坝进行风险优先排序，从而在此基础上进行优先除险加固和重点管理，因此他们在大坝风险分析基础上根据风险指数的数值划定风险优先级别。

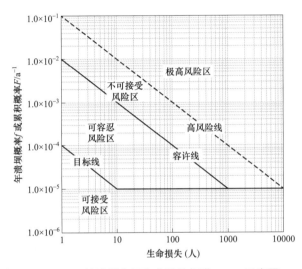

图 8-12 某地区大坝生命风险标准 $F-N$ 示意图

概率等级	损失等级	A	B	C	D	E
		一般	较大	重大	特别重大	灾难性
1	几乎不可能	IV	IV	IV	III	III
2	不太可能	IV	IV	III	III	II
3	可能	IV	III	III	II	I
4	很可能	III	III	II	II	I
5	非常可能	III	II	II	I	I

图 8-13 大坝风险等级矩阵图

8.3 我国水电站大坝运行安全风险管理

8.3.1 风险综合评价方法

我国目前正处在大坝安全风险研究的初级阶段，实际应用有限，溃坝可能性分析以及溃坝后果分析的相关资料匮乏。目前在国家能源局注册和备案水电站大坝数量众多,在初级风险评估阶段就采用事件树法等对所有大坝进行详细的安全风险评估是不经济也是没有必要的。本书采用更加简单直观且便于操作的风险指数法对大坝风险进行综合评价以及优先排序,从而为群坝风险管理提供决策依据。

1. 建模原理

大坝群是一个庞大而复杂的系统,其自身具有多目标、高维度、分散性、关联性、随机性和模糊性等多重特点。因此大坝风险综合评价需要考虑整个系统中与大坝风险相关的多方面因素,例如大坝运行缺陷、大坝特性参数(库容、坝高等)、大坝管理水平、大坝下游影响因素等。模糊综合评价作为定性分析和定量分析综合集成的一种常用方法,适用于多准则问题的综合评价,目前已在工程技术、经济管理和社会生活中得到了广泛应用。例如,韩同孟等利用综合评价法中的理想解法对模糊环境下建筑工程项目的风险评估问题进行评估,并对备选项目进行排序;Kyung-Soo Jun 等采用模糊多准则综合评价方法对韩国不同地区在洪水风险下的易损性进行了分析;Devendra Choudhary 等在火电站选址问题上根据多准则综合评价原理结合模糊层次分析法和理想解法对不同方案进行了评估和排序。

本书以水电站大坝运行缺陷分析为基础,结合相关大坝风险评价因素,根据系统模糊综合评价理论,建立水电站大坝运行安全风险综合评价模型。每座大坝根据实际运行情况对照相关赋值标准进行风险评价因素赋值,通过标准化处理得到 n 座大坝对于 m 个风险评价因素的相对优属度矩阵 $\boldsymbol{R}$:

$$\boldsymbol{R} = \begin{bmatrix} r_{11} & r_{12} & \cdots & r_{1n} \\ r_{21} & r_{22} & \cdots & r_{2n} \\ \vdots & \vdots & \vdots & \vdots \\ r_{m1} & r_{m2} & \cdots & r_{mn} \end{bmatrix} = [r_{ij}]_{m \times n} \qquad (8-16)$$

式中,r_{ij} 表示每座大坝每一项风险评价因素赋值的标准化值,称为第 j 座大坝第 i 个评价因素的相对优属度。

m 个风险评价因素按最高级和最低级进行识别。对于任意评价因素,从最高级(1 级)到最低级(2 级)的相对优属度标准值向量为

$$\boldsymbol{S} = (1,0) = (S_h) \qquad (8-17)$$

其中 $h=1$,2。

设 u_{hj} 为第 j 座大坝对高低级别 h 的相对隶属度,则大坝 j 与最高级和最低级的距离可以用下式表示

$$D_{hj} = u_{hj}d_{hj} = u_{hj}\left\{\sum_{i=1}^{m}[w_i(r_{ij}-s_h)]^2\right\}^{\frac{1}{2}} \qquad (8-18)$$

建立目标函数

$$\min\left\{F(u_{hj}) = \sum_{h=1}^{2}D_{hj}^2\right\} \qquad (8-19)$$

根据该目标函数与约束条件构造拉格朗日函数,解得大坝 j 属于最高级和最低级的隶属度 u_{hj}。隶属于最高级的隶属度 u_{1j} 越大,则风险越高,因此将风险指数表示为 $H = 1000 u_{1j}$。该风险指数介于 0 和 1000 之间,代表了所有大坝的相对风险关系,风险指数越大表示风险越高,则风险排序越优先。

2. 风险评价

在上述风险综合评价模型中,风险评价因素选取的正确与否会很大程度上影响最终评价结果的准确性,其选择除了做到科学合理以外,一般还应遵循以下原则:

(1)代表性和针对性原则。所选的风险评价因素应当能涵盖为达到评价目标所需要的基本内容,能代表评价对象的相关评价信息。但风险评价因素并非多多益善,关键在于有针对性地反映出水电站大坝运行风险的性质及特点,以保证选出的评价因素为综合评价模型服务。

(2)可操作性原则。各个风险评价因素必须概念明确,具有一定的科学内涵,应当能通过已有的手段和方法进行度量,并且做到采集数据与收集资料方便、可行,计算和分析简便、易于操作,所得结果符合客观实际水平。

(3)定性和定量相结合原则。水电站大坝运行风险的影响因素多且复杂,有些因素可以定量,有些因素只能定性分析。大坝风险评价因素的选取需要将定性和定量指标相结合,同时进行定性定量的系统分析。

基于以上原则,并结合水电站大坝运行安全实际管理经验,从溃坝可能性和溃坝后果两个方面选择"大坝运行缺陷度""坝龄""日常管理水平""库容""坝高""应急管理水平""下游城镇规模"等几方面作为风险评价因素。进一步根据实际大坝运行管理工作确定每个风险评价因素的相应赋值标准及其权重分布。经风险分析后得出所有管理大坝的风险指数及风险优先排序。为了进一步区分所有管理大坝的风险等级,在进行大坝安全风险管理时可结合管理大坝的实际情况和大坝安全管理工作实际按照风险指数划分大坝安全风险等级。

8.3.2　水电站大坝安全风险动态管控

1. 大坝安全风险管理目标

水电站大坝运行安全风险综合评价是对大坝安全风险程度的分析过程,必须与现有的水电站大坝安全管理手段相结合,进行大坝安全风险动态管理。水电站大坝安全风险管理主要有以下三个目标。

一是综合管理。大坝安全风险管理不仅是传统意义上对大坝工程本质安全的管理,还要重视其对下游人口、基础设施及社会经济发展的影响。因此,大坝安全风险管理的对象应涵盖工程运行安全、大坝管理水平、下游影响程度等多方面与大坝风险相关的因素,从而进行综合评估和管控。

二是动态管理。在风险管理模式中,应当重视对大坝安全的持续监控和闭环管理。除了大坝安全注册、定期检查等手段,应当进一步强化企业主体责任,重视日常运行中对风险源的排查,关口前移,及时发现大坝安全隐患并进行有效闭环处理。大坝安全风险管理过程中应及时根据大坝运行安全风险信息的更新变化而进行风险管理措施的动态调整。

三是分级管理。大坝风险分级管理是指针对不同风险等级的大坝采取不同的管理强度和监控密度，从而实现大坝安全管理资源的优化配置。无论对于电力企业还是监管机构，都应当优先将管理资源投入到风险相对较高的大坝中，通过各种手段降低风险；而对于社会和公众可以接受的风险，则可以采取适当措施加以预防和控制。

2. 风险动态管控体系

在本书提出的水电站大坝运行安全风险综合评价模型的基础上，进行大坝风险综合动态评估，对管理的所有大坝进行风险排序和风险等级划分，与现有的水电站大坝安全管理手段相结合进行风险分级管理，从而构建形成一套水电站大坝运行安全风险动态管控体系。图8-14为水电站大坝运行安全风险动态监管流程图。

首先，针对所有管理大坝都有一套通用的管理措施，包括日常监管措施、年度监管措施和阶段性监管措施。日常监管措施是指通过大坝安全隐患问题监管、安全监控、汛情监控、监测管理、应急管理等工作，及时了解和掌握大坝运行过程中风险因素的变化情况，发现问题时及时反馈电力企业。年度监管措施是指通过查阅电力企业报送的大坝安全年报、年度详查报告、注册自查报告等，以及年度检查隐患问题的整改情况，了解和掌握风险因素年内的变化情况，发现问题时及时反馈电力企业。阶段性监管措施是指通过大坝安全定期检查和大坝安全注册检查，系统排查大坝存在的工程安全隐患问题及安全管理隐患问题，提出整改意见，根据电力企业反馈的整改计划及时追踪隐患问题的发展情况。

在上述通用管理措施的基础上，对所有大坝进行风险综合动态评估。根据大坝基本信息以及监管过程中发现的相关风险信息，对所有风险评价因素进行赋值，根据大坝风险综合评价模型对大坝进行风险计算，从而得出所有管理大坝的风险分级。依据风险分级结果进行水电站大坝风险分级管理。

对于风险等级相对较高的大坝，督促电力企业采取除险加固、提高管理水平等风险处理措施，使大坝运行安全风险控制在合理可接受范围内。同时加强对电力企业的跟踪监督，实施专项监控，提出监控简报。相关责任人根据跟踪监督和专项监控情况，及时向电力企业反馈新的监管意见，并根据重大隐患的发展情况，必要时组织开展特种检查。上述监管措施针对不同风险级别，所采取的跟踪监督频次、专项监控密度以及监管措施力度均有所区分。另外对于风险较高的大坝，适当缩短大坝检查间隔年限，对于风险较低的大坝，可以根据其风险程度延长大坝检查间隔年限。

反之，在大坝安全风险动态管理过程中，当大坝的相关风险信息发生变化，应及时反馈到大坝风险综合评价模型中，重新对该大坝进行风险综合评估，并根据新的风险评估结论调整相应的大坝风险管理措施。风险信息变化的情况包括以下情况：

（1）已有的大坝隐患缺陷或管理问题等完成治理或整改；

（2）完成大坝安全定期检查，明确了相应的大坝安全等级以及存在的隐患问题；

（3）完成大坝安全注册检查，明确了实绩考核得分以及存在的管理问题；

（4）完成大坝备案，获得坝高、库容、蓄水年份、大坝定位及下游信息等基础数据；

（5）日常监控、汛情监控、应急管理、监测管理等工作中发现了隐患问题；

（6）大坝下游城镇规模、影响人口等信息发生改变；

（7）发生大洪水、地震、地质灾害等突发事件时，出现新的隐患问题。

水电站大坝运行安全风险动态管控体系是将风险动态综合评估方法与传统的水电站大坝监督管理手段进行有效结合，该体系及时将风险监管措施的结论反映到评价模型中，同时利用风险评估结论对大坝进行风险分级管理，从而实现了对水电站大坝运行安全风险的动态评估和分级管控。

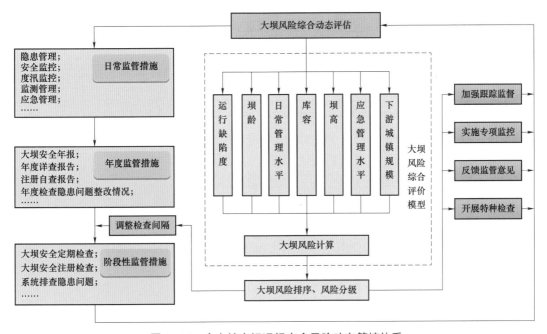

图 8-14　水电站大坝运行安全风险动态管控体系

8.3.3　水电站大坝安全风险动态管理系统

水电站大坝运行安全风险动态管理的过程涉及多项工作业务、多个分析步骤、多种计算方法，是一个贯穿于大坝全生命周期的动态管理过程。截至 2022 年年底，在国家能源局注册和备案的水电站大坝数量已达 662 座，且呈逐年增加态势，数据资料繁杂，业务流程上涉及的人员较多，随着大坝运行信息的不断更新，风险综合动态评估过程需要大量反复的计算操作。为了避免出现信息遗漏、管理效率低下、信息反馈不及时等问题，大坝中心研究开发了一套完整的水电站大坝运行安全风险动态管理系统。该系统以水电站大坝为对象，充分利用目前已有的数据资料，结合风险信息管理、风险评价、风险成果展示等功能，实现人机交互和可视化，以直观的形式展示大坝风险综合动态评估结论，从风险管理角度为决策者对大坝运行安全进行更加科学便捷的监管提供依据。

目前大坝中心已开发了水电站大坝运行安全监察平台。该平台是开展大坝运行安全监督管理与技术服务的统一系统平台，涵盖了大坝安全注册和备案、定期检查、监测管理、隐患与问题、信息报送、在线监控、防汛管理以及水工技术监督等主要功能模块。风险动态管理系统开发是利用当前大坝风险分析技术和信息处理技术的最新发展成果，在已有水电站大坝运行安全监察平台的基础上，通过适当升级改造，增加风险综合动态评估功能，实现对大坝的风险实时动态排序及等级划分，构建打造风险动态管理专业技术平台。

1. 开发原则

大坝风险动态管理系统应与现有的水电站大坝运行安全监察平台相结合,与大坝中心多项业务相衔接。系统开发应充分体现功能的实用性和灵活性,以及操作的便利性和信息的完备性。此外系统还应具有安全性能好、可扩展、可移植、易于维护和信息更新、用户界面友好的特点。系统开发原则如下:

(1)动态实时。风险动态管理系统应能实时获取大坝基本参数、运行缺陷、管理问题、下游城镇等相关风险信息,根据实际变化情况对各个风险评价因素的赋值进行自动调整,无论是新增问题还是完成治理整改都可以实现赋值的实时更新,自动完成大坝风险综合动态评估,确保风险结论的动态调整。

(2)实用高效。紧密围绕风险动态管理的主要功能目标,与现有的水电站大坝运行安全监察平台相结合,充分利用已有的信息数据,避免用户重复输入操作。在数据结构设计、数据存取、核心算法编制、业务逻辑处理等方面力求精简优化,以使系统在切合实际应用的同时,兼具快速高效的性能。

(3)稳定便捷。整个系统能够长期稳定运行,通过硬件冗余、信息加密、数据备份、容错技术、安全控制与管理等多种措施确保系统的稳定可靠。通过清晰的模块化结构,在满足各个模块之间耦合需要的同时,最大限度提高各模块独立稳定地实现功能的能力。提供统一的界面风格,布置简洁美观,重点突出,操作步骤简单明了,实现便捷。可为各类用户提供个性化定制的、易于使用的操作界面。

(4)方便扩展。采用开放的系统架构和组件化的设计思想,支持硬件、系统软件、应用软件和业务逻辑等多个层面的可扩展性。系统总体框架灵活,以便于根据实际工作需要而动态扩充,开发保留多个软件接口,保证软件的可扩充性。同时系统功能模块能根据所需实现内容的增加或分析算法的改进而进行扩充完善,以提升自身的性能,能快速适应未来不断变化的需要。

2. 系统模块

水电站大坝风险动态管理系统应做到功能完善、使用方便、管理高效,实现水电站大坝运行安全风险管理工作的系统化、规范化和智能化,切实通过信息化手段,提高工作效率,降低管理成本。因此根据软件设计的概念和原理,在保证系统基本功能要求的前提下,水电站大坝运行安全风险动态管理系统结构由信息管理、参数设置、风险计算、结果展示四大模块组成。

(1)信息管理。在水电站大坝运行安全监察平台的基础上,对与风险综合动态评估相关的信息数据资料及方法(模型、算法)和知识信息等进行提取、存储、整编、更新、修改、增减、查询、数据输出及打印等。

水电站大坝风险信息数据资料包括大坝基本信息(库容、坝高、坝龄等)、大坝运行缺陷信息(大坝定期检查信息、大坝隐患管理信息、在线监控信息等)、大坝日常管理水平与应急管理水平信息(大坝注册信息、注册问题整改落实信息)、大坝下游城镇规模信息(下游相应范围内具体城镇信息数据等)。其中,大坝基本信息、注册、定期检查等信息已在现有的水电站大坝运行安全监察平台中展示,只需实现在风险动态管理系统中的调用转换即可;下游城镇规模相关数据需与基于WebGIS的大坝运行安全信息展示系统相结合，方便用户调阅水电站下游的地形及城镇分布等信息。

（2）参数设置。参数设置模块主要包括：

1）大坝风险评价因素的权重设置。权重设置与风险评价因素的重要程度相关，在不同分析阶段应可以进行相应的编辑调整。

2）根据相关大坝信息资料自动对大坝风险评价因素进行赋值。对每一个风险评价因素设置相应的赋值标准，从而通过系统自动实现每座大坝的风险评价因素赋值。

3）对各风险评价因素的赋值设置调整值。考虑到每座大坝的工程特殊性，针对不同风险评价因素进行赋值时需根据其实际情况（如是否为龙头水库、是否为河床式水电站、是否存在各类其他隐患等)进行调整值的设置。通过上述两项功能完成数据预处理工作后，需要进行数据整编，从而为接下来的风险综合评价模型建模分析工作提供数据基础。

（3）风险计算。水电站运行安全风险动态管控体系中最重要的环节是根据系统模糊综合评价理论建立大坝风险综合评价模型,主要包括分析权重设置对于评价因素的敏感度计算、对风险评价因素赋值的归一化处理、评价因素优劣等级的确定、决策优劣距离的确定、决策相对隶属度的确定以及风险指数的确定等。系统在相关算法程序分析基础上，根据大坝风险指数自动进行风险排序，并对照设置的风险等级评定标准，划分相应风险等级，从而对大坝运行安全风险进行综合评估。另外，对于定期检查信息、隐患管理信息和在线监控信息有所更新的水电站大坝应及时重新进行风险综合动态评估，从而保证评估结果的及时性和准确性。

（4）结果展示。提供图形化和列表形式的用户界面，通过灵活的查询和分析功能，便于用户根据各种数据能够迅速找到相关的大坝风险信息。通过对大坝风险指数的排序给出所有分析大坝的风险指数分布图,便于快速了解所有大坝的整体风险排序情况。另外，随着大坝注册、定期检查次数的增加以及除险加固工作的开展，应当沿水电站大坝运行生命周期建立每一座大坝的风险综合动态评估变化曲线，从而更加直观地展示水电站大坝的运行安全风险变化情况。

3. 数据处理流程

数据入库后，首先对照每个风险评价因素赋值标准分别进行赋值，根据赋值结果进行风险计算和风险等级划分，并对风险等级进行复核。若判断需要人工干预，则对相关风险评价因素分别设置调整值，从而进行重新赋值。总体流程如图 8-15 所示。

4. 系统主要功能

（1）信息管理功能。水电站大坝风险动态管理是对多项业务信息进行综合风险评价后获得风险结论的一种管理模式，管理对象为在国家能源局注册和备案的所有水电站大坝。系统的开发基于水电站大坝运

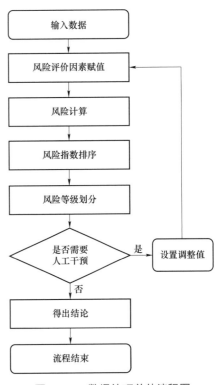

图 8-15　数据处理总体流程图

行安全监察平台的一体化业务系统框架，通过集成化环境与其他业务接口进行无缝衔接，自动导入相关数据信息，避免烦琐重复的人工输入、下载、导入等程序，实现相关信息的自动提取和实时更新。

风险动态管理系统涉及的相关业务以及需要的风险信息如图8-16所示。系统涉及的业务主要包括注册/备案、定期检查、监测管理、在线监控、隐患管理、信息报送、防汛管理以及除险加固等。系统所需要的风险信息既包括与工程特性相关的基本工程参数，也包括与其他业务的过程、结论信息等密切相关且需要进行动态追踪从而实现风险实时更新的动态信息，主要包括库容、坝高、坝龄、注册考核信息、定期检查评价信息、缺陷隐患信息、在线监控信息、下游城镇信息等。

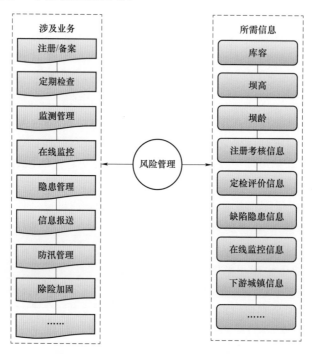

图8-16　风险管理涉及业务与所需信息

随着大坝注册、定期检查、监测监控、日常巡检及除险加固等工作的不断开展，系统根据风险信息的更新，实时对大坝进行风险分析和风险评价，从而实现水电站大坝运行安全的风险动态管理。

（2）参数管理功能。

1）风险评价因素设置。目前，大坝风险综合评价模型中的风险评价因素包括"坝高""库容""坝龄""运行缺陷""日常管理水平""应急管理水平"和"下游城市规模"，参数设置功能包括对这些风险评价因素的设置以及删减、增加功能。

2）风险评价因素权重设置。风险评价因素权重根据层次分析法结合专家讨论法综合确定。

3）风险评价因素赋值标准设置。对风险评价因素的赋值标准进行设置。

4）下游影响距离参数设置。在下游城镇规模相关信息中，根据库容、坝高、地形信

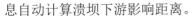

息自动计算溃坝下游影响距离。

5）不同坝型的各项缺陷评价指标权重设置。对重力坝、拱坝、土石坝三种坝型的运行缺陷评价指标权重分别进行分层设置。

6）风险等级划分标准设置。风险等级根据所有大坝的风险排序情况，结合大坝安全监管工作经验，设置风险等级划分标准。

（3）自动计算功能。后台计算主要包括对提取的风险信息进行相关转化，通过风险评价因素赋值进行风险计算，从而得出风险指数及相关风险结论，主要包括以下三部分计算内容。

1）运行缺陷后台计算。将定期检查得出的大坝安全等级评价信息、隐患管理信息、在线监控信息导入运行缺陷评价体系中，根据相关赋值标准及调整值计算得出大坝运行缺陷赋值。与定期检查模块、隐患管理模块、在线监控模块等实时连接，及时追踪运行安全的最新信息。一旦定期检查模块、隐患管理模块和在线监控模块中出现有效信息的变更，自动触发运行缺陷赋值的更新。同时，保留更新记录，并为相关人员推送更新提示。

2）风险评价因素赋值。根据导入的风险信息，按照设置的风险评价因素赋值标准对各个因素进行赋值。在此基础上，结合调整值，得出最终的风险评价因素赋值用于风险指数计算。

3）风险指数计算。将风险评价因素赋值导入大坝风险综合评价模型，根据设置的风险评价因素权重，计算得出风险指数。根据设置的风险等级划分标准以及定期检查间隔年限划分标准，给出相应风险结论。

（4）信息推送功能。当相关风险信息发生更新时，例如定期检查结论更新、注册结论更新、隐患等级变更或隐患消除、在线监控评判等级发生变化时，风险动态管理系统会自动触发相关信息的更新，包括重新赋值、重新进行风险计算和风险等级划分，并进行邮件（微信、短信）推送。

当大坝由于风险信息更新发生了风险等级的变化时，系统将相应过程自动推送给相关人员，通知其对风险信息及风险结论的变更进行复核，并确定最终风险结论。

（5）风险综合动态评估成果展示功能。系统以直观的形式动态展示大坝风险排序、风险等级划分以及具体风险信息，并将风险地图与降雨预报等信息相结合，直观展示各风险等级大坝的空间分布情况。系统可根据不同区域（省）、集团公司、大坝规模、坝型等来分别展示各类大坝的风险情况，以满足派出机构、电力企业以及专业人员等不同用户的使用需求。

1）风险等级及风险排序综合展示。系统显示所有注册和备案大坝的各风险等级大坝数量及风险指数排序（见图 8-17），并根据新增注册备案大坝情况以及大坝运行安全风险结论变化而自动更新显示。

根据用户需求，系统可以筛选出用户关注的大坝集合，如报送异常大坝、监控异常大坝、注册大坝、备案大坝等；或者根据水电站大坝所属公司、大坝所在区域、大坝所在省份等筛选出关注的大坝集合，从而进行分类查看。另外可以根据大坝基本信息、各风险评价因素相关信息进行具体内容的筛选，还可以根据不同时期内大坝风险排序变化情况对大坝进行筛选。

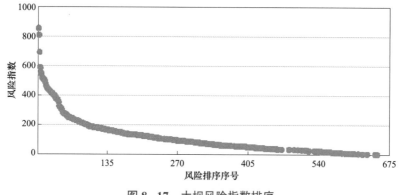

图 8-17 大坝风险指数排序

大坝列表用于显示所有大坝或筛选大坝的基本信息、风险结论以及具体风险信息等。列表可以根据风险指数、具体风险信息或是风险结论更新时间等进行排序。

2）单坝风险信息展示。单坝风险信息页面显示某座大坝的具体信息，包括基本信息、所有风险评价因素的详细信息和赋值，必要时可根据实际情况对有关赋值设置调整值。随着相关风险信息的改变，系统每次自动更新或人工赋值后会在页面留下相应更新记录。点击风险指数还可以查看大坝风险指数历史变化曲线（见图 8-18）。

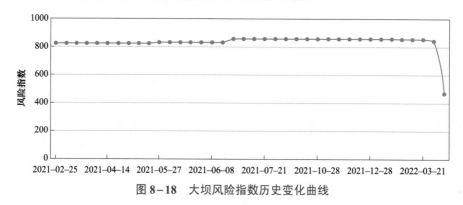

图 8-18 大坝风险指数历史变化曲线

3）风险地图展示。基于 WebGIS 技术对风险综合动态评估成果进行图形化展示。所有进行风险综合动态评估的大坝根据风险等级以不同样式、不同颜色的图标在地图上进行表示。GIS 地图还结合了降雨预报、地震区划信息等信息。降雨预报可以根据用户需要选择 24h、48h 或 72h，还可以筛选出不同降雨强度区域内的大坝。

另外，风险地图还具有综合查询功能，可以根据注册等级、安全等级、坝型、工程等别、所在区域、所在流域以及具体风险评价指标信息等筛选条件对大坝进行筛选后，在 GIS 地图上展示所筛选的大坝。点击查询结果中的某座大坝，可以查看该大坝的具体位置和详细信息。

第9章
大坝运行安全应急管理

由于水电站大坝突发事件一般难以准确预测，各类突发事件导致的大坝运行事故难以完全避免，有时甚至会导致漫坝、溃坝等极端恶性事故。大坝运行安全应急管理是确保大坝安全的必要手段，是大坝安全管理的重要环节，是保障大坝运行安全、减轻甚至消除大坝事故后果的最后一道防线，对有效应对各类突发事件至关重要。

大坝应急管理一般包括预防、准备、响应和恢复等四个环节，是一个贯穿于大坝安全管理全过程的活动。由于水电站大坝失事后果的严重性，大坝运行安全应急管理工作的重心是预防和准备。对于可能发生的大坝安全突发事件，预先做好防范措施和应急准备，确保一旦发生能及时应对，消除事件影响或尽最大可能控制事件发展、最大程度减轻事件造成的严重后果。

9.1　大坝运行安全突发事件

9.1.1　突发事件分类

大坝运行安全突发事件，是指突然发生，造成或者可能造成大坝破坏、上下游人民群众生命财产损失和严重环境危害，需要采取应急处置措施予以应对的紧急事件，主要包括以下几类：

（1）自然灾害类。包括暴雨、洪水、台风、凌汛、地震、地质灾害、泥石流、冰川活动等。

（2）事故灾难类。包括：① 漫坝、溃坝；② 上游水库（水电站）大坝溃坝或者非正常泄水；③ 水库大体积漂浮物、失控船舶等撞击大坝或者堵塞泄洪设施；④ 大坝结构破坏或者坝体、坝基、坝肩的缺陷隐患突然恶化；⑤ 泄洪设施和相关设备不能正常运用；⑥ 工程边坡或者库岸失稳；⑦ 因水库调度不当或者水电站运行、维护不当导致的安全事故。

（3）社会安全类。战争、恐怖袭击、人为破坏等。

（4）其他类。其他突发事件。

9.1.2　突发事件影响分析

大坝运行安全突发事件类型多，每个类型下包含多种突发事件，不同突发事件后果对水电站、大坝及上下游的影响也不同。对于大坝运行突发事件，需要综合考虑大坝结构安全和运行管理情况，分析可能导致大坝出现险情的主要因素、险情种类、发生部位和程度、险情对大坝安全的危害程度以及可能造成下游淹没损失的程度，并根据影响情况及严重程度制定相应的应急措施。

1. 超标准洪水

对水电站枢纽工程而言，设计阶段需考虑大坝防御洪水的能力，一般根据枢纽所在河段的洪水特性，结合工程规模和开发任务，选择一个比较合适的洪水作为枢纽建筑物防洪安全设计的依据。水电站大坝洪水设计标准有设计和校核标准，发生设计标准内的洪水，大坝能正常运行、发挥功能；发生校核标准内的洪水，大坝能保证安全。大坝的防洪能力都是有限的，在一定的经济技术条件下，大坝只能防御其校核标准以内的洪水，大坝正常运行过程中一旦遭遇超校核标准的稀遇洪水，将威胁大坝的运行安全。

下文讲述因超标准洪水引发的河南板桥水库溃坝事故。

板桥水库位于淮河支流汝河上游，坝址位于河南省驻马店市泌阳县板桥镇。工程 1951 年 3 月开工，1952 年建成，1956 年扩建加固，是我国最早兴建的大型水库工程之一。水库坝址以上控制流域面积 762km²，水库总库容 4.92 亿 m³，设计洪水位 114.60m（100 年一遇），校核洪水位 116.14m（1000 年一遇）。拦河坝为黏土心墙砂壳坝，最大坝高 24.5m，坝顶全长 2020m，坝顶高程 116.34m，防浪墙顶高程 117.64m。主溢洪道堰顶高程 110.34m，设 4 孔弧形闸门，最大下泄流量 450m³/s。副溢洪道堰顶高程 113.94m，为一长 340m、宽 300m 的开敞式溢流堰，最大下泄流量 1160m³/s。输水道出口高程 93.18m，最大下泄流量 109m³/s。

1975 年 8 月 4 日，台风莲娜穿越台湾岛后在福建晋江登陆，先后越江西、穿湖南，翌日在湖南常德附近突然转向，北渡长江直入河南，先后经过泌阳和驻马店等地。莲娜本身为太平洋上的温暖潮湿空气，在这里受到南下的冷空气影响，加上河南山区的地形因素，冷空气与莲娜的水汽发生了剧烈的垂直运动，造成历史罕见的特大暴雨，最终导致板桥等水库群溃坝。

1975 年 8 月 4~8 日，板桥水库流域发生历史罕见大暴雨，雨型呈瘦高双峰型，时间短、强度大。流域暴雨中心林庄站 4~8 日总降雨量达 1631.1mm，其中 5 日降雨量 379.6mm，6 日降雨量 220.3mm，7 日降雨量 1005.4mm；最大 24h 降雨量 1060.3mm，最大 6h 降雨量 830.1mm；泌阳县老君站最大 1h 降雨量 189.5mm，下陈站最大 1h 降雨量 218.1mm。板桥水库流域内三日平均降雨量 1011.3mm，为 1956 年扩建加固时 1000 年一遇校核标准三日雨量 441mm 的 2.29 倍；最大入库流量 13000m³/s，为 1956 年扩建加固时 1000 年一遇校核标准洪峰流量 5080m³/s 的 2.56 倍；入库洪水总量 6.97 亿 m³，为 1956 年扩建加固时 1000 年一遇校核标准三日洪量 3.6 亿 m³ 的 1.94 倍。超标准洪水造成板桥水库漫坝进而溃坝，期间水库最高库水位 117.94m，相应库容 6.08 亿 m³，溃坝最大流量 78100m³/s。

板桥水库溃坝给下游造成毁灭性灾害，溃坝 6h 共下泄洪水 7.01 亿 m³，加之石漫滩、田岗、竹沟等水库也发生溃坝，下游的洪汝河、老王坡滞洪区堤防决口，洪水以排山倒海之势，席卷村镇、房屋和庄稼，平原地区一片汪洋。洪水造成 2.2 万多人遇难，9.2 万多人受伤；受灾人口达 540 多万人，占全区总人口的 90%；受灾耕地 1010 多万亩，占全区耕地总面积的 88%；洪水造成京广铁路中断 16 天，复线中断 46 天；洪水造成的直接经济损失 26 亿多元。时至今日，板桥水库溃坝事件仍是人类历史上最严重的溃坝事故之一，它造成的间接损失无法估计。板桥水库溃坝前后现场图如图 9-1 所示。

图 9-1　板桥水库溃坝前后现场图

2. 地震灾害

根据历史记载，每次强烈地震之后，都有大量房屋、桥梁等建筑物倒塌，大坝等水工建筑物也会出现不同程度震损，但较少有大坝因地震而发生溃坝的事故发生。1971 年，美国洛杉矶圣费尔南多 6.6 级地震，有一座土坝严重液化滑坡，坝顶的残留坝体正好可以阻挡住库水漫过坝顶，保证了大坝安全。由于该水库下游就是美国第二大城市洛杉矶，地震后随即进行了积极抢修，保护了下游人民生命财产的安全。

我国处在印度板块、太平洋板块和菲律宾板块的联合挤压下，世界上最活跃的 3 个地震带中有 2 个（环太平洋地震带、欧亚地震带）都延伸到我国境内。我国是地震频发的国家，西南地区既是我国水电站分布最富集的地区，也是我国强震活跃的地区。近几十年，我国地震频繁，水电站（水库）大坝、水闸、堤防等水工建筑物遭到了不同程度的损坏，但是均未发生因地震而溃坝的事故。许多遭受地震灾害的大坝、水闸、堤防等工程，通过及时修复处理，仍能保持正常运行，继续发挥效益。1962 年 3 月 19 日，广东河源发生 6.1 级地震，地震震中烈度为Ⅷ度，受地震影响，105m 高的新丰江混凝土大头支墩坝出现 82m 长的裂缝，当时的决策就是降低水库水位后进行除险加固，大坝抗震性能得到明显改善。

1976 年 7 月 28 日，河北唐山发生 7.8 级地震，北京密云水库出现了巨大滑坡和砂砾石液化。震后把水库放空，把液化的材料全部换成了石渣料，解决了问题。

2008 年 5 月 12 日，我国四川省汶川县发生 8.0 级特大地震，震中位于龙门山断裂带上，震中附近大、中型大坝较密集，其中 156m 高的紫坪铺大坝距离震中仅 17km。震区一些大、中型大坝按Ⅷ度、Ⅶ度进行了抗震设计，实际遭遇超设计标准的Ⅸ度、Ⅹ度和Ⅺ度的地震，大坝建筑物出现一些局部损坏，整体上还是稳定的，没有发生倒塌、溃坝，做到了"大震不倒"。部分水电站通过紧急抢修，迅速恢复发电，为抗震救灾提供了可靠电源。紫坪铺大坝更是开辟了水上救生通道，成为震不断的水上生命线，在抗震救灾中发挥了特殊作用。

在各种土木建筑物中，大坝的抗震能力是比较强的，一般情况下地震区的大坝会发生不同程度的震损破坏，结构整体上处于安全状态。但地震所带来的次生灾害是严重的，其对位于深山峡谷中的水电工程的破坏力远大于地震直接的破坏作用，如汶川地震中铜钟、太平驿等大坝因为泄洪闸门电源失电等原因造成漫坝，但未溃坝。

地震造成大坝破坏的例子发生在我国台湾地区。1999年9月21日，受台湾地区南投7.6级地震影响，位于大甲溪中游的石岗大坝在地基断层错动后导致大坝坝体断裂（见图9-2）。

大坝抗震性能较好，但抗断很困难，一般不允许建设在活动断层上，设计一般采取的是尽量避让的办法。石岗大坝受断层作用北段三跨泄洪道断塌，断裂处南侧拱起约9.8m、北侧约2m，震后水库蓄水功能丧失。

图9-2　台湾省石岗大坝震后错动图

3. 地质灾害

水电工程通常位于地质环境条件复杂的地区，当汛期出现集中降雨、洪水时，极易诱发崩塌、滑坡、泥石流、地面塌陷等地质灾害，破坏水电站大坝、发电厂房等基础设施，阻断对外交通和输电线路，引发水库涌浪甚至翻坝。特大型滑坡还会阻断河流形成堰塞湖，威胁上、下游电站的运行安全，大坝应急管理应加强对地质灾害的预测和防治。

1963年10月9日，意大利瓦伊昂水库库区发生一次大规模的山坡滑动事故，导致大坝和电站报废，成为人类历史上影响重大的大坝运行事故之一。

瓦伊昂拱坝位于意大利东部阿尔卑斯山区派夫河（Piaveriver）支流的瓦伊昂河上，坝址地质属中侏罗纪石灰岩层。河谷下部狭窄、上部逐渐开阔，岩体内夹有薄层泥炭岩和夹泥层，上部节理裂隙十分发育。水库总库容为1.69亿 m^3，拦河坝为混凝土双曲拱坝，最大坝高262m，坝顶高程725.50m，坝顶弧长190.5m。1962年底，意大利国家电力公司（ENEL）从亚德利亚电气协会（SADE）手中买下了瓦伊昂水库。为尽早通过验收，从1963年初开始，水库蓄水试验的步子开始加快。

1963年10月9日22时39分，连日大雨后瓦伊昂水库左岸一块南北宽超过500m、东西长约2000m、平均厚度约250m的巨大山体忽然发生滑坡，超过2.7亿 m^3 的土石涌入水库，随即又冲上对面山坡，达到数百米的高度（见图9-3）。当时水库中仅有5000

万 m³ 蓄水，不到设计库容的 1/3，滑坡体导致在水库的东、西两个方向上产生了两个高达 250m 的涌浪，东面的涌浪沿山谷冲向水库上游，将上游 10km 以内的沿岸村庄、桥梁悉数摧毁；西面的涌浪高于大坝 150m，翻过大坝冲向水库下游，由于坝下游河道太狭窄，越坝洪水难以迅速衰减，致使涌浪前峰到达下游峡谷出口时仍然高达 70m，洪水彻底冲毁了下游沿岸的 1 个市镇和 5 个村庄（见图 9－4）。从滑坡开始到灾难发生，整个过程不超过 7min，共有 1900 余人在这场灾难中丧命，700 余人受伤。

图 9－3　瓦伊昂大坝左岸滑坡前后图

图 9－4　瓦伊昂大坝漫坝前后下游城镇图

4. 上游水库溃坝

我国大多数河流的梯级开发中，水库防洪标准的确定常按单一水库考虑选取，导致部分上下游水库防洪标准不协调问题。如果上游水库溃坝洪水进入下游水库后，超过下游水库的防洪标准，可能会导致下游水库连溃。2021 年 7 月 18 日，内蒙古呼伦贝尔市诺敏河支流上的永安水库和新发水库相继发生溃坝，溃坝洪水淹没下游村镇、冲毁国道，造成重大损失（见图 9－5）。

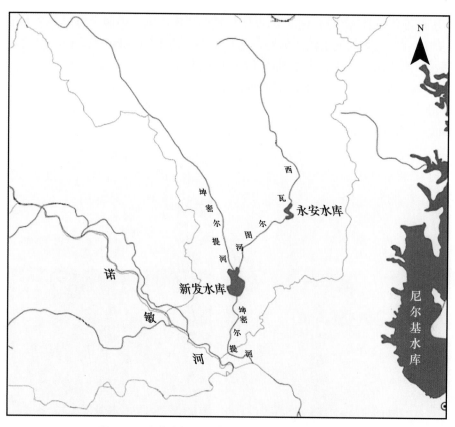

图 9-5　内蒙古诺敏河永安、新发水库位置示意图

永安水库工程任务以防洪、灌溉为主,兼有水产养殖、旅游等综合利用效益,为小(1)型水库,水库坝址以上控制流域面积 203km²,水库总库容 800 万 m³。除险加固后的水库设计洪水标准为 50 年一遇,校核洪水标准为 500 年一遇。水库枢纽建筑物由拦河坝、溢洪道和输水洞等建筑物组成。拦河坝为土坝,最大坝高 14.5m,坝顶长 360.5m,坝顶高程 252.20m,防浪墙顶高程 253.30m。开敞式溢洪道位于左坝端,无闸门控制,超过正常蓄水位自由溢流,最大泄流量 295m³/s。灌溉输水洞临近溢洪道右侧布置,为坝下钢筋混凝土方涵,最大泄量 5m³/s。

新发水库工程任务以防洪、灌溉、供水为主,兼有水产养殖、旅游等综合利用效益,为中型水库,水库坝址以上控制流域面积 698km²,水库总库容 3808 万 m³。由于大坝挡水高度小,除险加固后的水库设计洪水标准为 50 年一遇,校核洪水标准为 300 年一遇。水库枢纽建筑物由大坝、溢洪道、输水洞等建筑物组成。拦河坝为土坝,最大坝高 10.6m,坝顶长 335m,坝顶高程 226.00m,防浪墙顶高程 227.20m,坝内设混凝土心墙。开敞式溢洪道位于右坝端,无闸门控制,超过正常蓄水位自由溢流,最大下泄流量 470m³/s。输水洞位于大坝左侧,为坝下埋管,最大泄量 6m³/s。

2021 年 7 月 17 日 8 时至 18 日 14 时,内蒙古自治区呼伦贝尔市莫力达瓦旗降了暴雨到大暴雨,累积面平均雨量 87mm,其中莫旗气象站最大点雨量达 223mm,持续降雨导致诺敏河水系水位持续上涨。7 月 18 日 13 时 48 分,诺敏河支流西瓦尔图河上的永安水库大坝局部出现决口后溃坝，18 日 15 时 30 分，永安水库下游 13km 新发水库漫顶后全线溃决。由于 7 月 17 日提前发布洪水预警，溃坝前下游居民已提前紧急转移安置，未造成人员伤亡，但溃坝洪水造成了下游城镇较大范围淹没，约 16660 人受灾，325622 亩农田被淹，水毁桥梁 22 座、涵洞 124 道、公路 15.6km、路肩 19748m。溃坝洪水经诺敏河汇入嫩江干流，为减轻对嫩江下游防洪压力，上游尼尔基水库关闭闸门错峰，下游齐齐哈尔地方政府启动应急响应，提前做好洪水演进影响区域人员避险转移。永安、新发水库溃坝前后实景图如图 9-6 和图 9-7 所示。

图 9-6　永安水库溃坝前后实景图

图 9-7　新发水库溃坝前后实景图

5. 上游大体积漂浮物撞击事件

汛期水电站库区会有大量漂浮物堆积，其中若出现大体积漂浮物，在洪水作用下冲击大坝相关设施或卡塞泄洪闸门，可能影响大坝的主体结构和运行安全，同时漂浮物在发电进水口部位堆积，将对水电站发电运行造成影响。目前，随着水上交通运输的不断发展，大坝上游库区河道上有许多渔船、挖沙船、渡船、游船等船舶，船舶可能会因为管理不当、水流流速增大、风速过大等原因脱离控制，若未能及时预警、及时采取措施而任其发展，将对大坝运行造成极大的安全隐患。2016 年发生了高坝洲网箱和沙溪口挖沙船撞击大坝事故。

（1）高坝洲水电站库区网箱撞击大坝事故。

高坝洲水电站位于湖北省宜都市高坝洲镇，为清江干流三个梯级电站中最下游电站，总装机容量 27 万 kW，水库总库容 4.86 亿 m³。电站枢纽自左至右依次为左岸非溢流坝段、电站厂房坝段、深孔泄洪坝段、纵向围堰坝段、表孔泄洪坝段、升船机坝段及右岸非溢流坝段。拦河坝为混凝土重力坝，最大坝高 57m，坝顶长 439.5m，坝顶高程 83.00m。泄洪建筑物为 3 孔泄洪深孔和 6 孔溢流表孔。2016 年 7 月 19 日，湖北省入梅以来第六轮强降雨袭击鄂西南地区，清江流域遭遇了百年一遇特大洪水，洪水从上游向下游推进，期间高坝洲水库最大入库流量达 8470m³/s，隔河岩－高坝洲区间的面降雨量达 168mm，高坝洲最大下泄流量达 7800m³/s。

19 日 8 时，高坝洲水电站库水位 78.32m，保持小流量泄流。根据湖北省防指第 90 号调度令，高坝洲水电站出库流量不超 3000m³/s。随着降雨加大，高坝洲水电站逐步加大下泄流量进行预泄，避免后期大流量泄洪影响下游安全。

19 日 18 时 16 分，高坝洲水电站入库流量 5689m³/s，大坝正开启 5 个表孔泄洪，泄流量高达 6890m³/s。此时高坝洲水电站防汛值班人员发现两组养鱼网箱和一艘载有两名渔民的渔船顺江而下，直逼高坝洲水电站坝前禁航区域。为保障渔民生命安全，确保大坝和机组安全不受影响，18 时 28 分，高坝洲水电站迅速关闭溢流表孔，下泄流量快速下降至 3640m³/s，两组网箱被机组进水口拦污排拦停在泄洪深孔附近，渔民也被救援上岸。

此时，高坝洲水电站入库流量已进入峰值阶段，突然减少近一半的下泄流量，使库水位直线飙升。19 时 30 分，坝前水位突破 79.00m，并以 40cm/h 的速度上涨。

19 日 20 时 18 分，大坝运行单位下令减小上游隔河岩水电站下泄流量，以缓解高坝洲水库水位快速上涨的压力。但因受隔－高区间来水水流的冲击，此间仍不断有网箱漂向高坝洲大坝，拦污排承受的压力越来越大。

19 日 21 时 40 分，高坝洲水电站进水口拦污排断裂。为确保机组安全，避免大量垃圾及网箱金属钢管撞向发电机组进水口影响机组安全，清江公司下令关停高坝洲所有发电机组。19 日至 21 日，大量养鱼网箱积集在高坝洲大坝发电进水口和泄洪闸门前，且不断有更多的网箱冲向坝前。最终在坝前形成了约 300m 长、最宽处达 150m 的网箱堆积漂浮带（见图 9-8）。据统计，漂下网箱数量近 4.3 万个，总重量达 5 万 t，漂浮物种类复杂，既有网箱、油桶、钢管、渔网及船只，还有彩电、冰箱、空调等渔民使用的生活用品。

图 9-8　高坝洲大坝坝前大体积漂浮物

为尽可能地减少渔民损失，保障高坝洲水电站水工建筑物和水轮发电机组安全稳定运行，电站运行单位制定了"救灾优先，安全第一，兼顾效率"的清漂抢险工作原则，全力抢救渔民损失，并力争在最短时间内将堆积物拖离大坝至确保表孔各工作门能正常工作位置。发电机组分别于 7 月 21 日和 7 月 23 日恢复运行。2016 年 7 月 21 日至 8 月 20 日，运行单位组织 200 余名施工人员，租赁大型设备，历时一个月将全部堆积物拖离大坝，完成坝前清漂抢险工作。

（2）沙溪口库区挖沙船撞击大坝事故。

沙溪口水电站位于福建省南平市闽江支流西溪，总装机容量 30 万 kW，水库总库容为 1.54 亿 m^3。电站枢纽由拦河大坝、发电厂房、开关站及航运船闸等建筑物组成。大坝为混凝土重力坝，由溢流坝段、两岸重力坝段、河床式厂房坝段、装配场坝段及船闸段组成，共 29 个坝段，其中有 16 孔溢流坝段，每孔弧门尺寸为 17m×14.2m（宽×高）。坝顶全长 627.6m（其中溢流坝段长 326.5m），坝顶高程 93.00m，最大坝高 40m。

2010 年 6 月 17 日至 18 日沙溪口水电站流域普降暴雨至大暴雨，过程雨量累计达 159.5mm；上游龙头水库池潭、安砂水库均加大泄洪流量，上游水位暴涨。沙溪口水电站于 6 月 18 日 20 时 40 分全开溢流坝段 16 孔弧门自由溢流，至 6 月 18 日 22 时洪峰流量达 21000m^3/s（达到汛期 130 年一遇洪水标准，大于百年一遇设计洪水标准 20300m^3/s），最大自由溢流量达 20600m^3/s，最高洪水位 85.58m（18 日 23 时 51 分），最高下游水位 79.21m（19 日零时 20 分）。

6 月 18 日 20 时 30 分，水库上游有一艘小船撞击 16 号弧门门体后随泄洪水流冲走，造成 16 号弧门门体有一轻微凹陷点。

6 月 18 日 21 时 30 分，水库上游 3～4km 处一艘空载民用捞沙船（自重约 100t、长度约 35.5m、宽度 6.3m、船体高 1.35m）因固定缆绳断裂，漂流至坝前，撞击沙溪口大坝 17～19 号溢流坝段，卡在 17～19 号溢流坝段（对应于 14～15 号弧门）的前沿（见图 9-9）。

6 月 19 日后该船体慢慢下沉至溢流坝堰顶，溢流坝段堰顶高程为 74.30m。6 月 22 日运行单位启动 14～15 号弧门下闸时已无法下到溢流堰顶，估计底部为民用捞沙船的船体；其中 14 号弧门仅能下闸至溢流堰顶以上 3.8m 处（即船体顶高程为 78.10m），15 号弧门仅能下闸至溢流堰顶以上 5.1m 处，无法完全关闭 14 号、15 号两扇弧门，但两弧门在船体以上均可开启。

图 9-9　沙溪口挖沙船撞击大坝事故

6. 战争或恐怖袭击

水库大坝作为一种历史悠久的水工建筑物，因其遭袭破坏后带来的巨大次生破坏效应，古今中外都是高价值军事目标，是交战双方袭击的主要目标之一。开河放水，筑坝引水，将"水攻"作为战争手段使用，在中国几千年的历史中屡见不鲜：秦国伐楚时白起水淹鄢城的战例；《孙子兵法》《五经备要》也有"以水佐攻者强""水能分敌之军，彼势分则我势强""水攻者所以绝敌之道、沉敌之城池与庐舍、坏敌之积蓄"等叙述。

"9·11"事件之后，美国圣迪亚国家实验室的鲁迪·马特路斯指出，水库大坝是国家的重要资源，对发电、供水、防洪和通航等起重要作用，最易引起恐怖分子的注意，展开袭击，造成严重的后果。英国著名的水库大坝专家哥尔特斯密斯曾经指出，打击对方的水电设施，是国际军事和国内政治较量的一种手段，特别是重要的水电设施，更易成为战时敌方讹诈和首选攻击目标。目前，世界局势并不稳定，爆发局部冲突的威胁时刻存在，如何在武器定位和摧毁能力日益增强的今天，做好水电设施特别是重要水电设施的战时与日常反恐防护、确保战时安全已成为迫在眉睫的问题。重要的水电设施一旦失事，不仅耗资巨大的工程遭到破坏，丧失应有的功能和作用，而且产生的次生灾害影响范围之广、损失之大、危害之严重也是其他一般军事目标损毁无法比拟的。在近代战争中，也不乏水库大坝受攻击的战例。以下简述遭遇战争破坏的大坝案例。

（1）石龙坝水电站轰炸事件。石龙坝水电站建于 1912 年，为我国大陆的第一座水电站，抗战期间作为后方军工生产和防空报警电源重要供电电源，4 次遭到日本飞机轰炸，尤其 1940 年 12 月 16 日，7 架日军飞机飞至石龙坝上空，投放了 9 枚炸弹，其中一枚重型炸弹在距第一车间 20m 处爆炸。

（2）德国大坝"二战"轰炸事件。"二战"后期，英国对纳粹德国最重要的工业区——鲁尔区进行了猛烈的轰炸。为轰炸工业区重要的基础设施水库大坝，英国航空技术专家巴恩斯·沃利斯（Barnes Wallis）专门设计了一种可以避开防雷网的、能在水库水面上跳跃前进的"跳跃炸弹"（bouncing bomb）。

1943 年 5 月 16 日夜，英国皇家空军轰炸了鲁尔区的默讷坝、埃德尔坝和索佩坝三座大坝，其中索佩坝并未被炸垮。其余两座大坝被炸垮后，溃坝洪水冲毁了 25 座桥梁，125 个军工厂瘫痪，纳粹德国损失惨重。

1944 年 10 月 15 日，英空军又对索佩坝进行了第二轮轰炸，这次使用的是一种重型炸弹，名叫"高脚柜炸弹"（tallboy bomb）。然而索佩坝仍未被炸垮，只是使坝体出现少量的溢水，而留下的是一些巨大的弹坑。据统计，索佩坝前后共遭受 11 次轰炸。二战结束后，在 1945 年、1946 年、1951 年、1956 年和 1958 年，德国对索佩坝的混凝土防渗心墙和弹坑等不同部位进行了修复，一直到 1962 年完工。

默讷坝：花岗岩砌石重力坝，坝高 36.6m，库容 1.4 亿 m³，拱形坝轴线，1909 年始建，1913 年竣工。大坝最重要的防空措施是在坝前的水库中设了两道防雷网。默讷坝炸毁后如图 9－10 所示。

埃德尔坝：花岗岩砌石重力坝，坝高 44m，库容 2.0 亿 m³，1908 年始建，1914 年竣工。大坝位于默讷坝东南约 70km 处，是德国当时最大的水库。由于坝址处于深山峡谷之中，德军以为该坝遭受空袭的可能性很小，只是在坝上设 2 名巡逻兵进行防护。埃德尔大坝炸毁后如图 9-11 所示。

索佩坝：混凝土心墙土坝，坝高 61m，库容 0.7 亿 m^3，1927 年始建，1935 年竣工。是当时德国最高的土坝，未采取防空措施。

图 9-10　默讷大坝炸毁后

图 9-11　埃德尔大坝炸毁后

7. 运行管理

大坝运行管理中，设备仪器故障、人为管理疏忽等运行管理因素会影响对坝体运行状态的实时监测，不能及时反映坝体真实工作状态，同时难以对大坝运行异常作出及时反应，可能引发大坝安全事故。以下为管理疏忽造成的大坝安全事故案例。

（1）贵州双江水库漫坝事故。

双江电站是贵州省第一座混凝土薄拱坝电站，装机 5000kW，大坝坝高 63m，水库总库容 975 万 m^3。水库管理单位为了发电效益，汛期超汛限水位运行，洪水期间未根据防汛调度令及时降低库水位，另外闸门维护时有刷子卡在门槽未及时清理。2016 年 6 月 10 日，洪水漫过大坝坝顶，造成下游电站厂房、设备、进厂公路、民房等冲毁（见图 9-12）。

图 9-12　贵州双江水库漫坝事故

（2）美国 Taum Sauk 抽水蓄能电站上水库溃坝事故。Taum Sauk 抽水蓄能电站位于美国密苏里州雷诺兹县，是美国第一座抽水蓄能电站，总装机容量 45 万 kW，工程于 1963 年投入运行。枢纽主要建筑物包括上水库、下水库和发电厂房等。上水库总库容 536.6 万 m^3，大坝为土石坝，最大坝高 27.43m，迎水面喷混凝土，坝顶设 3.05m 混凝土防浪墙，防浪墙周长约 2000m。上水库除库盆外无其他汇水面积，只有通过抽水和直接降雨才有水汇入，故未设泄洪设施，通过水位控制系统自动关闭水泵，以防止大坝溢流。该工程为日调节蓄能电站，典型运行工况为：晚上 9 时 30 分至早上 6 时左右抽水运行，中午左右开始发电，一般至晚上 9 时 30 分之前停止发电。

2005 年 12 月 14 日早上 5 时 09 分，该电站在抽水工况运行的最后时段内，由于上水库两套自动控制水位计失灵，未能及时关停抽水机组，以致在大坝沉降量最大的四个部位库水溢出坝顶，最后造成大坝局部溃决失事（见图 9-13）。溃坝后短短 25min 内，530 万 m^3 库水泄入黑河，溃坝洪峰流量 7730m^3/s。事故造成 9 人受伤，损毁了一个公园，造成的财产损失达 10 亿美元。

图 9-13　美国 Taum Sauk 抽水蓄能电站上水库大坝溃坝事故

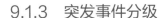

9.1.3 突发事件分级

突发事件应根据其可能后果的严重程度、险情大小及可控性等因素，分为Ⅰ级（特别重大）、Ⅱ级（重大）、Ⅲ级（较大）和Ⅳ级（一般）。具体分级标准如下：

（1）出现特别重大险情，大坝极大可能溃坝，或即将溃坝，或正在溃坝，或已经溃坝，或非正常泄水可能造成特别重大社会、环境等影响，险情不可控的事件，定为Ⅰ级突发事件。

（2）出现重大险情，大坝可能或已经漫坝但不会溃坝，或非正常泄水可能造成重大社会、环境等影响，险情难以控制的事件，定为Ⅱ级突发事件。

（3）出现较大险情，严重影响大坝正常运行，或非正常泄水可能造成较大社会、环境等影响，险情基本可控的事件，定为Ⅲ级突发事件。

（4）出现一般险情，影响大坝正常运行，或非正常泄水可能造成一般社会、环境等影响，险情可控的事件，定为Ⅳ级突发事件。

表 9-1 为《水电站大坝运行安全应急预案编制导则》中混凝土坝突发事件分级示例表，其为突发事件分级的原则及参考，具体大坝进行突发事件分级时应更加具体化、具有可操作性。

表 9-1 混凝土坝突发事件分级示例

事件	事件影响分析	事态	级别
洪水、台风、暴雨、凌汛、地震、地质灾害	挡（泄）水安全	达到设计洪水标准，库水位持续上涨，接近最高设防水位；或河道堵塞，影响正常行洪	Ⅳ
		库水位达到最高设防水位，并持续上涨，但不会漫坝	Ⅲ
		库水位超过最高设防水位，并持续上涨，可能漫坝；或已经漫坝但不致溃坝	Ⅱ
		库水位超过挡水结构高程，已经漫坝且极大可能溃坝；或已经溃坝	Ⅰ
	结构受损	较大结构损坏，影响大坝正常运行	Ⅳ
		重大结构损坏，严重影响大坝正常运行，但不致溃坝	Ⅲ
		结构损坏继续恶化，可能导致溃坝	Ⅱ
		已经溃坝；或极大可能导致溃坝	Ⅰ
	泄水失控	非正常泄水可能造成一般社会、环境等影响	Ⅳ
		非正常泄水可能造成较大社会、环境等影响	Ⅲ
		非正常泄水可能造成重大社会、环境等影响	Ⅱ
		非正常泄水可能造成特别重大社会、环境等影响	Ⅰ
上游溃坝或上游水电站非正常泄水	挡水安全	达到设计洪水标准，库水位持续上涨，接近最高设防水位	Ⅳ
		库水位达到最高设防水位，并持续上涨，但不会漫坝	Ⅲ
		库水位超过最高设防水位，并持续上涨，可能漫坝；或已经漫坝但不致溃坝	Ⅱ
		库水位超过挡水结构高程，已经漫坝且极大可能溃坝；或已经溃坝	Ⅰ

事件	事件影响分析	事态	级别
水库大体积漂浮物或失控船舶撞击大坝或堵塞泄洪设施 水库大体积漂浮物或失控船舶撞击大坝或堵塞泄洪设施	泄水受阻	达到设计洪水标准，库水位持续上涨，接近最高设防水位；或影响正常泄洪	IV
		库水位达到最高设防水位，并持续上涨，但不会漫坝	III
		库水位超过最高设防水位，并持续上涨，可能漫坝；或已经漫坝但不致溃坝	II
		库水位超过挡水结构高程，已经漫坝且极大可能溃坝；或已经溃坝	I
	结构受损	较大结构损坏，影响大坝正常运行	IV
		重大结构损坏，严重影响大坝正常运行，但不致溃坝	III
		结构损坏继续恶化，可能导致溃坝	II
		已经溃坝；或极大可能导致溃坝	I
	泄水失控	非正常泄水可能造成一般社会、环境等影响	IV
		非正常泄水可能造成较大社会、环境等影响	III
		非正常泄水可能造成重大社会、环境等影响	II
		非正常泄水可能造成特别重大社会、环境等影响	I
大坝结构或坝基、坝肩的缺陷、隐患突然恶化	结构受损	较大结构损坏，影响大坝正常运行	IV
		重大结构损坏，严重影响大坝正常运行，但不致溃坝	III
		结构损坏继续恶化，可能导致溃坝	II
		已经溃坝；或极大可能导致溃坝	I
泄洪设施和相关设备不能正常运用	泄水受阻	达到设计洪水标准，库水位持续上涨，接近最高设防水位；或河道堵塞，影响正常泄洪	IV
		库水位达到最高设防水位，并持续上涨，但不会漫坝	III
		库水位超过最高设防水位，并持续上涨，可能漫坝；或已经漫坝但不致溃坝	II
		库水位超过挡水结构高程，已经漫坝且极大可能溃坝；或已经溃坝	I
	泄水失控	非正常泄水可能造成一般社会、环境等影响	IV
		非正常泄水可能造成较大社会、环境等影响	III
		非正常泄水可能造成重大社会、环境等影响	II
		非正常泄水可能造成特别重大社会、环境等影响	I
水库调度不当和水电站运行、维护及检修不当	挡（泄）水安全	达到设计洪水标准，库水位持续上涨，接近最高设防水位；或影响正常泄洪	IV
		库水位达到最高设防水位，并持续上涨，但不会漫坝	III
		库水位超过最高设防水位，并持续上涨，可能漫坝；或已经漫坝但不致溃坝	II
		库水位超过挡水结构高程，已经漫坝且极大可能溃坝；或已经溃坝	I
	泄水失控	非正常泄水可能造成一般社会、环境等影响	IV

续表

事件	事件影响分析	事态	级别
水库调度不当和水电站运行、维护及检修不当	泄水失控	非正常泄水可能造成较大社会、环境等影响	Ⅲ
		非正常泄水可能造成重大社会、环境等影响	Ⅱ
		非正常泄水可能造成特别重大社会、环境等影响	Ⅰ
战争、恐怖袭击、人为破坏	结构受损	较大结构损坏，影响大坝正常运行	Ⅳ
		重大结构损坏，严重影响大坝正常运行，但不致溃坝	Ⅲ
		结构损坏继续恶化，可能导致溃坝	Ⅱ
		已经溃坝；或极大可能导致溃坝	Ⅰ
	泄水失控	非正常泄水可能造成一般社会、环境等影响	Ⅳ
		非正常泄水可能造成较大社会、环境等影响	Ⅲ
		非正常泄水可能造成重大社会、环境等影响	Ⅱ
		非正常泄水可能造成特别重大社会、环境等影响	Ⅰ

注　表中为示例，请根据具体情况编制。

9.1.4　突发事件预防

大坝运行安全应急管理工作的重心是事前预防，其有两层含义：一是通过安全管理和工程技术等工程和非工程手段，尽最大可能防止事故的发生，提升本质安全；二是在假定事故必然发生的前提下，通过预防措施，来降低或减缓事故的影响或后果严重程度。应急管理预防阶段工作内容主要有：

（1）加强应急管理顶层设计，制定、完善应急管理法律法规和大坝运行安全应急管理体系。

（2）提升电力企业安全应急管理水平，在水电站大坝运行过程中，根据水电站大坝注册登记检查要求，不断提高电力企业大坝安全管理水平，提升电力企业应急管理能力。

（3）持续开展水电站大坝安全定期检查及日常运行维护工作，提升大坝本质安全。通过大坝安全定期检查、监测管理、运行维护等工作，及时发现大坝安全缺陷和隐患，及时采取补强加固、更新改造等工程处理措施予以消除，确保大坝本质安全。

（4）建立水电站大坝安全风险分级管控和隐患排查治理机制。电力企业应定期开展危险源辨识和风险分析，查找影响大坝安全的危险源和风险因素，根据《水电站大坝工程隐患治理监督管理办法》（国能发安全规〔2022〕93 号）要求，及时消除大坝运行安全隐患。

（5）提升大坝安全应急管理信息化水平，推进大坝安全在线监控系统建设，不断提高大坝安全风险感知能力和应急管理水平。

综上所述，通过大坝安全定期检查、注册登记检查、监测管理、补强加固处理等常态工作，管理大坝运行中存在的确定性风险，通过风险分析和危险源辨识等手段管理大坝运行安全中的非确定性风险。通过做好大坝风险预防工作，从源头上控制、预防和减少大坝安全事故，将大坝事故隐患消除在萌芽状态、防患于未然。突发事件预防是确保大坝运行安全最经济、最有效的手段，也是落实"安全第一、预防为主、综合治理"方针的落脚点和着力点。

9.1.5　溃坝洪水分析

大坝蓄水运行，溃坝的可能性就存在，作为第一优先事项要防止这类事故发生，如果无法做到这一点，则应尽量减少这类事故的影响程度。尽管溃坝发生的概率非常低，但仍需要预先做好相关分析工作，以确定可能导致溃坝事故风险以及可采取的紧急处置措施。

溃坝洪水分析主要目的是绘制洪水淹没图，通过洪水淹没图确定大坝失事后果。美国等部分西方发达国家，在水库大坝设计阶段就十分重视溃坝洪水分析，大坝设计洪水标准与溃坝造成后果密切相关，同时其在大坝安全运行管理实践中，将洪水淹没图作为大坝安全管理应急行动计划的重要组成部分。根据大坝管理机构要求，洪水淹没图应说明如果大坝出现破坏或在洪水情况下大坝正常运行泄洪时将被洪水淹没的区域和洪水演进时间以及关键位置的洪峰流量，应清晰显示淹没区域、横断面信息、大坝、街道、建筑物、铁路、桥梁、露营地和其他所有重要的特征物，紧急状态下的疏散路线和应急避难场所也应包括在洪水淹没地图中。

由于水库失事影响范围大，大坝应急管理工作需要了解下游的风险。因此，国家防总《水库防洪抢险应急预案编制大纲》，国家能源局《水电站大坝运行安全应急预案编制导则》和水利部《水库大坝安全管理应急预案编制导则》，均要求应急预案编制时应进行溃坝洪水分析，提出溃坝洪水淹没范围，作为紧急情况下坝区及下游人员应急转移的依据。

9.2　大 坝 应 急 准 备

应急准备是大坝应急管理中一个极其关键的环节，它是针对可能发生的各类突发事件，为迅速、有效地开展应急行动而提前开展的各种准备工作，包括应急体系的建立、有关部门和人员职责的明确和落实、应急预案的编制和管理、预案的演练与修订、应急队伍的建设、应急设备（设施）与物资的准备和维护、与外部应急力量的衔接、疏散撤离方案的制订等。

9.2.1　应急体系

我国应急管理实行"统一领导、综合协调、分级负责、属地管理"的管理体制。水电站大坝突发事件应急组织体系由各级人民政府、水行政主管部门、能源主管部门及属地监管机构、电力企业等组成。地方政府负责重大突发事件应急救援的统一领导和指挥。电力企业是大坝应急管理的责任主体，重点做好大坝安全突发事件的预测预防工作，避免溃坝、漫坝事故的发生，一旦发生突发事件，应及时报告、及时处置。

当应急级别为Ⅲ级及以下（一般和较大）时，电力企业自行成立应急指挥机构，及时组织处置和救援；当应急级别为Ⅱ级及以上（重大和特别重大），或超出企业自身应急能力时，由地方政府成立应急指挥机构，指挥应急处置和救援，电力企业服从地方政府指挥。

　　大坝运行管理单位应结合实际情况设置应急组织机构，明确应急指挥机构和应急工作组的职责。应急指挥机构的主要工作包括预警及信息报告，指挥预案实施，发布预案启动、人员撤离、应急结束等指令，综合协调，调动应急抢险与救援队伍、设备与物资等。应急工作组的主要工作包括水库调度和电力调度、闸门操作，现场抢修、险情排除、被困人员救援和人员转移，技术会商、监测和巡查，物资和装备保障、通信保障、经费保障等。某电力企业大坝应急组织体系图如图9-14所示。

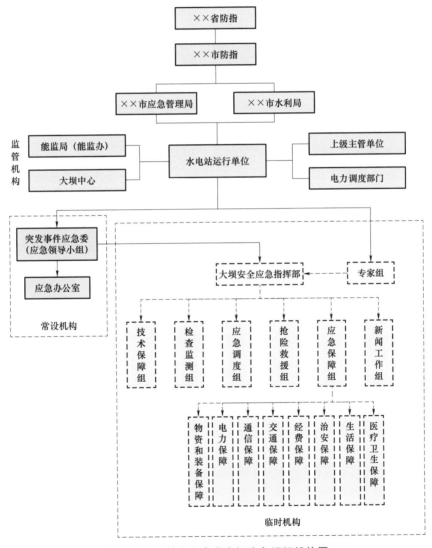

图9-14　某电力企业大坝应急组织机构图

9.2.2 应急能力建设评估

为强化电力企业应急能力建设，电力企业依据规范开展应急能力评估。根据国家能源局《电力企业应急能力建设评估管理办法》（国能发安全〔2020〕66号），应急能力建设评估应当以应急预案和应急体制、机制、法制为核心，围绕预防与应急准备、监测与预警、应急处置与救援、事后恢复与重建四个方面开展。预防与应急准备评估内容包括法规制度、规划实施、组织体系、预案体系、培训演练、应急队伍、指挥中心等；监测与预警评估内容包括事件监测、事件预警等；应急处置与救援评估内容包括先期处置、应急指挥、现场救援、信息报告和发布、舆情应对等；事后恢复与重建评估内容包括后期处置、调查评估、恢复重建等。

应急能力建设评估以静态评估和动态评估相结合的方法进行。静态评估应当对电力企业应急管理相关制度文件、物资装备等体系建设方面相关资料进行评估，主要方式包括检查资料、现场勘查等。动态评估应当重点考察电力企业应急管理第一责任人及相关人员对本岗位职责、应急基本常识、国家相关法律法规等的掌握程度，主要方式包括访谈、考问、考试、演练等。

9.2.3 应急预案

1. 应急预案体系

电力企业应急预案体系基本由综合应急预案、专项应急预案和现场处置方案构成。2006年以来，根据国家防汛抗旱总指挥部、国家能源局、原国家电监会和地方人民政府的有关要求，电力企业编制了多项涉及大坝安全的应急预案。其中，较为典型的有：

（1）水库防洪抢险应急预案。该预案为国家防汛抗旱总指挥部要求编制，发布有《水库防汛抢险应急预案编制大纲》（办海〔2006〕9号）明确预案编制内容。目前，大多数电力企业按国家防总要求编制了该预案，多数得到了地方防汛指挥机构的审批同意，该预案包括了涉及大坝安全的大多数重大突发事件，如超标准洪水、溃坝、地震、地质灾害等。

（2）电力企业应急预案。大多数电力企业按原国家电监会2009年的《电力企业综合应急预案编制导则》《电力企业专项应急预案编制导则》和《电力企业现场处置方案编制导则》要求，编制了由1个综合预案、多个专项预案、多个现场处置方案组成的系列预案体系。其中，涉及大坝安全的主要有以下专项预案：

1）自然灾害类：《防台、防汛、防强对流天气应急预案》《防雨雪冰冻应急预案》《防地震灾害应急预案》《防地质灾害应急预案》等。

2）事故灾难类：《溃坝事故应急预案》《发电厂全厂停电事故应急预案》《大型机械事故应急预案》等。

（3）水电站大坝运行安全应急预案。为提高电力企业应对漫坝、溃坝等大坝运行安全事故的应急响应和处置能力，确保一旦发生可能导致漫坝、溃坝、大坝结构破坏等事故的突发事件，能够快速、有效地开展应急处置和救援，最大限度地控制险情发展、减轻事故损失，保障下游社会经济正常稳定运行。2018年12月，国家能源局发布了《水电站大坝

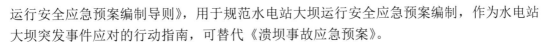

运行安全应急预案编制导则》，用于规范水电站大坝运行安全应急预案编制，作为水电站大坝突发事件应对的行动指南，可替代《溃坝事故应急预案》。

2. 水电站大坝运行安全应急预案

水电站大坝运行安全应急预案（以下简称"大坝预案"）适用于大坝运行期发生的可能导致漫坝、溃坝、影响大坝正常运行、非正常泄水等后果的突发事件应急处置。

（1）大坝预案编制程序。

1）成立预案编制工作组。电力企业应成立以主要负责人为组长、相关部门人员参加的大坝预案编制工作组，明确工作职责和任务分工，制订工作计划，组织开展预案编制工作。

2）资料收集。大坝预案编制工作组应收集与预案编制工作相关的法律法规、技术标准，以及国内外大坝运行事故资料、大坝的历史事故与隐患、地质气象水文资料、周边环境影响、应急资源等有关资料。

3）风险评估。大坝预案编制应开展大坝风险评估，风险评估的主要内容有，在危险源辨识、事故隐患排查的基础上，分析大坝运行安全存在的危险因素，确定可能发生的突发事件；根据各种可能发生的突发事件的特性，分析对大坝运行安全可能的影响和相应后果的严重程度，确定突发事件级别。

4）应急能力评估。在风险评估的基础上，评估电力企业应对突发事件现有的预防措施、应急装备、应急队伍、应急物资等应急能力，根据评估结果完善应急保障措施。

5）编制预案。大坝预案应在大坝安全风险评估和应急能力评估的基础上编制，应包括突发事件分类分级、应急组织机构及职责、突发事件的监测、突发事件的预警和报告、应急响应、后期处置、应急保障、预案管理等内容。预案应与综合应急预案和相关现场处置方案相配套，并与地方人民政府的相关预案相衔接。

（2）大坝预案格式。《水电站大坝运行安全应急预案编制导则》推荐的大坝预案主要内容及格式如下：

1　编制说明

2　大坝简况

3　突发事件分类分级

　3.1　突发事件类别

　3.2　突发事件风险分析

　3.3　突发事件分级

4　应急组织结构及职责

　4.1　常设机构

　4.2　指挥机构

　4.3　工作组

5　监测、预警和报告

　5.1　监测

　5.2　预警

　5.3　信息报告

6 应急响应

 6.1 响应分级

 6.2 响应程序

 6.3 应急处置

 6.4 应急结束

7 后期处置

8 应急保障

 8.1 队伍保障

 8.2 物资和装备保障

 8.3 电力保障

 8.4 通信保障

 8.5 交通保障

 8.6 经费保障

 8.7 其他保障

9 预案管理

 9.1 宣传与培训

 9.2 演练

 9.3 评估与修订

 9.4 备案

 9.5 实施

10 预案管理

 10.1 工程基本情况

 10.2 应急流程和报告单

 10.3 应急机构及人员联系方式

 10.4 应急物资、装备储备清单

 10.5 淹没范围及紧急撤离路线

 10.6 相关应急预案清单

 10.7 其他附件

3. 应急预案管理

水电站的应急预案管理办法主要有国家能源局发布的《电力企业应急预案管理办法》（国能安全〔2014〕508 号）、《电力企业应急预案评审与备案细则》（国能综安全〔2014〕953 号）和国家安监总局发布的《生产安全事故应急预案管理办法》（国家安全生产监督管理总局令第 88 号）。

（1）评审。应急预案编制完成后，应按规定组织评审，评审时可根据实际情况邀请与预案相互衔接的地方人民政府及相关单位代表参加。应急预案评审，应注重应急预案的实用性、基本要素的完整性、预防措施的针对性、组织体系的科学性、响应程序的可操作性、应急保障措施的可行性、应急预案之间相互衔接性等。通过评审的应急预案由电力企业主要负责人签署发布。

（2）备案。电力企业制定的综合应急预案，自然灾害类、事故灾难类相关专项应急预案等需要报国家能源局派出机构备案。

（3）宣传与培训。应急预案制订后，需要开展应急预案相关内部和外部宣传和培训，使政府与相关职能部门、水行政主管部门、大坝运行管理单位及职工、公众了解大坝面临的各类突发事件、事件应急处置流程，充分理解紧急撤离的信号、过程和地点。

（4）演练。应急预案发布后，应定期开展预案的演练演习，检验相关部门的责任落实情况，并发现预案的不足，对其进行改进和完善，进一步提高预案的科学性和可操作性。

9.2.4　应急保障

（1）队伍保障。队伍保障包括突发事件应急抢险与救援队伍数量和能力保障，日常运行管理中就需要明确应急抢险与救援队伍人员和职责，并定期开展相关训练，确保关键时刻能派上用场。电力企业需要外部支援的，应当与有关单位签订应急支援协议。

（2）物资和装备保障。根据突发事件应急处置要求，需要储备必要的灾害救援和工程抢险装备，储备必要的抢险救灾备品备件，以确保能够尽快恢复被破坏的电力设施、通信系统功能、大坝缺陷等。应建立应急装备与物资的台账，包括名称、型号、数量、存放位置等，并定期更新，应急装备与物资存放在专用物资仓库中，由专人负责保管，供专项使用。每年应根据实际情况，及时更新、补充应急装备与物资，使应急设备、抢险能力与本单位规模、设备相匹配。应定期对应急装备、物资进行检查与试验，保证装备、物资始终处在随时可正常使用的状态。

（3）通信保障。针对洪灾、地震、地质灾害等突发事件发生时可能出现的通信线路中断情况，需要力争在最短时间内修复通信。水电站现场还应配备卫星电话、北斗短报文终端等可靠的卫星通信设备，为现场应急抢险提供通信保障。

（4）交通保障。大坝枢纽区，应结合实际情况，制定应急避难场所、应急撤离路线、应急交通路线。另外，需要保障极端情况下开启闸门的交通道路或通道畅通。

9.3　大坝应急响应

应急响应是在事故发生后立即采取的应对措施与救援行动，包括事故的监测预警、事故通报，信息收集与应急决策，采取工程或非工程措施进行应急抢险，应急物资、设备的调度与运用，人员的紧急疏散、急救与医疗，以及外部救援等，其目标是尽可能地抢救受害人员、保护可能受威胁的人群，尽可能控制并消除事故。

水电站大坝突发事件一旦发生，就进入了"响应阶段"，需要迅速查清事件原因，快速研判事件性质和特点，科学分析事件已造成、可能造成的后果和严重程度，及时采取先期处置措施，控制事件影响的范围，同时有序启动应急预案，做到快速响应、果断决策、积极处置。同时需要保持与上下游政府和相关单位的信息沟通和联系，及时、准确报告事件的有关信息。一旦事件严重程度超过大坝的设防标准或造成的后果超出企业自身的应急能力，就要及时报告地方政府启动相应应急预案，动员社会救援力量参与应急，甚至采取人员撤离、疏散等措施。

9.3.1 监测预警

1. 事件监测

对不同的影响大坝安全的突发事件采取不同的监测方式。洪水、结构破坏、渗流破坏等突发事件可以通过气象预报、水情测报、大坝变形监控和渗流监控等方式来监测；而巡视检查和运行监控则可以发现由于运行管理事故等原因可能导致泄洪设施堵塞或无法开启的突发事件；其他突发事件，如地质灾害、恐怖袭击和战争、人为破坏等突发事件，一般可通过政府部门获得相关信息或是通过现场工作人员的巡视检查发现。

2. 事件预警

事件预警是启动突发事件应急管理的第一道程序，需根据突发事件影响范围和影响程度发布不同级别的预警信息。预警信息包括突发事件情况、预警级别、起始时间、可能后果和影响范围、警示事项、将采取的措施和预警发布机构等，预警信息示例见表 9-2。根据突发事件的严重程度，预警级别应划分为Ⅰ级、Ⅱ级、Ⅲ级、Ⅳ级，分别用红色、橙色、黄色和蓝色表示，分别对应Ⅰ级、Ⅱ级、Ⅲ级、Ⅳ级应急响应。

表 9-2　　　　　　　　　　　水电站大坝预警信息示例

预警信息	具体内容	备注
预警发布机构	××大坝应急指挥部	电话××××××××
突发事件情况	××大坝1孔泄洪闸门无法打开，库水位已经超过最高设防水位，并持续上涨，可能漫坝	
预警级别	Ⅱ级预警	
起始时间	××××年××月××日××时××分	
可能的影响范围	大坝及下游区域	
将采取的措施	组织实施抢修、排除故障，并开启其他所有闸门和机组畅泄	
警示事项	除应急工作人员外，其他人员立即按照《×××水电站大坝运行安全应急预案》的应急撤离路线图，撤离至安全区域	

当初步判断事件后果对上、下游区域有影响时，电力企业应向有管辖权的地方人民政府报告相关情况，按预警级别的响应要求通报上、下游相关单位，配合地方人民政府向下游影响区域和库区淹没区域发布预警信息等相关工作。政府预警行动应明确以下内容，如应急值班的要求，相关部门及单位的应急准备要求，应急响应启动前的应对程序和措施，及时进行跟踪分析、评估，预测突发事件可能引发的后果、影响范围和强度，判断是否启动应急响应（见表 9-3）。

表9-3　　　　　　　　　　　地方政府及下游相关单位预警信息示例

预警信息	具体内容	备注
预警发布机构	××大坝应急指挥部	
预警时间	××××年××月××日××时××分	
报告人姓名及职务	×××，办公室主任	
报告人联系方式	固定电话×××××××××；手机××××××××	
突发事件情况	××××年××月××日××时××分××大坝1孔泄洪闸门无法打开，库水位已经超过最高设防水位，并持续上涨，可能在××时间漫坝	
预警级别	Ⅱ级预警	
可能的影响范围	下游××、××、××区域	
将采取的措施	××大坝已组织实施抢修、排除故障，并开启其他所有闸门和机组畅泄	
预警事项	下游影响范围内居民应立即按照××大坝下游洪水淹没范围图及地方政府的撤离路线图，撤离至安全区域	

3. 信息报告

《水电站大坝运行安全信息报送办法》（国能安全〔2016〕261号），规定了电力企业向上级单位、政府有关部门、能源监管机构等进行突发事件信息报告的程序、方式、内容、时限等要求。Ⅰ级～Ⅳ级突发事件应报告上级主管单位，Ⅰ级、Ⅱ级突发事件同时应报告地方人民政府。报告的内容应包括时间、地点、事件及可能后果、报告人、联系方式等，突发事件报告可参考表9-4。

表9-4　　　　　　　　　　　　突发事件报告单示例

		第1次报告□　后续报告□（第　次）			
1	填报时间及方式	第1次报告时间	年　　月　　日　　时　　分		
		本次报告时间	年　　月　　日　　时　　分		
2	电力企业名称信息	电力企业名称			
		详细地址			
		联系电话			
		主管单位名称			
3	大坝设防参数	抗震参数		最高设防水位	
4	事件经过	发生时间			
		地点（区域）			
		事件类型			
		初判事件级别			
		简述事件起因和现状			
5	事件影响和后果				
6	事件处置措施，控制或恢复情况				
7	填报单位		填报人	填报人联系方式	

457

9.3.2　响应分级

电力企业启动突发事件应急响应后，需根据突发事件和预警级别，结合电力企业控制事态和应急处置能力明确响应分级，响应级别分为Ⅰ级、Ⅱ级、Ⅲ级、Ⅳ级，响应级别宜与预警级别对应。

9.3.3　响应程序

响应程序包括电力企业内部人员和部门的组织、决策、处置等响应流程，以及向上级单位、需协调的单位、流域上下游联动单位、相关政府部门等的对外联络流程。针对不同级别的响应程序，主要明确下列内容：

（1）响应启动。当判断事件级别为Ⅳ级、Ⅲ级且突发事件影响范围和后果在应急处置能力范围内时，由电力企业应急指挥部组织各应急工作组按职责分工实施应急响应和现场处置，遏制事态影响发展、扩大。同时及时向上级主管单位、监管机构等部门报告突发事件情况和应急救援的进展情况。当预判事件后果达到Ⅰ级、Ⅱ级响应标准，或预判事件后果超出公司自身应急能力时，电力企业应急指挥部应立即报告地方政府主管部门、上级主管单位、监管机构等部门，同时应根据地方政府的应急指令，组织相关应急救援力量配合地方政府开展应急救援工作。

（2）响应行动。应急指挥机构启动运转，组织开展应急会商、决策，指挥各应急工作组应急抢险、密切监视突发事件发展变化；收集突发事件信息，应急决策，各应急工作组组织开展抢险工作；落实24h领导带班值守，加强对突发事件和大坝安全的监测、分析和预判，加密巡查，为应急指挥决策、技术保障组技术指导提供依据；保持与水库调度主管部门和电力调度主管部门的联系，及时报送水库水情、电站出力等相关信息；组织对事件现场进行清理、处置，针对险情类型开展对应工作；对供电保障、通信保障设备设施进行检查，发现故障及时处理、修复，保障电力供应安全，保障公司应急期间对内、对外联系途径畅通；按照职责分工，采取必要措施做好物资供应、医疗救援、生活食宿等应急保障，确保交通、消防等设备设施的正常运行。

（3）响应调整。当突发事件发展恶化或事态得到一定控制时，响应级别相应调整。Ⅲ级、Ⅳ级响应级别的调整由电力企业应急指挥部发布；Ⅲ级调整到Ⅰ级、Ⅱ级响应的，由电力企业应急指挥部报告地方政府或上级单位后，由地方政府或上级单位应急指挥部发布；Ⅰ级、Ⅱ级响应级别的调整由启动该级响应的地方政府或上级单位应急指挥部发布。

9.3.4　应急处置

应急处置措施包括应急调度、应急抢险、人员紧急转移等内容。

1. 应急调度

发生突发事件后，电力企业应当按照水行政主管部门的调度指令开展水库洪水调度，一则通过水库应急调度措施减轻突发事件对大坝安全的影响，二则可以通过水库蓄洪作用，减轻对大坝下游的影响。针对可能发生的大坝安全突发事件，在通信中断与外界失联，无法向有关单位报告险情，或无法接收到调度管理单位的调度指令，或情况特别紧急并危及大坝安全时，电力企业应急指挥部有权按规程规定的应急调度方案作出决策并执行，并采取可能的应急措施组织抢险，以确保大坝安全。

2021 年永安、新发水库大坝溃坝后，尼尔基水库应急调度情况简介如下：

2021 年 7 月 18 日，诺敏河支流西瓦尔图河上的永安水库大坝局部出现决口后溃坝，18 日 15 时 30 分，永安水库下游 13km 新发水库漫顶后全线溃决。为减轻溃坝洪水对下游齐齐哈尔的影响，嫩江干流尼尔基水库应急调度调蓄洪水，减轻溃坝洪水造成的危害。

诺敏河溃坝导致的特大洪水来临之前，尼尔基入库流量已经涨至 4110m³/s，由于前期及时腾出库容，为完成本次错峰任务创造了良好条件。尼尔基水库自 7 月 18 日 16:45 起关闭溢洪道闸门和发电机组，出库流量由 1300m³/s 减小至 0，为诺敏河洪水错峰。错峰期间，尼尔基水库持续 27h 零出流，拦蓄洪水 2.84 亿 m³，最大限度减轻了溃坝洪水对嫩江干流及下游齐齐哈尔的影响。

2. 应急抢险

发生突发事件后，当立即开展应急抢险措施，控制事态发展，防止发生次生、衍生事件。

2018 年 11 月，金沙江右岸江达县波罗乡白格村发生滑坡体堵江险情，堰塞湖上游江达县波罗乡、白玉县金沙乡先后被淹没，同时堰塞湖严重威胁下游两岸人民群众生命财产安全及梯级水电站工程安全。白格堰塞体危险等别为极高危险，堰塞体溃决损失为极其严重。根据溃坝洪水分析成果，若等堰塞体自由漫流溃坝后的危害极大，严重影响下游沿江两岸居民、在建和已建梯级水电站安全。如果险情得不到及时有效控制，损失也就会不可避免地扩大。针对堰塞体采用人工开凿泄流渠，可有效减小堰塞湖蓄满库容和溃坝洪峰流量，降低溃坝损失及风险。当时提出了如下处置措施：① 对堰塞体采取人工干预措施，提前开挖泄流明渠引流，降低堰塞湖安全风险；② 拆除在建苏洼龙水电站部分施工围堰；③ 下库梯级电站梨园放空减少库区淹没，阿海、金安桥等梯级电站腾库调蓄洪水，阻断溃坝洪水传播，减轻下游防洪压力。

经过各有关方面的共同努力，采取上述等一系列应急处置方案后，未造成因溃坝洪水引起的人身伤亡事故，创造了处理大型堰塞湖的范例。

3. 人员紧急转移

由于突发事件发生的不确定性，通过提前分析事件影响范围，根据受威胁区域现有交通状况、社区分布和安置点的分布情况，制定人员应急撤离及转移方案，是有效应对突发事件造成生命损失的应急措施之一。

鄂坪水电站是一座以发电为主，兼有防洪、灌溉、供水、水产养殖等综合功能的工程，水库总库容 3.027 亿 m³。2021 年 8 月 29 日，水库开闸泄洪时，溢洪道泄槽段末端与挑流鼻坎反弧段的连接段被冲毁，影响溢洪道及水库大坝安全。因溢洪道无法正常运行，鄂坪水库水位持续上涨，9 月 3 日下午水位为 548.5m，距汛限水位仅 1.5m。气象部门预计，9

月 4 日晚至 5 日，竹溪县及上游陕西镇坪县有一次强降雨过程。9 月 4 日，十堰市竹溪县组织下游 4 个乡镇 15 个村的 1555 户 5456 名群众安全转移，集中安置在县城附近的金铜岭工业园。安置点建设有集中厨房、洗澡间、临时医疗点，开通无线网络，还辟有图书角，供孩子们读书、游戏。

9.3.5 应急结束

突发事件应急处置结束后，由地方政府或电力企业宣布应急结束。结束Ⅰ级、Ⅱ级响应的条件为：地方政府或上级单位应急指挥部已经决定结束相应级别的应急响应，水位降至设计洪水位以下，并在短时间没有回升的可能；或大坝险情得到控制，经过专家或权威部门认定没有恶化可能。结束Ⅲ级、Ⅳ级响应的条件为：导致启动Ⅲ级、Ⅳ级响应的事件原因已经消除，相关事件后果已经得到控制，经过公司内部专家组认定没有发展或恶化的可能。

9.4 恢 复 重 建

水电站大坝灾害事后恢复重建阶段，一是要对事件造成的损失进行处理，比如洪水过后的水毁工程的恢复重建、地震发生后的恢复蓄水运行和发电生产；二是要对突发事件进行调查评估，准确掌握事件对大坝安全的后续影响和造成的损失；三是要总结应急响应过程的经验和教训，将应对过程作为相关预案的一次实战演练进行审视，检查其缺陷和不足，及时修编、完善预案，查找应急过程中的决策机制、联动机制、处置机制存在的问题，针对性地进行完善。

2019 年 8 月 20 日凌晨，汶川县银杏乡彻底关沟暴发泥石流，沿沟道对泥石流治理的 5 道拦挡坝和固床排导槽等造成大面积损毁，泥石流冲毁沟口 G213 福堂隧道口大桥、施工钢架桥和沟口原都汶公路桥，泥石流堆积物推携桥面残体快速位移约 320m，堵塞岷江，摧毁对岸太平驿电站职工宿舍楼，并对上游造成 10 余米高的涌浪，导致太平驿电站拦河闸坝泄水闸门严重变形损坏、厂房机组停运，给电站造成了巨大损失（见图 9-15）。

"8·20" 泥石流灾害发生后，大坝运行单位立即启动应急响应程序，迅速开展抢险救灾和灾后恢复重建工作。2019 年 11 月 15 日，开始堰塞体开挖及河道疏浚；2020 年 4 月 28 日，完成闸坝下游围堰拆除开挖；2020 年 5 月 10 日，完成闸坝上游围堰拆除及近坝库区清淤，大坝泄洪闸、引渠闸及启闭机等损坏设施设备修复基本完成，大坝恢复正常挡水。2021 年 12 月，现场检查大坝坝体结构完整，坝体伸缩缝变形正常，闸门启闭顺畅，止水总体完好，供电电源可靠；水库库区无塌岸，左、右岸防护堤未见异常。坝顶水平位移、坝顶垂直位移、坝基扬压力和坝基渗水量等监测项目测值正常。恢复运行以来，各主要建筑物能满足泄洪、排沙和取水发电需要，大坝运行性态正常。

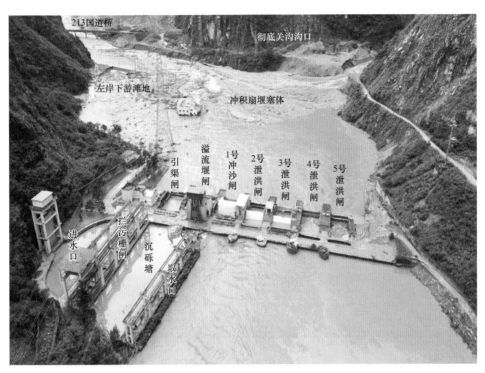

图 9－15　太平驿水电站"8·20"泥石流灾害情况

9.5　瑞士大坝应急管理简介

西方发达国家建坝历史悠久，特别是瑞士建坝历史悠久，有十分丰富的大坝安全管理经验，同时也建立了完善的大坝应急管理体系，国际大坝委员会也将其管理模式及经验向世界推广，其部分管理理念也值得我国学习和借鉴。

瑞士大坝主要分布在阿尔卑斯山的中上部高程，首要功能是发电，其次是防洪、供水和灌溉，坝型包括混凝土重力坝、拱坝、土石坝、支墩坝，分别占 38%、26%、35%、1%。其中修建于 1961 年的大迪克桑斯混凝土重力坝，库容为 4 亿 m^3，坝高 285m，是世界上最高的重力坝。

1. 法律法规

瑞士联邦政府高度重视大坝安全，相关法规均由联邦政府制定。其制定的《大坝法》中"大坝安全"一章又为 2 节，分别为"大坝建设与运行管理""大坝应急管理"，其中"大坝应急管理"一节对紧急情况下的预防措施、预警系统和紧急情况下的人员保护等都作了具体规定。

2. 应急体制

瑞士大坝安全应急管理相关职责由业主、州政府、联邦能源署、联邦公众保护署、联邦应急中心分别承担。突发事件发生后，主要由水库业主作出应急反应，而下游淹没区主要由州政府作出应急反应，如果需要，联邦政府将给予支持，联邦政府主要起协调补充作用（业主应急规则审查、指定洪水警报区域和洪水警报类型、宣传警报和行为要求、应急信息及时流转或上报等）。其具体分工如下：

业主：制定溃坝洪水淹没图、风险分析、应急方案、应急组织及运行程序并执行，安装、运行和维护洪水警报系统，启动洪水警报。

州政府：制定紧急撤离图，将溃坝撤离纳入政府应急体系，启动综合警报。

联邦能源署：审查业主制定的应急规则，指定某区域内洪水警报系统类型，指定需要安装洪水警报系统的"附近区域"。

联邦公众保护署：提出公众保护技术要求，安装综合警报装置。

联邦应急中心：宣传警报信息及行为要求，收集、分析、展示、流转信息。

3. 应急警报设施

瑞士重视大坝应急管理硬件设施配备，大坝警报系统包括洪水警报、综合警报和移动警报系统3类，不同警报系统安装在不同区域。按照溃坝洪水影响先后，大坝影响区域分为2类：一类是"附近区域"（是指2h内溃决洪水能够到达的地区），另一类是"远距离区域"。不管"附近区域"还是"远距离区域"，都安装有综合警报系统。洪水预警系统安装必须通过联邦公众保护署审批，在一定规模大坝的"附近区域"，洪水警报与综合警报共存。目前，全瑞士共安装洪水警报和综合警报系统4700套、移动警报2800套。洪水警报和综合警报发布含义不同。洪水警报发布意味着根据撤离图立即撤离，业主负责启动洪水警报。综合警报意味着提醒公众尽快收听收音机，根据收音机中应急指南进行撤离，到达安全地点后再收听广播，州政府警察局负责发布。瑞士重视警报测试工作，有3类警报系统测试，包括：

有声测试（全系统测试）：每年2月份第一个星期三，针对瑞士7500套警报系统全部开展测试工作，不仅测试洪水警报和综合警报运行是否正常，业主、州政府警察机构是否掌握操作，还要求公众明确警报声音含义。该测试州政府警察机构、业主、公众全部参加。测试前，公众将通过收音机公告、电视新闻等方式被告知。该测试不是应急演练，大坝管理人员和州政府有关人员不要求执行大坝应急预案和撤离应急预案中的内容，下游公众也无须撤离。下午1时30分，综合警报首先在全瑞士响起，有些地区，该警报将会延迟到下午2时；从下午2时15分到3时，洪水警报在大坝"附近区域"响起。

无声测试（工作测试）：州政府警察机构、主业参加，每3个月1次，采用专门的无声测试工具进行测试，业主、州政府警察机构是否掌握操作是测试重点。

无声测试（性能测试）：州政府警察机构参加，每个月1次，采用无声测试方式进行，检查警报系统是否工作正常是测试重点。

4. 应急机制

在应急状态下，各有关机构按照事先确定的法律职责开展应急处置。按照事态严重程度，将应急响应分为6个状态，分别是正常状态、加强监控、危险阶段1、危险阶段2、危险阶段3、应急结束，每个阶段都有一定的工程安全特征和采取的不同响应方式。当遇到十分紧急情况下，大坝业主可以首先启动洪水警报，同时通知州政府警察局有关情况，启动综合警报；非十分紧急情况下，采取现场会商或其他方式会商完成应急决策，会商人员包括州政府有关机构、大坝业主、安全监管机构、联邦应急执行中心等，安全监管机构、

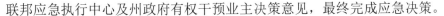

联邦应急执行中心及州政府有权干预业主决策意见，最终完成应急决策。

5. 应急预案

与大坝有关的应急预案主要有 2 个，分别为大坝应急预案和撤离应急预案。

（1）大坝应急预案：由大坝业主负责完成，大坝业主也是按照这个规定执行的，其内容主要包含以下 5 个部分：①洪水淹没图：溃坝条件下洪水淹没图；②风险分析：可能影响应急处置的一些风险因素；③应急方案：特定工况下的应急处置方案；④应急组织：应急处置人员的应急行为要求、预警程序等；⑤运行程序：紧急情况下的运行程序。

（2）撤离应急预案：撤离应急预案由州政府负责完成。应急撤离图是撤离应急预案编制的重点，且向公众公开，每个社区都有其自己的网站，应急撤离图可以在社区网站上随意下载。应急撤离图中包括溃坝洪水淹没区域和救援点信息，洪水预警和综合预警系统信息，以及分别针对两类警报给出的警报说明。

9.6 我国水电站大坝应急管理现状与展望

9.6.1 大坝应急管理存在的问题

我国水电站大坝安全应急管理工作从无到有，目前已初步建立了适合我国国情和电力行业特点的大坝安全应急管理体系，具备一定的应急管理能力。已发生的"5·12"汶川地震、湖北鄂坪水电站溢洪道水毁、"9·5"泸定地震等突发事件应急响应及处置情况表明，我国水电站大坝运行突发事件应急协调联动机制总体有效，救援和处置总体得力。但是由于我国现代意义上的应急管理体系建立时间不是太长，针对大坝应急管理，目前仍存在法规制度不健全、电力企业应急预案编制及管理混乱、突发事件应急处置及保障能力不强等问题，需要继续加强大坝安全应急管理顶层设计，重视大坝安全应急管理实际效果，创新大坝安全应急管理手段，进一步提高大坝安全应急管理水平。

1. 大坝应急管理的法规制度有待完善

近年来，我国围绕"一案三制"工作开展应急管理体系建设，取得了显著成效。在国家层面，出台了《突发事件应对法》《生产安全事故报告和调查处理条例》《电力安全事故应急处置和调查处理条例》《生产经营单位生产安全事故应急预案编制导则》《生产安全事故应急预案管理办法》《突发事件应急演练指南》等一系列应急管理的法律法规、行政规章及相关规范文件。电力行业也相继出台了《电力企业综合应急预案编制导则》《电力企业专项应急预案编制导则》《电力企业现场处置方案编制导则》《电力突发事件应急演练导则》等行业规范性文件。国家防总、水利部和国家能源局针对水库大坝、水电站大坝出台了《水库防洪抢险应急预案编制大纲》《水库大坝安全管理应急预案编制导则》《水电站大坝运行安全应急预案编制导则》等指导性文件。2022 年 11 月，国家能源局发布了《水电站大坝运行安全应急管理办法》，是针对大坝应急管理的首份规范性文件，大坝应急管理工作有据可依。

《水库大坝安全管理条例》是我国大坝安全顶层法规，但其有关大坝安全应急管理的规定仅局限在险坝，对病坝及正常坝没有作出应急要求。虽然有关部门出台了一些涉及大坝安全应急管理的部门规章和规范性文件，但由于顶层法规目前仍未有明确规定，一定程度上存在中央与地方之间、中央政府相关部门之间对大坝安全应急的要求不一致的情况。电力企业在实际工作中遇到的涉及大坝安全应急的政府多头管理、重形式轻应用等问题的产生与此有关。

2. 政府部门和大坝运行管理单位应急职责范围不清晰

我国的大坝安全应急管理体制适合国情，对重特大突发事件政府响应迅速、救援得力，体现了中国特色社会主义制度的巨大优势。由于电力企业拥有的资源有限，而水电站大坝突发事件影响到电站枢纽的上游和下游，应急管理工作完全由电力企业来完成是不现实的，必须有地方政府参与或指挥。应急预案是开展应急管理的核心工作之一，目前大坝预案由电力企业组织编制，但下游洪水风险图绘制及下游紧急撤离等涉及下游风险区的社会、人口、工矿企业、经济、生态环境等情况，电力企业没有能力独立开展相关工作，只有配合政府有关部门才能完成洪水风险评估和应急撤离规划，也就是说，涉及洪水风险和应急撤离规划的工作，主要责任部门应当是地方政府，电力企业配合其开展工作。

3. 大坝风险评估工作不规范

大坝风险评估是大坝突发事件应急预案编制的前提，客观、系统、科学、可靠的大坝风险评估结果是应急预案编制的基础。没有可靠的大坝风险评估工作，大坝突发事件应急预案编制无从谈起，在应急准备、应急响应、应急处置等环节中也不可能安排合适的应急措施和应急方案。事实上，大坝突发事件起因很多，比如洪水、地震、上游库岸滑坡、上游大坝溃决等，而最终可能造成溃坝洪水下泄，危害可能淹没区。当前大坝突发事件应急预案编制时，对于大坝风险评估是按照原因导向进行分类评估，还是按照后果导向进行分类，目前尚无明确规定，客观上造成了大坝风险评估工作不规范的现状。

4. 大坝应急预案编制管理规范性仍有待加强

电力企业目前建立了较为完善的应急预案体系，目前这些预案主要还是集中于企业内部的应对措施，很少涉及与上下游社会和政府的联动，更缺少与政府机构的协调演练，在发生企业无法应对的突发事件时，无法发挥预案的预期作用。在企业内部的应对措施中，缺乏对大坝运行中常遇突发事件的应对措施，预案的针对性、指导性不强，预案的实用性、操作性较差，预案的实用意义不强。电力企业为了编制预案而编制预案的现象还比较普遍。

水电站将制定的应急预案向其上级主管单位和地方政府报备，但在评审环节，也存在不知如何具体组织的问题，例如预案评审方法、评审会参会单位组成、参会专家组成等问题，甚至存在水电站管理单位在制定应急预案方面的积极性高于地方政府、质量意识严于地方政府的现象。地方政府没有能力或应急意识较为淡薄而无法对水电站管理单位的应急管理工作展开有效监管，处于被动监管和选择性监管状态。由于应急管理必然涉及地方政府，因而这种状态势必影响水电站应急预案的完善与执行，一旦遇到突发事件需要启动应急预案时，水电站得不到地方政府的有效支持，仍有可能处于类似无预案状态或不充分预案状态下的被动局面。

电力企业应急预案的宣传、培训、演练工作缺乏系统性、计划性、实战性，流于形式，未建立多年滚动计划，每年制订的计划不够详细，限于演练费用高昂、组织难度大等多种原因，很少有大规模针对性演练。从社会层面看，有些大坝的宣传与保密之间存在矛盾，或宣传不到位，或担心引起民众恐慌而未宣传，可能致使公众对大坝风险没有正确的认识，更不要说进行大规模的撤离演练。

在情况变更后，预案应及时更新，但实际上很多企业的预案编好后就没有更新过，特别是人员变动频繁的企业，预案的更新问题更为突出。另外，有一些企业虽更新了预案，但未发布，或存在版本问题，一旦需要启动预案，难以判断哪一版本是现行有效的预案。

从以往发生的几起大坝安全突发事件看，实际处置险情时大多存在手忙脚乱、临时靠领导或专家拍脑袋决策指挥的情况，表明应急处置准备不足。究其原因，与应急预案流于形式、针对性不强、实战演练做做样子、应急保障不落实等有很大关系。

5. 大坝溃坝洪水风险图制作难度较大

20 世纪 90 年代开始，国家防汛抗旱总指挥部办公室就一直致力于水库大坝应急预案基础性工作"洪水风险图"的制作。大坝溃决模式直接决定了溃坝洪水的危害性和严重性，对于大坝溃决如何发生发展，溃坝洪水如何演进，灾害警报何时发布、如何发布，如何撤离逃生和救援，应急预案如何编制和有效运作，如完全要求电力企业绘制溃坝风险图、制定下游相应人员撤离方案，对企业来说困难较大。电力企业很难掌握影响范围内的人口、财产等社会经济情况，或区域内行政村、自然村、小区、街道、企事业单位、居民楼等的分布情况。究其原因，一是高精度基础地理信息尚未共享，需要企业向政府测绘部门购买，既费钱又费力，或属于涉密资料，不便直接使用；二是企业未掌握下游淹没区的人口、财产等社会经济情况，需委托有资质的单位调查，也是既费钱又费力，处理不当还可能引起不必要的社会矛盾。

6. 流域梯级应急管理协调机制尚未建立

目前我国大坝突发事件应急预案大部分是仅针对单个水库的，没有考虑水库在整个防洪体系之中如何与其他具有防洪功能的水利工程应急预案协调的问题。现行大坝安全应急管理法规制度中，并未对流域的应急管理提出明确要求。上游大坝失事将造成对下游水库的人造洪水，甚至导致下游水库连锁溃决。建立流域梯级水电站应急联动机制，实现流域水雨情、汛情、工情、地质灾害等信息共享和水库应急联合调度非常必要。在得知上游梯级发生险情时，下游梯级电站及时采取降低库水位、放空水库、疏散人员等措施，能够有效减少灾难损失，能够控制和降低梯级水库群风险，规避、防范一座水库溃坝给整个水库群带来的严重后果。目前对流域上、下游梯级电站的应急联动，流域上投资主体不同的电站考虑得较少，应有法规对其进行明确规定，督促相关企业间建立应急联动机制。

7. 大坝应急保障预警硬件不满足应急管理要求

与瑞士等国家配备了完善的应急预警系统相比，我国大坝安全管理应急预警系统还很不完善，需要补充开展的工作还很多。从以往发生的几起大坝安全突发事件看，通信中断问题非常突出，说明日常工作和生活中使用的电话、网络等通信设备在地震、洪水、台风、暴雨等突发事件发生后极易中断,可靠性较低。即使通信线路未中断,由于受设备容量限制,应急情况下易出现通信拥塞、沟通不畅等情况。

9.6.2 展望

水电站大坝安全突发事件不仅仅局限于一个水电站,而是具有很强的流域性、衍生性,其危害更有社会性。在这种状况下,一旦发生大范围、流域性的重大突发事件,就可能由局部影响造成全局损失、由小风险酿成大灾难。《水电站大坝运行安全应急管理办法》的正式发布,对加强大坝安全的应急管理各个环节,应对各类突发事件打好了基础,但全面贯彻落实管理办法,切实提高电力企业大坝应急管理水平,任重而道远。

1. 进一步明确政府和水电站大坝业主的应急管理界面职责

电力企业水电站应急组织体系和工作机制要进一步完善,考虑大坝安全的公共属性,需建立电力企业与地方政府及相关单位的应急协调联动机制。电力企业主要做好预测预防,尽最大可能避免大坝突发事件的发生,一旦事故发生,第一时间做好现场处置、信息报送等。对于下游影响区域,政府主要负责组织对下游人民生命财产的救援,电力企业负责提供溃坝淹没图或溃坝下泄流量,政府据此编制风险图及制订逃生撤离方案。瑞士大坝应急分工明确,大坝业主编制大坝应急预案,州政府编制紧急撤离预案,两份应急预案的分界线在于溃坝洪水淹没图和应急撤离图之间,业主负责溃坝洪水淹没图及大坝应急部分,州政府负责应急撤离图及撤离组织部分,州政府要以业主提供的溃坝洪水淹没图为依据制订撤离计划。

2. 规范加强大坝运行风险识别和评估工作

近年来,地震、洪水、山体滑坡、泥石流等自然灾害频发,大坝发生溃坝、漫坝和重大损坏的风险不可忽视。大坝运行风险辨识评估是编制应急预案的前提条件和必要条件,只有全面、客观、准确地辨识评估安全风险,才能根据存在的风险种类、特点、危害程度,编制出有效、可操作性强的大坝运行安全应急预案,保证应急救援有力、有效,最大程度减少人员伤亡、财产损失和环境破坏。目前大坝运行安全风险评估是大坝安全管理的薄弱环节,行业关于大坝风险评估的规范性工作有待进一步加强。大坝运行中,需要对大坝安全风险和隐患点进行全面排查和辨识,找出可能影响大坝运行安全的所有风险和隐患点,开展风险隐患的分类管理和风险等级评估,可在一定程度上解决应急预案编制因大坝风险评估工作不规范所产生的突出问题。

3. 加强大坝运行安全应急预案编制及管理工作

国家能源局发布了《水电站大坝运行安全应急预案编制导则》后,对大坝预案的内容、具体工作要求和相关各方的责任、工作接口均提出了明确要求。各大坝运行单位要加强大坝预案的编制工作,提高大坝预案的针对性和操作性。政府监管机构要进一步规范大坝预案的管理,统一预案的评审、备案/审批权限和程序,要始终树立"只有相关方了解、熟悉、参与的预案才是有效的预案"的理念,正确处理保密与预案培训、演练的关系,协调好提高透明度与维稳的矛盾,明确预案的知悉范围和培训、演练内容。

4. 加强应急能力建设,提升突发事件的预防和应对处置能力

突发事件发生后,大坝枢纽现场常常面临交通、电力、通信中断等情况,如何避免这

些情况下发生溃坝、漫坝等极端灾难，确保电力企业和下游群众生命安全，是应急管理的核心问题，需要提升应对突发事件的处置能力。大坝运行突发事件的监测预警能力目前仍属短板，电力企业要提升突发事件信息感知能力，及时准确掌握大坝突发事件，为快速应急决策提供第一手资料。大坝枢纽区应急物资配置，目前行业尚无规定，应急物资保障是开展应急处置的基础，建议行业明确大坝管理单位应急物资配置标准，确保应对突发事件时应急物资能及时供应。大坝应急要树立"人民至上，生命至上"的理念，将人员生命安全摆在应急工作的首要位置，加强人员应急逃生规划，电力企业应制定紧急情况下的坝区及下游人员撤离方案和逃生路线图，针对不同情况规划建立应急避难场所。特大型水库事故影响范围广，需要摆到大坝应急最突出的位置，应充分考虑极端灾害，在交通条件困难、难以设置辅助进场公路的条件下，可考虑库区水运通道及应急直升机停机坪，以便突发事件导致地面交通中断后的应急疏散和救援。通信是有序开展应急工作的重要手段，突发事件往往伴随通信中断，电力企业要加强应急通信设备配置，水电站现场应配备卫星电话、北斗短报文终端等可靠的卫星通信设备，以便应对突发事件导致的常规通信手段中断情况。

5. 建立大坝安全突发事件应急信息共享机制和信息平台

由于行政隶属和利益桎梏，目前在水电站大坝安全应急中难以实现突发事件信息和应对专业力量的共享，容易形成信息壁垒、各自为政、资源浪费。建议进一步增加大坝应急信息的透明度，提高信息共享水平，通过建立信息共享平台，各级政府相关部门、各大坝业主单位能够及时获取暴雨、洪水、台风、地震、地质灾害、结构破坏等灾情信息，提高应急处置及时性，避免发生流域性灾害和衍生灾害。

6. 加强溃坝机理研究及溃坝洪水演进研究

我国应急工作强调底线思维，同时要科学应对。加强溃坝洪水影响研究是底线思维的有力体现，该项工作是科学开展下游群众转移的支撑技术工作。由于溃坝机理的复杂性，大坝溃决分析需要各种假定条件，不同假定条件可能对下游的应急转移范围和路线制定有较大的影响。建议对溃坝致灾机理与人类活动的互馈规律展开深入研究，如预警时间、科学确定人员撤离问题等，提升应急过程定量化分析能力。

7. 开展水库放空能力研究，提升应对突发事件的能力

高坝大库调节能力强，在流域梯级开发和防灾减灾中发挥重要作用，但其面临的风险也客观存在，一旦失事后果不堪设想。国外大坝应急管理很重视水库放空能力研究，随着我国大坝下游社会经济快速发展，水库放空或降水位能力是对大坝风险防控和应急管理提出的新要求，一则是水库要有底孔或隧洞放水，突发情况能把水库的水位降低，以便更好地检查、维修大坝或减轻风险，二则是现有的水库放空设施闸门、启闭机等设施一定要加强维护，要做到处于临战状态，确保突发事件应对时能派上用场。

第 10 章
大坝运行安全智能化管理

10.1 大坝运行安全信息化发展概述

我国水电站大坝运行安全信息化经历了从自动化到数字化，再到智能化的发展历程，大坝安全信息化的发展显著提升了我国大坝安全管理水平。

大坝运行安全自动化最早应用于大坝安全监测自动化，电力行业的水电站最早开展大坝安全监测自动化。早在 20 世纪 70 年代末，龚嘴、葛洲坝等水电站大坝就开始对内观仪器观测数据实施自动采集。随着监测自动化技术的不断发展，从集中式系统发展到分布式系统，自动化监测系统的稳定性、可靠性和可扩展性不断提高。截至 2022 年年底，电力行业在国家能源局注册备案的 662 座大坝中，有 63%的大坝实现了自动化监测，不仅健全了监视大坝安全的耳目，为及时反映大坝工作性态提供一手资料，也改善了监测条件，减轻了劳动强度，提升了大坝日常运行管理的质量和效率。在科学技术日益发展的今天，随着卫星遥感、北斗等技术的出现与普及，大坝安全监测手段迎来革新，大坝外观自动化监测的适用性、准确性将进一步提升。监测自动化技术的普及，也为实现监测信息化管理提供了条件。监测管理信息系统具备监测数据录入、存储、处理、统计、分析、建立数学模型、图表和报表制作等功能，进一步提升了大坝安全监测工作的质量，为进行数据分析以评价大坝运行性态奠定了基础。目前，在国家能源局注册备案的大坝中有 84%实现了监测信息化管理。

水电站大坝安全直接关系到社会公共安全与人民的生命财产安全，随着我国国民经济的高速发展和社会的文明进步，已经得到了政府和水电站业主的高度重视。虽然监测自动化技术逐步成熟、普及，监测信息化管理系统功能日趋完善，但大坝运行安全并不仅限于监测数据的管理，日常运行管理所产生的大量信息对确保大坝运行安全同样重要。为解决管理信息化相对滞后；大多数单位对大坝安全信息的管理仍以传统的手工作业或 PC 机单机处理为主，无法实现对各类资料的有效维护管理和信息共享；各级管理部门在遇到自然灾害时无法及时、准确和全面了解掌握大坝安全状况和发展变化趋势等问题。电力行业的大坝运行安全管理逐步迈向信息化、数字化与网络化，以现代通信与信息处理技术为基础，充分利用互联网、监测自动化系统等硬件资源，灵活运用 WebServices、XML 等技术，电力行业逐步建设了面向不同用户的大坝安全信息管理系统。系统的推广与应用使各级领导能更及时、更全面地了解和掌握大坝安全状况；大坝主管单位和有关专职人员能更迅速、更深入地掌握所管辖大坝的安全状况和运行单位的大坝安全工作情况；水电站运行单位的技术人员能从枯燥乏味的数据堆里解放出来,有更多的时间和精力用于分析思考大坝安全问题;大坝安全监督管理单位能更及时了解各地大坝安全工作动态,尽早发现工作中存在的不足和大坝安全隐患。以全国电力行业水电站大坝运行安全管理平台为代表的大坝运行安全信息化管理系统在政府监管、水电站业主的管理、水电站运行单位的生产和管理及水库的科学运行调度、大坝安全隐患的发现等方面提供了高效的技术监督和运行管理手段,为降低人力成本,减人增效提供了依托,有效提升了电力行业的大坝运行安全管理水平,至今仍是各电力企业建设自身大坝安全管理系统的模板与参照。此外,建筑信息化模型(BIM)等数字化技术的发展与应用,将工程文档、日常运维信息与工程建筑物进行关联,很好地解决了专业人员难以快速准确获取相关信息的问题;同时,通过三维可视化展示,改变了以往自动化管理系统信息查询与展示以文字、表格及二维图形为主的情况,使得工程形象更直观、生动,为进一步优化管理流程,提升管理质量创造了条件。大坝运行安全管理信息化、网络化、数字化转型,大幅度提升了电力企业大坝安全运行管理水平和质效,为政府监督管理能力的提升提供了技术支持,为政府、企业共同做好大坝安全管理,保障水电站大坝运行安全提供了保障。

近年来,新一代人工智能迅速发展,深刻地改变了人类的生活,并改变了世界。人工智能加速发展,呈现出深度学习、跨界融合、人机协同、群智开放、自主操控等新特征。2017 年 7 月,国务院印发了《新一代人工智能发展规划》,提出要推动人工智能与各行业融合创新。与大坝安全相关的内容包括利用人工智能提升公共安全保障能力,加强人工智能对自然灾害的有效监测,围绕地震灾害、地质灾害、气象灾害、水灾害等重大自然灾害,构建智能化监测预警与综合应对平台。在水电站大坝安全领域,人工智能其实并不陌生。早在 20 世纪 90 年代初,意大利就率先研发了以 DAMSAFE 命名的系统,国内河海大学的大坝安全综合评价专家系统、中国水科院的大坝安全监测决策支持系统、国家能源局大坝中心的水电站大坝在线安全评判系统也属于类似的研究成果。随着新一代人工智能的发展,大数据、云计算、深度学习、知识图谱等技术手段逐渐成熟。近年来,在大坝安全运行管理方面,数据清洗、模式识别、时序预测、图像识别等方面的探索与研究成果丰富了大坝安全智能评判、辅助决策的技术手段和工具,为运用智能化技术辅助大坝安全工程师开展大坝运行安全评价,大幅度缩短评价周期,提升评价的效率和质量,及时发现大坝安全隐患提供了技术基础,有利于进一步提高水电站大坝运行安全和监督管理水平。

水电站大坝运行安全管理历经几十年的发展,从监测自动化系统逐步发展到大坝运行安全管理信息系统,完成了从自动化到信息化、数字化、网络化的转变,大幅度提升了大坝运行安全管理效能和监管水平。如今,我们正在亲历第四次工业革命,信息技术日新月异,随着人工智能、物联网、大数据等技术手段的逐步发展与成熟,其与大坝运行安全管理的结合愈发紧密,水电站大坝运行安全管理必将迎来一次新的技术飞跃,进一步提高大坝安全运行和监督管理水平,为大坝运行安全提供更可靠的技术保障。本章主要从态势感知、预测预警、应急管理、综合管理等维度对大坝安全信息技术进行介绍,主要包括大坝运行安全信息感知技术、大坝运行安全在线监控系统、大坝运行安全应急管理系统、大坝运行安全管理平台等,并从智慧大坝的角度对大坝安全智能化进行展望。

10.2 大坝运行安全信息感知技术

10.2.1 信息感知简介

大坝运行安全信息感知方式主要有巡视检查和仪器监测两种（统称大坝安全监测），巡视检查与仪器监测分别为定性和定量了解建筑物安全状态的两种手段，互为补充。巡视检查主要通过各类巡检方式发现水工建筑物的沉降、开裂、渗漏等异常现象；仪器监测主要利用已埋设在水工建筑物中的仪器设备或安装的固定测点监测效应量及环境量，监测的物理量主要有变形、渗流、应力应变和温度、动力响应及水力学参数等类型，监测的环境量主要有大坝上下游水位、降水量、气温、水温、风速、波浪、冰冻、冰压力、坝前淤积和坝后冲刷等。图10-1为大坝安全监测项目分类图。

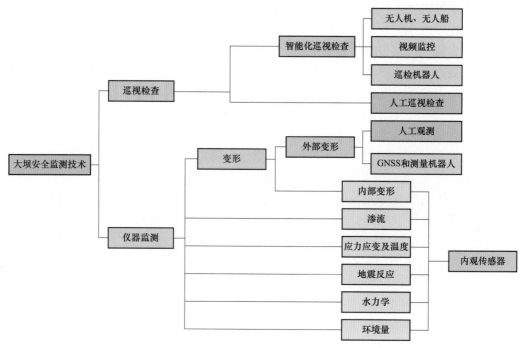

图 10-1 大坝安全监测项目分类图

10.2.2 巡视检查

传统的巡视检查通常通过现场水工工作人员用目视、耳听、鼻嗅、手摸、脚踩等直观方法，再辅以锤、钎、量尺、放大镜、望远镜、照相机、摄像机等工器具进行。传统人工巡查方式存在依靠肉眼观察而使得巡查范围和对象受限、巡检不够及时、在暴雨和地震等极端工况下水工人员难以到达重要巡视点、高坝大库人工巡检工作量较大等不足之处。

目前大部分水电站大坝安全监测项目设置较为全面，内外观各个仪器监测项目数据采集也已大部分实现了自动化，但巡视检查仍采用传统人工方式进行，未实现巡检工作信息化，巡检结果和缺陷检查记录尚无条件报送，不能满足远程监管和在线监控的实际需要。

近年来，为解决上述难题，大坝安全巡检技术也在不断发展，新技术、新装备、新手段正在不断丰富大坝安全巡视检查的方法。一种是基于掌上电脑（Personal Digital Assistant，PDA）、射频识别（Radio Frequency Identification，RFID）、近场通信（Near Field Communication，NFC）、智能手机终端等技术的智能巡检系统，应用平台主要由移动端 App 和 Web 端信息管理系统组成，包括现场检查、数据存储、结果统计分析、查询展示以及巡检工作管理等功能模块，可实现巡检工作全过程的信息化。另一种是利用无人机、无人船、巡检机器人以及视频监控手段等设备自动获取巡检信息，并结合深度学习和图像识别技术，将前端系统采集到的图像进行识别、检测，提取其中的定性和定量信息，形成可视化、电子化、数据化的巡视检查结果，实现智能化监控的目标。

10.2.3　外部变形监测

大坝外部变形传统监测方法主要为三角测量、水准测量等以光电技术为核心的大地测量法，目前仍是最主要的外部变形测量手段。根据国家能源局注册备案的 163 座土石坝外部变形监测情况统计，146 座大坝采用的是大地测量法。但从目前的情况来看，传统的人工测量方法普遍存在观测工作量大、对观测人员技术水平要求高、观测时段受气象条件限制、无法实现全自动化观测等弊端，特别是台风、地震等极端情况需要监测数据时，传统的方法难以正常发挥作用，且不便于形成自动化的监测数据，不能满足在线监控的大坝运行安全管理新要求。

近年来，随着科学技术的不断发展，出现了有"测量机器人"之称的全自动全站仪系统、对测点与基点间无通视要求的 GNSS（全球导航卫星系统，由美国 GPS 系统、中国 BDS 北斗系统、俄罗斯 GLONASS 系统和欧洲 Galileo 卫星导航系统等共同组成）卫星测量系统和适合全天自动监测的干涉雷达系统等新型仪器设备都在逐步应用中，这些技术在精度、适用性、经济性上都在不断进步，为解决外部变形观测自动化的难题做出了有益的探索。

测量机器人是一种能替代人进行自动搜索、跟踪、辨识、精确照准目标并获取角度、距离、三维标、影像等信息的电子全站仪，也叫自动全站仪，其在全站仪基础上集成了马达、影像传感器构成的视频成像系统，并配置智能化的控制及应用软件。监测方法多样，如前方交会法、全圆观测法、极坐标法等，监测精度高（可达毫米级），自动化程度高。测量机器人相对人工全站仪观测的优势主要体现在可实现完全无人值守监测，但无法克服类似人工测量的弊端，如测量仪器与监测点必须通视，无法实现全天候自动监测，恶劣气候如雨、雪、雾和强日照等条件下其精度会受影响，甚至无法监测。

目前外部变形自动化监测实现方式基本为测量机器人或测量机器人＋GNSS 结合的方式。GNSS 监测设备主要由 GNSS 接收机和 GNSS 定位天线组成，可通过卫星监测所在部位的变形情况。该技术具有布点灵活、不要求测站之间通视、不受天气条件影响、位移监测精度高等优点，可实现全天候、全自动化、连续观测。基于 GNSS 多频多星接收机自动化监测系统在水电工程大坝、高边坡自动化监测中逐步使用，部分已取得了较理想的使用效果，能够满足水电站大坝安全监测的需要。但在大山峡谷、密林深处等地区，由于信号受到遮挡，其接收数据存在失真，影响观测精度；对于水电站大坝、滑坡等变形体的监测，受观测环境所限，测站往往遮挡严重，从而影响卫星的信号接收和几何构型，降低了变形监测的精度和可靠性，在垂直向的位移精度要明显低于水平向精度。

10.2.4　内观传感器

大坝安全监测仪器是安全监测技术的感知单元，是保证大坝安全监测系统高精度、高准确度、稳定可靠、长期连续运行的基石。随着电子测量技术、新材料、新工艺等各种技术的快速发展，安全监测仪器技术也在与时俱进、不断持续发展完善中。

由于安全监测仪器使用环境的特殊性，特别要求其具有可靠性和长期稳定性，相对于普通的消费类电子产品而言，安全监测仪器升级换代速度相对要"保守"些。即便如此，在过去的一个多世纪里，特别是 20 世纪 90 年代以来，我国水电建设进入大发展时期，许多高坝大库相继开工建设并投入运行，对大坝安全监测仪器技术提出了许多新的要求。在众多大坝安全监测从业人员的不懈努力下，20 多年来，传感器原理的先进性与多样性、生产工艺的先进性、传感材料的性能优异性、施工的高效方便性、测量技术先进性等各方面都取得了长足进步。在此期间，钢弦式仪器得到了广泛应用，高耐水压仪器、超大量程仪器也研制生产和应用成功，光纤传感器等初步得到推广应用。随着材料科学、制造工艺等技术不断发展，监测仪器系列中也增加了新的传感器，如光 MEMS 传感器、磁致伸缩传感器、电磁式大量程位移传感器、陶瓷电容式仪器、电位计式仪器、压阻式微压传感器等。

智能仪器是自带微型计算机或者微型处理器的测量传感器，仪器自身具有数据存储、逻辑运算判断及自动化操作等高级功能。智能仪器具有的这些技术特点对大坝安全监测仪器技术的发展与进步起到了非常积极的推动作用。随着人工智能技术的快速发展，部分大坝安全监测仪器已开始向小型化、智能化与多功能方向发展，并逐步具备自诊断、自校准、直接物理量输出展示、数字化结果输出、人机交互等智能仪器功能特点。近年来，外部安装型监测仪器正沿着智能仪器方向的趋势发展，如 CCD 垂线坐标仪、测量模块一体化设计的电容感应式垂线坐标仪等已相继问世并在实际工程中投入使用。

10.2.5　自动化采集系统

大坝安全监测技术由信息感知、数据采集这两个密不可分的环节组成。其中，信息感知功能由监测仪器实现，数据采集功能由自动化数据采集系统实现。

自动化数据采集系统最早是在 20 世纪 60 年代由国外率先研制并投入使用，我国的研制工作稍晚于国外，但发展很快。在 20 世纪 90 年代中期，随着现代科技的进步，特别是计算机和微电子技术、通信技术的快速发展，自动化数据采集系统也取得了巨大发展，大部分大坝安全监测项目可实现自动化监测，各类性能优良的国产自动化数据采集系统纷纷面市，在大量的水电工程中安装使用，并取得了良好的实际应用效果。网络架构方面，目前各工程的自动化数据采集系统均采用分布式测量网络架构，比起早期的集中式测量网络架构已取得了一次跨越式的技术进步。系统性能方面，环境适应性强，能胜任全天候、无人值守运行环境下长期连续、稳定可靠的运行；能兼容各种仪器类型的数据采集；测量精度高，能满足相关规范规程要求；模块化设计，日常运行维护效率高。技术特征方面，基本上采用以高性能、低功耗单片机为典型代表的微处理器作为 MCU 的 CPU，一般无操作系统、无文件系统，以低功耗和可靠性为主要技术指标，但任务处理能力和实时响应能力相对较弱；采用小容量的数据存贮芯片，数据存贮能力存在一定的局限性。通信方式方面，介质灵活多样，如无线、电传有线、光导纤维有线等多种介质；以半双工、中低速现场总线为主要通信方式，如 RS485、Canbus 等。

10.2.6　物联网技术

随着电子测量技术、新能源技术以及无线通信技术的快速发展，安全监测仪器的自动化测量技术将发生重大变革。智慧感知将成为未来安全监测仪器自动化测量技术的最基本要求，以 MCU 为主力设备的传统自动化系统模式可能被打破，取而代之的是大规模兴起的无线物联网数据采集终端。

快速发展的无线物联网数据采集终端将具有小体积、少电缆甚至是无电缆数据采集、超低功耗、无线自组网、智慧测量、智能识别、智能决策等特点。其从施工期第 1 支仪器安装开始，微型智能无线传感器终端就得到应用，通过自动化系统实现"即时施工即时监测"的理想目标。在微型智能无线传感器网络技术将得到大规模应用的背景下，数据采集终端将彻底摆脱通信线缆的制约，使每个数据采集终端具备与 M2M 云平台直接进行实时信息交互的通信功能，在云平台的有力支撑下，各种类型的自动化测量系统便可实现真正意义的共平台运行。

10.3　大坝运行安全在线监控系统

10.3.1　系统简介

大坝运行安全在线监控系统是基于监测、现场检查、结构计算等信息，通过自动化、信息化、智能化等手段，对大坝安全状况进行在线分析诊断和评判，及时发现大坝运行性态异常，及时预警反馈，为采取管控措施提供辅助决策支持的计算机软件系统。大坝运行安全在线监控系统主要包括在线监测管理、在线快速结构计算、在线安全综合评判等模块。

10.3.2　在线监测管理

大坝安全监测是大坝全生命周期中一项持续、定期、按时开展的工作，若存在问题，宜早发现、早处理，否则会产生错误的长期累积，形成难以弥补的损失和人力资源浪费。通过智能化手段将人工经验总结为程序和算法，迅速识别异常，对问题按轻重缓急进行分类处理，实现监测工作的在线管理是十分必要的。

在进行结构安全综合评判之前，将专门对在线监测管理系统的构建和实施进行研究，以监测信息为基础，搭建一个可供技术人员进行管理和交互的平台，实现监测信息的远程传输、可靠性识别，实时评估监测系统运行情况，实现监测问题及时反馈和闭环管理，提高监测数据准确性，为大坝安全评判提供依据。

1. 监测项目完备性评判

（1）评判依据和内容。监测系统的完备性考核对象是纳入在线监控的监测项目和测点，即经过确认的常规变形、渗流监测项目及工程重点关注部位和隐患部位的测点，这些监测项目和测点对工程安全监控至关重要，应确保完好且测值连续可信。

（2）评判方法和要点。对监测项目和测点完备性的评判工作包括完备性评判准则、反馈跟踪处理、闭环管理的交互规则等内容：

一是通过对确定的监测项目和测点入库数据的实时检查和评估，及时发现数据缺失情况，并及时反馈现场工作人员；

二是根据结构安全评判反馈，检验监测项目是否完备，提醒电力企业增加监测项目（测点）或提高监测频次，针对性完善监测工作；

三是依托在线监测管理的交互平台，定期对监测系统完备性相关问题的处理情况进行跟踪，实现动态闭环管理。

2. 监测数据有效性识别

（1）识别依据和内容。监测数据有效性依据建立在对工程特性和历史数据的分析评估基础之上，采用各类合适的数学方法和识别规则，快速发现异常数据。有效性识别的策略主要通过自动识别，并辅以人工检查的方式确认误差类型及数据的有效性，然后将可信、有效数据提交下一步的工程结构分析。

（2）数据有效性识别。评判监测数据是否真实可信，首先需对正常的测值变化规律有所认识，一般来说，监测数据历史过程线常见形态有年周期性变化（坝顶变形）、趋势性变化（边坡变形）、长期规律性不强（扬压水位）、短期陡增（渗流量）、各种原因的阶跃、突跳等，对不同的监测项目如变形、渗流，要针对性研究监测数据有效性评判方法，重点是确定静态或动态的有效值阈值。目前，最常用的是极值法，对数据是否超过正常的最大和最小值范围进行监控，但该方法不能识别极值范围内的日常粗差，不能对监测系统的工作状态进行评价，因此需进一步研究更加精细的各类粗差的识别方法，如邻近度法、奇异谱法等数学预测模型法，以及通过统计模型引入环境变量进行综合评判。

在确立了各层级的静态或动态的有效值阈值后，可能获得大量的超限测值，需要对这些超限的数据进行快速分类，最终将监测数据识别为有效值、疑似无效值和无效值三类。其中，有效值为满足检验评判准则的可信数据，无效值为明显的粗差，疑似无效值为上述两类之外，需要进行复测或复查的数据。

对监测数据的评判，具体采用以有效值阈值为基础并设置相应判别规则的方法。评判的规则如下：

1）初判规则。建立静态、动态的有效值阈值，对监测数据进行初步评判，初判结果分为有效值和非有效值（包括疑似无效值和无效值）。

2）非有效值的处理规则。要求监测人员进行复测或复查，然后再评判：如复测值为可信值，复测值参与下一步结构评判工作；如复测为无效值，则判为监测仪器问题。具体流程如图 10－2 所示。

3. 监测系统运行状态在线评价

在前述监测数据有效性识别的基础上，根据结构评判反馈监测项目是否完备，完成对大坝监测系统运行状态实时（或定期）评判。评判的内容包括：监测系统是否覆盖了本工程应关注的部位和项目、相应监测项目和测点是否在测、历史的和当前的监测数据是否有效、监测系统是否存在系统性的问题等。评判的具体实现通过制订相关评判规则，并将规则程序化。通过定期评定监测系统运行的等级，从而跟踪监测系统整体的发展情况。

4. 监测工作管理交互

目前大坝运行单位常用的监测信息化系统，可以

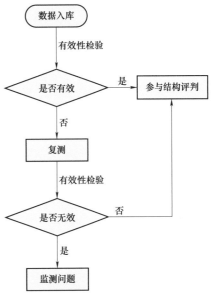

图 10－2 监测数据评判流程图

完成基本的单测点数据处理任务，但缺少监测工作管理层面的内容。监测工作管理交互功能可以实时、自动、交互式地将检查发现的监测问题远程与现场人员进行沟通、处理，完成监测工作的管理流程，能够满足大坝主管单位的集中化、远程管理的需要。

10.3.3 在线快速结构计算

大坝运行环境条件复杂，其荷载、材料特性、结构特性等参数的变化都将导致大坝运行期结构性态的变化，而这种变化也往往难以通过宏观物理状态体现，而基于真实运行条件的结构仿真计算能够帮助人们更加精准地掌握大坝实时工作性态。现阶段，基于三维有限元的数值计算方法因能够模拟复杂结构、复杂荷载以及负载加载路径而成为大坝结构计算的最常用方法，相关规定也已写入规范。然而，传统基于有限元结构计算开展大坝结构分析往往采用离线模式，这种模式计算周期长、代价大、模型复用率低等特点，难以满足大坝安全在线监控系统对于结构复核计算的要求。本节介绍大坝在线快速结构计算的基本内容。

1. 真实力学参数快速反演系统

大坝真实力学参数反演即利用变形、应力和环境量监测数据，通过将三维有限元强大的结构分析能力与优化算法（可采用遗传算法、神经网络等）强大的搜索能力结合，研发一套大坝力学参数快速反演计算系统，实现大坝力学参数的快速动态反演，从而保证结构正分析成果的准确性。

基于优化算法和三维有限元分析进行大坝真实力学参数反演，其实质可归纳为寻求一组最优化计算参数，使得该组计算参数下由有限元平衡方程式（10－1）求得的计算效应量与实测效应量最为接近，即该组参数下计算得到的效应量使得适应度函数式（10－2）取到极小值。

$$\{\boldsymbol{\delta}^*\} = \{P\}[\boldsymbol{K}\{\boldsymbol{m}^*\}]^{-1} \qquad (10-1)$$

$$F_i'(\{\boldsymbol{\delta}^*\}) = \min(F_i'(\{\boldsymbol{\delta}\} - \{\boldsymbol{\delta}_0\})) \qquad (10-2)$$

其中，$[\boldsymbol{K}]$ 为刚度矩阵，$[\boldsymbol{P}]$ 为外荷载矩阵，$\{\boldsymbol{\delta}^*\}$ 为计算得到的最优化效应量，$\{\boldsymbol{m}^*\}$ 为最优化参数，$\{\boldsymbol{\delta}_0\}$ 为实测效应量。

根据上述原理，将大坝安全监测资料、有限元分析方法和优化算法（以遗传算法为例）相结合，即可实现大坝力学参数的优化，打造出一套大坝力学参数反演系统。参数反演优化的基本流程如图 10-3 所示。

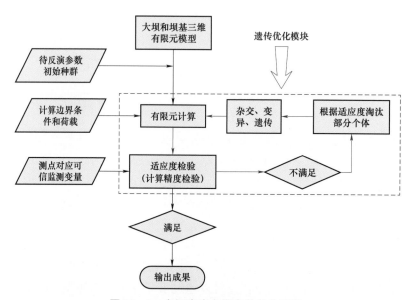

图 10-3　大坝真实力学参数优化流程

基于改进遗传法和有限元数值计算进行参数优化反演的具体步骤如下：

（1）根据工程现状，建立大坝和地基的整体三维有限元模型；

（2）参考现有工程资料和材料质量检测成果，设定待定参数的初始范围，并带约束条件生成待定参数的初始值；

（3）根据工程运行期实际情况，输入反应运行性态的真实运行荷载和边界条件进行三维有限元计算；

（4）根据计算结果检验考察点效应量，以适应度函数衡量计算精度是否满足要求，若满足精度要求则转步骤（6），否则继续步骤（5）；

（5）根据适应度函数值的大小进行概率选择，进行种群的杂交、变异、遗传操作形成新的计算种群，并转步骤（3）；

（6）输出参数优化计算成果。

2. 在线快速结构计算系统

采用三维非线性有限元方法作为大坝结构分析的基本计算方法。大坝结构计算需要模拟大坝整个施工期的应力，该步骤需要花费大量时间，因此为实现结构分析的快速性，可以大坝所处的某一初始应力状态为计算出发点，这个应力状态与此时所受的外荷载所对应。例如，可将拱坝上游库水位为正常蓄水位时所对应的状态作为初始计算出发点，此时拱坝及坝基处于由各种外荷载所产生的一个初始应力状态，在这种情况下即可大大节省拱坝施工过程的计算时间。上述初始应力状态以有限元平衡方程可表达为式（10-3）的形式。

$$\iiint_{\Omega} [\boldsymbol{B}]^{\mathrm{T}} [\boldsymbol{D}][\boldsymbol{B}]\{\boldsymbol{\delta}_0\}\mathrm{d}V = \sum \{\boldsymbol{F}_i\} \tag{10-3-a}$$

$$\iiint_{\Omega} [\boldsymbol{B}]^{\mathrm{T}} \{\boldsymbol{\sigma}_0\}\mathrm{d}V = \sum \{\boldsymbol{F}_i\} \tag{10-3-b}$$

式中，Ω 为整个三维计算域；$[\boldsymbol{B}]$ 为应变矩阵；$[\boldsymbol{D}]$ 为弹性矩阵；$\{\boldsymbol{\delta}_0\}$ 为初始位移场；$\{\boldsymbol{F}_i\}$ 为初始外荷载矩阵；$\{\boldsymbol{\sigma}_0\}$ 为初始应力场。

以上述初始状态为计算出发点，当大坝所处的外荷载条件（如水库水位和温度等）发生变化时，整个大坝和坝基的位移场和应力场即发生相应改变，则新的平衡状态方程可表示为式（10-4）的形式。

$$\iiint_{\Omega} [\boldsymbol{B}]^{\mathrm{T}} [\boldsymbol{D}][\boldsymbol{B}](\{\boldsymbol{\delta}_0\} + \{\Delta\boldsymbol{\delta}\}\mathrm{d}V = \sum (\{\boldsymbol{F}_i\} + \{\Delta\boldsymbol{F}_i\}) \tag{10-4-a}$$

$$\iiint_{\Omega} [\boldsymbol{B}]^{\mathrm{T}} (\{\boldsymbol{\sigma}_0\} + \{\Delta\boldsymbol{\sigma}\})\mathrm{d}V = \sum (\{\boldsymbol{F}_i\} + \{\Delta\boldsymbol{F}_i\}) \tag{10-4-b}$$

式中，$\{\Delta\boldsymbol{\delta}\}$ 为新状态相对初始状态的位移增量；$\{\Delta\boldsymbol{\sigma}\}$ 为新状态相对初始状态的应力增量；$\{\Delta\boldsymbol{F}_i\}$ 为新状态相对初始状态的外荷载增量。

根据以上有限元计算理论，在大坝快速结构分析过程中，可首先建立大坝和地基的初始应力状态。在后续快速结构分析中，从建立的初始状态出发，根据式（10-4）即可快速计算得到大坝在新状态下的增量位移以及应力。

基于上述原理设计大坝快速结构分析系统的主体框架。快速分析系统打造的目的是通过在线"一键调用"简单地完成想要实现的大坝结构计算功能，以便得到大坝实时结构性态，因此需要将整个分析过程进行串联。根据相关功能的要求，将整个大坝结构计算的框架设计为图 10-4 的架构形式，通过"一键调用"启动分析功能后，分析主程序将调用不同功能的程序模块以完成相应任务，实现整个输入、计算和输出功能。

根据以上分析框架，大坝快速计算分析主要包括以下具体步骤：

（1）当快速计算功能通过"一键调用"被启动后，计算模型数据、力学参数数据、计算荷载数据以及计算控制参数数据首先被初始化。其中三维有限元建模在计算之前已完成，并通过数据转换程序转化为计算程序识别的格式以供调用；由于计算力学参数在较短时间内变化不大，因此无须在每次分析时都进行参数反演，而只需事先进行一次反演，并将真实力学参数保存为分析程序识别的格式即可；计算荷载则需要反映大坝实时工作性态，在分析中调用实时荷载并初始化为大坝结构分析程序识别的格式；计算控制参数指明了所需进行的结构分析类型，由计算开始前通过选择确定。

（2）初始化步骤完成后，进入分析控制选项。根据大坝结构分析的相关需求，系统可设置基本分析工况和敏感性分析工况，其中基本分析工况用于分析大坝实时工作性态，而敏感性工况分析的设置是在基本工况的基础上进行进一步分析，分析类型通过程序传入的控制参数（IKEY）来控制。

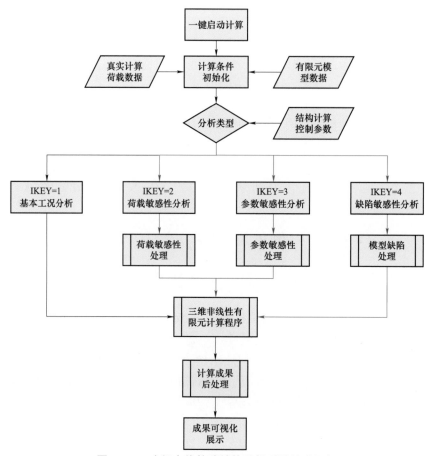

图 10-4　大坝在线快速结构分析系统技术框架

（3）当系统进入基本计算工况时，对计算的初始数据不做任何处理；当系统进入荷载敏感性计算工况时，针对水荷载敏感性（水位升降）以及温度荷载（温度变化稳态分析以及温度骤升骤降的瞬态分析）的敏感性分析，系统自动完成对计算荷载文件的修改；当系统进入材料参数敏感性计算工况时，针对坝体混凝土以及坝基岩体力学参数的提高和降低，程序自动完成材料参数的变化定义；当系统进入缺陷敏感性分析工况时，针对坝体出现的裂缝，程序根据预先指定的裂缝位置自动完成模型裂缝的快速自动建模过程，并修改有限元模型数据文件。

（4）根据传入的模型数据、材料力学参数数据、计算荷载数据，后台调用有限元计算模块对大坝结构进行计算分析。

（5）计算完成后，输出整体坐标下计算得到的变形和应力分量，调用后处理模块对计算结果进行插值和坐标变换等处理，得到变形、应力等的计算结果，并借助后处理软件进行三维可视化展示。

10.3.4　在线安全综合评判

1. 结构安全评判总体架构

大坝结构安全评判总体架构包括监控对象的结构安全评判模型、多源信息的融合方法以及相应的管理流程，总体架构如图 10－5 所示。

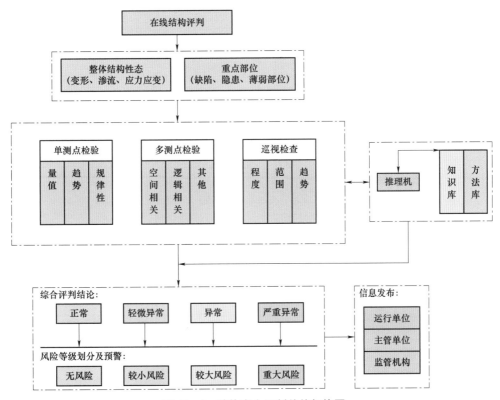

图 10－5　结构安全评判总体架构图

结构安全评判模型包括大坝整体结构性态和重点部位结构性态的评判。整体结构性态指变形、渗流、应力应变等表征监控对象的典型性态。重点部位包括结构关键部位、缺陷和隐患部位、薄弱部位等。评判依据的结构效应量主要为变形、渗流、应力应变监测成果，巡视检查成果等。

2. 结构安全评判模型

结构安全评判模型共分 6 个层次，如图 10－6 所示。

第 1 层为评判大类层。根据前述在线结构评判总体架构，评判大类分为整体结构性态和重点部位两项。

第 2 层为评判项目层。整体结构评判大类可分：变形、渗流和应力应变。重点部位根据工程特点确定。

第 3 层为评判指标层。根据评判项目,细分评判指标,要求能体现监控对象结构特性。由专家根据工程经验和《水电站大坝运行安全评价导则》(DL/T 5313),将对大坝结构影响较为显著的指标纳入本层。

第 4 层为评判信息层。对前一层指标层实现评判的所需全部信息。

第 5 层为评判方法层。通过相关知识库、方法库,来实现对前一层全部信息的融合,要求符合工程师评判大坝结构安全的逻辑。

第 6 层为评判结论层。通过前一层的评判方法,对多源信息融合后得到的相关结论。

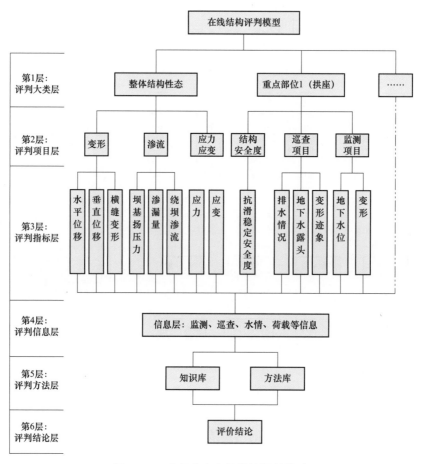

图 10-6 大坝安全在线监控评判模型

监测成果、巡视检查成果等属多源信息,通过有效的多源信息融合方法进行融合,最后得出结构性态安全与否的结论。

3. 结构安全评判技术

(1)单监测量异常识别。监测数据是反映结构异常最主要、最直接的信息来源之一。对布置在结构表面及内部的各类监测仪器设备所采集到的变形、渗流、应力应变等物理量

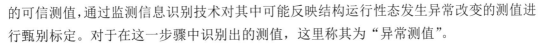

的可信测值,通过监测信息识别技术对其中可能反映结构运行性态发生异常改变的测值进行甄别标定。对于在这一步骤中识别出的测值,这里称其为"异常测值"。

目前常用的"异常测值"识别方法主要包括"绝对值超限异常识别"和"变化趋势异常识别"等。异常情况按偏离监控指标的程度进行分级。

(2)监测数据收敛性异常识别。通过分析监测数据长期变化趋势的收敛性态,评判大坝结构是否存在异常。量化监测数据趋势性较为成熟的方法是数学模型法,即对监测数据长系列建立以统计模型或混合模型为代表的数学模型,从中分离出代表大坝不可逆变化的时效分量,通过分析时效分量函数的单调性和增减性,达到量化判断监测数据收敛性态,从而评定大坝结构是否存在异常的目的。

(3)巡检信息异常识别。大坝巡视检查工作是大坝管理人员为掌握大坝安全状况而最广泛采用的实用技术。国外有数据表明,大约有 70%的大坝异常现象是由有经验的技术人员在现场检查中发现的。在线监控系统中巡检信息的异常识别仍以工程经验丰富的工程师进行鉴定评级为主。

(4)信息融合方法。信息融合一般被定义为"一种形式框架,其过程是用数学方法和技术工具综合不同源信息,目的是得到高品质的有用信息",而"高品质"的精确定义则依赖于具体的应用场景。按照融合对象或发生阶段的不同,信息融合可分为数据级融合、特征级融合和决策级融合。

大坝结构评判需要的信息包括监测信息、巡查信息、水情信息、荷载信息、结构安全度信息及其他工程信息。信息融合模型本质上是要通过一定的方法将反映大坝性态的监测信息、巡视检查信息、结构安全度信息等有机地联系起来,是一个以多源信息为基础的、具有多指标和多层次结构的融合分析诊断问题。大坝安全评判信息的融合,至少应考虑:① 监测信息层内从单测点→多测点→不同类测点的融合;② 不同层如监测信息层、巡视检查层及结构安全度层的融合;③ 从单一结构项目评判至结构整体评判的融合。

产生式规则方法已经成了人工智能中应用最多的一种知识表示模式而广泛应用于各种行业,其最大优点是可以模拟工程师,灵活表达大坝安全评价的各种推理过程。基于产生式规则的信息融合模型也在大坝安全综合评判中有应用的例子,只要建立符合工程实际的规则库,推理得到的大坝安全评价结论是符合工程师评判逻辑的。基于产生式规则的大坝安全综合评判信息融合模型如图 10-7 所示。

(5)结构安全综合评判。采用产生式规则法实现大坝安全评判信息的融合关键在于建立符合工程实际的知识(规则)库。知识库至少应包括管理类规则和技术类规则。

管理类规则主要涉及评判工作中人机交互的部分,如缺测、无效、异常数据的反馈、确认及时处理;评判结果的发布、确认和处理等。

技术类规则按评判流程可分为单指标评判规则、单层融合评判规则、多层融合评判规则和多项目融合评判规则。

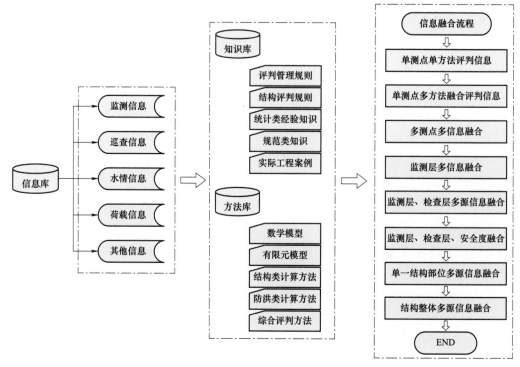

图 10-7　大坝结构评判信息融合模型

1）单指标评判规则指在线结构评判中的单指标评判规则，主要根据单指标量值、趋势的异常程度来确定其评判等级。

2）单层融合评判规则指监测层、巡视检查层或结构安全度层等进行层内的融合。单层融合评判基于单指标评判，往往以单指标评判结论的范围来获得单层评判等级。

3）多层融合评判规则根据在线结构评判模型，某个项目（或部位）的评判结论由监测层、巡视检查层或结构安全度层评判结论融合得到。不同层融合的逻辑关系可以是或、与、非的关系，表征的是异常的不同程度。如对于拱座抗滑稳定评价项目，可以设置拱座变形监测信息、拱座变形迹象检查信息两者逻辑为"与"的融合关系。

4）多项目融合评判规则指根据在线结构评判模型，综合评判结论由多个项目（或部位）评判结论融合而得，本质是工程师对大坝评判中的"木桶效应"逻辑，即大坝安全取决于最薄弱环节，大坝安全评价等级取决于最弱的单项评价指标。

10.3.5　在线系统建设

大坝中心从 2014 年起开始开展大坝运行安全在线监控关键技术的研究和系统的研发，至 2016 年基本建成了集在线监测管理、在线快速结构计算、在线结构安全评判三大模块为一体的专业化水电站大坝运行安全在线监控系统平台。图 10-8～图 10-10 为系统建设成果。

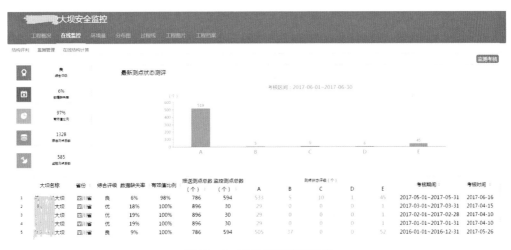

图 10-8　在线监测管理模块

图 10-9　在线快速结构计算模块

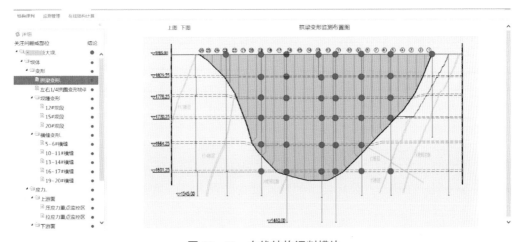

图 10-10　在线结构评判模块

10.4　大坝运行安全管理平台

10.4.1　平台简介

水电站大坝运行安全管理平台（以下简称平台）是全国水电站大坝安全监管的枢纽平台，也是全国水电站大坝安全监督管理的工作平台、电力企业大坝安全管理业务的办事平台、大坝监测数据的接收分析平台，由大坝中心建设与运维。平台主要包括大坝安全注册登记、大坝安全定期检查、隐患与问题、汛情、风险分级等功能模块。

10.4.2　平台架构

平台总体架构可归纳为"三端，五层，三级"，系统总体框架如图 10-11 所示。

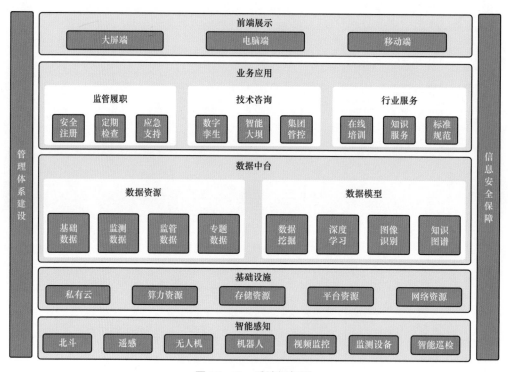

图 10-11　系统框架图

平台由网站、大屏、微信三端构成。网站（电脑端）是各级用户开展大坝安全管理业务的工作平台；大屏是大坝中心主要工作汇报和监察成果展示的窗口；微信端（移动端）提供各级用户在移动办公环境下的轻量级数据查询、信息报送、业务办理的便捷化工具。

平台包括智能感知层、基础设施层、数据中台层、业务应用层、前端展示层。智能感知层遍布于各水电站大坝现场，采集各水电站大坝的监测数据、水情数据等运行信息，并按法规要求实现上述信息的远程报送。基础设施层包含大坝私有云平台、算力资源、存储资源、平台资源、网络资源，为大坝运行安全管理平台的稳定运行提供支撑。数据中台层主要负责存储、分析、处理平台产生的各类数据。目前实现接入平台的大坝的共有 600 余座，接入测点 8 万余个，已报送数据 12 亿余条。数据中台层接收到数据后利用各类数据模型对数据进行分析处理，从海量数据中找出有价值的数据，实现数据对业务的反哺。业务应用层主要用于实现各业务管理流程的信息化，帮助各级用户完成大坝安全管理的各项工作。展示层的主要作用是将处理完成的数据以图形、表格、三维模型、GIS、微信提醒等各种方式在各类终端上展示给最终用户。

平台的用户可划分为三级，包括大坝中心用户、监管机构用户、电力企业用户。大坝中心用户可通过该平台完成注册、定检、隐患、防汛、应急、监测、监控、风险等各类大坝安全监察日常业务的开展和管理工作，并可依托该平台完成业务产品、专家库、收发文、客户满意度问卷等内部管理事务的相关工作。监管机构可通过该平台快速查询辖区内各水电站大坝的安全状况及需要重点监管的问题。电力企业用户可以通过该平台在线办理注册申请、汛情报送、隐患问题反馈、巡检情况反馈、年报报送、培训报名等一系列事项，节约了人力物力，便捷了工作流程，密切了交流互动。

10.4.3　平台功能

1. 大坝安全注册登记功能模块

水电站大坝安全注册登记是国家能源局行政许可事项。《水电站大坝运行安全监督管理规定》规定电力企业应当在规定期限内申请办理大坝安全注册登记，明确大坝中心具体负责办理大坝安全注册登记工作。大坝安全注册功能模块按照行政许可事项办理的有关规定与要求开发，保障大坝安全注册事项办理全过程符合《行政许可法》的流程、期限和公开规定，确保注册登记事项的规范化、标准化。该功能模块按照行政许可事项办理环节，主要包括在线申请、材料审查、业务办理、审批发证等功能。

（1）在线申请。我国的水电站大坝遍布全国各地的深山峡谷，大多远离城镇、交通不便，为便于电力企业提交注册、备案申请，开发了在线申请功能，电力企业可通过此功能在线提交注册、备案所需材料，突破大坝分布的空间限制，便利各个水电站大坝及时申请注册登记。

（2）材料审查。大坝中心对电力企业提交的申请进行在线审查，对存在的问题和需补正的材料，通过系统在线反馈，电力企业完善后通过系统在线提交。大大节省了沟通反馈的环节，也做到各环节有迹可循，提升了规范性。

（3）受理审查。具备申请受理、专家评审、结论审查等法规规定环节工作成果的在线处理、上传、办结等功能，做到各环节有迹可循，对办理进度、质量进行有效把控，提高了办事效率、加快了办理进度，提升了办理质量。

（4）审批发证。根据国家能源局的批复文件，国家能源局大坝中心利用此功能实现了注册登记证书发放的自动化、规范化。大大提升了办事效率，缩短了办理时间。

2. 大坝安全定期检查功能模块

《水电站大坝运行安全监督管理规定》规定大坝中心负责办理定期检查大坝安全状况，评定大坝安全等级。按上述规章和规范性文件规定的大坝安全定期检查工作要求，大坝运行安全管理平台建设了大坝定期检查功能模块，保障大坝安全定期检查工作的有序、合规。

该功能模块主要包括定检规划与下发、业务开展、等级评定、上报备案与文件下发等功能。

（1）定检规划与下发。定期检查的周期一般为五年，大坝中心每五年通过系统自动整理注册大坝的情况，发布新一轮注册大坝定期检查规划，并下发到各电力企业。每年根据规划和新增注册大坝情况，由系统自动整理每年开展定期检查的大坝，下发到各相关电力企业，指导电力企业做好定期检查的准备工作。

（2）业务开展。包括了召开现场专家组会议、审查专题报告、形成报告等各业务环节所需流程，可在线处理、上传相关文件、成果文档等。做到各环节有迹可循，对定检进度、质量进行有效把控，各环节更规范，提高了工作效率与质量。

（3）等级评定。根据评定的结果，将评定的结果上传记录，自动更新每一座大坝的大坝安全等级，确保评定的结果及时、动态变化。

（4）上报备案与文件下发。能自动生成相应的文件，汇总每座大坝的定期检查结果，上报国家能源局备案，并将定期检查结果自动形成文件，下发至相关电力企业，指导电力企业开展后续的补强加固和消缺工作。

3. 隐患与问题功能模块

根据《水电站大坝运行安全信息报送办法》规定，大坝中心应对电力企业的大坝异常情况和大坝运行事故情况进行监督。平台建设了隐患与问题功能模块。隐患与问题模块包括隐患与问题录入、处理情况反馈与跟踪指导、处理情况确认与隐患等级变更等功能，实现了全流程闭环管控。

根据大坝注册、定检、日常监控等技术监督活动，将发现的隐患与问题信息录入系统中，通过系统反馈电力企业，由电力企业按《水电站大坝运行安全信息报送办法》第十六条报送隐患治理排查情况，由大坝中心在系统中对隐患和问题的处理情况进行跟踪指导。对于未按规定报送的大坝系统自动予以提醒、督促。隐患与问题处理完成后，经确认，系统将自动调整隐患与问题的状态标识，或按规定调整大坝的安全等级。

4. 汛情功能模块

根据《水电站大坝运行安全信息报送办法》规定，大坝中心应当及时研判电力企业报送的大坝汛情信息，平台建设了汛情功能模块。

汛情功能模块包括防汛资料报送、汛情报送、降雨预报分析、汛情安全报告等功能。

（1）防汛资料报送。电力企业通过系统报送防汛资料，包括调度原则、最近一年水库调用计划、汛限水位以及洪峰流量等信息，便于后续大坝进入汛期后，大坝中心工作人员判断大坝的汛情情况。

（2）汛情报送。电力企业须在汛期内报送大坝的水位及流量信息，大坝中心根据报送数据统计大坝的超汛限情况及遭遇洪水情况，研判大坝的防洪度汛安全状态。

（3）降雨预报分析。与中国气象局合作该功能可以根据中国气象局提供的数据，分析大坝未来几小时的降雨量，便于大坝中心工作人员根据当前的汛期形式，实现降雨预报分析，预判降雨是否会对大坝运行安全造成影响。

（4）汛情安全报告。根据每日电力企业报送的汛情信息，系统自动形成汛情日报及周报信息，上报国家能源局。

（5）应急功能模块。为加强水电站大坝安全监督和管理，及时发现大坝发生的各种灾情，并在灾害发生时及时掌握其影响范围，按照相关法规规定，平台开发建设了应急功能模块。

在发生地震、台风等自然灾害时，可以根据中国地震局提供的地震信息实时分析定位在一定范围内受影响的大坝，并且将受影响大坝的基本信息、联系人信息以及运行安全状况等信息进行展示与推送，为应急响应、决策部署提供依据和支撑。

在突发事件结束后，系统可以记录事件相关的信息，包括事件类型、影响程度、工程照片或图纸等信息，形成相应数据。

5. 风险分级功能模块

根据《安全生产法》关于建立风险预控体系建设的要求，为实现大坝安全管理的科学化、标准化和精细化，对水电站大坝实行分级分类管控，提高大坝安全管理的针对性与有效性，有效防范大坝风险，开发建设了风险分级功能模块。

通过对大坝运行缺陷、坝龄、日常管理水平、库容、坝高、实时水位、应急管理水平以及下游城镇规模等要素的统计分析，运用风险管理理论对注册、备案水电站大坝进行动态风险等级划分，根据风险等级和风险指数，有针对性地开展相应的技术监督工作。各大坝的风险等级均动态变化，发生变化时能及时提醒相关责任人进行关注，有效地提升了大坝运行安全管理的科学性。

10.4.4　平台建设成果

大坝中心自 2003 年开始大坝运行安全管理平台的建设，随着业务发展经历了三次大的改版，平台功能模块逐渐增加，从最初的监测、注册、定检等功能逐步扩充了监测管理、安全监控、防汛管理、应急管理、风险管理等功能，平台的展示形式从网站扩充至大屏、微信、GIS。平台的技术架构不断革新，从最初的简单数据处理到现在的大数据、人工智能、微服务构架等新技术全面应用。平台接入的大坝数量也从最初的 70 余座发展至今天的 600 余座，每年用户登录数从最初的 3 千余次增加至如今的每年 17 万余次。图 10 - 12 ~ 图 10 - 15 为平台建设的部分成果。

图 10−12   大坝运行安全管理平台大坝概览

图 10−13   大坝运行安全管理平台综合信息

图 10-14　大坝运行安全管理平台注册模块

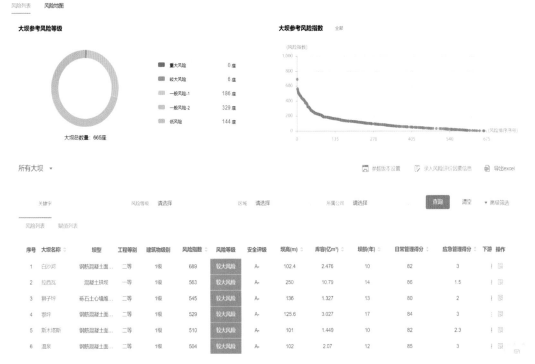

图 10-15　大坝运行安全管理平台风险模块

10.5 智慧大坝展望

10.5.1 智慧大坝概述

近年来以物联网、5G、大数据、云计算、深度学习等为核心的新一代信息技术在各行各业发挥了强大的赋能作用，有效促进了传统行业的产能升级，是新一轮工业革命的新引擎。在新一代信息技术的浪潮下，当今世界已然进入了信息爆炸的"数据智能"时代，以"数据流"为中轴线的业务分析体系催生了智能化的快速发展，智能化的发展又极大促进了业务水平和效率，甚至从根本上改变了传统的工作模式，大坝安全管理领域也将不会例外。加快能源产业数字化智能化升级是《"十四五"现代能源体系规划》的重要内容，在智慧水电方面规划了开展水电智能化建造、多目标运行管理、智能监测和巡查、流域水电综合智慧管理等示范应用。当前，我国水电站大坝安全管理领域的智能化、智慧化尚处在起步阶段，一些高校、科研机构和电力企业对智慧大坝开展了初步探索，但至今对于如何开展智慧大坝的建设尚无切实可行的落地方案，该领域必将成为未来水电站大坝安全管理发展的趋势。本节从信息智能感知、数据智能分析、结构智能诊断、智能辅助决策以及数字孪生等方面对智慧大坝进行展望，为今后的智慧大坝建设提供些许启发或思路。

10.5.2 信息智能感知

大坝安全运行状态是看不到摸不着的，而是需要通过数值、图像、文本等多源数据间接反应，因此获取大坝安全信息是开展大坝安全管理的重要基础。智慧大坝对大坝安全信息感知的要求一方面是感知的全面性，另一方面是感知的智能化。通过多感知手段实现大坝安全信息的立体化全面感知，构建大坝安全信息感知物联系统是智慧大坝的重要特征。

1. 智能监测

充分利用传统的仪器监测实现大坝运行性态的感知，如环境量监测、变形监测、温度应力监测、渗流监测等，同时可借助测量机器人等手段进行表面变形的自动化测读。随着北斗卫星定位导航系统的发展完善和国产化北斗接收装置的研发，可充分利用北斗卫星定位设备，结合基站建设和 RTK 进行卫星数据的高精度解算，实现全天候全天时的毫米级大坝安全变形监测。此外，利用卫星遥感技术，可实现近坝库岸及库区边坡的大范围变形监测，是大坝及其周边区域变形监测的重要补充手段。在丰富监测手段之余，智慧大坝的仪器监测强调监测的智能化，即根据大坝运行环境、数据分析成果等条件自主调整监测策略。例如遭遇或可能出现大洪水、温度骤升骤降、地震、涌浪等情况，或是数据分析或结构诊断发现存在异常时，监测仪器可通过自适应手段主动调整监测策略，从而满足大坝智能监测的需求。

2. 智能巡检

传统人工巡视检查是发现大坝异常的重要手段，实践表明，70%的大坝异常是通过巡视检查发现的,因此巡视检查仍是大坝安全管理的重要手段,但巡视检查的工作方式可以智能化,而不仅仅是通过人工去完成,装备制造业的快速发展为智能化巡检提供了可能。如视频监控可实现大坝全景、重要部位以及异常部位的实时监视;无人机可实现大坝和边坡表面,竖井、隧洞、闸室等封闭空间的巡检;巡检机器人(包括轨道式、四足式、爬壁式、水下式等)可实现大坝表面、廊道、水下等部位的巡检;无人船可实现库区及库岸边坡的巡检,通过搭载传感设备或水下机器人甚至能够实现多功能巡检。通过以上手段构建"天−空−地−潜"立体化感知网络,可实现大坝运行信息的全面感知。在全面感知的基础上,智能巡检的核心是巡检设备的智能化交互,包括设备反馈控制、巡检策略优化等。例如对视频监控设备的自动化控制、无人机和机器人的自适应巡检等,从而满足正常情况下的常规巡检和特殊情况下的定时定点智能巡视。

3. 智能物联

通过将所有感知手段所涉及仪器和装备接入互联网,构建起大坝安全信息的立体化物联感知体系,能够实现大坝安全信息的全面智能感知。物联系统中的每个仪器或设备都具备反馈调节功能,做到"想工程师所想,做工程师所做",从而帮助实现智能化的巡检功能。此外,智能物联系统中的仪器和设备也应具备自我工作状态检测并实时反馈状态信息的能力,从而实现仪器和物联系统的智能诊断和维护。

10.5.3　数据智能分析

数据分析是大坝安全管理的重要环节,是发现大坝运行性态异常的重要方法,也是实现智能监测的重要基础。智慧大坝除具备传统监测数据统计分析功能外,还需具备对于监测数据抽象特征、图像和文本等非结构化数据的分析功能,需要具备模拟工程经验丰富的工程师进行数据分析的能力。

1. 监测数据智能分析

利用大坝安全监测数据,基于数据挖掘理论,结合工程师经验,通过数学统计、传统机器学习、深度神经网络等技术实现监测数据的智能分析,包括数据预处理、聚类分析、相关性分析、异常检测、趋势性分析和建模预测等。数据智能分析的核心是学习或模拟工程师的经验,通过机器学习等手段解决高度抽象和复杂而难以通过传统数学模型精确描述的问题。一种方法是通过数学模型发掘数据本身存在的规律,以非监督式方式进行数据智能分析,例如通过聚类算法进行无效数据、异常数据检测;另一种方法是事先将工程师的经验和机器学习模型相结合,以监督式方式进行数据智能分析,如训练卷积神经网络进行监测数据规律性智能识别,训练循环神经网络进行监测数据智能建模和预测等。监测数据智能分析的作用在于解决传统数据分析手段难以解决的高度抽象和复杂的问题,让监测数据分析方式类似工程师,让监测数据分析水平接近工程师,即数据分析的智能化。

2. 图像(视频)智能识别

2006 年后随着深度学习理论的不断完善和各种优化理论的引入,卷积神经网络的图像识别正确率已超过了人类的平均水平,使得通过大型卷积神经网络进行图像智能处理成为了可能。大坝安全管理中,图像(视频)智能识别的目的是发掘工程缺陷及其规模,因此识别的对象主要是裂缝、渗水、掉块、落石、滑坡等缺陷。图像(视频)识别的第一层次是发掘目标中是否存在缺陷,缺陷类型是什么,解决该类问题的方法主要是基于卷积神经网络的分类模型、目标检测模型、目标跟踪模型,可实现图像(视频)数据中是否有缺陷以及是何种缺陷的智能识别。图像(视频)识别的第二层次是明确目标中缺陷的尺寸,例如裂缝长度和宽度、渗水面积、掉块面积、落石数量、滑坡面积(体积)等,解决该类问题的方法主要是基于卷积神经网络的语义分割模型,可实现图像中缺陷的像素级分割和统计计算。需要强调的是,目前图像(视频)智能分析技术已发展较为完善,智能识别的关键是要基于强大的样本库,但实际工作中样本的搜集是一项难度非常高的工作,尤其是专业细分领域数据样本库的搜集更加困难,因此迁移学习、少样本学习等技术对于图像(视频)智能识别而言是有用的。

3. 文本智能分析

文本的智能分析也是智慧大坝发展的重要环节,只有具备了文本智能处理能力才能实现文本的理解和辅助决策,才能实现类脑分析和决策。文本智能分析需要解决的问题包括文本情感分类、语义提取、语义匹配等。自然语言处理一直以来就是很热门的发展方向,但在深度学习广泛应用之前,需要根据语言学的知识去做大量复杂的特征工程,在效率和水平上均存在较大的局限性。随着深度学习技术的完善,基于深度学习的大型文本分析技术飞速进步,使得计算机逐步具备了类似人类的语言理解水平。通过文本智能分析,计算机可以对大坝安全巡检的文字型描述或结论进行定性评判,可以提取文本中工程师关心的关键词,也能够以更智能的方式实现语义之间的匹配。

10.5.4 结构智能诊断

结构综合诊断是大坝安全管理的关键,是打通数据分析和管理决策的重要环节,也是长久以来困扰大坝安全工程师的重要问题。结构智能诊断强调诊断的智能化,即能够像经验丰富的工程师一般开展结构安全评判,就像一个专家系统,但又需要区别于传统的专家系统,需要充分结合专家的知识和思维,而不仅仅是遵守一套既定的评判规则和逻辑。

1. 基于结构计算的智能诊断

结构诊断的最本质问题就是分析结构是否安全,因此通过结构计算得到安全度是最直接也是最本质的方法。结构计算最常用的是基于三维有限元的数值计算方法,但无论是采用离线计算模式还是传统的在线计算模式均需耗费一定的时间,因此可结合神经网络。最简单的做法是以大量不同工况的计算成果作为样本输入神经网络,训练结构安全度模型,从而实现不同运行条件下大坝结构安全度的秒级分析,该方法的最大优势是可得到定量表征的大坝安全度。

2. 基于深度学习的智能诊断

大坝安全管理实践中,结构综合诊断的过程即经验丰富的大坝安全工程师通过监测、巡检、计算等多源信息综合判断大坝是否安全的过程，并赋予大坝安全定性评级。深度学习模型可以将大坝安全多源信息与工程师经验完美地结合。具体做法首先搜集大量工程师评判案例，并将能够反演大坝运行性态的多源数据样本进行标准化处理，以满足深度神经网络的输入；接着通过大量样本对深度神经网络进行训练，从而实现对工程师知识和经验的抽象；最后，通过训练的神经网络即可实现大坝结构的智能诊断。实际工程中该方法的难点在于案例的收集，事实上国内外失事大坝案例少之又少，即使有相关案例也无法保证能够搜集到足够的数据，因此神经网络的训练是困难的。辅助的一种做法是将神经网络与贝叶斯方法相结合，引入以先验概率表达的专家经验对神经网络进行引导；另一种思路类似，就是研究将以规则表达的专家知识加入神经网络以实现专家知识对神经网络的引导。

　　3. 基于知识图谱的智能诊断

　　知识图谱是一种将知识通过三元组进行表达的知识型数据库，这里的知识可以是客观知识和主观经验。基于知识图谱进行大坝结构智能诊断有两条思路。一种思路是以感知到的大坝安全多源信息构建数据图谱，通过数据智能分析方法对所有节点数据进行分析评判，并在数据图谱的基础上构建一个智能诊断机器学习模型，实现基于数据图谱的结构智能诊断。领域专家总结出的规则或经验也可加入诊断模型以引导模型更好地进行诊断分析，这种方法与基于深度学习的方法较为相似。另外一种思路是实现更高级别的智能诊断，即基于领域知识和专家经验构建一个强大的专业知识图谱（知识图谱中的知识覆盖面须与领域专家相当，包含客观知识和专家经验），这个知识图谱一方面可以智能化地引导开展大坝结构诊断的整个流程，另一方面在流程的每个环节可结合相应的智能算法给出智能评判，最终实现智能诊断全流程。

10.5.5　智能辅助决策

　　通过对大坝结构安全进行智能诊断分析，明确大坝的安全评级和存在的具体问题之后，管理人员需要采用一定措施对大坝异常部位进行综合治理。大坝安全智能辅助决策即借助大坝异常案例、专家经验等累积知识对管理人员进行决策予以支持。吴中如院士所提出的专家系统便包含水电站大坝运行决策支持功能，针对大坝存在的异常问题，调用数据库和方法库中相关数据和程序进行反分析，给出水库运行水位的推荐方案。专家系统的思路是通过调节水库水位保证大坝运行安全，并没有针对大坝异常问题提供应急处理和修复方案，不能从根本上解决诊断出的大坝异常问题。与专家系统不同，本节所述智能辅助决策是通过收集整理包含大坝异常问题、处置方案、专家经验等知识、资料，构建大坝安全辅助决策知识图谱，借助图数据库的多级关系查询推理能力，为大坝异常问题提供处置方案推荐和潜在问题预防。

　　1. 大坝安全辅助决策知识图谱

　　大坝异常案例、事故调查报告、标准规范、新闻报道等资料中融合了大量与大坝安全相关的异常问题、处置方案、专家经验、事后管理办法等知识资源，是大坝安全管理行业中沉淀的一笔宝贵财富。借助知识图谱万物互联的能力，通过知识抽取、知识对齐、知识消歧、知识融合等方法可以对这些数据资源进行规范化统一表达，形成大坝安全辅助决策知识图谱，将非结构化的大坝安全知识以图数据的方式进行关联和呈现，真正将数据资源转化为数据资产。大坝安全辅助决策知识图谱以异常问题为节点将各座大坝建立联系，在为异常大坝提供决策支持的同时，也明晰了易于出现异常问题与大坝之间的潜在关系，为大坝安全管理提供全方位的服务。

2. 大坝安全智能辅助决策

基于知识图谱技术进行大坝安全智能辅助决策分为三个层次。第一层次主要服务于大坝结构诊断结果，通过词向量模型等语句匹配算法将诊断出的大坝异常问题与大坝安全辅助决策知识图谱中的异常案例进行智能匹配，输出相应的处置方案和专家经验，为大坝异常问题提供决策支持；第二层次是在搜索出异常问题的基础上，基于图数据库的多级关系查询技术，进一步将存在该异常问题的所有大坝检索出来，关注这些大坝所存在的其他问题，分析这些问题在当前大坝上出现的可能性，并采取相应措施进行提前预防；第三层次是针对整个大坝安全辅助决策知识图谱，将存在同一异常问题的大坝检索出来并分析它们之间所存在的联系，比如同一家设计单位、同一家施工单位、运行管理水平较差等，通过在图数据库中进行如此归纳推理，能够挖掘出大坝异常问题的深层次原因，提前规避风险。

10.5.6　数字孪生

数字孪生是充分利用物理模型、传感器更新、运行历史等数据，集成多学科、多物理量、多尺度、多概率的仿真过程，在虚拟空间中完成映射，从而反映相对应的实体的全生命周期过程，是一种超越现实概念。最早的数字孪生思想是由密歇根大学的Michael Grieves命名为"信息镜像模型"（Information Mirroring Model），而后演变为"数字孪生"的术语，在智能制造领域率先应用。近年来，水利部大力推进数字孪生流域建设，数字孪生在水利行业取得了飞速发展，为大坝数字孪生的发展奠定了坚实的基础。数字孪生是智慧大坝的集大成者，是集三维模型、多源数据、模型方法、决策支持于一体的智慧系统，以下从数字模型、数据映射、模型驱动、仿真模拟四个方面简单介绍。

1. 数字模型

大坝安全数字孪生的基础是构建数字孪生空间中的数字模型以实现对物理本体的数字化，数字模型也可称为数字孪生的数字底板。数字模型需能够精确模拟大坝结构及其影响范围内的运行环境。

2. 数据映射

数据映射就是将物联感知体系获取的多源数据映射到数字模型上，实现数字模型与物联感知系统的信息互动和虚实互动。一方面是实现数据的可视化展示，包括基于数值数据（监测、计算等）的折线图、矢量图、热力图展示，基于图像视屏数据的大坝场景融合展示，基于文本信息的大坝相应位置数据标注等；另一方面是实现数字模型状态的模拟，如环境模拟、大坝模型的变更、大坝变形、大坝渗流、库水涨落、泄洪等状态的模拟展示。

3. 模型驱动

基于大坝安全多源信息，通过数据挖掘、数据智能分析、结构计算等方法实现基于实时数据的大坝运行状态分析，包括异常监测点的识别、大坝缺陷的识别、结构安全状态的诊断等，并实现异常部位、异常状态、缺陷等的可视化展示，同时具备基于实时数据和模型的大坝运行状态预测功能。

4. 仿真模拟

构建基于数字模型的仿真模拟功能，结合智能辅助决策系统，实现大坝处置方案或措施的仿真模拟。仿真模拟一方面是对方案的仿真预演，包括设计方案、施工组织方案、应急预案、调度方案等；另一方面是能够通过优化模型、结构计算模型等对仿真方案进行评估，在此基础上优化方案或策略，指导问题的解决。

第 11 章
总结与展望

经过多年努力，我国能源系统已经形成了一套成熟有效的大坝运行安全管理体系和工作机制，但新形势呼唤新发展、新考验要求新理念，在推动大坝安全事业高质量发展的道路上，包括大坝中心在内的专业队伍既责无旁贷，也大有可为。

进一步完善大坝安全治理体系。随着我国水电事业在党的领导下长足发展，推动行业现代化治理变得愈加重要。必须要站在践行"两个维护"的政治高度，持续贯彻落实党中央、国务院对能源安全、安全生产提出的一系列重大举措和重要要求，对多年实践形成的大坝安全治理体系在传承中改革、在发展中创新。进一步收紧安全责任的链条，明晰监管权力的边界，补齐全生命周期管理的短板，强化制度和标准的约束，从预防控制体系、责任落实体系、安全监管体系、应急管理体系等方面着力，全面构建依法治理、科学规范，符合现代化国家治理要求的大坝安全治理体系。

进一步提升大坝安全治理理念。随着近年来全球范围内极端天气多发频发，台风、暴雨等给大坝防洪度汛带来较大压力。在我国，西南高山峡谷区地震、滑坡、泥石流等地质灾害时有发生，北方传统少雨区暴雨、洪水显著增多，非常态下的大坝安全及其影响亟须高度重视。必须要坚持以习近平新时代中国特色社会主义思想为指导，坚持"人民至上、生命至上"，深入学习领会习近平总书记提出的防灾减灾"两个坚持、三个转变"，推动行业强化"治未病、早治病""诊治并举"的科学观念，引入"事前预防、综合减灾、降低风险""专群结合、社会参与"等先进治理理念，以新理念引领提升新格局、从容应对新考验。

进一步强化大坝安全治理效能。回首大坝中心成立的 1985 年，我国水电站大坝不到 100 座；展望 2035 年，随着水电建设和抽水蓄能发展，我国水电站大坝很可能超过 1000 座。如何高效利用资源，确保大坝安全，是全行业不可回避的时代之问。一方面必须要提高治理效率，推动实现智慧化监管，落实风险分级管控机制，及时发现大坝安全隐患并督促治理，科学高效地应对安全突发事件。另一方面必须要提高治理能力，加强关键技术研发，加快新型装备推广，将工程措施与非工程措施、传统技术手段和智能化手段有机结合。

近年来，党和国家对重要基础设施安全的重视程度越来越高，我们也在结合新形势新要求对我国水电站大坝运行安全的新挑战进行梳理。总的来看，挑战可以概括为三个方面。

一是老工程坝龄见长。在国家能源局注册、备案的大坝中，1980 年以前蓄水的有 75 座。随着坝龄延长，建设之初的设计标准不适应新的要求、材料老化、坝体缺陷隐患恶化、运行管理难度加大等因素的不断显露，大坝安全日益需要审慎把握。

二是新建工程技术难度世所罕见。近年来，随着我国水电领域的"超级工程"越来越多，"世界之最"工程不断出现，无论是建设还是运维都面临着前无古人的技术难题，对安全治理提出了前所未有的高要求。另一方面，随着水电开发日益深入，地质条件相对较差、高烈度地震频发的西南地区的高坝大库逐渐投运，给运行安全带来前所未有的挑战。

三是全球范围内自然灾害、极端天气多发频发。气候变化不断演进，台风、暴雨等引发的超标准洪水给大坝的防洪度汛安全带来严峻挑战；地震、滑坡泥石流等灾害对大坝运行安全的破坏性影响日益突出。

在过去的近 40 年中，我国电力行业一直保持着"零溃坝"的安全纪录，这是非常难能可贵的，但我们也清醒地认识到，纪录是一种警醒、更是一种鞭策，推进新时代大坝运行安全治理技术和能力现代化刻不容缓。下一步，我们将在国家能源局领导下，有效提升大坝安全总体水平。概而言之，要在三个大方向上同步发力。

一是要坚持工程措施与非工程措施相结合。推动通过工程上的"硬手段"提升大坝本质安全，及时发现、消除工程安全隐患；通过风险分级管控、应急能力建设等非工程措施实现有限资源的合理配置，推动大坝安全事业发展更好地适应国家大安全大应急格局建设的大局。

二是要在传统手段的基础上不断实现新跨越。深入开展水电站大坝安全管理风险管理的探索和应用，加快大坝安全运行管理技术装备的数字化、智能化改造，加大北斗、遥感、大数据、人工智能等技术的探索与应用，加深对大坝从诞生到退役全生命周期的管理研究，为大坝安全注入源源不断的新动能。

三是要积极承担社会责任，坚持倡导安全文化。立足本行业、面向全社会，做好法规宣贯、科学普及等一系列工作。最后，借着本书出版的契机，呼吁大坝安全战线的从业同仁，以及上下游人民群众，进一步强化责任担当，提高风险意识，提升安全认知，不断推动技术和管理进步，避免在设备检修、水库调度、发电运行等工作中造成不必要的人身损害、财产损失。

参 考 文 献

［1］ 国家能源局. DL/T 2204—2020　水电站大坝安全现场检查技术规程［S］. 北京：中国电力出版社，2021.

［2］ 国家能源局. NB/T 10227—2019　水电工程物探规范［S］. 北京：中国水利水电出版社，2020.

［3］ 水利部. SL 734—2016　水利工程质量检测技术规程［S］. 北京：中国水电出版社，2016.

［4］ 国家能源局. DL/T 5299—2013　大坝混凝土声波检测技术规程［S］. 北京：中国电力出版社，2014.

［5］ 交通运输部. JTG/T H21—2011　公路桥梁技术状况评定标准［S］. 北京：人民交通出版社，2011.

［6］ 周玉红，等. 清江水布垭水电站大坝安全首次定期检查：20160719 洪水调度及泄洪后检查、监测及处理报告［R］. 宜昌：湖北清江水电开发有限责任公司，2016.

［7］ 江德军，等. 大岗山水电站震后大坝监测及检查情况［R］. 成都：国电大渡河流域水电开发有限公司，2022.

［8］ 薛洋，等. 四川太平驿水电站"8·20"泥石流灾害受灾情况现场调查报告［R］. 杭州：国家能源局大坝安全监察中心，2019.

［9］ 徐建清，等. 广西巴江口水电站大坝安全首次定期检查报告［R］. 杭州：国家能源局大坝安全监察中心，2021.

［10］ 谢霄易，等. 湖北白沙河水电站大坝安全首次定期检查报告［R］. 杭州：国家能源局大坝安全监察中心，2022.

［11］ 郑圣义，等. 太平哨水电站水工弧形闸门及启闭机安全检测报告［R］. 南京：水利部水工金属结构安全监测中心，2014.

［12］ 李泉，等. 九甸峡水利枢纽大坝运行总结报告［R］. 兰州：甘肃电投九甸峡水电开发有限责任公司，2022.

［13］ 王辉，等. 葛洲坝水利枢纽船闸现场检查报告［R］. 宜昌：长江三峡通航管理局，2018.

［14］ 李中田，等. 太平哨大坝工作桥、交通桥裂缝检测及结构安全性评价报告［R］. 长春：中水东北勘测设计研究有限责任公司，2020.

［15］ 李雷，王仁钟，盛金保. 大坝风险评价与风险管理［M］. 北京：中国水利水电出版社，2006.

［16］ 吴世伟，李同春. 重力坝最大可能破坏模式的探讨［J］. 水利学报. 1990，8：20 – 28.

［17］ 吴世伟. 重力坝可靠度校核方法的探讨［J］. 华东水利学院学报. 1984（02）.

［18］ 李君纯，李雷，盛金保，等. 水库大坝安全评判的研究［J］. 水利水运科学研究. 1999（01）.

［19］ 陈生水. 土石坝溃决机理与溃坝过程模拟［M］. 北京：中国水利水电出版社，2012.

［20］ 施国庆，朱淮宁，苟厚平，等. 水库溃坝损失及其计算方法研究［J］. 灾害学. 1998（04）.

［21］ 杜丙涛，袁永博. 溃坝后关联区域损失模型研究［J］. 水利与建筑工程学报. 2012（01）.

［22］ 王志军，宋文婷，马小童. 溃坝经济损失评估方法研究［J］. 长江科学院院报. 2014（02）.

［23］ 周克发，李雷，盛金保. 我国溃坝生命损失评价模型初步研究［J］. 安全与环境学报. 2007，7（3）：145 – 149.

［24］ 周克发. 溃坝生命损失分析方法研究［D］. 南京：南京水利科学研究院，2006.

［25］ 王志军，顾冲时，娄一青. 基于支持向量机的溃坝生命损失评估模型及应用［J］. 水力发电. 2008，34（1）：67－70.

［26］ 王仁钟，李雷，盛金保. 水库大坝的社会与环境风险标准研究［J］. 安全与环境学报. 2006（01）.

［27］ 彭雪辉，蔡跃波，盛金保，等. 中国水库大坝风险标准研究［M］. 北京：中国水利水电出版社，2015.

［28］ 李宗坤，葛巍，王娟，等. 中国水库大坝风险标准与应用研究［J］. 水利学报. 2015，46（5）：567－583.

［29］ 周建平，周兴波，杜效鹄，等. 梯级水库群大坝风险防控设计研究［J］. 水力发电学报. 2018，37（1）.

［30］ 杨德玮，彭雪辉，盛金保. 基于大坝缺陷的群坝风险排序方法研究［J］. 安全与环境学报. 2016（2）：11－15.

［31］ 江超，盛金保，张国栋，等. 病险小水电水工建筑物除险加固排序方法研究［J］. 小水电. 2012，1：7.

［32］ 楼渐逵. 加拿大 BC Hydro 公司的大坝安全风险管理［J］. 大坝与安全. 2000，4：7－11.

［33］ Hartford D N D. Lessons from 20＋Years of Experience and Future Directions of Risk Informed Dam Safety Management [C]. Bali, Indonesia: 82nd Annual Meeting of ICOLD, 2014.

［34］ 杨纪元，泽文. 加拿大大坝风险分析与管理［J］. 国际水力发电. 2004（6）：48－51.

［35］ 李雷，匡少涛. 澳大利亚大坝风险评价的法规与实践［J］. 水利发展研究. 2002，2（10）：55－59.

［36］ Morris M, Wallis M, Brown A, et al. Reservoir Safety Risk Assessment — a New Guide [C]. Leeds: British Dam Society Annual Conference, 2012.

［37］ Harrald J R, Renda－Tanali I, Shaw G L, et al. Review of risk based prioritization/decision making methodologies for dams [R]. Washington, DC: The George Washington University, 2004.

［38］ Johnson D. Risk is not a Four Letter Word: Ten Years of Success Using a Risk Based Dam Safety Approach in Washington [C]. Lexington, KY: ASDSO Annual Conference, 2000.

［39］ Mcclenathan J T. Update for Screening Portfolio Risk Analysis for U.S. Army Corps of engineers Dams [C]. Sacramento, CA: 2010 USSD Annual Lecture, 2010.

［40］ Andersen G R, Cox C W, Chouinard L E, et al. Prioritization of ten embankment dams according to physical deficiencies [J]. Journal of Geotechnical and Geoenvironmental Engineering.2001, 127(4): 335－345.

［41］ Andersen G R, Chouinard L E, Hover W H, et al. Risk indexing tool to assist in prioritizing improvements to embankment dam inventories [J]. Journal of Geotechnical and Geoenvironmental Engineering. 2001, 127(4):325－334.

［42］ Jun K, Chung E, Kim Y, et al. A fuzzy multi-criteria approach to flood risk vulnerability in South Korea by considering climate change impacts [J]. Expert Systems with Applications. 2013, 40(4):1003－1013.

［43］ Choudhary D, Shankar R. An STEEP-fuzzy AHP-TOPSIS framework for evaluation and selection of thermal power plant location: A case study from India [J]. Energy.2012, 42(1): 510－521.

［44］ 王抒祥. 电力应急管理理论与实践［M］. 北京：中国电力出版社，2015.

［45］ 张建云，杨正华，蒋金平，等. 水库大坝病险和溃坝研究与警示［M］. 北京：科学出版社，2014.

[46] 汝乃华，牛运光. 大坝事故与安全·土石坝 [M]. 北京：中国水利水电出版社，2001.

[47] 汝乃华，姜忠胜. 大坝事故与安全·拱坝 [M]. 北京：中国水利水电出版社，1995.

[48] 刘宁，杨启贵，陈祖煜. 堰塞湖风险处置 [M]. 武汉：长江出版社，2016.

[49] 《汶川特大地震电力行业抗震救灾》编纂委员会. 汶川特大地震电力行业抗震救灾志 [M]. 北京：方志出版社，2013.

[50] 王民浩，杨志刚，刘世煌. 水电水利工程风险辨识与电力案例分析 [M]. 北京：中国电力出版社，2010.

[51] 杜德进. 对《水电站大坝运行安全监督管理规定》有关大坝安全应急管理内容的解读 [J]. 大坝与安全，2015（05）：17，20.

[52] 沈海尧，沈静，王小清. 水电站大坝安全应急管理现状和改进建议 [J]. 大坝与安全，2017（02）：22-27.

[53] 庞林祥，李全兵. 水电设施受战争与恐怖袭击影响相关问题研究 [J]. 水利水电快报，2018，39（06）：16-20.

[54] 宋恩来. 水电站大坝应有完善的险情预计和应急处理预案 [J]. 东北电力技术，2006（07）：6-10，48.

[55] 杜德进. 水电站大坝运行安全应急管理刍议 [J]. 大坝与安全，2015（02）：21-226，38.

[56] 王晓航，盛金保，张士辰，等. 水库大坝安全管理应急预案编制的经验与建议 [J]. 中国水利，2018（20）：28-30，27.

[57] 贺顺德，张志红，崔鹏，等. 水库大坝安全管理应急预案编制实践和思考 [J]. 中国水利，2019（12）：33-36，25.

[58] 李鸿君，陈萌. 水库大坝安全管理应急预案编制有关问题探讨 [J]. 人民黄河，2018，40（12）：49-52.

[59] 周克发，李雷，张士辰，等. 水库大坝安全管理应急预案浅谈 [J]. 大坝与安全，2007（05）：43-47.

[60] 谭界雄，陈尚法，翁永红，等. 水库大坝安全管理与应急响应信息系统研究 [J]. 人民长江，2014，45（14）：102-106.

[61] 程翠云，钱新，万玉秋，等. 水库大坝突发事件应急预案可行性评价方法初探 [J]. 水利水运工程学报，2009（01）：71-75.

[62] 水库大坝突发事件应急预案可预见性评价 [J]. 大坝与安全，2017（02）：22-27.

[63] 程翠云，钱新，盛金保，等. 我国水库大坝安全管理应急预案存在的主要问题与对策 [J]. 中国农村水利水电，2011（02）：79-81，87.

[64] 邓刚，李维朝，张茵琪，等. 美国大坝安全与应急管理 [M]. 北京：科学出版社，2020.

[65] 张士辰，彭雪辉. 瑞士大坝应急管理特点及其对中国的启示 [J]. 中国安全生产科学技术，2015（11）：180-184.

[66] 钮新强. 大坝安全与安全管理若干重大问题及其对策 [J]. 人民长江，2011，42（12）：1-5.

[67] 孙金华. 我国水库大坝安全管理成就及面临的挑战 [J]. 中国水利，2018，20：1-6.

[68] 沈海尧，蒋波. 推进大坝安全信息化建设提高大坝安全管理水平 [J]. 大坝与安全，2007（5）：7-10.

[69] 张春生，王金锋，陈振飞. 电力系统大坝运行安全信息化建设进展 [J]. 水力发电，2014，40（8）：18-20.

[70] 彭红. 大坝安全监测自动化 30 年历程回顾与展望 [J]. 水电自动化与大坝监测, 2012, 36（5）: 64-68.

[71] 吕永宁, 王玉洁, 沈海尧. 水电站大坝安全监测自动化的现状和展望 [J]. 大坝与安全, 2007,（5）: 24-29.

[72] 张秀丽, 沈海尧, 张海平, 等. 水电站大坝安全管理信息化建设方案和实践 [J]. 大坝与安全, 2007（5）: 1-6.

[73] 文富勇. 基于 BIM+GIS 的大坝安全监测信息可视化展示技术研究 [J]. 水力发电, 2021, 47（3）: 94-97.

[74] Joseph B. Comerford. The role of AI technology in the management of dam safety: The DAMSAFE system [J]. Dam Engineering, 1992, 3(4): 265-275.

[75] 吴中如, 顾冲时, 胡群革, 等. 综论大坝安全综合评价专家系统 [J]. 水电能源科学, 2000, 18（2）: 1-5.

[76] 张进平, 黎利兵, 卢正超, 等. 大坝安全监测决策支持系统的开发 [J]. 中国水利水电科学研究院学报, 2003, 1（2）: 84-89.

[77] 傅春江, 张秀丽, 沈海尧, 等. 特高拱坝在线安全评判研究与应用 [J]. 大坝与安全, 2018（2）: 1-6.

[78] 沈海尧. 水电站大坝安全监管创新回顾与展望 [J]. 大坝与安全, 2019（1）: 1-5.

[79] 杜传忠, 胡俊, 陈维宣. 我国新一代人工智能产业发展模式与对策[J]. 经济纵横, 2018(4): 41-47.

[80] 周济. 智能制造——"中国制造 2025"的主攻方向[J]. 中国机械工程, 2015, 26(17): 2273-2284.

[81] 董永, 周建波. 水电站大坝安全智能巡检系统研究与设计 [J]. 大坝与安全, 2020（1）: 1-5.

[82] 刘成栋, 向衍, 张士辰, 等. 水库大坝安全智能巡检系统设计与实现 [J]. 中国水利, 2018（20）: 39-41.

[83] 韩荣荣, 柳翔, 吴伟. 水电站大坝外部变形自动化监测技术应用现状分析 [J]. 大坝与安全, 2022（3）: 53-57.

[84] 张俏薇, 黄嘉宇. 我国智能化仪器的发展现状及前景分析 [J]. 电子世界, 2014（5）: 7.

[85] 马瑞, 董玲燕, 义崇政. 基于物联网与三维可视化技术的大坝安全管理平台及其实现 [J]. 长江科学院院报, 2019, 36（10）: 111-16.

[86] 崔何亮, 张秀丽, 王玉洁, 等. 水电站大坝在线监测管理平台的探索与实践 [J]. 大坝与安全, 2018（2）: 31-36.

[87] 刘毅, 张德荣. 数值分析方法在混凝土坝安全评估中的应用综述 [J]. 中国水利水电科学研究院学报, 2009, 7（3）: 167-173.

[88] 孙辅庭, 张秀丽, 沈海尧, 等. 拱坝在线快速结构分析平台研究与应用 [J]. 大坝安全, 2018（2）: 7-12.

[89] 袁宏永, 黄全义, 苏国锋, 范维澄, 等. 应急平台体系关键技术研究的理论与实践 [M]. 北京: 清华大学出版社, 2012.

[90] 张乔. 政府应急平台的构建研究 [D]. 长春: 吉林大学, 2011.

[91] 曾宇航. 大数据背景下的政府应急管理协同机制构建 [J]. 中国行政管理, 2017（10）: 155-157.

[92] 吴茂贵, 王冬, 李涛, 等. Python 深度学习—基于 Tensorflow [M]. 北京: 机械工业出版社, 2018.

［93］ Gunther Reinhart. 工业 4.0 手册 ［M］. 闵峻英（译）. 北京：机械工业出版社，2021.

［94］ 钟登华，王飞，吴斌平，等. 特约文章：从数字大坝到智慧大坝 ［J］. 水力发电学报，2015，34
（10）：1－13.

［95］ 向衍，盛金保，刘成栋. 水库大坝安全智慧管理的内涵与应用前景 ［J］. 中国水利，2018，0（20）：
34－38

［96］ 黄跃文，牛广利，李端有，韩笑，周华艳. 大坝安全监测智能感知与智慧管理技术研究及应用 ［J］.
长江科学院院报，2021，38（10）：180－185.

［97］ Kejriwal M, Sequeda J, Lopez V. Knowledge graphs: Construction, management and querying ［J］.
Semantic Web, 2019, 10(6): 961－962.

［98］ Gai X, Ruan M, Zhang H, et al. Construction technology of knowledge graph and its application in
power grid ［C］//International Conference on Power System and Energy Internet (PoSEI2021), Chengdu,
China, 2021.

［99］ Dai D, Ma Y, Min Z. Analysis of big data job requirements based on K-means text clustering in China ［J］.
Plos One, 2021, 16(8): e0255419.

［100］ Wang Y, Zhu L. Research on improved text classification method based on combined weighted model
［J］. Concurrency and Computation-practice & Experience, 2021, 32(6): e5140.

［101］ El Saddik A. Digital twins: The convergence of multimedia technologies ［J］. IEEE multimedia, 2018,
25(2): 87－92.